Edizioni PensareDiverso
Collana Cenacolo Jung Pauli

CENACOLO
JUNG PAULI

De kwantumweg naar onsterfelijkheid

Bruno Del Medico

Voorbij het einde.

Wetenschappelijke hypothesen over onsterfelijkheid. Van de ziel tot kwantumbewustzijn.

Reis door de theorieën van Henry Stapp, Roger Penrose, Giulio Tononi, David Bohm, Federico Faggin en vele anderen.

edizioni@delmedico.it

Samenvatting

Inleiding.

Door de eeuwen heen heeft de mensheid vraagtekens gezet bij de aard van het fenomeen dat algemeen bekend staat als 'de dood' en bij de mogelijkheid van een bestaan na het aardse leven. Dit boek nodigt ons uit om de diepten van deze oude vragen te verkennen door de lens van de metafysica toegepast op de moderne wetenschap, voor een begrip van de essentie en de aard van de menselijke geest.

Vóór de komst van de kwantumfysica was de wereld van onzichtbare verschijnselen, die zich buiten het menselijk begrip bevinden, traditioneel gereserveerd voor de metafysica, een filosofische discipline die zich bezighoudt met ontologische en transcendentale kwesties. Het oude onderscheid tussen het materiële en het spirituele was scherp. De natuurkunde richtte zich op de studie van fysische en meetbare verschijnselen, terwijl de metafysica zich bezighield met metafysische vraagstukken, zoals het wezen van de ziel, de aard van het bewustzijn en het leven na de overgang.

Maar met de revolutie in de kwantumfysica aan het begin van de 20e eeuw werden de fundamenten van de werkelijkheid aan het wankelen gebracht. Experimenten op subatomair niveau onthulden gedrag van materie dat volledig verschilde van wat werd voorspeld door de wetten van de klassieke fysica. Concepten zoals kwantum superpositie, verstrengeling en golf-deeltje dualiteit werden geïntroduceerd. Deze fenomenen zijn ongrijpbaar, kunnen niet direct worden waargenomen en stellen onze traditionele opvatting van de objectieve, deterministische werkelijkheid op de proef.

In deze context wordt wat ooit tot het domein van de metafysica behoorde, zoals de aard van het menselijk bewustzijn of de onsterfelijkheid van de ziel, geleidelijk een studieobject voor de theoretische fysica.

Sommige baanbrekende wetenschappers proberen natuurkundige modellen te ontwikkelen die schijnbaar niet-fysieke verschijnselen kunnen verklaren, maar die wel nauw verbonden zijn met onze menselijke ervaring.

Bewustzijn wordt bijvoorbeeld steeds meer gezien als een opkomend fenomeen dat verband houdt met de complexiteit van de hersenen en hun interacties op kwantumniveau. Evenzo postuleren sommige theorieën het bestaan van dimensies in ruimte-tijd die het bestaan van niet-materiële realiteiten mogelijk zouden kunnen maken, wat de deur opent voor hypotheses over de onsterfelijkheid van de ziel of de mogelijkheid van bestaan voorbij de fysieke doorgang.

Uiteindelijk vormt de fusie van kwantumfysica en oude existentiële vragen, zoals bewustzijn, de ziel en het leven na het overlijden, een fascinerende en controversiële grens in het hedendaagse wetenschappelijke onderzoek. Deze interdisciplinaire benadering herdefinieert de grenzen tussen wetenschap en spiritualiteit, daagt onze traditionele opvattingen over de werkelijkheid uit en opent nieuwe perspectieven op de aard van het universum en de mens.

Dit boek stelt niet de vraag of er sprake is van overleving van de ziel (of bewustzijn) na de transitie, maar gaat uit van een transformatie die de psychologische identiteit onveranderd laat. De vraag die het boek probeert te beantwoorden aan de hand van de huidige wetenschappelijke kennis en de meningen van de meest gerenommeerde theoretische natuurkundigen is gericht op het begrijpen in welke vorm deze transformatie plaatsvindt.

Klaarblijkelijk overleeft de ziel, of het kwantumbewustzijn, als 'informatie' na de passage. Zeer geavanceerde theoretische speculaties vragen zich af of er in de toekomst wetenschappelijke instrumenten beschikbaar zullen zijn die deze informatie kunnen decoderen of er zelfs mee kunnen communiceren. Uiteindelijk vormt de fusie van kwantumfysica en oude existentiële vragen zoals bewustzijn, de ziel en leven na de overgang een fascinerende en controversiële grens in het hedendaagse wetenschappelijk onderzoek.

1 - PROBABILISME EN VRIJE WIL.

"De vrije wil is het vermogen van de wil om zichzelf tot een handeling te bepalen, volgens de wetten van de rede."
(Immanuel Kant)

Hoofdstuk 1. Probabilisme.

"Alles kan een mens ontnomen worden, behalve één ding: de laatste van de menselijke vrijheden - om je houding te kiezen in een gegeven situatie, om je eigen weg te kiezen."

(Viktor Frankl, Holocaustoverlevende en grondlegger van de logotherapie).

(Alles kan een mens ontnomen worden, behalve de laatste van de menselijke vrijheden: het kiezen van je houding in alle omstandigheden, dat wil zeggen, het kiezen van je eigen pad).

Een wandeling in het Circeo Park.

> *"En alles wat we zijn is het resultaat van wat we gedacht hebben. De geest is alles. Wat we denken, worden we." (Boeddha).*

Ik ben geboren in het pittoreske Italiaanse stadje Sabaudia, gelegen in Laag Lazio, in een plaats die zijn unieke karakter niet alleen ontleent aan zijn natuurlijke schoonheid, maar ook aan zijn rijke en fascinerende geschiedenis. Sabaudia is namelijk in de vorige eeuw gebouwd op land dat met vastberadenheid is gered van de Pontijnse moerassen, door middel van een ambitieus drooglegginsproject dat een onherbergzaam gebied veranderde in een levendige en welvarende stad.

De stad Sabaudia is niet zomaar een punt op de kaart, maar een echte toegangspoort tot het prachtige Nationale Park Circeo, een beschermd gebied dat zich majestueus uitstrekt tussen de golven van de Tyrreense Zee en de ruigheid van de berg Circeo. De laatste is een plek die gehuld is in een aura van mythe en legende, want er wordt gezegd dat het hier was dat Odysseus landde om Circe te ontmoeten, volgens de verzen van de Odyssee verteld door Homerus. Niet ver hiervandaan wordt het achterland gedomineerd door de Monti Lepini, een bergketen die als schildwachten boven het omringende landschap uittorent en adembenemende uitzichten en een ongerepte natuur biedt.

Mijn kindertijd was onlosmakelijk verbonden met dit betoverende park. Tot mijn vijftiende werd ik ondergedompeld in de natuur, omdat mijn vader er met trots en toewijding werkte als werknemer met een woning. Elke dag was een avontuur op de bospaden, waar ik de geheimen van de flora en fauna leerde kennen, waar de geur van de dennen en het gezang van de vogels de lucht vulden en mij een opvoeding boden die veel verder ging dan de grenzen van de school.

Het leven, met zijn onvermijdelijke wendingen, heeft me weggevoerd uit deze hoek van het paradijs. Omstandigheden brachten me ver weg, naar andere ervaringen. Maar de herinnering aan die serene dagen en de heimwee naar die plaatsen hebben me nooit echt verlaten. Nu, op een rustigere en meer bezinnende leeftijd, heb ik de kans gehad om terug te keren. En dus, met een hart vol emotie, ben ik teruggekeerd naar de paden die ik als kind bewandelde, de stranden waarop ik zandkastelen bouwde, het meer met het raadsel van de stad Paola in de diepte, en het bos dat ik verkende met de onstuitbare nieuwsgierigheid van mijn kindertijd.

Mezelf terugvinden in Sabaudia, in het Circeo Park, is als het terugvinden van een stukje van mezelf dat ik had achtergelaten, een thuiskomst, waar elke boom, elke golf en elke berg verhalen lijken te fluisteren van een tijd die voorbij is gegaan maar nooit is vergeten.

Dus maakte ik weer lange wandelingen in het bos. Er is iets magisch aan omringd zijn door de natuur, de frisse lucht en het ruisen van de bomen. Vanuit het hart van het park vertakken lange paden zich in het uitgestrekte bosgebied. Deze lanen slingeren zich tussen hoge farniabomen, imposante dennen, geurende aardbeibomen en eeuwenoude steeneiken en bieden een totale onderdompeling in het mediterrane landschap.

De bosbodem is een canvas beschilderd met karakteristieke planten: glanzende ligusters, jeneverbessen met rode bessen, bloeiende mispels, felgekleurde bremstruiken, doornige meidoorns, tot kruidachtige essences zoals wilde asperges, slagersbezem met zijn doornige bladeren en cysten met witte of roze bloemen die contrasteren met het omringende groen. Als jongen vertegenwoordigden deze paden voor mij ware reizen naar het onbekende, onontdekte werelden waarin ik me met een licht hart en nieuwsgierige ogen kon wagen.

Tegenwoordig is het park beter onderhouden en gastvrijer; de lanen zijn vaste routes geworden voor schoolkinderen op ecologische uitstapjes, toeristen van allerlei pluimage en meditatieve wandelaars zoals ik. Ik was blij om te zien dat vanaf deze hoofdlanen nu meer bescheiden maar goed gemarkeerde paden aftakken, met borden die de verschillende bestemmingen aangeven.

Een paar dagen geleden, nadat ik een paar kilometer van het Bezoekerscentrum was afgereden, trok een bord bij een pad mijn aandacht: 'Naar het Bezoekerscentrum'. Ik besloot de brede weg te verlaten en dat pad te volgen. Het pad, goed gemarkeerd dankzij de zorgvuldige organisatie en constante aanwezigheid, leek de belofte van een ontspannen wandeling. Na een paar honderd meter, terwijl ik verder liep, soms gehinderd door omgevallen takken en boomstammen, kleine greppels en zandhellingen die door regenerosie waren ontstaan, kwam ik bij een splitsing zonder wegwijzers. Een moment van verbijstering maakte zich van mij meester. Dankzij mijn diepe wortels in het park en een aangeboren vertrouwen met deze plekken, wist ik dat ik zeker niet zou verdwalen, maar ik wilde de wandeling liever beëindigen zonder me door braamstruiken en onzekere paden te hoeven slepen. Ik moest weten welke van de twee mogelijke paden me terug naar de ingang zou leiden.

Ik werd geconfronteerd met twee mogelijkheden, rechts of links. Ik moest een keuze maken. De twee paden leken echter goed gemarkeerd en uitnodigend. Ik werd gegrepen door het kassasyndroom in de supermarkt. Als ik moet kiezen tussen verschillende even drukke kassa's, blijkt die keuze regelmatig de keuze te zijn die me om de meest uiteenlopende redenen als laatste doet uitkomen.

Volgens mijn eigen criteria koos ik dus de juiste richting en ging ik voor links. De twee waarschijnlijkheden werden gereduceerd tot één. De waarschijnlijkheid van rechtsaf 'stortte in' op de waarschijnlijkheid van linksaf en verdween van de horizon van mijn ita. Dat 'instorten' of 'instorten' leverde een eenduidige keuze op.

Maar voordat ik de reis hervatte, haalde ik mijn 'notitieboekje' uit mijn zak en schreef er alles in op, zoals ik altijd deed. Ik denk graag dat als ik er niet meer ben, dat notitieboekje altijd zal blijven bestaan als een getuigenis van wat ik was.

Is het verhaal vreemd geworden? Misschien heb ik wat ongebruikelijke woorden gebruikt, zoals 'waarschijnlijkheid' en 'instorting', maar ik denk dat de betekenis meer dan begrijpelijk is.

Dus ik geef je goed nieuws.

Als je de betekenis van het laatste deel van mijn verhaal hebt begrepen, ben je goed op weg om negentig procent van de kwantumfysica te begrijpen. In feite gaat kwantumfysica helemaal over waarschijnlijkheden en instortingen, plus een paar andere bijkomstige details die ik in de rest van het boek zal proberen uit te leggen.

Perfect, zul je zeggen, maar hoe zit het met het notitieboekje? Nou, het notitieboekje is de hoofdrolspeler van dit boek. Uit metafoor wordt het notitieboekje geweten genoemd: in het 'notitieboekje-geweten' staan alle mislukkingen, dat wil zeggen, alle keuzes die in het leven zijn gemaakt.

Maar er is één groot verschil: het notitieboekje en zijn eigenaar zullen in de loop der jaren, decennia en eeuwen verdwijnen, hun lichamelijkheid zal uiteindelijk oplossen, ze zullen worden omgezet in andere atomen die andere lichamen of materialen zullen vormen, misschien lucht, misschien stenen, misschien een andere planeet, waarbij alle herinnering aan hun bestaan wordt gewist. Dit is het lot van alle materie. Bewustzijn daarentegen niet. Bewustzijn, dat wil zeggen de som van kwantuminstortingen, is immaterieel, zonder lichaam, tijd of ruimte, het bewoont non-lokaliteit en is daarom niet corrumpeerbaar. Bewustzijn is een kwantumentiteit, d.w.z. het is onsterfelijk.

Probabilisme, mogelijke keuzes.

Op het gebied van psychologie en filosofie is het concept 'probabilisme' een van de sleutels tot het begrijpen van menselijke keuzes en de manier waarop individuen omgaan met de beslissingen die hun bestaan kenmerken. Probabilisme is geworteld in een aantal fundamentele concepten die vorm geven aan de manier waarop we mogelijkheden waarnemen en risico's inschatten in onze levenskeuzes.

Het dilemma van de gevangene.

Probabilisme verwijst naar een opvatting die menselijke keuzes beschouwt als het resultaat van een constante evaluatie van de mogelijke uitkomsten van een actie. Een van de bekendste voorbeelden van dit concept is het beroemde 'prisoner's dilemma' experiment, in 1950 ontwikkeld door de Amerikaanse wiskundige Merrill M. Flood en psycholoog Melvin Dresher.

Dit dilemma is in de praktijk een klassiek experiment en veel bestudeerd in verschillende disciplines, zoals speltheorie, psychologie en gedragseconomie. Dit hypothetische scenario benadrukt het conflict tussen individuele rationaliteit en de optimale uitkomst voor de betrokken groep.

In het dilemma van de gevangene worden twee mensen gearresteerd en in aparte cellen geplaatst zonder de mogelijkheid om met elkaar te communiceren. Beiden krijgen de keuze om de ander te verraden door te bekennen (keuze voor 'verraad') of te zwijgen (keuze voor 'samenwerking').

Mogelijke combinaties van keuzes leiden tot verschillende uitkomsten in termen van gevolgen voor beide gevangenen.

- Als ze allebei meewerken, krijgen ze een lichte straf voor hun medewerking.
- Als ze allebei verraden, krijgen ze een zwaardere straf dan als ze samenwerken, maar minder dan als er maar één verraadt.
- Als de een samenwerkt en de ander verraadt, krijgt de verrader de lichtere straf, terwijl de samenwerker de zwaardere straf krijgt.

Hier zijn enkele van de mogelijke oplossingen:

Wederzijdse samenwerking.
Als beide gevangenen ervoor kiezen om samen te werken (d.w.z. hun mond houden), kunnen ze een beter resultaat bereiken dan wanneer ze elkaar verraden. Deze strategie is gebaseerd op wederzijds vertrouwen en het optimaliseren van het algehele resultaat, zelfs als dit het risico met zich meebrengt dat één van de twee elkaar verraadt voor persoonlijk gewin.

Wederzijds verraad.
Als beide gevangenen kiezen voor verraad om hun eigen voordeel op korte termijn te maximaliseren, dan is er sprake van wederzijds verraad. In dit geval bereiken beiden een slechter resultaat dan wanneer ze met elkaar samenwerken, wat aantoont dat het streven naar maximaal individueel voordeel kan leiden tot inferieure resultaten voor beiden.

Strategische dominantie.
Een mogelijke oplossing zou kunnen ontstaan als één gevangene een dominante strategie toepast, d.w.z. een strategie die tot een beter resultaat leidt dan elke andere strategie die door de andere gevangene wordt gekozen. In dit geval kan één gevangene kiezen voor de dominante strategie om zijn eigen voordeel te maximaliseren, ongeacht de actie van de ander.

Gemengde strategieën.
Andere mogelijke oplossingen zijn gemengde strategieën, waarbij gevangenen een combinatie van samenwerking en verraad toepassen volgens bepaalde voorwaarden of een logica van reageren op de actie van de ander. Deze strategieën zijn erop gericht om een balans te vinden tussen het nastreven van het eigen belang en het belang van de ander om het algehele resultaat te maximaliseren.

Concluderend, de oplossingen voor het gevangenendilemma weerspiegelen de complexiteit van menselijke besluitvorming en de verscheidenheid aan strategieën die kunnen worden toegepast in situaties van conflict tussen eigenbelang en collectief belang.

Het gevangenendilemma wordt gebruikt om concepten als samenwerkingstheorie, vertrouwen, wederzijds verraad en gedragsdynamiek in concurrerende situaties te illustreren. Het is een sprekend voorbeeld van hoe individuele beslissingen de algemene uitkomst van een situatie kunnen beïnvloeden, wat vaak leidt tot een conflict tussen persoonlijke en collectieve belangen.

Het dilemma van de gevangene is niet alleen een hulpmiddel om menselijk gedrag te bestuderen, maar heeft ook belangrijke implicaties voor de sociale wetenschappen en de economie. Het heeft geholpen bij het vormen van onderhandelingsstrategieën, samenwerking tussen individuen en de mechanismen van vertrouwen en wederzijds respect die ten grondslag liggen aan veel menselijke interacties.

Het dilemma van de gevangene bleek een fundamenteel uitgangspunt te zijn om de dynamiek van menselijke keuze en samenwerking te begrijpen. Het benadrukt de complexiteit van beslissingen die beïnvloed worden door meerdere variabelen en gedragsstrategieën.

De invloed van de cognitivisten.

De theorieën van cognitivisten, waaronder de bijdragen van Daniel Kahneman en Amos Tversky, hebben de manier waarop we naar menselijke beslissingen kijken diepgaand beïnvloed. Door studies zoals 'cognitieve bias' hebben de twee wetenschappers laten zien hoe mensen vaak afwijken van een rationeel keuzemodel.

Cognitieve vertekeningen zijn de systematische afwijkingen van rationaliteit die kunnen voorkomen in menselijke besluitvormingsprocessen. Wetenschappers hebben door middel van een reeks experimenten aangetoond dat mensen vaak afwijken van een puur rationeel keuzemodel als gevolg van cognitieve en emotionele vooroordelen.

Kahneman introduceert in zijn boek Thinking, Fast and Slow het concept van *Systeem 1* en *Systeem 2*. Systeem 1 staat voor intuïtief, impulsief en emotioneel denken, terwijl Systeem 2 geassocieerd wordt met langzamere, meer rationele en weloverwogen denkprocessen. Mensen vertrouwen hun beslissingen vaak toe aan Systeem 1, wat kan leiden tot onmiddellijke beslissingen die beïnvloed worden door 'cognitieve bias'.

Tot de bekendste 'cognitieve vertekeningen' die door Kahneman en Tversky zijn geïdentificeerd, behoren het verankeringseffect, beschikbaarheid en representativiteit. Deze 'biases' beïnvloeden de manier waarop we informatie evalueren, waardoor we keuzes maken die ver afstaan van rationele logica en optimalisatie.

Het onderzoek van Kahneman en Tversky heeft diepgaande implicaties op gebieden als gedragseconomie, financiën en psychologie. Organisaties en instellingen zijn begonnen deze factoren in overweging te nemen bij het maken van overheidsbeleid, het ontwerpen van gebruikersinterfaces en het beheren van financiële risico's.

Het werk van Kahneman en Tversky legde de basis voor een dieper begrip van menselijke besluitvormingsprocessen en droeg aanzienlijk bij aan de evolutie van de cognitieve psychologie. Bewustwording van 'cognitieve bias' leidt tot een beter begrip van hoe emoties en cognitie op elkaar inwerken om onze dagelijkse beslissingen vorm te geven.

Maar zijn de keuzes die we maken dan niet afhankelijk van onze vrije wil?

Levenskeuzes en vrije wil.

In filosofische kringen is het debat over de vrije wil vaak verweven met beschouwingen over menselijke keuze. Filosofen als Thomas Hobbes, David Hume en, meer recentelijk, Daniel Dennett hebben vraagtekens gezet bij de omvang van onze besluitvaardigheid en het feitelijke bestaan van een vrije wil die onze handelingen kan sturen.

De vrije wil is een concept dat generaties denkers heeft gefascineerd. Ze hebben geprobeerd de essentie van ons vermogen om beslissingen te nemen onder de loep te nemen. Vanaf de oudheid tot op de dag van vandaag blijft het debat over de vrije wil diepgaande vragen oproepen en verhitte debatten tussen geleerden uit verschillende disciplines.

We bespreken de vrije wil uitgebreider in het volgende hoofdstuk. Hier geef ik slechts een paar hints.

Hobbes stelde in de 17e eeuw dat menselijke handelingen worden bepaald door een reeks natuurlijke oorzaken, waardoor er minder ruimte is voor echte beslissingsvrijheid. Hume daarentegen benadrukte de invloed van de passies en emoties op onze keuzes.

Daniel Dennett bracht het debat over de vrije wil vanuit een hedendaags perspectief. Dennett, die bekend staat om zijn interesse in filosofie en cognitieve wetenschap, analyseerde het concept van de vrije wil in het licht van neurowetenschappelijke ontdekkingen en de complexiteit van het menselijk brein.

Verschillende studies en experimenten op het gebied van neurowetenschappen en psychologie hebben geprobeerd licht te werpen op de dynamiek van de vrije wil. Het 'spiegelneuron'-experiment, dat in de jaren 1990 werd uitgevoerd door het team van de Italiaanse neurowetenschapper Giacomo Rizzolatti, toonde de onderlinge samenhang aan tussen de waarneming van anderen en onze eigen handelingen, waardoor twijfel ontstond over de mate van autonomie van onze keuzes.

Het debat tussen vrije wil en determinisme is een van de oudste en meest fascinerende in de filosofie. Aan de ene kant stelt de vrije wil dat mensen in staat zijn om autonome en verantwoordelijke beslissingen te nemen op basis van hun eigen wil en geweten. Dit perspectief kent individuen het vermogen toe om hun handelingen onafhankelijk en bewust te kiezen.

Aan de andere kant stelt determinisme dat elke gebeurtenis, inclusief menselijk handelen, bepaald wordt door voorafgaande oorzaken en natuurwetten, zonder ruimte voor echte keuzevrijheid. Volgens dit perspectief zijn menselijke handelingen het resultaat van een reeks onderling verbonden factoren die onvermijdelijk tot een bepaalde conclusie leiden.

Het debat tussen vrije wil en determinisme roept belangrijke vragen op over het concept van individuele verantwoordelijkheid, de aard van causaliteit en zelfs de essentie van persoonlijke identiteit. Terwijl sommigen beweren dat de vrije wil de basis vormt voor menselijke ethiek en moraliteit, geloven anderen dat determinisme een meer samenhangende en wetenschappelijke verklaring biedt voor menselijk gedrag.

Kortom, het debat tussen vrije wil en determinisme stelt de aard van de mens ter discussie en stelt onze opvattingen over autonomie, causaliteit en vrijheid op de proef. Elk perspectief biedt inzichten in onze perceptie van de wereld en onszelf.

Dit debat staat nog steeds centraal in de reflectie over de vrije wil. Terwijl sommige filosofische en wetenschappelijke stromingen de nadruk leggen op de absoluutheid van natuurwetten bij het bepalen van ons handelen, laten andere stromingen ruimte voor een meer genuanceerde opvatting van vrije besluitvorming, schipperend tussen externe beperkingen en individuele wil.

De rol van technologie.

Met de komst van voorspellende technologieën en kunstmatige intelligentie is ons vermogen om de uitkomst van een beslissing te voorspellen enorm toegenomen. Geavanceerde algoritmen en modellen stellen ons in staat om de kans op succes of mislukking van een keuze in te schatten, waardoor een nieuw scenario wordt geïntroduceerd dat wordt gekenmerkt door een groter bewustzijn van de risico's die gepaard gaan met onze acties.

Uiteindelijk vormen probabilisme en mogelijke keuzes in het leven een kruispunt van theorieën, experimenten en reflecties die ons uitnodigen om met een breed en complex perspectief naar menselijke beslissingen te kijken. Door onze motivaties en de variabelen die onze keuzes beïnvloeden beter te begrijpen, kunnen we hopelijk bewuster navigeren door de onzekere stroom van het leven.

De zware taak om te beslissen zit vol onzekerheid, maar juist in die onzekerheid schuilt de complexiteit en schoonheid van de menselijke keuze.

Hoofdstuk 2. Vrije wil.

"Ik zie geen reden waarom we niet de ambachtslieden van ons eigen lot zouden kunnen zijn. We hebben het geluk dat we in een tijdperk leven waarin mensen hun vrije wil kunnen zoeken en verwezenlijken."

(*Thomas Jefferson)*

Vrije wil als basis voor de identificatie van verantwoordelijkheid na de passage.

In het eeuwenoude debat tussen vrije wil en determinisme komt een van de meest cruciale vragen naar voren in de context van individuele verantwoordelijkheid en het mogelijke oordeel, gebaseerd op onze daden, dat zou kunnen volgen op het einde van het leven. Als de vrije wil een illusie is en elke handeling vooraf bepaald is, hoe kunnen we dan beoordeeld worden voor onze keuzes?

Het is belangrijk om te bedenken dat alle menselijke handelingen onderworpen moeten zijn aan de vrije wil, zelfs de meest basale en niet alleen die handelingen die als 'meest belangrijk' worden beschouwd. Dit uitgangspunt wordt zowel in de filosofie als in de wetenschap weerspiegeld. Een treffend voorbeeld is de Duitse filosoof Immanuel Kant, die benadrukte dat morele autonomie en de toekenning van verantwoordelijkheid nauw verbonden zijn met het bestaan van de vrije wil. Volgens Kant kan een individu alleen echt verantwoordelijk zijn voor zijn of haar daden als hij handelt volgens zijn eigen rede en vrije wil.

Vanuit wetenschappelijk oogpunt hebben experimenten op het gebied van neurowetenschappen en psychologie de complexiteit van de kwestie benadrukt. Studies zoals die van neurowetenschapper Benjamin Libet suggereren dat er een tijdsverschil zit tussen de bewuste beslissing om een handeling uit te voeren en de activering van de neuronen die verantwoordelijk zijn voor die handeling, waardoor sommigen twijfelen aan het bestaan van een echte vrije wil.

Het concept van de vrije wil blijft echter ons gevoel van verantwoordelijkheid en moraliteit diepgaand beïnvloeden.

Als we het daarom onnauwkeurig vinden om menselijke handelingen te beoordelen zonder rekening te houden met de vrije wil, staan we voor de uitdaging om een maatstaf vast te stellen die het loutere belang van handelingen overstijgt. Geleerden zoals Thomas Nagel hebben benadrukt dat het begrip vrije wil en morele verantwoordelijkheid fundamenteel is voor de constructie van rechtvaardige juridische en morele systemen.

Concluderend komt het bestaan van de vrije wil naar voren als een cruciaal concept, niet alleen voor onze perceptie van oordelen na de passage, maar ook voor het fundament zelf van de menselijke verantwoordelijkheid. Als we het idee accepteren dat onze daden worden bepaald door krachten die buiten onze macht liggen, moeten we de diepgaande implicaties onder ogen zien van een afwezigheid van individuele en morele verantwoordelijkheid bij het vellen van oordelen.

De historische wortels van de vrije wil.

Thomas Hobbes, een leidende figuur in de 17e eeuw, presenteerde een deterministische kijk op menselijk handelen. In zijn verhandeling 'Leviathan' uit 1651 betoogde Hobbes dat menselijk handelen het resultaat is van een aaneenschakeling van natuurlijke oorzaken, waarmee hij een perspectief ontwikkelde dat de ruimte voor het bestaan van een echte vrije wil beperkte. Volgens Hobbes handelen individuen naar hun verlangens en streven naar plezier, en worden de keuzes die ze maken strikt bepaald door factoren die buiten hun macht liggen.

Hier volgt een citaat uit Hobbes' 'Leviathan':

> *"Er is geen andere wet in de menselijke natuur dan deze: alle mensen zoeken wat hen ten goede komt, hoe verschillend ze ook definiëren wat ze beogen. Wat mensen kunnen doen, is niets anders dan reageren op namen, of op eerdere uiteenzettingen, met betrekking tot voordelen en tegenslagen. Het streven, de bezorgdheid en de jaloezie die mensen drijven naar een groot karakter, of naar rijkdom, of naar een hogere functie, of naar de gunsten van vrienden, zijn verenigd in één doel: streven naar het verkrijgen van geluk. (Leviathan, hoofdstuk 6).*

Dit citaat uit Hobbes' 'Leviathan' benadrukt zijn deterministische benadering van menselijk handelen en benadrukt hoe verlangens en aversies de primaire krachten zijn die de keuzes van individuen bepalen, waardoor echte onafhankelijke beslissingsvrijheid uitgesloten is.

De nalatenschap van Thomas Hobbes in de filosofische reflectie over de vrije wil is doordrenkt van complexiteiten en conceptuele uitdagingen die het hedendaagse denken blijven stimuleren. Zijn deterministische visie vormt een belangrijke bijdrage aan de discussie over de historische wortels van dit fundamentele concept en biedt ruimte voor kritische reflectie over hoe autonoom we werkelijk zijn in onze keuzes en handelingen.

David Hume, een vooraanstaand exponent van de 18e eeuwse Schotse Verlichting, bood daarentegen een ander perspectief op menselijke zelfbeschikking. Hume benadrukte het belang van passies en emoties bij het sturen van onze beslissingen en stelde dat onze wil vaak wordt bepaald door emotionele en niet noodzakelijkerwijs rationele impulsen. Onder invloed van de empirische theorieën van zijn tijd betwistte Hume het idee van absolute keuzevrijheid en benadrukte hij in plaats daarvan de complexe wisselwerking tussen psychologische factoren en externe invloeden bij het bepalen van menselijk gedrag.

Deze filosofische beschouwingen hebben door de eeuwen heen belangrijke studies en debatten geïnspireerd. Hedendaagse studies over zelfbeschikking en vrije wil, vaak met verwijzing naar de neurowetenschappen, zijn doorgegaan met het onderzoeken van de wortels van ons vermogen om beslissingen te nemen en onze acties te beheersen.

Bovendien riepen psychologische experimenten en onderzoeken, zoals die van Benjamin Libet in de jaren 1980, nog meer vragen op over de aard van de vrije wil. Libet toonde aan dat de hersenactiviteit die gepaard gaat met een handeling al begint voordat het individu zich bewust is van zijn of haar beslissing om te handelen, waardoor de traditionele opvatting van een vrije wil die onafhankelijk is van voorbeschikte neurale processen in twijfel werd getrokken.

Samenvattend: het onderwerp vrije wil blijft filosofen, wetenschappers en wetenschappers uit verschillende disciplines intrigeren en uitdagen. De historische wortels van dit concept, belichaamd in de contrasterende visies van denkers als Hobbes en Hume, zetten ons aan om na te denken over de complexiteit van de menselijke natuur en de eeuwige zoektocht naar begrip en betekenis achter onze handelingen en keuzes.

Actualiteit van reflectie. Daniel Dennett.

Recentelijk heeft Daniel Dennett, filosoof van de geest, een leidende rol op zich genomen in het debat over de vrije wil, door een innovatief perspectief voor te stellen waarin filosofie en cognitieve wetenschap samensmelten. Dennett, die bekend staat om zijn enorme eruditie en interesse in het met elkaar in dialoog brengen van verschillende disciplines, heeft het concept van de vrije wil onderzocht in het licht van neurowetenschappelijke ontdekkingen en de complexiteit van het menselijk brein, waarmee hij nieuwe perspectieven heeft geopend in het landschap van theorieën over individuele zelfbeschikking.

Dennett onderscheidt zich door zijn interdisciplinaire aanpak, waarbij hij probeert filosofie te integreren met de meest actuele wetenschappelijke kennis. Door middel van werken als 'The Freedom to Act' (2015) en 'Dangerous Intuitions' (2005) heeft Dennett de implicaties van de neurowetenschappen op het concept van de vrije wil onderzocht, waarbij hij zowel traditionele als meer recente opvattingen over dit cruciale onderwerp uitdaagt.

Dennett analyseerde met name hoe het menselijk brein beslissingen en handelingen verwerkt en benadrukte de complexiteit van mentale processen die menselijk gedrag sturen. Door middel van een perspectief dat rekening houdt met bevindingen over het functioneren van de hersenen, suggereert Dennett dat het concept van de vrije wil kan worden geherinterpreteerd in een meer genuanceerde sleutel, waarin beslissingsvrijheid niet wordt begrepen als absolute soevereiniteit over iemands keuzes, maar eerder als een proces dat voortkomt uit de complexe interacties tussen geest, hersenen en omgeving.

Bovendien heeft Dennett zich onderscheiden door zijn kritische benadering van extreme standpunten aan beide uiteinden van het filosofische spectrum, waarbij hij zowel radicaal determinisme als de volledig onafhankelijke opvatting van de vrije wil heeft verworpen. Door een nauwe dialoog met de cognitieve wetenschap en de filosofie van de geest heeft Dennett bijgedragen aan het verrijken van het debat over de vrije wil met een perspectief dat de complexiteit en onderlinge verbondenheid van menselijke mentale processen waardeert.

Daniel Dennett vormt zo een brug tussen de filosofische tradities uit het verleden en de conceptuele uitdagingen van het heden en levert een belangrijke bijdrage aan het hedendaagse begrip van de menselijke natuur en vrije besluitvorming. Zijn interdisciplinaire en genuanceerde perspectief nodigt uit tot diepgaande reflectie over de complexiteit van de vrije wil en de implicaties die dit cruciale concept heeft voor ons begrip van wat het betekent om denkende en handelende mensen te zijn.

Het ontdekken van spiegelneuronen.

In de afgelopen decennia hebben verschillende onderzoeken en experimenten op het gebied van neurowetenschappen en psychologie geprobeerd om inzicht te krijgen in de complexe dynamiek die ten grondslag ligt aan onze veronderstelde vrije wil. Een van de meest relevante experimenten die vragen hebben opgeroepen over de ware aard van onze keuzes is het onderzoek naar spiegelneuronen dat in de jaren 1990 werd uitgevoerd door het team onder leiding van de bekende Italiaanse neurowetenschapper Giacomo Rizzolatti.

Het spiegelneuronenexperiment richtte zich op het analyseren van neuronale activiteit in specifieke gebieden van de apenhersenen, met name in de premotorische en pariëtale zenuwstelsels. Wat dit experiment zo revolutionair maakte, was de ontdekking dat bepaalde neuronen in de hersenen van de apen geactiveerd werden zowel wanneer het dier een handeling uitvoerde, zoals het vastpakken van een voorwerp, als wanneer het observeerde hoe een ander exemplaar dezelfde handeling uitvoerde. Dit fenomeen leidde tot de theorie van spiegelneuronen, wat een direct verband suggereert tussen het observeren van het gedrag van anderen en ons vermogen om te imiteren en te begrijpen.

Dankzij het spiegelneuronenexperiment ontstond de hypothese dat onze hersenen mentaal de acties van anderen kunnen simuleren, anticiperen op de intenties van individuen om ons heen en deze begrijpen. Deze ontdekking veroorzaakte niet alleen een revolutie in ons begrip van empathie en menselijke socialiteit, maar riep ook vragen op over het traditionele concept van de vrije wil.

Als onze neuronen in staat zijn om de handelingen van anderen te spiegelen en erop te anticiperen, in hoeverre zijn we dan werkelijk autonoom in onze beslissingen en handelingen? Deze vraag heeft een verhit debat aangewakkerd tussen wetenschappers in de neurowetenschappen, de filosofie van de geest en de psychologie, waarbij onze veronderstelde vrijheid van besluitvorming in twijfel wordt getrokken en een intiem verband wordt gesuggereerd tussen ons vermogen om te handelen en de externe invloeden die ons omringen.

Het spiegelneuron-experiment bleek een fundamenteel stukje in de puzzel van het begrijpen van de menselijke vrije wil, opende nieuwe onderzoeksperspectieven en wierp een ander licht op de complexiteit van de cognitieve en besluitvormingsprocessen die ons definiëren als denkende en handelende wezens. De wetenschappelijke en filosofische erfenis blijft nieuwe onderzoeken inspireren en kritische reflectie stimuleren over de aard van onze individuele autonomie.

Het concept van de vrije wil in religies.

Het concept van de vrije wil is een belangrijk thema dat door de eeuwen heen in veel religies aan de orde is gekomen en dat inzicht biedt in de autonomie en verantwoordelijkheid van mensen wanneer ze voor morele en spirituele keuzes staan. Van heilige teksten tot theologische interpretaties, de vrije wil presenteert zich als een fundamenteel thema dat dwars door verschillende religieuze tradities heen loopt en uiteenlopende debatten en interpretaties uitlokt.

In de joods-christelijke traditie bijvoorbeeld is het concept van de vrije wil het onderwerp geweest van genuanceerde theologische debatten. Volgens de Bijbel is de mens begiftigd met een vrije wil, het vermogen om te kiezen tussen goed en kwaad en om de consequenties van zijn daden te aanvaarden. Dit concept komt bijvoorbeeld duidelijk naar voren in het Genesisverhaal, waarin Adam en Eva voor de keuze worden gesteld om God ongehoorzaam te zijn en van de verboden vrucht te eten, wat symbool staat voor de geboorte van de erfzonde en de val van de mensheid.

In de context van de islamitische filosofie wordt verder nagedacht over de vrije wil, vaak geïnterpreteerd in relatie tot de opvatting van goddelijke alwetendheid. Veel moslimgeleerden hebben gedebatteerd over de verenigbaarheid tussen goddelijke voorbestemming en menselijke vrijheid om je eigen lot te kiezen. De balans tussen goddelijke wil en menselijke zelfbeschikking vertegenwoordigt een fundamentele kern van het islamitische geloof en roept complexe vragen op over de aard van goddelijke wil en individuele verantwoordelijkheid.

In de hindoeïstische en boeddhistische tradities is het concept van de vrije wil verweven met het begrip karma en reïncarnatie. Volgens deze religieuze opvattingen zijn menselijke handelingen gekoppeld aan onvermijdelijke gevolgen die worden bepaald door het karmische evenwicht, maar tegelijkertijd wordt de mogelijkheid voor individuen benadrukt om hun eigen lot te beïnvloeden door bewuste en deugdzame keuzes te maken.

Geleerden in de geschiedenis van religies, zoals Mircea Eliade en Joseph Campbell, hebben uitgebreide analyses gewijd aan het concept van de vrije wil in verschillende spirituele tradities, waarbij ze benadrukten hoe het een relevante ethisch-existentiële dimensie belichaamt die aanwezig is in veel religieuze overtuigingen en praktijken.

Kortom, de vrije wil is een cruciaal punt van reflectie en debat binnen religies en biedt verschillende facetten en filosofische en theologische inzichten die de complexiteit van de relatie tussen mensen en de transcendente krachten die het universum doordringen, belichten. Dit thema, doordrenkt van diepe morele en metafysische implicaties, blijft inspireren tot diepgaande reflectie en biedt inzichten voor meditatie en contemplatie over wat het betekent om authentiek vrij te zijn in de keuzes die ons lot bepalen.

De goddelijke inprenting in de menselijke vrije wil.

De bijbelse bevestiging van God als "Ik ben Hij die Ik ben" (Exodus 3:13-15) opent een interessant theologisch en filosofisch debat over de essentie van de mens als een wezen dat geschapen is naar de gelijkenis van het goddelijke en dus begiftigd is met een vrije wil. Dit concept, dat geworteld is in de joods-christelijke traditie, suggereert dat de mens het inherente vermogen bezit om zijn eigen lot te bepalen, waarbij hij een echte beslissingsvrijheid uitoefent die tot op zekere hoogte de autonomie van God zelf weerspiegelt.

De Bijbel, in zijn vele verhalen en leringen, presenteert de mens als een uniek en uitzonderlijk schepsel, geroepen om het beeld en de gelijkenis van de opperste Schepper te weerspiegelen. Deze opvatting impliceert niet alleen een moreel-ethische verantwoordelijkheid, maar ook de toekenning van een fundamentele macht om te kiezen en te beslissen: de vrije wil.

Sommige geleerden en theologen hebben erop gewezen dat de zin 'Ik ben Hij die Ik ben' meer is dan alleen een ontologische uitspraak over de goddelijke essentie; het kan ook wijzen op het creatieve en zelfbepalende potentieel dat inherent is aan menselijke wezens, inherent aan hun schepping naar Gods gelijkenis. Dit concept van vrijheid van besluitvorming en zelfbeschikking wordt weerspiegeld in de vele bijbelse verhalen en leringen die menselijke keuze, verantwoordelijkheid en gevolgen van menselijk handelen beschrijven.

Een emblematisch voorbeeld van deze reflectie is te vinden in het oudtestamentische boek Deuteronomium, waarin de keuze tussen leven en dood, zegen en vloek, aan de mensheid wordt voorgelegd in een oproep tot de vrijheid om het pad te kiezen dat iemands bestemming zal bepalen. Deze oproep aan het menselijk vermogen om zelf te bepalen in overeenstemming met de goddelijke wil is een constante die veel van de heilige geschriften van de verschillende joods-christelijke tradities doordringt.

Het denken van theologen als Augustinus en Thomas van Aquino hielp het concept van de vrije wil binnen de christelijke theologie te ontwikkelen en te verdiepen, door de mens een actieve rol toe te kennen in het vormgeven van zijn eigen morele en spirituele bestemming. Deze denkers ontwikkelden de notie van de vrije wil als een goddelijke gave en tegelijkertijd als een intrinsieke verantwoordelijkheid van de menselijke conditie.

Reflectie op de mens als 'Hij die is', die in staat is om zijn eigen bestemming te bepalen door middel van de vrije wil, is dus een centraal knooppunt van theologische en filosofische reflecties op de menselijke natuur en haar relatie met het Oneindige. Dit perspectief nodigt menselijke wezens uit om na te denken over hun uniciteit en waardigheid als wezens begiftigd met besluitvormingscapaciteiten en zelfbepaald, in een constante dialoog met het mysterie van hun eigen bestaan en hun verbinding met de Goddelijkheid die alle dingen doordringt.

Vrije wil en verantwoordelijkheid. De verstrengeling van ethiek, rechtvaardigheid en individuele vrijheid.

Reflecties over de vrije wil houden niet op binnen de grenzen van de academie, maar strekken zich uit tot essentiële gebieden van het sociale en culturele leven en genereren diepgaande implicaties voor ons begrip van individuele en collectieve verantwoordelijkheid. Dit filosofische concept informeert niet alleen ons begrip van individuele vrijheid, maar vormt ook onze kijk op rechtvaardigheid, ethische verantwoordelijkheid en strafpraktijken. Zo wordt de vrije wil een cruciaal knooppunt dat verweven is met fundamentele ethische, juridische en politieke kwesties.

Het idee dat elk individu een vrije wil heeft en in staat is tot autonome keuzes speelt een sleutelrol in ons begrip van persoonlijke en sociale verantwoordelijkheid. De mogelijkheid om bewust voor je daden te kiezen en de consequenties ervan te aanvaarden is de basis van onze individuele ethiek en het gevoel van rechtvaardigheid dat onze sociale interacties doordringt. Dit ethische perspectief, geworteld in de filosofische en religieuze traditie, heeft invloed gehad op de manier waarop we verantwoordelijkheid voor onze daden en ons gevoel van morele plicht tegenover anderen opvatten.

In de juridische context staat het concept van de vrije wil centraal bij het bepalen van de juridische verantwoordelijkheid van een individu voor zijn of haar daden. Het strafrecht is bijvoorbeeld vaak gebaseerd op de aanname dat individuen in staat zijn om te kiezen tussen wettig en onwettig gedrag, waarbij verantwoordelijkheid en straf worden toegekend op basis van deze veronderstelde besluitvaardigheid. De complexiteit van het concept vrije wil heeft echter geleid tot debatten over het bepalen van schuld en de ethische rechtvaardigingen achter wettelijke sancties.

Psychologische en neurowetenschappelijke studies hebben het debat over de vrije wil verrijkt door nieuwe inzichten te verschaffen in de aard van onze beslissingen. Experimenten zoals die van Benjamin Libet hebben vragen opgeroepen over de timing en de aard van menselijke beslissingen, waardoor het traditionele idee van een absolute vrije wil die onafhankelijk is van neurobiologische determinanten in twijfel wordt getrokken.

In een wereld waarin de complexiteit van ons handelen en de gevolgen ervan steeds duidelijker worden, wordt nadenken over de vrije wil cruciaal voor ons begrip van individuele en collectieve verantwoordelijkheid. De ethische, juridische en politieke kwesties rond dit concept vragen om een voortdurende interdisciplinaire dialoog over filosofie, wetenschap, sociologie en recht om de rol die keuzevrijheid speelt bij het vormgeven van onze wereld en onze fundamentele waarden duidelijker en bewuster af te bakenen.

Vrije wil en kwantumfysica.

Op het gebied van de kwantumfysica krijgt de discussie over de vrije wil fascinerende contouren. De pioniers van deze discipline hebben de basis gelegd voor een analyse die verder gaat dan de grenzen van de waarneembare werkelijkheid. Een historische premisse van deze nieuwe visie is zeker de beroemde natuurkundige Isaac Newton. Newtons mechanistische determinisme leek de wetten van de kosmos te beheersen totdat de kwantumfysica elementen van onzekerheid en willekeur introduceerde.

Een van de fundamentele experimenten die de klassieke opvatting van causaliteit in twijfel trekt, is het experiment dat door Bell werd voorgesteld en in 1982 werd uitgevoerd door Alain Aspect. Dit experiment toonde de aanwezigheid aan van ogenblikkelijke kwantumcorrelaties tussen afzonderlijke deeltjes, wat diepgaande vragen opriep over het idee van oorzaak en gevolg. Dit boeiende raadsel zette briljante intellectuelen als Albert Einstein en Stephen Hawking ertoe aan om het mysterie van de vrije wil te confronteren in het licht van de kwantumfysica.

Theoretisch natuurkundige Richard Feynman, bekend om zijn revolutionaire bijdragen aan de natuurkunde, heeft met zijn verhelderende onderzoek en theorieën een interessante en fascinerende bijdrage geleverd aan het debat over de vrije wil. Als Nobelprijswinnaar voor zijn baanbrekende werk in de kwantumelektrodynamica bood Feynman nieuwe inzichten in de aard van het universum en de rol van willekeur en waarschijnlijkheid in de fundamentele dynamica van materie en energie.

Feynmans onderzoek naar de trajecten van deeltjes en het gedrag van subatomaire interacties onthulde een verrassend complexe en genuanceerde werkelijkheid die zich onttrekt aan de klassieke deterministische logica. Op het gebied van de kwantumfysica benadrukte Feynman het bestaan van een probabilistische en niet-deterministische natuur op microscopisch niveau, in tegenstelling tot de starre voorspelbaarheid van de klassieke fysica.

Een van Feynmans belangrijkste bijdragen was zijn formulering van het principe van minimale actie, bekend als het Feynmanprincipe, dat vooronderstelt dat een fysisch systeem alle mogelijke banen in ruimtetijd volgt om van punt A naar punt B te komen, en dat de werkelijke baan een gewogen som is van al deze mogelijkheden. Dit concept, dat bekend staat als het superpositieprincipe, benadrukt hoe de kwantumwerkelijkheid intrinsiek wordt gekenmerkt door een veelheid aan opties en keuzes op subatomair niveau.

De filosofische implicaties van Feynmans werk over de probabilistische aard van de kwantumwereld hebben het debat over de vrije wil aangewakkerd, door te suggereren dat er op een fundamenteel niveau ruimten van mogelijkheden en onbepaalde keuzes zijn die de loop van gebeurtenissen kunnen beïnvloeden op manieren die niet volledig kunnen worden voorspeld. Dit perspectief opent de deur naar een nieuw begrip van vrije besluitvorming en de complexiteit van het concept zelfbeschikking.

Hedendaagse wetenschappers, zoals Carlo Rovelli en Sean Carroll, blijven de implicaties van de kwantumfysica op de vrije wil en onze perceptie van de werkelijkheid onderzoeken, waarbij ze de nadruk leggen op het naast elkaar bestaan van determinisme en willekeur in de context van de kwantumtheorie.

Dit fascinerende scenario is verweven met de filosofische speculaties van grootheden als Immanuel Kant en Friedrich Nietzsche, die de basis legden voor een complexe visie op de vrije wil als een paradoxale uitdrukking van een vrijheid die onontkoombaar is, maar ook wordt bepaald door een enorm aantal ondoorgrondelijke variabelen.

Analogieën tussen de passage en de kwantumtheorie.

Volgens traditionele opvattingen wordt het einde van het leven beschouwd als het einde van alles wat we zijn. In de afgelopen decennia is echter een intrigerend fenomeen de aandacht van onderzoekers en filosofen beginnen te trekken: de kwantummetafysica van het overleven aan het einde van het leven. Deze revolutionaire theorie is gebaseerd op probabilisme en de mogelijke keuzes die in het leven worden gemaakt, en opent fascinerende scenario's om te begrijpen wat er gebeurt nadat we zijn heengegaan.

Centraal in dit perspectief staat het concept van kwantumsuperpositie, waarbij een kwantumobject in verschillende toestanden tegelijk kan bestaan. Net zoals een deeltje zowel een golf als een deeltje kan zijn, zou ons leven in potentie in verschillende parallelle trajecten kunnen blijven bestaan.

Experimenten hebben aangetoond dat het gedrag van deeltjes op subatomair niveau niet deterministisch, maar kwantum is. Het beroemde tweespletenexperiment, uitgevoerd door natuurkundige Thomas Young in 1801, laat zien hoe een enkel deeltje tegelijkertijd door beide spleten kan gaan en met zichzelf kan interfereren, waardoor een karakteristiek patroon ontstaat.

Maar als we de rol van keuzes in ons leven in ogenschouw nemen, gaat er nog een andere mogelijkheid open. Volgens de kwantummetafysica creëert elke keuze die we maken een verdere vertakking van het universum, een soort bifurcatie van de werkelijkheid. Deze bifurcaties kunnen leiden tot situaties waarin ons zelf, na de fysieke overgang, blijft bestaan in een parallelle realiteit waarin de som van de keuzes die we in ons leven hebben gemaakt de nieuwe staat kenmerkt, in een representatie van wat het was in het vorige lichamelijke bestaan.

Wetenschapper Anthony Peake heeft deze theorie verder ontwikkeld en suggereert dat de overgang misschien gewoon een overgang is naar een andere vorm van bestaan, waar onze keuzes nog steeds onze realiteit bepalen.

Hoewel sommige critici bezwaar maken tegen de wetenschappelijke geldigheid van deze theorieën, hebben deskundigen zoals theoretisch natuurkundige en filosoof David Bohm de mogelijkheid van niet-deterministische interpretaties in de kwantumfysica erkend. Belangrijk is dat dit perspectief het belang van de overgang niet ontkent, maar een alternatieve kijk biedt op de mogelijkheid van een post-passage die gebaseerd is op kwantumprincipes.

Uiteindelijk roept de kwantummetafysica van het overleven aan het einde van het leven diepgaande vragen op over de aard van de werkelijkheid zelf. Het is een hypothese die uitnodigt om na te denken over de betekenis van onze keuzes en de macht die ze kunnen hebben om ons lot vorm te geven. Als, zoals natuurkundige John Archibald Wheeler stelt, *"we deelnemen aan het creëren van onze eigen toekomst"*, dan zouden we kunnen veronderstellen dat onze keuzes ook van invloed kunnen zijn op wat er gebeurt na het einde van ons fysieke lichaam.

Terwijl de wetenschap blijft zoeken naar een begrip van de kwantumnatuur van de werkelijkheid, zet de kwantummetafysica van het overleven aan het einde van het leven ons aan om gedurfde alternatieven te overwegen en vraagtekens te zetten bij de mysteries die nog moeten worden ontrafeld. Als de antwoorden komen, kunnen ze ons begrip van wat het betekent om 'in verschillende stadia' te leven en wat ons na de overgang te wachten staat, radicaal veranderen.

Het lot van de ziel na de overgang. Debat tussen determinisme en vrije wil.

In het oneindige en complexe landschap van metafysische vragen zijn er maar weinig die zo meeslepend en bediscussieerd zijn als het lot van de ziel na het verlaten van deze wereld. Een geschil dat geworteld is in de geschiedenis van de mensheid en waarin filosofen, theologen, wetenschappers en denkers uit alle tijden elkaar confronteren met twee schijnbaar tegenstrijdige concepten: determinisme en vrije wil.

Aan de ene kant stelt het determinisme een universum voor waarin elke gebeurtenis, inclusief het lot van zielen, vooraf bepaald is door oorzaken die teruggaan tot de oorsprong van de kosmos. Voorstanders van deze zienswijze, zoals de Griekse filosoof Leucippus in de 5e eeuw voor Christus en de natuurkundige Laplace in de 18e eeuw, beweren dat alles een precieze causale volgorde volgt; daarom zijn menselijke keuzes en het individuele lot het resultaat van onbewuste en onpersoonlijke conditionering.

De gedachte van Leucippus. Het universum als perfecte klok.

Determinisme, een oude en fascinerende filosofische doctrine, stelt een universum voor waarin elke gebeurtenis, inclusief het lot van zielen, vooraf bepaald is door een onverbiddelijke aaneenschakeling van oorzaken die teruggaan tot de oorsprong van de kosmos. In deze context komt het gedachtegoed van de Griekse filosoof Leucippus naar voren als een van de eerste stemmen die deze hypothese ondersteunen. Hij biedt een visie van het universum als een perfecte klok, waarin elke beweging voorbestemd en onveranderlijk is.

Leucippus, samen met zijn leerling Democritus de grondlegger van de atomaire school, propageerde het idee dat de wereld was opgebouwd uit kleine, ondeelbare deeltjes, 'atomen' genaamd, die zich op grond van hun intrinsieke eigenschappen eeuwig in de ruimte voortbewogen volgens deterministische wetten. Volgens deze opvatting is alles wat er in het universum gebeurt, inclusief menselijke handelingen en het lot van zielen, het noodzakelijke resultaat van deze natuurwetten en de interacties tussen atomen.

Het gedachtegoed van Leucippus is terug te vinden in veel kennisgebieden, van natuurkunde tot filosofie, van astronomie tot psychologie. Het idee dat het universum een mechanisme is dat beheerst wordt door onveranderlijke wetten heeft denkers uit verschillende tijdperken beïnvloed, zoals de Franse wiskundige en filosoof Pierre-Simon Laplace in de 18e eeuw, met zijn beroemde theorie over de 'Laplace-demon' die de toekomst kon voorspellen door de positie en snelheid van elk deeltje in het universum te kennen.

Aanwinsten op het gebied van de kwantumfysica, zoals het beroemde tweespletenexperiment of kwantum-non-lokaliteit, hebben vragen opgeworpen over het klassieke determinisme en nieuwe uitdagingen en perspectieven geïntroduceerd in het debat tussen vrije wil en determinisme. Desondanks blijft het denken van Leucippus een mijlpaal in het landschap van de deterministische filosofie, omdat het een visie biedt op een universum dat geregeerd wordt door onveranderlijke en onvermijdelijke wetten.

In een wereld waar chaos en onzekerheid de boventoon lijken te voeren, houdt de deterministische visie van Leucippus en de denkers die zich vandaag de dag nog steeds door zijn denken laten inspireren, vast aan de mogelijkheid dat alles, zelfs het lot van zielen, deel uitmaakt van een groter en ondoorgrondelijk ontwerp, van een causaliteit die de kosmos en ons bestaan beheerst.

De vrije wil en het denken van Augustinus en Thomas van Aquino. De mensheid tussen keuzes en bestemming.

Het concept van de vrije wil is altijd een van de meest fascinerende en bediscussieerde onderwerpen geweest in de geschiedenis van het menselijk denken. Het richt zich op de beslissingsbevoegdheid van het individu, de mogelijkheid om autonome keuzes te maken die iemands lot na de dood bepalen. In deze context komen de gedachten van de christelijke filosofen Augustinus en Thomas van Aquino sterk naar voren als fundamentele referentiepunten.

Augustinus, die in de 4e tot 5e eeuw na Christus leefde, behandelde het onderwerp van de vrije wil diepgaand in zijn werk *'De libero arbitrio'*, waarin hij de spanning tussen de goddelijke wil en de menselijke vrijheid onderzocht. Volgens Augustinus is de menselijke wil weliswaar geconditioneerd door de erfzonde, maar behoudt hij een restje vrijheid dat het individu in staat stelt om te kiezen tussen goed en kwaad. Het is echter de goddelijke genade die een beslissende rol speelt in het sturen van menselijke keuzes naar het goede en in het bepalen van de spirituele bestemming.

Thomas van Aquino, een Dominicaanse broeder uit de 13e eeuw, ontwikkelde het concept van de vrije wil verder binnen de Christelijke filosofie, waarbij hij de doctrine van goddelijke genade in overeenstemming bracht met de menselijke vrijheid. Volgens Thomas is de mens in staat om vrije keuzes te maken dankzij zijn rationele aard, die hem het vermogen geeft om goed van kwaad te onderscheiden. De vrije wil wordt zo een instrument waarmee het individu actief kan bijdragen aan de opbouw van zijn of haar morele en spirituele bestemming.

De beschouwingen van Augustinus en Thomas van Aquino hebben het westerse denken diepgaand beïnvloed en een blijvende stempel gedrukt op theologie, filosofie en ethiek. Het concept van de vrije wil, ontstaan uit de spanning tussen de goddelijke wil en de menselijke vrijheid, stimuleert nog steeds het debat en de vragen in zowel religieuze als filosofische kringen.

Moderne psychologische en neurowetenschappelijke experimenten, zoals die van Benjamin Libet en Sam Harris, hebben het bestaan van de vrije wil in twijfel getrokken en suggereren dat onze keuzes meer beïnvloed worden door onbewuste neurologische processen dan we denken. De beschouwingen van Augustinus en Thomas van Aquino herinneren ons echter aan de complexiteit en diepte van het menselijke dilemma tussen vrijheid en bestemming, en nodigen ons uit om na te denken over de verantwoordelijkheid van onze keuzes en de implicaties die deze hebben voor onze spirituele reis.

Aan de andere kant benadrukt de vrije wil de beslissingsbevoegdheid van het individu, het menselijk vermogen om te kiezen en zijn bestemming na de dood te bepalen. Filosofen als Augustinus en Thomas van Aquino verdedigden dit perspectief vurig met het argument dat de mens is begiftigd met een vrije wil die in staat is om de ketenen van het determinisme te doorbreken en zijn eigen spirituele bestemming vorm te geven.

Tegenwoordig is het debat verrijkt met nieuwe perspectieven dankzij onderzoek in de neurowetenschappen en de psychologie. Studies uitgevoerd door experts zoals Benjamin Libet en Sam Harris hebben vragen opgeworpen over het werkelijke bestaan van de vrije wil, en suggereren dat onze beslissingen het resultaat zouden kunnen zijn van neurologische processen die plaatsvinden op een onbewust niveau, waardoor onze perceptie van autonome besluitvorming in twijfel wordt getrokken.

Benjamin Libet, controversiële experimenten.

In de afgelopen decennia hebben studies van onder andere Benjamin Libet en Sam Harris een schaduw van twijfel geworpen op het veronderstelde bestaan van de menselijke vrije wil, en diepgaande vragen opgeroepen over de aard van onze beslissingen en de werkelijke autonomie van menselijke besluitvorming. Dit onderzoek, gebaseerd op neurowetenschappen en psychologie, heeft het traditionele beeld van de mens als een vrije agent die zich bewust is van zijn eigen keuzes, op losse schroeven gezet.

Benjamin Libet, een Amerikaanse neurofysioloog, voerde in de jaren 1980 baanbrekende experimenten uit die interessante dynamieken onthulden met betrekking tot bewustzijn en besluitvorming. In een van zijn beroemdste onderzoeken vroeg Libet deelnemers om een vrijwillige beweging te maken, zoals het indrukken van een knop, en het moment te rapporteren waarop ze de beslissing hadden genomen om dat gebaar te maken. Wat bleek was verrassend: hersenactiviteit gerelateerd aan de actie vond plaats voordat de proefpersonen zich ervan bewust waren dat ze de beslissing hadden genomen, wat suggereert dat het onbewuste een beslissende rol speelde in de keuze.

Libets bevindingen leidden tot een verhit debat binnen de wetenschappelijke en filosofische gemeenschap. Sommige critici hebben bezwaren geuit tegen de geldigheid van zijn experimenten, waarbij ze de representativiteit van de proefpersonen, de gebruikte methodologie en de interpretatie van de gegevens in twijfel trokken.

Sam Harris, een bekende neurowetenschapper en filosoof, is op deze weg verder gegaan met zijn onderzoek naar de vermeende illusie van de vrije wil. Harris stelt dat onze beslissingen het resultaat zijn van onbewuste neurale processen die plaatsvinden in de hersenen en dat het gevoel dat we de auteurs zijn van onze keuzes een illusie is die door onze geest wordt opgewekt. Door middel van experimenten en scherpe argumenten probeerde Harris aan te tonen dat onze wil in feite beperkt wordt door biologische en omgevingsfactoren die buiten onze bewuste controle liggen.

De discussie over de vrije wil, gestimuleerd door de studies van experts als Libet en Harris , bevindt zich op het kruispunt tussen wetenschap en filosofie, tussen empirische kennis en ethische reflectie. Terwijl ontdekkingen op het gebied van neurowetenschappen onze traditionele kijk op menselijke vrijheid in twijfel willen trekken, duwen ze ons ook naar een dieper begrip van de complexiteit van de menselijke geest en zijn besluitvormingsdynamiek. In een tijd waarin de wetenschap nieuw licht werpt op de fundamenten van onze identiteit, presenteert het debat over de vrije wil zich als een intellectuele en existentiële uitdaging die we niet kunnen negeren.

De studies van Benjamin Libet en Sam Harris over de menselijke vrije wil hebben echter een golf van controverse veroorzaakt die de wetenschappelijke gemeenschap heeft verdeeld. Hoewel het onderzoek van deze wetenschappers de traditionele opvatting over autonome besluitvorming lijkt te bestrijden, hebben sommige onderzoekers en filosofen bezwaren en kritiek geuit over de geldigheid en interpretatie van deze bevindingen.

Benjamin Libet betoogde met zijn baanbrekende experimenten in de jaren 1980 dat onze beslissingen en handelingen voorafgegaan zouden zijn door onbewuste hersenactiviteit, waarmee hij het idee van een bewuste vrije wil ondermijnde. Sommige kritiek richtte zich echter op de methodologie die Libet gebruikte, waarbij hij erop wees dat het moment waarop deelnemers beweren een beslissing te hebben genomen mogelijk niet precies overeenkomt met het moment waarop de actie daadwerkelijk in de hersenen werd geactiveerd. Deze temporele discrepanties doen twijfels rijzen over de werkelijke oorzaak-gevolgrelatie tussen hersenactiviteit en bewuste beslissing.

Ook de onderzoeken van Sam Harris hebben gemengde reacties uitgelokt binnen de wetenschappelijke gemeenschap. Harris stelt dat het concept van de vrije wil een illusie is die wordt voortgebracht door onbewuste neurale processen, waardoor onze perceptie dat wij de ware auteurs van onze keuzes zijn in twijfel wordt getrokken. Sommige wetenschappers betwisten echter Harris' conclusies en wijzen erop dat de filosofische implicaties van zijn argumenten wel eens radicaler zouden kunnen zijn dan de wetenschappelijke gegevens ondersteunen.

In deze context van verhitte discussies hebben veel belangrijke filosofen en wetenschappers zich geschaard aan de kant van de kritiek op de bevindingen van Libet en Harris. Denkers als Daniel Dennett en Karl Popper hebben vragen gesteld over de filosofische en ethische implicaties van een deterministische kijk op de menselijke geest en benadrukten dat het belangrijk is om ook rekening te houden met de subjectieve en culturele aspecten die onze keuzes beïnvloeden.

De experimenten die Benjamin Libet en Sam Harris respectievelijk in de jaren 1980 en de daaropvolgende decennia uitvoerden, riepen diepgaande vragen op over de aard van het bewustzijn en de menselijke vrije wil. We leven echter in een tijdperk waarin bewustzijn nog steeds 'het moeilijke probleem' is, een ingewikkeld raadsel dat nog steeds niet helder en eenduidig gedefinieerd kan worden, ondanks de vooruitgang in de neurobiologie en psychologie.

David Chalmers: Australisch filosoof, introduceerde het concept van het '*harde bewustzijnsprobleem*'. Hij benadrukte het verschil tussen het verklaren van de neurale en chemische processen die geassocieerd worden met bewustzijn (het 'makkelijke probleem') en het begrijpen van de subjectieve ervaring zelf (het 'moeilijke probleem').

Bewustzijn, opgevat als de subjectieve, zelfbewuste ervaring van het zelf en de wereld, is een van de meest complexe en mysterieuze fenomenen die door de wetenschap worden bestudeerd. Hoewel het het onderwerp is van talloze studies en debatten, is nog geen enkele theorie of wetenschappelijke benadering erin geslaagd een allesomvattende verklaring te geven van wat het menselijk bewustzijn is en hoe het werkt.

Tegen deze achtergrond van onzekerheid en epistemologische uitdagingen zijn de studies van Libet en Harris over beslissingsautonomie en de illusie van vrije wil misschien een te grof en oppervlakkig onderzoek vergeleken met de complexiteit van het onderwerp dat men zou willen onderzoeken.

Filosofen van de geest zoals Thomas Nagel en David Chalmers hebben de ongrijpbare en veelzijdige aard van het bewustzijn benadrukt, wat de noodzaak onderstreept van een interdisciplinair en geïntegreerd perspectief om deze kwestie aan te pakken. De verdeeldheid tussen neurobiologische, psychologische en filosofische studies over bewustzijn weerspiegelt de inherente complexiteit van dit fenomeen, dat zich onttrekt aan een enkele, lineaire reductie.

In het licht van deze overwegingen lijkt het duidelijk dat de experimenten van Libet en Harris, hoewel ze belangrijke bijdragen leveren aan ons begrip van de geest, op zichzelf geen oplossing kunnen bieden voor het dilemma van het menselijk bewustzijn. De uitdaging voor de wetenschappelijke en filosofische gemeenschap is om de complexiteit en de interdisciplinaire aard van dit onderzoeksgebied te omarmen en de theoretische en methodologische uitdagingen aan te gaan met een meer diepgaande en geïntegreerde benadering. Alleen dan kunnen we hopen een duidelijker licht te werpen op een van de meest fascinerende mysteries van de menselijke ervaring.

Het mysterie van de bestemming van de ziel. Tussen filosofie en wetenschap.

Eeuwenoude anekdotes en verhalen vermengen zich met de meest recente wetenschappelijke ontdekkingen, waardoor een genuanceerd en complex panorama ontstaat. Het oude Egyptische geloof in het hiernamaals, getuigenissen van ervaringen op het randje van de dood, hypnotische regressie-experimenten uitgevoerd door Brian Weiss, vormen samen een mozaïek van suggesties en vragen rond het lot van de ziel na het overlijden.

In deze wirwar van theorieën en overtuigingen is er geen definitief antwoord. Misschien, zoals de dichter Walt Whitman suggereerde, '*gaat de ziel... naar dat wat mysterie is*'. Het lot van de ziel na de overgang blijft een raadsel, een reis die ieder mens met zijn of haar eigen geweten moet maken, in de niet aflatende zoektocht naar waarheid en betekenis.

Tot de vorige eeuw was het onderzoek naar dit onderwerp voornamelijk filosofisch van aard, doordrongen van diepe reflectie en metafysische speculaties. De laatste decennia krijgt onderzoek naar dit onderwerp echter steeds meer een wetenschappelijke dimensie, waarbij filosofische reflectie wordt gecombineerd met ontdekkingen uit de neurowetenschappen, psychologie en kwantumfysica.

Historische filosofen zoals Plato en Aristoteles legden met hun opvattingen over de onsterfelijkheid van de ziel en het overleven na de dood de basis voor het toekomstige denken over dit onderwerp. Door de eeuwen heen verdiepten theologen als Augustinus en Thomas van Aquino het debat en benadrukten de fundamentele rol van geloof en rede bij het begrijpen van de spirituele bestemming van de mens.

Maar terwijl de filosofie altijd waardevolle inzichten heeft geboden in de diepten van de ziel en haar bestemming, is de moderne wetenschap pas onlangs begonnen nieuw licht te werpen op deze eeuwenoude vragen. Recente studies door neurowetenschappers als Antonio Damasio en Roger Penrose hebben nieuwe perspectieven geopend op de onderlinge verbondenheid van geest, hersenen en bewustzijn, en suggereren dat het mysterie van de ziel ook weerspiegeld kan worden in de wetten van de kwantumfysica.

Experimenten met NDE's (Near-Death Experiences), ervaringen op het randje van de dood, uitgevoerd door onderzoekers als Pim van Lommel en Sam Parnia, hebben interessante gegevens opgeleverd over de ervaringen van mensen tijdens een hartstilstand, waardoor nieuwe vragen zijn ontstaan over de niet-fysieke dimensies van de menselijke ervaring.

In een tijdperk waarin wetenschap en spiritualiteit elkaar steeds meer kruisen, vormt het lot van de ziel na de dood een ingewikkelde knoop waarbij zowel rationaliteit als geloof een rol spelen. Wetenschappelijk onderzoek, dat het onderwerp met methodologische nauwkeurigheid aanpakt, probeert de meest mysterieuze aspecten van de mens te ontrafelen, terwijl filosofie en spiritualiteit het debat over de uiteindelijke zin van ons bestaan levend houden. Uiteindelijk blijft de ziel, hoewel gehuld in een sluier van mysterie, het middelpunt van een tijdloze zoektocht, een reis die ieder met zijn of haar eigen geweten moet ondernemen in de niet aflatende zoektocht naar waarheid en betekenis.

De grondslagen van kwantummetafysica.

Binnen de filosofie zijn er maar weinig gebieden die zo fascinerend zijn en zo bediscussieerd worden als de metafysica. Deze tak van filosofisch denken houdt zich bezig met de aard van het zijn, het bestaan, de werkelijkheid en de uiteindelijke fundamenten ervan. En hoewel het een droog en abstract gebied lijkt, is metafysica het middelpunt geweest van fervente discussies die door de eeuwen heen zijn voortgezet en het menselijk denken diepgaand hebben beïnvloed.

Metafysica is een filosofische discipline die door de eeuwen heen verschillende betekenissen, kenmerken en functies heeft gekregen. Metafysica wordt vaak begrepen als de studie van de werkelijkheid die verder gaat dan wat empirisch verifieerbaar is. Het is een stimulerende uitdaging geweest voor filosofen, wetenschappers en denkers in het algemeen, die heeft geleid tot debatten over het bestaan van een werkelijkheid voorbij wat we kunnen waarnemen.

In de afgelopen eeuwen hebben filosofen verschillende metafysische definities en concepten geformuleerd, maar in de afgelopen decennia heeft een nieuw onderzoeksgebied voet aan de grond gekregen: de kwantummetafysica. Deze benadering stelt een visie op de werkelijkheid voor die de fundamentele principes van de kwantumfysica combineert met metafysische inzichten.

Om de evolutie van de metafysica te illustreren, kunnen we ons herinneren dat er in 1922 een leerstoel voor metafysica werd opgericht aan de Katholieke Universiteit van Milaan. De oprichting van deze leerstoel weerspiegelde de groeiende belangstelling voor deze tak van de filosofie in die tijd. Metafysica is een van de oudste filosofische disciplines en houdt zich bezig met fundamentele vragen over het bestaan, de realiteit, causaliteit en andere abstracte concepten.

De opening van een leerstoel die specifiek gewijd is aan metafysica wijst op een erkenning van het belang van het verdiepen van de studie van deze concepten in de academische context. Dit evenement kan worden geïnterpreteerd als een poging om een beter begrip van de aard van de werkelijkheid en metafysische onderwerpen te bevorderen onder studenten en onderzoekers in de filosofie.

Tegenwoordig maakt het metafysische theoretische gebied deel uit van het Departement Wijsbegeerte en de functies ervan worden als volgt beschreven op de website van de universiteit:

> *"Theoretisch onderzoek richt zich voornamelijk op ontologie en kennistheorie als fundamentele gebieden met betrekking tot de problemen die de complexiteit die de hedendaagse beschaving kenmerkt met zich meebrengt. In het bijzonder wordt er nagedacht over de relatie tussen technologie en humanisme en over de mogelijkheid om een epistemologisch model uit te werken dat in staat is om een integratie tussen verschillende vormen van kennis te bevorderen, in een dialoog waarbij zowel de kennis die ten grondslag ligt aan technologische ontwikkelingen als de kennis die tot uitdrukking komt in aangrenzende gebieden zoals literatuur, kunst en theologie betrokken kunnen worden. In deze richting is de vergelijking met de klassieke metafysica en haar heropleving in het moderne en hedendaagse denken relevant, om ook vanuit een hermeneutisch oogpunt de uitdagingen van de hedendaagse wereld te heroverwegen en te herformuleren."*

Er is een duidelijke verwijzing naar de noodzaak om de metafysische aspecten van de evolutie van de moderne wetenschap te onderzoeken.

Universitaire leerstoelen in parapsychologie zijn ontstaan in Freiburg, op Duitse bodem, in Utrecht, in het sprookjesachtige Nederland, en in Edinburgh, in het betoverende Schotland, de laatste geëerd met de nalatenschap van de gewaardeerde letterkundige Arthur Koestler. In 1982 schonk Koestler het volledige bedrag van zijn aanzienlijke nalatenschap aan de oprichting van een leerstoel parapsychologie op Britse bodem als een tastbaar teken van zijn welwillendheid.

In Italië is er, naast de leerstoel in Milaan, de leerstoel 'Klinische psychologie en paranormologie' die meer dan dertig jaar geleden werd ingesteld aan het Alfons College in Rome. Deze leerstoel maakt deel uit van de Lateraanse Universiteit en wordt bekleed door professor Andreas Resch uit Innsbruck, een Redemptoristenpriester, die elk jaar een cursus over deze onderwerpen geeft.

Er zijn echter verschillende onderzoeksinstituten in Italië, waaronder de AISM (Italian Scientific Association of Metapsychics), het CSP (Centro Studi Parapsicologici) in Bologna, het Centro Italiano di Parapsicologia in Napels; en de Fondazione Biblioteca Bozzano-De Boni in Bologna. Dit is de grootste gespecialiseerde bibliotheek in Italië en de op één na grootste in Europa.

Metafysica: een reis tussen oudheid en moderniteit.

Metafysica heeft een centrale rol gespeeld in de geschiedenis van de filosofie. Het gaat terug tot de oudheid met filosofen als Plato en Aristoteles die de hoofdoorzaken en de aard van het universum in twijfel trokken. Maar het was met Hegel dat de metafysica een nieuw perspectief kreeg en verbonden werd met de dialectische rede en de geschiedenis van metafysische ideeën. Hegel, met zijn concept van dialectiek, suggereerde dat de werkelijkheid voortdurend evolueert door conflicten van tegenstellingen die leiden tot een hogere synthese.

In de moderne metafysica is de kwantummetafysica een onderwerp dat veel belangstelling heeft getrokken. Deze discipline, die in de 20e eeuw ontstond met de kwantumfysica, heeft een visie op de werkelijkheid voorgesteld waarin de wetten van de klassieke fysica worden overwonnen door kwantumverschijnselen die ogenschijnlijk vreemd zijn en in strijd met de gewone logica. Het dubbelspletenexperiment van Young bijvoorbeeld benadrukte zowel het corpusculaire als het golfachtige gedrag van deeltjes en onderstreepte de buitengewone complexiteit en conceptuele uitdaging van de kwantumwerkelijkheid.

De benadering van kwantummetafysica heeft geleid tot een herdefiniëring van de traditionele concepten van ruimte, tijd en causaliteit. Hedendaagse filosofen zoals David Bohm en Thomas Kuhn hebben de implicaties van de kwantumfysica op ons begrip van werkelijkheid en zijn onderzocht. Met name Bohm bood een holografische visie op het universum waarin elk deel wordt weerspiegeld en onderling verbonden is in het geheel.

De metafysische fascinatie van de kwantumfysica: in de visies van Bohm en Kuhn.

In een tijdperk waarin wetenschappelijk onderzoek en filosofie elkaar steeds meer ontmoeten, komt de kwantummetafysica naar voren als een vruchtbare bodem voor het verkennen van de diepere implicaties van de aard van de werkelijkheid. Twee prominente figuren op dit gebied zijn de hedendaagse filosofen David Bohm en Thomas Kuhn, die het debat over de raakvlakken tussen kwantumfysica en metafysica op doorslaggevende wijze hebben verrijkt.

David Bohm, een wereldberoemde theoretische natuurkundige die bekend staat om zijn pionierswerk op het gebied van de kwantummechanica, heeft een belangrijke bijdrage geleverd aan de ontwikkeling van een eenduidig beeld van de werkelijkheid. Zijn theorie van de '*impliciete orde*', die het bestaan suggereert van een verborgen, niet-manifeste orde die de hele kosmos doordringt, is een gewaagde poging om de dichotomieën tussen materie en geest, individu en universum te overwinnen. Door het concept van de 'impliciete orde' stelt Bohm een nieuwe opvatting van het universum voor als een onderling verbonden, holistisch geheel, waarin elk deel het geheel weerspiegelt en ermee communiceert in een ingewikkeld ballet van kwantumrelaties.

Tegelijkertijd hielp Thomas Kuhn, een wetenschapsfilosoof die beroemd is om zijn theorie over wetenschappelijke paradigma's, de grondslagen van wetenschappelijke kennis in twijfel te trekken. Zijn concept van wetenschappelijke revolutie, verwoord in zijn beroemde boek 'The Structure of Scientific Revolutions', suggereert dat wetenschappelijke vooruitgang niet lineair en cumulatief verloopt, maar eerder via momenten van radicale breuk en transformatie van bestaande paradigma's. Door dit perspectief toe te passen op de kwantumfysica, nodigt Kuhn ons uit om de kwantumfysica te onderzoeken. Door dit perspectief toe te passen op de kwantumfysica, nodigt Kuhn ons uit om na te denken over de epistemologische implicaties van een discipline die onze diepste intuïties over de werkelijkheid uitdaagt.

Het samenkomen van de visies van Bohm en Kuhn opent fascinerende scenario's voor de kwantummetafysica, een onderzoeksgebied dat de onpeilbare diepten van het universum wil verkennen met behulp van de instrumenten van de kwantumfysica en de filosofie. Door middel van experimenten zoals de dubbele spleet, die de golfkarakteristiek van deeltjes en hun eigenschappen van kwantumoverpositie benadrukt, en concepten zoals kwantumverstrengeling, die de niet-lokaliteit en onderlinge verbondenheid van ver verwijderde delen benadrukt, nodigt kwantummetafysica ons uit om onze opvattingen over ruimte, tijd en causaliteit te heroverwegen.

In een tijd waarin de grenzen van kennis exponentieel toenemen, wachten ons fascinerende uitdagingen en diepgaande mysteries in het hart van de kwantummetafysica, waar de dans tussen materie en gedachte wordt onthuld in al zijn pracht en complexiteit.

Concluderend kan worden gesteld dat metafysica, in zowel haar klassieke als moderne vormen, filosofisch denken en reflectie blijft stimuleren, de grenzen van kennis uitdaagt en nieuwe perspectieven op de werkelijkheid opent. Door metafysische concepten te analyseren en te vergelijken met de meest geavanceerde wetenschappelijke ontdekkingen, kunnen we een fascinerende reis beginnen naar een dieper begrip van het universum en onze 'bestemming' daarin.

Het einde van het leven als universeel metafysisch raadsel.

In de filosofie is het concept van het einde van het leven altijd een universeel metafysisch raadsel geweest dat denkers door de eeuwen heen heeft gefascineerd. Een van de fundamentele pijlers van deze reflectie is de Platoonse visie op de onsterfelijkheid van de ziel en haar scheiding van het lichaam bij de dood.

Plato, een leidende figuur in de antieke filosofie, legde de basis voor een metafysische benadering van het levenseinde.

In de 5e eeuw voor Christus betoogde hij dat de ziel eeuwig is en dat de dood niet het einde van het bestaan betekent, maar eerder de bevrijding van de ziel uit het materiële lichaam. Deze transcendente visie op de ziel inspireerde generaties filosofen, theologen en denkers in de eeuwen daarna.

In de geschiedenis van ideeën hebben talloze figuren en gebeurtenissen ons begrip van het einde van het leven als een metafysisch raadsel helpen vormen. Van het 'gewicht van de ziel'-experiment dat Duncan MacDougall in 1907 uitvoerde om het veronderstelde gewichtsverlies bij de dood van een individu te meten, tot het werk van figuren als Augustinus, die de kwestie van de onsterfelijkheid van de ziel onderzocht in de context van de christelijke theologie, zijn de nuances van dit thema verrijkt door verschillende perspectieven.

Hedendaagse geleerden zoals Raymond Moody, een pionier in het onderzoek naar bijna-dood en post-dood ervaringen, hebben bijgedragen aan het verkennen van het mysterie van de doorgang vanuit een wetenschappelijk en psychologisch perspectief. De getuigenissen van mensen die beweren bijna-dood ervaringen te hebben gehad en contact met spirituele entiteiten hebben het debat over het bestaan van een werkelijkheid na de dood aangewakkerd.

Bovendien zijn er in de populaire cultuur en in persoonlijke ervaringen talloze verhalen en anekdotes te vinden over ontmoetingen met het mysterie van de dood en visioenen van 'licht aan het einde van de tunnel', die wijzen op de aanwezigheid van een dimensie die ons rationele begrip te boven gaat.

Samenvattend blijft het levenseinde als universeel metafysisch raadsel een fascinerend onderzoeksgebied dat niet alleen de rationele geesten van filosofen uitdaagt, maar ook de emoties en diepste overtuigingen van individuen. Door een integratie van filosofische, wetenschappelijke, religieuze en persoonlijke perspectieven kunnen we dichter komen bij een rijker en veelzijdiger begrip van deze onvermijdelijke fase van onze existentiële reis.

In het debat over het levenseinde als een universeel metafysisch raadsel introduceert modern onderzoek nu een nieuwe waarnemingslens: het kwantumperspectief, dat de complexiteit van dit fascinerende onderwerp verder verrijkt. Naast traditionele beschouwingen over de aard van de ziel en het leven na de dood, worden er nu vragen gesteld over de rol van de wetten van de kwantumfysica bij het interpreteren van de overgang van leven naar dood.

Hedendaagse wetenschappers zoals Roger Penrose, een gerenommeerd wiskundige en theoretisch natuurkundige, hebben hypotheses voorgesteld over bewustzijn en de ziel in het licht van de kwantumfysica, waarbij ze suggereren dat fenomenen zoals kwantumcoherentie op neuronaal niveau diepgaande implicaties zouden kunnen hebben voor ons concept van identiteit en de voortzetting van het zijn na de fysieke dood.

Experimenten zoals die van Pim van Lommel, een Nederlandse arts en auteur van studies over bijna-doodervaringen, tarten de traditionele opvattingen over de grens tussen leven en dood en maken de weg vrij voor nieuwe interpretaties waarin kwantummechanica een belangrijke rol zou kunnen spelen bij het begrijpen van de aard van het bewustzijn en het voortbestaan van het individu na de biologische dood.

Deze combinatie van metafysica en kwantumfysica nodigt ons uit om het levenseinde te heroverwegen als een enigma dat conventionele denkcategorieën overstijgt, waardoor nieuwe ruimten ontstaan voor dialoog en onderzoek die niet alleen onze rationaliteit, maar ook onze emoties en onze intieme overtuigingen over bestaan en transcendentie op de proef stellen.

In een tijd waarin wetenschap en spiritualiteit naar een ongekende convergentie lijken te bewegen, staat het levenseinde als een bevoorrecht kruispunt waar de grenzen tussen het zichtbare en onzichtbare, het tastbare en het ontastbare, samensmelten in een dans van mysterie en ontdekking die blijft fascineren en de essentie van onze menselijkheid in vraag blijft stellen.

Het einde van het leven in het licht van de Kantiaanse metafysica en de moderne fysica.

Immanuel Kant, de reus van de Duitse filosofie, drukte met zijn monumentale werk 'Kritiek van de zuivere rede' een onuitwisbare stempel op de metafysica. In dit meesterwerk probeert Kant de tegenstellingen tussen empirisme en rationalisme te overwinnen en de weg vrij te maken voor een filosofische visie die verder gaat dan louter zintuiglijke waarneming en puur logisch redeneren. Kants idee van metafysica loopt vooruit op concepten die, hoewel ze niet expliciet worden gemaakt in zijn werk, weerklinken in de meest geavanceerde hypothesen van de hedendaagse fysica.

Revolutionaire ontdekkingen in de moderne natuurkunde, zoals de relativiteitstheorie van Albert Einstein en de kwantummechanica, hebben ons begrip van de werkelijkheid ingrijpend veranderd. Het idee dat ruimte en tijd met elkaar verbonden zijn en dat materie tegelijkertijd in verschillende vormen kan bestaan, volgens de principes van kwantum superpositie, voegt een nieuwe dimensie toe aan ons begrip van leven en dood.

Cruciale gebeurtenissen in de geschiedenis van de wetenschap, zoals het dubbelspletenexperiment dat het golf- en corpusculaire gedrag van licht en materie benadrukte, hebben de ongrijpbare en schijnbaar ondoorgrondelijke aard van de werkelijkheid duidelijk gemaakt. Deze ontwikkelingen openen nieuwe perspectieven op de mogelijkheid van het voortbestaan van het individu na de dood, stellen traditionele opvattingen op de proef en openen de horizon voor een nog dieper begrip van het levenseinde als een moment van overgang en transformatie.

In deze ingewikkelde verweving van filosofie, wetenschap en spiritualiteit openbaart het levenseinde zich als een essentiële knoop die ons aanzet tot nadenken over de uiteindelijke zin van ons bestaan en de aard van het universum waarin we zijn ondergedompeld. De synthese tussen de Kantiaanse visie op metafysica als een ruimte van mogelijkheden en de ondoorgrondelijke complexiteit van de kwantumfysica nodigt ons uit om de grenzen van de menselijke kennis te verkennen, waardoor vele deuren opengaan naar een steeds weidser en fascinerender begrip van de mysteries rond onze overgang naar het grote mysterie van het levenseinde.

Het internationale congres voor parapsychologie in 1953 .

Het Internationale Congres voor Parapsychologie in 1953 werd gehouden in Parijs, Frankrijk. De stad van licht en cultuur bood de prestigieuze omgeving waarin vooraanstaande geleerden en onderzoekers bijeenkwamen om hun ontdekkingen en theorieën over parapsychologie en metafysica te bespreken en te presenteren. De kosmopolitische en intellectuele atmosfeer van Parijs hielp dit congres tot een evenement van internationale omvang te maken dat een blijvende indruk achterliet op het gebied van onderzoek naar paranormale verschijnselen en het begrip van het hiernamaals.

In het academische landschap van de 20e eeuw viel dit congres op als een baanbrekende gebeurtenis die nieuw licht wierp op het metafysische raadsel van het hiernamaals. Op die historische bijeenkomst kwamen verlichte geleerden en onderzoekers bijeen om anekdotisch bewijs over overleven na de dood te onderzoeken en de diepgaande verbanden tussen kwantumfysica en metafysica te bespreken.

Een van de hoofdrolspelers op die conferentie was de beroemde parapsycholoog Dr. Rhine, beroemd om zijn baanbrekende onderzoek naar paranormale verschijnselen. Hij was het die de academische en wetenschappelijke wereld een reeks experimenten voorlegde die nieuw licht wierpen op het bestaan van een werkelijkheid na de dood. Door middel van gedocumenteerde gevallen van paranormale communicatie en mediumschapsverschijnselen toonden Dr. Rhine en zijn team aan dat het leven door kon gaan voorbij de grens van de fysieke dood.

De invloed van de kwantumfysica op de metafysica werd tastbaar tijdens de conferentie. Erwin Schròdinger, een vooraanstaand theoretisch natuurkundige en Nobelprijswinnaar, bekend van het beroemde kattenexperiment, droeg bij aan het debat met zijn revolutionaire theorieën over de golfkarakteristiek van de werkelijkheid. Hij benadrukte hoe kwantumprincipes het idee van een niet-lokaal en immaterieel bewustzijn konden ondersteunen, wat de deur opende naar nieuwe interpretaties van het bestaan na de dood.

Verhalen over bijna-doodervaringen, communicatie met buitenwereldse entiteiten en visioenen van plaatsen buiten de gewone fysica waren centrale gespreksonderwerpen op de conferentie. Wetenschappers zoals professor Stevenson, bekend om zijn onderzoek naar reïncarnatie, brachten gevallen aan het licht van kinderen die zich details van vorige levens herinnerden en die inzicht boden in een continuïteit van de ziel na de lichamelijke dood.

Ian Stevenson kwam naar voren als een leidende figuur tijdens deze conferentie. Door de wetenschappelijke nauwkeurigheid en toewijding waarmee hij zijn onderzoek uitvoerde, presenteerde Stevenson buitengewone gevallen.

Een van de meest emblematische casussen betrof een kind dat van jongs af aan gedetailleerd vertelde over episodes en details van een leven in een ander tijdperk en een verre plaats. Door zorgvuldig onderzoek met directe getuigenissen, historische documenten en verwijzingen was Stevenson in staat om de samenhang van de herinneringen van dit kind aan te tonen met het leven van een individu dat echt bestaan heeft in het verleden.

Deze gevallen stonden niet op zichzelf, maar vormden een reeks voorbeelden die de weg openden voor diepere reflectie over de aard van de ziel en het mogelijke voortbestaan ervan na de dood. De vergelijking tussen het empirische bewijs dat Stevenson verzamelde en de metafysische theorieën over de cyclus van reïncarnaties en de continuïteit van de spirituele essentie leidde tot verhitte debatten en fundamentele vragen over de betekenis en de bestemming van het individu na het aardse leven.

Het Congres van 1953 bleek dus een cruciaal moment te zijn waarop parapsychologie en parafysica elkaar ontmoetten, inzichten boden in het universele raadsel van het levenseinde en nieuwe perspectieven openden voor onderzoek en begrip van de aard van het menselijk bestaan.

De verhitte discussies en het suggestieve bewijs bleven generaties onderzoekers inspireren om zich te verdiepen in het metafysische raadsel van het bestaan na de dood, en bevestigden dat het einde van het leven een van de grootste universele raadsels blijft die nog ontrafeld moeten worden.

De erfenis van het Internationale Congres voor Parapsychologie in 1953 heeft door de tijd heen nagalmd en heeft het debat beïnvloed over transcendentale kwesties met betrekking tot leven, dood en de aard van het bestaan zelf. Dit evenement gaf niet alleen een impuls aan verder onderzoek op het gebied van parapsychologie en metafysica, maar voedde ook een groter bewustzijn van de complexiteit en diepte van de menselijke ervaring.

Van de uitgevoerde experimenten tot de meest gedurfde theorieën, het Congres van 1953 opende deuren naar een nog grotendeels onontgonnen gebied, het daagde conventionele opvattingen uit en bracht een nieuw panorama van existentiële mogelijkheden naar voren. Discussies over andere vlakken van de werkelijkheid, de subtiele energieën die het universum doordringen en de onderlinge verbindingen tussen geest, materie en bewustzijn boden inzichten in een bredere en meer geïntegreerde kijk op de kosmos.

De evolutie van ons begrip van het einde van het leven door kwantummetafysica.

Al sinds de oudheid proberen filosofen en denkers de betekenis van het einde van het leven en het lot van de ziel na het aardse leven te begrijpen. Metafysica, als een discipline die verder gaat dan de contingente aspecten van zintuiglijke ervaring, biedt ons de instrumenten om dergelijke diepgaande vragen te onderzoeken.

Door een combinatie van filosofie en wetenschap wil de kwantummetafysica ons begrip van overleven tot de dood en de werkelijkheid die de grenzen van de materiële wereld overstijgt, verdiepen. Studies op het gebied van kwantumfysica, van verstrikkingsexperimenten tot de theorie van parallelle universa, hebben licht geworpen op de mogelijkheid van een onbekende werkelijkheid voorbij wat we met onze zintuigen waarnemen.

Door ons te laten inspireren door belangrijke gebeurtenissen en ontdekkingen kunnen we een ontwikkelingskoers uitzetten voor ons begrip van de passage en zijn metafysische implicaties.

Een van deze scharniermomenten was de oprichting in 2012 van het '*Cambridge Center for the Study of Existential Risk*' aan de Universiteit van Cambridge, dat zich richtte op de analyse van existentiële risico's die de toekomst van de mensheid zouden kunnen bedreigen, waaronder de kwestie van het einde van het leven.

Dit baanbrekende onderzoekscentrum heeft de aandacht getrokken van eminente geleerden, filosofen en wetenschappers die zich hebben gewijd aan de diepgaande studie van kwesties die verder gaan dan het louter fysieke bestaan van de mens. Het einde van het leven, niet alleen opgevat als het moment van de fysieke dood, maar als de overgang van leven naar niet-leven, vertegenwoordigt een metafysisch dilemma over de aard van de mens en zijn relatie met het universum.

Daarnaast bieden de getuigenissen van talrijke wetenschappers en onderzoekers op het gebied van kwantummetafysica, zoals David Bohm, Amit Goswami en Fritjof Capra, een fundamentele bijdrage aan het begrijpen van het verband tussen kwantummetafysica en het levenseinde. Door hun theorieën en erkenning van het belang van bewustzijn in de creatie en interpretatie van de werkelijkheid, worden we ertoe aangezet om te onderzoeken hoe het levenseinde kan worden opgevat als een overgang naar een andere bestaansvorm dan ons aardse leven.

Van de oude filosofie tot de moderne kwantumwetenschap hebben we geleidelijk onze cognitieve horizon verbreed en staan we voor de uitdaging om het levenseinde op een bredere en meer interdisciplinaire manier te begrijpen.

2 - OP DE ZIEL.

"Wie naar buiten kijkt, droomt; wie naar binnen kijkt, wordt wakker."
(Carl Jung)

Hoofdstuk 3. De ziel, een geschenk om te koesteren.

"De schoonheid van de ziel straalt wanneer het hart vrij is van de ketenen van materie."

(Khalil Gibran).

Bestaan van de ziel: Wetenschappelijke en filosofische suggesties over overleven aan het einde van het leven.

In wetenschappelijke discussies hebben talloze geleerden bijgedragen aan het leggen van de basis voor een dieper begrip van de ziel en haar vermeende onsterfelijkheid. Prominent onder hen is de bekende neurochirurg Eben Alexander, die in zijn boek Proof of Heaven verslag doet van zijn persoonlijke ervaring met een naderende dood die volgens hem het bestaan van de ziel en de voortzetting van het bewustzijn na de fysieke passage bevestigt.

Tegelijkertijd biedt de neurowetenschappen een wetenschappelijk perspectief op bijna-doodervaringen. De studie van *bijna-doodervaringen* (NDE's) heeft veel belangstelling en debat getrokken, waarbij Dr. Sam Parnia, een expert op het gebied van NDE's, verklaarde dat zulke ervaringen veel voorkomen en bewijs kunnen leveren voor het voortbestaan van de ziel.

Een andere prominente wetenschapper is Dr. Raymond Moody, die een reeks onderzoeken heeft gedaan naar bijna-doodervaringen en de term '*grenservaringen*' heeft bedacht om ze te beschrijven. Getuigenissen verzameld door Moody suggereren dat veel mensen tijdens deze ervaringen het gevoel hebben gescheiden te zijn van hun fysieke lichaam en een hogere staat van bewustzijn binnen te gaan, afgestemd op een bestaan dat verder gaat dan de overgang.

Aan de andere kant heeft de filosofie bijgedragen aan een breed scala aan argumenten en speculaties over de ziel en haar mogelijke bestaan. Plato, een van de invloedrijkste filosofen uit de geschiedenis, ontwikkelde de theorie van de onsterfelijke ziel, met het argument dat de ziel losstaat van het lichaam en zelfs na het overlijden blijft bestaan. Dit filosofische standpunt heeft het westerse denken sterk beïnvloed.

Plato's nalatenschap in de opbouw van het westerse denken.

In het immense palet van de filosofie hebben maar weinig penselen het concept van de ziel en het einde van het leven zo vaardig en diepgaand geschilderd als Plato, de gevierde denker uit het oude Griekenland. De stichter van de Academie van Athene werkte niet alleen een van de meest fascinerende theorieën over het bestaan van de onsterfelijke ziel uit, maar gaf ook vorm aan een heel metafysisch perspectief dat door de eeuwen heen heeft nagalmd en het hedendaagse westerse denken heeft gevormd.

In de dialoog 'Phaedo' onderzoekt Plato de aard van de ziel. Hij stelt dat de ziel eeuwig is, losstaat van het lichaam en begiftigd is met aangeboren kennis. Deze visie overstijgt de beperkte aardse horizon en biedt een perspectief dat tot diepgaande reflecties heeft geleid over de aard van het menselijk bestaan en de betekenis van de term.

> *"En zo is het dat de ziel niet alleen onverbrandbaar is, maar ook eeuwig, want ze is samengesteld met wijsheid, omdat God haar heeft samengesteld. We hoopten dat jullie nu met ons naar het graf van Cebete zouden gaan, met een vrije en rustige ziel. Wij vermanen u: wees moedig en geef uw leven op met eenvoud en rust, wetende dat deze dingen waar zijn" ("Phaedo, 118)*

Plato's invloed is voelbaar in veel cruciale fasen in de geschiedenis van het westerse denken. Zo assimileerde en herinterpreteerde het christelijke denken het idee van een onsterfelijke ziel die verbonden is met een goddelijk principe, wat leidde tot een dualistische kijk op de mens en zijn lot na de dood. In latere eeuwen herinterpreteerden en ontwikkelden filosofen zoals Descartes het onderscheid tussen geest en lichaam dat door Plato werd ingehuldigd en legden zo de basis voor het ontstaan van de moderne filosofie van de geest.

De theorie van de onsterfelijke ziel is in de loop van de geschiedenis echter ook in botsing gekomen met andere filosofische en wetenschappelijke perspectieven. Filosofisch materialisme, bijvoorbeeld, heeft het idee van een buitenwereldse realiteit aangevochten en probeerde menselijke ervaringen uitsluitend in fysieke en materiële termen te verklaren. Bovendien hebben wetenschappelijke experimenten op het gebied van de neurowetenschappen twijfels geuit over het voortbestaan van een immateriële entiteit zoals de ziel na de biologische dood.

Zoeken naar de ziel op de verkeerde plaats.

De ziel is een eeuwenoud mysterie dat de onderzoekers van menselijke kennis blijft uitdagen, vooral wanneer ze ondergedompeld zijn in vooroordelen. In het huidige tijdperk, dat gedomineerd wordt door neurowetenschappen en materialistisch onderzoek, vindt het concept van een immateriële entiteit als de ziel een ongemakkelijke basis om op te staan.

Experimenten op het gebied van de neurowetenschappen proberen de nauwe samenhang tussen hersenactiviteit en mentale verschijnselen te benadrukken en suggereren dat bewustzijn en menselijke ervaringen terug te voeren zijn op neurologische en biosociale processen. Studies van hersenletsels, correlaties tussen hersenactiviteit en mentale toestanden en de invloed van psychoactieve stoffen hebben geholpen om de fundamenten van het traditionele idee van een immateriële ziel los van het lichaam te ondermijnen.

Vooraanstaande wetenschappers als Antonio Damasio, met zijn werk over de integratie van geest en lichaam, en Steven Pinker, met zijn theorieën over de evolutie van de geest, hebben twijfels geuit over het concept van een onsterfelijke ziel en een materialistische benadering voorgesteld om het menselijk bewustzijn te begrijpen. Een tijd lang wonnen reductionistische theorieën, die mentale fenomenen uitsluitend in fysische termen proberen te verklaren, terrein, waardoor het traditionele dualistische mensbeeld werd heroverwogen.

Ondanks de opkomst van het wetenschappelijk materialisme is er echter nog steeds een stroming in het denken die de onuitputtelijke complexiteit van het concept bewustzijn en zijn ongrijpbare verbinding met de ziel erkent. Hedendaagse filosofen zoals David Chalmers vader van het *'harde probleem van het bewustzijn'* en Thomas Metzinger met zijn theorie van zelfbedrog bieden alternatieve perspectieven die de beperkingen van de puur materialistische benadering van de geest ter discussie stellen.

In deze ingewikkelde dans tussen wetenschap en metafysica blijft de zoektocht naar de ziel aanleiding geven tot verhitte debatten en onbeantwoorde vragen. Terwijl de materialistische wetenschap het raadsel van het bewustzijn probeert op te lossen door het te reduceren tot tastbare processen, opent de filosofie ruimte voor reflectie over het mogelijke bestaan van een onafhankelijke entiteit voorbij de grens van het fysieke lichaam.

Dus, op de grens van ons begrip, staan de ziel en het bewustzijn als schildwachten van een oud en tijdloos mysterie, die ons uitnodigen om de grenzen van onze kennis te verkennen en de complexiteit van onze menselijke natuur te confronteren. In deze ingewikkelde verweving van wetenschap en metafysica ligt misschien wel de sleutel tot het ontsluiten van een van de grootste raadsels van het menselijk bestaan.

Het debat over de ziel en het levenseinde blijft wetenschappers uit verschillende disciplines intrigeren. Aan de ene kant analyseert de filosofie de ethische en metafysische implicaties van dood en transcendentie, terwijl de wetenschap de geheimen van het bewustzijn en de menselijke identiteit probeert te ontrafelen door middel van studies naar hersenactiviteit en de bijna-doodervaring.

Uiteindelijk blijft het metafysische raadsel van het einde van het leven, zoals voorgesteld door Plato, een cruciale knoop in het menselijk denken, die een constante dialoog tussen verschillende perspectieven en disciplines vereist. De erfenis van de oude Griekse filosoof leeft nog steeds voort in onze overwegingen over de eeuwigheid van de ziel en het mysterie van de dood.

Ook de 18e-eeuwse mystieke denker en theoloog Emanuel Swedenborg bood een belangrijk filosofisch perspectief op het voortbestaan van de ziel. Swedenborg beweerde goddelijke openbaringen te hebben ontvangen die hem in staat stelden om de wereld van de geesten te verkennen en zijn werken, zoals 'Hemel en Hel', versterkten het idee dat de ziel voorbestemd is om na het einde van het leven te blijven bestaan.

Deze wetenschappelijke en filosofische discussies zijn niet afdoend, maar ze openen wel de deur naar diepgaande reflecties over de voortdurende verkenning van de ziel en haar mogelijke voortbestaan na het levenseinde. Ze bieden een vruchtbare bodem om een brug te slaan tussen empirisme en mystiek, en nodigen uit tot de fusie van wetenschappelijke kennis en mystiek onderzoek om het raadsel van het bestaan van de ziel en het lot dat haar wacht na het levenseinde diepgaand te onderzoeken.

Het bestaan van de ziel: een vergelijking tussen religies en wetenschappelijke theorieën.

Eeuwenlang hebben veel religies het bestaan van de ziel als een centraal element van hun leer verdedigd. In het Christendom bijvoorbeeld stelt de doctrine van de *Katechismus van de Katholieke Kerk* dat de ziel rechtstreeks door God geschapen is en de fysieke dood overleeft, in afwachting van de wederopstanding van het lichaam ten tijde van het Laatste Oordeel.

Oosterse religies, zoals het hindoeïsme en het boeddhisme, bieden een complexer perspectief op de ziel. In het hindoeïstische concept van de '*atman*' wordt de ziel beschouwd als deel van de universele energie en voorbestemd voor herhaalde reïncarnaties op basis van iemands daden (*karma*). In het boeddhisme spreken we van '*anatta*'. Anatta is een essentieel concept dat de westerse opvattingen over het zelf en de aard van het menselijk bestaan uitdaagt. Anatta, letterlijk vertaald als '*niet-zelf*' of '*afwezigheid van het ego*', is een fundamentele pijler van het boeddhistische wereldbeeld en nodigt uit tot diepe reflectie over de vergankelijke aard van identiteit en de ware realiteit van het zelf.

Centraal in de Anatta leer staat het idee dat er geen permanente en onveranderlijke kern van het ego is en dat de illusie van een afgescheiden en onderscheiden zelf aan de basis ligt van menselijk lijden. Dit concept, duidelijk verwoord in oude geschriften zoals de '*Pali Canon*', nodigt boeddhistische beoefenaars uit om voorbij de verschijningen en egoïstische identificaties te kijken om de ware aard van de werkelijkheid te ontdekken.

Gautama Boeddha, de stichter van het boeddhisme, was de eerste die de leer van Anatta verkondigde in de context van de Vier Edele Waarheden, waarbij hij benadrukte dat het overwinnen van de illusie van het ego essentieel is om bevrijding te bereiken van de cyclus van pijn en wedergeboorte. Door de beoefening van meditatie en zelfobservatie worden volgelingen van het boeddhisme opgeroepen om de vergankelijke en onderling verbonden aard van hun bestaan te verkennen om zo rechtstreeks de afwezigheid van het ego te ervaren.

In de boeddhistische traditie ontwikkelden vooraanstaande meesters als Nagarjuna en Dogen het concept van Anatta verder en verdiepten ze het begrip van de leegte van het ego en de onderlinge afhankelijkheid van alle wezens. Door middel van anekdotes, parabels en leringen brachten ze de wijsheid van het niet-hebben en vergankelijkheid over en boden ze praktische paden om de illusie van het ego te overwinnen en het volledige bewustzijn van de werkelijkheid te bereiken.

In zijn baanbrekende verhandeling, de 'Maha-Prasangika-Madhyamaka' zette Nagarjuna het idee uiteen van de leegte van het ego als een middel om de illusie van het ego te overwinnen en zichzelf open te stellen voor een begrip van de ware aard van het bestaan. Hij haalde vaak parabels en anekdotes aan om zijn leer te illustreren, zoals het beroemde verhaal van 'Koning Milinda', waarin een monarch de monnik Nagasena uitdagende vragen stelt over de aard van het ego en antwoorden krijgt die de fundamenten van de individuele identiteit in twijfel trekken.

Dogen, bekend om zijn zenbenadering van het boeddhisme, nam het concept Anatta op in zijn lessen over meditatiebeoefening en verlichting. Door middel van zijn werk 'Shobogenzo' nodigt hij aspiranten tot mindfulness uit om na te denken over het idee van de onderlinge afhankelijkheid van alle wezens, waarbij hij onderwijst dat het gevoel van scheiding tussen zelf en wereld een illusie is die overwonnen moet worden om innerlijke vrede te bereiken.

In recentere tijden hebben westerse geleerden zoals Alan Watts en Thich Nhat Hanh geholpen om het begrip van Anatta buiten de traditionele grenzen van het boeddhisme te verspreiden, door eigentijdse interpretaties en praktische toepassingen van dit universele principe te bieden. Door hun werken, lezingen en lessen hebben ze de diepe wijsheid van niet-identificatie en vrijheid van ego-dualiteit toegankelijk gemaakt voor een Westers publiek.

Is het denkbaar dat religies de dood verheerlijken als een moment van oordeel om gelovigen te conditioneren?

Het concept van de verheerlijking van de dood als een moment van oordeel en conditionering van gelovigen door religies is een complexe kwestie die in de geschiedenis van het filosofische en religieuze denken tot uitgebreide discussies heeft geleid. Verschillende filosofen en denkers hebben deze kwestie onderzocht en bieden reflecties en argumenten over hoe religies de perceptie van de dood en het laatste oordeel kunnen beïnvloeden om gelovigen te conditioneren.

Een van de bekendste filosofen die zich met deze kwestie heeft beziggehouden is Friedrich Nietzsche, een beroemde Duitse filosoof uit de 19e eeuw. Nietzsche had scherpe kritiek op traditionele religies, vooral op het christendom, vanwege wat hij beschreef als een '*slavenmoraal*' die gebaseerd was op het idee van een goddelijk oordeel en de belofte van een beter hiernamaals in ruil voor aardse onderwerping. Nietzsche stelde dat deze opvatting van de dood als een moment des oordeels gebruikt kon worden om de massa te conditioneren en te manipuleren.

Nietzsche bedacht het begrip '*slavenmoraal*' om te verwijzen naar de christelijke opvatting van moraal als een middel om mensen te domineren en te controleren. Hij bekritiseerde het idee van een oordelende God die beloningen of straffen in het hiernamaals beloofde op basis van daden die in het leven waren verricht. Hij geloofde dat dit concept schadelijk was, omdat het gebruikt kon worden om de emoties en handelingen van mensen te manipuleren, waardoor ze geconditioneerd werden om bepaald gedrag te volgen uit angst voor de gevolgen na de dood.

Nietzsche erkende het troostende potentieel van religie voor veel individuen, maar betwistte de manier waarop religieuze instellingen de angst voor de dood en het goddelijke oordeel misbruikten om een dwingende ethiek op te leggen en de individuele vrijheid te beperken. Hij stelde een ethiek voor die gebaseerd was op zelfbeschikking, zelfbevestiging en acceptatie van iemands menselijkheid zonder afhankelijk te zijn van concepten van zonde en verlossing.

Nietzsches ideeën hebben een grote invloed gehad op de westerse filosofie en het culturele debat over de rol van religie in de samenleving. Zijn kritiek op traditionele opvattingen over de dood, het oordeel en het hiernamaals heeft diepgaande reflecties gestimuleerd over individuele vrijheid, authenticiteit en morele verantwoordelijkheid buiten conventionele religieuze instanties.

Concluderend kan gesteld worden dat Nietzsches analyse van de rol van religies in het verheerlijken van de dood als middel om de massa's te conditioneren een belangrijke bijdrage is aan de kritische reflectie op cultuur en maatschappij. Zijn ideeën nodigen uit tot diepgaande reflectie over de dynamiek van macht en controle die aanwezig is in religieuze instellingen en het belang van een vrije en authentieke visie op leven en dood voorbij dogma's en dogmatische overtuigingen.

Een andere filosoof die de rol van religies in het verheerlijken van de dood als controle-instrument heeft onderzocht, is Michel Foucault. Foucault, een Franse filosoof uit de 20e eeuw, analyseerde het concept van '*biomacht*' en hoe religieuze en politieke instellingen discipline en controle over leven en dood gebruiken om het gedrag en de overtuigingen van mensen te reguleren. Hij liet zien hoe religies percepties van dood en oordeel kunnen beïnvloeden om de acties en gedachten van gelovigen te sturen.

Foucault staat bekend om zijn theorieën over maatschappij, macht en kennis. Hij bood een bijzonder perspectief op de rol van religieuze instellingen in het verheerlijken van de dood als instrument van sociale controle. Zijn concept van '*biopower*' verwijst naar de manier waarop politieke en religieuze instellingen controle uitoefenen over het leven en de dood van mensen.

Foucault analyseerde hoe religieuze instellingen, samen met politieke instellingen, discipline en controle over leven en dood gebruiken om sociale percepties en praktijken te beïnvloeden. Hij benadrukte hoe religies verhalen en interpretaties van dood en oordeel kunnen bieden die de acties en gedachten van gelovigen conditioneren en morele normen en sociaal gedrag creëren die in overeenstemming zijn met hun waarden en leerstellingen.

Volgens Foucault kunnen religieuze instellingen disciplinaire macht uitoefenen over leven en dood door het reguleren van rituele praktijken, overtuigingen en morele waarden. Deze controle kan de perceptie van de dood als een moment van overgang en oordeel diepgaand beïnvloeden, waardoor individuele en collectieve visies op het bestaan en het hiernamaals vorm krijgen.

Foucaults kritiek op de sociale controle die religieuze instellingen uitoefenen op de dood maakt deel uit van de bredere context van zijn werk over de analyse van macht, discipline en toezicht in moderne samenlevingen. Foucaults analyse van de rol van religies in het verheerlijken van de dood als instrument van sociale controle biedt een scherpe lens om de complexiteit van de dynamiek van macht en invloed in religieuze instellingen en de bredere culturele context te bekijken. Zijn reflecties stimuleren een groter bewustzijn en een kritische analyse van praktijken en overtuigingen met betrekking tot de dood en het hiernamaals.

Michel Foucaults perspectief op de rol van religieuze instellingen maakt deel uit van een bredere bevraging van de aard van macht, sociale controle en disciplinaire praktijken die kenmerkend zijn voor moderne samenlevingen. Foucault benadrukte hoe religieuze instellingen, maar ook politieke en sociale instellingen, het thema van de dood en het oordeel kunnen gebruiken als instrument om individueel en collectief gedrag te reguleren en controlemechanismen te creëren die de overtuigingen, waarden en handelingen van mensen beïnvloeden.

Zijn analyse belicht de complexiteit van de machtsdynamiek in de context van religieuze instellingen en benadrukt de manieren waarop deze situaties opvattingen over de dood en het hiernamaals diepgaand kunnen beïnvloeden. Foucault stimuleert kritische reflectie op het snijvlak van macht, discipline en religieus geloof en nodigt ons uit om te onderzoeken hoe verhalen over de dood gebruikt kunnen worden om de samenleving te conditioneren en een bepaalde sociale en morele orde te handhaven.

Andere hedendaagse geleerden hebben bestudeerd hoe religies concepten als goddelijk oordeel, het hiernamaals en schuld gebruiken om gelovigen te conditioneren en controle over de samenleving te behouden. Deze wetenschappers hebben gewezen op de kracht van religieuze overtuigingen om individueel en collectief gedrag te beïnvloeden door angst voor de dood en het oordeel.

Uiteindelijk is de rol van religies in het verheerlijken van de dood als een moment van oordeel om gelovigen te conditioneren een complex onderwerp waarbij kwesties van macht, sociale controle, moraliteit en filosofie een rol spelen. De beschouwingen van filosofen als Nietzsche en Foucault bieden interessante inzichten in hoe religies de overtuigingen en handelingen van mensen kunnen beïnvloeden door middel van concepten die te maken hebben met de dood en het oordeel.

Het is echter ook belangrijk om na te denken over de positieve rol die religies kunnen spelen bij het omgaan met dood en oordeel, door troost, hoop en morele begeleiding te bieden aan gelovigen in moeilijke en onzekere tijden. Veel religies bevorderen waarden als mededogen, solidariteit en liefde die mensen kunnen helpen zin en doel te vinden in leven en dood.

Tegelijkertijd is het essentieel om een kritisch perspectief en onderscheidingsvermogen te behouden ten opzichte van religieuze interpretaties en leringen die gebruikt kunnen worden voor controle en manipulatie. Filosofie en kritische reflectie kunnen helpen om de verschillende opvattingen over dood en oordeel in verschillende religieuze tradities te onderzoeken en deze op een doordachte manier te evalueren.

Nadenken over de rol van religies in het verheerlijken van de dood als een moment van oordeel kan helpen bij het ontwikkelen van een bredere en meer uitgesproken kijk op hoe religieuze overtuigingen en praktijken de individuele en collectieve perceptie van leven en dood beïnvloeden. Deze reflectie kan inzichten en discussies opleveren over hoe religies kunnen fungeren als een controlemiddel, maar ook als een bron van troost en inspiratie voor gelovigen en religieuze gemeenschappen.

In de context van Oosterse religies, zoals het boeddhisme en hindoeïsme, zijn er verschillende benaderingen van het idee van de dood als een moment van oordeel. Deze tradities benadrukken vaak concepten als karma, de cyclus van wedergeboorten en de zoektocht naar spirituele bevrijding als centrale begrippen in het begrip van het menselijk bestaan na het aardse leven.

In het boeddhisme bijvoorbeeld wordt de dood niet gezien als een moment van goddelijk oordeel, maar eerder als een natuurlijke overgang in de cyclus van samsara, die kan leiden tot wedergeboorte op basis van iemands daden in het verleden. Het begrip karma, dat verwijst naar iemands handelingen en intenties en de gevolgen daarvan, staat centraal bij het bepalen van het lot van de ziel na de dood. In deze context onderwijst het boeddhisme individuele verantwoordelijkheid en het belang van het cultiveren van deugdzaamheid en mededogen om het lot na de dood positief te beïnvloeden.

In het hindoeïsme staat het idee van karma en wedergeboorte ook centraal in de opvatting over dood en oordeel. Moksha, bevrijding uit de cyclus van wedergeboorte, vertegenwoordigt het ultieme doel voor individuen die streven naar opperste spirituele realisatie voorbij het aardse leven. In deze context wordt het moment van het einde van het leven gezien als een kans om spirituele vooruitgang te boeken en bevrijding te bereiken van de illusie en het lijden van de materiële wereld.

Filosofen en geleerden uit deze Oosterse religieuze tradities hebben belangrijke inzichten gegeven in de aard van de dood en het hiernamaals, waarbij ze vaak de nadruk legden op meditatie, moraliteit en onbaatzuchtige dienstbaarheid als hulpmiddelen om zich voor te bereiden op de overgang na het aardse leven. Spirituele meesters zoals de Dalai Lama in het Tibetaans boeddhisme en Swami Vivekananda in het hindoeïsme hebben waardevolle leerstellingen overgebracht over het begrijpen van de dood en het oordeel vanuit het perspectief van de oosterse spirituele tradities.

Samenvattend bieden Oosterse religies een diverse en diepgaande kijk op de dood als een tijd van overgang en spirituele mogelijkheden. Het verkennen van hun leringen en perspectieven op het leven na de overgang kan ons begrip van sterfelijkheid en spiritualiteit verrijken en biedt een uniek perspectief op de aard van het oordeel en de bestemming van de ziel na het aardse leven.

Deze oosterse religieuze tradities nodigen gelovigen vaak uit om de dood te beschouwen als een integraal onderdeel van de natuurlijke cyclus van het bestaan en moedigen hen aan om bedachtzaam te leven en deugden te cultiveren die hun lot na het aardse leven positief kunnen beïnvloeden. De benadering van het hiernamaals en de dood door Oosterse religies richt zich vaak op innerlijke transformatie, het verzamelen van spirituele verdiensten en de evolutie van de ziel naar bevrijding en verlichting.

Bij het onderzoeken van de rol van Oosterse religies in het verheerlijken van de dood als een moment van oordeel en conditionering, is het ook belangrijk om de culturele en historische context waarin deze tradities zich ontwikkelden in ogenschouw te nemen. Rituele praktijken, overtuigingen en culturele waarden kunnen de perceptie en interpretatie van de dood en het hiernamaals in de oosterse religieuze context aanzienlijk beïnvloeden.

De rijkdom en complexiteit van interpretaties van dood en oordeel in Oosterse religies bieden inzicht in de aard van het bestaan, spiritualiteit en eeuwigheid. De leringen van Oosterse spirituele meesters en de wijsheid die van generatie op generatie is doorgegeven, kunnen inspireren tot een meer inclusieve en compassievolle kijk op de dood als een integraal onderdeel van de spirituele reis van elk individu.

Het concept van de ziel in de context van wetenschappelijke theorieën.

In de context van wetenschappelijke theorieën is het concept van de ziel vaak het onderwerp van debat en speculatie. Sommige wetenschappers, zoals Nobelprijswinnaar Sir John Eccles, hebben theorieën voorgesteld zoals de wisselwerking tussen geest en hersenen, die beargumenteren dat de ziel als een entiteit los van het lichaam kan bestaan.

Aan de andere kant heeft de neurowetenschap geprobeerd om de fenomenen van de menselijke ervaring te verklaren aan de hand van neurologische processen. De beroemde wetenschapper Francis Crick stelde in zijn boek '*The Astonishing Hypothesis*' dat bewustzijn het resultaat is van hersenactiviteit en dat het idee van een onafhankelijke ziel slechts een illusie is.

Bovendien hebben onderzoeken naar *bijna-doodervaringen* (*BDE's*) bijgedragen aan de discussie over het bestaan van de ziel. Dr. Kenneth Ring, emeritus hoogleraar psychologie, heeft NDE's onderzocht en ontdekte dat veel mensen die deze ervaringen hebben gehad, gevoelens van de aanwezigheid van licht, spirituele verbondenheid en openbaringen melden die lijken te wijzen op een bestaan buiten het fysieke lichaam.

Een ander belangrijk aspect zijn recente onderzoeken waarin kwantumfysica wordt gecombineerd met informatietheorie en zielsperceptie. Theoretisch natuurkundige Stuart Hameroff en medisch anesthesist Sir Roger Penrose hebben een theorie ontwikkeld die bekend staat als Orch-OR, die suggereert dat de ziel zich kan vormen als een subtiele vorm van kwantumenergie als gevolg van kwantumcollapses binnen de microtubuli van hersencellen. We bespreken dit uitgebreid in een later hoofdstuk.

Het materialistische paradigma tegen het leven na de passage: Een botsing tussen wetenschap en geloof.

Door de geschiedenis heen hebben verschillende religies een spirituele waarde toegekend aan het bestaan van de ziel en haar continuïteit na de lichamelijke overgang. Neem bijvoorbeeld het boeddhisme, dat spreekt over het concept van reïncarnatie en een spiritueel pad dat zich over meerdere levens ontvouwt. Het concept van '*Nirvana*' in de boeddhistische traditie vertegenwoordigt het ultieme doel, bevrijding van cycli van geboorte en dood.

Op dezelfde manier wordt in het christendom de ziel beschouwd als een onsterfelijk en goddelijk deel van de mens, bestemd om de eeuwigheid te bereiken naast God. De Heilige Schrift geeft verwijzingen naar het hiernamaals en het leven na de dood en ondersteunt het bestaan van een hemels of hels rijk, afhankelijk van de daden die in het leven zijn verricht.

De wetenschappelijke evolutietheorie, ontwikkeld door Charles Darwin in de 19e eeuw, presenteerde een ander perspectief op het ontstaan en de aard van de mens. Volgens deze theorie zouden mensen het resultaat zijn van een evolutionair proces dat begon met eenvoudige organismen. In de context van deze theorie zou het idee van een individuele, onsterfelijke ziel op gespannen voet kunnen staan met een puur materialistische interpretatie van het bestaan.

Op het gebied van de kwantumfysica openen zich echter nieuwe perspectieven op het onderwerp van de ziel en het overleven na het overlijden. Verschillende wetenschappers hebben dit gebied onderzocht en leveren verhelderende bijdragen aan het debat.

Theoretisch natuurkundige John Archibald Wheeler ondersteunde het idee dat de waarnemer (de ziel of het bewustzijn) de werkelijkheid kan beïnvloeden en het universum zelf kan creëren door de niet-temporaliteit van kwantumverschijnselen.

Hoewel religies en de wetenschap het bestaan van de ziel vanuit verschillende perspectieven benaderen, is het mogelijk om punten van convergentie tussen de twee te identificeren. Sommige geleerden pleiten bijvoorbeeld voor de aanwezigheid van een '*morfogenetisch veld*' dat het voortbestaan van herinneringen en ervaringen na de fysieke passage kan verklaren. Deze hypothese, geopperd door biologen zoals Rupert Sheldrake, zou de weg kunnen banen voor een meer verenigd begrip tussen religies en wetenschap.

Het morfogenetisch veld en de persistentie van herinneringen: een onderzoek naar herinneringen voorbij het fysieke leven.

De wereld van de wetenschap en het menselijk bewustzijn is doordrongen van een aantal intrigerende vragen die de grenzen van kennis verleggen voorbij conventionele grenzen. Een van deze fascinerende vragen betreft het voortbestaan van herinneringen en ervaringen na het fysieke leven van een individu. Een stimulerende hypothese die de aandacht en nieuwsgierigheid van velen heeft getrokken is die van het 'morfogenetisch veld', voorgesteld door Rupert Sheldrake, een Britse bioloog en schrijver die bekend staat om zijn revolutionaire theorieën.

Het concept van het morfogenetisch veld is gebaseerd op het idee dat er een onzichtbaar, onbekend veld bestaat dat de groei en ontwikkeling van levende organismen verbindt en beïnvloedt. Volgens Sheldrake zou dit veld ook informatie kunnen bevatten over de ervaringen en herinneringen van een individu, die zelfs na zijn of haar fysieke verdwijning blijven bestaan.

Om zijn theorie te ondersteunen, baseerde Sheldrake zich op verschillende onderzoeken en experimenten op het gebied van biologie, psychologie en kwantumfysica. Een van de bekendste voorbeelden is het concept van het 'collectieve onderbewuste', voorgesteld door de Zwitserse psychiater Carl Gustav Jung, dat het bestaan suggereert van een gedeelde onbewuste laag van ervaringen en symbolen die de mensheid gemeen heeft.

Verder haalde Sheldrake gevallen aan van 'herinneringen aan vorige levens' die werden gerapporteerd door mensen die beweren ervaringen te hebben gehad die ze rationeel gezien niet konden weten, wat het idee ondersteunt dat deze informatie bewaard zou kunnen blijven en via een of ander onconventioneel medium zou kunnen worden doorgegeven.

Hoe sciencefiction of metafysisch het ook mag klinken, de morfogenetische veld hypothese werpt belangrijke vragen op over de aard van geheugen, tijd en bewustzijn die nog steeds onoplosbaar zijn voor het menselijk begrip. Wetenschappers zoals Dean Radin, een natuurkundige en parapsycholoog, hebben ook bijgedragen aan het onderzoeken van de mogelijke onderlinge verbinding tussen de menselijke geest en fenomenen buiten de zintuiglijke waarneming.

Samengevat opent het morfogenetisch veld een interessant debat over de oorsprong en het voortbestaan van herinneringen, waarbij de wetenschap wordt gestimuleerd om nieuwe grenzen te verkennen en traditionele opvattingen over de werkelijkheid worden uitgedaagd. Hoewel deze theorie onderhevig kan zijn aan kritiek en scepsis, biedt ze een intrigerende mogelijkheid om na te denken over de complexiteit van het menselijk geheugen en het onontgonnen potentieel van de geest en het leven voorbij het zichtbare.

Het begrip 'veld' in de kwantumfysica:

In het hart van de kwantumfysica ligt een raadselachtig en fascinerend begrip dat traditionele opvattingen over de werkelijkheid uitdaagt: het concept 'veld'. Dit fundamentele idee, dat teruggaat tot het begin van de kwantummechanica in de eerste decennia van de 20e eeuw, spreekt tot de verbeelding van wetenschappers, filosofen en toeschouwers van allerlei slag en opent de deur naar nieuwe visies op ons universum.

Een van de pioniers die het concept van velden in de kwantumfysica introduceerde was Albert Einstein, met zijn algemene relativiteitstheorie die ons begrip van ruimte en tijd revolutionair veranderde. Het was echter het werk van grote geesten als Max Planck, Niels Bohr, Werner Heisenberg en Erwin Schrödinger dat de basis legde voor de moderne kwantumveldentheorie.

Dankzij de dubbelspletenexperimenten van Thomas Young in 1801 en onderzoek naar fotonen en het golfachtige gedrag van materie, zoals aangetoond door het elektronendiffractie-experiment, benadrukte de kwantumfysica de golfachtige en probabilistische aard van de werkelijkheid op subatomair niveau. Dit leidde tot het idee dat elementaire deeltjes zoals quarks, elektronen en fotonen op elkaar inwerken via krachtvelden die ruimte en tijd doordringen.

Het concept van een veld in de kwantumfysica is nauw verbonden met het begrip kwantumvacuüm, een toestand van minimale energie waarin kwantumveldfluctuaties een subtiel web van energie creëren dat het hele universum doordringt. Dit kwantumvacuüm is rijk aan potentialen die aanleiding geven tot de deeltjes en interacties die we waarnemen in de macroscopische wereld.

Een veelgebruikte analogie voor het begrijpen van kwantumvelden is die van het oppervlak van een meer, waarbij de golven overeenkomen met de fluctuaties van het veld en de interacties tussen de golven de fundamentele krachten en deeltjes van het universum voorstellen. Deze suggestieve kijk helpt ons om de werkelijkheid niet op te vatten als een statische verzameling van geïsoleerde deeltjes, maar als een ingewikkeld weefsel van onderling verbonden velden die de structuur van ons bestaan vormen.

In het hart van de kwantumveldentheorie ligt een universum van fascinerende raadsels en opzienbarende onthullingen die conventionele opvattingen over de werkelijkheid aan diggelen slaan. Volgens deze revolutionaire theorie worden elementaire deeltjes niet langer beschouwd als geïsoleerde objecten, maar als opgewonden toestanden van kwantumvelden die ruimte en tijd doordringen en de fundamenten van ons bestaan vormen.

Dat wil zeggen, er zou een 'deeltjesveld' bestaan dat we ons kunnen voorstellen als een meer zo breed als het hele universum. In dit 'meer' of 'veld' komen de individuele deeltjes overeen met de rimpelingen die aan het oppervlak kunnen ontstaan, en de interacties tussen de rimpelingen vertegenwoordigen de fundamentele krachten en deeltjes van het universum.

Er is het protonenveld, het elektronenveld, het neutronenveld enzovoort. Deze velden liggen boven elkaar maar zijn onafhankelijk. Er zijn geen afzonderlijke fysieke lichamen, maar aangeslagen toestanden van kleine delen van het 'oppervlak' van een veld. Zelfs de atomen en cellen in ons lichaam zijn aangeslagen toestanden van de relevante velden.

De wortels van deze revolutionaire visie liggen in het pionierswerk van grote geesten in de natuurkunde, zoals Richard Feynman, Murray Gell-Mann, Julian

Schwinger en Shinichiro Tomonaga, die in de jaren 1940 de kwantumveldentheorie ontwikkelden. Door de formulering van deze theorie ontstond een buitengewoon landschap waarin kwantumvelden de hoofdrolspelers zijn, terwijl deeltjes slechts epifenomenen van deze velden zijn.

Volgens dit perspectief worden kwantumvelden beschreven als primaire, opdoemende ontologische entiteiten waaruit de deeltjes en interacties voortkomen die we in het universum waarnemen. In tegenstelling tot de klassieke kijk die deeltjes een autonome individuele entiteit toeschrijft, benadrukt de veldtheorie de onverbrekelijke relatie tussen deeltjes en velden, waarbij de mechanistische opvatting die accumulaties van afzonderlijke 'objecten' zou zien, wordt vervangen door de visie van een levendig weefsel van interacties en waarschijnlijkheden.

Een sprekend voorbeeld van deze revolutionaire visie zijn de elektronen waaruit materie bestaat, waaronder ons lichaam en het hele universum. Elektronen worden beschouwd als aangeslagen toestanden van het elektronenveld, die zich manifesteren als waarschijnlijkheidsgolven die zich alleen in tastbare vorm manifesteren door interacties met andere velden. Dit perspectief onthult een buitengewoon landschap waarin het bestaan van deeltjes nauw samenhangt met de complexe vervlechting van kwantumvelden.

De visie die voortkomt uit de analyse van kwantumtoestanden en hun onderliggende velden onthult een universum van buitengewone complexiteit en onderlinge verbondenheid, waarin ruimte en tijd nauw met elkaar verweven zijn door interacties tussen velden. Dit fascinerende scenario brengt een wereldbeeld met zich mee waarin het concept van causaliteit en determinisme op de proef wordt gesteld, wat de deur opent naar een nieuwe manier om de werkelijkheid en het bestaan zelf op te vatten.

Concluderend onthult het kwantumveldconcept een levendig en mysterieus universum waarin de werkelijkheid zich ontvouwt door een ingewikkeld ballet van op elkaar inwerkende velden en kwantumtoestanden. Dit perspectief nodigt ons uit om de verborgen diepten van de natuur te verkennen en de wonderen te aanschouwen van een wereld waarin deeltjes en interacties slechts de echo's zijn van een diepere, grenzeloze werkelijkheid.

De aard van de ziel: een sleutelelement in het begrijpen van overleven.

De vraag naar de aard van de ziel heeft door de eeuwen heen zowel wetenschappers als filosofen gefascineerd. Een van de oudste debatten gaat over de dualiteit tussen lichaam en ziel, die teruggaat tot het denken van Griekse filosofen als Plato en Aristoteles. Plato pleitte voor het bestaan van een onsterfelijke ziel los van het lichaam, terwijl Aristoteles de ziel beschouwde als een integraal onderdeel van de mens.

In de afgelopen decennia heeft wetenschappelijk onderzoek belangrijke bijdragen geleverd aan discussies over de aard van de ziel. De psycholoog Carl Gustav Jung introduceerde bijvoorbeeld het concept van het collectieve onderbewustzijn, een soort bewustzijnsniveau dat door alle individuen gedeeld wordt. Volgens Jung zou de ziel deel uitmaken van dit collectieve onderbewustzijn en het kanaal zijn waardoor transpersoonlijke ervaringen plaatsvinden.

Een ander voorbeeld zijn de studies van neurowetenschapper Mario Beauregard, die de neurologische effecten van mystieke en spirituele ervaringen onderzocht. Zijn onderzoek suggereert dat zulke ervaringen gerelateerd kunnen zijn aan verschillende hersenactiviteiten, wat het bestaan suggereert van een aspect van het menselijk wezen dat verder gaat dan de louter materiële wereld.

We mogen de belangrijke bijdrage van de kwantumfysica niet vergeten. Natuurkundigen hebben ontdekt dat subatomaire deeltjes tegelijkertijd deeltjes en golven kunnen zijn en beïnvloed worden door de waarnemer zelf. Deze bevindingen roepen vragen op over de mogelijkheid dat de ziel verbonden is met diepere niveaus van bewustzijn en met de kwantumverbondenheid van alle dingen.

Een fundamenteel experiment dat nog meer vragen opriep over de aard van de ziel was het experiment dat in 1967 werd uitgevoerd door Sir Roger Penrose en Stuart Hameroff, bekend van hun Orch-Or. (*ORCHestrated Objective Reduction*) theorie. Volgens deze theorie zou bewustzijn het resultaat zijn van kwantuminteracties binnen microtubuli, structuren die in hersencellen worden aangetroffen. Dit suggereert dat de ziel verbonden zou kunnen zijn met de kwantumeigenschappen van materie zelf.

De illusie van tijd en ruimte in het hiernamaals.

Tijd is een fundamentele dimensie van onze menselijke ervaring, maar hoe wordt het waargenomen tijdens het verstrijken? Door de geschiedenis heen hebben veel filosofen nagedacht over de aard van tijd en hoe het onze werkelijkheid beïnvloedt. De Griekse filosoof Plato stelde bijvoorbeeld dat tijd slechts een schaduw was van de werkelijkheid van ideeën, terwijl voor de Duitse filosoof Immanuel Kant tijd een categorie was waarmee we onze ervaring construeren.

In de afgelopen decennia heeft de wetenschap nieuwe inzichten verschaft in de aard van tijd. Albert Einstein toonde met zijn relativiteitstheorie aan dat tijd afhankelijk is van snelheid en de aanwezigheid van zwaartekracht. Dit betekent dat tijd anders kan worden waargenomen, afhankelijk van de omstandigheden waarin we ons bevinden. Tijddilatatie-experimenten met precisiemeters hebben bijvoorbeeld aangetoond dat tijd langzamer stroomt in de buurt van grote massa's, zoals de aarde.

De vraag wordt nog interessanter als we kijken naar de ervaring van overgaan. Er zijn talloze getuigenissen en anekdotes van mensen die 'leven na het overlijden'-ervaringen hebben gehad, waarbij de perceptie van tijd blijkbaar langer werd of zelfs helemaal verdween. Deze ervaringen zijn beschreven door veel mensen die in de buurt van de klinische overgang zijn geweest of die een NDE (Bijna Dood Ervaring) hebben meegemaakt, waarin ze beweren gevoelens van eeuwigheid of een vervormd besef van tijd te hebben ervaren.

De wetenschap heeft geprobeerd deze mysterieuze ervaringen te onderzoeken. Een belangrijk onderzoek werd uitgevoerd door de Zwitserse arts Elisabeth Kübler-Ross, een van de pioniers op het gebied van bijna-doodervaringen. Door interviews met terminaal zieke patiënten ontdekte Kübler-Ross dat velen van hen meldden dat ze zich 'buiten de tijd' voelden tijdens deze ervaringen. Dit onderzoek hielp om een empirische basis te leggen voor het begrijpen van de ervaring dat de tijd bijna voorbij is.

Naast wetenschap bieden ook filosofie en spiritualiteit interessante aanknopingspunten voor reflectie op de perceptie van tijd aan het einde van het leven. Sommige wetenschappers suggereren dat het hiernamaals een dimensie kan zijn waarin tijd niet bestaat of anders wordt ervaren dan de aardse werkelijkheid. De Duitse filosoof Friedrich Nietzsche theoretiseerde bijvoorbeeld over het bestaan van een 'eeuwige terugkeer' waarin alles zich zonder einde herhaalt.

Hoofdstuk 4. Wat gebeurt er na het levenseinde? Klassieke theorieën.

De dood neemt alles weg wat niet van jou is. Het geheim van het leven is "sterven voordat je sterft" en te ontdekken dat er geen dood is.
(Eckhart Tolle)

Sinds de vroegste beschavingen heeft de mensheid geprobeerd te begrijpen wat er na het levenseinde gebeurt. In het oude Egypte geloofde men bijvoorbeeld in de continuïteit van de ziel na het overlijden en werden rituelen uitgevoerd om een veilige doorgang naar het hiernamaals te garanderen. Deze overtuigingen zijn door de generaties heen doorgegeven en hebben door de eeuwen heen de filosofieën en religies van vele culturen beïnvloed.

De hedendaagse wetenschap heeft geprobeerd een rationeel licht te werpen op dit mysterieuze onderwerp. Een van de uitgangspunten is de *Bijna Dood* Ervaring (NDE), waarin mensen die bijna dood zijn geweest gedetailleerd verslag doen van hun ervaringen. Een van de beroemdste gevallen is dat van de arts Raymond Moody, die in zijn boek '*Life After Life*' talloze patiënten interviewde die NDE-ervaringen rapporteerden, waaronder de ervaring dat ze hun lichaam verlieten, lichtgevende ontmoetingen en het gevoel van universele vrede en liefde.

Andere experimenten, zoals die van de Amerikaanse arts Michael Sabom, bestudeerden de NDE-ervaringen van patiënten die hartreanimatie ondergingen. Sabom ontdekte dat veel van de beschrijvingen van de NDE-ervaringen met elkaar overeenkwamen, ongeacht culturele of individuele verschillen tussen patiënten. Dit leidde tot een grotere wetenschappelijke overweging van het idee dat er voor iedereen na het levenseinde een vergelijkbare ervaring bestaat.

Kwantumfysica is een ander gebied dat interessante inzichten heeft opgeleverd over wat er na het levenseinde zou kunnen gebeuren. Sommige wetenschappers, zoals de Britse natuurkundige Sir Roger Penrose en anesthesist Stuart Hameroff, hebben het bestaan van kwantumactiviteit in de hersenen getheoretiseerd die de lichamelijke dood zou overleven. Deze theorie stelt voor dat bewustzijn kan bestaan in een entiteit die losstaat van het lichaam en na het overlijden in een eeuwig bestaan kan voortbestaan.

Vanuit het perspectief van de evolutie gelooft psycholoog Michael A. Persinger dat de energie van het bewustzijn kan samensmelten met de energie van de kosmos, wat leidt tot een transcendente ervaring na het passeren ervan. Persinger verwijst naar het concept van de 'noosphere' als een uitbreiding van ons individuele bewustzijn.

Persingers voorgestelde benadering werpt een nieuw licht op de hypothese dat het individuele bewustzijn zichzelf kan voortzetten in een grotere dimensie na de fysieke dood, dankzij de evolutie van de menselijke geest zelf.

Persinger, bekend om zijn onderzoek naar de interactie tussen de hersenen en de externe omgeving, neemt afstand van de traditionele religieuze benadering en richt zich op de energie van het bewustzijn. Hij suggereert dat deze energie zich in een proces van 'fusie' zou kunnen verenigen met kosmische energie, wat de deur zou openen naar een transcendente ervaring voorbij het aardse leven.

Als we teruggaan naar de oorsprong van dit perspectief, vinden we de wortels in het concept van de 'noossfeer' dat in de jaren 1920 werd bedacht door de Franse filosoof en theoloog Pierre Teilhard de Chardin. De noossfeer werd gedefinieerd als de globale sfeer van de menselijke geest, een verweven weefsel van individuele geesten dat zich uitstrekt tot op planetair niveau. Binnen dit conceptuele kader draagt elk individueel bewustzijn bij aan het vormen en uitbreiden van de noossfeer zelf, waardoor een collectief substraat ontstaat voor spirituele ervaringen en de continuïteit van het zijn na de dood.

Om zijn theorie te ondersteunen, haalt Persinger voorbeelden aan van bijna-doodervaringen waarin individuen gevoelens van universele verbondenheid rapporteerden, van eenheid met de hele kosmos. Een emblematisch onderzoek is het onderzoek dat Raymond Moody in de jaren 1970 uitvoerde naar NDE's, waarin elementen van licht, kalmte en totale acceptatie werden aangetoond tijdens bijna-doodervaringen.

De kwantumfysica biedt ook interessante inzichten voor deze reflectie. Het idee dat energie niet oplost maar getransformeerd wordt, volgens het principe van behoud van energie, zou het idee kunnen ondersteunen van een overgang van de energie van bewustzijn naar een grotere, meer ongrijpbare vorm na de dood.

Ervaringen met hypnotische regressie.

Het mysterie van leven en dood heeft de mensheid altijd gefascineerd en theorieën, overtuigingen en hypotheses gegenereerd over het lot van het bewustzijn zodra het lichaam ophoudt te bestaan. Onder de vele perspectieven die in de loop van de geschiedenis naar voren zijn gekomen, is een intrigerende en controversiële benadering de hypnotische regressie-ervaringen van onderzoekers als Brian Weiss en Michael Newton. Deze ervaringen bieden een nieuw inzicht in de mogelijkheid om toegang te krijgen tot herinneringen aan vorige levens en het verkennen van overgangen tussen het aardse bestaan en spirituele dimensies, waardoor nieuwe horizonten worden geopend in het begrijpen van het hiernamaals.

Brian Weiss, psychiater en auteur van internationale bestsellers zoals '*Many Lives, Many Masters*', heeft talloze hypnotische regressiesessies uitgevoerd met zijn patiënten, waarbij verrassende herinneringen aan vorige levens aan het licht kwamen. Door deze ervaringen konden patiënten die angsten, emotionele blokkades of schijnbaar onverklaarbare lichamelijke symptomen vertoonden, de diepe wortels van deze problemen in hun vorige levens onderzoeken, waardoor een proces van genezing en bewustwording op gang kwam.

Een andere pionier op dit gebied was Dr. Michael Newton, auteur van baanbrekende werken zoals '*Journey of Souls*' en '*Destiny of Souls*'. Door zijn onderzoek naar hypnotische regressie bij duizenden patiënten, schetste Newton een gestructureerde kijk op zielenreizen tussen levens, met details over de overgangsfasen tussen dood en wedergeboorte, spirituele dimensies en ontmoetingen met gidsen en mentoren in het hiernamaals.

De getuigenissen die voortkwamen uit deze hypnotische sessies zijn geanalyseerd en vergeleken door vele geleerden en experts op het gebied van psychologie, spiritualiteit en parapsychologie. Sommige critici twijfelen aan de wetenschappelijke geldigheid van deze ervaringen en beweren dat ze het resultaat kunnen zijn van suggestie of fantasie. Maar voor veel voorstanders van hypnotische regressie zijn de terugkerende overeenkomsten tussen de verslagen van de patiënten, de nauwkeurigheid van de historische details en de positieve transformatie van de levensomstandigheden van de betrokkenen een indicatie voor de ware omvang van deze ervaringen.

Naast controverse en interpretatie zetten hypnotische regressie-ervaringen ons aan om na te denken over de mogelijkheid van een continuïteit van bewustzijn na de fysieke dood, wat suggestieve scenario's opent over de aard van het menselijk bestaan en bestemming. In een context waar wetenschap en spiritualiteit elkaar ontmoeten, nodigen deze getuigenissen ons uit om de grenzen van ons begrip te verkennen en nieuwe perspectieven te overwegen op leven, dood en het mysterie van het oneindige dat ons omringt.

Hoewel de vraag wat er na de dood gebeurt een van de meest fascinerende en onopgeloste mysteries van de mensheid blijft, nodigt de benadering van Persinger en andere wetenschappers ons uit om de mogelijkheid te overwegen dat ons bewustzijn een reis maakt voorbij de fysieke grenzen, in wisselwerking met kosmische energie in een evolutionair continuüm. Dit scenario dwingt ons om nieuwe grenzen van kennis te verkennen en de aard van leven en dood te heroverwegen.

Het is echter belangrijk om te benadrukken dat het debat over wat er gebeurt na het levenseinde open blijft en onderhevig is aan verschillende interpretaties. Wetenschappelijke en filosofische benaderingen kunnen slechts gedeeltelijke hypotheses en verklaringen bieden, terwijl iedereen zijn of haar eigen persoonlijke kijk op dit mysterie kan hebben. In de afgelopen decennia zijn er echter wetenschappelijke benaderingen ontstaan die ondersteund worden door experimenteel bewijs over de reële mogelijkheid van het voortbestaan van de 'ziel' in de nieuwe interpretatie van 'kwantumbewustzijn'.

De betekenis van de doorgang. Een reflectie op de laatste passage van het leven.

Het einde van het leven is een natuurlijk onderdeel van de menselijke existentiële cyclus, maar wat betekent het eigenlijk? Veel denkers en geleerden hebben geprobeerd dit eeuwige raadsel te doorgronden. Vanuit filosofisch oogpunt beweren sommigen dat de overgang het element is dat waarde en betekenis geeft aan het leven zelf. Historisch gezien hebben grote denkers zoals de Griekse filosoof Socrates en de Romeinse stoïcijn Seneca het onderwerp van het levenseinde onderzocht en de noodzaak benadrukt om het met moed en wijsheid te benaderen.

Voor Socrates betekende de dood niet het absolute einde van het bestaan, maar eerder een overgang naar iets groters en mysterieuzers. In de Platonische dialoog '*Phaedon*' drukt Socrates zijn geloof uit dat de ziel onsterfelijk is en dat de dood slechts de scheiding van het lichaam voorstelt, terwijl de ziel haar reis naar een ander bestaan voortzet:

> *"Misschien, vriend Phaedon, laat het bevestigd en waar zijn dat tegenover de dood het leven staat. Inderdaad, zo bezien is het ene de aanwezigheid van het andere, het ene voor het andere."*

Deze kijk op de dood als een overgang naar een hogere levensvorm weerspiegelt de diepe spiritualiteit en het geloof in de onsterfelijkheid van de ziel die het Socratische denken kenmerkten.

Seneca, een belangrijke exponent van het stoïcisme, ging ook moedig en sereen om met de dood. In zijn werken, zoals de '*Brieven aan Lucilius*', spoort Seneca ons aan om de dood te beschouwen als een integraal onderdeel van het leven zelf en om op elk moment verstandig en deugdzaam te leven, zonder angst voor het onvermijdelijke lot. Hij schrijft:

> *"De dood bevrijdt ons van onze banden en ons verdriet, niet van onze persoon".*

Dit stoïcijnse perspectief op de dood als bevrijding van aardse ellende en als een moment van overgang naar een hogere werkelijkheid weerspiegelt het vermogen om het mysterie van het menselijk bestaan met sereniteit te aanvaarden.

Samengevat leren zowel Socrates als Seneca ons, net als zoveel andere filosofen, dat de dood met wijsheid en moed tegemoet treden essentieel is voor het leiden van een authentiek en zinvol leven. Hun visie op de dood als overgang en als bevrijding nodigt ons uit om na te denken over de transcendente dimensie van het bestaan en om de mogelijkheid te overwegen van een bestemming die ons rationele begrip te boven gaat. Zoals Seneca stelt:

> *"Er was nooit een tijd waarin onze ziel niet was; noch zal er een tijd zijn waarin ze niet zal zijn; want zijn is niet met tussenpozen geboren worden, maar bestaan."*

Daarom kunnen we, in het licht van de leringen van deze grote denkers, de overgang niet zien als een beangstigend raadsel, maar als een kans voor innerlijke groei en contemplatie van het oneindige. De lessen van Socrates en Seneca nodigen ons uit om met wijsheid, deugd en moed te leven, het beste te maken van de tijd die ons op deze aarde gegeven is en het mysterie van het einde van het leven tegemoet te treden met de wetenschap dat dit uiteindelijk een nieuw begin kan zijn naar iets dat nog groter is.

Het perspectief van de wetenschap.

De traditionele wetenschap daarentegen biedt vaak een ontkennend perspectief... Evolutionaire theorieën suggereren dat het einde van het leven niets meer is dan een noodzakelijk mechanisme voor de continuïteit van soorten en de evolutie van het leven op aarde. Charles Darwin legde in zijn werk '*The Origin of Species*' uit hoe evolutie verloopt via 'natuurlijke selectie', waarbij soorten met eigenschappen die beter zijn aangepast aan de omgeving overleven en zich voortplanten, terwijl soorten die minder zijn aangepast uitsterven. De dood wordt dus een cruciaal proces voor de vooruitgang en aanpassing van levensvormen en vervult hierin zijn taak.

De 'terreur van de vernietiging' theorie.

In de afgelopen decennia heeft de psychologie bijgedragen aan een beter begrip van het levenseinde en hoe dit mensen beïnvloedt. De '*terreur van de vernietiging*' theorie, ontwikkeld door de psychologen Ernest Becker en Sheldon Solomon, benadrukt de impact die het besef van de eigen sterfelijkheid heeft op de psyche van het individu. Volgens deze theorie kan de angst om te sterven leiden tot defensief gedrag, zoals het zoeken naar betekenis en het verlangen om een blijvende indruk achter te laten in de samenleving.

Ernest Becker zette in 1973 in zijn baanbrekende werk '*The Denial of Death*' zijn theorie uiteen dat het besef van de eigen sterfelijkheid aan de basis ligt van veel menselijk gedrag. Dit bewustzijn, dat ons onderscheidt van dieren die instinctief leven, genereert existentiële angst en een diepe angst om uit het bestaan te worden gewist. Sheldon Solomon, samen met collega's Jeff Greenberg en Tom Pyszczynski, zette deze onderzoekslijn voort met experimenten over zelfwaardering en sterfelijkheid (*Terror Management Theory*) en toonde aan hoe angst voor de dood onze dagelijkse keuzes en handelingen beïnvloedt op vaak subtiele maar significante manieren.

Een van de bekendste voorbeelden van hoe de terreur van vernietiging menselijke samenlevingen kan vormgeven, is te vinden in literaire en filosofische werken die hun auteur onsterfelijk willen maken. De zoektocht naar symbolische onsterfelijkheid door middel van artistieke creatie, schrijven of sociaal engagement is een weerspiegeling van de menselijke behoefte om te overleven na de fysieke dood. Kunstenaars als Leonardo da Vinci, Shakespeare en Beethoven, om er maar een paar te noemen, hebben een eeuwige stempel gedrukt op de menselijke cultuur, juist in een poging om de terreur van de vernietiging te verslaan.

In de religieuze en spirituele praktijken van alle tijden vinden we ook antwoorden op het dilemma van de dood. Het concept van een leven na de dood, van reïncarnatie, of van hemel en hel, beantwoordt deels aan de menselijke behoefte om zin en continuïteit te geven aan het eigen bestaan.

Maar ondanks eeuwen van speculatie, onderzoek en geloof blijft het mysterie na de dood intact. De terreurtheorie van vernietiging herinnert ons eraan dat het besef van onze sterfelijkheid een krachtige motor is voor actie en creativiteit, maar ook onze keuzes op beperkende manieren kan conditioneren. Als we het onderwerp van de dood en het leven na de dood moedig en bewust tegemoet treden, kunnen we onszelf en onze plaats in het universum beter begrijpen.

Concluderend zijn de zoektocht naar betekenis, de afdruk die we achterlaten op de wereld en de overtuigingen die we omarmen allemaal manieren waarop we de terreur van vernietiging het hoofd kunnen bieden en betekenis kunnen geven aan ons kortstondige bestaan.

De invloed van de zekerheid van passage op sociaal gedrag.

Experimenten zoals die van de sociaal psychologen Solomon Asch en Muzafer Sherif hebben de invloed van de overgang op sociale perceptie en gedrag benadrukt.

Studies hebben aangetoond dat het bewustzijn van het levenseinde de identiteit en steun voor gedeelde culturele waarden kan versterken. Het fenomeen van groepsidentiteit en het verlangen om erbij te horen kunnen bijvoorbeeld versterken als verdedigingsmechanismen tegen de angst voor het levenseinde.

Solomon Asch, bekend om zijn experimenten op het gebied van sociale beïnvloeding en conformiteit, toonde aan hoe mensen in hoge mate beïnvloed kunnen worden door de mening van anderen. Dit fenomeen, bekend als het '*Asch-effect*', laat zien hoe sociale druk individuele percepties kan vervormen of kan aanzetten tot het volgen van een meerderheid, zelfs als de meerderheid het duidelijk bij het verkeerde eind heeft.

Muzafer Sherif, een pionier in het bestuderen van conflicten tussen groepen en sociale dynamiek, heeft experimenten uitgevoerd die relevant zijn voor het begrijpen van hoe mensen identiteiten en relaties opbouwen in groepscontexten. Zijn experiment over groepsvorming en botsingen tussen groepen in Robbers Cave liet zien hoe competitie en rivaliteit tussen groepen zelfs op onbeduidende gronden kunnen ontstaan, wat de kracht van groepsidentiteit benadrukt.

Het experiment werd in 1954 uitgevoerd in Robbers Cave State Park, een staatspark in Oklahoma, VS. Het doel van het experiment was om groepsdynamica en het fenomeen groepsidentiteit te bestuderen door twee groepen adolescente jongens te creëren en de interacties tussen hen te observeren.

Tijdens het experiment werden de kinderen in twee groepen verdeeld en naar twee aparte campings in het park gebracht, zonder dat ze wisten dat de andere groep bestond. In eerste instantie werden de twee groepen naar aparte activiteiten gebracht om hen de kans te geven interne cohesie te creëren. Vervolgens werden de twee teams met elkaar in contact gebracht, waardoor een reeks wedstrijden en conflicten tussen hen ontstond.

Sherif observeerde hoe het gevoel van saamhorigheid en groepsidentiteit snel werd geconsolideerd bij kinderen en hoe dit leidde tot de vorming van stereotypen, vooroordelen en rivaliteit tussen de twee groepen. Dit experiment liet duidelijk zien hoe alleen al het creëren van verschillende groepen het vermogen had om gevoelens van saamhorigheid, competitie en conflict op te wekken, zelfs op schijnbaar onbeduidende gronden.

Het idee dat het besef van de eigen sterfelijkheid de intensiteit van de groepsidentiteit en de steun voor gedeelde culturele waarden kan beïnvloeden, wordt weerspiegeld in meerdere historische en hedendaagse contexten. Gebeurtenissen zoals oorlogen, revoluties en sociale bewegingen benadrukken vaak hoe de bedreiging van het gemeenschapsleven de identiteitsbanden en de verdediging van gedeelde waarden kan versterken.

Tijdens de Koude Oorlog bijvoorbeeld leidde het idee van een mogelijke totale vernietiging in het geval van een nucleair conflict ertoe dat veel mensen zich sterker gingen hechten aan de dominante ideologie en nationale waarden. In situaties van crisis of onzekerheid wordt groepsidentiteit een emotioneel toevluchtsoord en een bron van psychologische veiligheid tegenover het vooruitzicht van individuele vernietiging.

Het verlangen om erbij te horen en het zoeken naar sociale steun worden zo verdedigingsmechanismen tegen de angst voor het einde van het leven. Banden met de gemeenschap, familie of welke groep dan ook die erbij hoort, worden nog belangrijker in het licht van het besef van sterfelijkheid en bieden een gevoel van continuïteit en betekenis in een onzekere en vergankelijke wereld.

In deze context wordt begrijpen hoe het besef van de dood onze identiteit en ons sociaal gedrag beïnvloedt, cruciaal om de complexe interacties tussen de individuele en collectieve dimensies van ons bestaan te onderzoeken. Het zoeken naar betekenis en het opbouwen van betekenisvolle relaties worden daarom fundamenteel om de terreur van het onbekende waarmee de dood ons confronteert het hoofd te bieden en onze kwetsbaarheid om te zetten in een bron van verbinding en wederzijds mededogen.

Enkele persoonlijke ervaringen en getuigenissen boden ook een interessant inzicht in de betekenis van het levenseinde. Stephen Hawking, de beroemde theoretische natuurkundige, zei dat de overgang het leven kostbaarder maakt, omdat het ons aanmoedigt om volledig te leven en de tijd die we hebben op waarde te schatten. Anekdotes van mensen die te maken hebben gehad met een terminale ziekte of een bijna-doodervaring hebben meegemaakt, beschrijven vaak een hernieuwd besef van de waarde van het leven en een zoektocht naar een diepere betekenis.

Nadenken over de betekenis van de passage is een complexe en persoonlijke reis, doordrenkt van nuances die verder gaan dan filosofische en wetenschappelijke verklaringen. Veel geleerden, zoals de theoloog en schrijver C.S. Lewis, hebben het belang benadrukt van het benaderen van het levenseinde als een ervaring die kan leiden tot spirituele groei en bewustwording van waarden zoals liefde, mededogen en de zoektocht naar betekenis.

Verschillende historische en culturele gebeurtenissen hebben ook ons begrip van het levenseinde beïnvloed. Tijdens de periode van de epidemie van de Zwarte Dood in de 14e eeuw bijvoorbeeld, ook wel bekend als de Zwarte Dood, kwam het levenseinde centraal te staan in het dagelijks leven van mensen en werd er dieper nagedacht over de menselijke sterfelijkheid. Kunstwerken zoals de '*Triomf van de dood*' van Pieter Bruegel de Oude weerspiegelen de bezorgdheid van de middeleeuwse mens over de naderende dood.

De diversiteit aan culturele perspectieven op het levenseinde is een ander relevant aspect bij het nadenken over de betekenis ervan. In de boeddhistische filosofie wordt het overlijden bijvoorbeeld gezien als een overgang naar een nieuwe vorm van bestaan, terwijl veel religieuze tradities visies bieden op een leven na de dood en beloningen of straffen voor daden die tijdens het leven zijn verricht.

Wat gebeurt er na het levenseinde? We verkennen de verschillende visies in de westerse cultuur.

Plato schetste in zijn beroemde dialoog 'Phaedo' een fascinerend beeld van het lot van de ziel na het levenseinde. Volgens de Griekse filosoof is de ziel immaterieel en overleeft ze na het heengaan van het lichaam. Plato stelde zich het hiernamaals voor als een wereld van ideeën, waarin de ziel voorbestemd is om de absolute waarheid te bereiken. Deze opvatting beïnvloedde het latere westerse denken diepgaand en beïnvloedde zelfs de ideeën van christelijke filosofen als Augustinus en Thomas van Aquino.

Epicurus daarentegen had een radicaal andere mening. In zijn verhandeling '*On Nature*' stelde hij dat de gang simpelweg het einde van ons bestaan vertegenwoordigt en dat er geen leven na de dood is. Volgens Epicurus is de enige manier om met de overgang om te gaan zich te richten op het nastreven van plezier en vrijheid van de angsten die geassocieerd worden met het hiernamaals. Deze contrasterende opvatting veroorzaakte verhitte debatten onder de filosofen van die tijd.

Door de eeuwen heen zijn de opvattingen van filosofen over de dood en het hiernamaals gevoed door wetenschappelijke experimenten en belangrijke historische gebeurtenissen. De komst van de Verlichting bracht bijvoorbeeld een radicale verschuiving teweeg in het Westerse filosofische denken over het hiernamaals. Filosofen zoals Immanuel Kant ontwikkelden een rationalistische visie, die stelde dat het hiernamaals noch bewezen noch weerlegd kan worden door het gebruik van de rede en daarom een onoplosbaar raadsel moet blijven.

Dit complexe web van filosofische opvattingen heeft een blijvende invloed gehad op de oriëntatie van westerse culturen. Anekdotes zoals die van Socrates, die kalm het doodvonnis aanvaardde door dolle kervel te drinken, hebben generaties denkers geïnspireerd over de betekenis van het einde van het leven en de mogelijkheid van een leven na de dood.

Vandaag de dag zijn veel traditionele opvattingen over het einde van het leven en het hiernamaals op losse schroeven komen te staan door wetenschappelijke ontdekkingen en sociale vooruitgang. Moderne wetenschappers, zoals de Britse filosoof Thomas Nagel, onderzoeken het probleem van sterfelijkheid in het licht van bewustzijn en subjectieve ervaring.

Concluderend kan worden gesteld dat de opvattingen van filosofen over het levenseinde en het hiernamaals in het westerse denken eeuwenlang hebben gediscussieerd en ons begrip van dit universele menselijke mysterie hebben verrijkt. De opvattingen van Plato, Epicurus, Kant en vele anderen hebben de grenzen van het denken verlegd, verschillende visies op het hiernamaals onthuld en ons laten nadenken over de zin van het leven en het bestaan zelf.

Een reis door de duisternis van Erebo.

Een fascinerend hoofdstuk in de geschiedenis van geloven over het hiernamaals is de visie van de oude Grieken op het hiernamaals. Voor hen was het lot van de doden verbonden met een duister en raadselachtig rijk dat Erebo heette, een dimensie waar zielen als schaduwen ronddwaalden in een soort opgeschort bestaan tussen de wereld van de levenden en de doden.

Het concept van Erebo resoneert vandaag de dag nog steeds als een van de meest suggestieve beelden met betrekking tot het hiernamaals. Hoewel het een poëtisch en mythologisch idee lijkt, heeft het diepe wortels in de oude cultuur en het denken, en weerspiegelt het de complexiteit van de opvattingen over de dood en het hiernamaals in het oude Griekenland.

Om dit perspectief volledig te begrijpen, moeten we ons laten leiden door de verhalen van de grote denkers uit die tijd. Een van de eerste referenties die bij me opkomen is Homerus, auteur van de '*Odyssee*' en de '*Ilias*', werken die op een diepgaande en meeslepende manier de kwestie van het leven na de dood behandelen.

In zijn epische verhaal beschrijft Homerus het hiernamaals als een donkere en mysterieuze plek waar zielen ronddwalen en de grens tussen leven en dood vervaagt.

Andere belangrijke Griekse geleerden en filosofen hielpen mee om de visie van Erebo vorm te geven. Plato, bijvoorbeeld, zet in zijn dialogische werken zoals '*De Mythe van Er*' in de '*Phaedo*' de theorie uiteen van zielen en hun reis door andere werelden na de dood. Zijn idee van een zich steeds ontwikkelend en zuiverend rijk van zielen heeft het westerse denken over het hiernamaals diepgaand beïnvloed.

De opkomst van het christendom.

Met de opkomst van het christendom ondergingen de opvattingen over het einde van het leven een belangrijke verandering. De hemel en de hel werden de plaatsen waar zielen na hun dood naartoe zouden gaan, op basis van hun aardse daden. Volgens de christelijke visie zouden deugdzame individuen beloond worden met eeuwige gelukzaligheid, terwijl zondaars veroordeeld zouden worden tot een bestaan van kwelling.

Door de eeuwen heen heeft het filosofische denken andere interpretaties gegeven van het leven na de overgang. Volgens de Duitse filosoof Friedrich Nietzsche is het leven na de dood bijvoorbeeld een illusie die de mensheid heeft gecreëerd om met de pijn en onzekerheid van de overgang om te kunnen gaan. Nietzsche stelde dat de ware betekenis van het leven in het aardse bestaan gevonden moet worden, in plaats van in de hoop en angst voor een leven na de dood.

De antroposofie van Rudolf Steiner.

In de oneindige reeks opvattingen over het hiernamaals en het lot van zielen na de dood, onderscheiden esoterische en occulte tradities zich door de diepgang en complexiteit van hun leringen. Prominent onder de verschillende visies die door deze stromingen worden voorgesteld is de antroposofie van Rudolf Steiner, wiens perspectief op de reis van de ziel na de dood een ingewikkelde en fascinerende interpretatie van het hiernamaals biedt.

Steiner, filosoof, schrijver en denker uit de 20e eeuw, richtte de antroposofie op als een geïntegreerde benadering van spirituele kennis en begrip van de mens en het universum. Onder de vele onderwerpen die Steiner behandelde, neemt het leven na de dood een prominente plaats in, met zijn gearticuleerde visie op de stadia die de ziel doorloopt na het verlaten van het aardse leven.

Volgens Steiners opvatting ondergaat de ziel na de dood geen statische of definitieve ervaring, maar begint ze aan een dynamische reis door verschillende spirituele gebieden. Deze gebieden, of sferen, vertegenwoordigen cruciale stadia van de zuivering en groei van de ziel, waar zij de uitdagingen die voor haar liggen onder ogen ziet en overwint om een nieuw spiritueel bewustzijn en evolutie te bereiken.

Steiners denken is gebaseerd op mystieke visioenen en de perceptie van realiteiten die niet toegankelijk zijn voor de fysieke zintuigen, en benadert een dimensie van het bestaan die verder gaat dan pure rationaliteit. Zijn uitwijdingen over het leven na de dood zijn verweven met concepten als reïncarnatie, de karmiciteit van handelingen en de transformatie van het zijn in opeenvolgende levens.

Naast Steiners unieke perspectief bieden esoterische en occulte tradities een rijke erfenis aan kennis en leringen over het hiernamaals. Van de Egyptische leer over het hiernamaals tot de middeleeuwse alchemie, via Helena Blavatsky's Theosofie, verstrengelen de paden van occultisme en mysterie zich in een web van symbolen, rituelen en mystieke visioenen die licht werpen op de onpeilbare diepten van het spirituele universum.

In dit ingewikkelde doolhof van overtuigingen en visies over het hiernamaals duiken ook persoonlijke ervaringen, getuigenissen en gebeurtenissen op die esoterische en occulte theorieën over het leven na de dood gedeeltelijk lijken te bevestigen. Verschijnselen zoals hypnotische regressies naar vorige levens en mediamieke communicatie met overleden geesten voeden het debat over verborgen werkelijkheden en verbindingen tussen de materiële en spirituele wereld.

We kunnen niet voorbijgaan aan het belang van subjectieve ervaringen bij het vormen van onze perceptie van het hiernamaals. Talloze mensen hebben over ontmoetingen met buitenwereldse entiteiten verteld of paranormale fenomenen ervaren die het bestaan leken te bevestigen van een werkelijkheid die verder gaat dan wat we met onze fysieke zintuigen waarnemen.

De belangstelling voor mystiek en esoterie, inclusief Steiners visie op het hiernamaals, houdt niet op in het verleden, maar blijft het hedendaagse denken beïnvloeden en inspireren tot nieuw onderzoek en reflecties over leven en dood. Geleerden, filosofen en onderzoekers blijven de grenzen van de menselijke kennis verkennen op zoek naar antwoorden op de mysteries van het bestaan.

In het licht van deze vele facetten presenteert de vraag wat er na de dood gebeurt zich als een complex en meeslepend raadsel dat ons rationele begrip uitdaagt en ons uitnodigt om de diepten van ons bestaan en onze spiritualiteit te verkennen. In een veelvormig en mysterieus universum bieden esoterische en occulte tradities een ander prisma om de reis van de ziel na de dood te observeren en te interpreteren, en openen ze ruimtes voor reflectie en contemplatie die verder gaan dan de conventies en zekerheden van de materiële wereld.

Opgemerkt moet worden dat in deze eeuw esoterische tradities, gebaseerd op metafysische speculaties, geconfronteerd worden met wetenschappelijk bewijs afkomstig uit de kwantumfysica toegepast op de studie van bewustzijn.

Ervaringen vóór de dood en verhalen van mensen die beweren door een lichttunnel te zijn gegaan tijdens een ervaring van een naderende dood hebben ook de interesse in de reis van de ziel naar het hiernamaals aangewakkerd. Zulke ervaringen kunnen worden geïnterpreteerd als een indicatie dat de ziel op dat moment naar een andere dimensie gaat.

Hoewel er nog geen eensluidende of wetenschappelijk bewezen visie is op het leven na de overgang, nodigt de verscheidenheid aan opvattingen die voortkomen uit westerse tradities ons uit om na te denken over het belang van persoonlijke reflectie over dit mysterie.

Gods perspectief op het leven na de passage.

De vraag naar de aard van het leven na de dood heeft de mensheid door de eeuwen heen gefascineerd, rationaliteit uitgedaagd en contemplatie vereist voorbij de grenzen van conventionele wetenschappelijke kennis. In deze zoektocht naar waarheid voorbij de sluier van de dood kan een blik op het goddelijke perspectief een uniek en diepgaand perspectief bieden.

De heilige geschriften van veel religies bieden inzicht in hoe het goddelijke denkt over het leven na de dood. In de christelijke traditie spreekt de Bijbel bijvoorbeeld over een goddelijk oordeel waarin zielen worden beoordeeld op basis van hun daden op aarde en op basis van deze beoordeling naar het hiernamaals worden geleid. Hemel en hel worden beschreven als tastbare realiteiten waar iedereen zal worden toegewezen op basis van zijn of haar verdiensten.

Geleerden zoals de theoloog Thomas van Aquino hebben beweerd dat de ziel na de dood haar individualiteit en bewustzijn behoudt en haar spirituele reis naar goddelijke perfectie voortzet. Deze visie benadrukt het belang van ethiek en moraliteit in het aardse leven, omdat deze deugden het lot van de ziel in het hiernamaals beïnvloeden.

Naast religieuze perspectieven zijn er ook filosofische benaderingen van het leven na de dood. De Griekse filosoof Plato theoretiseerde bijvoorbeeld over de onsterfelijkheid van de ziel en haar reïncarnatie door cycli van leven en dood. Vergelijkbare concepten zijn te vinden in veel oosterse spirituele tradities, zoals het hindoeïsme en het boeddhisme.

In wetenschappelijke kringen hebben bijna-doodexperimenten en ervaringen buiten het lichaam het debat over de mogelijkheid van leven na de dood aangewakkerd. Studies uitgevoerd op individuen die 'bijna-dood' ervaringen hebben gerapporteerd, hebben vragen opgeroepen over de aard van het bewustzijn en de duurzaamheid ervan na de fysieke dood.

Bovendien heeft de kwantumfysica theorieën voorgesteld die het bestaan suggereren van dimensies en realiteiten voorbij die welke wij waarnemen, waardoor de mogelijkheid ontstaat van onzichtbare werelden en een realiteit die niet beperkt is tot ruimte en tijd zoals wij die kennen.

Uiteindelijk blijft Gods perspectief op het leven na de dood een onuitsprekelijk mysterie, dat het beperkte menselijke begrip te boven gaat. Maar door middel van geloofsovertuigingen, studies, persoonlijke ervaringen en filosofische beschouwingen blijft de mensheid zoeken naar antwoorden op een van de oudste en meest fundamentele vragen van ons bestaan: wat gebeurt er na de dood?

Wedergeboorte en reïncarnatie: Onderzoek naar de mogelijkheid van nieuwe levens.

Reflectie over reïncarnatie is al eeuwenlang een onderwerp van interesse en debat binnen de westerse cultuur, met wortels in oude denkers en modernere theologieën. Plato, bijvoorbeeld, theoretiseerde over dolende zielen en opperde de mogelijkheid dat zielen voorbestemd zijn om in verschillende lichamen te reïncarneren totdat ze perfectie hebben bereikt. Deze zienswijze, hoewel geworteld in de klassieke filosofie, heeft een grote invloed gehad op het latere denken over reïncarnatie.

Nog belangrijker is de bijdrage van Aristoteles, wiens concept van de cirkelvormige beweging van zielen belangrijke stof tot nadenken biedt over de mogelijke continuïteit van het bestaan na het aardse leven. Aristoteles stelde dat zielen in een eeuwige cyclus van geboorte en dood bewegen, waarin het individu zijn of haar essentie doorgeeft aan toekomstige generaties door middel van een onophoudelijke stroom van leven en dood.

Gedurende de hele westerse geschiedenis is reïncarnatie het onderwerp geweest van theologische en filosofische controverses. Het Concilie van Constantinopel in 553 na Christus veroordeelde de doctrine van de 'pre-existente ziel' en verwierp het idee dat zielen voor de geboorte konden bestaan. Deze veroordeling maakte echter geen einde aan de belangstelling voor reïncarnatie, die een debat onder denkers en geleerden bleef uitlokken.

Buiten de religieuze context heeft de wetenschap geprobeerd om de mogelijkheid van reïncarnatie te onderzoeken door middel van casestudies van 'herinneringen aan vorige levens'. Experimenten met kinderen die beweren zich precieze details van een vorig leven te herinneren, hebben binnen de wetenschappelijke gemeenschap interesse en uitdagingen gewekt. Een van de beroemdste gevallen is dat van Shanti Devi in India, een kind dat beweerde zich haar vorige leven met verbazingwekkende nauwkeurigheid te herinneren.

Shanti Devi werd in 1926 geboren in Delhi, India, en al op jonge leeftijd begon ze haar ouders verbazingwekkend nauwkeurige details te vertellen over een leven in een afgelegen dorp genaamd Muttra, ongeveer 145 kilometer van Delhi. De kleine Shanti beschreef haar vorig leven met zo'n precisie dat haar ouders, aanvankelijk sceptisch, deze buitengewone bewering begonnen te onderzoeken.

De zaak van Shanti Devi trok de aandacht van Mahatma Gandhi, die vast in reïncarnatie geloofde en besloot een commissie op te richten om de beweringen van het meisje te onderzoeken. De commissie voerde een grondig onderzoek uit, waarbij de details die Shanti Devi verstrekte werden geverifieerd en vergeleken met beschikbare historische documenten.

Een van de belangrijkste gebeurtenissen tijdens het onderzoek was toen het meisje zonder aarzelen haar vermeende vrouw en ouders uit haar vorige leven herkende tijdens een bezoek aan het dorp Muttra. De nauwkeurigheid en consistentie van haar verhalen wekten verbazing en scepsis, maar ook een diepe interesse in de mogelijkheid van een continuïteit van identiteit na de dood.

Psychiater en onderzoeker Ian Stevenson, bekend om zijn uitgebreide studies over reïncarnatie, raakte geïnteresseerd in de zaak van Shanti Devi en voerde verdere onderzoeken en analyses uit. Stevenson bevestigde de consistentie van de herinneringen van het kind en hun correspondentie met het leven van een vrouw die enkele jaren voor Shanti Devi's geboorte in Muttra gestorven was. Ik heb een ander geval dat Stevenson bestudeerde in een ander deel van het boek beschreven.

Het geval van Shanti Devi, met zijn rijkdom aan details en grondige verificatie, is een emblematisch voorbeeld van de uitdagingen en implicaties die worden opgeworpen door studies over reïncarnatie en de herinnering aan vorige levens. Deze episode blijft debat en reflectie uitlokken, zowel binnen de wetenschappelijke gemeenschap als onder geleerden en liefhebbers van het mysterie van leven na de dood.

Anekdotes en persoonlijke verslagen van buitenlichamelijke ervaringen en hypnotische regressies hebben het debat over reïncarnatie en de mogelijkheid van een continuïteit van de ziel na de fysieke dood verder aangewakkerd.

Uiteindelijk vertegenwoordigt de reflectie over reïncarnatie in het Westen een rijk weefsel van gedachten, theorieën en ervaringen die onze nieuwsgierigheid naar het onbekende blijven stimuleren en ons ertoe aanzetten om de diepten van ons bestaan voorbij de grens van de dood te verkennen.

De diepe wortels van reïncarnatie.

Binnen de westerse cultuur is reïncarnatie een onderwerp dat vaak de conventionele opvattingen over leven en dood heeft uitgedaagd, waardoor de mensheid werd aangezet om verder te kijken dan het tastbare en het mysterie van het zijn te verkennen. Door de eeuwen heen hebben denkers, filosofen en theologen het debat over de mogelijkheid van een volgend leven en de continuïteit van de ziel voorbij de aardse grens verrijkt.

Een van de pioniers in de reflectie over reïncarnatie was de Duitse filosoof Friedrich Nietzsche, die, hoewel hij de doctrine van reïncarnatie niet expliciet omarmde, concepten introduceerde als de eeuwige terugkeer en het idee dat het individu zijn of haar existentiële reis steeds opnieuw moet beginnen. Zijn provocerende visies voedden de reflectie over de cyclische aard van het bestaan en de mogelijkheid van een herhaald lot in de tijd.

Op dezelfde manier heeft de invloed van Rudolf Steiners theosofie en antroposofie ertoe geleid dat reïncarnatie wordt gezien als onderdeel van een breder wereldbeeld, waarin de evolutie van de ziel door meerdere levens heen wordt gezien als onderdeel van een groter en complexer kosmisch ontwerp.

In de huidige context opent wetenschappelijk onderzoek de mogelijkheid om reïncarnatie te onderzoeken via multidisciplinaire benaderingen. Recente onderzoeken naar incarnatie bij kinderen, waarin het vermogen van kinderen wordt onderzocht om zich episodes uit vorige levens te herinneren, proberen licht te werpen op deze raadselachtige dimensie van het menselijk bestaan.

In een tijd waarin wetenschap en spiritualiteit elkaar ontmoeten, blijft reïncarnatie interesse en nieuwsgierigheid wekken en biedt het ons inzichten in de aard van de ziel, spirituele evolutie en de eeuwigheid van het bestaan.

Door de complexiteit van menselijke gedachten en ervaringen, blijft de vraag wat er na de dood gebeurt open. Dit nodigt ons uit om de diepten van het mysterie te verkennen en antwoorden te zoeken die het pad van de ziel voorbij de sluier van het aardse leven kunnen verlichten.

De verschillende benaderingen van reïncarnatie binnen de westerse cultuur weerspiegelen de complexiteit en diepte van onze opvattingen over het bestaan en het hiernamaals.

Op literair gebied verkennen werken zoals Henri Bergson's '*Het licht op de ziel*' het concept van de onsterfelijkheid van de ziel en de mogelijke interactie met de aardse wereld. Bergson spoort de lezer aan om het leven te beschouwen als een continue ervaring, waarin de ziel cycli van dood en wedergeboorte doorloopt in een eeuwige wording.

Andere hedendaagse denkers zoals Brian Weiss hebben reïncarnatie onder de aandacht gebracht door middel van gevallen van hypnotische regressie en getuigenissen van patiënten die beweren vorige levens te hebben geleefd. De verslagen van deze ervaringen bieden een indringend inzicht in de mogelijkheid van een zielsgeschiedenis die veel verder reikt dan de korte duur van een enkel bestaan.

De hypnotische regressies van Brian Weiss.

Hypnotische regressie is een psychotherapeutische techniek waarbij hypnose wordt gebruikt om iemand gebeurtenissen uit het verleden te laten herbeleven, hetzij uit dit leven of, volgens sommige overtuigingen, uit vorige levens. Tijdens een hypnotische regressiesessie wordt de persoon door de therapeut of behandelaar door een toestand van diepe ontspanning en verhoogde suggestibiliteit geleid, die toegang geeft tot herinneringen en ervaringen die vaak niet toegankelijk zijn in het gewone bewustzijn.

Deze technieken zijn gebruikt in verschillende disciplines, waaronder klinische psychologie, psychotherapie en de studie van spirituele en paranormale ervaringen. Het hoofddoel van hypnotische regressies is het onderzoeken van voorouderlijke herinneringen, traumatische gebeurtenissen uit het verleden, jeugdherinneringen en, in sommige gevallen, ervaringen van vermeende vorige levens.

In de context van hypnotische regressie van vorige levens begeleidt de beoefenaar de persoon om vermeende ervaringen uit het verleden te onderzoeken en te vertellen. Deze sessies kunnen verrassende en levendige details onthullen waarvan beweerd wordt dat ze in een andere tijd en in een ander lichaam zijn ervaren.

Het is belangrijk om op te merken dat het concept van hypnotische regressies en regressie naar vorige levens een onderwerp van discussie en controverse is binnen de wetenschappelijke en academische gemeenschap. Terwijl sommigen beweren dat ervaringen tijdens regressie authentiek zijn en wijzen op een continuïteit van de ziel, werpen andere sceptici vragen op over de suggestibiliteit van de proefpersoon, de mogelijkheid van valse herinneringen en het risico van externe invloeden tijdens het hypnotische proces.

In elk geval zijn hypnotische regressies een intrigerend hulpmiddel voor het verkennen van de menselijke geest en zijn verborgen diepten, en bieden ze een unieke kans om toegang te krijgen tot herinneringen en ervaringen die nieuwe perspectieven kunnen onthullen op de aard van de ziel, het bewustzijn en het bestaan voorbij de grenzen van het aardse leven.

Brian Weiss, psychiater en onderzoeker, verwierf bekendheid door zijn pionierswerk op het gebied van hypnotische regressies en de publicatie van boeken als '*Many Lives, Many Masters*' en '*Through Time*'. Door jaren van praktijk en studie verzamelde Weiss getuigenissen van patiënten die tijdens hypnotische sessies gedetailleerde ervaringen van vorige levens vertelden, waarbij ze episodes, plaatsen en mensen onthulden waarvan ze geen rationele kennis konden hebben.

Een van de meest significante voorbeelden betreft het geval van Catherine, een patiënte van Weiss, die tijdens een hypnosesessie vorige levens in verschillende tijdperken herbeleeft en daarbij nauwkeurig gebeurtenissen beschrijft die vervolgens door historische bronnen zijn geverifieerd en bevestigd. Deze verslagen bieden een direct inzicht in de mogelijkheid van het bestaan van een spirituele identiteit die reïncarneert via cycli van geboorte en dood.

Een van de meest intrigerende episodes was toen Catherine vertelde over een leven dat ze leidde in het oude Egypte, waarbij ze nauwkeurige details gaf over haar identiteit, haar handelingen en de historische context waarin ze leefde. Latere studies door experts in geschiedenis en archeologie hebben bevestigd dat sommige van deze details overeenkomen met bekende elementen uit de Egyptische geschiedenis van die tijd.

Dit tastbare bewijs roept fundamentele vragen op over het geheugen van de ziel, de mogelijkheid van een bestaan na de dood en de samenhang tussen verschillende incarnaties van een spirituele identiteit. Catherine's geval, met zijn complexiteit en diepte, biedt belangrijke stof tot nadenken voor degenen die geïnteresseerd zijn in het verkennen van de grenzen van de menselijke kennis en het onderzoeken van de mysteries rond het lot van de ziel na de dood.

Door de analyse van gevallen zoals die van Catherine in de regressies van Brian Weiss, benaderen we een bredere en meer uitgesproken kijk op de mogelijkheid van een multidimensionale realiteit waarin onze zielen een eindeloze reis maken door het weefsel van de eeuwigheid.

De bijdragen van Brian Weiss hebben diepgaande vragen opgeworpen over de aard van de ziel, de continuïteit van het bewustzijn en de mogelijkheid van spirituele evolutie die de tijdsgrenzen van het aardse leven overstijgt. De empirische benadering en het rigoureuze onderzoek van Weiss hebben het pad geëffend voor een nieuw hoofdstuk in het onderzoek naar reïncarnatie en de implicaties ervan voor het begrijpen van het leven na de dood.

De getuigenissen van de patiënten van Weiss, bevestigd door historische verificaties en details die een rationele verklaring tarten, bieden een veelbelovend inzicht in het potentieel van de menselijke geest en de complexiteit van de ervaring van de ziel buiten de grenzen van het fysieke leven. Door de lens van hypnotische regressies wagen we ons op onbekend terrein en ontdekken we de onuitwisbare sporen die de ziel achterlaat in de stroom van de eeuwigheid.

Het reïncarnatiedebat in academische kringen,

In academische kringen ontwikkelt het debat over reïncarnatie zich door interdisciplinair onderzoek waarbij psychologie, neurowetenschappen en antropologie betrokken zijn. De wetenschappelijke benadering van reïncarnatie, hoewel controversieel en nog steeds in ontwikkeling, opent nieuwe wegen voor onderzoek en begrip van de verborgen dimensies van het menselijk bewustzijn.

Bovendien heeft de groeiende belangstelling voor spiritualiteit en de zoektocht naar zingeving in het moderne tijdperk ertoe geleid dat steeds meer mensen concepten als reïncarnatie en de continuïteit van de ziel onderzoeken. Deze innerlijke zoektocht weerspiegelt het aangeboren verlangen van mensen om hun plaats in het universum en de uiteindelijke zin van hun bestaan te begrijpen.

Door de eeuwen heen blijft reïncarnatie onze verbeelding en dorst naar kennis voeden en biedt het ons een fascinerend en complex perspectief op de aard van de ziel en haar reis na de dood. In deze nooit eindigende zoektocht naar waarheid en begrip wagen we ons in de diepste gebieden van de mens en ontdekken we de verborgen geheimen van wat er na het aardse leven zou kunnen zijn.

De gedachte van Friedrich Schelling.

In de 19e eeuw viel de Duitse filosoof Friedrich Schelling op door zijn brede filosofische beschouwingen die diepe en complexe thema's omvatten, waaronder het concept van reïncarnatie. Schelling, een leidende figuur van het Duitse Idealisme samen met Kant en Hegel, onderzocht reïncarnatie als onderdeel van een evolutionair proces van de ziel vanuit een filosofisch perspectief.

Schelling beschouwde de ziel als een zich voortdurend ontwikkelend principe dat door cycli van geboorte, dood en wedergeboorte beweegt, waarbij ervaringen en kennis worden verzameld in de loop van verschillende levens. Zijn kijk op reïncarnatie was geworteld in de opvatting van een spirituele en goddelijke eenheid die zichzelf uitdrukt door meerdere aardse manifestaties.

Vanuit het perspectief van Schelling hielp het idee van reïncarnatie bij het enucleeren van een breder patroon van continuïteit en vooruitgang van de ziel en bood het een belangrijke interpretatie van de complexiteit van het menselijk bestaan en de eeuwigheid van het bewustzijn. Door reïncarnatie evolueert de ziel, leert ze en komt ze steeds dichter bij de realisatie van haar uiteindelijke doel.

Schellings beschouwingen over reïncarnatie maakten deel uit van een vruchtbare culturele en filosofische context die werd gekenmerkt door een diepe belangstelling voor metafysische en spirituele vraagstukken. Zijn integrerende kijk op reïncarnatie als onderdeel van een proces van groei en realisatie van de ziel beïnvloedde opeenvolgende generaties denkers en geleerden die zich toelegden op het onderzoek naar de menselijke natuur en het bestaan na het fysieke leven.

Door de lens van de filosofie van Schelling komt reïncarnatie naar voren als een fundamentele bouwsteen in het begrijpen van de essentie van de mens en zijn verbinding met het mysterie van het bestaan. Zijn evolutionaire en transcendentale perspectief op reïncarnatie heeft geholpen om het landschap van theorieën over leven na de dood te verrijken en biedt een conceptueel kader dat uitnodigt tot reflectie en verkenning van de grenzen van de menselijke kennis.

Sigmund Freuds gedachten over reïncarnatie.

In zijn revolutionaire werk in de psychoanalyse behandelde grondlegger Sigmund Freud het raadsel van de dood en mogelijke reïncarnatie door middel van een analyse van de mechanismen van het onbewuste en herhaling. Freuds benadering van het vraagstuk van wedergeboorte maakt deel uit van een diepgaand onderzoek naar de menselijke ziel, waarin het verstand en onbewuste driften een cruciale rol spelen bij het begrijpen van overtuigingen en aspiraties met betrekking tot het leven na de dood.

Voor Freud vertegenwoordigde de reïncarnatieleer een vorm van verlangen naar continuïteit en onsterfelijkheid, een ontsnapping aan het besef van de eigen eindigheid en sterfelijkheid. In plaats van reïncarnatie als een concrete realiteit te zien, interpreteerde Freud het als een psychologisch proces waarin individuele verlangens en angsten verweven zijn tot een complex symbolisch web.

Een van de belangrijkste aspecten van Freuds denken over reïncarnatie ligt in zijn analyse van herhaling, een centraal concept in de psychoanalyse waardoor patiënten traumatische gebeurtenissen of onvervulde verlangens in vermomde vorm herbeleven. Volgens Freud kan reïncarnatie geïnterpreteerd worden als een symbolische projectie van die onverwerkte impulsen die zelfs na de dood hun invloed op het individu blijven uitoefenen.

Dit perspectief suggereert dat het geloof in reïncarnatie kan voortkomen uit een psychologische behoefte van mensen om zin te geven aan hun bestaan en hun ervaring van continuïteit. Freud onderzocht daarom de diepe wortels van dit verlangen naar onsterfelijkheid in het collectieve onbewuste van de mens en benadrukte hoe de wedergeboortetheorie een symbolische reactie kan zijn op primordiale emotionele en psychologische behoeften.

Ondanks zijn neiging tot een psychoanalytische interpretatie van concepten met betrekking tot reïncarnatie, hielp Freud nieuw licht te werpen op het mysterie van het hiernamaals en de complexe dynamiek die de relatie tussen leven en dood kenmerkt. Hij bood een unieke en provocerende benadering die aanzette tot nadenken over een van de oudste en meest fascinerende raadsels van de mensheid.

Sigmund Freuds visie op reïncarnatie en het lot van de ziel na de dood vormt een belangrijk onderdeel van het mozaïek van psychoanalytische interpretaties van het mysterie van het hiernamaals. Zijn rationele scepsis en zijn benadering van het concept van de terugkeer naar het leven vanuit een psychologisch standpunt bieden een uniek inzicht in de kwestie van de continuïteit van het zijn na de fysieke dood.

Door de lens van de psychoanalyse onderzocht Freud de rol van het onbewuste en afweermechanismen in de vorming van overtuigingen over wedergeboorte en leven na de dood. Voor Freud kon reïncarnatie worden geïnterpreteerd als een symbolische projectie van menselijke verlangens naar onsterfelijkheid, verlossing of vernieuwing, die onbewuste aspecten van het individu en hun complexe psychische dynamiek weerspiegelden.

In de context van Freudiaanse theorieën over herhaling en het onbewuste kreeg reïncarnatie eerder een symbolische en psychologische dan een letterlijke betekenis. Freud suggereerde dat het geloof in reïncarnatie eerder voortkwam uit een zoektocht naar betekenis en troost bij het vooruitzicht van de eigen dood en het verlies van dierbaren, dan uit een tastbare realiteit van opeenvolgende levens.

Freuds reflecties over het onderwerp reïncarnatie boden een diepgaand inzicht in de complexiteit van de menselijke ervaring en de kwetsbaarheid van het individu voor de onzekerheden van het bestaan en zijn eindigheid. Door zijn strenge en beredeneerde benadering nodigde Freud uit tot kritische reflectie over de aard van verlangens en angsten die vorm geven aan overtuigingen over het hiernamaals en de mogelijkheid van een spiritueel pad na de dood.

Sigmund Freuds nalatenschap over het leven na de dood blijft een pijler in de geschiedenis van het psychoanalytische denken en in het begrip van de menselijke ziel tegenover het mysterie van onsterfelijkheid en reïncarnatie.

Het pad van reïncarnatie volgens Carl Gustav Jung.

Carl Gustav Jung, de beroemde Zwitserse psychiater en grondlegger van de analytische psychologie, heeft een belangrijke bijdrage geleverd aan het hedendaagse begrip van reïncarnatie en ons begrip van het leven na de dood. Door zijn theorieën en studies van het collectieve onbewuste bood Jung een rijke en complexe interpretatie van de menselijke ziel en haar mogelijke bestemming voorbij de aardse grens.

In Jungs denken was reïncarnatie niet slechts een kwestie van religieus geloof of folklore, maar een concept dat intrinsiek verbonden is met de individuele psyche en haar evolutie. Jung onderzocht de mogelijkheid dat archetypische ervaringen en de rijkdom van het collectieve onbewuste zich konden manifesteren via verslagen van vorige levens en bood zo een psychologisch en symbolisch perspectief op reïncarnatie.

Een van Jungs sleutels tot het begrijpen van reïncarnatie ligt in zijn opvatting van archetypen en mythen als universele uitdrukkingen van het collectieve onbewuste van de mensheid. Volgens Jung kunnen verhalen over vorige levens en reïncarnatie voortkomen uit de activering van diepe symbolen en beelden die resoneren in de menselijke ziel en verborgen en diepgaande aspecten van de individuele psyche onthullen.

Jung zag de theorie van reïncarnatie niet alleen als een cultureel of religieus fenomeen, maar als een vorm van verkenning van identiteit, transformatie en integratie van de verschillende delen van het zelf. Door zijn studie van dromen, mythen en symbolen die voortkomen uit het onbewuste, bood Jung een visie op reïncarnatie als een proces van spirituele groei en realisatie van het diepere zelf.

Jungs nalatenschap op het gebied van het leven na de dood en reïncarnatie blijft de moderne psychologie en ons begrip van de aard van de ziel en haar eeuwigheid beïnvloeden. Door zijn vernieuwende en multidimensionale benadering opende Jung nieuwe perspectieven voor onderzoek naar het leven na de dood en nodigde hij ons uit om de diepten van het onbewuste te verkennen en de verborgen geheimen van de zielenwereld te ontdekken.

Met zijn onmiskenbare psychologische en filosofische blik volgde Jung een meeslepend pad naar de wereld van reïncarnatie en de mogelijkheden die na de fysieke dood open liggen. Zijn theorieën, doordrenkt van symbolen, mythen en archetypen, werpen een nieuw licht op het concept van de continuïteit van de ziel en de evolutie daarvan door meerdere levens heen.

Jung geloofde dat reïncarnatie geïnterpreteerd kon worden als een complexe uitdrukking van de diepten van het onbewuste, een brug tussen het verleden en het heden die het individu in staat stelt om zijn ervaringen over verschillende leeftijden en dimensies heen te integreren. Zijn opvatting van de ziel als een eeuwige entiteit in voortdurende transformatie opende inzichten in de aard van de bestemming van de mens na de dood.

Door zijn werk over individuatie en het proces van psychische integratie benadrukte Jung hoe reïncarnatie gezien kan worden als een pad naar groei en realisatie van het meest authentieke zelf. In de Jungiaanse visie kunnen ervaringen uit vorige levens naar voren komen als tekenen van een diep bewustzijn dat uitdrukking en evolutie zoekt via de meervoudige incarnaties van de ziel.

Een van de meest suggestieve aspecten van Jungs denken betreft zijn interpretatie van mythen en symbolen als sleutels tot het begrijpen van het mysterie van reïncarnatie. Jung benadrukte de rol van mythologische verhalen en archetypische beelden bij het vormgeven van onze perceptie van tijd, ruimte en eeuwigheid en bood zo een transpersoonlijk perspectief op leven na de dood.

Jungs nalatenschap over reïncarnatie en het hiernamaals klinkt nog steeds door in zijn werk en inzichten en inspireert tot een verruimde visie op het menselijk bewustzijn en zijn onpeilbare bestemming. Door het Jungiaanse prisma gaan we op een innerlijke reis om de diepten van de ziel te ontdekken en de mogelijkheden die zich ontvouwen voorbij de grenzen van de tastbare werkelijkheid, waarbij we de verborgen en mysterieuze dimensies van het menselijk wezen in zijn eeuwigdurende wording verkennen.

Kwantumfysica en reïncarnatie.

Recentelijk heeft de kwantumfysica ook nieuw licht geworpen op het idee van mogelijke reïncarnatie. Concepten zoals kwantumverstrengeling en niet-lokaliteit hebben sommige wetenschappers doen speculeren dat het bewustzijn buiten ons huidige begrip kan liggen, wat de deur opent voor speculaties over de mogelijkheid van een bewustzijnstransmissie tussen verschillende bestaansvormen.

Bovendien hebben verhalen van individuen die '*déjà vu*' ervaringen melden en gevoelens van vertrouwdheid met onbekende plaatsen de nieuwsgierigheid naar wedergeboorte en continuïteit van de ziel aangewakkerd. De zorgvuldige zoektocht naar levensverhalen die op een onverklaarbaar niveau met elkaar verbonden lijken te zijn, leidt tot vragen over de mogelijke spirituele erfenis die het individuele bestaan overstijgt.

Terwijl wetenschap en religie over dit onderwerp blijven debatteren, blijft het onderzoek naar wedergeboorte en reïncarnatie openstaan voor nieuwe ontdekkingen en interpretaties. De mogelijkheid om het idee van nieuwe levens te onderzoeken roept voortdurend vragen op over de aard van het menselijk bestaan en de betekenis van tijd en ruimte.

Concluderend kan gesteld worden dat het onderzoek naar wedergeboorte en reïncarnatie een sluier van mysterie oplicht die de mensheid al eeuwenlang fascineert. Op het kruispunt van duizenden jaren spirituele tradities, hedendaagse wetenschappelijke studies en gedurfde filosofische visies, ontstaan fascinerende beelden die mensen aanzetten tot nadenken over hun eigen essentie en de mogelijkheid van een toekomst na het aardse leven. Oneindige horizonten van kennis openen zich voor ons, nodigen ons uit om de diepten van ons wezen te verkennen en het mysterie van het leven en het einde van het leven te overwegen in een eindeloos continuüm.

De eeuwige ziel. Een filosofisch perspectief op het bestaan na de overgang.

Het concept van een eeuwige ziel, onsterfelijk en voorbestemd om de fysieke passage te overstijgen, heeft de mensheid door de eeuwen heen gefascineerd en geleid tot een diep filosofisch debat over het bestaan buiten de grenzen van het aardse leven. Dit intrinsiek menselijke thema, nauw verbonden met de zoektocht naar betekenis en de contemplatie van de eeuwigheid, heeft diepgaande reflecties geïnspireerd die verweven zijn met oude spirituele tradities, verfijnde filosofische theorieën en verrassende wetenschappelijke ontdekkingen.

De wortels van dit perspectief zijn te vinden in veel religieuze en filosofische tradities van de oude wereld. De oude Egyptenaren geloofden bijvoorbeeld dat de ziel van het individu voorbestemd was voor een reis naar het hiernamaals, waar ze beoordeeld zou worden voor de daden die ze in het leven had verricht. Vergelijkbare concepten zijn ook te vinden in de Griekse tradities, waar de ziel als onsterfelijk werd beschouwd en als de begunstigde van een bestemming na het einde van het leven.

In de geschiedenis van de westerse filosofie speelden denkers als Plato en Aristoteles een sleutelrol in de ontwikkeling van ideeën over de eeuwige ziel.

De mensheid heeft zich immers altijd afgevraagd wat de aard van de ziel is en wat haar bestemming is na de dood. Dit debat heeft tijdperken overbrugd en het filosofische en religieuze denken diepgaand beïnvloed. In de context van het humanisme van de Renaissance, een periode die werd gekenmerkt door een vurige belangstelling voor menselijke en goddelijke kennis, nam het onderwerp van de onsterfelijkheid van de ziel een prominente plaats in.

Onder de hoofdrolspelers in dit debat zijn de namen van Marsilio Ficino en Pico della Mirandola, filosofen die opvielen door hun reflectie op de eeuwige aard van de ziel. Ficino betoogde in de 15e eeuw dat de ziel onsterfelijk is en dat het haar belangrijkste taak is om goddelijke schoonheid te aanschouwen. Zijn werk heeft de kijk op de mens als spiritueel en rationeel wezen diepgaand beïnvloed.

Pico della Mirandola, aan de andere kant, behandelde het onderwerp van de onsterfelijkheid van de ziel in de 15e-16e eeuw als onderdeel van zijn opvatting over de menselijke waardigheid. In zijn beroemde '*Vertoog over de waardigheid van de mens*' gaf Pico zijn visie op de mens weer als een vrij wezen dat in staat is om door middel van kennis en liefde op te stijgen tot goddelijke perfectie. Dit perspectief benadrukte het belang van de ziel als het vitale en onsterfelijke principe van de mens.

Het denken van Ficino en Pico della Mirandola maakt deel uit van een bredere context van filosofische en theologische discussies over de onsterfelijkheid van de ziel, geworteld in de Platonische en Aristotelische traditie.

Door de eeuwen heen zijn er talloze theorieën en opvattingen geweest over de eeuwige ziel. Van de dualistische opvattingen van Descartes, die een duidelijk onderscheid maakte tussen res cogitans (de geest) en res extensa (het lichaam), tot de meer spirituele interpretaties van de oosterse mystiek, heeft het debat over de onsterfelijkheid van de ziel verschillende en complexe facetten aangenomen.

Recente studies op het gebied van neurowetenschappen en psychologie hebben geleid tot nieuwe perspectieven op de ziel en de duur ervan na de dood. Premortale experimenten en verslagen van buitenlichamelijke ervaringen hebben het debat over het hiernamaals en de continuïteit van het zijn na het aardse leven aangewakkerd.

Samengevat is het onderwerp van de eeuwige ziel een van de fundamentele vragen van de menselijke ervaring, waarbij niet alleen filosofie en theologie, maar ook wetenschap en psychologie betrokken zijn. Door de eeuwen heen hebben filosofen, theologen, wetenschappers en mystici bijgedragen aan de verrijking van het debat over de aard van de ziel en haar bestemming na de dood, door inzichten en overpeinzingen te bieden die de menselijke geest blijven stimuleren in haar zoektocht naar de ultieme waarheid.

Meer recent hebben hedendaagse geleerden bijgedragen aan de discussie over de eeuwige ziel en de mogelijkheid van een bestaan na de overgang. Het werk van neurowetenschapper David Chalmers en filosoof Thomas Nagel heeft bijvoorbeeld vragen opgeworpen over de aard van het bewustzijn en de mogelijkheid van een transcendente dimensie die ons huidige begrip te boven gaat.

Experimenten met bijna-doodervaringen, getuigenissen van individuen die beweren ontmoetingen te hebben gehad met 'goddelijk licht' tijdens situaties van dreigend gevaar en gedetailleerde verslagen van gevallen van vermeende reïncarnaties zijn allemaal stof tot nadenken over het bestaan van een eeuwige ziel. Deze verhalen geven stof tot nadenken over de mogelijkheid van een spirituele dimensie die nog onderzocht moet worden. Dit zijn de NDE-verschijnselen. Ik behandel ze uitvoerig in de volgende hoofdstukken.

Het concept van een eeuwige ziel maakt deel uit van een dicht web van overtuigingen, persoonlijke ervaringen en filosofische speculaties die de menselijke geest en ziel blijven prikkelen. De zoektocht naar zin en betekenis in het idee van een bestaan voorbij de passage leidt tot reflectie over de essentie van menselijkheid en onze verbinding met het oneindige.

Samenvattend is de filosofische analyse van de eeuwige ziel en het bestaan na het levenseinde een reis door de diepten van de mens en zijn relatie met de eeuwigheid. Van oude spirituele perspectieven tot hedendaagse filosofische theorieën, het debat over de aard van de ziel en de mogelijkheid van een eeuwige bestemming blijft een onderwerp dat rijk is aan betekenis en met diepgaande implicaties voor ons begrip van de zin van het leven en de doorgang.

Wetenschap en spiritualiteit. Een moeilijke dialoog over de mogelijkheid van de onsterfelijkheid van de ziel.

In het hart van de eeuwige menselijke zoektocht naar betekenis en kennis opent de ontmoeting tussen wetenschap en spiritualiteit de deur naar een dialoog die diepgaande vragen blijft oproepen over de aard van de ziel en haar mogelijke onsterfelijkheid. Deze fascinerende vervlechting van verschillende, schijnbaar onverenigbare benaderingen biedt interessante inzichten die ons huidige begrip uitdagen en ons uitnodigen om de grenzen van het menselijk bestaan te verkennen.

Het debat over de mogelijkheid van de onsterfelijkheid van de ziel gaat terug tot het begin van het menselijk denken. In de 5e eeuw voor Christus opperde de Griekse filosoof Pythagoras het idee van de transmigratie van de ziel, met het argument dat de ziel voorbestemd was om meerdere levens na elkaar te leven.

Pythagoras, een bekend filosoof en wiskundige uit het oude Griekenland, stichtte een denkschool die de naam Pythagoreïsme heeft gekregen. Een van de meest kenmerkende leerstellingen van Pythagoras is de leer van de metempsychose, of transmigratie van de ziel.

Volgens deze leer is de ziel onsterfelijk en gaat ze na de dood over van het ene lichaam naar het andere. Zielen kunnen herboren worden in verschillende menselijke lichamen of zelfs in dierlijke lichamen, afhankelijk van het gedrag en de spirituele evolutie die bereikt werden tijdens het vorige leven.

Dit concept is nauw verwant aan de reïncarnatietheorie, die wijdverspreid is in veel spirituele en religieuze tradities over de hele wereld. Pythagoras geloofde dat zielen door een cyclus van opeenvolgende levens zichzelf konden zuiveren en vooruitgang konden boeken naar een vorm van spirituele perfectie of hogere kennis.

De doctrine van de transmigratie van de ziel heeft het filosofische en religieuze denken in de oudheid aanzienlijk beïnvloed en heeft een blijvende invloed gehad op de westerse cultuur.

Maar dit concept is ook zeer aanwezig in Oosterse spirituele tradities, waar het een continue en ononderbroken visie op het bestaan van de ziel presenteert.

Door de geschiedenis heen hebben veel wetenschappers het onderwerp van de onsterfelijkheid van de ziel onderzocht zonder de wetenschappelijke benadering volledig te verwerpen.

Carl Sagan, bekend als astrofysicus, kosmoloog, schrijver en wetenschapspopularisator, was een prominent figuur in de wereld van de wetenschap en de publieke verspreiding van wetenschappelijke kennis. Hoewel Sagan bekend stond om zijn strenge en rationele benadering van wetenschap, was hij ook geïnteresseerd in existentiële en filosofische vragen die verder gingen dan de grenzen van de conventionele wetenschap.

Sagan behandelde onderwerpen met betrekking tot de mogelijkheid van een transcendente dimensie van het bestaan in verschillende van zijn geschriften en toespraken, waarbij hij de noodzaak benadrukte om een kritische en open blik te behouden tegenover de nieuwe mogelijkheden en perspectieven die wetenschappelijke kennis en de verkenning van de kosmos kunnen bieden.

Ondanks zijn voorliefde voor de wetenschappelijke methode en zijn nauwgezette analyse van natuurverschijnselen, had Sagan respect voor spirituele en filosofische opvattingen die verder gingen dan pure materialiteit en moedigde hij een geïntegreerd en inclusief wereldbeeld aan dat de complexiteit van het universum en de menselijke ervaring omarmt.

Zijn benadering heeft veel mensen geïnspireerd om de grenzen van kennis te verkennen en na te denken over diepgaande vragen over de aard van het universum, het leven en het menselijk bewustzijn, waardoor een constructieve dialoog tussen wetenschap en spiritualiteit wordt bevorderd.

Onlangs is er een belangrijke doorbraak bereikt op het gebied van neurowetenschappen en bewustzijn. Studies naar bijna-doodervaringen, zoals die van

Dr. Sam Parnia, hebben onze traditionele opvattingen over de overgang als een definitieve grens in twijfel getrokken. Deze studies rapporteren ervaringen van individuen die 'bijna dood' zijn en beweren gevoelens van vrede, helderheid en spirituele verbondenheid te hebben ervaren.

Experimenten zoals cardiopulmonale reanimatie (CPR) en het gebruik van gecontroleerde psychedelische stoffen in experimentele geleide therapieën hebben enig suggestief bewijs geleverd van mogelijke toegang tot transcendente dimensies van bewustzijn. Het is echter belangrijk om te benadrukken dat deze experimenten verder onderzoek en evaluatie vereisen om definitieve conclusies te kunnen trekken.

Experimenten met cardiopulmonale reanimatie (CPR) en het gebruik van gecontroleerde psychedelische stoffen in experimentele therapieën hebben interesse gewekt in de mogelijke ervaringen van transcendent bewustzijn die uit dergelijke situaties zouden kunnen voortkomen.

Cardiopulmonale reanimatie (CPR) is een noodprocedure die wordt uitgevoerd bij mensen die een hartstilstand hebben gehad. Het doel van reanimatie is om de toevoer van zuurstof naar vitale lichaamsweefsels in stand te houden wanneer het hart plotseling stopt met kloppen of wanneer de ademhaling stopt.

Reanimatie combineert compressie van de borstkas (hartmassage) om de bloedstroom door het lichaam op peil te houden met mond-op-mondbeademing of via apparaten zoals een ballonventiel-masker om zuurstof naar de longen te brengen.

Deze procedure is van vitaal belang om iemand in leven te houden in afwachting van een meer geavanceerde medische ingreep, zoals het gebruik van een defibrillator om het normale hartritme te herstellen.

Bij een hartstilstand moet zo snel mogelijk gereanimeerd worden, want elke minuut zonder reanimatie vermindert de overlevingskans van de getroffen persoon aanzienlijk.

Daarom is reanimatie een fundamentele vaardigheid voor reddingswerkers, artsen, verpleegkundigen en iedereen die voorbereid wil zijn op situaties met een hartstilstand en levens wil redden in noodsituaties. Het is voor iedereen belangrijk om de juiste reanimatietechnieken te leren om snel te kunnen reageren in kritieke situaties en zo de overlevingskansen van mensen met een hartstilstand te vergroten.

In het geval van reanimatie hebben sommige mensen die na een hartstilstand weer tot leven zijn gewekt, getuigd van bijna-doodervaringen of bewustzijnservaringen die niets te maken hebben met hersenactiviteit.

Wat betreft het gebruik van gecontroleerde psychedelische middelen in geleide therapieën, zijn er meldingen van diepgaande en transformerende ervaringen die de grenzen van het gewone bewustzijn overschrijden, waardoor sommigen de mogelijkheid overwegen om via dergelijke middelen toegang te krijgen tot transcendente dimensies van bewustzijn.

Het is belangrijk om te benadrukken dat deze suggestieve getuigenissen geen definitief bewijs vormen van transcendente dimensies van bewustzijn en dat verder wetenschappelijk onderzoek en evaluatie nodig zijn om de aard van deze ervaringen volledig te begrijpen en hun betekenis te beoordelen.

Voortgezet onderzoek op deze gebieden kan bijdragen aan een beter begrip van de mogelijkheden van de menselijke geest en bewustzijnservaringen, maar het is essentieel om een rigoureuze, op bewijs gebaseerde benadering te handhaven om onderscheid te maken tussen echte verschijnselen en subjectieve interpretaties.

Aan de spirituele kant hebben geleerden als Deepak Chopra geholpen om wetenschap en spiritualiteit te verenigen in de zoektocht naar de onsterfelijkheid van de ziel. Chopra reflecteert op kwantumfysica en Indiase filosofie om de mogelijkheid te onderzoeken van een onsterfelijk bewustzijn dat verder reikt dan tijd en ruimte.

Op dezelfde manier bieden de visie van Ken Wilber en zijn theorie van integrale evolutie een kader dat zowel wetenschappelijke als spirituele benaderingen omvat.

Ken Wilber is een hedendaagse auteur en filosoof die bekend staat om de ontwikkeling van de theorie van integrale evolutie. Deze theorie probeert benaderingen uit verschillende disciplines te integreren, waaronder psychologie, filosofie, spiritualiteit en wetenschap. Zijn holistische visie stelt een alomvattend beeld voor van de evolutie van het individu en het menselijk bewustzijn.

Volgens Wilber beschouwt integrale evolutie zowel de individuele als de collectieve aspecten van menselijke evolutie, inclusief persoonlijke groei en innerlijke ontwikkeling en sociale en culturele evolutie. Wilber stelt dat om de menselijke evolutie volledig te begrijpen, zowel op individueel als op collectief niveau, het noodzakelijk is om zowel wetenschappelijke als spirituele benaderingen te integreren.

Zijn theorie probeert de scheidslijnen tussen wetenschap en spiritualiteit te doorbreken door een model aan te bieden dat verschillende perspectieven omarmt zonder een ervan uit te sluiten. Wilber erkent de waarde en het belang van zowel rationele wetenschappelijke kennis als spirituele en contemplatieve ervaring en benadrukt de complementariteit van deze benaderingen in het onderzoek naar de aard van de mens en het universum.

Door zijn theorie van integrale evolutie nodigt Ken Wilber ons uit om de mens te beschouwen als een complexe entiteit die fysieke, mentale, emotionele en spirituele dimensies omvat, waardoor een inclusieve en geïntegreerde benadering van het begrijpen van de menselijke werkelijkheid en bewustzijn wordt bevorderd.

Uiteindelijk stelt Wilber dat wetenschap en spiritualiteit kunnen integreren om de onsterfelijkheid van de ziel te begrijpen als onderdeel van een evolutionair proces waarbij lichaam, geest en ziel betrokken zijn.

Concluderend, de dialoog tussen wetenschap en spiritualiteit over de mogelijkheid van de onsterfelijkheid van de ziel weerspiegelt onze aangeboren menselijke nieuwsgierigheid en eindeloze zoektocht naar betekenis. Hoewel wetenschap en spiritualiteit vaak gescheiden paden bewandelen, kan het samenbrengen ervan in een open en kritische dialoog leiden tot nieuwe perspectieven op de complexiteit van het mens-zijn. Deze dialoog nodigt ons uit om de verbanden tussen geest, bewustzijn en een mogelijke transcendente dimensie van het bestaan verder te onderzoeken. Het is een reis die ons confronteert met de uitdagingen van wetenschappelijke kennis, de spirituele zoektocht en de onzekerheden rond de onsterfelijkheid van de ziel.

Theorieën over overleven na overlijden.

Het eeuwige mysterie van het hiernamaals heeft de mensheid sinds het begin van haar bestaan gefascineerd. Velen hebben zich afgevraagd of de overgang echt het einde van alles is of dat er een mogelijkheid bestaat dat de ziel voorbij de aardse grenzen blijft voortbestaan. Tegenwoordig voegt de wetenschap zich bij filosofische speculaties en spirituele debatten om theorieën over het behoud van de ziel en haar mogelijke bestaan na de overgang te onderzoeken.

De basis van het behoud van de ziel is te vinden in oude tradities. Het geloof in de onsterfelijkheid van de ziel heeft diepe wortels in de culturen van het oude Egypte, waar men geloofde dat een deel van de mens de fysieke dood overleefde en doorging in een andere dimensie. In gnostische tradities en oosterse religies speelde de opvatting van de ziel als een eeuwige entiteit ook een centrale rol.

Weegt de kern 21 gram?

Wetenschappelijk onderzoek naar het onderwerp heeft de afgelopen decennia echter aan relevantie gewonnen. Grofere onderzoeken hebben zich gericht op het zogenaamde 'wegen van zielen'. Een belangrijk voorbeeld is het onderzoek van de Britse arts Duncan MacDougall uit 1907. MacDougall probeerde het gewicht van de menselijke ziel op het moment van overlijden te meten.

Duncan MacDougall veronderstelde in zijn studie dat de ziel het lichaam verlaat op het moment van overlijden, waardoor het gewicht verandert.

Tijdens zijn experiment merkte hij een verschil op in het gewicht van individuen op het moment van overlijden en speculeerde dat dit verschil kon worden toegeschreven aan het vertrek van de ziel. Het gebeurde inderdaad dat MacDougall het gewicht van zes individuen mat op het moment van overlijden, wat gegevens opleverde die zijn hypothese van het bestaan van een zielsgewicht ondersteunden. De resultaten van zijn onderzoek werden in maart 1907 gepubliceerd in de *New York Times* en het medische tijdschrift *American Medicine*.

Het idee van MacDougall, die het gewicht van 21 gram toeschreef aan de menselijke ziel, werd omarmd door de populaire cultuur ondanks twijfels over de wetenschappelijke geldigheid van zijn studies. MacDougalls theorie beïnvloedde filmwerken zoals '21 gram', geregisseerd door de Mexicaanse regisseur Alejandro González. Op het gebied van Italiaanse muziek werden het nummer '21 Grams' van het hiphopduo Duplici en een nummer met dezelfde naam van rapper Fedez ook geïnspireerd door MacDougalls studies.

Uiteindelijk was de theorie van MacDougall nuttiger voor amusement dan voor de wetenschap.

Ondanks MacDougalls 'Ignobel Prize' heeft zijn werk een levendige discussie aangewakkerd over de mogelijkheid van een fysieke manifestatie van de ziel en vragen opgeroepen over de grens tussen wetenschap en spiritualiteit. Andere wetenschappers, zoals Nobelprijswinnaar Sir Roger Penrose, hebben theorieën over bewustzijn voorgesteld die traditionele opvattingen uitdagen en nieuwe perspectieven openen op de aard van de menselijke geest en ervaringen na de dood.

Hoofdstuk 5. Het einde van het leven is niet het einde van alles.

"Wat voor de rups het einde van de wereld is, is voor de rest van de wereld een vlinder." (Lao Tzu)

de Griekse traditie was de Styx een goddelijke rivier die door de onderwereld stroomde en door de doden moest worden overgestoken om het dodenrijk binnen te gaan. Deze oversteek werd beschouwd als een cruciaal en symbolisch moment, omdat het de definitieve overgang markeerde van het aardse leven naar het hiernamaals.

De rivier Styx was niet het enige element dat in de Griekse mythologie fungeerde als grens tussen de twee werelden. Er waren ook andere goden of plaatsen die overgangspunten vormden tussen de werelden van de levenden en de doden. Charon was bijvoorbeeld de veerman van de doden die betaald moest worden om hen naar de overkant van de rivier te brengen, en de ingang tot het dodenrijk werd vaak voorgesteld door een poort of deur die bewaakt werd door bewakers zoals Cerberus, de driekoppige hond.

Deze symbolische elementen in de Griekse mythologie weerspiegelen de diepgaande overweging van de dood en het hiernamaals door de oude Grieken, die complexe rituelen en overtuigingen hadden met betrekking tot het hiernamaals en het overleven van de ziel na de dood. De aanwezigheid van deze figuren en plaatsen van overgang onderstreepte het belang dat gehecht werd aan de overgang van de ene fase van het menselijk bestaan naar de volgende en de noodzaak om bepaalde rituelen en regels in acht te nemen om een veilige en juiste overgang naar het hiernamaals te verzekeren.

In de hedendaagse context hebben studies naar bijna-doodervaringen een aantal getuigenissen aan het licht gebracht die wijzen op een mogelijk verband tussen de doorgang en een transcendente wereld. Raymond Moody, een pionier op het gebied van bijna-doodervaringen, heeft getuigenissen verzameld van personen die beweren door een smalle tunnel van licht te zijn gegaan of een gevoel van vrede en sereniteit te hebben ervaren dat duidt op een buitenwereldse wereld. Deze ervaringen hebben geïnspireerd tot het afschilderen van het levenseinde als een doorgang naar een veelbelovende en zeer spirituele werkelijkheid.

Sommige onderzoekers, zoals Dr. Sam Parnia, hebben uitgebreid onderzoek gedaan naar bijna-doodervaringen en het bewustzijn op het moment van overlijden. Door analyse van hart- en reanimatiegebeurtenissen heeft Parnia waargenomen dat sommige patiënten gedetailleerde kennis rapporteren van gebeurtenissen die plaatsvonden tijdens hun 'klinische dood', een periode waarin hersenactiviteit wordt verondersteld te zijn gestopt. Deze bevindingen tarten het traditionele begrip van de overgang als een eindpunt en openen de weg naar een mogelijk begrip van de overgang als een poort naar onbekende dimensies.

De filosofie heeft ook geprobeerd om deze overgang naar het onbekende te interpreteren.

Albert Camus, 20e-eeuws Frans existentialistisch filosoof en schrijver, staat bekend om zijn diepgaande en vaak schokkende analyse van de menselijke conditie in het licht van de absurditeit van leven en dood. Camus was geïnteresseerd in het idee van de overgang naar het onbekende, zowel in de context van de fysieke dood als in bredere zin, als een overgang tussen verschillende staten van het menselijk bestaan.

Volgens Albert Camus is de ontmoeting met het onbekende, die zich kan manifesteren via de dood of andere liminale ervaringen in het leven, een cruciaal moment dat de mens confronteert met metafysische absurditeit. Dit concept van absurditeit verwijst naar het gebrek aan intrinsieke betekenis of betekenis in het universum, naar de dissonantie tussen het menselijke verlangen naar betekenis en de werkelijkheid die schijnbaar verstoken is van betekenis en doel.

Voor Camus vertegenwoordigt metafysische absurditeit in het aangezicht van de overgang naar het onbekende een openbaring die ons dwingt om radicaal de confrontatie aan te gaan met het mysterie van het menselijk bestaan. Deze confrontatie met absurditeit kan leiden tot angst, desoriëntatie en zelfs wanhoop, maar tegelijkertijd tot een dieper bewustzijn van de menselijke conditie en een filosofische reflectie op leven, dood en de zin van het bestaan.

In zijn belangrijkste werk, 'De Pest', verkent Camus het thema van dood en ziekte als een uitdrukking van de absurditeit van het leven, waarbij hij de kwetsbaarheid en onzekerheid van het menselijk bestaan benadrukt in het licht van de onvermijdelijkheid van de dood. Door zijn werken nodigt Camus de lezer uit om de realiteit van absurditeit onder ogen te zien en om, indien mogelijk, een persoonlijke betekenis en een authentieke manier van leven te vinden in een universum zonder ultieme verklaring.

Op deze manier biedt de filosofie van Albert Camus een diepgaand en provocerend perspectief op de overgang naar het onbekende, door te suggereren dat deze ontmoeting met metafysische absurditeit een kans kan zijn om de menselijke conditie in al haar complexiteit en tegenstrijdigheden te verkennen, en om te zoeken naar existentiële betekenis ondanks de onzekerheden en tegenstrijdigheden van het leven.

Martin Heidegger, de Duitse filosoof uit de 20e eeuw, staat bekend om zijn complexe en vernieuwende denken over het zijn en het menselijk bestaan. In de context van de overgang naar het onbekende, behandelde Heidegger het thema van 'zijn in opschorting' en benadrukte hij het cruciale belang dat het bewustzijn van de dood heeft in het menselijk leven.

Heidegger benadrukte hoe het einde van het leven een van de fundamentele voorwaarden is die het menselijk bestaan definiëren. Volgens Heidegger drijft het besef van onze eindigheid en de mogelijkheid van de dood ons tot diepere reflectie over ons bestaan en de zin van het leven.

Voor Heidegger staan de overgang naar het onbekende en het vooruitzicht van de dood centraal om onze ware aard te begrijpen en authentiek te leven. In plaats van de dood louter te beschouwen als het einde van het leven, nodigt Heidegger ons uit om na te denken over het feit dat ons bestaan ook gedefinieerd wordt door het einde ervan, en dat het besef van deze tijdelijke beperking ons zou moeten leiden naar zinvollere en authentiekere levenskeuzes.

Het idee van 'in suspensie zijn', voorgesteld door Heidegger, suggereert dat het einde van het leven altijd aanwezig is in onze existentiële horizon en dient als een constante herinnering aan een authentiek en bewust leven. Dit perspectief nodigt ons uit om onze vergankelijkheid onder ogen te zien en te leven volgens onze diepste waarden, waarbij we ons bewust worden van de kortstondigheid en kostbaarheid van het leven.

Kortom, door zijn filosofie van zijn en dood moedigt Martin Heidegger ons aan om na te denken over ons bestaan in relatie tot onze eindigheid en het vooruitzicht van de dood, en nodigt hij ons uit om authentiek, bewust en respectvol te leven met de uitdagingen en mogelijkheden die de overgang naar het onbekende ons bestaan kan bieden.

Concluderend kunnen we stellen dat de vele beelden en vergelijkingen rond de overgang ons verschillende en suggestieve perspectieven bieden op de overgang naar het hiernamaals. Van het oude Egypte tot modern onderzoek naar bijna-doodervaringen, van kunst tot filosofie, de mensheid probeert deze mysterieuze overgang te begrijpen. Elke opvatting, elke metafoor draagt bij aan ons collectieve begrip en voedt het menselijke verlangen om te weten wat er voorbij het aardse leven ligt. De doorgang en de vele beelden en vergelijkingen die erin staan, zetten ons aan om na te denken over de zin van het bestaan zelf en om het onbekende te omarmen dat ons achter de laatste drempel te wachten staat.

De dood als overgang. Vergelijking van oude en moderne opvattingen.

Het einde van het aardse leven, een thema dat de mensheid altijd heeft gefascineerd, is door de eeuwen heen het onderwerp geweest van verschillende opvattingen en voorstellingen. Zelfs vandaag de dag blijven de beelden en simulaties rond deze cruciale passage diepgaande reflecties stimuleren over de betekenis ervan en de mogelijke overgang naar een andere staat van bestaan.

In de oude wereld kenden veel culturen aan de dood de betekenis toe van een overgang naar een andere dimensie. In het oude Griekse geloof werd het dodenrijk bijvoorbeeld Hades genoemd, een donkere en mysterieuze plaats. Volgens de filosoof Plato vertegenwoordigde de doorgang de bevrijding van de ziel uit de gevangenis van het lichaam, waardoor vereniging met de eeuwige en onsterfelijke wereld van ideeën mogelijk werd. Deze opvatting is ook terug te vinden in de Egyptische tradities, waar het proces van mummificatie als essentieel werd beschouwd om een ongehinderde doorgang naar het hiernamaals te garanderen.

Door de eeuwen heen hebben wetenschappelijke vooruitgang en nieuwe filosofische perspectieven bijgedragen aan een bredere reflectie op het levenseinde als een overgang. Wetenschappelijke studies, zoals die naar bijna-doodervaringen, hebben ervaringen en getuigenissen onthuld van individuen die beweren intense en levendige sensaties te voelen tijdens het kritieke moment van de overgang.

Werken zoals dat van de Zwitserse psychiater Elisabeth Kübler-Ross hebben bijgedragen aan een beter begrip van de emotionele stadia waar stervende mensen doorheen gaan en benadrukken het belang van het benaderen van het levenseinde als een proces van psychologische transitie.

Elisabeth Kübler-Ross, geboren op 8 juli 1926 en overleden op 24 augustus 2004, was een gerenommeerd psychiater die haar baanbrekende werk op het gebied van studies vóór de dood combineerde met het schrijven van het beroemde boek '*On Death and Dying*', dat in 1969 werd gepubliceerd en een internationale bestseller werd. In dit baanbrekende werk presenteerde Kübler-Ross haar theorie van de vijf stadia van lijden, algemeen bekend als het 'Kübler-Ross model'.

In 1970 gaf Kübler-Ross de prestigieuze 'Ingersoll Lecture' aan Harvard University, waarin hij de ideeën uit 'On Death and Dying' belichtte. In juli 1982 gaf hij les aan duizenden studenten over dood en sterven in verschillende academische instellingen, ziekenhuizen en centra voor maatschappelijk werk. In 1999 nam de New York Public Library haar boek 'On Death and Dying' op in de lijst van 'Books of the Century' en

Time Magazine nam haar op in de lijst van 'One Hundred Most Important Thinkers' van de 20e eeuw.

Zijn uitgebreide literaire oeuvre omvat 24 boeken, waarvan in totaal meer dan 10 miljoen exemplaren zijn verkocht en die in 44 talen zijn vertaald.

Elisabeth Kübler-Ross was een pionier op het gebied van de psychiatrie die een revolutie teweegbracht in ons begrip van dood en rouw. Haar werk richt zich op de emotionele fasen die mensen doormaken wanneer ze de dood onder ogen zien en effent het pad voor meer gevoeligheid en compassie in de omgang met dit cruciale moment in het menselijk leven.

De filosofie van Kübler-Ross is gebaseerd op het concept van de vijf fasen van rouw, beter bekend als het 'Kübler-Ross model'. Volgens deze theorie doorlopen mensen een reeks emotionele stadia als reactie op hun eigen of een dierbare's naderende dood. Deze fasen zijn ontkenning, woede, onderhandelen, depressie en acceptatie. Kübler-Ross benadrukte dat deze fasen niet noodzakelijkerwijs lineair zijn en dat mensen ze op verschillende manieren kunnen doorlopen en niet noodzakelijkerwijs in een specifieke volgorde.

Daarnaast benadrukte Kübler-Ross het belang van het omgaan met het levenseinde als een proces van psychologische transitie dat emotionele steun en begrip vereist van familieleden, zorgverleners en de gemeenschap in het algemeen. Ze werkte aan het wegnemen van het taboe en de stilte die vaak rond de dood hangen door mensen aan te moedigen om openlijk over hun gevoelens en angsten rond het levenseinde te praten.

De ideeën van Kübler-Ross over de dood zijn gebaseerd op de overtuiging dat de dood een integraal onderdeel van het leven is en dat er oprecht en aanvaard mee omgaan kan leiden tot een groter bewustzijn van het eigen bestaan en de verbondenheid met anderen. Hij moedigde mensen aan om de dood te zien als onderdeel van de natuurlijke cyclus van het leven en om betekenis en waarde te vinden in de emotionele ervaringen van verlies en rouw.

Uiteindelijk richt de filosofie van Elisabeth Kübler-Ross over de dood zich op het belang van empathie, medeleven en begrip voor mensen die voor het levenseinde staan en biedt een humane en gevoelige benadering van een diep persoonlijk en universeel moment.

Vandaag de dag zijn ontwikkelingen in de wetenschap en geneeskunde in staat om het menselijk leven te verlengen en een beter begrip te bieden van de dynamiek die gepaard gaat met het levenseinde. Veel mensen blijven echter op zoek naar een betekenis die verder gaat dan de fysieke doorgang en willen de mogelijke spirituele of transcendente dimensies van het bestaan na het aardse leven onderzoeken. Hedendaagse geleerden zoals neurochirurg Eben Alexander, auteur van het boek Proof of Heaven, beweren persoonlijke ervaringen te hebben gehad met het leven na de overgang, waardoor traditionele opvattingen in twijfel worden getrokken en een debat in het wetenschappelijke veld wordt gestimuleerd.

Waar de oude filosofie het einde van het leven onderzocht als een doorgang naar een transcendent rijk, probeert de moderne wetenschap verklaringen te geven op basis van empirisme en rationaliteit. Deze verschillende benaderingen zijn echter niet noodzakelijkerwijs onverenigbaar met elkaar. De oude opvatting van de overgang kan gezien worden als een gelukkige metafoor die hoop en de continuïteit van het bestaan oproept, terwijl wetenschappelijke ontwikkelingen bijdragen aan een beter begrip van biologische mechanismen en de ervaringen van stervenden.

Concluderend nodigen de vele beelden en overeenkomsten rond de doorgang uit tot een vergelijking tussen oude en moderne opvattingen. Terwijl de Ouden de doorgang zagen als een brug naar een transcendente verblijfplaats, biedt de hedendaagse wetenschap verklaringen die gebaseerd zijn op ervaring en empirische observatie. Deze opvattingen sluiten elkaar echter niet noodzakelijkerwijs uit. Integendeel, de vergelijking tussen de twee perspectieven kan ons begrip van de doorgang als een mysterieuze en potentieel betekenisvolle overgang verrijken. Door deze dialoog en doorlopend onderzoek blijft de mensheid zoeken naar antwoorden over de aard van het bestaan en de uiteindelijke betekenis van deze cruciale overgang.

De dood als energietransitie. Een analyse van subtiele lichamen.

Het einde van het leven, een raadsel dat de mensheid al sinds de oudheid fascineert, heeft veel interpretaties en voorstellingen opgeleverd die de overgang van de ziel naar het hiernamaals proberen te verklaren. Een van de verschillende opvattingen is dat de overgang een energetische overgang is, waarbij het fysieke lichaam plaats maakt voor de zogenaamde 'subtiele lichamen'.

Vanuit het perspectief van Oosterse en esoterische spirituele en filosofische tradities worden 'subtiele lichamen' beschouwd als energieomhullingen of voertuigen die geacht worden te bestaan voorbij het fysieke lichaam en die een essentieel onderdeel vormen van het individu. Deze subtiele lichamen worden vaak gezien als voertuigen voor de ziel of spirituele essentie van het individu en worden beschouwd als cruciale onderdelen van onze identiteit en ons bestaan.

Subtiele lichamen worden beschreven als energielagen of dimensies die subtieler en meer vibrerend zijn dan het fysieke lichaam en waarvan gedacht wordt dat ze op verschillende manieren interageren met de fysieke en spirituele werelden. Volgens sommige tradities heeft elk mens meerdere subtiele lichamen die met elkaar en met het fysieke lichaam in wisselwerking staan en zo een complex en onderling verbonden systeem vormen.

Subtiele lichamen worden vaak beschreven in termen van verschillende niveaus van energie of bewustzijn, elk met specifieke functies en kenmerken. De meest voorkomende subtiele lichamen die in spirituele tradities genoemd worden zijn:

Het astrale lichaam.

Vaak omschreven als het energielichaam dat emoties, verlangens en droomervaringen draagt. Het wordt verondersteld het voertuig te zijn dat het individu in staat stelt om de niet-fysieke rijken te verkennen tijdens de slaap, in meditatie of in veranderde bewustzijnstoestanden.

Het mentale lichaam.

Dit subtiele lichaam wordt geassocieerd met geest, denken en bewustzijn. Men gelooft dat het op hogere energieniveaus werkt dan het astrale lichaam en dat het de waarneming, rationaliteit en creativiteit van het individu beïnvloedt.

Het spirituele of causale lichaam.

Dit lichaam wordt vaak geassocieerd met de dimensie van de ziel of spirituele essentie van het individu. Men gelooft dat het de verbinding met het goddelijke of de transcendente dimensie van het bestaan vertegenwoordigt.

De opvatting van subtiele lichamen weerspiegelt het idee dat de mens niet alleen beperkt is tot zijn fysieke lichaam, maar op meerdere niveaus van realiteit en bewustzijn bestaat. Dit perspectief biedt een manier om de mens te begrijpen als een complex, multidimensionaal wezen, waarvan de ontwikkeling en evolutie niet alleen het fysieke, maar ook het energetische en spirituele vlak betreffen.

Veel culturen en spirituele tradities, zoals de oude Indiase filosofie, hebben een diepgaand begrip ontwikkeld van de subtiele lichamen als een integraal onderdeel van het menselijk wezen. Volgens deze inzichten bestaat het individu niet alleen uit het fysieke lichaam, maar ook uit verschillende lagen of niveaus van subtiele energie. In de Vedische traditie spreekt men bijvoorbeeld van 'koshas' of omhulsels, die deze subtiele lichamen vertegenwoordigen.

De hedendaagse wetenschappelijke benadering, met behoud van een meer objectieve kijk, heeft onderzoek gedaan naar de mogelijke energiedimensies die verbonden zijn met de dood. Een voorbeeld hiervan is de groeiende belangstelling voor de menselijke aura, een energieveld waarvan wordt aangenomen dat het het fysieke lichaam omringt en mogelijk blijft bestaan na het overlijden.

De aura.

In hedendaags wetenschappelijk onderzoek is er een groeiende belangstelling voor het onderzoeken van de energetische dimensies die verband houden met de dood, waaronder de hypothese van het bestaan van de menselijke aura. De aura wordt opgevat als een subtiel, onzichtbaar energieveld dat het fysieke lichaam omgeeft en waarvan wordt aangenomen dat het de emotionele, fysieke en spirituele toestand van een individu weerspiegelt. Dit energieveld is het onderwerp van studies en onderzoek om de aard, eigenschappen en mogelijke rol ervan in de overgang naar het hiernamaals beter te begrijpen.

De belangstelling voor de menselijke aura komt voort uit de overtuiging dat deze belangrijke informatie over mensen en hun welzijn kan bevatten en dat deze de dood van het fysieke lichaam kan overleven. Sommige wetenschappers en onderzoekers proberen het bestaan en de aard van de aura wetenschappelijk te onderzoeken met behulp van geavanceerde technologieën en methodologieën, zoals bio-elektronica, energiebeeldvorming en bio-elektromagnetisme.

Onderzoek naar de menselijke aura heeft tot doel te onderzoeken of dit energieveld kan blijven bestaan na de dood en of het invloed kan hebben op de perceptie van het hiernamaals of het voortbestaan van de ziel. Het is echter belangrijk om te benadrukken dat dit onderzoek zich in een preliminair stadium bevindt en dat de vraag naar het bestaan en de aard van de menselijke aura een kwestie van debat en onderzoek blijft binnen de wetenschappelijke context.

Hedendaagse wetenschappelijke benaderingen van de energetische aspecten van de dood, waaronder de verkenning van de menselijke aura, vertegenwoordigen een poging om concepten die traditioneel als meer spiritueel of metafysisch werden beschouwd, op een objectieve en rationele manier te benaderen. Dit onderzoek bevordert een beter begrip van energetische verschijnselen in de menselijke ervaring en kan nieuwe inzichten bieden in de aard van het bewustzijn en de overgang naar het onbekende die met de dood gepaard gaat.

Kirlianfotografie.

Een aantal onderzoekers heeft geprobeerd deze subtiele dimensies te analyseren door middel van experimenten en studies. Een van de pioniers op dit gebied was de Russische geleerde Semyon Kirlian, die een fotografische techniek ontwikkelde op basis van elektrische ontladingen om de subtiele energie rondom objecten zichtbaar te maken. Deze techniek werd vervolgens gebruikt in een poging om de subtiele energie vast te leggen die aanwezig is in levende organismen en mogelijk ook in de fase na de dood.

Semyon Kirlian was een pionier op het gebied van onderzoek naar subtiele energiedimensies, beroemd vanwege de ontwikkeling van de fotografische techniek die bekend staat als 'Kirlian fotografie' in de jaren 1930. Deze innovatieve techniek is gebaseerd op elektrische ontladingen en heeft als doel de subtiele energie rondom objecten, waaronder levende organismen, zichtbaar te maken.

Kirlian fotografie heeft veel belangstelling getrokken vanwege het veronderstelde vermogen om de subtiele energievelden rondom gefotografeerde objecten vast te leggen en te tonen, en zo een mogelijke visuele representatie te bieden van deze onzichtbare maar veronderstelde aanwezige dimensies. Het werk van Kirlian heeft geholpen bij het stimuleren van onderzoek en speculatie over deze subtiele energieën en hun mogelijke rol in menselijke ervaringen, waaronder de overgang door de dood.

Met behulp van zijn techniek hebben onderzoekers geprobeerd de subtiele energie die in levende organismen aanwezig is te onderzoeken en te analyseren en hebben ze de hypothese gesteld dat deze energie zelfs na de fysieke dood kan blijven bestaan. Kirlian fotografie is dus gebruikt om de mogelijkheid te onderzoeken om visueel bewijs vast te leggen van de subtiele energiedimensies die de overgang van een individu na het aardse leven zouden kunnen vergezellen.

Hoewel Kirlian fotografie wijdverspreide interesse heeft gewekt en discussie op gang heeft gebracht over subtiele energieën en hun invloed op ons begrip van de werkelijkheid, is het belangrijk om te benadrukken dat de interpretaties en toepassingen van deze techniek onderwerp van debat en wetenschappelijk onderzoek blijven. Het werk van Kirlian heeft echter geholpen om onderzoek en exploratie op de grenzen van wetenschap en menselijke perceptie te katalyseren en biedt nieuwe perspectieven op de complexiteit en diversiteit van energetische fenomenen die betrokken kunnen zijn bij onze ervaring van leven en dood.

Anderen, zoals theoretisch natuurkundige Amit Goswami, promoten het idee dat de overgang een overgang is tussen verschillende energietoestanden. Volgens zijn perspectief, meer metafysisch dan wetenschappelijk, wordt de energie van de ziel niet vernietigd.

Amit Goswami staat bekend om zijn wereldbeeld dat concepten uit de kwantumfysica integreert met spiritualiteit en bewustzijn. Goswami promoot het idee dat de dood een overgang is tussen verschillende energietoestanden en dat de energie van de ziel niet vernietigd wordt, maar transformeert in een andere vorm na het heengaan van het fysieke lichaam.

Volgens Goswami's perspectief is de essentie van wie we zijn, ons bewustzijn of ziel, een energetische entiteit die buiten ons fysieke lichaam bestaat. Wanneer het fysieke lichaam sterft, wordt de energie van de ziel niet geëlimineerd, maar vrijgelaten en getransformeerd in een nieuwe vorm van energie. Dit concept weerspiegelt een cyclische kijk op het bestaan waarin het einde van het leven geen absoluut einde betekent, maar eerder een overgang naar een andere fase van zijn.

Goswami wijst erop dat de kwantumfysica interessante inzichten verschaft in deze kijk op de dood en de continuïteit van zielenenergie. In de kwantumfysica worden materie en energie beschouwd als onderling verbonden en kan bewustzijn een belangrijke rol spelen in de creatie en ervaring van de werkelijkheid.

Volgens de visie van de Goswami is het einde van het leven een moment waarop de energie van de ziel bevrijd wordt uit de beperkingen van het fysieke lichaam en herenigd wordt met de universele of kosmische energie. Deze welkome overgang wordt gezien als een overgang naar een nieuw bestaan of een nieuwe vorm van energie die zijn reis in het universum voortzet.

Uiteindelijk biedt Amit Goswami's perspectief op de dood als een overgang tussen verschillende energietoestanden een visie die wetenschappelijke concepten integreert met spiritualiteit, door de onsterfelijkheid van de energie van de ziel te benadrukken en het idee dat de dood niet het absolute einde is, maar eerder een verandering van vorm en een voortdurende evolutie in het oneindige mozaïek van het universum.

Naast de wetenschappelijke aspecten hebben veel mensen getuigenissen en persoonlijke ervaringen gedeeld die het idee van een energietransitie lijken te ondersteunen. Verhalen over ontmoetingen met spirituele entiteiten of ervaringen van de aanwezigheid van subtiele energieën na het overlijden van een dierbare komen relatief vaak voor.

Concluderend biedt het idee van de overgang als een energetische overgang door subtiele lichamen een ander perspectief in het discours over het einde van het leven en het lot van de ziel. Terwijl oude spirituele tradities concepten van subtiele lichamen in hun begrip van het menselijk wezen integreerden, probeert de hedendaagse wetenschap deze aspecten te onderzoeken door middel van empirische methoden en nieuwe benaderingen. Dit opent de deur voor verder onderzoek om de mogelijke energetische dimensies met betrekking tot de dood beter te begrijpen en mogelijk licht te werpen op wat er zou kunnen gebeuren na de laatste overgang. Het is door deze inspanningen van onderzoek en ruimdenkendheid dat de mensheid de vele beelden en overeenkomsten van de overgang kan blijven onderzoeken, op zoek naar antwoorden die rede en spiritualiteit combineren.

De dood als transcendentie. Spirituele en mystieke opvattingen.

Het concept van transcendentie in de context van het levenseinde verwijst naar de mogelijkheid dat het individu aan of vlak voor het einde van het leven een toestand ervaart waarin de grenzen van het aardse bestaan worden overschreden en een realiteit of dimensie voorbij het fysieke en materiële wordt waargenomen. Deze ervaring kan zich op verschillende manieren manifesteren en kan gevoelens van vrede, verbondenheid met het goddelijke of het universum, visioenen van licht of spirituele aanwezigheid en een gevoel van eenheid met het geheel omvatten.

Voor veel mensen kan het moment van overlijden een gelegenheid zijn voor transcendentie, waarbij mogelijkheden ontstaan voor spirituele ervaringen en diepe verbondenheid voorbij de tastbare, alledaagse werkelijkheid. Deze ervaringen kunnen de deur openen naar een groter bewustzijn van het eigen bestaan en het einde van het leven als onderdeel van een grotere en betekenisvollere cyclus.

Sommige spirituele en culturele tradities zien transcendentie aan het einde van het leven als een overgang naar een andere vorm van bestaan, een spirituele evolutie of een terugkeer naar een dimensie van eenheid met de creatieve bron. Deze opvattingen kunnen troost en betekenis bieden bij het tegemoet treden van de dood en het navigeren door het mysterie van het onbekende.

Voor degenen die een overledene bijstaan of begeleiden, kan het overdenken van transcendentie een gelegenheid zijn om na te denken over de diepere betekenissen van leven en dood, en over de mogelijkheid van verbinding en liefde die het moment van fysieke scheiding overstijgt.

Samengevat verwijst het concept transcendentie in de context van het levenseinde naar de mogelijkheid van spirituele ervaringen, diepe verbindingen of visioenen van realiteiten voorbij het aardse leven, die een kans bieden op betekenis, troost en hoop in de overgang naar het hiernamaals.

Het einde van het leven, een raadsel dat nooit volledig is ontrafeld, heeft talloze opvattingen en theorieën geïnspireerd die zich in spirituele en mystieke kringen hebben ontwikkeld. Deze perspectieven bieden een fascinerend beeld van de overgang als een poort naar een hogere realiteit, voorbij de grenzen van het aardse leven.

In veel religieuze en filosofische tradities wordt de overgang gezien als een transcendentie van de ziel, een reis die leidt naar een hogere ervaring van bewustzijn. Het oude Egyptische denken geloofde bijvoorbeeld in de overgang van de overledene naar de Duat, het rijk van het hiernamaals, waar de ziel haar reis naar onsterfelijkheid zou voortzetten. Vergelijkbare concepten werden in andere culturen uit het verleden verkend, zoals de Griekse opvatting over de onsterfelijkheid van de ziel of het concept van Nirvana in het boeddhisme.

De interesse in de passage als transcendentie en in mystieke ervaringen is een thema dat geworteld is in de zoektocht van de mens naar een diepere verbinding met het goddelijke en de ultieme essentie van de werkelijkheid. Belangrijke spirituele figuren hebben aanzienlijk bijgedragen aan het vormgeven van dit perspectief en bieden waardevolle inzichten in mystieke ervaringen en de versmelting van de ziel met het Onuitsprekelijke of het Goddelijke 'Ene'.

Johannes van het Kruis, een 16e-eeuwse Spaanse theoloog en mysticus, gebruikte het concept van de 'Donkere Nacht van de Ziel' om een innerlijk proces te beschrijven waardoor de ziel, door zichzelf te zuiveren van onzuiverheden en aardse verlangens, een dieper niveau van vereniging met God kan bereiken. Deze staat van transcendentie leidt ertoe dat het individu mystieke extase ervaart en een samensmelting van de ziel met het goddelijke, wat leidt tot de realisatie van iemands spirituele aard en het bewustzijn van eenheid met het goddelijke.

Hier is een veelzeggend citaat uit 'Donkere Nacht van de Ziel' van Johannes van het Kruis:

> *"In de donkere nacht, in de afgrond waar de ziel geen houvast vindt, ontdekt ze alleen wat ze niet is. Omdat ze niet kan omarmen wat ze niet is, ontleent ze daaraan een oneindig groeiend ongemak en kwelling."*

Dit citaat weerspiegelt het concept van de auteur dat de ziel een diepgaande innerlijke zuivering en transformatie doormaakt. Tijdens dit proces wordt de ziel geconfronteerd met innerlijke duisternis, angsten en onzekerheden, in een poging zich te bevrijden van onzuiverheden en aardse banden om een diepere eenheid met God te bereiken. Deze periode van duisternis en innerlijke strijd wordt gezien als essentieel voor de spirituele reis van de ziel naar een groter bewustzijn, zuivering en goddelijke eenheid.

Rumi, de beroemde 13e eeuwse Perzische mysticus en dichter, onderzocht het thema van goddelijke liefde en de samensmelting van de ziel met de goddelijke 'Ene' door middel van zijn gedichten die rijk zijn aan symbolen en metaforen. Zijn werken brengen een diep gevoel van kosmische eenheid en spirituele extase over, en nodigen lezers uit om de innerlijke dimensie en transcendente schoonheid van de verbinding met het goddelijke te verkennen. Zo schrijft Rumi:

> *"Waar eindig ik en waar begin jij? / De grens tussen 'ons' is niet te vinden / behalve waar liefde een graanmolen van vier verdiepingen heeft gebouwd."*

Samen met andere spirituele meesters en mystici hebben Johannes van het Kruis en Rumi geholpen om de menselijke reis naar transcendentie en versmelting met de ultieme essentie van de werkelijkheid te verlichten. Hun perspectieven hebben velen geïnspireerd en geleid in de zoektocht naar spirituele waarheid en de diepgaande ervaring van verbinding met het Onuitsprekelijke, en bieden een baken van wijsheid en verlichting in het uitgestrekte gebied van menselijke ervaring en innerlijke zoektocht.

Het concept van transcendentie in de context van het levenseinde verwijst naar het idee dat mensen, tijdens het proces van het naderen van de dood of op het moment van de dood zelf, toestanden van bewustzijn en gewaarzijn kunnen ervaren die verder gaan dan de fysieke en materiële werkelijkheid en die de deur openen naar ervaringen die bredere en diepere dimensies van het bestaan omvatten.

Sommige hedendaagse wetenschappers hebben deze ideeën onderzocht. Stanislav Grof bijvoorbeeld, een transpersoonlijk psycholoog die beroemd is om zijn werk over bewustzijn en niet-alledaagse ervaringen, heeft uitgebreid onderzoek gedaan naar de dood en transcendente ervaringen. Door het gebruik van gecontroleerde psychedelische middelen en de beoefening van 'holorespiratoire ademhaling', onderzocht Grof de ervaring van een naderende dood en de mogelijkheid van transcendentie door middel van verruimde bewustzijnstoestanden.

Grofs onderzoek heeft een grote verscheidenheid aan transpersoonlijke ervaringen gedocumenteerd die in verband worden gebracht met de naderende dood, zoals ontmoetingen met spirituele figuren, gevoelens van diepe vrede, mystieke visioenen en ideeën van verbondenheid met het universum of goddelijke essentie. Deze ervaringen, die de fysieke passage lijken te combineren met de transcendentie van het bewustzijn, brachten Grof tot de hypothese van de aanwezigheid van een spirituele of transpersoonlijke dimensie die zich manifesteert op het moment van overlijden of in grenssituaties.

Door zijn werk benadrukte Grof het potentieel dat de ervaring van de dood kan bieden voor een transformatie van het bewustzijn en de verheffing van de perceptie van het individu, waardoor diepgaande vragen over het bestaan, spiritualiteit en universele verbondenheid aan het licht kwamen. Zijn onderzoek heeft bijgedragen aan het ontstaan van een vernieuwend perspectief op de dood als een overgangsmoment en een mogelijke ervaring van transcendentie voor de mens.

Grof pleit voor het idee van een universeel bewustzijn en transcendentie voorbij de materiële werkelijkheid en suggereert dat de fysieke doorgang slechts een doorgang kan zijn naar een diepere en betekenisvollere werkelijkheid.

Anekdotes over bijna-doodervaringen of spiritueel ontwaken worden vaak gedeeld door mensen die beweren bijna-doodervaringen te hebben meegemaakt. In het beroemde boek 'Proof of Heaven' vertelt neurochirurg Eben Alexander over zijn ervaring van een reis naar het hiernamaals tijdens een coma, waarbij hij de traditionele opvatting van de overgang als een simpele bewustzijnsinstorting in twijfel trekt.

Het is echter belangrijk op te merken dat dit onderzoek naar het hiernamaals en transcendentie niet uitsluitend beperkt is tot individuele ervaringen of persoonlijke getuigenissen. Sommige wetenschappers proberen een blik te werpen vanuit een objectiever gezichtspunt, bijvoorbeeld door technologie te gebruiken om gegevens te verzamelen die overeenkomen met deze bijna-doodervaringen of door subjectieve onderzoeksbenaderingen toe te passen.

Concluderend leiden de vele beelden en overeenkomsten van het levenseinde ons naar fascinerende spirituele en mystieke opvattingen. Door oude religies, individuele ervaringen en hedendaags onderzoek ontstaan theorieën die het overlijden zien als een doorgang naar een hogere, transcendente werkelijkheid.

De passage als inwijding. Mystieke opvattingen over het hiernamaals.

Het einde van het leven, een van de meest mysterieuze en universele ervaringen van de mensheid, staat voortdurend in de belangstelling vanwege het verband met het hiernamaals en inwijdingsconcepten. Volgens sommige oude tradities en esoterische theorieën is de overgang niet alleen het einde van het leven, maar ook de opening naar een nieuwe staat van kennis en begrip.

Een van de belangrijkste voorbeelden van dit perspectief is *de oude Griekse cultus van Eleusis*. Deze mysterieritus, die zich vanaf de 8e eeuw voor Christus ontwikkelde, hield een inwijdingsproces in waarbij de deelnemers hoopten kennis over het hiernamaals te verwerven. In het specifieke geval van de Griekse cultus van Eleusis vertegenwoordigde de inwijding een symbolische reis door de staten van het menselijk bestaan en, in het bijzonder, naar het begrijpen en accepteren van de dood als een integraal onderdeel van de cyclus van het leven.

Tijdens de rite van Eleusis werden de deelnemers door verschillende stadia van zuivering, leringen en geheime riten geleid, met als hoogtepunt een moment van openbaring of mystieke ervaring. Dit inwijdingsproces symboliseerde de overgang van onwetendheid naar kennis, van duisternis naar licht, en bevatte vaak elementen van dood en wedergeboorte om de innerlijke transformatie van de ingewijde te benadrukken.

Het doel van inwijding in de context van de cultus van Eleusis was om deelnemers tot een groter bewustzijn te brengen van hun spirituele aard en de cyclische aard van leven en dood. Door de ervaring van deze inwijdingsrite hoopte men dat de ingewijden hun angst voor de dood zouden overwinnen, hun lot met sereniteit zouden aanvaarden en een dieper perspectief zouden krijgen op de zin van het menselijk bestaan.

Samengevat staat het concept van inwijding in de context van het mysterie van het levenseinde voor een proces van innerlijke transformatie en zoektocht naar wijsheid, waarbij het bewustzijn van de menselijke sterfelijkheid en de zoektocht naar een dieper begrip van het hiernamaals en de uiteindelijke betekenis van het leven een rol spelen.

Dit inwijdingsperspectief van de cultus van Eleusis laat zien hoe oude culturen door middel van rituelen, symbolen en geheime leringen hun volgelingen een manier probeerden te bieden om de angst en kwelling die met de dood gepaard gingen te overwinnen. Het doel was om deze onvermijdelijke realiteit om te zetten in een kans voor spirituele groei en diepere kennis. Inwijding in de context van het mysterie van het levenseinde was niet slechts een symbolische of theoretische ervaring, maar een diepgaand transformerend proces dat de ziel en geest van de ingewijde betrok in een innerlijke reis naar het begrijpen van de ultieme waarheden van het bestaan. Deze inwijdingsreis stelde ingewijden in staat om hun angsten en beperkingen onder ogen te zien en de realiteit van dood en wedergeboorte te omarmen als een integraal onderdeel van de cyclus van het leven.

Door de inwijding hoopten de deelnemers een nieuw perspectief te krijgen op hun bestaan, de zin van het leven en de innerlijke transformatie die nodig is om de uitdagingen van het leven en de onvermijdelijkheid van de dood moedig en bewust tegemoet te treden.

Kortom, het concept van inwijding in de context van het mysterie van het levenseinde vertegenwoordigt een krachtig symbool van de menselijke zoektocht naar betekenis en wijsheid in het aangezicht van de dood, en laat zien hoe oude rituele en inwijdingspraktijken een pad kunnen bieden naar het accepteren van sterfelijkheid en het ontdekken van het geheim van eeuwig leven door middel van innerlijke kennis en verlichting.

Andere voorbeelden van mysterieuze opvattingen over het hiernamaals zijn te vinden in verschillende religieuze en filosofische tradities. De oude Egyptische beschaving beschouwde de overgang bijvoorbeeld als een overgang naar een eeuwige wereld, waarin de ziel van het individu de kans zou krijgen om onsterfelijkheid te bereiken. De figuur van het oordeel van de ziel voor de god Osiris, die de inwijding in het hiernamaals voorstelde, stond centraal in hun opvatting over het leven na de overgang.

Het concept van inwijding in relatie tot het mysterie van het levenseinde is een sleutelelement in de mysterietradities en in veel traditionele samenlevingen. Mircea Eliade, een van de belangrijkste godsdiensthistorici van de 20e eeuw, heeft een belangrijke bijdrage geleverd aan het begrip van deze overgangsrituelen en inwijdingen door het belang ervan te benadrukken in de context van oude en traditionele culturen.

Volgens Eliade is de passage door inwijdings- en mysterieriten een cruciaal moment in het leven van een individu, omdat het een essentiële overgang markeert die leidt tot diepgaande spirituele en psychologische transformaties. Initiatie in het hiernamaals, of voorbereiding op het hiernamaals, wordt gezien als een proces waardoor het individu een nieuw begrip krijgt van leven, dood en de uiteindelijke betekenis van het bestaan.

Eliade erkent dat inwijdingsrituelen niet slechts formele ceremonies zijn, maar echte momenten van contact met de heilige dimensie en een transcendente werkelijkheid. Deze riten bereiden het individu niet alleen voor op de overgang, maar helpen hem of haar ook om angsten te overwinnen die gerelateerd zijn aan het einde van het leven, om zich te verzoenen met de natuurlijke cyclus van geboorte, dood en wedergeboorte, en om een nieuw bewustzijn van iemands spirituele aard te verwerven.

Door inwijding in het hiernamaals werd een brug geslagen tussen de aardse wereld en het goddelijke rijk, waardoor het individu een diepere verbondenheid met het goddelijke kon ervaren en zijn of haar bestaan met moed, wijsheid en acceptatie tegemoet kon treden. In die zin waren inwijdingsrituelen een manier om de transcendente dimensie in het dagelijks leven te integreren en een diepere, meer spirituele betekenis in het menselijk bestaan te vinden.

Voor Mircea Eliade bieden initiatieriten binnen het mysterie van het levenseinde individuen niet alleen een innerlijke transformatie en een dieper bewustzijn van hun eigen bestaan, maar spelen ze ook een cruciale rol in de opbouw en organisatie van traditionele samenlevingen. Deze riten vertegenwoordigen een manier waarop oude culturen de heilige dimensie in het dagelijks leven probeerden te integreren en waarden, kennis en wijsheid van de ene generatie op de volgende over te dragen.

Volgens Eliade krijgt de overgang door initiatie naar het hiernamaals een symbolische betekenis van dood en wedergeboorte die de cyclische aard van het leven en de continuïteit van het bestaan na de fysieke dood weerspiegelt. Dit inwijdingsproces stelt individuen in staat om de grenzen van hun aardse bestaan te overstijgen en toegang te krijgen tot een bredere en diepere dimensie van zijn.

Verder wijst Eliade erop dat inwijdingsrituelen vaak in verband worden gebracht met geheime leringen, symbolen en mythen die voorouderlijke wijsheid en mystieke kennis over de aard van de werkelijkheid en het universum overbrengen. Door inwijding kunnen individuen niet alleen een intellectueel begrip verwerven, maar ook een intuïtieve en spirituele kennis die hen leidt op hun pad naar persoonlijk bewustzijn en realisatie.

Uiteindelijk onthult het concept van inwijding in relatie tot het mysterie van het levenseinde, zoals geïnterpreteerd door Mircea Eliade, de diepe onderlinge verbondenheid tussen de menselijke en goddelijke dimensies, en het belang van overgangsrituelen om mensen te helpen de dood en transcendentie in hun leven te integreren, angsten in verband met het einde te overwinnen en een bredere en meer blijvende betekenis in het menselijk bestaan te ontdekken.

Mircea Eliade bestudeerde en analyseerde talloze initiatieriten die in verschillende culturen en religieuze tradities over de hele wereld voorkomen. Van de bekendste initiatieriten die Eliade in zijn werk besprak, zijn er twee die er duidelijk uitspringen: de sjamanistische initiatierite en de kosmologische initiatierite.

Sjamanistisch initiatieritueel.

Deze rite is vooral belangrijk in inheemse culturen waar de sjamaan, of spirituele genezer, een centrale rol speelt in de gemeenschap. In de visie van Eliade vertegenwoordigt het sjamanistische initiatieritueel de overgang van de ingewijde naar een staat van trance, waarin hij contact maakt met de geestenwereld en sjamanistische krachten verwerft. Dit proces van sjamanistische initiatie gaat vaak gepaard met beproevingen van uithoudingsvermogen en lijden die de dood van het oude zelf symboliseren en de wedergeboorte als sjamaan, begiftigd met bovennatuurlijke krachten om de gemeenschap te genezen en te beschermen.

Een plaats waar de sjamanistische initiatierite van oudsher wordt beoefend is Siberië, een uitgestrekte regio in het noorden van Rusland die van oudsher wordt bewoond door inheemse volken met rijke sjamanistische tradities. Tot de Siberische volkeren die sjamanistische praktijken in stand hebben gehouden behoren de Yakuti, Buriati, Evenki en Tuvani, om er maar een paar te noemen.

Siberische sjamanen worden beschouwd als fundamentele figuren binnen hun gemeenschappen, die optreden als bemiddelaars tussen de spirituele en aardse werelden om ziekten te genezen, de toekomst te voorspellen, de harmonie binnen de gemeenschap te herstellen en heilige rituelen te leiden. Sjamanistische initiatieriten spelen een essentiële rol in de training van sjamanen, bereiden hen voor op hun heilige taak en geven hen toegang tot de krachten en kennis die nodig zijn om hun functies uit te oefenen.

In de Siberische context omvat het sjamanistische initiatieritueel vaak een periode van afzondering, vasten, meditatie en fysieke of psychologische tests die het uithoudingsvermogen en de vastberadenheid van de ingewijde testen. Tijdens dit proces komt de leerling sjamaan in een trance-achtige toestand om contact te maken met geesten en hun instructies, visioenen en bovennatuurlijke krachten te ontvangen die vervolgens ten voordele van de gemeenschap gebruikt zullen worden.

Siberië is van oudsher rijk aan sjamanistische praktijken die de diepe band tussen de mens en de spirituele wereld laten zien, en het belang van inwijdingsrituelen bij het doorgeven van voorouderlijke wijsheid en het voorbereiden van individuen op belangrijke rollen binnen hun inheemse culturen.

Rite van kosmologische inwijding.

Dit type inwijding richt zich op de universele dimensie van creatie en transformatie. In de context van dit ritueel wordt de ingewijde door een reeks symbolen en testen geleid die de schepping van de wereld en de kosmische orde voorstellen.

Kosmologische inwijding heeft als doel het individu de eenheid en onderlinge verbondenheid van alle wezens en elementen in het universum te laten ervaren, waardoor een diepgaand begrip ontstaat van de kosmische structuur en de relatie daarvan met de mensheid.

Een volk dat in verband wordt gebracht met kosmologische inwijdingsrituelen die lijken op die beschreven door Mircea Eliade zijn de Australische Aboriginals.

Het is belangrijk om in gedachten te houden dat mysterieuze opvattingen over het hiernamaals niet alleen beperkt zijn tot individuele ervaringen, maar vaak geworteld zijn in collectieve overtuigingen en culturele tradities. In veel inheemse samenlevingen, zoals die van de Australische Aboriginals, geloofde men dat ervaringen van dood en wedergeboorte essentieel waren voor het verwerven van diepgaande kennis en spirituele vorming.

De spirituele tradities van de Australische Aboriginals zijn rijk aan complexe kosmologische geloofssystemen en inwijdingsrituelen die de diepe verbondenheid tussen de mens, de aarde en het universum weerspiegelen.

In Aboriginal culturen is kosmologische initiatie vaak een integraal onderdeel van het pad van groei en spirituele vorming van jonge leden van de gemeenschap. Deze riten kunnen bestaan uit een reeks ceremonies, dansen, mythische verhalen en repetities die erop gericht zijn om de ingewijde een directe ervaring te geven van de schepping, de kosmische structuur en de wetten die het universum beheersen.

Tijdens het kosmologische initiatieritueel wordt de ingewijde begeleid om de concepten van onderlinge verbondenheid, harmonie en eenheid die ten grondslag liggen aan al het bestaan, te begrijpen en uit eerste hand te ervaren. Door middel van specifieke symbolen, mythen en rituelen wordt het individu in contact gebracht met voorouderlijke wijsheid en wordt de intrinsieke relatie tussen hemzelf, de gemeenschap, de aarde en de kosmos waargenomen.

Australische Aboriginals beschouwen kosmologische kennis als essentieel om in harmonie met de aarde en andere levende wezens te kunnen leven, en inwijdingsrituelen spelen een cruciale rol in de spirituele en morele opvoeding van nieuwe generaties. Deze riten leren de ingewijden niet alleen de geheimen van het universum, maar bereiden hen ook voor op het dragen van verantwoordelijkheden binnen de gemeenschap en het levend houden van de culturele en spirituele tradities die de Aboriginal identiteit bepalen.

Beide soorten inwijdingsrituelen laten zien hoe traditionele culturen, door middel van symbolen, mythen en geheime leringen, individuen probeerden te leiden naar grotere kennis en dieper bewustzijn van de spirituele en kosmische realiteit, om hen zo voor te bereiden op cruciale rollen in hun gemeenschappen en in hun relaties met het goddelijke.

Concluderend biedt het verkennen van de vele beelden en overeenkomsten van de overgang naar het hiernamaals als inwijding een interessant perspectief op de betekenis van deze universele ervaring. Mystieke opvattingen over het hiernamaals in oude tradities, bijdragen van moderne geleerden en persoonlijke getuigenissen verrijken ons begrip van de mogelijkheden van transcendentie die de dood biedt.

Anekdotes en verslagen van mystieke ervaringen of gebeurtenissen aan de rand van de overgang verrijken deze discussie nog meer. Zo deelde de Franse filosoof en schrijver René Guénon zijn eigen ervaring in een reeks medische en spirituele ervaringen rond het levenseinde. Hij geloofde dat de overgang een kans was voor de ziel om haar reis voort te zetten naar een hogere dimensie van het bestaan.

René Guénon, 20e-eeuws Frans filosoof en schrijver, staat bekend om zijn diepgaande beschouwingen over spiritualiteit, traditie en metafysica. Guénon deelde mystieke ervaringen en reflecties over de passage door de dood die het debat over existentiële en metafysische vragen met betrekking tot het hiernamaals verrijkten.

Guénon geloofde dat de dood niet het absolute einde van het bestaan was, maar eerder een doorgang naar een hogere dimensie van de werkelijkheid. Volgens zijn visie overleeft de menselijke ziel de dood van het fysieke lichaam en vervolgt ze haar reis naar een hoger bestaansniveau. Dit concept is gebaseerd op het idee van een dualisme tussen de fysieke wereld en de spirituele wereld, waarin het einde van het leven simpelweg een moment van overgang van de ene bestaansvorm naar de andere vertegenwoordigt.

De medische en spirituele ervaringen van Guénon hielpen zijn kijk op de overgang en het hiernamaals vorm te geven. Deze ervaringen konden bestaan uit een verruimde staat van bewustzijn, diepgaande innerlijke visioenen of ontmoetingen met de naderende dood die zijn begrip van de aard van het leven en het einde van het leven beïnvloedden.

De getuigenissen van Guénon en andere mensen die bijna-dood of mystieke ervaringen hebben gehad, bieden een verder perspectief op de mogelijkheid van bestaan of werkelijkheden voorbij wat met de fysieke zintuigen wordt waargenomen. Deze ervaringen voeden een eeuwenoud en altijd aanwezig debat over de aard van de ziel, het bestaan van vlakken van niet-materiële werkelijkheid en de continuïteit van het bewustzijn na de fysieke dood.

Het levenseinde als dimensionale overgang. Concepties van andere realiteiten in het hiernamaals.

De dood is altijd al een voorwerp van fascinatie en onderzoek geweest voor de mensheid, die probeert te begrijpen wat er voorbij het aardse leven ligt. Een onderwerp dat de interesse van wetenschappers en onderzoekers heeft gewekt, is de mogelijkheid van de overgang naar andere dimensies of realiteiten.

Een voorbeeld van deze opvatting is te vinden in oude religieuze tradities, zoals het hindoeïsme. Volgens de hindoeïstische leer betekent de overgang niet het definitieve einde van het individu, maar de overgang naar een nieuwe incarnatie of naar een hogere dimensie van het bestaan. Ervaringen van de naderende dood die worden gerapporteerd door individuen uit verschillende culturen beweren vaak reizen of ontmoetingen te hebben meegemaakt met wezens uit een werkelijkheid voorbij het aardse.

Een van de bekendste figuren die dit concept heeft onderzocht is de beroemde Zwitserse psychiater Carl Gustav Jung. In zijn werk introduceerde Jung het concept van het 'collectieve onbewuste', een soort gedeelde archetypische dimensie.

De theorie van het collectieve onbewuste, ontwikkeld door Carl Gustav Jung, is een van de fundamentele concepten van zijn analytische psychologie. Volgens Jung is het collectieve onbewuste een diepe laag van de menselijke psyche die psychische inhoud bevat die gedeeld wordt door alle mensen, voorbij individuele en culturele ervaringen.

Het collectieve onbewuste bestaat voornamelijk uit archetypes, die aangeboren beelden, symbolen en universele gedragspatronen zijn die zich manifesteren doorheen culturen en historische tijdperken. Archetypes zijn in wezen psychische predisposities die beïnvloeden hoe we de wereld waarnemen, hoe we erop reageren en hoe we ons gedragen.

Jung geloofde dat archetypes de basis vormen van mythologieën, religies, sprookjes en menselijke verhalen, omdat ze naar voren komen als symbolische representaties van universele concepten en gemeenschappelijke menselijke ervaringen. Deze archetypes kunnen worden belichaamd in figuren zoals de moeder, de vader, het kind, de held, de schaduw, de anima, de animus en vele andere.

Volgens Jung is het individuele onbewuste via deze archetypes verbonden met het collectieve onbewuste. De persoonlijke ervaringen van een individu kunnen de archetypes activeren en manifesteren, wat leidt tot processen van individuatie en integratie die tot doel hebben evenwicht en harmonie te brengen tussen het bewustzijn en het onbewuste.

In essentie is Jungs theorie van het collectieve onbewuste een complex concept dat een intrigerend perspectief biedt op de menselijke essentie, de onderlinge verbondenheid tussen individuen en de gedeelde symbolische erfenis die deel uitmaakt van onze diepe natuur.

Volgens Jung zou het einde van het leven een doorgang naar deze dimensie kunnen zijn, waar de ziel een verbinding zou vinden met de universele essentie van de mensheid.

In het Jungiaanse perspectief zou de overgang naar deze archetypische dimensie van het collectieve onbewuste een ervaring van diepgaande transformatie en verbinding met de diepste wortels van de mensheid kunnen vertegenwoordigen. Deze doorgang zou geïnterpreteerd kunnen worden als een mogelijkheid tot integratie en een bredere zoektocht naar betekenis die verder gaat dan het individu en het hele weefsel van het menselijk bestaan omvat.

Samengevat biedt Jungs theorie van het collectief onbewuste een rijke en complexe visie op de menselijke essentie en zijn verbondenheid met het universum, wat suggereert dat het einde van het leven kan worden opgevat als een overgang naar een universele en symbolische dimensie die de hele mensheid omvat.

Hedendaagse wetenschappers hebben zich niet onbetuigd gelaten bij de vraag of het levenseinde een dimensionale overgang is en proberen een antwoord te vinden op de vraag of er inderdaad andere werkelijkheden zijn dan de materiële. Een van de bekendste projecten werd uitgevoerd door de Universiteit van Southampton in het Verenigd Koninkrijk, die de effecten bestudeerde van het fenomeen dat *'OBE' (Out of Body Experience)* wordt genoemd. Door middel van gecontroleerde experimenten verzamelde het onderzoeksteam getuigenissen van individuen die beweerden hun fysieke lichaam te hebben verlaten tijdens bijna-doodervaringen, wat bewijs leverde ter ondersteuning van opvattingen over andere werkelijkheden in het hiernamaals.

Daarnaast zijn er talloze verslagen en anekdotes van mensen die beweren contact te hebben gehad of visioenen te hebben gehad van alternatieve werkelijkheden na de doorgang. Het bekende Britse medium Arthur Conan Doyle, schepper van het personage Sherlock Holmes, beweerde contact te hebben gehad met entiteiten uit dimensies voorbij het aardse. Sommige verslagen van bijna-doodervaringen beschrijven ontmoetingen met lichtgevende wezens of de waarneming van een andere werkelijkheid, wat het idee van andere dimensies in het hiernamaals zou bevestigen.

Er zijn ook geleerden zoals de Schotse filosoof David Hume, die de mogelijkheid van andere werkelijkheden in het hiernamaals aan de orde stelde. Hume stelde dat zelfs als we geen empirisch bewijs kunnen krijgen voor deze dimensies, we ze niet zonder meer moeten verwerpen, omdat ze interessante inzichten kunnen bieden in de aard van het universum en het bestaan.

Hume, bekend om zijn strikte empirisme, benadrukte het belang van zintuiglijke ervaring en rede bij de vorming van onze kennis. Hij ontkende echter niet het bestaan van werkelijkheden buiten wat we direct kunnen waarnemen. Hume erkende dat onze kennis beperkt is en dat er domeinen van de werkelijkheid zijn die aan ons empirisch begrip kunnen ontsnappen.

In de context van het hiernamaals of andere dimensies van het bestaan zou Hume waarschijnlijk hebben benadrukt dat we het bestaan van deze realiteiten weliswaar niet empirisch kunnen bewijzen, maar dat we ze niet automatisch moeten verwerpen. Hume zou geaccepteerd kunnen hebben dat er grenzen zijn aan ons vermogen om alles wat bestaat waar te nemen en te begrijpen, en dat de menselijke geest misschien niet in staat is om de subtielere of transcendentale dimensies van het bestaan volledig te bevatten.

In die zin kan Hume hebben aangespoord tot voorzichtigheid bij het met zekerheid beweren van de ontoegankelijkheid van andere werkelijkheden of dimensies, waarbij hij erkende dat openheid voor de verkenning van alternatieve inzichten en ideeën ons begrip van de wereld en het universum kan verrijken zonder de rationele en kritische benadering van kennis in gevaar te brengen.

Kortom, hoewel Hume geen expliciete theoreticus was van het hiernamaals of van realiteiten voorbij de empirische ervaring, zou zijn empirische en kritische filosofie een interessant perspectief kunnen bieden op het onderwerp van andere dimensies van het bestaan en hun mogelijke implicaties voor ons begrip van de aard van het universum en het bestaan.

Concluderend biedt het idee van andere werkelijkheden in het hiernamaals als een dimensionale doorgang een fascinerend perspectief op het levenseinde. Het begrip van oude religieuze tradities, het werk van vooraanstaande wetenschappers en gerapporteerde persoonlijke ervaringen nodigen ons uit om het hiernamaals te beschouwen als een ruimte waar de ziel een reis kan maken naar onbekende werkelijkheden. Terwijl wetenschappelijk onderzoek en getuigenissen van individuen blijven verschijnen, blijft het mysterie van het hiernamaals openstaan voor onze nieuwsgierigheid en ons vermogen om het onbekende te verkennen.

Het levenseinde als bevrijding. Ervaringen met reanimatie en het gevoel van vrede.

De dood, soms gevreesd en mysterieus, kan ook gezien worden als een kans op bevrijding en vrede. De ervaringen met reanimatie en de verhalen van mensen die dicht bij de dood zijn geweest, geven ons een interessant perspectief hierop.

Als we kijken naar gevallen van reanimatie, kunnen we talloze voorbeelden vinden van mensen die beweren een gevoel van kalmte en sereniteit te hebben ervaren in de tijd dat ze klinisch dood waren. Een van de beroemdste gevallen is dat van Pam Reynolds, een Amerikaanse vrouw die een hersenoperatie onderging en gereanimeerd werd nadat ze klinisch dood was. Pam beweerde een buitenlichamelijke ervaring te hebben gehad, waarbij ze zichzelf buiten haar fysieke lichaam bevond en een gevoel van totale liefde en vrede ervoer.

De ervaring van Pam Reynolds tijdens haar reanimatie is een bekend geval op het gebied van studies naar bijna-doodervaringen. Haar getuigenis heeft interesse en debat gewekt in de wetenschappelijke gemeenschap en onder experts in bewustzijnsgerelateerde fenomenen. Naast het geval van Pam Reynolds zijn er andere relevante voorbeelden van soortgelijke ervaringen.

Deal Radin's experimenten.

Vanuit wetenschappelijk oogpunt hebben de waarnemingsexperimenten op afstand van de psycholoog Dean Radin vragen opgeroepen over het vermogen van de menselijke geest om informatie waar te nemen buiten de conventionele grenzen van ruimte en tijd. In de loop der jaren is er op verschillende momenten onderzoek gedaan op dit gebied.

Het onderzoek van Dean Radin werd in de tweede helft van de vorige eeuw op verschillende momenten uitgevoerd aan het Institute of Noetic Research, waar Radin de positie van Chief Scientist bekleedde.

Deze gebeurtenis is een belangrijk voorbeeld van hoe wetenschappelijk onderzoek onze traditionele opvattingen over de geest en zijn vermogen om buiten de grenzen van ruimte en tijd waar te nemen, op de proef kan stellen.

Het Institute of Noetic Research is gevestigd in Petaluma, Californië, in de Verenigde Staten. Dit instituut is gewijd aan de studie van bewustzijn, paranormale verschijnselen en perceptieonderzoek, en werkt samen met verschillende experts en onderzoekers op het gebied van parapsychologie, transpersoonlijke psychologie en andere gerelateerde disciplines.

Over het algemeen worden bij experimenten met perceptie op afstand 'doelen' of doelen op afstand geselecteerd waarop deelnemers hun aandacht moeten richten om informatie waar te nemen die niet toegankelijk is via de conventionele zintuigen. Deelnemers kunnen zich op andere plaatsen bevinden dan het doelwit en via gecontroleerde protocollen wordt elke correct waargenomen informatie gemeten.

Waarneming op afstand is een fenomeen waarbij mensen informatie kunnen waarnemen over gebeurtenissen, plaatsen of situaties ver weg in tijd en ruimte, vaak zonder gebruik te maken van de vijf conventionele zintuigen. Het onderzoek van Radin was met name gericht op de mate waarin mensen informatie van afgelegen plaatsen kunnen waarnemen zonder er direct contact mee te hebben.

De implicaties van dergelijke studies zijn diepgaand, omdat ze ons huidige wetenschappelijke paradigma uitdagen dat voornamelijk gebaseerd is op de concepten van ruimte en tijd als afzonderlijke en gedefinieerde entiteiten. Als de menselijke geest inderdaad in staat zou zijn om toegang te krijgen tot informatie voorbij deze grenzen, dan zouden we een nieuw landschap kunnen zien voor het begrijpen van de werkelijkheid en het bewustzijn zelf.

In ieder geval bieden Radins experimenten met perceptie op afstand en vergelijkbaar onderzoek een interessante mogelijkheid om de grenzen van wetenschappelijke kennis af te tasten en een bredere reflectie op de aard van de geest, perceptie en de werkelijkheid zelf te stimuleren. Dergelijke studies moedigen een meer open en integratieve kijk op de werkelijkheid aan die niet beperkt is tot de conventionele grenzen van de wetenschap, maar die de complexiteit en het mysterie omarmt die ons begrip van de wereld nog steeds omgeven.

De filosofische sfeer.

In de filosofische sfeer hebben theorieën van filosofen als René Descartes over de dualiteit geest-lichaam en David Chalmers over bewustzijn als een 'onherleidbaar fenomeen' aanleiding gegeven tot beschouwingen over de implicaties van bijna-doodervaringen voor ons begrip van bewustzijn en het menselijk bestaan.

Concluderend: door gevallen van reanimatie en verslagen van bijna-doodervaringen te onderzoeken, is het mogelijk om nieuwe perspectieven te openen op de aard van het bewustzijn en het bestaan van dimensies die ons rationele begrip te boven gaan, waardoor belangrijke vragen over leven, dood en de zin van het menselijk bestaan worden opgeroepen.

Dit perspectief wordt ook onderzocht door onderzoekers zoals de Amerikaanse arts Raymond Moody. In zijn boek *'Life After Life'* onderzoekt *Moody* talrijke gevallen van bijna-doodervaringen, waarbij hij de nadruk legt op het gemeenschappelijke element van een gevoel van vrede en welzijn dat mensen tijdens deze ervaringen ervaren. Deze getuigenissen suggereren volgens de geleerde het bestaan van een werkelijkheid voorbij het aardse leven, waarin de ziel vrede en sereniteit kan vinden.

Wetenschappelijke experimenten met bijna-doodervaringen hebben ook interessante resultaten opgeleverd. In een onderzoek van de Nederlandse arts Pim van Lommel werden getuigenissen verzameld van patiënten die een hartstilstand hadden gehad en vervolgens gedetailleerde bijna-doodervaringen rapporteerden. Tweeënzestig procent van de deelnemers beweerde tijdens deze periode een gevoel van vrede en harmonie te hebben ervaren, wat suggereert dat de passage inderdaad een bevrijding van de kwellingen van het aardse leven kan betekenen. Ik zal Pin van Lommel uitgebreid bespreken in het volgende hoofdstuk over NDE's (Bijna-Dood Ervaringen).

Er zijn ook talloze anekdotes die het idee van de passage als bevrijding en vrede ondersteunen. De beroemde Amerikaanse schrijver Mark Twain beschreef de doorgang in een brief uit 1900 als '*de gelukkigste dag van mijn leven*'. Twain zag de doorgang als het einde van het lijden en de angsten van het aardse leven, een tijd waarin de ziel eindelijk vrede kon vinden.

Concluderend kan worden gesteld dat het concept van de overgang als bevrijding en vrede naar voren komt uit de ervaringen van reanimatie, uit de getuigenissen van mensen die dicht bij de dood zijn geweest en uit wetenschappelijk onderzoek naar bijna-doodervaringen. De verhalen van individuen die beweren tijdens deze momenten een gevoel van kalmte en rust te hebben ervaren, bieden een fascinerend inzicht in het einde van het leven.

De dood als spiritueel ontwaken. Verlichting aan het einde van het leven.

Het overlijden wordt vaak gezien als het einde van het leven, maar sommige theorieën beweren dat het ook een moment van spiritueel ontwaken kan zijn. Het idee dat het overlijden kan leiden tot verlichting of een diepere spirituele verbinding is door veel wetenschappers en onderzoekers onderzocht.

Een van de mensen achter deze theorie is de Zwitserse psychiater Elisabeth Kübler-Ross, beroemd om haar studies over ervaringen van een naderende dood. Volgens Kübler-Ross melden veel terminale patiënten ervaringen van spirituele verbondenheid of goddelijke aanwezigheid wanneer hun dood nadert. Deze ervaringen kunnen worden gekenmerkt door een gevoel van vrede, liefde en intens licht, wat wijst op een mogelijk spiritueel ontwaken aan het einde van het leven.

Een opmerkelijk voorbeeld van verlichting aan het einde van het leven is dat van de grote Indiase mysticus Ramana Maharshi.

Ramana Maharshi was een beroemde Indiase wijsgeer en mysticus uit de 20e eeuw, bekend om zijn wijsheid en beoefening van zelfonderzoek en zelfanalyse. Ramana Maharshi, geboren in 1879 in Tamil Nadu, India, leefde een leven van diepgaande meditatie en onderwees het pad van zelfonderzoek als een middel om verlichting en spirituele realisatie te bereiken.

Een van de onderscheidende kenmerken van zijn onderricht was de beoefening van 'Atma-vichara', zelfonderzoek of zelfanalyse, die erin bestaat zichzelf de vraag te stellen "Wie ben ik?" om iemands ware aard te ontdekken voorbij de identificatie met lichaam, geest en emoties.

Ramana Maharshi moedigde zijn volgelingen aan om voortdurend zelfonderzoek te doen en te zoeken naar de bron van hun innerlijke wezen, waar blijvende vrede en geluk woont. Zijn stille aanwezigheid en diepgaande wijsheid hebben veel mensen over de hele wereld geïnspireerd om op zoek te gaan naar innerlijke waarheid en innerlijke vrede.

Deze illustere spirituele meester had een symbolische doodservaring in zijn jeugd. Tijdens deze ervaring beweerde Ramana een diep spiritueel ontwaken te hebben ervaren, dat hem leidde tot een direct begrip van zijn ware zelf en de realisatie van de eenheid van het hele universum. Deze ervaring markeerde het begin van zijn spirituele missie en beïnvloedde zijn leer diepgaand.

Er zijn wetenschappelijke experimenten uitgevoerd om het effect van het naderende overlijden op spiritualiteit te onderzoeken. Een onderzoek dat in 2011 werd uitgevoerd door de Sloveense neuroloog Zalika Klemenc-Ketiš en de Amerikaanse psycholoog Bruce Greyson onderzocht een groep patiënten die een bijna-doodervaring hadden gehad. Het onderzoek is interessant omdat het zich richtte op het wetenschappelijk onderzoek van bijna-doodervaringen en hun invloed op spiritualiteit. Dit soort onderzoek daagt de grenzen tussen wetenschap en spiritualiteit uit en probeert een rationele verklaring te geven voor ervaringen die vaak als spirituele of transcendentale fenomenen worden beschouwd.

In het onderzoek bestudeerden de onderzoekers een groep patiënten die een bijna-doodervaring hadden gehad. Deze ervaringen worden beschreven als ervaringen van mensen die klinisch dood of bijna dood waren en vervolgens weer tot leven werden gewekt. Tijdens deze ervaringen melden sommige mensen gevoelens van vrede, visioenen van licht, ontmoetingen met spirituele wezens of figuren, of het gevoel dat ze hun lichaam verlaten.

De wetenschappers gebruikten wetenschappelijke methodologieën om de getuigenissen van patiënten te onderzoeken en te proberen deze fenomenen beter te begrijpen. Het doel was om te begrijpen of deze ervaringen een blijvende invloed konden hebben op de spiritualiteit van mensen en of er een verband was tussen deze ervaringen en een grotere spirituele openheid of veranderingen in de houding ten opzichte van leven en dood.

Het onderzoek heeft mogelijk geholpen om licht te werpen op een grijs gebied tussen wetenschap en spiritualiteit, waardoor nieuwe onderzoeksperspectieven zijn geopend op menselijke ervaring en bewustzijn. Een dergelijke interdisciplinaire aanpak is belangrijk om ons begrip van de mens en zijn diepste en meest betekenisvolle ervaringen te verbreden.

Uit het onderzoek bleek dat velen van hen een diepgaande verandering in hun waardesysteem en een toename in spiritualiteit rapporteerden na de ervaring van de naderende dood, wat het idee tegenspreekt dat de overgang slechts een laatste en betekenisloos moment is.

Anekdotes en verslagen van individuen die een naderende dood hebben ervaren bieden nog meer bewijs van verlichting aan het einde van het leven. Een van de beroemdste gevallen is dat van Eben Alexander, een Amerikaanse neurochirurg die een naderende dood meemaakte nadat hij ernstig ziek was geworden. Alexander rapporteerde een soort reis naar de spirituele wereld, waarin hij een verbinding met een hogere entiteit ervoer en de diepere betekenis van liefde en het leven zelf begreep. Deze ervaring had zo'n grote impact op hem dat hij een groot deel van zijn leven wijdde aan het delen van zijn verhaal en het promoten van een bredere, meer spirituele kijk op de doorgang.

Concluderend, onderzoek naar verlichting aan het einde van het leven suggereert het bestaan van een mogelijke spirituele verbinding of ontwaken dat de overgang kan begeleiden.

De passage als spirituele transformatie. De zuivering van de ziel.

Het levenseinde is een universele gebeurtenis die gezien kan worden als een spirituele transformatie, een moment van zuivering van de ziel. Dit perspectief, dat veelvuldig is onderzocht door wetenschappers en filosofen, biedt een interessante kijk op het levenseinde als een overgang naar een nieuw spiritueel bestaan.

Een van de grote denkers die zich met dit onderwerp heeft beziggehouden is de Griekse filosoof Plato. In zijn dialoog 'Phaedo' presenteert Plato het idee dat de overgang kan worden opgevat als een bevrijding van de ziel van het lichaam, waardoor de ziel een hogere staat van kennis en wijsheid kan bereiken. Volgens Plato is de overgang het moment waarop de ziel wordt bevrijd van aardse passies en verlangens, waardoor een spirituele zuivering en transformatie mogelijk wordt.

Verdere beschouwingen over de zuivering van de ziel in de dood zijn te vinden in het denken van de Perzische mysticus Rumi. Rumi, die in de 13e eeuw leefde, verkende in zijn gedichten en mystieke geschriften diepgaande thema's zoals de overgang en transformatie van de ziel. Door middel van zijn woorden drukt Rumi het geloof uit dat de overgang een doorgang is waardoor de ziel bevrijd wordt van haar aardse banden en een staat van vereniging met het goddelijke bereikt.

Rumi gaf diepgaande beschouwingen over de zuivering van de ziel en de vereniging met het goddelijke. Een van zijn beroemdste citaten over dit thema is het volgende:

> *"Je verdriet moet zo diep zijn dat het je hart verdeelt tot het opengaat. Licht kan een gesloten hart niet binnengaan."*

In dit citaat suggereert Rumi dat de ziel door ontbering en lijden gezuiverd kan worden en zich kan openen voor het licht van het goddelijke. Rumi verkent innerlijke transformatie en bevrijding van aardse gehechtheid als manieren om een diepere verbinding met de spirituele essentie van het universum te bereiken. Zijn gedichten en mystieke geschriften blijven mensen inspireren en verlichten die op zoek zijn naar spirituele wijsheid en begrip.

Wetenschappelijk onderzoek heeft ook bijgedragen aan het debat over spirituele transformatie bij de dood. Een van de beroemdste experimenten op het gebied van bijna-doodervaringen werd in 1988 uitgevoerd door de Amerikaanse arts Kenneth Ring. Ring interviewde verschillende mensen die beweerden een ervaring van een naderende dood te hebben gehad en ontdekte dat velen van hen een radicale transformatie van hun overtuigingen en waarden rapporteerden. Deze mensen vertoonden een grotere spirituele openheid, een groter bewustzijn van zichzelf en anderen en een diepe verbondenheid met de uiteindelijke zin van het leven.

Een interessant voorbeeld over het onderwerp van de zuivering van de ziel in de dood is dat van Carl Jung, de beroemde Zwitserse psycholoog. Jung had rond zijn 40e een intense ervaring met een fatale ziekte, waarin hij een diepgaande innerlijke transformatie doormaakte. Deze periode van persoonlijke crisis bracht hem ertoe zijn duistere, onbewuste kanten onder ogen te zien en te integreren, een proces dat er uiteindelijk toe leidde dat hij zijn revolutionaire psychologische theorieën ontwikkelde en een groter zelfbewustzijn kreeg.

Tot slot is het idee van een zuivering van de ziel door overgaan gerelateerd aan religieuze overtuigingen in veel spirituele tradities. In het boeddhisme wordt bijvoorbeeld beweerd dat de overgang een moment van definitieve verlichting kan zijn, waarin de ziel bevrijd wordt van het cyclische lijden van reïncarnatie. Op dezelfde manier zien sommige religieuze opvattingen de doorgang als een kans voor de ziel om zichzelf te zuiveren en verzoend te worden met het goddelijke.

Concluderend laat het onderzoek naar het levenseinde als spirituele transformatie en zuivering van de ziel ons een fascinerend perspectief zien op de diepgaande aard van de ervaring van het overgaan. Door de gedachten van grote filosofen en denkers komt het idee naar voren dat het einde van het leven een overgang kan zijn naar een nieuwe vorm van spiritueel bestaan. Terwijl we doorgaan met het verkennen van de vele beelden en overeenkomsten van het overgaan, nodigen deze overwegingen ons uit om de mogelijkheid te omarmen van een diepgaande transformatie die het laatste moment van ons leven kan vergezellen.

Het einde van het leven als energietransformatie. Van materiële dood naar spiritueel leven.

In het landschap van existentiële vragen waarmee de mensheid wordt geconfronteerd, komt de transformatie van energie van de materiële dood naar het spirituele leven naar voren als een evoluerend, diepgaand en complex vraagstuk. Door de geschiedenis en de filosofie heen hebben talloze denkers, geleerden en mystici deze overgang van het aardse bestaan naar de spirituele dimensie onderzocht, waarbij ze suggereerden dat de dood niet het absolute einde is, maar een doorgang naar een grotere, onbekende werkelijkheid.

Een van de centrale punten van deze reflectie is het idee dat levensenergie aan het einde van het fysieke leven niet vernietigd wordt, maar getransformeerd wordt in een subtielere en spirituele vorm. Dit concept vindt steun in vele spirituele en filosofische tradities, waaronder de oude Griekse filosofie van Plato.

Naast filosofische en mystieke gedachten heeft ook de wetenschap belangstelling voor deze vraag. Hedendaagse studies op het gebied van kwantumfysica suggereren bijvoorbeeld dat energie noch gecreëerd noch vernietigd kan worden, maar alleen getransformeerd kan worden van de ene vorm naar de andere, wat ruimte biedt voor reflectie over mogelijke verbanden tussen wetenschap en spiritualiteit.

Onderzoekers van Harvard University hebben onderzoek gedaan naar mystieke ervaringen en spiritualiteit, en onderzochten hoe spirituele praktijken de hersenactiviteit kunnen beïnvloeden en kunnen leiden tot ervaringen van innerlijke transformatie.

Studies aan Harvard University onder leiding van neurowetenschapper Andrew Newberg hebben belangrijke bijdragen geleverd aan ons begrip van mystieke ervaringen, spiritualiteit en hun verband met hersenactiviteit. Newberg staat bekend om zijn onderzoek naar het effect van spirituele praktijken op de geest en de hersenen, waarbij hij onderzoekt hoe deze ervaringen de hersenactiviteit beïnvloeden en kunnen leiden tot innerlijke transformatie.

Een van Newbergs belangrijkste onderzoeksgebieden betreft de effecten van spirituele praktijken zoals meditatie, gebed en contemplatieve herinnering op het functioneren van de hersenen. Door middel van functionele beeldvorming van de hersenen hebben Newberg en zijn team veranderingen in de hersenactiviteit waargenomen die optreden tijdens intense spirituele ervaringen, zoals het gevoel van verbondenheid met het goddelijke of de ervaring van eenheid met het universum.

Een van de bekendste experimenten van Newberg werd gepubliceerd in zijn boek '*Why God Won't Go Away: Brain Science and the Biology of Belief*' uit 2001. In dit boek onderzocht Newberg de correlaties tussen spirituele praktijken en de neurofysiologie van de hersenen. Aan de hand van studies bij boeddhistische monniken, soefi's en beoefenaars van verschillende spirituele tradities, documenteerde Newberg hoe de staat van meditatie en contemplatie specifieke effecten heeft op de hersenen en een correlatie aantoont tussen spirituele ervaringen en neurologische veranderingen.

Bovendien heeft Newbergs onderzoek belangrijke implicaties voor het begrijpen van de aard van spirituele ervaringen en de mogelijke innerlijke transformatie die deze kunnen bieden. Het idee dat spirituele praktijken de hersenactiviteit tastbaar kunnen beïnvloeden en kunnen leiden tot ervaringen van diepe verbondenheid en realisatie opent nieuwe perspectieven op de wisselwerking tussen geest, hersenen en spirituele dimensies van het menselijk wezen.

Door zijn studies hebben Newberg en zijn team nieuw licht geworpen op de manier waarop spirituele ervaringen de perceptie van het zelf, de wereld en goddelijkheid kunnen moduleren en zo een belangrijke bijdrage leveren aan het begrip van innerlijke transformatie en de verbinding tussen de materiële en spirituele sferen.

Vanuit een ethisch perspectief roept reflectie op de transformatie van energie van dood naar geestelijk leven belangrijke vragen op over de aard van overleven en de betekenis van het aardse leven. Sommige ethici stellen dat het idee van een voortbestaan na de dood de morele keuzes en de zingeving in het leven van veel individuen positief zou kunnen beïnvloeden, terwijl anderen hun bezorgdheid uiten over de mogelijke afleiding van verantwoordelijkheid voor de aardse wereld.

Om de transformatie van energie van materiële dood naar spiritueel leven volledig te kunnen begrijpen, is het essentieel om ook de individuele ervaringen en verslagen van mensen die beweren bijna-dood ervaringen of contact met buitenwereldse dimensies te hebben gehad in beschouwing te nemen. Deze verslagen bieden een verder perspectief op de mogelijkheid van een bestaan na de fysieke dood en de aard van deze overgang.

Mensen zoals arts en onderzoeker Raymond Moody, auteur van het beroemde boek '*Life After Life*', hebben studies uitgevoerd naar bijna-doodervaringen en contact met spirituele realiteiten, en benadrukken terugkerende elementen zoals het gevoel van vrede, licht en verbinding met niet-fysieke entiteiten tijdens deze ervaringen.

Andere hedendaagse geleerden, zoals de filosoof Thomas Nagel, hebben kritische perspectieven geboden op het idee van een spiritueel bestaan na de dood, waarbij ze vraagtekens zetten bij de mogelijke gevolgen van een eeuwig leven en het belang van het geven van betekenis en waarde aan ons eindige aardse bestaan.

Concepten zoals reïncarnatie, die vaak voorkomen in spirituele tradities zoals het hindoeïsme en het boeddhisme, bieden een alternatieve interpretatie van de transformatie van energie na de dood en suggereren een cyclus van geboorten en sterfgevallen gericht op de groei en evolutie van de ziel.

Uiteindelijk blijft de vraag naar de transformatie van energie van materiële dood naar spiritueel leven voor meerdere interpretaties vatbaar, wat aanzet tot nadenken over wie we zijn, waar we vandaan komen en wat onze uiteindelijke bestemming kan zijn. Door een multidisciplinaire aanpak die wetenschappelijke, filosofische, spirituele en ethische kennis integreert, kunnen we de grenzen van het menselijk bestaan blijven verkennen en antwoorden blijven zoeken op de diepste vragen die de mensheid zich altijd heeft gesteld over de dood en het leven daarbuiten.

Het levenseinde als kans voor groei. De evolutionaire betekenis van 'postmortale' ervaringen.

Overgang is een universele ervaring die voortdurend vragen oproept over de betekenis ervan en de bestemming van de ziel. We richten ons vaak op het aardse leven, maar er zijn studies en getuigenissen die suggereren dat het overgaan een kans kan zijn voor groei en spirituele evolutie. In dit gedeelte zullen we het concept van 'postmortale' ervaringen en hun betekenis voor het begrijpen van het hiernamaals onderzoeken.

Een van de sleutelfiguren op dit gebied is Dr. Raymond Moody. In zijn beroemde boek uit 1975, *Life After Life*, doet Moody verslag van getuigenissen van mensen die beweren ervaringen te hebben gehad met een naderende dood. Volgens hun beschrijvingen ervaren mensen tijdens deze ervaringen gevoelens van vrede en licht en voelen ze zich gescheiden van hun fysieke lichaam. Veel getuigenissen zijn het ook eens over het passeren van een 'tunnel' en het ontmoeten van spirituele of overleden wezens. Moody gelooft dat deze ervaringen een visioen bieden van een mogelijke spirituele wereld voorbij de doorgang.

Wetenschappelijk onderzoek heeft ook bijgedragen aan dit debat door studies over hypnotische regressies. Michael Newton, een Amerikaanse psycholoog, heeft talloze hypnotische sessies met zijn patiënten uitgevoerd, waarin zij beweerden zich details van hun vorige levens te herinneren en ook ervaringen na de dood. Newton beweert dat deze sessies een getuigenis zijn van zielen die blijven evolueren door verschillende incarnaties, wat een perspectief ondersteunt van spirituele groei door de cycli van leven en dood heen.

Het onderzoek naar hypnotische regressie door Michael Newton heeft veel interesse gewekt in het debat over reïncarnatie en leven na de dood. Michael Newton is beroemd geworden door zijn werk op het gebied van hypnotische regressie, in het bijzonder door zijn boeken *Journey of* Souls en *Destiny of Souls*, waarin hij de ervaringen beschrijft van zielen tussen levens zoals gerapporteerd door zijn patiënten tijdens hypnotische sessies.

Andere wetenschappers hebben ook bijgedragen aan dit onderzoeksveld over hypnotische regressie en reïncarnatie. Dr. Ian Stevenson bijvoorbeeld, een psychiatrisch onderzoeker die studies heeft uitgevoerd naar duizenden gevallen van vermeende herinneringen aan vorige levens over de hele wereld, heeft geprobeerd om wetenschappelijk bewijs te leveren ter ondersteuning van reïncarnatie. Stevenson documenteerde gevallen waarin kinderen nauwkeurige en verifieerbare details van vorige levens vertelden die niet op een andere manier verklaard konden worden.

Bovendien hebben enkele bekende persoonlijkheden, zoals de Dalai Lama, spiritueel leider van het Tibetaans boeddhisme, steun betuigd aan het reïncarnatieperspectief. De Dalai Lama zelf is het onderwerp geweest van een traditie waarin hij wordt erkend als de reïncarnatie van een aantal Tibetaanse spirituele leiders.

In wetenschappelijke kringen zijn hypnotische regressies en gevallen van vermeende herinneringen aan vorige levens besproken en bekritiseerd door de academische gemeenschap. Sommige wetenschappers geloven dat de ervaringen tijdens hypnotische regressie het product zijn van de verbeelding of invloed van de hypnotiseur, terwijl anderen deze ervaringen blijven onderzoeken op zoek naar wetenschappelijke verklaringen.

Uiteindelijk heeft onderzoek door wetenschappers als Michael Newton en Ian Stevenson geholpen om de ervaringen van leven na de dood en reïncarnatie aan het licht te brengen, wat interessante inzichten biedt in het debat over de aard van de ziel en de mogelijke continuïteit van het bewustzijn tussen het ene leven en het andere.

Een element dat vaak genoemd wordt bij 'post-mortem' ervaringen is levensherziening. De term 'levensherziening' is bedacht door Kenneth Ring, een andere bekende wetenschapper op het gebied van bijna-doodervaringen.

De 'life review' of levensbeschouwing is een terugkerend element in postmortale ervaringen die worden gerapporteerd door mensen die een bijna-doodervaring (NDE) hebben gehad. Dit proces omvat een soort gedetailleerd overzicht van iemands bestaan, waarbij de persoon belangrijke momenten uit zijn of haar leven herbeleeft en de emotionele en spirituele gevolgen daarvan ervaart.

Volgens Ring en andere geleerden herbeleeft de persoon tijdens het levensoverzicht niet alleen zijn of haar daden en handelingen, maar ervaart hij of zij ook de effecten die deze hebben gehad op anderen en op zijn of haar eigen spirituele evolutie.

De *'life review'* wordt vaak beschreven als een moment van grote helderheid en begrip, waarin de persoon in staat is de diepere betekenis van zijn daden te bevatten en de verbanden tussen gebeurtenissen in zijn leven waar te nemen. Sommige mensen die deze ervaring hebben meegemaakt, melden een gevoel van onvoorwaardelijke en liefdevolle acceptatie van zichzelf en anderen, evenals een toegenomen bewustzijn van hun keuzes en de richting van hun bestaan.

De *'life review'* vertegenwoordigt daarom een belangrijk moment van zelfreflectie en innerlijke groei, waardoor mensen vaak hun waarden, relaties en de betekenis van hun leven heroverwegen. Dit fenomeen heeft reflectie gestimuleerd over zaken die te maken hebben met moraliteit, compassie, empathie en verbondenheid met anderen, wat bijdraagt aan een beter begrip van de menselijke ervaring en spiritualiteit.

Historische evenementen zoals de *International Association for Near-Death Studies* (IANDS) boden een podium voor specialisten op dit gebied en mensen die hun ervaringen wilden delen.

Deze conferentie is een belangrijk evenement dat wetenschappers, onderzoekers en mensen die geïnteresseerd zijn in het onderwerp van NDE's (Bijna-Dood Ervaringen) samenbrengt om te discussiëren, kennis te delen en te verdiepen over deze ingewikkelde en mysterieuze fenomenen.

De IANDS-conferentie wordt regelmatig gehouden op verschillende locaties over de hele wereld en biedt een unieke gelegenheid om bijna-doodervaringen te onderzoeken vanuit verschillende perspectieven, waaronder wetenschappelijke, spirituele, psychologische en filosofische aspecten. Tijdens de conferentie worden studies, klinische gevallen, getuigenissen en theoretische inzichten met betrekking tot NDE's gepresenteerd.

Tot de deelnemers aan de IANDS-conferentie behoren deskundigen op het gebied van psychologie, geneeskunde, spiritualiteit, filosofie en wetenschappelijk onderzoek. Sprekers en deelnemers kunnen psychologen zijn zoals Kenneth Ring, artsen zoals Raymond Moody, onderzoekers zoals Bruce Greyson en andere internationaal bekende geleerden die een deel van hun carrière hebben gewijd aan de studie en het onderzoek van BDE's.

De conclusies van de IANDS-conferentie benadrukken vaak het belang van het voortzetten van het onderzoek en de studie van bijna-doodervaringen om de aard van bewustzijn, leven en dood beter te begrijpen. De getuigenissen die tijdens de conferentie zijn verzameld, kunnen interessante inzichten bieden in onze kennis van de menselijke ervaring en de mogelijkheid van een werkelijkheid of dimensies voorbij datgene wat we met onze zintuigen waarnemen.

De IANDS-conferenties zijn daarom een belangrijk referentiepunt voor de wetenschappelijke en spirituele gemeenschap die geïnteresseerd is in BDE's. Ze bieden een ruimte voor discussie en uitwisseling die kan leiden tot nieuwe ontdekkingen en een beter begrip van deze fascinerende en complexe fenomenen.

Er zijn ook wetenschappelijke publicaties zoals het *Journal of Near-Death Studies* die gegevens en wetenschappelijk interessant bewijs leveren over de transcendente aspecten van de doorgang.

Het *Journal of Near-Death Studies* is een wetenschappelijk tijdschrift dat is gewijd aan het publiceren van onderzoek, studies en artikelen over bijna-doodervaringen (BDE's) en andere verwante fenomenen. Dit tijdschrift biedt een forum voor wetenschappers, onderzoekers en beoefenaars die geïnteresseerd zijn in het verkennen en verdiepen van de fenomenologie en interpretatie van BDE's vanuit verschillende perspectieven, waaronder medische, psychologische, spirituele en filosofische aspecten.

Het tijdschrift publiceert artikelen gebaseerd op streng wetenschappelijk onderzoek, klinische casestudies, literatuuroverzichten, theoretische inzichten en academische debatten over BDE's. Dit tijdschrift wordt beschouwd als een waardevolle bron voor degenen die hun begrip van deze fenomenen willen verdiepen.

Publicaties in het *Journal of Near-Death Studies* bestrijken een breed scala aan onderwerpen, waaronder statistische analyse van bijna-doodervaringen, filosofische implicaties van NDE's, getuigenissen van patiënten die een soortgelijke ervaring hebben gehad en theorieën over de neurologische of spirituele wortels van deze fenomenen.

Dit tijdschrift is daarom een gezaghebbende bron van informatie en inzichten voor degenen die geïnteresseerd zijn in BDE's en deze ervaringen vanuit een wetenschappelijk en academisch perspectief willen onderzoeken.

In het filosofische landschap was een van de meest invloedrijke denkers over postmortale ervaringen Emanuel Swedenborg in de 18e eeuw. Swedenborg was een van de invloedrijkste denkers op het gebied van postmortale ervaringen en metafysica in de 18e eeuw. Swedenborg, een Zweedse theoloog, wetenschapper, filosoof en mysticus, staat bekend om zijn visioenen, waarvan hij geloofde dat het communicatie was met de geestenwereld en de spirituele dimensie.

Zijn belangrijkste werken, zoals '*Hemel en Hel*' en '*Arcana Coelestia*', bieden een diepgaande verkenning van het leven na de dood, de geestelijke wereld en de ervaringen van de ziel voorbij de grens van de fysieke dood. Swedenborg beweerde verschillende spirituele rijken te hebben bezocht en met geesten te hebben gecommuniceerd. Hij gaf gedetailleerde beschrijvingen van deze ontmoetingen en de spirituele omgevingen die hij ervoer.

Swedenborgs visioenen en communicaties openden een nieuwe dialoog over de aard van de ziel, de structuur van de kosmos en de betekenis van het leven na de dood. Zijn opvattingen over de spirituele dimensies hebben latere filosofen, theologen en denkers beïnvloed en een blijvende stempel gedrukt op het landschap van de godsdienstfilosofie en spiritualiteit.

Swedenborg ontwikkelde ook een complexe theorie over de onderlinge verbondenheid tussen de spirituele en materiële werelden, door te stellen dat beide deel uitmaken van één goddelijke realiteit waarin de ziel haar reis van evolutie en leren voortzet, zelfs na de fysieke dood.

Zijn visie op het leven na de dood als een continu proces van spirituele groei en transformatie heeft velen geïnspireerd om na te denken over de aard van het bewustzijn, het hiernamaals en de betekenis van het aardse leven. De werken van Swedenborg hebben een belangrijke rol gespeeld in het verrijken van het filosofische en spirituele debat over postmortale ervaringen en hebben generaties van denkers en gelovigen beïnvloed.

Het einde van het leven als een ervaring van versmelting met het universum.

Het einde van het leven, een onderwerp dat vaak angsten en bezorgdheid oproept, zou in plaats daarvan een moment van diepe verbondenheid met het universum kunnen blijken te zijn.

Een pionier op dit gebied was de Duitse filosoof Friedrich Nietzsche. In zijn werk *'Aldus sprak Zarathustra'* spreekt Nietzsche over de *'dans van de eeuwige terugkeer'*, waarin alle bestaansvormen zich cyclisch herhalen.

Friedrich Nietzsche, de beroemde 19e-eeuwse Duitse filosoof, staat bekend om zijn provocerende en radicale opvattingen over het leven, de dood en de menselijke conditie. In zijn werk *'Aldus sprak Zarathustra'* verkent Nietzsche complexe en diepzinnige filosofische concepten, waaronder zijn idee van de eeuwige terugkeer.

Nietzsche stelt het idee voor dat elk moment van ons leven, samen met alle gebeurtenissen en ervaringen, zich eindeloos herhaalt in een eeuwige cyclus. Dit concept heeft belangrijke implicaties voor ons begrip van de dood en het einde van het leven.

Volgens Nietzsche betekent het accepteren van het idee van *eeuwige terugkeer* dat je elk moment van je bestaan volledig omarmt, inclusief lijden en ontberingen. De wetenschap dat elk moment zich eeuwig zal herhalen, nodigt uit om elke ervaring met intense ijver en passie te beleven, waardoor het leven zelf een unieke en onherhaalbare kans wordt.

Een beroemd citaat van Nietzsche dat het concept van eeuwige terugkeer en de uitnodiging om elk moment van je bestaan met passie te leven weerspiegelt, is het volgende:

"Ik wil geen hemel zijn waarin geen 'voor altijd' meer is. Ik ben een voorstander van eeuwige terugkeer."

("Ich will kein Himmel sein, in dem euer 'Für immer' schwebt. Ich bin ein Verfechter der ewigen Wiederkehr.")

Dit citaat benadrukt Nietzsches verlangen om elk moment en elke ervaring te omarmen met de wetenschap dat alles zich eeuwig zal herhalen, en benadrukt het belang van het volledig omarmen van de totaliteit van het leven, inclusief de momenten van vreugde, maar ook het lijden en de moeilijkheden.

Nietzsche zag de dood niet als een definitief einde, maar eerder als een integraal onderdeel van de eeuwige cyclus van het bestaan. Zijn filosofie suggereert dat elk individu een gevoel van verbondenheid met het universum kan vinden door de totaliteit van zijn leven te accepteren en te omarmen, inclusief het vooruitzicht van de dood.

Nietzsches benadering van het einde van het leven en sterfelijkheid kan ook geïnterpreteerd worden als een uitnodiging om authentiek te leven en het bestaan moedig en bewust tegemoet te treden. Zijn visie op de eeuwige terugkeer daagt traditionele opvattingen over de dood uit en opent de deur naar diepere reflectie over de aard van de werkelijkheid en onze relatie met het universum.

Samengevat nodigt Nietzsche met zijn filosofie van de eeuwige wederkomst uit tot een existentiële reflectie op leven, dood en de zin van het menselijk bestaan, en biedt hij een uniek en uitdagend perspectief op de laatste daad van ons aardse leven.

Voor hem is de overgang niet het einde, maar een terugkeer naar de bron van het universum, een kans om samen te smelten met de eeuwigheid zelf. Dit filosofische perspectief biedt een nieuwe manier om de overgang te zien als een ervaring van versmelting met de totaliteit van het bestaan, waarbij de scheiding tussen het individu en de kosmos wordt overwonnen.

Sommige moderne geleerden hebben vergelijkbare perspectieven aangenomen. Theoretisch natuurkundige en kosmoloog Brian Greene onderzoekt de snaartheorie en suggereert dat de overgang een vorm van ontbinding van het individu in het universum zelf zou kunnen zijn. Volgens Greene maakt elk deeltje waaruit wij bestaan eigenlijk deel uit van een heel netwerk van kosmische verbindingen, en zou de overgang dus een terugkeer van deze fundamentele deeltjes naar het universum kunnen zijn.

Brian Greene, gerenommeerd theoretisch natuurkundige en kosmoloog, heeft het onderwerp van het einde van het leven en de ontbinding van het individu in het universum op een innovatieve manier behandeld in zijn boek '*The Elegant Universe*'. Greene, ook auteur van andere succesvolle boeken zoals '*The Plot of the Cosmos*' en '*The Big Picture*', staat bekend om zijn vermogen om complexe natuurkundige concepten over te brengen op een manier die toegankelijk is voor het publiek.

In de context van de snaartheorie en de moderne natuurkunde stelt Greene het idee voor dat elk deeltje waaruit ons wezen bestaat eigenlijk deel uitmaakt van een complex web van kosmische verbindingen. Deze visie suggereert dat het individu en het universum op diepe en ingewikkelde manieren met elkaar verbonden zijn en dat de dood kan worden geïnterpreteerd als de terugkeer van deze fundamentele deeltjes naar de grotere kosmische matrix.

Volgens Greene kan de ontbinding van het individu bij de dood gezien worden als een vorm van terugkeer van onze energieën, onze materie en onze samenstellende deeltjes naar het universum zelf. Dit perspectief suggereert dat de dood niet gezien moet worden als het absolute einde, maar als een proces van transformatie en terugkeer naar de universele matrix waaruit alles voortkomt.

Greene's benadering van het onderwerp dood en verbinding met het universum kan worden gezien als een moderne interpretatie van het aloude idee van de onderlinge verbondenheid van alle dingen, waarbij het idee wordt bevestigd dat we allemaal deel uitmaken van een enkele, evoluerende kosmische realiteit.

Door zijn visie op de snaartheorie en kosmische interconnecties nodigt Brian Greene ons uit om de dood niet als een definitief einde te beschouwen, maar als een moment van transformatie en hereniging met de essentie van het universum, waardoor hij een uniek en diepgaand perspectief biedt op het leven, de dood en onze relatie met de kosmos.

Greene staat er echter niet om bekend dat hij zich in detail of definitief uitlaat over het bestaan na de dood, omdat hij zich meer richt op zijn wetenschappelijke werk. Net als veel wetenschappers is Greene geneigd om het concept van leven na de dood te beschouwen als een zaak die buiten het domein van de wetenschap valt, omdat het op dit moment niet verifieerbaar is via wetenschappelijke methoden.

Een interessant aspect is het onderzoek dat neurochemicus Rick Strassman in 2012 uitvoerde.

Het werk van Strassman betreft een belangrijk onderzoek naar de ervaringen die worden opgewekt door dimethyltryptamine (DMT), een psychedelische stof die voorkomt in verschillende planten en dieren, waaronder mensen. DMT wordt in verband gebracht met mystieke ervaringen, intense visioenen en het gevoel contact te maken met andere dimensies of realiteiten als je het inneemt.

In zijn studie diende Strassman DMT toe aan menselijke vrijwilligers onder gecontroleerde omstandigheden om de effecten op de mentale toestand en waarnemingen te bestuderen. Deelnemers meldden intense en buitengewone ervaringen, vaak beschreven als ontmoetingen met buitenaardse wezens, visioenen van alternatieve werelden, uittredingen en gevoelens van diepe spirituele betekenis.

Dit onderzoek bracht interessante inzichten in het menselijk brein en bewustzijn, en riep vragen op over de aard van de werkelijkheid, perceptie, mystieke ervaring en de relatie tussen geest en materie.

Werken zoals dat van Strassman bieden interessante inzichten in het verband tussen hersenchemie, bewuste ervaring en de perceptie van de werkelijkheid, en lokken debatten uit over bredere filosofische en wetenschappelijke vragen over de aard van het bewustzijn en de mogelijkheid van transcendente of spirituele ervaringen door de activering van specifieke neurochemische processen in de hersenen.

Volgens de getuigenissen van de deelnemers aan het onderzoek leidde de ervaring met DMT tot een gevoel van samensmelting met een grotere entiteit en een ontmoeting met niet-aardse werelden of dimensies. Deze resultaten bieden een verdere wetenschappelijke bevestiging van de mogelijkheid van een samensmelting met het universum tijdens dood-achtige ervaringen.

Evenementen zoals het *International Symposium on Borderline Experiences* boden een platform voor het bespreken en delen van ervaringen van een naderende dood en bijna-dood hallucinaties. In deze contexten deelden experts op het gebied van de menselijke geest, zoals neurofysioloog Peter Fenwick, hun onderzoek en theorieën over de betekenis van een ervaring van versmelting met het universum tijdens het overlijden.

Het symposium is een belangrijk evenement dat ruimte biedt voor discussie en het delen van ervaringen met de naderende dood, bijna-dood hallucinaties en aanverwante onderwerpen tussen experts, onderzoekers en individuen die geïnteresseerd zijn in deze onderwerpen. Dit symposium maakt het mogelijk om de nuances van de menselijke ervaring op de grens tussen leven en dood te verkennen, en opent de dialoog over spirituele, filosofische, wetenschappelijke en psychologische onderwerpen die verband houden met deze fenomenen.

Neurofysioloog Peter Fenwick is een van de bekendste onderzoekers op dit gebied. Hij heeft uitgebreid onderzoek gedaan naar bijna-doodervaringen en fenomenen als NDE's (Bijna-Dood Ervaringen) en visioenen tijdens het overlijden onderzocht. Zijn onderzoek richt zich op de wetenschappelijke en psychologische analyse van deze gebeurtenissen, waarbij hij de betekenis onderzoekt van de ervaring van samensmelting met het universum tijdens het overlijden.

Fenwick heeft een sterke interesse getoond in het begrijpen van de ervaringen die mensen hebben tijdens levensbedreigende situaties of in de aanwezigheid van bewusteloosheid, het onderzoeken van de mogelijkheden van bewustzijn voorbij het fysieke leven en de verbanden tussen geest, hersenen en bredere dimensies van de werkelijkheid.

Fenwicks onderzoek verlegt vaak de grenzen van de conventionele wetenschap en verkent gebieden die dichter bij het gebied van bewustzijn, spiritualiteit en menselijke ervaring liggen. Zijn theorieën en studies zijn belangrijk geweest in het stimuleren van debat en inzicht in het onderwerp van grenservaringen en het begrijpen van de aard van bewustzijn, dood en werkelijkheid.

Anekdotes en getuigenissen van mensen die bijna-dood ervaringen (NDE's) hebben meegemaakt geven interessante inzichten in dit perspectief. Ik bespreek dit in een later hoofdstuk. Cardioloog Pim van Lommel presenteert in zijn boek *Bewustzijn voorbij het leven* een reeks gevallen waarin mensen beweren tijdens hun BDE een gevoel van versmelting met het hele universum te hebben ervaren. De getuigenissen beschrijven een gevoel van eenheid, vrede en harmonie dat verder gaat dan het traditionele begrip van individualiteit.

Nieuwe perspectieven op het bewustzijn tijdens het heengaan nodigen ons uit om ons open te stellen voor een breed scala aan mogelijkheden. De filosofische theorieën van Nietzsche, de wetenschappelijke inzichten van Greene en Strassman, de verslagen van onmiddellijke dood-ervaringen en de gebeurtenissen van internationaal delen bieden een solide basis om de overgang te beschouwen als een moment van versmelting met het universum. In plaats van de overgang te zien als het einde van alles, zouden we ons kunnen openstellen voor de mogelijkheid dat het een drempel is naar een ervaring van diepe verbondenheid met het hele bestaan.

Het levenseinde als transformatie. Vergelijking van Oosterse en Westerse filosofieën.

Het einde van het leven is een universeel thema dat diepe reflectie uitlokt in Oosterse en Westerse filosofieën. Beide tradities bieden verschillende perspectieven op de dood als een moment van transformatie. We zullen hun contrasterende opvattingen onderzoeken en een dialoog openen tussen oosterse filosofieën, zoals het boeddhisme en hindoeïsme, en westerse filosofieën, zoals het platonisme en het christendom.

In de oosterse filosofie wordt de doorgang vaak gezien als een belangrijke stap in het bereiken van verlichting of bevrijding. In het boeddhisme bijvoorbeeld heeft een van de belangrijkste opvattingen betrekking op de cyclus van wedergeboorten, waarin de doorgang een mogelijkheid biedt om uit de cyclus van karmisch lijden en wedergeboorte te stappen. Door middel van meditaties en spirituele praktijken probeert men zich bewust te worden van sterfelijkheid en de ware aard van het bestaan te realiseren. Een voorbeeld van dit perspectief is de leer van de Boeddha over *vergankelijkheid*, die benadrukt dat leven en overgang onafscheidelijke aspecten zijn en dat bewustzijn van deze realiteit leidt tot bevrijding uit de cyclus van geboorten en sterfgevallen.

In de context van de westerse filosofie is een soortgelijke opvatting te vinden in het Platonisme. Volgens Plato staat de doorgang voor de bevrijding van de ziel uit het lichaam. De ziel, die onsterfelijk en eeuwig is, zit gevangen in het lichaam, maar door de doorgang kan ze zich eindelijk afscheiden en de staat van zuiverheid en waarheid bereiken. Plato stelt zich de doorgang voor als een kans voor de ziel om zich te herenigen met etherische ideeën en een hoger niveau van kennis en wijsheid te bereiken. Deze opvatting van de doorgang als spirituele transformatie is zeer invloedrijk geweest in de westerse filosofische traditie.

Wetenschappelijke experimenten hebben geprobeerd deze kwestie te onderzoeken. Een opmerkelijk voorbeeld is het onderzoek dat in 2014 werd uitgevoerd door de Amerikaanse neurochirurg Eben Alexander. In zijn boek '*Proof of Heaven*' deelt Alexander zijn eigen ervaring met de naderende dood, waarin hij beweert een spiritueel rijk te zijn binnengetreden. Deze persoonlijke ervaring bracht Alexander ertoe om het einde van het leven te beschouwen als een doorgang naar een hogere dimensie van het bestaan, in lijn met Oosterse spirituele ideeën.

Een andere interessante vergelijking tussen Oosterse en Westerse filosofieën is te vinden in de vergelijking tussen het hindoeïsme en het christendom. In het hindoeïsme wordt de overgang gezien als een fase in de eindeloze reeks reïncarnaties, met als uiteindelijk doel het bereiken van bevrijding uit de cyclus van geboorte en dood. Het christendom daarentegen richt zich op het idee van een eeuwig leven na de overgang, met een lichamelijke opstanding en de mogelijkheid van hereniging met God. Deze contrasterende visies weerspiegelen de culturele en theologische verschillen tussen Oost en West.

Concluderend biedt de vergelijking tussen Oosterse en Westerse filosofieën een rijk en complex perspectief op de dood als een moment van transformatie. Terwijl oosterse filosofieën zoals het boeddhisme de bevrijding van het cyclische bestaan benadrukken, leggen westerse filosofieën zoals het platonisme de nadruk op het opstijgen van de ziel naar een hogere werkelijkheid. Naast de culturele en religieuze verschillen, nodigt het nadenken over de beelden en overeenkomsten van de passage ons uit om de diepere betekenis van deze universele ervaring te verkennen en om na te denken over de vele perspectieven die onze spirituele reis kunnen verrijken.

3 - EEN REIS DOOR ANDERE CULTUREN.

"Er is nooit een tijd geweest dat we niet bestonden, jij en ik, en we zullen ook in de toekomst niet ophouden te bestaan. Dus de wijze man is niet verontrust door de aanblik van de fysieke dood."

(Bhagavad Gita) (Hindoeïsme).

Hoofdstuk 6. Oosterse cultuur .

"De dood is gewoon een andere deur; hierdoor kom je in een andere kamer."
(Dalai Lama)

Overtuigingen over het leven na het overlijden in oude oosterse culturen.

In het panorama van overtuigingen over het lot na de dood bieden oude Oosterse culturen een rijke grond voor analyse en reflectie. De opvattingen over het leven na de dood in deze tradities zijn doordrenkt van diepgaande filosofische, spirituele en kosmologische visies die de samenlevingen en gedachten van hele generaties hebben gevormd.

Een van de meest fascinerende overtuigingen over het einde van het leven is dat van de oude Vedische religie, de basis van het hindoeïsme. In de oude Vedische traditie geloofden mensen in reïncarnatie, een proces waarbij de ziel, *Atman* genaamd, in verschillende vormen reïncarneert in een eindeloze cyclus die *Samsara* wordt genoemd. Dit geloof heeft diepe wortels in de *Upanishads*, heilige Indiase teksten die dateren van ongeveer 700-600 voor Christus en die handelen over de aard van het zijn en de ziel.

Een andere belangrijke bijdrage aan het geloof over leven na de dood komt van het boeddhisme. De Boeddha, Siddhartha Gautama, onderwees dat de menselijke ziel, of *Atman*, niet bestaat en dat het bestaan in plaats daarvan gekenmerkt wordt door een cyclus van geboorte en wedergeboorte die bepaald wordt door *karma*. Volgens het boeddhisme is het uiteindelijke doel *het* bereiken van *het Nirvana*, een staat van absolute gelukzaligheid en bevrijding van de cyclus van wedergeboorten.

Een andere oosterse cultuur die complexe ideeën over reïncarnatie heeft ontwikkeld is de Chinese taoïstische cultuur. Volgens het Taoïsme is de essentie van de mens, *Dao* genaamd, onsterfelijk en reïncarneert deze in verschillende vormen om zijn aard te vervolmaken. Het concept van *yin en yang*, de balans van tegengestelde krachten, speelt een cruciale rol bij het begrijpen van de levenscyclus en reïncarnatie.

Een van de meest treffende voorbeelden van deze overtuigingen is het verhaal van Zhuangzi, een taoïstische filosoof uit het oude China. Zhuangzi vertelt het verhaal van een man die droomt dat hij een vlinder is en zich bij het ontwaken afvraagt of hij een man is die droomde dat hij een vlinder was of een vlinder die nu droomt dat hij een man is.

Hedendaagse studies door wetenschappers als Carl Jung, een Zwitserse filosoof en psycholoog, en Ian Stevenson, een psychiater en reïncarnatieonderzoeker, hebben verdere bijdragen geleverd aan het begrip van het geloof rond het levenseinde in Oosterse culturen, door discussies voor te stellen over de aard van het bewustzijn en de continuïteit van de ziel.

Concluderend kan gesteld worden dat overtuigingen over de bestemming na de dood in oude Oosterse culturen een fascinerende mix vormen van filosofie, religie en spiritualiteit die eeuwenlang het wereldbeeld van miljoenen mensen heeft gevormd. Deze opvattingen bieden diepe inzichten in de aard van het bestaan en de ziel en blijven een belangrijke invloed uitoefenen op de hedendaagse cultuur en de mensheid als geheel.

De dood als nieuw begin: een optimistische Oosterse kijk op de overgang naar het hiernamaals.

In de context van Oosterse culturen wordt de dood vaak niet gezien als een definitief einde, maar als een nieuw begin, een overgang naar een andere staat van bestaan of bewustzijn. Dit optimistische perspectief wordt weerspiegeld in veel tradities en overtuigingen die het thema van de overgang naar het hiernamaals op een diepgaande en verhelderende manier behandelen.

Een van de meest emblematische visies op deze optimistische overgang is te vinden in het boeddhistische concept van Nirvana. Nirvana vertegenwoordigt niet alleen de beëindiging van lijden en de cyclus van wedergeboorten, maar ook een nieuwe staat van spiritueel bewustzijn en realisatie. Siddhartha Gautama, de Boeddha, onderwees dat men door het bereiken van het Nirvana de pijn kan overwinnen en volledige verlichting kan bereiken, waarbij men zichzelf bevrijdt van het wiel der wedergeboorten.

In de Chinese filosofie vertegenwoordigt het concept van Wu Wei, 'niet-handelende actie' of 'moeiteloze actie', een idee van harmonieuze overgang na de dood. Volgens het Taoïsme stelt deze vorm van bewust niet handelen iemand in staat om met de *Tao*, het kosmische principe, mee te stromen en een ongehinderde reis te maken naar nieuwe vormen van bestaan.

Een ander optimistisch perspectief op de dood is te vinden in het hindoeïsme, waar de dood wordt gezien als onderdeel van een natuurlijke cyclus van leven, dood en wedergeboorte. Het geloof in reïncarnatie biedt de mogelijkheid van een voortdurende evolutie van de ziel door middel van verschillende ervaringen, in een constante reis van leren en spirituele groei.

Wetenschappelijk gezien hebben recente onderzoeken naar de bijna-doodervaring (BDE) interessante inzichten opgeleverd in de aard van de overgang na de dood. Mensen die een BDE hebben meegemaakt, rapporteren vaak gevoelens van vrede, licht en onvoorwaardelijke liefde, wat wijst op de aanwezigheid van een dimensie voorbij het aardse leven.

De optimistische Oosterse visie op de dood als een nieuw begin biedt een diepgaand en uitdagend inzicht in de aard van de overgang naar het hiernamaals. Door concepten als Nirvana in het boeddhisme, Wu Wei in het taoïsme en reïncarnatie in het hindoeïsme leren deze culturen ons dat de dood gezien kan worden als een overgang naar een hogere en meer bewuste werkelijkheid, die openstaat voor oneindige mogelijkheden voor spirituele evolutie en groei.

Deze opvattingen over de dood als een nieuw begin in Oosterse culturen bieden een belangrijke spirituele context die iemand geruststelt dat het leven niet eindigt met de fysieke dood, maar getransformeerd wordt in een nieuwe vorm van bestaan of bewustzijn.

In de oude Japanse cultuur bestaat bijvoorbeeld een diepe verering voor de geesten van voorouders en een sterk geloof dat zij blijven leven en het leven van de levenden beïnvloeden. Deze verbinding tussen de levenden en de doden door middel van rituelen om de doden te eren en te gedenken is gebaseerd op het idee dat de zielen van de doden nog steeds aanwezig zijn en kunnen communiceren met de aardse wereld.

In de oosterse kunst en literatuur vinden we ook weerspiegelingen van deze positieve kijk op de dood als overgang naar een nieuw bestaan. Werken zoals de Tibetaanse '*Bardo Thodol*', die de ziel door de verschillende stadia na de dood naar wedergeboorte of verlichting leidt, bieden een kaart van mogelijke ervaringen na de dood en de mogelijkheid van spiritueel ontwaken.

Filosofen als Laozi, Confucius en Zhuangzi hebben leringen gegeven die de lineaire opvatting van tijd en bestaan ter discussie stellen. Ze suggereren een universele verbondenheid die de fysieke dood overstijgt en de deur opent naar een dieper begrip van de betekenis van leven en dood.

Uiteindelijk biedt de Oosterse opvatting van de dood als een nieuw begin een troostend en verhelderend perspectief op een universeel aspect van het menselijk bestaan. Door een mix van spirituele, filosofische en wetenschappelijke overtuigingen nodigen deze culturen ons uit om de dood niet als een volledig einde te beschouwen, maar als een vloeiende overgang in een uitgestrekt mozaïek van ervaringen en kennis die verder gaan dan rationeel begrip, waardoor de deur wordt geopend naar een bredere en diepere visie op het leven en het einde ervan.

Het huis van de voorouders. Voorouderrituelen en vooroudervererering in de oosterse cultuur.

In Oosterse culturen markeert de dood niet alleen het einde van een individuele levenscyclus, maar ook een overgangsmoment dat ook de continuïteit met vorige generaties inhoudt. Het belang van voorouderrituelen en vooroudervererering speelt een centrale rol in veel Oosterse tradities en zorgt voor een tastbare band tussen de levenden en de doden die zich manifesteert door middel van diepgaande en betekenisvolle rituele en symbolische praktijken.

Een van de meest emblematische voorbeelden van deze praktijk is de vooroudervererering in de Chinese cultuur. De Chinezen hechten veel belang aan de herinnering aan voorouders, die worden beschouwd als beschermers van wijsheid en welwillendheid die het leven van nakomelingen blijven beïnvloeden. Voorouderrituelen zoals *het Qingming Festival* en *het Hongerige Geest Festival* zijn gelegenheden waarop families samenkomen om hun voorgangers te eren en te vieren, door voedsel, wierook en respect aan te bieden bij hun graven.

In Japan is het *Bon-festival* een festival dat de geesten van voorouders herdenkt, omdat men gelooft dat ze op dat moment terugkeren om hun levende familieleden te bezoeken. Tijdens Bon worden huizen versierd met drijvende lantaarns om de geesten de weg te wijzen en worden er speciale maaltijden bereid om hen te voeden en te eren.

In de context van het boeddhisme is de dodenherdenking een belangrijk ritueel dat wordt uitgevoerd om een gunstige wedergeboorte van de overledene te bevorderen en hun pad in het leven na de dood te vergemakkelijken. Boeddhistische begrafenisceremonies omvatten vaak gebeden en offergaven voor voorouders, evenals praktijken om hun overgang te vergemakkelijken en spirituele steun te verlenen aan de overledene.

Beroemde anekdotes, zoals die van de Chinese boeddhistische monnik Xuanzang, die naar India reisde op zoek naar heilige teksten, laten het belang zien van continuïteit met het verleden en de overdracht van kennis tussen generaties, met het oog op voorouderverering.

Recente studies van antropologen als Victor Turner en sociologen als Emile Durkheim hebben de fundamentele rol van voorouderrituelen en voorouderverering in Oosterse samenlevingen benadrukt, en benadrukken hoe deze praktijken kunnen helpen om de culturele identiteit te versterken, een gemeenschapsgevoel te bevorderen en de collectieve herinnering aan de wortels en wijsheid van voorgangers veilig te stellen.

Uiteindelijk fungeert het voorouderlijk huis in Oosterse culturen als een brug tussen het verleden, het heden en de toekomst, als een spirituele en culturele link die generaties voedt en leidt door het leven en daarna. De praktijk van voorouderverering benadrukt de continuïteit van het bestaan en het belang om de erfenis van onze voorgangers te eren en te bewaren, en brengt zo een essentie van continuïteit en dankbaarheid over die het hele weefsel van het oosterse leven doordringt.

Door middel van voorouderrituelen en voorouderverering bewaren Oosterse culturen niet alleen de herinnering aan hun voorouders, maar bevorderen ze ook fundamentele waarden zoals respect voor ouderen, het belang van familie en het gevoel deel uit te maken van een bredere, gedeelde geschiedenis.

Antropologische studies in Oosterse contexten hebben aangetoond dat voorouderrituelen niet alleen een daad van devotie zijn, maar ook een cruciaal aspect van sociale cohesie en de overdracht van culturele waarden binnen gemeenschappen. Deze rituelen helpen om familiebanden te versterken, tradities levend te houden en een gevoel van continuïteit en identiteit te geven aan huidige en toekomstige generaties.

In een wereld die steeds meer globaliseert en neigt naar versnippering van tradities, vertegenwoordigt de praktijk van voorouderverering in Oosterse culturen een kostbare schat aan wijsheid en bewustzijn die door de eeuwen heen is doorgegeven en die een amfora aan culturele en spirituele rijkdom biedt die de ziel voedt en het gevoel geeft deel uit te maken van een grotere en meer duurzame gemeenschap.

Sprookjes en mythen over het leven na het hiernamaals. Illustraties van de oosterse visie.

In het hart van de oosterse culturen ligt een rijke schat aan sprookjes en mythen die een levendig beeld schetsen van het leven na de dood en een uniek en fascinerend perspectief bieden op het lot van de ziel zodra deze de drempel van het aardse leven overschrijdt. Deze verhalen zijn doordrenkt van symbolen, metaforen en leringen die diepe waarheden onthullen over de aard van de kosmos en het bestaan zelf.

Een van de beroemdste sprookjes in de oosterse traditie is dat van de *Jager en de Tijger*, een oud Chinees verhaal dat het concept van reïncarnatie illustreert aan de hand van de reis van de ziel tussen verschillende levensvormen. In dit sprookje wordt de jager na de dood getransformeerd in een tijger en ervaart hij de wereld vanuit het perspectief van een ander wezen, waardoor nieuwe perspectieven op het leven en de cyclische aard van het bestaan ontstaan.

In het Japanse boeddhisme vertegenwoordigt de mythe van de Bodhisattva Kannon een barmhartige entiteit die overleden zielen door de Bardo leidt, de tussenperiode tussen dood en wedergeboorte. Deze mythe symboliseert hoop, barmhartigheid en goddelijke hulp op de reis van de ziel naar transformatie en spirituele evolutie.

De Indiase mythologie biedt ook rijke verhalen over het leven na de dood. De mythe van Yama, de hindoegod van het dodenrijk, beschreven in heilige teksten zoals de Mahabharata en de Ramayana, geeft een gedetailleerd beeld van de verschillende bestemmingen waar zielen kunnen verblijven op basis van hun daden op aarde.

Yama wordt beschouwd als de heer van het dodenrijk en de rechter van de zielen, verantwoordelijk voor het bepalen van het postmortale lot van elk individu op basis van hun aardse daden. Yama wordt beschouwd als de heer van het dodenrijk en de rechter van de zielen, verantwoordelijk voor het bepalen van het postmortale lot van elk individu op basis van hun aardse daden.

Heilige teksten beschrijven hoe Yama de zielen van de overledenen door het dodenrijk leidt, waar hun daden en opgebouwde karma tijdens het leven worden onderzocht. Op basis van dit oordeel worden zielen naar verschillende bestemmingen gestuurd, die de gevolgen van hun daden op aarde weerspiegelen.

De zielen van hen die een deugdzaam en rechtvaardig leven hebben geleid worden beloond met een gelukkig verblijf in een plaats van gelukzaligheid en vrede, terwijl zij die negatieve of immorele daden hebben verricht veroordeeld kunnen worden tot een leven van lijden en kwelling in helse plaatsen.

Deze visie op het dodenrijk en de karmische gevolgen van menselijke daden dient als waarschuwing en aansporing voor de hindoegelovigen om een deugdzaam, ethisch en rechtvaardig leven te leiden om zo een positieve bestemming in het hiernamaals en een gunstigere cyclus van reïncarnaties veilig te stellen.

De mythe van Yama en zijn voorstellingen in heilige hindoeteksten bieden dus een gedetailleerd beeld van de verschillende bestemmingen van zielen in het hiernamaals, waarbij het belang van karma en morele daden in het leven van een individu volgens de hindoetraditie wordt benadrukt.

Studies van geleerden als Joseph Campbell, een expert in vergelijkende mythologie, hebben de resonantie benadrukt tussen Oosterse mythen en universele verhalen over het leven na de dood die in veel culturen en religieuze tradities over de hele wereld te vinden zijn. Ze benadrukken het belang van mythen om het onzichtbare te begrijpen en de spirituele dimensies van het menselijk bestaan te verkennen.

In de Japanse cultuur onthult de mythe van de negenenveertig dagen van passage, een kritieke periode na de dood waarin de ziel in overgang is voordat ze haar eindbestemming bereikt, de complexiteit en delicatesse van de reis na de dood.

Tot slot vormen sprookjes en mythen over het hiernamaals in Oosterse culturen een rijk narratief erfgoed dat ons begrip van de aard van de ziel en het lot voorbij de sluier van de dood verheldert en verrijkt. Door middel van symbolen en allegorieën bieden deze verhalen ons een kaart van de reis van de ziel en de facetten van de spirituele werkelijkheid, en nodigen ze ons uit om de diepten van het bestaan te verkennen op een continuüm dat de dimensies van het zichtbare en onzichtbare overspant.

Deze oosterse sprookjes en mythen zijn niet alleen fantastische verhalen, maar ook dragers van wijsheid en leringen die inzicht bieden in het leven, de dood en het hiernamaals. Door middel van symbolische personages, buitengewone gebeurtenissen en mystieke reizen zetten deze verhalen ons aan tot nadenken over de aard van de werkelijkheid, de vergankelijkheid van het bestaan en de voortdurende evolutie van de ziel door de cyclus van leven, dood en wedergeboorte.

Een ander belangrijk voorbeeld zijn de Jataka-verhalen, een verzameling boeddhistische verhalen waarin de vorige levens van Gautama Boeddha in verschillende gedaanten als dieren worden verteld en waarin het concept van wedergeboorte en de zoektocht naar verlichting door middel van meerdere levens wordt gedemonstreerd. Deze verhalen leren belangrijke morele en spirituele lessen over karma, mededogen en wijsheid.

In het Taoïsme verkennen sprookjes en mythen vaak het concept van onsterfelijkheid en de cyclische aard van de tijd, waarbij ze unieke perspectieven bieden op de eeuwigheid van de ziel en haar verbinding met de kosmos. De mythe van het Eiland van de Gezegenden stelt bijvoorbeeld een plek voor waar zielen in vrede en harmonie kunnen verblijven na de dood, en benadrukt het belang van leven in harmonie met de natuur en je innerlijke geest.

Modern wetenschappelijk en filosofisch onderzoek, geïnspireerd door deze oude verhalen, blijft de grenzen van de werkelijkheid verkennen en vraagtekens zetten bij de mogelijkheden van een bestaan na het aardse leven. Studies over de bijna-doodervaring, bewustzijn en NDE's (Near Death Experience) hebben nieuwe invalshoeken opgeleverd voor het observeren van de aard van de ziel en haar bestemming na de dood.

Tot slot zijn sprookjes en mythen over het leven na de dood in Oosterse culturen schatten van wijsheid die ons in staat stellen de werkelijkheid onder de sluier van de dood te visualiseren en te interpreteren. Door middel van symbolen, metaforen en meeslepende verhalen nemen deze verhalen ons mee op een spirituele en intellectuele reis die ons uitnodigt om de diepten van het bestaan te verkennen en na te denken over het mysterie van het leven en de voortzetting ervan na de dood.

Beschermgoden van de doorgang in oosterse culturen.

In de geloofsovertuigingen en -praktijken rond het levenseinde van Oosterse culturen wordt een belangrijke rol gespeeld door de beschermgoden van de overgang, bovennatuurlijke wezens die zielen bijstaan en begeleiden tijdens de overgang van het aardse leven naar het hiernamaals. Deze godheden worden vaak geassocieerd met rituelen, ceremonies en overtuigingen die zich richten op de verschillende fasen van het overgangsproces en de bescherming van de ziel tijdens deze mystieke reis.

In de Chinese traditie is Yanluo Wang, de Koning van de Doden, een van de belangrijkste beschermgoden. Yanluo Wang zit het dodenrijk en het oordeel over de zielen voor en beslist over het lot van elk van hen op basis van hun aardse daden. Tijdens de overgang van het fysieke bestaan naar het leven na de dood, worden Yanluo Wang en zijn assistenten verondersteld de zielen door verschillende beproevingen en overgangen te leiden om hun uiteindelijke lot te bepalen.

In Japan wordt de figuur van Jizo Bosatsu vereerd als de beschermer van de zielen van kinderen en overleden zielen. Jizo Bosatsu wordt vaak afgebeeld als een medelevende figuur die zielen begeleidt naar het dodenrijk en hen troost en bescherming biedt tijdens hun reis naar het hiernamaals. Beelden van Jizo Bosatsu worden vaak geplaatst op begraafplaatsen en langs wegen om dolende zielen te beschermen en hen te helpen bij het bereiken van hun nieuwe staat van bestaan.

In het Tibetaans boeddhisme wordt de godheid Amitabha Boeddha beschouwd als de heer van het Westelijk Paradijs, een plaats van vrede en gelukzaligheid waar zielen na de dood kunnen verblijven. Amitabha Boeddha verwelkomt overleden zielen in zijn rijk en biedt hen de kans om verlichting en nirvana te bereiken, waardoor de overgang na de dood een kans wordt voor spirituele groei en ultieme realisatie.

Studies van antropologen als Mircea Eliade en godsdienstwetenschappers als Huston Smith hebben het belang benadrukt van godheden die de doorgang in Oosterse culturen beschermen als symbolen van troost, begeleiding en transformatie tijdens de overgang naar het hiernamaals.

Uiteindelijk belichamen de beschermende overgangsgoden in Oosterse culturen het idee van een meelevende en liefdevolle gids die zielen begeleidt op hun reis na de dood. Deze symbolische figuren bieden een spiritueel referentiepunt en een bron van troost voor diegenen die de overgang van het aardse bestaan naar dat achter de sluier van het leven moeten maken, waarbij het belang wordt benadrukt van rituelen, gebeden en praktijken die zielen bijstaan en ondersteunen op hun reis naar nieuwe dimensies van bestaan en bewustzijn.

In de folklore en geloofsovertuigingen van Oosterse culturen zijn de beschermende godheden van de doorgang niet alleen beschermers van het hiernamaals, maar belichamen ze ook fundamentele waarden zoals mededogen, barmhartigheid en rechtvaardigheid, en bieden ze een weerspiegeling van de spirituele en ethische idealen die het pad van zielen na de dood leiden.

In India is de figuur van Yama, de god van de dood, een belangrijk voorbeeld van een beschermende godheid van de doorgang. Yama wordt beschouwd als de hoogste rechter van de zielen, verantwoordelijk voor het bepalen van het lot van mensen na de dood op basis van hun aardse daden. Zijn aanwezigheid in het hindoeïstische en boeddhistische geloof wijst op de centrale rol van rechtvaardigheid en rechtschapenheid in de reis van de ziel naar haar eindbestemming.

In de Taoïstische mythologie wordt de god Meng Po aanbeden als de beschermer van zielen die moeten reïncarneren in de cyclus van leven en dood. Meng Po bedient een bouillon die het geheugen van zielen kan wissen voordat ze worden herboren, waardoor de herinneringen aan vorige levens worden gewist en ze een nieuwe bestaanscyclus kunnen beginnen zonder de last van eerdere fouten of lijden...

De beschermende godheden van de doorgang onthullen een universum van symboliek en betekenis dat de aard van het menselijk bestaan, de continuïteit van de ziel en de eeuwige bestemming onderzoekt. Via deze goddelijke figuren bieden oosterse culturen een diepgaande en complexe interpretatie van de dood en de overgang na het aardse leven, waarbij de complexiteit en schoonheid van het hiernamaals en zijn vele dimensies worden benadrukt.

Studies uitgevoerd door antropologen zoals James George Frazer en godsdienstwetenschappers zoals Joseph Campbell hebben de wijdverspreide aanwezigheid van beschermende goden van de doorgang in verschillende Oosterse tradities en de cruciale rol die deze figuren spelen in het overgangs- en transformatieproces van de ziel na de dood benadrukt.

Concluderend kunnen we stellen dat de beschermgodheden van de doorgang in Oosterse culturen een focus van spiritualiteit, wijsheid en troost vertegenwoordigen tijdens de doorgang van de ziel voorbij de grens van het aardse leven. Deze goddelijke figuren getuigen van de aanwezigheid van een liefdevolle en meelevende gids die zielen op hun eeuwige reis vergezelt en hoop, bescherming en een verlicht pad naar wedergeboorte en uiteindelijke spirituele realisatie biedt.

Wetenschappers op het gebied van filosofie, religie en antropologie, zoals Mircea Eliade, Carl Jung en Karen Armstrong, hebben hun begrip van deze beschermende godheden en hun symbolische betekenis binnen Oosterse culturen verdiept. Door hun onderzoek en analyse is de fundamentele rol van deze figuren in het culturele en spirituele weefsel van Oosterse samenlevingen aan het licht gekomen, en de invloed die ze uitoefenen op het vormgeven van overtuigingen, waarden en rituelen met betrekking tot de dood en de overgang na het aardse leven.

Bestaan van spirituele gidsen. Een onderzoek naar de rol van spirituele wezens in het oosterse hiernamaals.

In het landschap van overtuigingen en opvattingen met betrekking tot het leven na de dood in Oosterse culturen, is een prominent aspect de aanwezigheid van geestengidsen, spirituele wezens die zielen begeleiden en bijstaan op hun reis na het aardse leven. Deze geesten spelen een belangrijke rol in het weefsel van Oosterse overtuigingen en belichamen steun, begeleiding en een bron van wijsheid voor zielen op hun reis naar het hiernamaals.

In Japan wordt de figuur van de 'Bergoudsten' of 'Yamabushi' van oudsher geassocieerd met het idee van geestengidsen die waken over overleden zielen en hen door de verschillende overgangsfasen na de dood leiden. Deze spirituele ouderen worden beschouwd als bemiddelaars tussen de aardse wereld en het hiernamaals, die troost en hulp bieden aan zielen in een overgangsfase.

In de Chinese cultuur vertegenwoordigt het idee van 'Zhuji' of 'Bamboe Meesters' spirituele wezens die optreden als gidsen en beschermers van vertrokken zielen op hun weg naar het hiernamaals. Deze geesten worden vaak afgebeeld als wijs en medelevend, en bieden steun en begeleiding aan zielen op het kritieke moment van de overgang.

Studies uitgevoerd door psychologen zoals Carl Gustav Jung en parapsychologen zoals Raymond Moody hebben de aanwezigheid van spirituele gidsen in BDE's onderzocht en suggereren dat deze spirituele entiteiten manifestaties van het collectieve onbewuste of dimensies van bewustzijn voorbij het aardse leven zouden kunnen vertegenwoordigen.

Verder hebben antropologen als James George Frazer en sociologen als Emile Durkheim de rol van geestengidsen in de rituele praktijken en overtuigingen van oosterse samenlevingen onderzocht, waarbij ze hun belang als brug tussen het menselijke en het goddelijke, het zichtbare en het onzichtbare benadrukten.

Anekdotes en getuigenissen van personen die contact hebben ervaren met spirituele gidsen bieden verder inzicht in de aanwezigheid van deze entiteiten in de context van het hiernamaals, en voeden het debat over de aard van het hiernamaals en de verbanden tussen de spirituele en materiële dimensies van het bestaan.

Concluderend kan gesteld worden dat het bestaan van spirituele gidsen in Oosterse culturen een belangrijk element vormt in het landschap van overtuigingen over het leven na de dood, die zielen steun, begeleiding en een liefdevolle aanwezigheid bieden op hun reis voorbij de grenzen van het aardse leven. Deze spirituele figuren belichamen het idee van een eeuwige band tussen mensen en het goddelijke en bieden troost en wijsheid in de uitdagingen en transformaties van het hiernamaals.

In het boeddhisme vertegenwoordigt de figuur van de Bodhisattva Avalokiteshvara een meelevende en helende essentie die zielen begeleidt op hun reis door de cycli van geboorte en dood, en bescherming en troost biedt tijdens karmische overgangen. De boeddhistische leer over het concept *Anatta* (niet-zelf) suggereert een onderlinge verbinding tussen zielen en spirituele gidsen en benadrukt de vergankelijke en onderling afhankelijke aard van alle bestaansvormen.

In de Japanse Shinto-traditie worden de '*Kami*' beschouwd als spirituele wezens die zich in de natuur, objecten of individuen bevinden en die optreden als beschermings- en beschermgeesten. Deze Kami kunnen worden aanbeden en aangeroepen om steun te ontvangen en zielen door de stadia van overgang en transformatie na de dood te leiden.

Studies uitgevoerd door psychologen zoals Stanislav Grof en onderzoekers van bijna-doodervaringen hebben ervaringen gerapporteerd van ontmoetingen met geestengidsen tijdens veranderde bewustzijnstoestanden, wat suggereert dat deze entiteiten als brug kunnen fungeren tussen het aardse leven en het rijk van het hiernamaals, en troost en verlichting kunnen bieden tijdens de overgang.

Oosterse filosofische literatuur, met werken zoals Laozi's '*Tao Te Ching*' en de boeddhistische soetra's, maakt vaak melding van de aanwezigheid van leidende spirituele wezens die zielen bijstaan op hun evolutionaire pad en in de realisatie van wijsheid en mededogen.

Traditionele begrafenisrituelen. Het leven vieren na het overlijden in Oosterse culturen.

Traditionele begrafenisrituelen zijn een fundamenteel onderdeel van Oosterse culturen en bieden de gelegenheid om het leven van degenen die voorbij de sluier van de dood zijn gegaan te eren en te vieren. Deze rituelen getuigen van respect, liefde en toewijding voor de overledene en bieden een tijd van overgang en genezing voor degenen die achterblijven. Door middel van oude en diepgewortelde rituelen geven Oosterse culturen uitdrukking aan de eeuwige verbondenheid met hun voorouders en met het mysterie van het bestaan na het aardse leven.

In Japan bestaat het begrafenisritueel dat bekend staat als 'Ohakamairi' uit het bezoeken van het graf van dierbaren om hen te eren en gebeden en geschenken aan te bieden ter nagedachtenis aan hen. Dit ritueel, dat traditioneel op regelmatige tijdstippen na de dood van een persoon wordt uitgevoerd, symboliseert het respect voor voorouders en de continuïteit van liefde en familiebanden na de fysieke dood.

In het Tibetaans boeddhisme is 'Phowa' een begrafenisritueel dat erop gericht is de ziel van de overledene te helpen het lichaam vreedzaam te verlaten en ongehinderd haar reis naar het hiernamaals voort te zetten. Dit ritueel roept de zegeningen en bescherming in van verlichte wezens om de ziel te begeleiden bij haar reis door de verschillende staten van het bestaan.

Antropologen zoals Victor Turner en wetenschappers op het gebied van rituele ceremonies zoals Arnold van Gennep hebben de betekenis en functies van begrafenisrituelen in menselijke samenlevingen theoretisch onderzocht. Ze benadrukten de rol van dergelijke praktijken in het vergemakkelijken van het rouwproces en de transformatie van verlies in een kans voor transformatie en continuïteit.

Historische gebeurtenissen zoals de verspreiding van het boeddhisme en hindoeïsme in Azië hebben geholpen om vorm te geven aan begrafenisrituelen in oosterse culturen, waarbij elementen van religieuze en spirituele praktijken werden geïntegreerd in afscheidsceremonies en de dood werd getransformeerd in een heilig moment van overgang en wedergeboorte.

Tot slot vertegenwoordigen traditionele begrafenisrituelen in Oosterse culturen een belangrijk moment van viering van het leven na het overlijden, waarbij de onverbrekelijke band tussen de levenden en de doden wordt benadrukt en een ruimte wordt geboden voor genezing, eerbied en de continuïteit van liefde en herinnering. Door middel van deze rituelen brengen Oosterse culturen hulde aan de cyclische aard van het bestaan en de eeuwige verbinding met voorbije generaties, waarbij ze het leven en de spiritualiteit na de dood vieren.

In India is de praktijk van verbranding, bekend als 'Antyeshti', een fundamenteel begrafenisritueel in veel hindoegemeenschappen. Dit ritueel symboliseert de overgang van de ziel naar bevrijding en transformatie, waardoor het individu de aardse ketenen kan afwerpen en aan zijn reis naar het hiernamaals kan beginnen.

In het Japanse zenboeddhisme is 'Sesshin' een stille meditatieretraite gewijd aan het eren van de doden, waarbij gebeden en mantra's worden gereciteerd om zielen te begeleiden op hun reis na de dood. Dit ritueel weerspiegelt de beoefening van mindfulness en compassie bij het ondersteunen van de nabestaanden en zielen in transitie.

De bijdragen van geleerden als Alan Dundes en Joseph Campbell benadrukken het belang van begrafenisrituelen als dragers van culturele betekenis, rouw en verbinding met spirituele krachten in het omgaan met het mysterie van de dood en transformatie.

Historische en culturele gebeurtenissen, zoals fusies tussen inheemse tradities en buitenlandse invloeden, hebben door de eeuwen heen vorm gegeven aan begrafenisrituelen in Oosterse culturen, waardoor een synergie is ontstaan van oude en hedendaagse elementen die samenkomen om het leven na het overlijden te vieren in een context van continuïteit en vernieuwing.

Uiteindelijk zijn traditionele begrafenisrituelen in Oosterse culturen een bewijs van de voorouderlijke wijsheid, diepe spiritualiteit en universele compassie die de relatie van de mensheid met de dood en het hiernamaals doordringt. Door middel van deze ceremonies van transformatie en overgang vieren Oosterse culturen de schoonheid en het mysterie van het leven na de dood en bieden ze een overgangsritueel dat verleden, heden en toekomst verenigt in een eeuwige omhelzing van liefde en bewustzijn.

Eeuwig leven en het elixer van onsterfelijkheid.

In de diepten van de oosterse cultuur heeft het streven naar eeuwig leven en onsterfelijkheid eeuwenoude wortels, waarbij mythen, filosofieën en spirituele praktijken met elkaar verweven zijn die gericht zijn op het doordringen in het mysterie van het bestaan voorbij de sluier van de dood.

In het Chinese taoïsme is het idee van onsterfelijkheid nauw verbonden met het concept van 'Xian', menselijke wezens die een staat van spirituele en fysieke perfectie hebben bereikt die hen in staat stelt eeuwig te leven of op te stijgen naar een andere dimensie van het bestaan. Het taoïsme moedigt de beoefening van meditatie, interne alchemie en leven in harmonie met de natuur aan als middelen om een lang leven en onsterfelijkheid na te streven.

Het Mahayana boeddhisme, met zijn visie op Bodhisattvahood, stelt een spiritueel pad voor dat zich richt op het helpen van anderen om verlichting te bereiken voordat men zelf de ultieme bevrijding nastreeft. In dit kader wordt onsterfelijkheid gezien door de eeuwigheid van onbaatzuchtige dienstbaarheid en mededogen voor alle voelende wezens.

Studies uitgevoerd door psychologen zoals Carl Jung en Joseph Campbell hebben het concept van onsterfelijkheid onderzocht als een universeel archetype dat aanwezig is in het collectieve onderbewustzijn van de mensheid. Deze inzichten benadrukken het menselijke streven naar continuïteit van het bestaan en de zoektocht naar betekenis voorbij de materiële dimensie.

Historische gebeurtenissen zoals de ontdekking van de oude Taoïstische teksten over lang leven en onsterfelijkheid en de invloed van Indiase yoga- en meditatiepraktijken op Oosterse spirituele filosofieën hebben geholpen bij het vormen van opvattingen en praktijken met betrekking tot de zoektocht naar onsterfelijkheid in Oosterse culturen.

Samenvattend weerspiegelt de Oosterse spirituele zoektocht naar onsterfelijkheid en eeuwig leven een diep menselijk verlangen om fysieke grenzen te overstijgen en de spirituele dimensies van het bestaan te verkennen. Door middel van mythen, filosofische leringen en spirituele praktijken bieden Oosterse culturen paden en visies die de mogelijkheid van een bestaan dat tijd en ruimte overstijgt benadrukken, waardoor de ziel van het individu zich opent voor een universum van mogelijkheden voorbij de dood en menselijke eindigheid.

In de oosterse spirituele zoektocht naar onsterfelijkheid komen fundamentele concepten als transmutatie van het zijn, zuivering van de ziel en de ervaring van universeel bewustzijn naar voren, die een breed en diepgaand perspectief bieden op de aard van het bestaan en het idee van eeuwig leven.

In Japan is het gebruik van 'Amrita', de godendrank die onsterfelijkheid verleende, een terugkerend thema in de Japanse mythologie en Shinto-cultuur. Deze symbolische drank vertegenwoordigt het intrinsieke verlangen van de mensheid om de grenzen van sterfelijkheid te overwinnen en toegang te krijgen tot een bevoorrechte, eeuwige dimensie van het leven.

Het metafysische onderzoek naar onsterfelijkheid in het hindoeïsme overweegt het concept van 'Atman', de eeuwige en onveranderlijke individuele ziel die zich verenigt met 'Brahman', het kosmische absolute, in de ervaring van eeuwige eenheid en ultieme bevrijding van de cyclus van wedergeboorten. Dit perspectief biedt een paradigma van eeuwig leven door de kennis en realisatie van onze ware spirituele aard.

Studies van geleerden als Frits Staal en Mircea Eliade hebben de yogische, tantrische en meditatieve praktijken van Oosterse tradities onderzocht, waarbij technieken en principes naar voren kwamen die ernaar streven fysieke beperkingen te overwinnen en de dimensie van onsterfelijkheid te verkennen door middel van innerlijke ervaring.

Historische culturele gebeurtenissen zoals de verspreiding van Taoïstische alchemie, met als doel het fysieke lichaam te transformeren in een vat van onsterfelijkheid, en de invloed van de Neo-Confuciaanse filosofie op het idee om onsterfelijkheid te bereiken door het beoefenen van morele deugden en innerlijke discipline, getuigen van het brede scala aan perspectieven en benaderingen van de zoektocht naar onsterfelijkheid in Oosterse culturen.

Concluderend kan gesteld worden dat de Oosterse spirituele zoektocht naar onsterfelijkheid en eeuwig leven zich manifesteert als een reis die menselijke wezens ondernemen om hun goddelijke en transcendente essentie te herkennen, voorbij de beperkingen van het fysieke leven. Door een verweving van spirituele praktijken, mythologieën en duizend jaar oude wijsheden bieden Oosterse culturen een uitnodiging om de oneindige mogelijkheid van het bestaan na de dood te verkennen en de onsterfelijkheid te ontdekken die in de kern van het universele bewustzijn huist.

De kern van de oosterse spirituele zoektocht naar onsterfelijkheid is de visie van een innerlijke reis naar de realisatie van iemands goddelijke natuur en bevrijding van de illusie van de dood, wat leidt tot de contemplatie van een eeuwig leven dat tijd en dualiteit overstijgt.

Het concept van 'Yin en Yang'. Evenwicht en dualiteit in de Chinese visie op het hiernamaals.

In de traditionele Chinese wereld- en universumvisie vertegenwoordigt het fundamentele concept van 'Yin en Yang' het dynamische evenwicht en de complementaire dualiteit die het bestaan doordringt. Dit concept strekt zich ook uit tot het hiernamaals en biedt een uniek perspectief op de continuïteit van zielen na de dood en de cyclische aard van het bestaan.

Yin en Yang' symboliseert de tegengestelde maar onderling verbonden natuurkrachten, zoals duisternis en licht, vrouwelijk en mannelijk, dood en wedergeboorte. In de Chinese visie wordt het hiernamaals beschouwd als een overgangsperiode waarin zielen de eeuwige cyclus van 'Yin en Yang' doorlopen en de dualiteit van tegengestelden ervaren om vooruitgang te boeken op hun spirituele pad.

In het Taoïsme wordt 'Yin en Yang' gezien als een integraal onderdeel van de kosmische natuur en het menselijk leven, waarin tegengestelde energieën samensmelten en elkaar afwisselen om de harmonie en balans te creëren die nodig zijn voor het welzijn van het individu en het universum. Dit principe leidt ook de perceptie van het hiernamaals als een continuüm van transformatie en evenwicht tussen de verschillende polariteiten van het bestaan.

Studies van filosofen als Confucius en Laozi, de grondleggers van de Chinese tradities, onderzochten het concept van 'Yin en Yang' als een sleutel tot het begrijpen van de kosmische en morele orde van het universum. Door hun reflectie op deze dualiteit boden Chinese denkers een uniek perspectief op de continuïteit van het bestaan en de overgangsfasen in het hiernamaals.

De holistische en onderling verbonden benadering van de traditionele Chinese geneeskunde omvat het concept van 'Yin en Yang' bij de analyse en behandeling van ziekten, waarbij ook onevenwichtigheden in de energie vanuit het perspectief van deze dualiteit worden beschouwd. Deze geïntegreerde kijk wordt ook weerspiegeld in de manier waarop de overgang van zielen in het hiernamaals wordt gezien, als onderdeel van een complex systeem van harmonie en dualiteit dat voortdurend verandert.

Concluderend kan gesteld worden dat het concept van 'Yin en Yang' in de Chinese visie op het hiernamaals een diepe en rijke interpretatie is van de cyclische aard en dualiteit van het menselijke en kosmische bestaan. Dit perspectief biedt een uniek en duidelijk beeld van de continuïteit van zielen na het aardse leven en benadrukt het belang van de balans en complementariteit van tegengestelde krachten voor het begrijpen van het hiernamaals en zijn mysteries.

Het concept van 'Yin en Yang' in de Chinese visie op het hiernamaals gaat verder dan de dualiteit zelf en vertegenwoordigt ook de onderlinge verbondenheid tussen de materiële en spirituele werelden en de continuïteit van levensenergie die door alle bestaansvormen stroomt. Dit perspectief benadrukt het belang van evenwicht en harmonie in het proces van leven en dood en biedt een conceptueel kader voor het begrijpen van de eeuwige cyclus van transformatie en regeneratie die de menselijke ervaring kenmerkt.

In de oude Chinese filosofie heeft 'Yin en Yang' diepe wortels in Tai Chi, een visueel symbool van complementaire dualiteit dat de constante stroom tussen tegengestelde krachten uitdrukt. Dit concept wordt ook weerspiegeld in de visie van het hiernamaals als een tijd van overgang waarin zielen door de verschillende sferen van 'Yin en Yang' bewegen en hun cyclus van evolutie en leren voltooien.

Studies van antropologen als Marcel Granet en Joseph Needham hebben de hardnekkigheid van het concept van 'Yin en Yang' in Chinese culturele praktijken onderzocht en de invloed ervan op overtuigingen, rituelen en opvattingen over leven na de dood belicht. Deze geleerden benadrukken de centrale rol van deze dualiteit in het begrip van het menselijk bestaan en de voortzetting ervan na de dood.

In de Feng Shui praktijk, de Chinese kunst van het harmoniseren van omgevingen om welzijn en welvaart te bevorderen, wordt het principe van 'Yin en Yang' toegepast om een energetisch en harmonieus evenwicht te creëren. Deze visie strekt zich ook uit tot het concept van het hiernamaals, waar zielen worden beschouwd als onderdeel van een systeem van energieën die voortdurend in beweging en transformatie zijn.

Door het rijke filosofische en culturele erfgoed van China biedt het concept van 'Yin en Yang' in de context van het hiernamaals een alomvattend en onderling verbonden perspectief op de aard van het bestaan en de continuïteit van zielen na de dood. Deze geïntegreerde visie stimuleert een diepgaand begrip van de cyclische aard van leven, dood en wedergeboorte en benadrukt de eeuwenoude wijsheid die de Chinese visie op het spirituele rijk en het hiernamaals doordringt.

In de Chinese visie op het hiernamaals, doordrongen van het concept van 'Yin en Yang', ontstaat een diepgaande verstrengeling tussen de dualiteit van kosmische krachten en het dynamische evenwicht dat het bestaan na het aardse leven kenmerkt. Dit perspectief weerspiegelt niet alleen een filosofische en metafysische kijk op de werkelijkheid, maar vertaalt zich ook in culturele en rituele praktijken die zielen begeleiden tijdens de reis naar het rijk van het hiernamaals.

In oude teksten zoals het 'Boek der Riten' (Liji) en de 'Yijing' (Boek der Veranderingen) wordt het dualisme van 'Yin en Yang' beschouwd als een sleutel tot het begrijpen van de constante stroom van kosmische energieën en transformaties die het universum en het leven zelf kenmerken. Deze teksten geven inzicht in de cyclische aard van het bestaan en de continuïteit van zielen op hun evolutionaire pad na de dood.

In de Chinese krijgskunstpraktijk is het concept van 'Yin en Yang' geïntegreerd als fundamenteel onderdeel van de filosofie en fysieke praktijk, als symbool voor de balans tussen kracht en flexibiliteit, geest en lichaam. Deze elementen zijn ook terug te vinden in de visie van het 'hiernamaals' als een proces van integratie en harmonisatie van de polariteiten van het zijn...

Filosofen als Zhuangzi en Han Feizi onderzochten de begrippen dualiteit en eenheid vanuit een Chinees perspectief en benadrukten de dynamiek en onderlinge verbondenheid van tegengestelden. Deze filosofische beschouwingen hebben de Chinese culturele kijk op het hiernamaals beïnvloed als een moment van synthese en convergentie van de dualiteiten die het menselijke en kosmische bestaan kenmerken.

Historische gebeurtenissen zoals de verspreiding van het taoïsme en confucianisme in China en andere Aziatische landen hebben geholpen om de culturele perceptie van het hiernamaals vorm te geven door middel van het prisma van 'Yin en Yang', waardoor een kader van continuïteit, transformatie en harmonie in de evolutie van zielen voorbij de aardse grens is ontstaan.

De relatie tussen de ziel en het lichaam. Oosterse filosofische perspectieven op het leven na de dood.

In Oosterse culturen speelt het concept van de relatie tussen de ziel en het lichaam een centrale rol in beschouwingen over het leven na de overgang, waarbij het licht werpt op de aard van het spirituele en lichamelijke bestaan en de onlosmakelijke band tussen deze essentiële dimensies van het menselijke wezen.

In het boeddhisme houdt het begrip *anatman*, de afwezigheid van een permanente, individuele entiteit zoals de ziel, verband met het concept van de vergankelijkheid en onderlinge afhankelijkheid van alle dingen. Volgens dit filosofische perspectief wordt het idee van een transcendente entiteit of een eeuwige ziel gezien als een illusie, omdat de ultieme essentie van het individu verbonden is met de universele aard van het bestaan zelf.

Het Chinese taoïsme biedt een meer vloeiende en organische kijk op de relatie tussen ziel en lichaam en ziet de menselijke spirituele essentie als een integraal onderdeel van de Tao, het kosmische principe van het universum. In dit perspectief wordt de ziel gezien als een stroom van levensenergie die het tijdelijke lichaam bezielt en wordt de dood gezien als een harmonieuze terugkeer naar de universele matrix van het bestaan.

De Chinese filosoof Zhuangzi uit de 4e eeuw voor Christus gaf in zijn werk *'Tao Te Ching'* zijn visie op de aard van de ziel en het lichaam en benadrukte de onderlinge verbondenheid tussen de twee realiteiten en hun wederkerigheid binnen de kosmische eenheid. Zijn beschouwingen beïnvloedden de Chinese opvatting over het leven na de overgang diepgaand en benadrukten de cyclische en harmonieuze dimensie van het bestaan.

Studies in de neurowetenschappen en de psychologie, zoals die van Richard Davidson en Daniel Goleman over de invloed van meditatie op het bewustzijn en het mentale welzijn, hebben aangetoond dat Oosterse contemplatieve praktijken het zelfbeeld en de relatie tussen lichaam en geest kunnen moduleren en zelfs inzichten kunnen bieden in het mogelijke lot van de ziel na de dood.

Historische gebeurtenissen zoals de verspreiding van Oosterse filosofieën in de Westerse wereld, beginnend in de 19e eeuw met de New Age beweging en de verspreiding van Zen Boeddhisme en yoga in het Westen, hebben bijgedragen aan de verspreiding van Oosterse perspectieven op de relatie tussen de ziel en het lichaam en de bestemming van de spirituele essentie na het aardse leven.

Concluderend bieden Oosterse filosofische perspectieven op de relatie tussen ziel en lichaam een breed conceptueel kader om de aard van het bestaan en het leven na het overlijden te begrijpen. Deze zienswijzen benadrukken de onderlinge verbondenheid, harmonie en eenheid tussen de spirituele en fysieke dimensies van het menselijk wezen en nodigen uit tot contemplatie van de continuïteit van de ziel en de cyclische aard van het bestaan voorbij de grens van de dood.

Bij het verder onderzoeken van de complexe relatie tussen de ziel en het lichaam in Oosterse filosofische perspectieven op het leven na het overlijden, komen concepten en visies naar voren die traditionele dualistische opvattingen uitdagen en uitnodigen tot contemplatie van een diepere, meer verbonden werkelijkheid.

In de Hindoeïstische visie is het concept van '*Atman*', de eeuwige en onveranderlijke individuele ziel, verweven met het concept van '*Brahman*', het kosmische absolute, dat de ultieme werkelijkheid vertegenwoordigt. Dit perspectief suggereert dat de Ziel na de dood van het fysieke lichaam kan terugkeren naar zijn immanente en spirituele essentie, in een eeuwig continuüm van wedergeboorte en transformatie.

Het Soul Mate perspectief, dat in sommige Oosterse spirituele tradities zoals het Taoïsme en het Hindoeïsme wordt aangetroffen, stelt het idee voor dat zielen voorbestemd zijn om zich te herenigen en elkaar aan te vullen in een evolutionaire reis na de fysieke dood. Dit concept weerspiegelt de zoektocht naar eenheid en spirituele heelheid die de aard van het Zijn bezielt.

Hedendaagse filosofen zoals Ken Wilber en Deepak Chopra hebben het concept van '*globaal bewustzijn*' verkend en het idee van een onderling verbonden netwerk van energieën en informatie die de werkelijkheid buiten het materiële vlak vormen, en suggereren dat de Ziel na de dood kan blijven bestaan in een universeel veld van bewustzijn.

Experimenten in cognitieve wetenschap en neurowetenschappen, zoals die van Sam Parnia over het onderzoek naar bijna-doodervaringen bij gereanimeerde patiënten, hebben vragen opgeworpen over het lot van de ziel en haar mogelijke bestaan na de lichamelijke dood, en bieden ook inzichten in Oosterse perspectieven.

Historische gebeurtenissen zoals de verspreiding van Oosterse filosofieën in de Westerse wereld met de New Age beweging en de verspreiding van Zen Boeddhisme en yoga in het Westen, hebben bijgedragen aan de verspreiding van Oosterse perspectieven op de relatie tussen de ziel en het lichaam, en op de bestemming van de spirituele essentie na het aardse leven...

Concluderend openen Oosterse filosofische perspectieven op de relatie tussen ziel en lichaam in het hiernamaals een ruimte voor diepe reflectie op de spirituele essentie van het menselijk wezen en de voortzetting daarvan voorbij de grens van het fysieke leven. Deze visies nodigen ons uit om de onderling verbonden en universele aard van de ziel te verkennen en suggereren mogelijkheden voor bestaan en evolutie die verder gaan dan de grenzen van rationeel begrip en het oneindige mysterie van het leven en het hiernamaals betreden.

Het einde van het leven als kans voor spirituele groei. Verzen uit oosterse poëzie.

In Oosterse culturen is het einde van het leven niet alleen een tijd van fysieke overgang, maar ook een kans voor spirituele groei en ontdekking van de diepste essentie van het menselijk wezen. De rijke oosterse poëtische tradities bieden ons emotionele en spirituele toegang tot dit thema en onderzoeken de schoonheid, wijsheid en transformatie die gepaard kan gaan met de overgang van het aardse bestaan naar een dimensie voorbij de dood.

De gedichten van Rumi, een 13e-eeuwse Perzische mysticus, weerspiegelen de visie van de ziel als een druppel die na de dood terugkeert naar de goddelijke oceaan, waar hij heelheid en eenheid met het universum hervindt. Rumi's verzen verkennen de dualiteit van de menselijke ervaring en het leven na het overlijden, en nodigen uit tot contemplatie van de eeuwigheid en universele liefde die ten grondslag liggen aan het bestaan.

In Japanse haiku-poëzie, bijvoorbeeld, vinden we een uitdrukkingsvorm die de essentie van het eeuwige in het heden vastlegt en de cyclische aard van het leven en de constante transformatie die het bestaan kenmerkt viert. Verzen van dichters als Matsuo Basho en Yosa Buson verkennen de fijngevoeligheid van de natuur, de vluchtigheid van de tijd en de continuïteit van de ziel die voorbij de sluier van de dood zweeft.

Het werk van de achtste-eeuwse Chinese dichter Li Bai weerspiegelt de diepe verbondenheid tussen de mens en het universum en onthult de schoonheid en harmonie die het leven en het hiernamaals doordringt. Zijn verzen verkennen de vloeibaarheid van de ziel en de continuïteit van het bestaan voorbij de sterfelijkheid van het lichaam, en suggereren de mogelijkheid van spirituele groei die verder reikt dan de grenzen van het lichamelijke leven.

Studies van psychologen als Carl Jung en James Hillman hebben de therapeutische en transformatieve kracht van poëzie en kunst onderzocht om het thema dood en spiritualiteit aan te pakken. Deze wetenschappers benadrukken de waarde van Oosterse poëzie voor het bevorderen van reflectie, bewustzijn en innerlijke groei als antwoord op de uitdagingen van het bestaan en de overgang na het aardse leven.

Historische gebeurtenissen zoals de verspreiding van Oosterse poëzie in het Westen en de invloed ervan op de moderne literatuur en filosofie getuigen van de universele en tijdloze waarde van deze kunstuitingen. Het zijn verzen die nog steeds inspiratie en troost bieden aan zoekers naar waarheid en betekenis in culturen over de hele wereld.

Samenvattend bieden de verzen van Oosterse poëzie over het levenseinde een emotionele en spirituele ervaring die woorden overstijgt en de diepten van de menselijke ziel bereikt. Deze poëtische werken belichten het pad naar spirituele groei, een begrip van de dood als een integraal onderdeel van het leven en een openheid voor de oneindige schoonheid en wijsheid die zich bevinden in de sferen voorbij de grens van de dood.

Japanse gedichten uit de Heian periode, zoals Murasaki Shikibu's 'Tale of Genji', weerspiegelen de visie op liefde, schoonheid en de vergankelijkheid van het menselijk bestaan en bieden een reflectief licht op de betekenis van leven en dood in de Japanse cultuur. Deze literaire werken verkennen de emotionele en relationele dimensies van de mens, evenals zijn verbinding met het goddelijke en het eeuwige.

De boeddhistische monnik Saigyo, bekend om zijn *waka-gedichten* en spirituele zoektocht in de 12e eeuw, bracht in zijn werk een diepe gevoeligheid over voor de natuur, de tijd en de vergankelijkheid van het leven. Zijn poëtische composities onthullen een contemplatie van zijn eigen sterfelijkheid en een zoektocht naar betekenis en verbinding met de kosmische dimensie van het eeuwige bestaan.

In de oude taoïstische tekst 'Tao Te Ching', die wordt toegeschreven aan Laozi, de grondlegger van het taoïsme, vinden we verzen die de wijsheid onderzoeken van een leven in harmonie met de Tao, de kosmische en universele weg. Deze leringen suggereren een visie op de dood als een integraal onderdeel van de natuurlijke cyclus van het bestaan en moedigen een diepgaand begrip aan van de transformatie van de ziel buiten de grenzen van het materiële lichaam.

In zenpoëzie, zoals geschreven door de meesters van het zenboeddhisme in Japan, vatten korte, indringende verzen de essentie van een directe en onmiddellijke ervaring en onthullen de ware aard van de werkelijkheid en de ziel voorbij de conventionele vormen van spreken en denken. Deze zenverzen bieden een manier om de non-dualiteit en de uitgestrektheid van het spirituele bestaan te verkennen, voorbij de beperkingen van de rationele geest.

Samen nemen deze verzen van Oosterse poëzie ons mee op een emotionele en spirituele reis naar het begrijpen en overdenken van leven, dood en het hiernamaals. Ze bieden een manier om de schoonheid, wijsheid en transformatie te ervaren die gepaard gaan met de overgang door de sluier van de dood naar een bredere en diepere realiteit van mens-zijn.

De 8e-eeuwse Chinese dichter Du Fu onderzocht in zijn gedichten de kwetsbaarheid van het menselijk leven en de onderlinge verbondenheid met de natuurlijke cyclus van het universum. Zijn woorden onthullen een diep besef van de vergankelijkheid van het bestaan en de zoektocht naar betekenis en troost in het aangezicht van de dood en de overgang naar het onbekende.

Andere Chinese dichters zoals Li Qingzhao benaderden het thema van verlies, liefde en hoop vanuit het perspectief van transcendentie en de continuïteit van de ziel voorbij de grenzen van het aardse leven. Hun gedichten onthullen een onwankelbaar geloof in de eeuwigheid van de spirituele essentie en de schoonheid van het leven dat zich manifesteert voorbij de dood.

In de Indiase cultuur vieren de bhakti-teksten van mystici als Mirabai, Tulsidas en Kabir de goddelijke liefde en de vereniging van de individuele ziel met de allerhoogste goddelijkheid, waarbij ze suggereren dat het einde van het leven een moment van hereniging en spirituele realisatie is voor de eeuwige essentie. Deze verzen verkennen de dimensie van liefde, toewijding en transcendentie die door de sluier van de dood heen gaat.

Kortom, door de verzen van de Oosterse poëzie kunnen we onszelf onderdompelen in een universum van schoonheid, wijsheid en transcendentie dat de deur opent naar reflectie, begrip en spirituele groei in het aangezicht van het mysterie van het einde van het leven en het leven na de dood. Deze poëtische werken leiden ons op een innerlijke en universele reis op zoek naar waarheid, schoonheid en troost in de eeuwigheid van de ziel en het oneindige wonder van de mens.

Het hiernamaals als oordeel. Concepten van straf en verlossing in Oosterse overtuigingen.

In Oosterse tradities en filosofieën is het concept van het hiernamaals als oordeel diep verweven met overtuigingen over straf en verlossing, en biedt het een interpretatief kader voor het begrijpen van het lot van de ziel na de dood en de rol van moreel en spiritueel gedrag in de eeuwigheid van het bestaan.

In het boeddhisme bijvoorbeeld wordt karma gezien als een universele wet van oorzaak en gevolg en wordt het hiernamaals gezien als een voortzetting van de acties en intenties die tijdens het aardse leven zijn uitgevoerd. Volgens dit perspectief doorloopt de ziel bestaansniveaus die worden bepaald door haar karmische daden en ervaart ze de gevolgen van wat ze heeft gezaaid in de eeuwige cyclus van wedergeboorte en transformatie.

In het jaïnisme, een van de oude Indiase tradities, wordt het hiernamaals opgevat als een plaats waar zielen worden beoordeeld op basis van hun daden en intenties, waardoor hun verdere bestemming in het wedergeboortesysteem wordt bepaald. De ethiek van *ahimsa* en geweldloosheid leidt het spirituele pad van gelovigen naar verlossing en bevrijding van de illusie van de materiële wereld.

In de Chinese mythologie en kosmologie drukt het concept van Yin en Yang de dualiteit van kosmische krachten uit en de complementariteit van tegengestelden in het proces van het oordeel en de bestemming van de ziel na de dood. Het hiernamaals wordt beschouwd als een rijk van evenwicht en harmonie, waar zielen worden geëvalueerd op basis van hun spirituele integriteit en hun relatie met het universum.

Studies van antropologen als Victor Turner en Clifford Geertz hebben de rituele praktijken en overtuigingen van oosterse culturen over oordeel en verlossing in het hiernamaals onderzocht en de centrale rol van deze concepten in de opbouw van het morele bewustzijn en het spirituele leven van gemeenschappen benadrukt.

Historische gebeurtenissen zoals de verspreiding van het confucianisme en taoïsme in China en andere delen van Azië hielpen de oosterse opvattingen over moraliteit, rechtvaardigheid en verlossing in visies op het hiernamaals vorm te geven, waarbij het belang van het in evenwicht brengen van tegengestelde krachten en het zoeken naar harmonie met de kosmische orde werd benadrukt.

Concluderend bieden de concepten van straf en verlossing in het hiernamaals in Oosterse overtuigingen een complex en genuanceerd perspectief op de aard van het morele bewustzijn en de spirituele verantwoordelijkheid van mensen in de eeuwigheid van het bestaan. Deze opvattingen moedigen een leven van deugd, mededogen en wijsheid aan als een manier om de bestemming van de ziel na het aardse leven te begrijpen en te aanvaarden en om het pad naar verlossing en spirituele bevrijding te betreden in het oneindige mysterie van het hiernamaals.

Bestaan van spirituele gidsen. Een onderzoek naar de rol van spirituele wezens in het oosterse hiernamaals.

In Oosterse culturen nemen de aanwezigheid en de rol van geestengidsen een centrale plaats in bij de interpretatie van het bestaan na de dood. Ze bieden ondersteuning, begeleiding en bescherming aan zielen op hun reis voorbij de grenzen van het aardse leven. Dit fascinerende concept benadrukt de diepe verbinding tussen de spirituele en materiële werelden en opent de deur naar een breder begrip van het leven na de dood in Oosterse tradities.

In het Tibetaans boeddhisme bijvoorbeeld worden lama's en boeddhistische goden beschouwd als verheven spirituele wezens die vertrokken zielen begeleiden door de Bardo, de overgangsperiode tussen dood en wedergeboorte. Deze spirituele gidsen bieden onderricht, bescherming en ondersteuning om de reis van de ziel naar een verlichte wedergeboorte vrij van de cyclus van samsara, het wiel van wedergeboorten, te vergemakkelijken.

In de sjamanistische en inheemse tradities van Oost-Azië, zoals in Korea en Japan, spelen de geesten van voorouders en beschermers van de natuur een fundamentele rol in het hiernamaals door bescherming, genezing en advies te bieden aan overleden zielen. Deze spirituele gidsen worden gezien als bruggen tussen de aardse en spirituele werelden, die de communicatie en de overgang tussen de twee dimensies van het bestaan vergemakkelijken.

Studies uitgevoerd door psychologen zoals Carl Jung en James Hillman hebben het concept van spirituele gidsen geanalyseerd als archetypes van het collectieve onbewuste, symbolen van de innerlijke wijsheid en spirituele begeleiding die kan ontstaan in het proces van individuatie en persoonlijke evolutie. Deze geleerden vergelijken de figuren van spirituele gidsen met manifestaties van de menselijke ziel en psyche die het individu begeleiden op zijn of haar pad van groei en transformatie.

Historische gebeurtenissen zoals de praktijken van spirituele mediums en contact met de geestenwereld die zich door de eeuwen heen in verschillende Oosterse culturen hebben ontwikkeld, getuigen van de hardnekkigheid en het belang van de relatie tussen mensen en spirituele gidsen in het hiernamaals. Deze tradities weerspiegelen het menselijke verlangen om in contact te komen met de spirituele essentie en om goddelijke hulp te ontvangen bij het navigeren door het leven na de dood.

Concluderend, het bestaan van spirituele gidsen in Oosterse culturen getuigt van het diepe geloof in de aanwezigheid van spirituele entiteiten die zielen begeleiden en aanmoedigen op hun reis na het aardse leven. Deze spirituele wezens bieden troost, wijsheid en bescherming en spelen een belangrijke rol in het lot en de evolutie van zielen in het hiernamaals. Ze versterken de onlosmakelijke band tussen de mens en het goddelijke in de oosterse visie op het leven na de overgang.

Collectief karma en het hiernamaals. Hoe onze daden ook na de overgang weerspiegeld worden.

In oosterse tradities en filosofieën vertegenwoordigt het concept van collectief karma en de relatie met het hiernamaals een fascinerend perspectief dat de gevolgen van menselijke handelingen benadrukt, niet alleen in het aardse leven, maar ook in het bestaan na de dood. Deze filosofische en spirituele benadering biedt een interpretatief kader voor het begrijpen van de onlosmakelijke band tussen menselijke handelingen en het lot van de ziel in de eeuwige cyclus van wedergeboorten en transformaties.

In het boeddhisme benadrukt het concept van onderlinge verbondenheid (of '*anatman*') de band tussen alle levensvormen en hun wederzijdse beïnvloeding, waardoor een onzichtbaar weefsel van relaties ontstaat dat overal weerspiegeld wordt. Volgens dit perspectief dragen individuele handelingen bij aan het collectieve karma van de mensheid en het universum, en bepalen ze de omstandigheden waaronder zielen zullen reïncarneren en de lotgevallen die ze in het hiernamaals zullen ontmoeten.

De Indiase filosoof Mahatma Gandhi, met zijn praktijk van *ahimsa* (geweldloosheid) en compassie voor alle vormen van leven, belichaamt het ideaal van positief collectief karma en sociale transformatie door bewustzijn en morele actie. Zijn leringen weerspiegelen het geloof in het vermogen van de mensheid om zijn eigen lot en dat van de hele kosmos te beïnvloeden door de kracht van rechtvaardige en barmhartige acties.

In de Hindoeïstische tradities benadrukt het concept van 'loka-samgraha' de morele plicht van het individu om bij te dragen aan het welzijn van de gemeenschap en om door middel van zijn daden te zorgen voor een harmonieus evenwicht van de kosmische krachten. De praktijken van *bhakti* (toewijding) en *seva* (onbaatzuchtige dienstbaarheid) belichamen het ideaal van positief collectief karma en de verlossing van de hele mensheid in de kringloop van wedergeboorten.

Studies van psychologen zoals Daniel Goleman en Richard Davidson hebben de verbanden onderzocht tussen medelevende acties, empathie en individueel en collectief welzijn, en benadrukken het transformerende potentieel van altruïstisch en ondersteunend gedrag bij het vormgeven van collectief karma en het sturen van het lot van zielen na de dood.

Historische gebeurtenissen zoals de sociale en spirituele revoluties onder leiding van leiders als Martin Luther King Jr. in Amerika en Nelson Mandela in Zuid-Afrika getuigen van de kracht van positief collectief karma bij het overwinnen van onrecht en het bevorderen van de sociale en spirituele transformatie van gemeenschappen. Deze voorbeelden belichamen de mogelijkheid van de mensheid om haar eigen lot te herschrijven en een betere toekomst te creëren door de kracht van rechtvaardige en barmhartige acties.

Samenvattend weerspiegelen het concept van collectief karma en de relatie met het hiernamaals in Oosterse culturen de diepgaande visie van individuele en collectieve verantwoordelijkheid bij het vormgeven van het heden en de toekomst van de mensheid en het universum. Dit perspectief nodigt uit tot zelfreflectie, bewustwording van de gevolgen van onze daden en de constante beoefening van deugdzaamheid en mededogen als hulpmiddelen om het collectieve karma positief te beïnvloeden en zielen naar een verlichte wedergeboorte te leiden, bevrijd van de ketenen van het verleden.

Het concept van meritocratie.

In Oosterse culturen is het concept van meritocratie in het hiernamaals een fundamentele pijler voor het begrijpen van de visie op rechtvaardigheid en beloning in de spirituele wereld. Dit perspectief benadrukt het verband tussen menselijke daden, verworven verdiensten en de gevolgen die weerspiegeld worden in het bestaan na de dood, en biedt een systeem van waarden en overtuigingen die het gedrag en de keuzes van individuen tijdens hun aardse leven sturen.

In het boeddhisme benadrukt het begrip '*karma-vipaka*' het concept van actie en gevolg, waarbij karma dat tijdens het leven is opgebouwd de omstandigheden en ervaringen van de ziel in het hiernamaals en in daaropvolgende wedergeboorten bepaalt. Deugdzame en barmhartige handelingen leiden tot positieve beloningen, terwijl negatieve pijnlijke gevolgen met zich meebrengen, waardoor een meritocratisch systeem van kosmische rechtvaardigheid ontstaat dat de morele en spirituele verdiensten van het individu weerspiegelt.

Een van de fundamentele principes van het Taoïsme is het evenwicht tussen yin en yang, dat herinnert aan het belang van handelen in harmonie met de natuurlijke stroom van het universum om voordelen te behalen en verdiensten te verdienen in het hiernamaals. De beoefening van deugd, wijsheid en nederigheid wordt gezien als een manier om verdiensten te verzamelen en een positieve bestemming na de dood te bevorderen, in overeenstemming met de principes van evenwicht en rechtvaardigheid in de taoïstische filosofie.

In hindoetradities staat het begrip '*dharma*' voor morele plicht en juist handelen volgens de universele goddelijke wet, wat leidt tot het verzamelen van verdiensten en beloning in het hiernamaals. Handelingen die worden uitgevoerd in overeenstemming met *dharma* leiden tot spirituele groei en de realisatie van het goddelijke potentieel van het individu, waardoor een bevoorrechte positie in het hiernamaals en volgende incarnaties wordt gegarandeerd.

Studies van filosofen als Alan Watts en Joseph Campbell hebben het concept van meritocratie in het hiernamaals onderzocht als een symbool van immanente rechtvaardigheid en beloning op basis van de morele en spirituele verdiensten van individuen in de eeuwige cyclus van wedergeboorten en transformaties. Deze denkers benadrukten het belang van integriteit, deugdzaamheid en mededogen als pijlers voor het opbouwen van een positieve bestemming en goddelijke beloning in het hiernamaals.

Historische gebeurtenissen zoals de stichting van religieuze en spirituele instellingen in oosterse beschavingen, zoals boeddhistische en hindoeïstische kloosters en taoïstische heiligdommen, getuigen van het belang van het concept van het hiernamaals voor het structureren van spirituele gemeenschappen en het handhaven van een morele en spirituele orde.

Concluderend kan worden gesteld dat het concept van meritocratie in het hiernamaals in oosterse culturen een fundamentele essentie vertegenwoordigt van de spirituele overtuigingen en praktijken die het gedrag, de keuzes en de aspiraties van individuen informeren op hun weg naar een verlicht en beloond hiernamaals. Deze visie van rechtvaardigheid en beloning op basis van morele en spirituele verdienste vormt een bolwerk tegen onrecht en zonde en biedt een ethisch en transcendent doel om in het hiernamaals een positie van eer en zegen te verwerven volgens de regel en wet van het kosmische universum.

Oosterse wijsheid over vergankelijkheid.

In oude Oosterse filosofieën en spirituele tradities is het concept van vergankelijkheid een essentiële hoeksteen voor het begrijpen van de betekenis van het heengaan en de zoektocht naar innerlijke vrede op het moment van heengaan. Deze eeuwenoude wijsheid biedt diepgaande lessen over hoe om te gaan met de vergankelijkheid van het leven en sereniteit te vinden in het aangezicht van de dood, en opent de deur naar een nieuw perspectief op het bestaan en de eeuwigheid van de ziel.

Het concept van vergankelijkheid in het Oosten is een fundamentele doctrine in veel spirituele tradities, waaronder het boeddhisme, hindoeïsme en taoïsme. Dit concept verwijst naar de vergankelijke en veranderende aard van alle dingen in het universum.

In het boeddhisme wordt vergankelijkheid bijvoorbeeld beschouwd als een van de drie fundamentele kenmerken van het bestaan, samen met het concept van lijden (*dukkha*) en de afwezigheid van een permanent zelf (*anatta*). De boeddhistische leer benadrukt dat alle dingen, inclusief onze innerlijke en uiterlijke wereld, onderhevig zijn aan voortdurende verandering en transformatie. Er is niets blijvend of onveranderlijk en proberen vast te houden aan iets vergankelijks leidt onvermijdelijk tot lijden.

In het hindoeïsme wordt vergankelijkheid ook gezien als onderdeel van de eeuwige cyclus van schepping, behoud en vernietiging van het universum. Dit concept wordt weerspiegeld in het concept van samsara, de cyclus van wedergeboorten en sterfgevallen waar elk wezen doorheen gaat totdat het bevrijding (*moksha*) bereikt uit het wiel van karma.

In het Taoïsme wordt vergankelijkheid beschouwd als onderdeel van de natuurlijke stroom van het universum, waar alles voortdurend verandert volgens het Tao principe. Taoïstische leringen geven aan dat meegaan met verandering in plaats van ertegenin gaan leidt tot innerlijke vrede en harmonie met de kosmos.

In het algemeen nodigt het concept van vergankelijkheid in het Oosten uit om na te denken over de vergankelijke aard van het leven en om een houding van acceptatie en niet-hechten aan dingen die veranderen te cultiveren. Deze leer probeert een gevoel van bewustzijn, gelijkmoedigheid en wijsheid te brengen in alledaagse ervaringen, door te erkennen dat niets onveranderlijk blijft en dat waar geluk alleen gevonden kan worden in acceptatie van deze constante stroom van het leven.

Zenboeddhisme, met de nadruk op vergankelijkheid (*Anicca*) als een van de drie tekenen van de menselijke conditie, leert het belang van het accepteren van de constante eb en vloed van het leven als een integraal onderdeel van het bestaan. Meesters zoals Thich Nhat Hanh hebben miljoenen volgelingen begeleid in de beoefening van mindfulness en meditatie om vergankelijkheid te omarmen en vrede te vinden in het heden, om zo de overgang naar een andere vorm van bestaan voor te bereiden.

In het Taoïsme roept de filosofie van Wu Wei, of '*handelen zonder handelen*', op om de natuurlijke stroom van het universum te volgen en zich aan te passen aan verandering zonder weerstand. Laozi, de legendarische taoïstische filosoof, leerde dat het accepteren van vergankelijkheid en vertrouwen in de loop van het leven leidt tot de stilte van de ziel en verzoening met het lot, waardoor het individu wordt voorbereid op een vreedzame en harmonieuze overgang naar het hiernamaals.

In de Japanse cultuur belichaamt de beoefening van de theekunst, Chanoyu, het Zen-ideaal van vergankelijkheid en de essentie van het huidige moment. Ceremonies zoals de theeceremonie, die met zorg en bewustzijn worden uitgevoerd, dienen als meditatierituelen over de vergankelijkheid van het leven en de nadruk op het waarderen van het huidige moment, en bieden een waardevolle leidraad om de overgang met gratie en contemplatie tegemoet te treden.

Studies van psychologen als Jon Kabat-Zinn en Eckhart Tolle hebben de voordelen onderzocht van mindfulness en meditatieve beoefening om de angst voor de dood onder ogen te zien en vergankelijkheid te omarmen als een integraal onderdeel van het menselijk bestaan. Deze geleerden benadrukten het belang van leven in het huidige moment en het cultiveren van een open en gastvrije geest om innerlijke vrede te vinden bij de overgang naar de dimensie achter de sluier van het aardse leven.

Historische gebeurtenissen zoals de verspreiding van boeddhistische en taoïstische principes in de westerse wereld hebben bijgedragen aan de bewustwording van het belang van vergankelijkheid en oosterse wijsheid in het proces van omgaan met de dood en de overgang naar een vergankelijk bestaan. Deze leringen over vergankelijkheid bieden een hernieuwde visie op leven en dood als complementaire onderdelen van een grote kosmische cyclus en voeden de hoop op innerlijke transformatie en blijvende vrede voorbij de grenzen van de sterfelijkheid.

Het concept van Nirvana. Een filosofische en spirituele analyse van bevrijding.

In de context van Oosterse culturen vertegenwoordigt het concept van Nirvana het hoogtepunt van verlichting en spirituele bevrijding, en biedt het een diepgaand perspectief op het hiernamaals en de zoektocht naar ultieme vrede en heelheid. Dit concept heeft oude wortels in de religieuze en filosofische tradities van India en het Oosten en doordringt visies op de bestemming van de ziel en het pad naar transcendentie.

De Boeddha Shakyamuni, de stichter van het boeddhisme, wordt vaak geassocieerd met de eerste en duidelijkste uitdrukking van het concept van Nirvana als een staat van ultieme bevrijding van de cyclus van wedergeboorten en de pijn van het geconditioneerde bestaan. De Boeddha onderwees dat het bereiken van Nirvana inzicht vereist in de aard van begoocheling en begeerte, en de beoefening van het '*achtvoudige pad*' om de volledige uitdoving van begeerte en onwetendheid te bereiken.

De beoefening van het '*achtvoudige pad*'.

Het '*Achtvoudige Pad*' is een sleutelbegrip in het boeddhisme, vooral in de Theravada-traditie. Dit pad, vaak ook het '*Edele Achtvoudige Pad*' genoemd, is een van de belangrijkste leringen van de Boeddha Siddhartha Gautama om de volledige uitdoving van begeerte en onwetendheid te bereiken, die worden gezien als de oorzaken van menselijk lijden (*dukkha*). Het *Edele Achtvoudige Pad* is verdeeld in acht onderling verbonden en elkaar aanvullende aspecten die dienen als leidraad voor ethisch, bewust en verlicht leven. Deze acht aspecten zijn:

Juiste weergave.
Het omvat het juiste begrip van de werkelijkheid, in het bijzonder de concepten van lijden, vergankelijkheid en niet-zelf.

Juiste bedoeling.
Het gaat over het nastreven van rechtschapen doelen en motivaties, zoals mededogen, vriendelijkheid en onthechting van egoïstische verlangens.

Juist woord.
Het geeft het gebruik van woorden aan om waarheid, vriendelijkheid en harmonie uit te drukken.

Juiste actie.
Het verwijst naar ethisch gedrag en respect voor leven, eigendom en seksualiteit.

Juist levensonderhoud.
Het houdt in dat je eerlijk en respectvol je brood verdient en beroepen vermijdt die anderen schaden.

Juiste inspanning.
Het omvat het constante streven om het goede te cultiveren en het kwade te verminderen in iemands handelingen, woorden en gedachten.

Juiste aandacht.
Het vertegenwoordigt bewustzijn van het huidige moment, het observeren van mentale toestanden en handelingen zonder oordeel.

Juiste concentratie.
Het duidt op de ontwikkeling van een kalme geest door meditatie, het richten van de aandacht en het bevrijden van de geest van afleidingen.

Het volgen van *het Achtvoudige Pad* wordt essentieel geacht voor het bereiken van volledige realisatie en bevrijding uit de cyclus van samsara, wat leidt tot de beëindiging van verlangen en onwetendheid die aan de basis liggen van menselijk lijden. Het beoefenen van deze acht aspecten helpt om de geest te zuiveren, wijsheid te ontwikkelen en de staat van Nirvana te bereiken, die de volledige uitdoving van lijden vertegenwoordigt en het bereiken van innerlijke vrede en spirituele verlichting.

In boeddhistische geschriften zoals de *Heart Sutra* en de Dhammapada wordt diepgaand onderricht gegeven over het Nirvana als een staat van volmaakte vrede, wijsheid en absoluut mededogen, voorbij de dualiteiten en beperkingen van het aardse bestaan. Deze visie van Nirvana als het hoogste doel van de menselijke zoektocht inspireert miljoenen boeddhistische volgelingen om het pad van mindfulness en compassie te volgen om de ultieme bevrijding te bereiken.

In het Mahayana boeddhisme vertegenwoordigt het concept van de Bodhisattva diegenen die tijdelijk het persoonlijke Nirvana opgeven om in de wereld te blijven om anderen naar bevrijding te begeleiden. Dit ideaal van mededogen en altruïsme dat belichaamd wordt door de Bodhisattva's benadrukt het belang om het voordeel van bevrijding uit te breiden naar alle voelende wezens, en weerspiegelt de diepte van de boeddhistische leer over Nirvana als een manifestatie van universele liefde.

Studies van filosofen en geleerden zoals D.T. Suzuki en Thich Nhat Hanh hebben het concept van Nirvana onderzocht als een onmiddellijke en tastbare ervaringswerkelijkheid die toegankelijk is door de beoefening van meditatie, mindfulness en innerlijke transformatie. Deze auteurs benadrukten de transformerende kracht van mindfulness in het bewerkstelligen van bevrijding van de cyclus van verlangen en lijden om de staat van Nirvana in het hier en nu te bereiken.

Historische gebeurtenissen zoals de verspreiding van het boeddhisme in Azië en de westerse wereld hebben bijgedragen aan de verspreiding van het begrip van het concept van Nirvana als het uiteindelijke doel van de spirituele zoektocht en de belofte van blijvende vrede en geluk na het aardse leven. Deze gebeurtenissen hebben culturen en denkwijzen gevormd en miljoenen mensen geïnspireerd om na te denken over de mogelijkheid om bevrijding en sereniteit te bereiken door het beoefenen van boeddhistische principes.

Concluderend kan gesteld worden dat het concept van Nirvana in Oosterse culturen een baken van hoop en wijsheid is voor mensen die op zoek zijn naar bevrijding en spirituele realisatie na het aardse leven. Deze visie op bevrijding als een staat van volmaakte vrede, wijsheid en mededogen biedt een uniek perspectief op de eeuwigheid van de ziel en innerlijke transformatie, en nodigt mensen uit om de diepten van hun eigen bewustzijn te verkennen en het pad te bewandelen naar ultieme bevrijding en realisatie van de goddelijke essentie die in ieder mens huist.

De kracht van gebeden voor de zielen van de doden

In Oosterse culturen speelt de kracht van gebeden voor de zielen van overledenen een belangrijke rol in het begeleiden van geesten naar het hiernamaals en het bieden van steun en troost aan zielen tijdens hun doorreis voorbij de grenzen van het aardse leven. Deze eeuwenoude praktijk is doordrenkt met diepe spirituele en culturele betekenissen die vorm geven aan de overtuigingen en relaties tussen de wereld van de levenden en de doden in Oosterse tradities.

In het boeddhisme worden gebeden en ceremonies voor de vrede en het welzijn van de zielen van overledenen beschouwd als daden van mededogen en vrijgevigheid die het lot van zielen in het hiernamaals positief kunnen beïnvloeden. Het ritueel van de *Bardo Thodol*, of *het Tibetaanse Dodenboek*, leidt zielen door het proces van overgang en reïncarnatie, terwijl de gebeden van monniken en toegewijden troost en hoop bieden aan geesten die op weg zijn naar een nieuwe vorm van bestaan.

In hindoeïstische tradities vormen gebeden en rituelen voor overleden voorouders een integraal onderdeel van religieuze praktijken en familiedevotie. In Pitri Paksha, de jaarlijkse periode die gewijd is aan de verering van voorouders, offeren families voedsel en reciteren ze mantra's voor het welzijn van de zielen van hun voorgangers, waardoor een spirituele band en continuïteit tussen generaties ontstaat door de kracht van gebeden en heilige offers.

De praktijk van Jodo Shinshu in Japan, met het reciteren van Nenbutsu ter ere van de zielen van de overledenen, is een voorbeeld van hoe gebeden een middel kunnen zijn om mededogen en dankbaarheid te tonen jegens hen die ons zijn voorgegaan, waardoor de cyclus van onderlinge verbondenheid en welwillendheid in de spirituele en aardse wereld wordt gevoed.

Studies van antropologen en godsdienstwetenschappers zoals Mircea Eliade en Joseph Campbell hebben de betekenis en doeltreffendheid van gebeden voor de zielen van de doden in Oosterse culturen onderzocht, waarbij de nadruk werd gelegd op de centrale rol van het concept van continuïteit en verbondenheid tussen de levenden en de doden door middel van voorbede in gebeden en heilige ceremonies.

Historische gebeurtenissen zoals festivals gewijd aan de doden in verschillende Oosterse tradities, zoals het *Qingming Festival* in China of het *Obon* Festival in Japan, getuigen van het belang van gebeden voor de zielen van de doden als eerbetoon en respect voor hen die ons zijn voorgegaan, waardoor de herinnering en de constante aanwezigheid van de geesten in de familie en sociale sfeer wordt gevierd.

Concluderend kan gesteld worden dat de kracht van gebeden voor de zielen van de overledenen in Oosterse culturen een band van mededogen en respect tussen de zichtbare en onzichtbare werelden vertegenwoordigt, en een brug van communicatie en liefde biedt die onze aardse levens verbindt met die van de voorouders en de overledenen in het rijk van de oneindigheid. Deze diepgaande en heilige praktijken getuigen van de continuïteit van liefde en toewijding over de grenzen van leven en dood heen en voeden zo het geloof en de hoop in de eenheid en welwillendheid die het universum doordringen en de bestemming van zielen voorbij de sluier van de dood.

De paradox van de leegte in het hiernamaals.

In het hart van Oosterse filosofische tradities is de paradox van leegte in het hiernamaals een diepgaand concept dat Westerse opvattingen over de dood en het hiernamaals uitdaagt. Deze Oosterse filosofische reflectie verkent de implicaties van het concept van leegte, of *Sunyata* in het Sanskriet, in de context van de overgang en het leven na de dood, en biedt een fascinerend perspectief op de essentie van het zijn en het idee van bestaan in de kosmos.

De Indiase filosoof Nagarjuna, een van de meest vooraanstaande boeddhistische denkers, benadrukte het concept van *Sunyata* als de fundamentele aard van de werkelijkheid, waarin alle vormen van bestaan en niet-bestaan met elkaar verbonden en van elkaar afhankelijk zijn. Deze opvatting van leegte, niet als betekenisloosheid, maar als ongeconditioneerde totaliteit en voorbij het dualisme, werpt licht op het mysterie van het hiernamaals en de illusoire aard van de scheiding van leven en dood.

In het zenboeddhisme staat het begrip *Sunyata* centraal in de meditatiebeoefening en de contemplatie van de vergankelijke aard van het leven en de persoonlijke identiteit. Bewustwording van leegte als een manifestatie van de onderlinge verbondenheid en leegte van materiële en spirituele vormen opent de geest voor een begrip van het hiernamaals als een staat van bewustzijn zonder grenzen of definities, waar de ziel haar eenheid vindt met de universele essentie.

Het taoïsme, met het concept van Wu Wei en de Tao als het voortbrengende en transformerende principe van het universum, biedt een ander perspectief op leegte in het hiernamaals als de manifestatie van de spontane en harmonieuze aard van het bestaan zonder einde. Acceptatie van de natuurlijke stroom van zijn en overgave aan de Tao als de universele levenskracht ondersteunen de visie van het heengaan als een terugkeer naar de bron van creatieve leegte en kosmische totaliteit.

Studies uitgevoerd door filosofen en onderzoekers zoals Alan Watts en Dasetsu Suzuki hebben het concept van leegte in het hiernamaals onderzocht als het kloppende hart van de werkelijkheid en als het fundament waarop het mysterie van leven en dood staat. Deze geleerden hebben de transformerende kracht van het bewustzijn van leegte benadrukt als een middel om de angsten en illusies te overwinnen die geassocieerd worden met de dood en om de centraliteit van alles in het oneindige universum te omarmen.

Historische gebeurtenissen zoals begrafenisceremonies en rituele praktijken in Oosterse culturen getuigen van het belang van het concept van leegte in het hiernamaals als symbool van non-dualiteit en de universele eenheid die elk aspect van het bestaan doordringt. Deze gebeurtenissen vieren de transformatie van geesten door het bewustzijn van leegte als de sleutel tot het begrijpen van de uiteindelijke betekenis van leven en dood.

Concluderend kan gesteld worden dat de paradox van leegte in het hiernamaals in Oosterse culturen een uitnodiging is tot diepe contemplatie over de essentie van het zijn en de ultieme realiteit van het hiernamaals. Deze Oosterse filosofische reflectie postuleert dat leegte geen staat van afwezigheid is, maar van totale aanwezigheid en universele verbondenheid die alle vormen van bestaan en niet-bestaan verwelkomt in de eeuwige omarming van het oneindige. Door de erkenning en acceptatie van deze paradox wordt de deur geopend naar een begrip van het mysterie van leven en dood en naar de vrede die voortkomt uit een bewustzijn van leegte als de ware essentie en basis van ons bestaan in de kosmos.

Getuigenissen van terugkeer uit het hiernamaals. Kruispunt tussen wetenschap en spiritualiteit in het Oosten.

In Oosterse culturen vormen verslagen van terugkeer uit het hiernamaals een waardevolle schakel tussen de wetenschappelijke en spirituele dimensies en bieden ze unieke inzichten in de ervaring van de dood en het mogelijke lot van de ziel na het overlijden. Deze verslagen, rijk aan suggesties en meervoudige betekenissen, werpen licht op de diepe verbanden tussen wetenschap en spiritualiteit in de context van Oosterse overtuigingen over het hiernamaals.

In het boeddhisme worden in verschillende tradities verhalen verteld over terugkeer uit het hiernamaals, met het concept van terugkeer naar het aardse leven na ervaringen van een naderende dood of diepe trance. Verlichte meesters zoals Milarepa vertelden over reizen naar het hiernamaals en ontmoetingen met godheden en geesten die hun spirituele reis en begrip van het universum vorm gaven. Deze getuigenissen bieden inzichten om het bewustzijn voorbij de sluier van de dood te verkennen en om de connecties tussen mensen en de subtiele dimensies van het bestaan te traceren.

Het taoïsme, met zijn visie op harmonie tussen de zichtbare en onzichtbare wereld, baseert zich op het bewijs van terugkeer uit het hiernamaals als bevestiging van de continuïteit van de ziel en het vermogen om hogere niveaus van bewustzijn en spirituele kennis te bereiken. Rituelen zoals het Qingming Festival en taoïstische praktijken van communicatie met geesten vormen bruggen tussen het aardse leven en het hiernamaals, waar terugkomsten uit het hiernamaals een glimp opvangen van de veranderende aard van de werkelijkheid en de onbreekbare band tussen de levenden en de doden.

Onderzoekers in de parapsychologie en transpersoonlijke psychologie, zoals Raymond Moody en Stanislav Grof, hebben verslagen van terugkeer uit het hiernamaals onderzocht als fenomenen die conventionele opvattingen over de dood en het hiernamaals uitdagen. Door middel van experimenten met de dreigende dood en hypnotische regressie hebben deze wetenschappers de aanwezigheid van ervaringen na de dood benadrukt die het bestaan van onbekende dimensies en niet-materiële realiteiten onthullen die in wisselwerking staan met de fysieke wereld.

Historische gebeurtenissen zoals de verhalen over reizen naar het hiernamaals in de heldendichten en heilige geschriften van oosterse culturen bieden een kader om verslagen van terugkeer uit het hiernamaals te begrijpen als verhalen over transformatie en verlichting. Deze mythische verhalen geven een gevoel van continuïteit en wedergeboorte dat de grenzen van leven en dood overschrijdt, en inspireren zo tot hoop op een werkelijkheid die breder en complexer is dan wat we waarnemen met onze materiële zintuigen.

Concluderend kunnen we stellen dat de verhalen over terugkeer uit het hiernamaals in Oosterse culturen een demonstratie zijn van de kracht van de geest en het bewustzijn bij het verkennen van de grenzen van de werkelijkheid en het overschrijden van de sluier tussen leven en dood. Deze verhalen kruisen wetenschap en spiritualiteit en openen een vruchtbare dialoog over de aard van de ziel, de continuïteit van het bestaan en de mogelijkheid om de verborgen dimensies van het menselijk bewustzijn te kennen en te begrijpen.

De oosterse spirituele meesters en hun leringen over het leven na het overlijden.

In de vele spirituele paden van Oosterse culturen spelen spirituele meesters een centrale rol in het bieden van diepgaande leringen over het hiernamaals en de dimensies van het hiernamaals. Deze wijzen, verlicht door duizenden jaren oude wijsheid en kennis die door de eeuwen heen is doorgegeven, bieden een uniek perspectief op de avonturen en mogelijkheden die de ziel te wachten staan buiten de grenzen van de fysieke wereld.

Een van de beroemdste voorbeelden van een Oosterse spirituele leraar die het onderwerp van het hiernamaals aansneed is Sri Ramana Maharshi, de lichtende Indiase heilige die bekend staat om zijn praktijk van zelfonderzoek en zelfrealisatie. Ramana Maharshi onderwees dat de dood niet het einde is, maar een overgang naar een subtielere dimensie van het bestaan, waar de ziel haar evolutionaire reis naar de realisatie van kosmische eenheid voortzet.

In het boeddhisme gaven meesters als Padmasambhava, de legendarische Indiase goeroe die het boeddhisme naar Tibet bracht, en Nagarjuna, de Indiase boeddhistische filosoof, onderricht in een complex hiernamaals vol mogelijkheden. Padmasambhava, met zijn Tantrische praktijken, leidde discipelen door de stadia van het overgaan naar het land van vrede, terwijl Nagarjuna het concept van Sunyata onderwees als de leegte en non-dualiteit die de werkelijkheid doordringt voorbij de sluier van de dood.

In het Taoïsme boden meesters als Laozi en Zhuangzi fascinerende visies op het hiernamaals en spirituele dimensies. Laozi, auteur van de *Tao Te Ching*, onderwees het belang van het stromen met de Tao, zelfs na de dood, het omarmen van universele harmonie en het terugkeren naar de kosmische bron. Zhuangzi onderzocht met zijn filosofische parabels de illusoire aard van de scheiding van leven en dood en nodigde uit tot acceptatie van de eeuwige cyclus van transformatie.

Studies naar meditatie en veranderde bewustzijnservaringen hebben verdere inzichten verschaft in de dimensies van het hiernamaals die door oosterse spirituele meesters worden gesuggereerd. Experimenten met kijken op afstand en verkenning van het bewustzijn hebben nieuwe perspectieven geopend op het potentieel van de menselijke geest om voorbij de fysieke wereld te reizen en contact te maken met subtiele en transcendente realiteiten.

Historische gebeurtenissen, zoals de verslagen van de levens en wonderen van de spirituele meesters uit het Oosten, getuigen van de wijsheid en diepte van de perspectieven op het hiernamaals die door deze verlichters worden geboden. De persoonlijke ervaringen van verlichting, mystieke visioenen en transcendentale openbaringen verteld door de Oosterse meesters zijn een bron van inspiratie en begeleiding voor diegenen die licht zoeken over de dimensies van het hiernamaals en de avonturen die de ziel te wachten staan na het heengaan.

Concluderend, het perspectief van de wijzen op de dimensies van het hiernamaals in Oosterse culturen belichaamt een pad naar een dieper begrip van het leven na de dood en de avonturen die de ziel te wachten staan voorbij de sluier van lichamelijkheid. Door de leringen van spirituele meesters wordt een ruimte geopend voor contemplatie en verkenning van niet-materiële realiteiten en het oneindige potentieel dat het wezen voorbij de aardse grens te wachten staat, waardoor een waardevolle leidraad wordt geboden voor het begrijpen van de eeuwige en onsterfelijke essentie van de mens.

Het concept van Moksha. Bevrijding uit het wiel van samsara in het hindoeïsme.

In de context van het hindoeïsme vertegenwoordigt het concept van Moksha het ultieme doel voor individuen die bevrijding zoeken van de cyclische aard van wedergeboorte (samsara) en het bereiken van opperste spirituele realisatie. Dit essentiële principe van het hindoeïsme biedt een diepgaand perspectief op de aard van de ziel, karma en de menselijke bestemming na het aardse leven.

Moksha wordt beschouwd als het hoogtepunt van het spirituele pad waar de ziel volledige realisatie bereikt en bevrijd wordt van de ketenen van verlangen en begoocheling. Door kennis, spirituele oefening en toewijding aan de zoektocht naar de waarheid, gelooft men dat het individu de ultieme bevrijding kan bereiken en zich kan verenigen met de universele goddelijke Essentie (Brahman).

In het hindoeïsme bevatten oude heilige teksten zoals de Veda's, de Upanishads en de Purana's leringen die het belang benadrukken van het nastreven van Moksha als het hoogste doel van het menselijk leven. Deze teksten vertellen verhalen over wijsheid, verlichting en opoffering als middelen om de illusies van de materiële wereld te overwinnen en volledige spirituele realisatie te bereiken.

Indiase spirituele meesters zoals Ramana Maharshi, Swami Vivekananda en Sri Aurobindo hebben onderricht gegeven over het pad naar Moksha door middel van meditatie, zelfonderzoek en de beoefening van moraliteit en mededogen. Deze grootheden hebben generaties volgelingen begeleid op het pad naar spirituele bevrijding, door wijsheid en verlichting te bieden over hoe de cyclus van samsara te overwinnen en de ware aard van het zijn te realiseren.

Studies naar meditatie, karma en het reïncarnatieconcept binnen het hindoeïsme hebben het begrip van het belang van Moksha als het uiteindelijke doel van het menselijk bestaan verrijkt. Onderzoek naar mindfulness en de integratie van spirituele praktijken in het dagelijks leven heeft de fundamentele rol van de spirituele zoektocht en innerlijke vrijheid op de weg naar bevrijding bevestigd.

Traditionele evenementen zoals het Diwali-festival, dat de overwinning van het licht op de duisternis viert, en de yagna- en puja-ceremonies, die de goden eren en zegeningen voor Moksha inroepen, zijn voorbeelden van de hindoeïstische praktijk om de geest te verheffen en de ziel voor te bereiden op het pad naar opperste bevrijding.

Concluderend staat het concept van Moksha in het hindoeïsme voor de diepgaande zoektocht naar spirituele bevrijding en de uiteindelijke realisatie van de kosmische waarheid. Indiase spirituele meesters hebben waardevolle leringen overgeleverd die individuen begeleiden op het pad naar bevrijding uit de cyclus van wedergeboorte en lijden, hen uitnodigend om de realisatie van hun eigen goddelijke essentie na te streven en zich te verenigen met het oneindige Brahman voorbij de grenzen van het aardse leven.

Karma en reïncarnatie. De eindeloze cyclus van het leven volgens de Indiase filosofie.

In de context van de Indiase filosofie is het concept van karma en reïncarnatie een van de fundamentele pijlers voor het begrip van het leven na het overlijden. Deze diepgaande kijk op de oneindige cyclus van het leven biedt een uniek perspectief op de continuïteit van de ziel en haar evolutie door vele levens heen, en vormt zo de geloofsovertuigingen en spirituele praktijken van talloze individuen in Oosterse culturen.

et concept van karma, afgeleid van het Sanskriet woord dat 'actie' betekent, is intrinsiek verbonden met de wet van oorzaak en gevolg en de individuele verantwoordelijkheid om het lot van de ziel te sturen. Volgens de Indiase filosofie genereert elke handeling die tijdens het aardse leven wordt verricht een karmische afdruk die bepalend is voor de kwaliteit van toekomstige ervaringen en het evolutionaire pad van de ziel door de cyclus van wedergeboorten.

Een van de Indiase spirituele meesters die het meest bekend staat om zijn leer over karma en reïncarnatie is Sri Aurobindo, een Indiase filosoof en mysticus uit de 20e eeuw. Aurobindo ontwikkelde een evolutionaire opvatting van de ziel die de nadruk legt op het overwinnen van negatief karma door spirituele oefeningen en innerlijk werk om de uiteindelijke bevrijding van het wiel der wedergeboorten te bereiken.

Reïncarnatie, of *samsara*, vertegenwoordigt de voortdurende cyclus van geboorten en sterfgevallen waardoor de ziel evolueert en vooruitgang boekt naar de uiteindelijke realisatie van haar goddelijke natuur. Meesters zoals Paramahansa Yogananda hebben onderwezen dat het doel van de ziel is om bevrijding te bereiken van de cyclus van reïncarnatie en de vereniging met het Universele Bewustzijn te realiseren, en zo de beperkingen van karma en wedergeboorten te overwinnen.

Oude Indiase heilige teksten, zoals de Veda's, Upanishads en Purana's, bevatten gedetailleerde leringen over karma en reïncarnatie en bieden een metafysische kaart van het universum en de wetten die de bestemming van de ziel bepalen. Deze teksten vertellen verhalen over vorige levens, karmische daden en gevolgen en leringen van wijzen en meesters die het pad van de ziel door de kosmos verlichten.

Studies van filosofen en wetenschappers als Deepak Chopra, Alan Watts en Fritjof Capra hebben Indiase filosofische perspectieven op reïncarnatie en karma geïntegreerd met moderne bevindingen in de kwantumfysica en transpersoonlijke psychologie. Deze auteurs benadrukten de samenhang tussen de opvatting van het universum als een onderling verbonden energieveld en het idee van de evolutie van de ziel door meerdere bestaansvormen op basis van actie en causaliteit.

Historische gebeurtenissen zoals de rituele en spirituele tradities van India en Oosterse landen getuigen van de diepte en breedte van het concept van karma en reïncarnatie in het leven van mensen. Praktijken zoals meditatie, puja en karma yoga bieden wegen om karma in evenwicht te brengen, de ziel te zuiveren en vooruitgang te boeken naar een groter bewustzijn en spirituele realisatie in de cycli van wedergeboorte.

Concluderend biedt het concept van karma en reïncarnatie in de Indiase filosofie een uitgebreide en complexe kijk op het leven na het overlijden, waarbij de onlosmakelijke band tussen actie, gevolg en evolutie van de ziel in de kosmos wordt onthuld. Door middel van de leer van de Indiase spirituele meesters en de wijsheid die in de oude teksten wordt overgeleverd, wordt een pad van begrip en transformatie uitgestippeld. Dit pad nodigt het individu uit om zijn of haar rol in het grote ontwerp van het universum te verkennen en vooruitgang te boeken naar de realisatie van de goddelijke essentie die in ieder van ons huist.

Karma en de voorraadbalans.

In Oosterse culturen vertegenwoordigt het concept karma het ethische en spirituele fundament dat de balans van menselijke handelingen en het lot van de ziel na het overlijden bepaalt. Oosterse spirituele meesters hebben diepgaande leringen over karma en de wisselwerking ervan met het hiernamaals overgebracht. Ze bieden een uniek inzicht in rechtvaardigheid in het hiernamaals en het lot van zielen op basis van hun daden.

Een van de meest invloedrijke leraren die het oosterse perspectief op karma en rechtvaardigheid in het hiernamaals heeft uiteengezet, is Gautama Boeddha, de stichter van het boeddhisme. Boeddha onderwees dat elke handeling, woord en gedachte het zaaien van karma genereert dat de toekomstige levens van het individu zal beïnvloeden. De wet van karma die Boeddha onderwees benadrukt het belang van positieve en barmhartige handelingen om jezelf te bevrijden van de cyclus van pijn en wedergeboorte.

In de context van het hindoeïsme bieden meesters als Krishna en Rama wijsheid over het belang van karma bij het bepalen van het lot van zielen na hun dood. In de beroemde epische tekst 'Bhagavad Gita' begeleidt Heer Krishna prins Arjuna in het begrijpen van de plicht en verantwoordelijkheid van zijn daden, waarbij hij het concept van karma benadrukt als een universele wet die de wederkerigheid van daden en gevolgen regelt.

De taoïstische filosofie, met meesters als Laozi en Zhuangzi, benadrukt ook het belang van karma als kosmische wet die het evenwicht en de harmonie van het universum regelt. Laozi roept in de '*Tao Te Ching*' op tot niet-handelen en respect voor de natuurlijke stroom van het leven, waarbij hij benadrukt dat elke actie een reactie genereert die terugkeert naar de afzender als een vorm van karma in de onderlinge verbondenheid der dingen.

Studies van wetenschappers als filosoof en kosmoloog Brian Swimme hebben de visie op karma geïntegreerd binnen het raamwerk van de chaostheorie en de theorie van complexe systemen, en benadrukken hoe de acties van elk individu grenzeloze gevolgen kunnen hebben die zich door het hele universum verspreiden. Dit verhelderende interdisciplinaire perspectief biedt een frisse kijk op rechtvaardigheid in het hiernamaals en de rol van karma bij het bepalen van het lot van zielen.

mechanisme is dat het lot van mensen regelt op basis van hun daden in het verleden en het heden.

Oosterse spirituele meesters hebben diepgaande leringen doorgegeven over deze wetten van karma en lotsbestemming en bieden een verhelderend perspectief op de aard van het evenwicht in het universum en de individuele verantwoordelijkheid om vorm te geven aan het eigen lot.

Een van de spirituele meesters die het concept van karmisch evenwicht grondig heeft onderzocht is Paramahansa Yogananda, de beroemde Indiase goeroe die de leer van yoga en meditatie naar de Westerse wereld bracht. Yogananda onderwees dat elke actie die een individu onderneemt een overeenkomstige reactie genereert en zo het patroon van zijn of haar vorige, huidige en toekomstige levens beïnvloedt. Door yoga en meditatie te beoefenen, kan men proberen zijn karma te harmoniseren om het bewustzijn te verhogen en het lot te transformeren.

In de context van het Mahayana boeddhisme onderzochten meesters als Bodhidharma en Nagarjuna het concept van karmisch evenwicht en de invloed ervan op de cyclus van wedergeboorte. Bodhidharma, de legendarische stichter van het Zenboeddhisme, onderwees dat bewustzijn van iemands karma en de beoefening van spiritueel ontwaken kunnen leiden tot bevrijding uit de ketenen van het geconditioneerde lot. Nagarjuna, een Indiase boeddhistische filosoof, benadrukte het belang van leegte en onderlinge afhankelijkheid bij het begrijpen van karmische balans als onderdeel van het pad naar bevrijding.

In het Taoïsme boden meesters zoals Chuang Tzu unieke perspectieven op karmisch evenwicht als integraal onderdeel van universele harmonie. Chuang Tzu illustreerde met zijn filosofische parabels de fijngevoeligheid van de balans tussen actie en reactie en nodigde uit tot acceptatie van de natuurlijke stroom van het leven zonder weerstand. Voor het Taoïsme betekent het bereiken van karmisch evenwicht leven in harmonie met de Tao, het kosmische principe dat alle dingen doordringt.

Studies op het gebied van transpersoonlijke psychologie en neurowetenschappen hebben het concept van karmische balans onderzocht in het licht van ons huidige begrip van geest en bewustzijn. Onderzoekers als Carl Jung en Stanislav Grof hebben de verbanden onderzocht tussen individuele psychologische ervaringen en het concept van karma als een universeel archetype dat het lot van individuen beïnvloedt. Experimenten met de geest, zoals meditatie en hypnotische regressie, hebben verdere inzichten verschaft in het begrip van karmische balans en de invloed ervan op onze persoonlijke en collectieve realiteit.

Historische gebeurtenissen, zoals rituele praktijken en zuiveringsceremonies in Oosterse culturen, getuigen van het belang dat gehecht wordt aan het behouden van karmische balans als integraal onderdeel van het spirituele pad en de evolutie van de ziel. Klachtoffers, gebeden en zuiveringspraktijken vertegenwoordigen manieren waarop oosterse gemeenschappen karmische daden en gevolgen in evenwicht proberen te brengen om een harmonieuze en voorspoedige toekomst op te bouwen voor zichzelf en anderen.

Uiteindelijk onthult de filosofische analyse van de oosterse wetten van het lot en het concept van karmisch evenwicht een diepgaand begrip van de aard van het universum en onze rol daarin. Oosterse spirituele meesters hebben leringen doorgegeven die ons uitnodigen om de betekenis en het belang van onze handelingen en hun gevolgen in de kosmische economie te overwegen. Door ons bewust te worden van karma en karmisch evenwicht kunnen we een pad van innerlijke groei, transformatie en spirituele verheffing inslaan dat ons dichter bij de realisatie van onze ware aard en het bereiken van universele harmonie brengt.

tradities van Oosterse culturen biedt fascinerende inzichten en uitdagingen voor het onderzoek naar dit mysterieuze fenomeen dat de mensheid blijft intrigeren.

Concluderend kan gesteld worden dat het debat over reïncarnatie in de oosterse context een kruispunt vormt tussen de rijkdom van spirituele tradities en de rationaliteit van de moderne wetenschap. Terwijl Oosterse spirituele meesters diepgaande leringen geven over deze cyclus van dood en wedergeboorte, probeert wetenschappelijk onderzoek zich te richten op het bewijs dat dit geloof ondersteunt of uitdaagt. Deze interdisciplinaire dialoog biedt een vruchtbare ruimte voor onderzoek, exploratie en reflectie over de diepere betekenis van het leven en ervaringen voorbij de grens van de dood.

Reïncarnatie als zoektocht naar verlichting. Spirituele leer van het hindoeïsme.

In de diepe wortels van het hindoeïsme speelt reïncarnatie een centrale rol als mechanisme voor de evolutie van de ziel op weg naar de realisatie van verlichting, waarbij de dood wordt getransformeerd in een zinvolle doorgang van het leven. De spirituele meesters van het hindoeïsme hebben leringen doorgegeven die individuen uitnodigen om de voortdurende cyclus van geboorte en dood te begrijpen als een kans om spirituele vooruitgang te boeken op weg naar uiteindelijke bevrijding.

Een van de fundamentele concepten van het hindoeïsme met betrekking tot reïncarnatie is dat van '*Karma*', volgens welke de handelingen van een individu zijn lot beïnvloeden en de voorwaarden van zijn wedergeboorte bepalen. Dit principe benadrukt het belang van positieve daden, toewijding en spiritueel streven als manieren om zichzelf te bevrijden van de banden van negatief karma en vooruitgang te boeken naar hogere stadia van bewustzijn.

De Bhagavad Gita, een van de belangrijkste heilige teksten van het hindoeïsme, biedt diepgaande lessen over reïncarnatie en het pad naar verlichting. In deze dialoog tussen de krijgersprins Arjuna en de god Krishna worden de thema's van verantwoordelijkheid voor daden, persoonlijke opoffering en de eeuwige aard van de ziel verkend, waarbij een complexe visie op reïncarnatie als voertuig voor spirituele groei wordt geschetst.

Spirituele meesters zoals Swami Vivekananda en Sri Aurobindo hebben inzichtelijke lessen gegeven over het belang van reïncarnatie in de zoektocht naar verlichting. Vivekananda, een sleutelfiguur in het verspreiden van het hindoeïsme naar de Westerse wereld, onderwees dat reïncarnatie de ziel de mogelijkheid biedt om te leren, te evolueren en vooruitgang te boeken op weg naar de vereniging met het goddelijke. Sri Aurobindo, een Indiase mysticus en filosoof, verdiepte het perspectief van reïncarnatie als onderdeel van een evolutionair proces naar goddelijk bewustzijn.

De leer van het hindoeïsme over reïncarnatie onthult ook het concept van '*moksha*', bevrijding van de cyclus van wedergeboorten en de pijn van het materiële bestaan. Deze bevrijding wordt beschouwd als het ultieme doel van de spirituele zoektocht, waarbij de ziel zich verenigt met het kosmische bewustzijn en oplost in de oneindigheid, waarmee de reis door materiële incarnaties eindigt.

Studies uitgevoerd door geleerden als Brian Weiss en Jim Tucker hebben gevallen van vermeende herinneringen aan vorige levens en reïncarnatie-ervaringen onderzocht en bewijs geleverd dat het geloof in de eeuwigheid van de ziel en haar evolutie door reïncarnaties ondersteunt. Deze studies bieden interessante inzichten in het begrip van reïncarnatie en het verband met spirituele opstijging.

Historische gebeurtenissen, zoals de oude rituele praktijken en heilige ceremonies van het hindoeïsme, getuigen van de diepe verankering van reïncarnatie als een zoektocht naar verlichting in oosterse culturen. Vieringen, mantra's en devotionele praktijken bieden een pad om karma te zuiveren, bewustzijn te ontwikkelen en vooruitgang te boeken naar de realisatie van eenheid met het goddelijke, op het constante pad naar bevrijding.

Concluderend kunnen we stellen dat de spirituele meesters van het hindoeïsme diepgaande leringen hebben overgeleverd over reïncarnatie als hulpmiddel in de zoektocht naar verlichting en uiteindelijke bevrijding. Door de cyclische aard van wedergeboorte, de werking van karma en de zoektocht naar innerlijke waarheid te begrijpen, nodigen de leringen van het hindoeïsme individuen uit om hun diepste spirituele aard te verkennen en te streven naar het realiseren van eenheid met het universele bewustzijn, voorbij de meervoudige incarnaties en uitdagingen van het materiële leven.

De Indiase oorsprong van het begrip reïncarnatie in de oosterse filosofie.

In de diepste lagen van de oosterse filosofie is reïncarnatie een centraal concept dat geworteld is in de oude kennis en wijsheid van India. Door de eeuwen heen hebben Indiase spirituele meesters diepgaande leringen doorgegeven over de cyclische aard van het leven en de continuïteit van de ziel door meerdere levens heen, en zo het filosofische en spirituele denken van Oosterse culturen vormgegeven.

Een van de pijlers van de Indiase filosofie die heeft bijgedragen aan de verspreiding van het concept reïncarnatie is het hindoeïsme, een van de oudste religies ter wereld. Heilige Hindoeïstische teksten, zoals de Veda's en de Upanishads, bevatten hymnen en leringen die de eeuwige aard van de ziel, de wet van karma en de cyclus van wedergeboorte onderzoeken als een integraal onderdeel van de spirituele reis van een individu.

Sleutelfiguren in de uitbreiding en verdieping van de leer van reïncarnatie zijn onder andere de Indiase filosoof Kapila, die beschouwd wordt als een van de vaders van het Samkhya-denken, een van de zes klassieke scholen van de Indiase filosofie. Kapila onderzocht de aard van de ziel, haar relatie tot materie en het proces van incarnatie als onderdeel van het pad van individuele evolutie naar bevrijding.

In de context van het boeddhisme bood Siddhartha Gautama Boeddha een vernieuwend perspectief op reïncarnatie door middel van de theorie van karma, die beschrijft hoe handelingen het lot van de ziel en haar pad door de cyclus van wedergeboorten bepalen.

Belangrijke historische gebeurtenissen, zoals de verspreiding van het hindoeïsme en boeddhisme in Azië en de rest van de wereld, hebben bijgedragen aan de verspreiding en interpretatie van reïncarnatie als een integraal onderdeel van de kosmische en spirituele visie van oosterse culturen. Rituele praktijken, heilige ceremonies en religieuze festivals vieren de cyclische aard van het leven en de continuïteit van de ziel door tijd en ruimte, waardoor het geloof en begrip van reïncarnatie als onderdeel van het goddelijke ontwerp wordt gevoed.

Concluderend kan worden gesteld dat de Indiase wortels van het begrip reïncarnatie in de oosterse filosofie verweven zijn met eeuwen van wijsheid, tradities en leringen van Indiase spirituele meesters. Deze diepgaande visie op leven en dood, op oorzaak en gevolg van handelingen en op de voortdurende evolutie van de ziel is een fundamentele pijler van Oosterse culturen en een uitnodiging tot reflectie en innerlijk onderzoek om de eeuwige cyclus van wedergeboorte en de bestemming van het zijn voorbij de grenzen van het enkele bestaan te begrijpen.

Wetenschappelijk bewijs voor reïncarnatieverschijnselen. Casestudies in Azië.

In de context van het fenomeen reïncarnatie is Azië een vruchtbare bodem geweest voor wetenschappelijke studies gericht op het onderzoeken en documenteren van vermeende gevallen van herinneringen aan vorige levens en de continuïteit van de ziel door meerdere levens heen. Deze studies bieden een interessante convergentie tussen de oosterse spirituele traditie en de rationele benadering van de wetenschap en openen nieuwe perspectieven op het hiernamaals en de eeuwige cyclus van wedergeboorte.

Een van de eerste geleerden die het fenomeen reïncarnatie in Azië wetenschappelijk onderzocht, was Dr. Ian Stevenson, een psychiater en onderzoeker die grondige studies uitvoerde naar gevallen van kinderen die beweerden zich precieze details van vorige levens te herinneren. Door middel van uitgebreid onderzoek en systematische interviews heeft Stevenson honderden gevallen gedocumenteerd met suggestieve elementen van waarachtigheid en consistentie in de verhalen van de kinderen.

In zijn boek '*Children Who Remember Other Lives*' beschrijft Dr. Ian Stevenson 12 casestudies uit verschillende culturen en geografische gebieden. Ik vat hier het geval van Bongkuch Promsin samen.

De zaak Bongkuch Promsin.

Bongkuch Promsin, een inwoner van DonKha in de provincie Pamo Sawan (Thailand) werd geboren als zoon van Pamorn Promsin, een bescheiden schoolleider die ondanks beperkte financiële middelen gerespecteerd werd om zijn cultuur. Bongkuch herinnerde zich als kind gedetailleerd een zogenaamd leven in Hua Tanon, 9 km van DonKha. Hij gaf de naam van de persoon wiens incarnatie hij voelde als Chamrat en herinnerde zich ook de namen van zijn ouders. Hij beschreef ook specifieke voorwerpen en details, zoals een mes, een fiets en twee koeien van zijn vroegere familie. Hij beweerde gedood te zijn door twee mannen tijdens een dorpsfeest, beroofd van zijn horloge en ketting en begraven in een veld. Dit alles vertelde hij toen hij nog een tweejarig kind was.

Bongkuch's vader had vanuit zijn werk enige kennis met leraren in Hua Tanon, maar had geen noemenswaardige sociale banden met dat dorp. Hoewel het nieuws van de moord op Chamrat meer dan tien jaar eerder zich mogelijk tot in DonKha heeft verspreid, was het gezien de frequentie van moorden in het gebied niet verwonderlijk dat de details uit het geheugen van de mensen werden gewist. Toen geruchten over Bongkuch's beweringen de familie van Chamrat bereikten, reisden enkele familieleden naar DonKha om hem te ontmoeten en bevestigden veel van zijn verhaal.

Vervolgens bezochten Bongkuch en zijn familie Hua Tanon, waar veel details van zijn vermeende vorige leven overeenkwamen met de werkelijkheid, hoewel sommige aspecten niet konden worden bevestigd omdat er na de moord geen autopsie was uitgevoerd. Een van de vermeende moordenaars was gevlucht en de andere, hoewel tijdelijk gearresteerd, werd vrijgelaten wegens gebrek aan bewijs. Verrassend genoeg bevestigden sommige politieagenten echter de informatie van Bongkuch, inclusief de namen van de verdachten.

In India en Sri Lanka zette Dr. Jim Tucker, een psychiater en medewerker van Stevenson, dit werk voort door nieuwe gevallen van reïncarnatie te onderzoeken met een focus op Azië. Zijn studies onderzochten specifieke details die de kinderen vertelden, zoals plaatsen, namen en gebeurtenissen die verband hielden met vermeende vorige levens, waardoor een nauwkeurige en wetenschappelijke analyse van deze fenomenen mogelijk werd.

Andere onderzoekers en geleerden, zoals Dr. Erlendur Haraldsson en Dr. Satwant Pasricha, hebben bijgedragen aan gedetailleerde en grondige onderzoeken van reïncarnatiegevallen in Azië en andere delen van de wereld. Hun studies hebben de vroege en gedetailleerde herinneringen van kinderen met betrekking tot vorige levens belicht en de complexiteit en authenticiteit van dergelijke ervaringen aangetoond die verder gaan dan conventionele verklaringen.

Experimenten die door deze wetenschappers zijn uitgevoerd, hebben gedetailleerde documentatie opgeleverd van gevallen van reïncarnatie en benadrukken de consistentie van de verhalen van kinderen met plaatsen en gebeurtenissen uit het verleden die met gewone middelen niet bekend konden worden. Dit bewijs heeft nieuwe perspectieven geopend in het debat tussen spiritualiteit en wetenschap over de aard van het bewustzijn, de ziel en de continuïteit van menselijke ervaringen door levens heen.

Historische gebeurtenissen en persoonlijke getuigenissen van personen die reïncarnatie hebben ervaren of die in contact zijn geweest met gevallen van herinneringen aan vorige levens bevestigen de onderlinge verbondenheid tussen cultuur, traditie en reïncarnatiefenomenen in Azië. Deze getuigenissen dragen bij aan de verrijking van het debat over het bestaan van een werkelijkheid na het aardse leven en de mogelijkheid van een voortbestaan van de ziel na de dood.

Concluderend kan worden gesteld dat wetenschappelijke studies naar het fenomeen reïncarnatie in Azië een rigoureuze en analytische benadering bieden van een onderwerp dat diep geworteld is in de oosterse traditie en spiritualiteit. De interactie tussen wetenschap en verslagen van vermeende reïncarnaties werpt licht op de mogelijkheid van een continuïteit van de ziel tussen verschillende levens, wat leidt tot een beter begrip van de aard van het hiernamaals en de bestemming van de mens na het aardse leven.

Boeddhisme en Nirvana. Het streven naar een nieuw bestaan voorbij de overgang.

In de context van het boeddhisme vertegenwoordigt het concept van Nirvana het hoogtepunt van spiritueel streven en de zoektocht naar een nieuw bestaan voorbij de overgang van het aardse leven. Boeddhistische spirituele meesters hebben diepgaande leringen overgebracht over de aard van het Nirvana als een staat van ultieme realisatie van het zijn, en bieden zo een uniek perspectief op de betekenis van het leven na de dood.

De stichter van het boeddhisme, Siddhartha Gautama Boeddha, onderwees dat het Nirvana de staat is van totale bevrijding van de kringloop van wedergeboorten en de pijn van het materiële bestaan. Door gehechtheid en lijden te overwinnen, kunnen individuen verlichting bereiken en toegang krijgen tot de eeuwige vrede van het Nirvana, waardoor hun bewustzijn verenigd wordt met het universele bewustzijn.

In het Mahayana boeddhisme onderzochten meesters als Nagarjuna het concept van Nirvana als het begrip van de onderlinge verbondenheid van alle dingen en het besef van de leegte en onderlinge afhankelijkheid van de werkelijkheid. Nirvana is niet alleen een persoonlijk doel, maar ook een besef van universele eenheid en de illusoire aard van het individuele zelf.

Studies van boeddhistische geleerden en moderne onderzoekers hebben neurowetenschappen en psychologie onderzocht om de staat van bewustzijn die geassocieerd wordt met Nirvana beter te begrijpen. Onderzoek naar meditatie en verlichtingservaringen heeft significante veranderingen in hersenactiviteit en zelfperceptie aangetoond tijdens staten van diepe meditatie en spirituele realisatie, wat inzichten biedt in het wetenschappelijk onderzoek naar Nirvana.

Historische gebeurtenissen en verhalende anekdotes van boeddhistische spirituele meesters bieden inspirerende verslagen van het streven naar Nirvana en de ervaring van verlichting. Verhalen van monniken die spirituele realisatie bereikten, zoals de zenmeester Hakuin Ekaku of de Tibetaanse monnik Milarepa, illustreren het pad naar Nirvana als een reis van innerlijke transformatie en het overwinnen van de illusie van afgescheidenheid.

In India heeft de boeddhistische traditie de cultuur en spiritualiteit diepgaand beïnvloed door leringen over Nirvana en het pad naar bevrijding. Gebeurtenissen zoals de Kalachakra ceremonies en Vesak vieringen, die de geboorte, verlichting en dood van de Boeddha herdenken, vertegenwoordigen momenten van bezinning en spirituele oefening om te streven naar de realisatie van Nirvana.

Kortom, het boeddhisme en het concept van Nirvana bieden een pad van spirituele zoektocht en persoonlijke vervulling gewijd aan de bevrijding van de illusie van het ego en het bereiken van innerlijke vrede en eenheid met de kosmos. Boeddhistische spirituele meesters blijven miljoenen volgelingen inspireren om het pad naar Nirvana te volgen als het hoogste doel van het leven en als de sleutel tot een nieuw bestaan na de overgang van het aardse leven.

Hemelse en helse rijken. De verschillende dimensies van het hiernamaals in het Tibetaans boeddhisme.

Het Tibetaans boeddhisme, met zijn rijke kosmologie en visie op het leven na de dood, biedt een complex en gedetailleerd perspectief op de hemelse en helse sferen waar een ziel doorheen kan gaan op haar reis voorbij de aardse doorgang. Tibetaanse spirituele meesters hebben diepgaande leringen doorgegeven die de verschillende dimensies van het hiernamaals beschrijven en de ervaringen die de ziel in haar overgang kunnen vergezellen.

In deze visie erkent het Tibetaans boeddhisme verschillende bestaansrijken waarin wezens herboren kunnen worden op basis van het karma dat ze tijdens hun aardse leven hebben opgebouwd. De hemelse rijken worden gekenmerkt door geluk, vreugde en overvloed en weerspiegelen de deugden en positieve daden die tijdens de laatste levenscyclus zijn verricht. Tegelijkertijd drukken de 'helse' rijken lijden, kwelling en extreme bestraffing uit, als gevolg van de negatieve en destructieve daden van het individu.

Een van de meest kenmerkende aspecten van het Tibetaans boeddhisme is de beoefening van *Bardo*, dat verwijst naar de overgangsperiode tussen dood en wedergeboorte van een ziel. Tijdens het Bardo bevindt de ziel zich in een toestand van vergankelijkheid waarin ze visioenen en ontmoetingen kan ervaren met hemelse wezens, demonen en andere entiteiten die haar toekomstige bestemming beïnvloeden. Deze periode is van cruciaal belang om de ziel naar een succesvolle wedergeboorte te leiden.

Spirituele meesters zoals de Dalai Lama, de spirituele leider van het Tibetaanse boeddhisme, hebben verhelderende leerstellingen gegeven over de hemelse en helse dimensies van het hiernamaals. De Dalai Lama benadrukt het belang van karmische balans, mededogen en wijsheid bij het bepalen van het lot van de ziel na de dood, en moedigt zo een deugdzaam en bewust leven aan om iemands toekomst na de dood positief te beïnvloeden.

De studie van het Bardo en buitenwereldse ervaringen is verdiept door wetenschappers zoals Robert Thurman, een expert in Tibetaanse en boeddhistische studies die de oude teksten en spirituele praktijken van het Tibetaans boeddhisme heeft onderzocht. Thurman heeft bijgedragen aan het verspreiden van kennis en begrip van de hemelse en helse rijken onder een westers publiek, door een academisch perspectief te bieden op de complexe en symbolische concepten van het hiernamaals.

Historische gebeurtenissen en traditionele verhalen in het Tibetaans boeddhisme vertellen verhalen van spirituele meesters die de hemelse en helse rijken doorkruisten om wijsheid en verlichting te bereiken. Het verhaal van meester Milarepa, die de beproevingen en verleidingen van de buitenwereldse rijken overwon om de staat van Boeddha te bereiken, getuigt van de kracht van de ziel op het pad naar spirituele realisatie.

Concluderend biedt het Tibetaans boeddhisme een welbespraakte en gedetailleerde kijk op de verschillende dimensies van het hiernamaals, de hemelse en helse sferen waar een ziel doorheen kan gaan op haar weg naar wedergeboorte. Tibetaanse spirituele meesters begeleiden door hun lessen en de beoefening van het Bardo individuen om de complexiteit van het hiernamaals te begrijpen en om de deugden te cultiveren die nodig zijn om iemands pad na de aardse passage positief te beïnvloeden.

Het concept van 'Gaya' in het boeddhisme. Een brug tussen de fysieke en spirituele wereld.

In de context van het boeddhisme vertegenwoordigt het concept '*Gaya*' een verbindingspunt tussen de fysieke wereld en de spirituele wereld, en biedt het een diepgaand en betekenisvol inzicht in de reis van de ziel na het verlaten van het aardse leven. Boeddhistische spirituele meesters hebben leringen doorgegeven die leiden tot de verkenning van dit concept als een brug die het individu door de overgang naar een nieuw bestaan leidt.

Meester Gautama Boeddha, stichter van het boeddhisme, legde het concept van 'Gaya' uit als het verbindingspunt tussen de materialistische en spirituele werkelijkheid, waar de ziel na de dood naartoe gaat om de reis naar wedergeboorte te beginnen. Gaya vertegenwoordigt een tijd van overgang en reflectie waarin de ziel zich bevrijdt van aardse banden en zich voorbereidt op een nieuwe karmische bestemming.

Het Mahayana boeddhisme versterkt het concept van 'Gaya' door elementen van mededogen, wijsheid en universele liefde in de overgang van de ziel op te nemen. Dergelijke leringen nodigen het individu uit om bewustzijn en mededogen te ontwikkelen tijdens de passage door de Gaya om zo zijn lot in het hiernamaals positief te beïnvloeden.

Studies over meditatie- en visualisatiepraktijken in het Tibetaans boeddhisme hebben het concept van de 'Gaya' als ruimte voor transformatie en spirituele evolutie verder onderzocht. Onderzoek uitgevoerd door geleerden als Lama Yeshe en Lama Zopa Rinpoche heeft de rol van de Gaya benadrukt als een punt van verbinding met kosmische en spirituele energieën, die de ziel begeleiden op haar reis naar bevrijding.

Traditionele evenementen zoals het Wesak festival, dat de geboorte, verlichting en dood van de Boeddha herdenkt, zijn ook een belangrijk moment om na te denken over het concept van 'Gaya' in het boeddhisme. Tijdens dit festival gaan gelovigen mediteren en bidden om contact te maken met de spirituele brug die zielen door de overgang tussen het aardse leven en het hiernamaals leidt.

Andere aspecten van spirituele beoefening in het boeddhisme, zoals het reciteren van mantra's en de beoefening van compassie voor alle voelende wezens, helpen de ziel voor te bereiden op de doorgang door Gaya en de ontmoeting met iemands karmische bestemming. Deze praktijken bieden spirituele begeleiding en bescherming tijdens de overgangsfase tussen levens.

Concluderend kan gesteld worden dat het concept 'Gaya' in het boeddhisme een symbolische en spirituele brug is die de fysieke wereld met de spirituele wereld verbindt en de ziel door de overgang tussen het aardse leven en het hiernamaals leidt. Boeddhistische spirituele meesters leren dat door mindfulness, compassie en spirituele beoefening, het individu zich kan voorbereiden op de doorgang door de Gaya en de voortzetting van hun reis naar nieuwe ervaringen en nieuwe lessen in het hiernamaals.

De Gaia Hypothese van Lovelock.

Het Gaya concept moet niet verward worden met de veel recenter geïntroduceerde Gaia hypothese.

De Gaia-hypothese, voor het eerst gepresenteerd door de Britse wetenschapper James Lovelock in 1979 in het boek '*Gaia. A New Look at Life on Earth*', werd in de jaren 1970 samen met microbiologe Lynn Margulis ontwikkeld. Volgens deze theorie werken levende organismen samen met de omringende niet-levende elementen om een synergetisch, zelfregulerend systeem te creëren dat gunstige omstandigheden voor het leven op onze planeet in stand helpt te houden.

Lovelock vernoemde deze hypothese naar Gaia, de oude Griekse godheid die de aarde personifieerde. Argumenten die deze theorie ondersteunen zijn onder andere het idee dat de biosfeer en de evolutie van organismen invloed hebben op de stabiliteit van de mondiale temperatuur, het zoutgehalte van zeewater, het zuurstofgehalte in de atmosfeer en de aanwezigheid van vloeibaar water in de hydrosfeer, naast andere milieuvariabelen die de omstandigheden van het leven op aarde bepalen.

Aanvankelijk werd de Gaia-hypothese bekritiseerd omdat ze als teleologisch werd beschouwd en in strijd was met de principes van natuurlijke selectie. Desondanks hebben latere verfijningen de Gaia-hypothese geïntegreerd met concepten uit vakgebieden als aardsysteemkunde, biogeochemie en systeemecologie. Ondanks pogingen om de Gaia-hypothese op één lijn te brengen met deze wetenschappelijke disciplines, blijft de hypothese voor discussie zorgen: veel wetenschappers vinden dat de hypothese niet wordt ondersteund door, of zelfs in tegenspraak is met, experimenteel bewijs.

Microbiologe Lynn Margulis steunt de Gaia-hypothese, maar heeft haar bedenkingen bij Lovelocks denkwijze geuit omdat ze vindt dat deze te veel is beïnvloed door het vitalisme.

In 2006 kende de *Geological Society of London* Lovelock ook de Wollaston Medal toe als erkenning voor zijn werk aan de Gaia-hypothese.

Zenfilosofie. Principes, leringen en betekenis.

De Zen-filosofie, ontstaan uit de ontmoeting tussen het Mahayana boeddhisme en de Chinese cultuur, vertegenwoordigt een spiritueel pad dat gericht is op intuïtieve waarneming en diep begrip van de werkelijkheid. Zen is gebaseerd op de essentiële principes van bewustzijn, eenvoud en aanwezigheid in het moment en biedt leringen die verder gaan dan woorden en die uitnodigen tot de directe ervaring van innerlijke waarheid.

Het woord '*Zen*' is afgeleid van het Chinese woord '*Chan*', dat weer afkomstig is van het Sanskriet '*Dhyana*', wat meditatie betekent. De centrale beoefening van Zen richt zich op onmiddellijke verlichting, intuïtie gericht op de fundamentele aard van de werkelijkheid en een waakzaam bewustzijn van het huidige moment.

De fundamentele principes van de zenfilosofie omvatten het concept van non-dualiteit, het belang van meditatieve beoefening (zazen) als middel om verlichting te bereiken en de nadruk op rechtstreeks onderricht van de meester aan de leerling (dharmatransmissie). Dit is een onderricht dat verder gaat dan formaliteiten en woorden om levende, directe waarheid over te brengen.

Iconische meesters van de Zen traditie zijn Bodhidharma, de legendarische monnik die het Chan Boeddhisme naar China bracht, en Dogen, de stichter van de Soto Zen school in Japan. De Tibetaanse meester Chögyam Trungpa Rinpoche, bekend om zijn unieke en vernieuwende benadering van de zenpraktijk in het Westen, heeft geholpen om de zenwijsheid in een hedendaagse context te verspreiden.

De fundamentele leer van Zen richt zich op het belang van mentale aanwezigheid in het huidige moment, totale acceptatie van de werkelijkheid zoals die is en innerlijke transformatie door verlichting. De meditatieve praktijk van Zen als middel om de geest tot rust te brengen, bewustzijn te ontwikkelen en de aard van de werkelijkheid zonder vooroordelen te overdenken, heeft wereldwijd belangstelling en aanhang gekregen.

Wetenschappelijke studies over meditatieve zenpraktijken hebben geestelijke en lichamelijke gezondheidsvoordelen aangetoond, waaronder stressvermindering, verhoogde concentratie en bewustzijn en bevordering van het algemeen welzijn. Experimenten uitgevoerd op zenmonniken hebben significante veranderingen aangetoond in hersenactiviteit gerelateerd aan meditatie, wat de positieve effecten van deze eeuwenoude praktijken op lichaam en geest bevestigt.

Historische gebeurtenissen zoals de overdracht van zenleer door de eeuwen heen, de verhalen van persoonlijke verlichting van meesters en de tradities van meditatieve beoefening in zenkloosters leveren tastbaar bewijs van het belang en de werkzaamheid van de zenfilosofie op het pad van spirituele groei en diep begrip van leven en dood.

Tot slot vertegenwoordigt de zenfilosofie een oude spirituele traditie die nog steeds wijsheid en verlichting biedt door haar principes van diep luisteren, bewuste aanwezigheid en acceptatie van de stroom van het leven. Spirituele zenmeesters begeleiden ons naar een dieper begrip van de werkelijkheid en onze innerlijke natuur en leggen zo de basis voor onze zoektocht naar betekenis en verbinding met het hiernamaals.

De dood als doorgang naar het Nirvana. Reflecties uit het zenboeddhisme.

In het zenboeddhisme wordt de dood gezien als een cruciale passage in de reis van de ziel naar de realisatie van het Nirvana, de staat van volledige bevrijding en spirituele verlichting. Spirituele zenmeesters bieden diepgaande inzichten in de aard van de dood en de betekenis van deze cruciale passage in de evolutie van het zijn.

Vanuit het perspectief van het zenboeddhisme wordt de dood gezien als een kans voor de ziel om zich te bevrijden van aardse banden en te beginnen aan een transformerende reis naar bewustzijn en uiteindelijke realisatie. Zenbeoefenaars worden aangemoedigd om de dood te beschouwen als onderdeel van de natuurlijke cyclus van het bestaan en zich erop voor te bereiden door mindfulness, meditatie en compassie te beoefenen.

Zenmeesters zoals Thich Nhat Hanh, een Vietnamese monnik en bekend auteur, hebben leringen overgebracht die mensen uitnodigen om het levenseinde te zien als een kans om hun begrip van het leven te verdiepen en zich te richten op het belang van mindfulness in het heden. De beoefening van mentale aanwezigheid tijdens het overgangsproces wordt in het Zenboeddhisme als cruciaal beschouwd om de overgang van de ziel naar een staat van vrede en verlichting te vergemakkelijken.

Wetenschappelijk onderzoek naar de invloed van zenmeditatie op het levenseindeperspectief en de acceptatie van de laatste levensweg heeft significante mentale en spirituele gezondheidsvoordelen aangetoond. Experimenten uitgevoerd op zenbeoefenaars hebben een verhoogd vermogen aangetoond om het levenseinde met sereniteit en mededogen tegemoet te treden, wat het belang onderstreept van een innerlijke voorbereiding op dit cruciale moment in iemands leven.

Historische gebeurtenissen en spirituele rituelen, zoals de doorgangsceremonies in het zenboeddhisme, getuigen van het diepgaande begrip en de acceptatie van het einde van het leven als een integraal onderdeel van de menselijke ervaring. Anekdotes van monniken die de overgang met kalmte en wijsheid tegemoet treden en lessen over vergankelijkheid en het belang om leven en dood met evenveel sereniteit te omarmen, overbrengen, zijn tastbare voorbeelden van hoe het zenboeddhisme deze kwestie benadert.

Samengevat wordt het perspectief van het levenseinde in het zenboeddhisme voorgesteld als een cruciaal moment van transformatie en mogelijkheid tot spirituele realisatie. Spirituele zenmeesters geven diepgaand onderricht over het overgangsproces naar de dood en het belang om deze overgang met bewustzijn en mededogen te benaderen, om zo de ziel voor te bereiden op de reis naar het Nirvana, de uiteindelijke staat van vrede en bevrijding.

Zenfilosofie en de uitdaging om het hiernamaals te begrijpen.

In de context van de Zen-filosofie vormt het idee van het hiernamaals een diepgaande en fundamentele uitdaging voor mensen die de aard van het bestaan na het aardse leven willen begrijpen. De spirituele zenmeesters onderwijzen dat de waarheid over het hiernamaals verder gaat dan woorden en rationele verklaringen. Ze nodigen uit tot directe ervaring en bewustwording van het mysterie van het hiernamaals.

In de zenpraktijk wordt het begrijpen van het hiernamaals niet bereikt door concepten of theorieën, maar eerder door persoonlijke verlichting en directe ervaring van de ultieme werkelijkheid. Zenmeesters zoals D.T. Suzuki, een invloedrijke 20e-eeuwse zendenker, benadrukten het belang van meditatie, mindfulness en zielsonderzoek als middelen om de mysteries van het hiernamaals te doorgronden en door te dringen tot de sluier van het bestaan na de dood.

Verhalen en anekdotes die in de zencontext zijn doorgegeven, bieden waardevolle inzichten in de uitdaging van het begrijpen van het hiernamaals voorbij woorden. Verhalen van zenmeesters die de dood met sereniteit en wijsheid tegemoet treden en accepteren, zoals meester Hakuin Ekaku, illustreren de beoefening van mindfulness en niet-gebondenheid als sleutels tot het begrijpen van de overgang naar het hiernamaals.

Wetenschappelijke studies over zenmeditatie hebben de voordelen van deze discipline bij de voorbereiding op het hiernamaals bevestigd. Ze leveren het bewijs van de effectiviteit van meditatie bij het bevorderen van innerlijke rust, bewustzijn van de dood en voorbereiding op de overgang na de aardse passage. Experimenten met zenbeoefenaars hebben positieve veranderingen aangetoond in de houding ten opzichte van de dood en de acceptatie van het onbekende.

Traditionele evenementen zoals de Zen theeceremonie en het Vesak festival, waarbij de geboorte, verlichting en dood van de Boeddha worden gevierd, zijn een leidraad in de beoefening van mindfulness bij het verlaten van het aardse leven. Deze vieringen bieden momenten van bezinning en contemplatie over het hiernamaals en de spirituele transformatie die leidt tot uiteindelijke bevrijding.

Concluderend daagt de zenfilosofie mensen uit om voorbij de beperkingen van woorden en conceptuele verklaringen te gaan en door te dringen tot de waarheid van het hiernamaals door middel van directe ervaring en diep bewustzijn. De spirituele zenmeesters leiden ons om voorbij de sluier van de dood te kijken en het mysterie van het bestaan na het aardse leven onder ogen te zien. Ze nodigen ons uit om de constante stroom van de werkelijkheid te omarmen en ons innerlijk met kalmte en bewustzijn voor te bereiden op de overgang naar het onbekende.

Kruimels van Zen-filosofie.

"Stilte is een bron van grote kracht." - Laozi.

"Kijk diep in de natuur en je zult alles beter begrijpen." - Albert Einstein.

"Als je de vijand kent en jezelf kent, hoef je niet bang te zijn voor de uitkomst van honderd veldslagen." - Sun Tzu.

"De reis van duizend mijl begint met één stap." - Laozi.

"Het menselijk hart is als een vaas met water. Als je water op tafel zet, neemt het de vorm van de vaas aan." - Zen.

"Het verleden is al voorbij en de toekomst is er nog niet. Er is alleen dit moment." - Boeddha.

"Zoek niet naar de waarheid, stop alleen met het hebben van verkeerde meningen." - Zen.

"Waarheid doorstaat de tand des tijds." - Zen.

"Vertel één leugen en al je waarheden zullen in twijfel worden getrokken." - Zen.

"Het geheim van de hele Boeddha is te weten dat de Boeddha geen geheimen heeft." - Zen Shin.

"Elke ochtend is een nieuw begin. Adem in en begin opnieuw." - Boeddha.

"Jezelf verliezen is de manier om jezelf te vinden." - Boeddha.

"In de geest van de beginner zijn er veel mogelijkheden, in de geest van de expert zijn er weinig." - Shunryu Suzuki.

"Als je loopt, loop dan. Als je eet, eet. Als je zit, zit." - Zen.

"Verandering is een deur die alleen van binnenuit geopend kan worden." - Zen.

"Als de vinger naar de maan wijst, kijkt de dwaas naar de vinger." - Zen

"De zon schijnt zonder onderscheid te maken tussen zwak en sterk." - Zen.

"De weg van het hart kent geen obstakels." - Zen.

"Zoek verlichting niet bij jezelf vandaan. Water dorst niet naar zichzelf." - Boeddha.

Confucianisme.

Het confucianisme, een filosofie en ethisch denksysteem met diepe wortels in China, biedt een uniek perspectief op het hiernamaals en het leven na de dood. Confucianistische doctrines benadrukken het belang van deugdzaamheid, moraliteit en het streven naar menselijke perfectie als basis voor het omgaan met het lot van de ziel na de fysieke dood.

Het confucianisme is gebaseerd op de leer van Confucius (551-479 v. Chr.), de Chinese filosoof en leraar wiens stelregels en leefregels de cultuur en samenleving van het Verre Oosten eeuwenlang hebben gevormd. Confucianisme benadrukt de ethiek van menselijke relaties, sociale harmonie en het streven naar morele perfectie als manieren om te handelen in overeenstemming met de Hemel en de weg (*Dao*) die het universum regeert.

In het confucianisme wordt het hiernamaals vaak gezien als een voortzetting van het aardse bestaan, waarbij de ethische en morele relaties die tijdens het leven zijn opgebouwd een belangrijke invloed hebben op het lot van de ziel. Confucius onderwees dat het individu moet leven in harmonie met de ethische principes van menselijkheid, rechtvaardigheid, eerlijkheid en respect om de ziel te cultiveren en voor te bereiden op de overgang na het aardse leven.

De klassieke werken van het confucianisme zoals de 'Vier Boeken' en de 'Vijf Klassieken' bevatten de morele leefregels, filosofische leerstellingen en stelregels van Confucius en zijn discipelen. Deze werken bieden sleutels tot het begrijpen van de Confucianistische visie op het hiernamaals en het spirituele pad van de ziel. Concepten zoals het belang van kinderlijke toewijding, respect voor ouderen en familietaken staan centraal in de Confuciaanse doctrine van het leven na de dood.

Studies naar de verspreiding en invloed van het confucianisme door de Chinese geschiedenis heen benadrukken de blijvende invloed van deze filosofie en haar leer over het hiernamaals binnen de oosterse cultuur. Historische gebeurtenissen zoals het ontstaan van rijken en dynastieën gebaseerd op Confuciaanse principes getuigen van de relevantie en het belang van deze denktraditie in de oosterse wereld.

Moderne spirituele meesters en geleerden, zoals Tu Weiming en Wing-tsit Chan, zijn Confuciaanse teksten en concepten met betrekking tot het hiernamaals blijven onderzoeken en interpreteren en bieden nieuwe perspectieven en inzichten in het begrip van het leven na de overgang volgens de Confuciaanse visie.

Tot slot biedt het confucianisme een unieke en diepgaande visie op het hiernamaals, gebaseerd op ethiek, moraliteit en het streven naar menselijke perfectie als basis voor de bestemming van de ziel na het aardse leven. Spirituele meesters en klassieke confucianistische teksten blijven generaties begeleiden in het nastreven van wijsheid en deugd als voorbereiding op de overgang naar het onbekende hiernamaals.

Confucianisme en het einde van het leven.

Het confucianisme, een van de oudste en invloedrijkste filosofieën van het Verre Oosten, biedt een heldere kijk op de aard van het leven na het overlijden. Deze spirituele traditie is gebaseerd op de leer van de Chinese filosoof Confucius (551-479 v. Chr.) en legt speciale nadruk op ethiek, moraliteit en menselijke relaties als de hoekstenen voor het begrijpen van het lot van de ziel na de fysieke dood.

Binnen het confucianisme wordt het einde van het leven beschouwd als een belangrijk overgangsmoment waarin het individu geconfronteerd wordt met zijn of haar spirituele bestemming op basis van de daden die hij of zij in het leven heeft verricht. Confucius onderwees dat respect voor autoriteit, de deugd van loyaliteit en het naleven van rituelen belangrijke elementen waren die het lot van de ziel na de dood beïnvloedden.

Confuciaanse klassiekers zoals de '*Vijf Klassieken*' en de '*Vier Boeken*' bevatten de ethische dictaten en stelregels van Confucius en zijn volgelingen en bieden zo een breed kader om het Confuciaanse concept van het einde van het leven te begrijpen. Concepten zoals het belang van rechtschapenheid (*yi*) en menselijkheid (*ren*) worden beschouwd als pijlers voor de juiste houding ten opzichte van het huidige en toekomstige leven.

Anekdotes over het leven en denken van Confucius, zoals zijn beschouwingen over het belang van kinderlijkheid en toewijding aan de familie, tonen de nadruk op de continuïteit van morele en sociale relaties na het aardse leven. Voorouderverering en begrafenisrituelen binnen de Confucianistische traditie zijn tastbare manifestaties van hoe het Confucianisme het onderwerp van het levenseinde benadert met respect en eerbied voor de doden.

Moderne geleerden zoals Tu Weiming, Yu Dan en Jeffrey Riegel hebben het begrip van het confucianisme en zijn benadering van het leven verdiept door middel van tekstuele analyses en filosofische interpretaties. Hun reflecties hebben geholpen om de Confucianistische kijk op de dood verder te verhelderen als een integraal onderdeel van een voortdurende cyclus van relaties en morele verplichtingen.

Historische gebeurtenissen, zoals de invloed van het confucianistische gedachtegoed op Chinese dynastieën en politieke instellingen, tonen de blijvende relevantie en invloed van deze filosofische traditie in het Verre Oosten. De voortdurende toepassing van confucianistische waarden in het dagelijks leven en het respect voor de continuïteit van menselijke en morele relaties vormen een belangrijke link met de confucianistische visie op het einde van het leven.

Concluderend biedt het confucianisme een uniek en substantieel perspectief op de aard van het levenseinde door zijn fundamentele principes van ethiek en moraliteit. Confucianistische spirituele meesters leiden ons naar een diepgaande en respectvolle interpretatie van de dood als een integraal onderdeel van een grotere morele en sociale orde en nodigen ons uit om een leven te leiden dat de ziel adequaat voorbereidt op haar bestemming na het overlijden.

Ervaringen vóór de dood en het hiernamaals in het confucianisme.

In het confucianisme is de benadering van bijna-dood ervaringen en het hiernamaals gebaseerd op een duidelijk en respectvol perspectief van de continuïteit van het leven en menselijke relaties na de aardse passage. In deze filosofische traditie wordt de dood benaderd met groot respect voor de doden en met de nadruk op het eren van de herinnering en de deugden van voorouders.

Confucius onderwees het belang van loyaliteit aan hen die ons zijn voorgegaan en van het onderhouden van goede interpersoonlijke relaties, zelfs in de periode na de dood. Deze benadering is van grote invloed op de interpretatie van bijna-doodervaringen en ervaringen na de dood binnen de Confucianistische visie.

Moderne geleerden van het Confucianisme, zoals Tu Weiming en Roger T. Ames, hebben het begrip verdiept van hoe deze traditie omgaat met de dood en bijna-dood ervaringen. Door de analyse van klassieke teksten en filosofische reflectie hebben zij geholpen om Confuciaanse perspectieven op het hiernamaals en het hiernamaals te belichten.

De voorouderverering, een centraal ritueel in het confucianisme, is een belangrijke uiting van respect voor de doden en de continuïteit van relaties na de dood. Deze rite benadrukt het belang van het eren van de herinnering en de deugden van voorouders, waardoor de band tussen verleden, heden en toekomstige generaties levend wordt gehouden.

Anekdotes over kinderlijke toewijding en respect voor ouders in verhalen uit de Confuciaanse traditie illustreren het belang van het bestendigen van de waarden en deugden van voorouders, zelfs in het hiernamaals.

Veel klassieke confucianistische teksten bevatten beschouwingen en leringen over het leven na de dood en de deugden die de bestemming van de ziel na de aardse doortocht leiden. Deze teksten bevatten ethische en morele voorschriften die wijzen op een pad van continuïteit en respect voor het leven en de herinnering aan de doden.

Uiteindelijk vindt men in het confucianisme een respectvolle en traditiegetrouwe kijk op het leven na de dood, gebaseerd op het belang van de continuïteit van menselijke relaties en het behoud van de morele leer van vorige generaties.

De verbinding tussen de zichtbare en onzichtbare wereld in het Taoïsme.

In het enorme panorama van opvattingen over leven na de dood onderscheidt het Taoïsme zich door zijn unieke en fascinerende perspectief op de verbinding tussen de zichtbare en onzichtbare wereld. In dit Oosterse filosofische en spirituele perspectief wordt het einde van het leven gezien als een transformatie en niet als het absolute einde van het bestaan.

Taoïsme is een oude Chinese traditie die zijn wortels heeft in de Tao Te Ching, toegeschreven aan Laozi (die leefde in en rond de 6e eeuw voor Christus).

Het taoïsme stelt een idee van continuïteit voor tussen de materiële en spirituele werelden, met het oog op wederzijds respect en harmonie. Volgens het taoïsme zijn er verschillende niveaus van realiteit die met elkaar verbonden zijn en is de dood slechts een overgang van het ene niveau naar het andere.

Spirituele meesters zoals Zhuangzi (die leefde in de 4e eeuw voor Christus) benadrukten de vloeibaarheid van het bestaan en de cyclische aard van leven en dood. Zhuangzi vertelt het verhaal van een man die droomde dat hij een vlinder was en zich bij het ontwaken afvroeg of hij een man was die droomde dat hij een vlinder was of een vlinder die droomde dat hij een man was, waarmee hij de illusoire aard van het onderscheid tussen leven en dood benadrukte.

In het Taoïsme spreken we vaak van Yin en Yang, twee elkaar aanvullende en onderling afhankelijke krachten die de essentie van het universum vormen. De dood wordt gezien als een integraal onderdeel van de levenscyclus, waarin de overgang van het zichtbare naar het onzichtbare een kans is voor transformatie en spirituele groei.

Hedendaagse studies over het taoïsme en het concept van de verbinding tussen de zichtbare en onzichtbare wereld hebben interessante correlaties aan het licht gebracht met moderne kwantumtheorieën over de onderlinge verbondenheid van het hele universum. Sommige wetenschappers hebben getheoretiseerd over de mogelijkheid dat het bewustzijn een vorm van energie is die de biologische dood overleeft, wat nieuwe perspectieven opent op het leven na de dood.

Concluderend biedt de taoïstische opvatting van de verbinding tussen de zichtbare en onzichtbare wereld stof tot diep nadenken over de aard van het bestaan en de continuïteit van de ziel na de dood. Door de woorden en leerstellingen van Oosterse spirituele meesters kunnen we nadenken over een nieuwe manier om het mysterie rond het einde van het leven en de mogelijkheden die daarbuiten liggen te begrijpen.

Het verdiepen van de verbinding tussen de zichtbare en onzichtbare wereld in het Taoïsme dompelt ons onder in een universum van symbolen, metaforen en praktijken die de harmonie tussen de mens en de kosmos benadrukken. Een centraal aspect van deze visie is de beoefening van meditatie, die ons in staat stelt de diepe onderlinge verbondenheid van alle dingen direct te ervaren en de barrières tussen het fysieke en spirituele vlak te overwinnen.

In de Taoïstische traditie doen verhalen de ronde over spirituele meesters als Laozi en Zhuangzi die, door meditatie en contemplatie van de natuur, niveaus van bewustzijn bereikten die hen in staat stelden de geheimen van het universum waar te nemen en te communiceren met de geesten van hun voorouders.

Een aantal hedendaagse geleerden, zoals de Chinese filosoof Chung-Ying Cheng, heeft het taoïstische concept van de verbinding tussen de zichtbare en onzichtbare wereld grondig geanalyseerd in het licht van de westerse filosofie en de moderne wetenschap. Cheng heeft benadrukt hoe het taoïsme een uniek perspectief biedt op de aard van de werkelijkheid en de relatie tussen de mens en het universum, door te suggereren dat de dood eerder gezien kan worden als een simpele transformatie van levensenergie dan als een definitief einde.

Verder heeft wetenschappelijk onderzoek naar bewustzijn en de ervaring aan de rand van de dood getuigenissen aan het licht gebracht van mensen die beweren mystiek-achtige ervaringen te hebben gehad tijdens bijna-dood gebeurtenissen, waarbij ze gevoelens van vrede, licht en verbinding met een hogere realiteit beschreven. Deze getuigenissen vinden een verrassende weerklank in beschrijvingen van verheven bewustzijnstoestanden in Oosterse spirituele tradities, waaronder het Taoïsme.

De verbinding tussen de zichtbare en onzichtbare werelden in het Taoïsme vormt dus een fascinerend punt van convergentie tussen oude wereldbeelden en moderne wetenschappelijke ontdekkingen. Deze verbinding biedt stof tot nadenken en contemplatie over de uiteindelijke zin van het leven en de mogelijkheid van een bestaan dat de grenzen van materie en tijd overstijgt.

Bij het verkennen van het onderwerp van het levenseinde en wat er daarna gebeurt, bieden oosterse culturen fascinerende inzichten die verweven zijn met diepgaande filosofische visies en suggestieve wetenschappelijke hypothesen. Onder deze visies valt het Taoïsme op door zijn opvatting over de verbinding tussen de zichtbare en onzichtbare wereld, die een brug vormt tussen oude wijsheid en modern wetenschappelijk onderzoek.

Een prominente figuur die heeft geholpen om dit verband te benadrukken is de theoretische natuurkundige Fritjof Capra, vooral bekend om zijn boek '*The Tao of Physics*' dat in 1975 werd gepubliceerd. In dit werk verkent Capra de parallellen tussen de principes van de kwantumfysica en de fundamentele concepten van het taoïsme, waarbij hij benadrukt hoe beide de fundamentele aard van de werkelijkheid en de rol van de waarnemer in het ontstaan ervan onderzoeken.

Het Taoïsme, met zijn oude wortels verloren in de nevelen van de tijd, stelt een dynamische en onderling verbonden opvatting van het universum voor, waarin het evenwicht tussen Yin en Yang de basis van het bestaan vormt. In deze visie wordt de dood gezien als een stadium van transformatie waarin levensenergie zichzelf bestendigt in een nieuwe vorm, waarbij de band met de zichtbare wereld behouden blijft.

Spirituele meesters zoals Zhuangzi en Laozi hebben leringen doorgegeven die het belang van harmonie tussen de mens en het universum benadrukken en die uitnodigen tot contemplatie van de natuurlijke stroom van leven en dood als onderdeel van een enkel cyclisch proces. Taoïstische praktijken, zoals meditatie en het zoeken naar innerlijke balans, dienen als een brug naar het waarnemen van de verbinding tussen het zichtbare en onzichtbare niveau van de werkelijkheid.

Naast oude tradities heeft ook modern wetenschappelijk onderzoek licht geworpen op de complexiteit van het bewustzijn en de mogelijkheid van een dimensie voorbij de materialiteit. Studies naar het bewustzijn na de dood en fenomenen zoals ervaringen aan de rand van het leven hebben getuigenissen naar voren gebracht van individuen die beweren dat ze een aparte staat van bewustzijn hebben waargenomen tijdens extreme momenten.

Samengevat vormt de verbinding tussen de zichtbare en onzichtbare werelden in het Taoïsme een brug tussen oude wijsheid en hedendaagse kennis, die inzichten biedt in het mysterie van het hiernamaals en de multidimensionale aard van het menselijk bestaan. Door de kruising van oude taoïstische leringen, wetenschappelijke studies en werken van auteurs als Fritjof Capra kunnen we dichter bij een dieper begrip komen van de aard van de werkelijkheid en onze plaats daarin.

Taoïstische monniken en hun reizen naar het hiernamaals. Een overzicht van mystieke ervaringen.

Een diepgaande blik op de mystieke ervaringen van Taoïstische monniken op hun reizen naar het hiernamaals biedt ons een fascinerend inzicht in vermeende contacten met het goddelijke en visioenen van werelden voorbij de aardse dimensie.

Taoïstische monniken, ondergedompeld in de praktijk van ascese, meditatie en spiritueel onderzoek, staan bekend om hun ervaringen van contact met de spirituele dimensie. Een van de beroemdste verhalen is dat van de taoïstische monnik Zhang Daoling, die in de 2e eeuw na Christus leefde en beweerde tijdens zijn diepe meditaties met de geesten van voorouders te hebben gecommuniceerd en naar het hiernamaals te zijn gereisd.

De Taoïstische monnik Zhang Daoling is een belangrijke figuur in de Taoïstische traditie vanwege zijn vermeende mystieke ervaringen en reizen naar het hiernamaals, die generaties spirituele beoefenaars hebben geïnspireerd. Zhang Daoling wordt beschouwd als de stichter van *het 'Religieus Taoïsme'*, bekend als *het 'Taoïsme van de School van Hemelse Meesters'*.

Volgens historische en legendarische verslagen stond Zhang Daoling bekend om zijn diepe spiritualiteit en ascetische praktijken gericht op het bereiken van een diepere verbinding met het goddelijke en de werelden voorbij de aardse dimensie.

Een van de hoogtepunten van Zhang Daoling's ervaringen betrof zijn reizen naar het hiernamaals, waar hij visioenen en openbaringen zou hebben gekregen over spirituele en metafysische zaken. Door deze ervaringen zou Zhang Daoling kennis en wijsheid hebben opgedaan die zijn spirituele praktijk en onderwijs aan zijn discipelen vorm zouden geven.

Het verhaal van Zhang Daoling en zijn reizen naar het hiernamaals is geworteld in de taoïstische traditie die gelooft in de doorgang van de ziel na de dood en de mogelijkheid van interactie met de geesten van voorouders en niet-materiële werelden. Deze mystieke ervaringen worden vaak geïnterpreteerd als bewijs van de vitaliteit en diepgang van de taoïstische spiritualiteit en bieden een intrigerend perspectief op de aard van de ziel en de continuïteit ervan na het aardse leven.

De visioenen en mystieke ervaringen van Taoïstische monniken zoals Zhang Daoling vertegenwoordigen een rijk en suggestief aspect van de Chinese spirituele traditie, die nog steeds een brede invloed uitoefent op mensen die op zoek zijn naar kennis van en verbinding met grotere dimensies van de werkelijkheid. Deze verhalen nodigen ons uit om de grens tussen het zichtbare en onzichtbare te verkennen en openen nieuwe perspectieven op leven, dood en het mysterie van het menselijk bestaan.

Door de eeuwen heen zijn er talloze verhalen over taoïstische monniken die beweren ervaringen te hebben gehad die verder gaan dan de alledaagse werkelijkheid, waarbij ze in trance-toestanden of extatische visioenen terechtkwamen waarin ze toegang kregen tot verborgen kennis en niet-tastbare dimensies. Deze verhalen zijn vaak doordrongen van symbolische en metaforische elementen die een andere en diepere werkelijkheid dan de zichtbare suggereren.

Studies naar deze ervaringen hebben veel belangstelling getrokken van hedendaagse geleerden in spiritualiteit en psychologie, die de aard en oorsprong van deze mystieke visioenen proberen te begrijpen. Sommige geleerden, zoals Carl Gustav Jung, hebben getheoretiseerd over het belang van deze ervaringen in de individuatie en integratie van de diepste delen van het zelf.

Het onderzoek naar de mystieke ervaringen van Taoïstische monniken biedt een mogelijkheid om na te denken over het concept van multidimensionale werkelijkheid en de mogelijkheid om ruimtes te verkennen die voorbij rationele kennis liggen. Wanneer deze ervaringen worden geïnterpreteerd in het licht van Taoïstische tradities, kunnen ze een complex web van symbolische en archetypische betekenissen onthullen die verweven zijn met onze perceptie van leven en dood.

Uiteindelijk vormen de mystieke ervaringen van taoïstische monniken op hun reizen naar het hiernamaals een fascinerend en raadselachtig hoofdstuk van de oosterse spiritualiteit. Ze bieden de mogelijkheid om de diepten van de menselijke ziel te verkennen en na te denken over de mogelijkheid van werelden en werkelijkheden die verder gaan dan wat we met onze materiële zintuigen waarnemen.

Shintoïsme.

Shintoïsme, een oude Japanse religie die geworteld is in de inheemse spirituele tradities van Japan, biedt een uniek perspectief op het onderwerp van het levenseinde en wat er na de dood gebeurt. Deze religieuze traditie, die diep verbonden is met de natuur en de kami (geesten of godheden), heeft door de eeuwen heen het geloof en de gebruiken van miljoenen mensen gevormd.

In het shintoïsme wordt de dood niet gezien als een definitief einde, maar als onderdeel van een voortdurende cyclus van wedergeboorte en transformatie. Shintobeoefenaars geloven dat iemands ziel zich na de dood kan verenigen met voorouderlijke geesten en een 'kami' kan worden, die het aardse leven blijft beïnvloeden en hun nakomelingen beschermt.

Een van de kenmerkende aspecten van het shintoïsme is het concept van zuiverheid en harmonie met de natuur en de aardgeesten. Deze diepe verbondenheid met de natuurlijke wereld beïnvloedt diepgaand het begrip van het Shintoïsme van het leven na de overgang, wat duidt op een onderlinge verbondenheid tussen het hiernamaals en het aardse leven.

Historische en mythische figuren in de Shinto-traditie, zoals de zonnegodin Amaterasu en de wind- en stormgod Susanoo, belichamen de natuurkrachten en vertegenwoordigen de aanwezigheid en invloed van de goden in de materiële wereld. Shinto-rituele praktijken en ceremonies zijn erop gericht deze kami te eren en te vereren, waardoor er een directe band ontstaat tussen het goddelijke en de mens.

Wetenschappers als John Breen en Mark Teeuwen hebben de overtuigingen en praktijken van het shintoïsme met betrekking tot de dood en het hiernamaals onderzocht en benadrukt hoe het shinto-begrip van de continuïteit van de ziel na de dood nauw verweven is met de visie op de onderlinge verbondenheid tussen levende wezens en etherische geesten.

John Breen en Mark Teeuwen zijn twee hedendaagse wetenschappers die zich hebben toegelegd op het analyseren van de overtuigingen en praktijken van het shintoïsme, waarbij hun aandacht uitging naar de visie op de dood en het hiernamaals binnen deze oude Japanse religieuze traditie. Hun onderzoek werpt licht op de Shinto-opvatting over de continuïteit van de ziel na de dood en biedt een diepere interpretatie van hoe deze religie omgaat met de overgang van het aardse naar het spirituele leven.

In het shintoïsme wordt de dood gezien als onderdeel van de natuurlijke cyclus van het bestaan en niet als een eindpunt. Shinto-geloven suggereren dat de ziel van een persoon kan blijven bestaan nadat hij het aardse leven heeft verlaten en een verbinding kan onderhouden met de geesten van voorouders en de goddelijke wereld. Deze kijk op de continuïteit van de ziel na de dood is fundamenteel in de context van het shintoïsme, dat veel waarde hecht aan de banden met de familiegeschiedenis en de geestenwereld.

Door middel van hun onderzoek en studies hebben Breen en Teeuwen rituele praktijken en manieren om met geesten te communiceren in de context van het shintoïsme geanalyseerd en benadrukt hoe deze een middel zijn om een band met voorouders en de bovennatuurlijke wereld in stand te houden, zelfs na de fysieke dood. Deze rituele praktijken worden gezien als manieren om de herinnering aan de overledenen te eren en levend te houden, zodat ze het leven van de levenden kunnen blijven beïnvloeden en beschermen.

Daarnaast onderzochten Breen en Teeuwen de symbolische en mythologische elementen die aanwezig zijn in het Shinto-geloof over de dood en het hiernamaals, waarbij ze benadrukten hoe deze voorstellingen bijdragen aan de vorming van de Shinto-opvatting over de ziel en haar bestemming na de dood. Het onderzoek van deze wetenschappers heeft bijgedragen aan een beter begrip van de Shinto-opvatting over de continuïteit van de ziel en benadrukte het belang van de banden tussen de levenden en de doden in de religieuze en spirituele praktijk van het Shintoïsme.

Uiteindelijk heeft het werk van John Breen en Mark Teeuwen een rijk en welbespraakt perspectief op Shinto's kijk op de dood en het hiernamaals aan het licht gebracht, waarbij de diepgaande verbinding tussen verleden, heden en toekomst in de spirituele en culturele opvatting van deze oude Japanse religieuze traditie wordt benadrukt.

Shinto heeft de Japanse cultuur en haar kijk op de dood en spiritualiteit diepgaand beïnvloed. Evenementen zoals Obon, een zomerfestival ter ere van de geesten van de doden, en zuiveringsrituelen in Shinto tempels zijn voorbeelden van praktijken die de band tussen de levenden en de doden levend houden.

Concluderend biedt het shintoïsme een rijke en veelzijdige kijk op het leven na de dood, waarbij het belang van de relatie tussen mensen, geesten en de natuur wordt benadrukt. Door zijn geloofsovertuigingen en praktijken nodigt het shintoïsme uit tot nadenken over de continuïteit van de ziel en de onderlinge verbondenheid tussen de zichtbare en onzichtbare sferen, en biedt het een uniek en diepgaand perspectief op de aard van leven en dood.

4 - ERVARINGEN ROND HET LEVENSEINDE.

"Je bent niet je lichaam. Bijna iedereen die een bijna-doodervaring heeft gehad, zal je vertellen dat ze een heel sterke perceptie hadden. In hun perceptie was de ziel, de geest, de persoonlijkheid, elk deel van zichzelf, volledig gescheiden van hun fysieke lichaam."

(Eben Alexander)

Hoofdstuk 7DE's: getuigenissen van een andere werkelijkheid.

"De bijna-doodervaring liet me zien dat het lichaam slechts een tijdelijk voertuig is voor onze ziel, die eeuwig is en verbonden met het oneindige universum."
(Raymond Moody)

In dit hoofdstuk duiken we in de ervaringen van de vroegtijdige dood en de getuigenissen van degenen die dicht bij de doorgang staan en ervaringen hebben gemeld die de gewone werkelijkheid te boven gaan.

Tijdens deze ervaringen spreken mensen vaak over het waarnemen van een intens licht, het buiten hun lichaam treden en het waarnemen van scènes die tot een andere dimensie lijken te behoren. Veel verslagen bevatten beschrijvingen van een tunnel die naar een plaats leidt die gevuld is met rust en vrede. *Bijna-doodervaringen*, ook wel *bijna-doodervaringen* (BDE's) genoemd, zijn in de loop der jaren door verschillende onderzoekers bestudeerd.

Een studie van Dr. Raymond Moody, een psychiater en filosoof, hielp om de interesse in NDE's te verspreiden. Moody interviewde talloze mensen die bijna-dood ervaringen hadden meegemaakt en beschreef hun verhalen in zijn boek *Life After Life*. Andere wetenschappers, zoals Dr. Elisabeth Kübler-Ross, hebben het onderwerp van bijna-dood ervaringen behandeld als onderdeel van hun werk over dood en sterven.

Ervaringen aan het einde van het leven zijn een fenomeen dat debatten en vragen oproept. Terwijl sommige sceptici deze ervaringen proberen te verklaren door biologische oorzaken of neurale processen, beweren anderen dat ze een vooruitblik kunnen zijn op het leven na het overlijden. Verhalen over ervaringen aan het einde van het leven zijn suggestief en kunnen interessante inzichten verschaffen in het bestaan van een werkelijkheid voorbij het einde van het aardse leven.

Ervaringen rond het levenseinde bieden een uniek perspectief op de overgang en het voortbestaan van de ziel in de context van kwantummetafysica. Ze vormen een intrigerend onderwerp dat traditionele opvattingen over de werkelijkheid uitdaagt en ons uitnodigt om de onderlinge verbondenheid van geest, bewustzijn en het universum te onderzoeken.

Buiten-lichamelijke ervaringen. Onthechting van het lichaam als bewijs van overleven

Buitenlichamelijke ervaringen, een fascinerend en controversieel fenomeen, hebben eeuwenlang diepe interesse gewekt in de wetenschappen van de geest, filosofie en spiritualiteit. De getuigenissen van mensen die beweren dat ze uit hun lichaam zijn getreden tijdens bijna-dood situaties of in veranderde bewustzijnstoestanden, openen debatten over de aard van de geest, het bewustzijn en zelfs het leven na de dood.

Bij het verkennen van de ader van buitenlichamelijke ervaringen komen we tal van emblematische gevallen tegen die het publiek en de wetenschappelijke gemeenschap hebben gefascineerd. Een beroemd geval is dat van Pam Reynolds, een patiënte die in 1991 werd geopereerd aan een hersenaneurysma. Tijdens de operatie beweerde Reynolds uit haar lichaam te zijn gestapt en de scène van bovenaf te hebben geobserveerd, waarbij ze in detail de instrumenten beschreef die de artsen gebruikten en de gesprekken die tijdens de operatie plaatsvonden. Deze getuigenis voedde het debat over de echtheid van buitenlichamelijke ervaringen.

Verwijzingen naar soortgelijke ervaringen zijn ook te vinden in historische contexten. Plato vertelt in zijn werk 'Phaedo' over de mythe van Er, waarin een krijger weer tot leven kwam nadat hij voor dood was opgegeven, en hij vertelde over een reis naar Hades waar hij zielen in overgang observeerde.

In de Platonische dialoog komt Er, een soldaat die stierf in de strijd, op wonderbaarlijke wijze weer tot leven nadat hij twaalf dagen voor dood is achtergelaten. Gedurende deze tijd vertelt Er over zijn reis naar Hades, het dodenrijk in de Griekse mythologie, waar hij getuige was van een merkwaardig schouwspel: de zielen van de doden wachtten op een goddelijk oordeel dat hun toekomstige lot bepaalde.

Plato introduceert via het verhaal van Er concepten als de transmigratie van de ziel, kosmische rechtvaardigheid en de mogelijkheid dat morele keuzes het postmortale lot van het individu beïnvloeden. Hoewel deze mythe een literaire en filosofische constructie is, heeft hij de westerse opvattingen over het leven na de dood en de transcendente dimensies van het bestaan diepgaand beïnvloed.

De mythe van Er is niet het enige verhaal dat gaat over de reis naar het hiernamaals en postmortale ervaringen. In veel culturele en religieuze tradities vinden we soortgelijke verhalen over een dodenrijk, een laatste oordeel en een bestemming voor zielen na de dood.

In het oude Egypte bijvoorbeeld geven het Dodenboek en overtuigingen over het leven na de dood een fascinerende beschrijving van hoe de Egyptenaren dachten over de overgang naar het hiernamaals en het belang van begrafenispraktijken om een gelukkig en eeuwig bestaan na de dood te garanderen.

De mythe van Er en soortgelijke historische verhalen voeden filosofische en wetenschappelijke beschouwingen over het voortbestaan van de ziel en de mogelijkheid van een bestaan na de fysieke dood. Van Aristoteles tot Kant en van Freud tot Jung hebben filosofen en psychologen het dilemma van het leven na de dood vanuit verschillende perspectieven benaderd en vragen gesteld over de zin van het bestaan en de aard van het zijn.

In onze tijd bieden studies naar bewustzijn, kwantumfysica en parapsychologie inzichten in het mysterie van leven na de dood. Experimenten vóór de dood, zoals die van Dr. Sam Parnia, onderstrepen de noodzaak van een strenge wetenschappelijke benadering om het fenomeen van buitenlichamelijke ervaringen en terminale visioenen te onderzoeken.

Plato's mythe Er en soortgelijke mythologieën onderstrepen de alomtegenwoordigheid van reflecties en verhalen over het hiernamaals in verschillende culturen en menselijke tradities. Deze verhalen fungeren als een brug tussen heden en verleden, tussen het literaire en het filosofische, en openen nieuwe perspectieven op de verkenning van het grootste mysterie dat de mens zich ooit heeft gesteld: wat er na de dood gebeurt.

Verschillende moderne geleerden, zoals Dr. Raymond Moody, auteur van het beroemde boek 'Life After Life', en Dr. Eben Alexander, een Amerikaanse neurochirurg, hebben uitgebreid onderzoek gedaan naar buiten-lichamelijke ervaringen. Moody heeft duizenden mensen geïnterviewd die bijna-doodervaringen hebben gehad, hij heeft gewezen op overeenkomsten in de verhalen en hij heeft hypotheses voorgesteld over de aard van het bewustzijn.

Alexander deelde op zijn beurt zijn eigen bijna-doodervaring na een ernstige bacteriële hersenvliesontsteking, waarbij hij beweerde naar een buitenwereldse wereld te zijn gereisd en een realiteit te hebben ervaren voorbij het aardse leven, zij het in een staat van diepe coma.

Vanuit filosofisch en transcendentaal perspectief roepen buiten-lichamelijke ervaringen diepgaande vragen op over de aard van de werkelijkheid, de ziel en het verband tussen geest en lichaam. Filosofen als Descartes theoretiseerden over de scheiding van geest en lichaam en openden zo beschouwingen over het dualisme dat ons bestaan doordringt.

In het spirituele rijk overwegen tradities zoals het sjamanisme, boeddhisme en hindoeïsme de mogelijkheid van het verlaten van de gewone werkelijkheid en zielenreizen naar onzichtbare werelden.

Buitenlichamelijke ervaringen vormen een fascinerend en complex hoofdstuk in de verkenning van de relatie tussen geest, lichaam en dimensies buiten ons rationele begrip. Terwijl de wetenschap dergelijke fenomenen probeert te verklaren aan de hand van neurologische en psychologische mechanismen, zetten persoonlijke verhalen en filosofische reflecties ons aan om mogelijkheden te overwegen die verder gaan dan ons huidige begrip van de kosmos.

NDE's en soortgelijke vormen.

BDE's worden vaak beschreven als uittredingservaringen waarbij een persoon in levensgevaar zich in een toestand van klinische dood of op handen zijnde dood bevindt. Tijdens deze ervaring rapporteren mensen een reeks buitengewone gewaarwordingen en percepties die de fysieke dimensie lijken te overstijgen. Ze hebben het over ontmoetingen met intens licht, tunnels, paradijselijke landschappen, ontmoetingen met spirituele wezens en een gevoel van vrede, liefde en universele verbondenheid.

Een van de eerste geleerden die onderzoek deed naar BDE's was Dr. Raymond Moody, die in zijn boek '*Life After Life*' uit 1975 de verslagen analyseerde van patiënten die een naderende dood hadden ervaren. Moody vond opmerkelijke overeenkomsten in de verslagen en wees op gemeenschappelijke elementen zoals de perceptie van het verlaten van het lichaam, het reizen door een tunnel en ontmoetingen met spirituele wezens. Deze getuigenissen verrasten en intrigeerden de academische wereld en gaven de aanzet tot een nieuwe onderzoeksrichting.

Verdere studies zijn uitgevoerd door onderzoekers zoals Dr. Pim van Lommel, cardioloog en auteur van het boek '*Consciousness Beyond Life*', gepubliceerd in 2010. Van Lommel onderzocht patiënten die ervaringen van een naderende dood hadden gerapporteerd tijdens episodes van hartstilstand. Uit zijn onderzoek bleek dat een significant percentage van de patiënten een verhoogde intensiteit van bewustzijn en bewustzijn rapporteerde tijdens de periode waarin hun hersenen inactief zouden moeten zijn. Deze resultaten wijzen op de mogelijkheid dat het bewustzijn overleeft, zelfs wanneer de hersenfuncties lijken te zijn opgeschort.

Er zijn ook voorbeelden van NDE-achtige ervaringen in andere culturen en spirituele tradities. In het Tibetaans boeddhisme en het *Bardo Thodol,* bekend als het *Tibetaanse Dodenboek,* zijn er bijvoorbeeld beschrijvingen van transcendente ervaringen en visioenen die plaatsvinden tijdens de overgang van leven naar dood.

Deze verslagen, die eeuwen oud zijn, benadrukken de aanwezigheid van elementen die vergelijkbaar zijn met de huidige BDE's in menselijke ervaringen van de confrontatie met de dood.

De term '*Bardo*' verwijst naar een tussenstaat tussen dood en wedergeboorte, een fase waarin de ziel verschillende bestaansniveaus doorloopt. Volgens de Tibetaans boeddhistische kosmologie ervaart de ziel in deze periode visioenen en manifestaties die het karma en de mentale conditionering weerspiegelen die tijdens het aardse leven zijn opgebouwd. Deze overgangsstaat biedt de mogelijkheid om ultieme bevrijding te bereiken, maar kan ook gekenmerkt worden door illusies en angsten die voortkomen uit de passies en gehechtheden van de overledene.

De *Bardo Thodol* is een oude en vereerde tekst die de ziel begeleidt op haar reis door de verschillende bewustzijnstoestanden die volgen op de dood. Door middel van gedetailleerde beschrijvingen van transcendente ervaringen, visioenen en ontmoetingen met symbolische figuren, biedt het boek een kaart om de ziel door het labyrint van het hiernamaals te leiden, zodat ze de illusies en verleidingen die haar spirituele bevrijding bedreigen kan overwinnen.

De ervaringen beschreven in het Thodol bardo vertonen interessante parallellen met verslagen van BDE's uit het Westen. Zo zijn bijvoorbeeld de waarneming van een helder licht, het gevoel los te komen van iemands lichaam en ontmoetingen met engelachtige of krijgersfiguren terugkerende elementen in zowel BDE's als visioenen die worden verteld in het Tibetaanse Dodenboek. Deze vergelijkbare bevindingen onderstrepen de universaliteit van bepaalde menselijke ervaringen die culturele en religieuze verschillen overstijgen.

De verkenning van NDE-achtige ervaringen in spirituele culturen zoals het Tibetaans Boeddhisme benadrukt de complexiteit en rijkdom van opvattingen over het hiernamaals en de aard van de overgang van leven naar dood. Deze getuigenissen nodigen ons uit om na te denken over concepten als de continuïteit van de ziel, de aard van de ervaring na de dood en de mogelijkheid van transcendentie na de cyclus van geboorte en dood. Ze confronteren ons met diepgaande uitdagingen en vragen over de uiteindelijke aard van de werkelijkheid en het bewustzijn, en werpen een nieuw licht op het mysterie van de overgang voorbij de drempel van het aardse leven.

Geleerden zoals de beroemde Zwitserse psychiater Carl Gustav Jung hebben het concept van archetypen onderzocht die aanwezig zijn in bijna-doodervaringen en benadrukten hun resonantie met Oosterse spirituele tradities.

In een wereld die steeds meer gericht is op wetenschappelijke rationaliteit, werpt de analyse van NDE-achtige ervaringen in verschillende culturen en spirituele tradities een nieuw licht op het mysterie van leven en dood. Door verhalen, visioenen, wetenschappelijke en filosofische hypotheses met elkaar te verweven, ontstaan bruggen die het menselijke met het goddelijke verbinden, het tijdelijke met het eeuwige, en die de weg openen naar een dieper begrip van het einde van het leven en wat er zou kunnen gebeuren na de laatste doortocht.

Als je de verhalen van BDE's vergelijkt met de transcendentale visioenen van spirituele tradities zoals het Tibetaans boeddhisme, word je geconfronteerd met een universum van suggesties die conventionele opvattingen over leven en dood uitdagen. Deze interdisciplinaire dialoog tussen wetenschap, spiritualiteit en filosofie opent nieuwe perspectieven op de aard van het bestaan en de continuïteit van de ziel, en nodigt ons uit om na te denken over wat het mysterieuze hiernamaals dat de reiziger voorbij de laatste drempel van het aardse leven te wachten staat, kan inhouden.

De wetenschap heeft met verschillende theorieën geprobeerd om BDE's te verklaren. Sommige wetenschappers suggereren dat ervaringen van een naderende dood het gevolg zouden kunnen zijn van chemische reacties in de hersenen tijdens situaties van stress of zuurstoftekort. Anderen stellen voor dat een BDE het gevolg is van de activering van specifieke hersencircuits die gevoelens van intimiteit, welzijn en universele verbondenheid opwekken. Er is echter nog steeds geen definitieve verklaring die de uitgebreidheid en uniciteit van deze ervaringen volledig weergeeft.

Evenementen zoals het International Congress on Near Death Experiences (INES) hebben deskundigen en mensen die soortgelijke ervaringen hebben gehad de gelegenheid geboden om samen te komen. Op deze evenementen kwamen wetenschappers, onderzoekers en getuigen samen om hun verhalen en theorieën over NDE's te delen, wat de weg vrijmaakte voor een stimulerende interdisciplinaire dialoog.

Concluderend kunnen we stellen dat ervaringen van een naderende dood en soortgelijke vormen ons begrip van de werkelijkheid en het bewustzijn blijven uitdagen. Dankzij de studies van wetenschappers als Moody en van Lommel zijn we begonnen deze fenomenen uit te diepen en proberen we wetenschappelijke en filosofische verklaringen te vinden. Toch blijven BDE's nog steeds een grotendeels onverklaard mysterie en alleen door verder onderzoek kunnen we misschien komen tot een vollediger begrip van deze buitengewone ervaringen.

Meest invloedrijke denkers en wetenschappers over postmortale ervaringen.

Er zijn verschillende denkers en geleerden die een grote invloed hebben gehad op het gebied van ervaringen na de dood en NDE's (*Bijna-Dood Ervaringen*). Hier zijn enkele van de meest invloedrijke denkers over dit onderwerp:

Raymond Moody.

Raymond Moody, auteur van het boek '*Life After Life*' dat in 1975 verscheen, wordt beschouwd als een van de belangrijkste pioniers in de wetenschappelijke studie van bijna-doodervaringen. Hij heeft aanzienlijk bijgedragen aan het onder de aandacht brengen van het onderwerp NDE's bij het publiek en de wetenschappelijke gemeenschap.

In het eerder genoemde boek analyseerde Moody de getuigenissen van patiënten die een naderende dood meemaakten. Zijn onderzoek onthulde gemeenschappelijke elementen tussen deze ervaringen, zoals het gevoel het lichaam te verlaten, reizen door een tunnel en ontmoetingen met spirituele wezens. Moody stelde de hypothese voor dat deze ervaringen het bewijs zijn dat de ziel de dood van het lichaam overleeft en dat er een andere dimensie van de werkelijkheid is dan de fysieke.

Elisabeth Kübler-Ross.

Elisabeth Kübler-Ross staat vooral bekend om haar werk over de stadia van rouw, maar ze heeft ook ervaringen van een naderende dood bestudeerd en bijgedragen aan een beter begrip van de ervaring van de overgang naar de dood.

Kenneth Ring.

Een andere prominente geleerde is Dr. Kenneth Ring, auteur van het boek '*NDE's: bewijs van leven na het overlijden*', dat in 1980 werd gepubliceerd. Ring heeft uitgebreid onderzoek gedaan naar mensen die een naderende dood hebben meegemaakt en heeft een aantal transformerende effecten geïdentificeerd die deze ervaringen kunnen hebben op het leven van mensen. Hij introduceerde het concept van het 'NDE-effect', dat de positieve veranderingen beschrijft in het perspectief op het leven, het gevoel van universele verbondenheid en het verlies van de angst voor het heengaan die vaak optreden na zo'n ervaring. De theorieën van Ring vormden een solide basis voor verder onderzoek naar de spirituele en psychologische implicaties van een BDE.

De vijf stadia van Kenneth Ring.

De vijf stadia van Kenneth Ring verwijzen naar een patroon van ervaringen die worden ervaren door mensen die bijna-dood ervaringen hebben gehad, zoals beschreven door psycholoog Kenneth Ring. De stadia zijn als volgt:

1-Sensaties van vrede en welzijn.
Deze fase begint met een gevoel van diepe vrede en afwezigheid van pijn. Mensen die een NDE-ervaring hebben gehad, beschrijven vaak een gevoel van kalmte en rust.

2-Ervaring met tunneling of tunnelperceptie
In dit stadium beschrijven mensen het gevoel door een donkere tunnel te gaan. Deze tunnel kan gezien worden als een doorgang naar een andere dimensie of realiteit.

3- Ontmoetingen met spirituele wezens of gidsen.
Tijdens deze fase kunnen mensen melden dat ze spirituele wezens, gidsen of overleden dierbaren tegenkomen. Deze ontmoetingen worden vaak beschreven als liefdevol en geruststellend.
4-Herzien van iemands leven.
In deze fase herbeleven mensen de hoogtepunten van hun leven en zien ze vaak een onbevooroordeelde analyse van hun eigen daden en de gevolgen daarvan voor anderen. Deze terugblik kan leiden tot meer begrip en spirituele groei.

5-De terugkeer.
In de laatste fase beschrijven mensen die een NDE-ervaring hebben gehad de terugkeer naar hun fysieke lichaam en het daaropvolgende ontwaken. Deze terugkeer kan gepaard gaan met gemengde gevoelens, zoals verdriet over het moeten verlaten van de spirituele ervaring en een verlangen om wat ze hebben ervaren met anderen te delen.

Deze fasen zijn in veel NDE-ervaringen waargenomen en hebben bijgedragen aan een gemeenschappelijk patroon van wat mensen in deze ervaringen meemaken.

Michael Sabom en de drie ervaringscategorieën.

Michael Sabom is een cardioloog en onderzoeker die NDE-ervaringen heeft bestudeerd. Sabom heeft een verdeling van de BDE-ervaringen in drie hoofdcategorieën voorgesteld, gebaseerd op de gemeenschappelijke kenmerken die gevonden worden in de verslagen van mensen die dergelijke ervaringen hebben gehad. De drie categorieën van BDE's volgens Michael Sabom zijn:

Cognitief.
Cognitieve NDE-ervaringen richten zich op het element van het verkrijgen van kennis of begrip tijdens de ervaring. Mensen beschrijven het ontvangen van informatie met een helderheid en diepgang die niet typerend is voor hun alledaagse

levenservaring. Ze kunnen verklarende visioenen krijgen over gebeurtenissen in het verleden of de toekomst, of een nieuw bewustzijn en begrip krijgen van hun eigen bestaan en doel.

Emotioneel.

Emotionele NDE-ervaringen richten zich op de intense emoties en gevoelens die mensen ervaren. Deze emoties omvatten vaak een gevoel van vrede, onvoorwaardelijke liefde, vreugde en verbondenheid met het universum of spirituele entiteiten. Mensen die emotionele BDE-ervaringen meemaken, melden vaak een diepgaande transformatie van hun emoties en de manier waarop ze zichzelf en de wereld waarnemen.

Buitenzintuiglijke waarnemingen.

Bij BDE-ervaringen met buitenzintuiglijke waarnemingen gaat het om het vermogen om informatie buiten de conventionele vijf zintuigen waar te nemen. Mensen die dergelijke ervaringen hebben, kunnen beschrijven dat ze gebeurtenissen zien of horen die buiten hun visuele of auditieve bereik liggen, dat ze telepathisch communiceren met andere entiteiten of dat ze een intuïtieve waarneming hebben van anders ontoegankelijke concepten.

De categorisering die Michael Sabom voorstelt, biedt een manier om de verschillende dimensies en typen van NDE-ervaringen te onderzoeken en om de complexiteit van deze ervaringen beter te begrijpen, voorbij eenvoudige verhalen over ontmoetingen met het hiernamaals.

Bruce Greyson.

Een andere prominente figuur op het gebied van BDE's is Dr. Bruce Greyson, die bekend staat om zijn onderzoek naar de ervaring van individuen in het aangezicht van de dood. Greyson heeft talloze onderzoeken gedaan naar patiënten die een BDE hebben meegemaakt en heeft ontdekt dat deze ervaringen een grote invloed hebben op de psychologie van mensen. Hij heeft gemerkt dat mensen meer zin in het leven krijgen, dankbaarder zijn, een hernieuwde band met anderen hebben en meer compassie voelen. Greyson's theorieën suggereren dat een BDE kan duiden op de aanwezigheid van iets groters en mysterieuzers dat ons begrip van de fysieke werkelijkheid te boven gaat.

De vier categorieën van Bruce Greyson.

Bruce Greyson bestudeerde bijna-doodervaringen (BDE's) en stelde een onderverdeling van BDE's in vier hoofdcategorieën voor, gebaseerd op de gemeenschappelijke kenmerken in de verslagen van mensen die dergelijke ervaringen hebben gehad. De vier categorieën van BDE's volgens Bruce Greyson zijn:

Cognitieve ervaringen.

Deze categorie betreft BDE-ervaringen die gekenmerkt worden door een toename in intellect of bewustzijn. Mensen die een cognitieve BDE meemaken, kunnen een toegenomen mentale helderheid, diep begrip, het vermogen om complexe problemen op te lossen of kennis te verwerven die hun gewone levenservaring te boven lijkt te gaan, beschrijven.

Affectieve ervaringen.
In affectieve ervaringen van een BDE beschrijven mensen intense emoties, gevoelens van vrede, onvoorwaardelijke liefde, diepe vreugde of spirituele verbondenheid. Deze ervaringen kunnen leiden tot blijvende veranderingen in de manier waarop mensen zichzelf en de wereld om hen heen waarnemen.

Paranormale ervaringen.
NDE-ervaringen met paranormale elementen omvatten fenomenen als buitenzintuiglijke waarnemingen, precognitieve visioenen, uittredingservaringen of ontmoetingen met spirituele entiteiten. Deze ervaringen dagen conventionele verklaringen uit en openen de deur naar een breder begrip van de werkelijkheid.

Transcendente ervaringen.
Transcendente ervaringen van een BDE gaan gepaard met de waarneming van werkelijkheden of dimensies voorbij de bekende. Mensen die transcendente ervaringen hebben, kunnen gevoelens beschrijven van eenheid met het universum, momenten van mystieke extase, of de sensatie van samensmelting met de goddelijke of kosmische essentie.

De categorisering die Bruce Greyson voorstelt, biedt een kader voor het onderzoeken en begrijpen van de verschillende facetten en soorten NDE-ervaringen, en laat zien hoe deze ervaringen niet alleen cognitieve en emotionele aspecten kunnen bevatten, maar ook paranormale en transcendentale dimensies die onze normale opvattingen over de werkelijkheid op de proef stellen.

Ian Stevenson.

Dr. Ian Stevenson was een eminent psychiater en onderzoeker die bekend stond om zijn pionierswerk op het gebied van NDE's en in het bijzonder om zijn onderzoek naar herinneringen van voor de geboorte en uit het verleden.

Ian Stevenson werd beroemd door zijn werk in het bestuderen van gevallen van vermeende reïncarnaties en herinneringen aan vorige levens bij individuen uit verschillende culturen en delen van de wereld. Hij besteedde vele jaren aan het verzamelen en in detail analyseren van de verhalen van kinderen die beweerden zich specifieke details van hun vermeende vorige levens te herinneren, vaak met verbazingwekkende nauwkeurigheid.

Met zijn werk heeft Ian Stevenson getracht wetenschappelijke nauwkeurigheid toe te passen op het onderzoek naar fenomenen die onze normale opvattingen over tijd, ruimte en persoonlijke identiteit op de proef stellen. Zijn onderzoek bestond uit het vergelijken van details die door proefpersonen werden gegeven met verifieerbare feiten en het vergelijken van mogelijke psychologische, alternatieve en bovennatuurlijke verklaringen voor deze schijnbaar onverklaarbare verschijnselen.

Stevensons methodologie en wetenschappelijke benadering hebben ervoor gezorgd dat zijn werk alom gerespecteerd en besproken wordt op het gebied van onderzoek naar paranormale verschijnselen en bewustzijn. Hij heeft talloze studies en boeken gepubliceerd over de gevallen die hij heeft onderzocht en zijn observaties over de implicaties van dergelijke fenomenen voor ons begrip van de menselijke natuur en het bestaan zelf.

Ian Stevenson is een belangrijke figuur geweest op het gebied van de parapsychologie en het onderzoek naar verschijnselen na het leven, en heeft belangrijke vragen opgeworpen over de mogelijkheden van een voortzetting van het bewustzijn na het aardse leven. Zijn onderzoek heeft geïnspireerd tot verder onderzoek en discussie over de mysteries van bewustzijn, geheugen en het voortbestaan van de ziel, en opent nieuwe perspectieven en benaderingen bij het verkennen van de uitgestrektheid van de menselijke ervaring.

Michael Newton.

Michael Newton is een psycholoog en auteur die beroemd is om zijn studies over hypnotische regressies die herinneringen aan vorige levens en ervaringen na de dood aan het licht hebben gebracht. Zijn bekendste boeken, Journey of Souls en *Destiny of Souls*, bieden een diepgaande verkenning van de ervaringen van de ziel tussen de levens in en onthullen verrassende details over het reïncarnatieproces en spirituele evolutie.

Door zijn regressiehypnosesessies met honderden mensen heeft Michael Newton een gedetailleerd beeld gekregen van de ervaringen van zielen na de fysieke dood en vóór de daaropvolgende incarnatie. De verzamelde getuigenissen schetsen een spirituele reis door verschillende stadia en omgevingen, en onthullen een schijnbaar samenhangende organisatie en structuur achter de sluier van onze aardse ervaring.

Het '*evoluerende ziel*' perspectief dat Newton voorstelt is gebaseerd op zijn studies en de getuigenissen van proefpersonen in een hypnotische toestand, die spreken over ontmoetingen met spirituele gidsen, terugblikken op vorige levens, leer- en spirituele groeiomgevingen, evenals de selectie van nieuwe aardse ervaringen voor de vooruitgang van de ziel.

Michael Newtons onderzoek heeft bijgedragen aan een bredere en meer gedetailleerde kijk op de cyclus van leven en dood, waarbij concepten van reïncarnatie, spirituele evolutie en continuïteit van de ziel door verschillende bestaansvormen zijn geïntegreerd. Zijn werk heeft velen geïnspireerd om de aardse ervaring in een bredere context te zien en de diepten van hun eigen spiritualiteit en bewustzijn te verkennen.

Door zijn werk heeft Michael Newton een rijk en boeiend kader geschapen voor het begrijpen van de complexiteit van ons bestaan en de verborgen betekenis achter levensovergangen. Zijn onderzoek heeft belangrijke discussies over het mysterie van de ziel aangewakkerd en de deur geopend naar een diepere contemplatie van ons doel en onze verbinding met het goddelijke universum van het bestaan.

Pim van Lommel.

Pim van Lommel is een gerenommeerde Nederlandse cardioloog die bekend staat om zijn werk op het gebied van bijna-doodervaringen en BDE's. Hij is de auteur van het boek '*Consciousness Beyond Life: The Near-death Experience*', waarin hij de resultaten uiteenzet van zijn onderzoek en klinische observaties van de bijna-doodervaringen van patiënten die een hartstilstand hebben overleefd.

Van Lommel voerde een langdurig en diepgaand onderzoek uit bij patiënten die tijdens een hartstilstand een bijna-doodervaring hadden. In zijn onderzoek bestudeerde hij de subjectieve ervaringen die de patiënten rapporteerden, inclusief details zoals het verlaten van het lichaam, het zien van een helder licht, ontmoetingen met spirituele wezens, het overzien van iemands leven en het voelen van vrede en welzijn.

Een van de belangrijkste conclusies van van Lommel is dat bijna-doodervaringen bewijs bieden voor het bestaan van bewustzijn onafhankelijk van het fysieke brein en de mogelijkheid suggereren van een continuïteit van bewustzijn, zelfs na de dood van het lichaam. Dit perspectief heeft belangrijke implicaties voor ons begrip van de aard van bewustzijn, dood en leven na de dood.

Het werk van Pim van Lommel heeft een belangrijke bijdrage geleverd aan de wetenschappelijke literatuur over bijna-doodervaringen en heeft interesse en debat gewekt in wetenschappelijke en spirituele kringen. Zijn onderzoek ondersteunt het idee dat BDE-ervaringen een venster kunnen bieden op een werkelijkheid die breder en complexer is dan we gewend zijn waar te nemen, en roept belangrijke vragen op over de aard van het bewustzijn en het bestaan na het aardse leven.

Eben Alexander.

Eben Alexander is neurochirurg en schrijver van het boek 'Proof of Heaven', waarin hij vertelt over zijn persoonlijke ervaring met een BDE. Alexanders verhaal is beroemd geworden vanwege het unieke karakter ervan, omdat hij een medisch scepticus is over BDE-ervaringen. Hij had echter zelf een buitengewone ervaring tijdens een virale encefalitis die hem in 2008 op het randje van de dood bracht.

In het eerder genoemde boek beschrijft Eben Alexander zijn ervaring tijdens de door encefalitis veroorzaakte coma, waarin hij beweert te zijn gekatapulteerd naar een paradijselijk rijk vol licht, schoonheid en onvoorwaardelijke liefde. Tijdens deze ervaring beweert Alexander ontmoetingen te hebben gehad met spirituele wezens, omgeven te zijn geweest door een gevoel van vrede en een diepe verbinding met het universum te hebben ervaren.

Het perspectief van Eben Alexander is uniek omdat hij, als arts, zijn wetenschappelijke en rationele opleiding gebruikte bij het evalueren en interpreteren van zijn eigen ervaring met een BDE. Dit maakte zijn getuigenis bijzonder intrigerend voor velen, omdat hij probeerde zijn persoonlijke ervaring te integreren met zijn wetenschappelijke begrip van de wereld.

Het verhaal van Eben Alexander heeft debat en reflectie aangewakkerd op het gebied van bijna-doodervaringen en heeft de vraag naar de verenigbaarheid tussen wetenschap en spirituele ervaringen op de voorgrond geplaatst. Ondanks tegenstrijdige meningen over zijn ervaring, heeft het relaas van Alexander geholpen om een groter bewustzijn te creëren over het onderwerp van BDE's en heeft het veel specialisten geïnspireerd om ervaringen buiten het aardse leven te bestuderen...

Melvin Morse.

Melvin Morse is een kinderarts die bekend staat om zijn werk op het gebied van NDE's en bijna-doodervaringen bij kinderen, waarbij hij onderzoekt hoe dergelijke ervaringen hun wereldbeeld en hun emotionele en spirituele welzijn kunnen beïnvloeden. Door zijn onderzoek heeft Morse getracht de impact van deze ervaringen op kinderen en hun families beter te begrijpen en biedt hij unieke perspectieven op de spirituele en transcendente dimensies van het leven.

Een van de meest opvallende aspecten van het werk van Melvin Morse is zijn betrokkenheid bij het luisteren naar en documenteren van de verhalen uit eerste hand van kinderen die bijna-doodervaringen hebben gehad. Door middel van interviews en diepgaande studies heeft Morse geprobeerd de aard van deze ervaringen en de betekenis ervan voor degenen die ze meemaken beter te begrijpen.

De boeken van Melvin Morse hebben bijgedragen aan de bewustwording en het begrip van bijna-doodervaringen bij kinderen en bieden unieke en inspirerende perspectieven op een gevoelig maar belangrijk onderwerp. Zijn werk heeft waardevolle informatie opgeleverd voor iedereen die geïnteresseerd is in het onderzoeken van bijna-doodervaringen door de ogen van de allerkleinsten.

Janice Miner Holden.

Janice Miner Holden is een universitair docent en onderzoeker die belangrijke bijdragen heeft geleverd aan de wetenschappelijke studie van bijna-doodervaringen en NDE's. Ze heeft talloze academische artikelen over dit onderwerp gepubliceerd, die ons begrip van deze buitengewone ervaringen en hun implicaties voor de wetenschap en psychologie hebben verdiept.

Holden heeft een groot deel van zijn academische carrière gewijd aan de studie van BDE's, waarbij hij empirisch onderzoek deed en samenwerkte met andere experts op dit gebied om de verschillende aspecten van deze ervaringen te onderzoeken, waaronder de gemeenschappelijke elementen, de daaruit voortvloeiende persoonlijke transformaties en de implicaties voor ons begrip van bewustzijn en werkelijkheid.

Als onderzoeker op het gebied van NDE's heeft Janice Miner Holden geholpen bij het bevorderen van een wetenschappelijke kijk op een onderwerp dat vaak meer tot het domein van de spiritualiteit en metafysica wordt gerekend. Haar werk heeft bijgedragen aan een grotere methodologische nauwkeurigheid bij het bestuderen van deze ervaringen en aan een grotere acceptatie en erkenning van het belang van wetenschappelijke benaderingen bij het begrijpen van schijnbaar onverklaarbare fenomenen.

Door haar onderwijs, onderzoek en publicaties heeft Janice Miner Holden een sleutelrol gespeeld in het verdiepen van de kennis van bijna-dood ervaringen en het bevorderen van een groter bewustzijn en begrip van deze buitengewone ervaringen die diepgaande implicaties hebben voor onze perceptie van bewustzijn, leven en dood.

De zintuigen die in het hiernamaals worden ervaren:

Bijna-doodervaringen (BDE's) worden vaak gekenmerkt door een intense en unieke zintuiglijke ervaring die ons conventionele begrip van de wereld op de proef stelt. In deze paragraaf doe ik verslag van getuigenissen die door wetenschappers over dit onderwerp zijn verzameld. Dit zijn de verslagen van mensen die een bijna-doodervaring hebben gehad. Het doel is om de zintuigen te begrijpen die in het hiernamaals worden ervaren, om licht te werpen op hoe deze ervaringen een andere werkelijkheid kunnen onthullen.

Talloze verslagen van BDE's maken melding van een uitbreiding van de zintuigen en de waarneming van een wereld buiten het fysieke. Het beroemde geval van Pam Reynolds, een Amerikaanse zangeres en liedjesschrijfster, wordt vaak aangehaald als voorbeeld van een buitengewone zintuiglijke ervaring. In 1991 onderging Reynolds een delicate hersenoperatie waarbij haar lichaam werd gekoeld en de bloedsomloop werd afgesneden. Hoewel ze een paar minuten klinisch dood was, rapporteerde Reynolds dat ze een NDE-ervaring had waarin ze 360 graden kon zien, stemmen en geluiden hoorde die buitengewoon helder en diep waren en intense tactiele sensaties ervoer.

De wetenschap heeft geprobeerd om deze verhoogde zintuigen in het hiernamaals te begrijpen. Een onderzoek dat in 2018 werd uitgevoerd door wetenschappers van de Universiteit van Southampton in het Verenigd Koninkrijk, betrof meer dan 2000 patiënten die een naderende dood hadden meegemaakt. De resultaten toonden aan dat velen van hen rapporteerden intensere tactiele sensaties waar te nemen, zoals de aanraking van een goddelijk licht of het gevoel omhuld te worden door een liefdevolle aanwezigheid. Deze getuigenissen suggereren dat de zintuigen in het hiernamaals verder kunnen gaan dan de grenzen van onze fysieke wereld en een meer complete en diepgaande zintuiglijke ervaring mogelijk maken.

Studies over BDE's hebben ook de mogelijkheid van buitenzintuiglijke waarnemingen tijdens de bijna-doodervaring aan het licht gebracht. Dr. Ian Stevenson, een psychiater en baanbrekend onderzoeker op het gebied van bijna-dood ervaringen en de studie van gevallen van vermeende reïncarnaties, heeft verslagen verzameld waarin mensen beweerden het vermogen te hebben om door muren heen te "zien", de gedachten van anderen te "horen" of telepathisch te "communiceren" met spirituele wezens. Deze verhalen suggereren een mogelijke opening van de zintuigen naar een dimensie buiten onze fysieke werkelijkheid.

Sommige wetenschappers zetten echter vraagtekens bij de interpretatie van deze ervaringen als bewijs voor een leven na de dood. Dr. Steven Novella, neuroloog en docent aan Yale University, wijst erop dat ervaringen van een naderende dood verklaard kunnen worden door neurologische processen en niet noodzakelijkerwijs duiden op een ervaring na het leven. Novella stelt dat manipulatie van zintuiglijke receptoren tijdens een veranderde bewustzijnstoestand zou kunnen leiden tot vervormde en ongewone waarnemingen.

Voor velen die de dood in de ogen hebben gezien, worden deze verhoogde zintuigen echter als echt en betekenisvol beschouwd.

De lichamelijke gewaarwordingen bij een BDE: van extase tot terreur.

Ervaringen van een naderende dood worden vaak gekenmerkt door een breed spectrum van lichamelijke sensaties, variërend van extase tot terreur. De lichamelijke gewaarwordingen bij een BDE kunnen van persoon tot persoon sterk verschillen. Sommige mensen melden een staat van rust en extreme gelukzaligheid, alsof ze omhuld zijn door een warm licht van liefde. Een van de meest genoemde voorbeelden is de ervaring van Anita Moorjani, auteur van 'Dying to Be Me', gepubliceerd in 2012. Moorjani, die een NDE meemaakte als gevolg van terminale kanker, beschrijft het gevoel omringd te zijn door onmetelijke vreugde en liefde, waarbij ze alle angst en pijn achter zich liet.

Ondanks deze positieve gevoelens melden sommige mensen ook afschuwelijke en angstaanjagende ervaringen tijdens een BDE. Professor Karl Jansen, een Britse psychiater, heeft erop gewezen dat sommige mensen een gevoel van vernietiging of desintegratie van het lichaam ervaren, dat gepaard gaat met diepe angst. Deze ervaringen kunnen zeer intens zijn en een onuitwisbare indruk achterlaten in de psyche van degenen die ze meemaken.

Om deze lichamelijke gewaarwordingen bij een BDE beter te begrijpen, voerden wetenschappers verschillende experimenten uit. Dr. Pim van Lommel voerde een baanbrekend onderzoek uit op het gebied van BDE's, waarbij rekening werd gehouden met de ervaringen van meer dan 300 patiënten die een hartstilstand hadden gehad. De resultaten toonden aan dat veel mensen intense lichamelijke sensaties hadden ervaren, zoals een uit het lichaam zwevend gevoel en het vermogen om gebeurtenissen om hen heen waar te nemen terwijl ze klinisch dood waren.

Een ander opmerkelijk experiment werd uitgevoerd door Dr. Michael Persinger, een Canadese neurowetenschapper. Persinger gebruikte een magnetische helm om de hersenen van mensen te stimuleren op een manier die vergelijkbaar is met de sensaties die worden aangetroffen bij een BDE. Deelnemers meldden sensaties te ervaren die leken op die van een onmiddellijke doodservaring, wat de hypothese bevestigde dat deze fysieke sensaties kunnen worden opgewekt door specifieke hersenstimulatie.

Wat betreft evenementen en momenten die aan het onderwerp zijn gewijd, is de internationale conferentie *'Beyond the Edge: Exploring Near-Death Experiences'* een belangrijke gelegenheid waar deskundigen en overlevenden helpen licht te werpen op het brede scala aan lichamelijke gewaarwordingen van NDE's .

De conferentie is een groot evenement dat sinds 2010 jaarlijks wordt gehouden in verschillende steden over de hele wereld. Deze conferentie brengt experts op het gebied van NDE-ervaringen en overlevenden samen die hun getuigenissen en kennis delen over dit fascinerende en mysterieuze onderwerp.

Onderwerpen die tijdens de conferentie aan bod komen zijn onder andere fysieke gewaarwordingen tijdens een BDE, buitenzintuiglijke waarnemingen, de psychologische en spirituele effecten van bijna-doodervaringen, het effect op persoonlijke overtuigingen en nog veel meer.

De *Beyond the Edge-conferentie* is een unieke gelegenheid om ons begrip van deze fenomenen te verdiepen en een dialoog tot stand te brengen tussen degenen die NDE's bestuderen vanuit een wetenschappelijk perspectief en degenen die ze aan den lijve hebben ondervonden.

Actuele informatie over de volgende editie en de specifieke locatie is te vinden op de officiële website van het evenement.

Samenvattend kunnen ervaringen van een naderende dood een ongelooflijk breed scala aan lichamelijke sensaties oproepen. Terwijl sommige mensen buitengewone vrede en extase rapporteren, kunnen anderen verschrikkelijke en beangstigende sensaties ervaren. De studies van van Lommel en Persinger geven ons een wetenschappelijk perspectief op de zintuiglijke ervaring van een BDE, maar veel vragen blijven onbeantwoord.

Visioenen en symbolen van het hiernamaals in NDE-ervaringen: een universele taal?

In verslagen van een BDE wordt vaak melding gemaakt van betekenisvolle symbolen en visioenen die de beperkingen van ruimte en tijd lijken te overstijgen. Een bekend voorbeeld is de ervaring van Betty Eadie, schrijfster van het boek "Embraced by the Light", gepubliceerd in 1992. Tijdens haar BDE beschreef Eadie een helder en sereen landschap waarin kleuren levendig waren en vormen zich op een meer werkelijke manier manifesteerden dan in de aardse werkelijkheid. Deze beschrijving komt overeen met de verslagen van veel andere mensen die een soortgelijke ervaring hebben gehad.

De aanwezigheid van terugkerende symbolen tijdens ervaringen van een naderende dood heeft de aandacht getrokken van wetenschappers. Dr. Raymond Moody heeft een aantal veel voorkomende symbolen geïdentificeerd in de verslagen van overlevenden. Deze omvatten het gaan door een tunnel, het ontmoeten van een goddelijk licht, het ontmoeten van spirituele of overleden wezens en het zien van een terugblik op iemands leven. Moody stelt dat deze symbolen vaak persoonlijke interpretaties zijn van een gemeenschappelijke ervaring, wat het bestaan van een universele taal in het hiernamaals suggereert.

Experimenten op het gebied van NDE's kunnen verder bewijs leveren voor een universele taal in getuigenissen. Dr. Kenneth Ring maakte een boek met plaatjes met abstracte symbolen, die hij voorlegde aan deelnemers die een naderende dood hadden meegemaakt. De meeste deelnemers herkenden de afbeeldingen als symbolische representaties van hun ervaringen met de dood, wat het idee van een gedeelde symbolische taal bevestigt.

Alle typische sensaties van een NDE.

In 1975 presenteerde de eerste tekst van Raymond Moody over bijna-doodervaringen (BDE's) 12 unieke elementen van deze ervaringen. Moody benadrukte dat de meeste personen slechts enkele van deze elementen ervaren tijdens een BDE; het komt zelden voor dat ze allemaal samen worden ervaren. Elke BDE-ervaring is uniek en wordt ervaren als een samenhangende gebeurtenis in plaats van als een reeks afzonderlijke elementen. De volgorde waarin deze elementen ervaren worden, kan per individu enigszins verschillen.

In zijn boek 'Consciousness Beyond Life' somt Pin Van Lommel 12 kenmerkende elementen van bijna-doodervaringen op:

1. De onuitsprekelijkheid van ervaring.
2. Mensen ervaren een gevoel van vrede en rust, pijn verdwijnt.
3. Mensen hebben het besef dood te zijn, vaak gevolgd door een geluid.
4. Mensen hebben een uittredingservaring (OBE), d.w.z. ze zijn getuige van hun reanimatie of operatie door de scène te observeren vanaf een punt buiten en boven hun lichaam.
5. Mensen merken een donkere ruimte op. Deze ruimte wordt in 15% van de gevallen als angstig ervaren.
Andere keren (ongeveer 1-2% van de gevallen) wordt de ervaring beschreven als beangstigend of hels. Mensen worden aangetrokken tot een klein lichtje met een speldachtige gloed in die donkere ruimte. Soms wordt deze aantrekkingskracht beschreven als een tunnelervaring die snel naar het licht leidt.
6. Mensen nemen een buitenaardse sfeer waar, een verbazingwekkend landschap met prachtige kleuren, fantastische bloemen en soms zelfs muziek.
7. Mensen kunnen overleden personen ontmoeten en met hen communiceren, meestal familieleden
8.Mensen zien een helder licht of een Wezen van licht. Mensen ervaren een gevoel van volledige acceptatie en onvoorwaardelijke liefde. 9.Mensen voelen dat ze toegang hebben tot diepere kennis en wijsheid.
9. Mensen hebben een panoramisch zicht op zichzelf, of een terugblik op hun leven vanaf hun geboorte. Mensen zien hun leven snel voor zich uit stromen. Het lijkt voor mensen alsof er noch tijd noch afstand is alles gebeurt in één keer. Achteraf kunnen mensen dagen praten over een terugblik op hun leven die maar een paar minuten duurde.
10. Mensen ervaren voorkennis, of flitsvisioenen van de toekomst. Mensen hebben de indruk dat ze getuige zijn van een deel van het leven dat nog moet komen.
11. Mensen hebben de perceptie van een grens en ze zijn zich ervan bewust dat als ze die overschrijden, ze nooit meer terug kunnen keren naar hun lichaam.
12. Er is een bewuste terugkeer naar het lichaam van de persoon die gepaard gaat met een grote teleurstelling omdat hij iets heel moois heeft moeten opgeven.

BDE's en de angst om over te gaan.

In de afgelopen decennia zijn BDE's een onderwerp van grote interesse en discussie geweest. Maar hoe beïnvloeden deze ervaringen onze perceptie van de doorgang en onze angst ervoor?

Een van de eerste psychologen die zich in dit onderwerp verdiepte was Elisabeth Kübler-Ross. In haar *boek 'Death: Last Stages of Growth*', gepubliceerd in 1969, deed Kübler-Ross uitgebreid onderzoek naar de ervaringen van terminaal zieke patiënten.

Ze ontdekte dat velen van hen NDE-ervaringen rapporteerden, waaronder visioenen van licht, gevoelens van vrede en kalmte en ontmoetingen met spirituele wezens. Kübler-Ross stelde dat deze ervaringen mensen kunnen helpen om de angst en vrees voor de dood te overwinnen en een geruststellend perspectief bieden op de continuïteit van het bestaan.

Een andere opmerkelijke bijdrage werd geleverd door Kenneth Ring, een psycholoog en wetenschapper op het gebied van de NDE. In zijn werk '*NDE's: Evidence of Life After Death*', gepubliceerd in 1980, analyseerde Ring interviews met meer dan 100 mensen die een naderende dood hadden meegemaakt. Uit de verzamelde getuigenissen bleek dat een BDE een significante invloed had op mensen, de angst om te sterven verminderde en leidde tot een positievere kijk op het leven. Ring bedacht de term '*BDE-effect*' om de positieve verandering aan te geven die deze ervaringen teweeg kunnen brengen in de kijk van mensen op de overgang en op het leven zelf.

De wetenschappelijke gemeenschap heeft ook onderzoek gedaan naar de psychologische implicaties van een BDE. De psycholoog Bruce Greyson, bekend om zijn onderzoek op het gebied van bijna-doodervaringen, heeft uitgebreid onderzoek gedaan naar patiënten die een BDE hebben meegemaakt. Een van zijn meest interessante bevindingen is dat mensen die een bijna-doodervaring hebben gehad een groter gevoel van doelgerichtheid en positieve veranderingen in levensprioriteiten hebben. Deze veranderingen kunnen bestaan uit een grotere dankbaarheid voor het leven, een hernieuwde band met anderen en een meer compassievolle houding.

De tunnel van licht in NDE-ervaringen.

Sinds de eerste rapporten over BDE's hebben veel mensen de ervaring beschreven dat ze een lichttunnel binnengingen nadat ze hun lichaam hadden verlaten. Een van de bekendste gevallen is de getuigenis van Dr. Eben Alexander. Alexander rapporteerde dat hij werd omgeven door een intens gevoel van vrede en dat hij door een levendig gekleurde tunnel werd getrokken die verlicht werd door goddelijk licht.

Onderzoeken naar de lichttunnelervaring suggereren dat deze gerelateerd kan zijn aan neurologische en psychologische processen. Dr. Pim van Lommel suggereert dat de tunnel van licht het resultaat zou kunnen zijn van een veranderde perceptie van tijd en ruimte tijdens een ervaring van een naderende dood. Volgens zijn theorie zouden de hersenen in een staat van extreme stress of zuurstoftekort een neurologische reactie kunnen activeren die een gevoel van beweging door een tunnel veroorzaakt.

Een ander interessant aspect is het effect dat de tunnel van licht kan hebben op de perceptie van de dood. Dr. Raymond Moody suggereert dat de tunnel kan dienen als een symbolische poort tussen het aardse leven en het volgende. Voor degenen die een naderende dood ervaren, vertegenwoordigt de tunnel een doorgang naar een andere dimensie, een soort poort naar de goddelijke werkelijkheid.

Veel verhalen over tunnels van licht zijn ook te vinden in de NDE-ervaringen van mensen die ontmoetingen hebben gehad met spirituele wezens tijdens hun reis. In het boek "*Encounters with Angels*", dat in 1995 verscheen, maakt schrijfster Doreen Virtue bijvoorbeeld melding van talloze verslagen van mensen die een naderende dood meemaakten en door een tunnel van licht gingen, geleid door engelen. Deze verslagen bieden nog meer elementen om in overweging te nemen bij het begrijpen van de symbolische en spirituele betekenis van de tunnel van licht bij een BDE.

Evenementen over BDE's en CME's die regelmatig in verschillende delen van de wereld worden gehouden, bieden een unieke gelegenheid voor wetenschappers, deskundigen en getuigen om hun ervaringen te delen en hun theorieën over de lichttunnel bij BDE's te bespreken. Tijdens deze evenementen worden directe getuigenissen geanalyseerd, wetenschappelijk onderzoek gepresenteerd en de betekenis en interpretatie van dit fenomeen onderzocht.

Concluderend kan gesteld worden dat de tunnel van licht in een BDE een terugkerend element is in de getuigenissen van overlevenden. De verhalen van mensen zoals Dr. Alexander en de getuigenissen verzameld door wetenschappers zoals Van Lommel en Moody bieden ons stof tot nadenken over de aard van de werkelijkheid en het bewustzijn. De theorieën die door deze geleerden naar voren zijn gebracht, en die neurologische, psychologische en spirituele aspecten bevatten, moedigen ons verder aan om de complexiteit van deze ervaringen te onderzoeken en de implicaties ervan voor ons begrip van leven en voorbijgaan in twijfel te trekken.

De lichttunnel wordt vaak beschreven als een doorgang naar een andere dimensie of een goddelijke plaats. Talloze patiënten hebben soortgelijke ervaringen gedeeld, zoals kortademigheid, een gevoel van zweven en een helder licht dat aantrekt. Een van de beroemdste gevallen is de getuigenis van Betty Eadie, auteur van 'Embraced by the Light', gepubliceerd in 1992.

In dit boek beschrijft Eadie zijn ontmoeting met een tunnel van licht tijdens zijn NDE en beschrijft het als een gebeurtenis die zijn perceptie van leven en passage radicaal veranderde.

Geleerden die de lichttunnelervaring hebben onderzocht, hebben verschillende theorieën voorgesteld om dit fenomeen te verklaren. Dr. Kenneth Ring, een van de meest vooraanstaande experts op het gebied van BDE's, stelde dat de tunnel het resultaat zou kunnen zijn van een overgangsproces tussen het fysieke en spirituele lichaam. Volgens zijn theorie maakt de ziel zich los van het lichaam en betreedt een hogere energetische dimensie, vertegenwoordigd door de lichtgevende tunnel.

Geleerden die de lichttunnelervaring hebben onderzocht, hebben verschillende theorieën voorgesteld om dit fenomeen te verklaren. Dr. Kenneth Ring, een van de meest vooraanstaande experts op het gebied van BDE's, stelde dat de tunnel het resultaat zou kunnen zijn van een overgangsproces tussen het fysieke en spirituele lichaam. Volgens zijn theorie maakt de ziel zich los van het lichaam en betreedt een hogere energetische dimensie, vertegenwoordigd door de lichttunnel.

Andere geleerden, zoals Dr. Raymond Moody en Dr. Bruce Greyson, hebben gesuggereerd dat de lichttunnel een manifestatie zou kunnen zijn van bewustzijn in overgang naar een andere realiteit. Het heldere licht zou een spirituele energie vertegenwoordigen die het individu aantrekt en naar het hiernamaals leidt. Deze theorieën zijn gebaseerd op de systematische analyse van de getuigenissen van NDE-overlevenden, wat het idee versterkt dat de lichttunnel veelzeggend is en inzicht kan bieden in de aard van het bestaan na de overgang.

In de afgelopen decennia hebben wetenschappers experimenten uitgevoerd om lichttunnelervaringen beter te begrijpen. Dr. Olaf Blanke, een Zwitserse neuroloog, bestudeerde patiënten die lichttunnelachtige ervaringen hadden tijdens epileptische aanvallen. Zijn onderzoek suggereerde dat deze sensaties veroorzaakt zouden kunnen worden door stimulatie van de pariëtale hersenkwabben, die verantwoordelijk zijn voor de perceptie van ruimte en het lichaam. Deze wetenschappelijke verklaringen zijn echter nog niet in staat om de diepte en spiritualiteit die geassocieerd worden met de lichttunnelervaring bij een BDE volledig te verklaren.

Overeenkomsten tussen de tunnel van NDE-ervaringen en bevallingen.

De tunnel van NDE-ervaringen en een bevalling zijn twee belangrijke en diepgaande momenten die een overgang tussen twee bewustzijnstoestanden vertegenwoordigen. De overeenkomsten tussen deze twee kunnen in verschillende aspecten worden gezien:

Transformatie en overgang.
Zowel de tunnel van NDE-ervaringen als de bevalling zijn momenten van overgang en diepgaande transformatie. In de tunnel van de BDE-ervaringen beschrijven degenen die er doorheen gaan vaak gevoelens van vrede, licht en sereniteit, vergelijkbaar met de gevoelens die geassocieerd worden met de geboorte. Beide vertegenwoordigen een overgang van de ene realiteit naar de andere, van de ene dimensie naar de andere.

Mysterie en onzekerheid.
Zowel de tunnel van de NDE-ervaringen als de bevalling zijn gehuld in een gevoel van mysterie en onzekerheid. Tijdens beide processen is er een element van het onbekende, van de overgang naar iets onbekends en iets dat het menselijk begrip te boven gaat.

Conflict en pijn.
In beide gevallen is er vaak een fase van conflict en lijden. In de tunnel van NDE-ervaringen melden sommige mensen gevoelens van angst of vrees voordat ze het licht bereiken; bij een bevalling doorloopt de moeder een pijnlijk proces voordat ze een nieuw leven baart.

Nieuw leven en wedergeboorte.
Aan het einde van de tunnel van NDE-ervaringen spreekt men vaak van een gevoel van wedergeboorte, van een nieuw bewustzijn en begrip van het leven; vergelijkbaar met de geboorte van een kind tijdens de bevalling, dat het begin van een nieuw leven vertegenwoordigt, van nieuwe mogelijkheden en hoop.

Verbinding met het hiernamaals en het goddelijke.
Beide momenten worden vaak geassocieerd met spirituele en transcendente ervaringen, met gevoelens van verbondenheid met het hiernamaals of met een goddelijke dimensie. In de tunnel van NDE-ervaringen spreekt men van ontmoetingen met spirituele wezens of overleden familieleden, terwijl een bevalling vaak wordt beschouwd als een heilig en spiritueel moment.

Concluderend kunnen we stellen dat de tunnel van BDE-ervaringen en bevallingen veel diepgaande overeenkomsten vertonen die de transformatieve en mysterieuze aard van leven en dood benadrukken, de overgang van het ene bestaan naar het andere en de centrale rol van spiritualiteit en wedergeboorte in beide processen.

Ervaringen vóór de dood. Getuigenissen van een andere realiteit.

Ervaringen vóór de dood zijn een fenomeen dat discussie en vragen oproept. Terwijl sommige sceptici deze ervaringen proberen te verklaren door biologische oorzaken of neurale processen, beweren anderen dat ze een voorproefje kunnen zijn van het leven na de overgang. Verhalen over bijna-doodervaringen zijn suggestief en kunnen interessante inzichten verschaffen in het bestaan van een werkelijkheid na de overgang.

Pre-dood ervaringen bieden een uniek perspectief op de dood en het voortbestaan van de ziel in de context van kwantummetafysica. Ze vormen een intrigerend onderwerp dat traditionele opvattingen over de werkelijkheid uitdaagt en ons uitnodigt om de onderlinge verbondenheid van geest, bewustzijn en het universum te onderzoeken.

De getuigenissen van BDE's staan vol beschrijvingen van een stralend, omhullend licht dat een gevoel van vrede, liefde en totale acceptatie overbrengt. Een van de bekendste gevallen is dat van Anita Moorjani, auteur van het boek 'Dying to Be Me' dat in 2012 verscheen. Moorjani deelde haar NDE-ervaring, waarin ze een intense verbinding met een goddelijk licht ervoer en een boodschap van onvoorwaardelijke liefde ontving. Deze ervaring veranderde haar kijk op het leven radicaal, waardoor ze herstelde van een ernstige ziekte en anderen inspireerde met haar verhaal over spirituele transformatie.

Onderzoeken naar BDE's die in de afgelopen decennia zijn uitgevoerd, hebben het idee versterkt dat deze ervaringen een bron van spirituele inspiratie zijn. Dr. Jeffrey Long, oprichter van de *Near Death Experience Research Foundation*, heeft honderden NDE-getuigenissen geanalyseerd en ontdekt dat de overgrote meerderheid van de betrokkenen een diepgaande verandering in hun spiritualiteit rapporteert. Vaak manifesteren deze mensen een groter mededogen, een gevoel van universele verbondenheid en een openheid voor onvoorwaardelijke liefde.

Experimenten uitgevoerd door Dr. Bruce Greyson, professor in de psychiatrie aan de Universiteit van Virginia, toonden aan dat een BDE het leven van mensen positief kan beïnvloeden en kan leiden tot een grotere waardering van het leven zelf en een dieper gevoel van doelgerichtheid.

Tot slot onthullen bijna-doodervaringen ons een realiteit van licht en liefde die een bron van spirituele inspiratie kan worden. De getuigenissen van mensen zoals Anita Moorjani laten ons zien hoe deze ervaringen kunnen leiden tot diepgaande transformatie en een diepere verbinding met het goddelijke. Wetenschappelijke studies, experimenten en evenementen gewijd aan NDE's bevestigen het belang en de impact die deze ervaringen kunnen hebben op de spirituele ontwikkeling van mensen. Het hiernamaals, zoals beschreven in NDE's, brengt een boodschap van hoop, genezing en onvoorwaardelijke liefde die ons pad kan verlichten en ons begrip van het leven zelf kan verrijken.

Geloofscrisis. Hoe NDE's religieuze opvattingen over de dood hebben beïnvloed.

Bijna-doodervaringen hebben een grote invloed gehad op religieuze opvattingen over de dood. Een belangrijke figuur in het debat over de invloed van BDE's op religie is Dr. Raymond Moody. In zijn baanbrekende studies naar bijna-doodervaringen wees Moody erop dat veel van de getuigenissen van bijna-doodervaringen gemeenschappelijke kenmerken hebben, zoals de ervaring van een stralend licht, het gevoel van afscheiding van het lichaam en de verbinding met een spirituele werkelijkheid. Deze getuigenissen hebben sommige religieuze opvattingen over het leven na de overgang op de proef gesteld en nieuwe horizonten van begrip geopend.

Bijna-dood ervaringen hebben er vaak toe geleid dat mensen een staat van gelukzaligheid, vrede en diepe verbondenheid ervaren, wat soms in contrast staat met de meer onheilspellende visioenen van het hiernamaals die je in sommige religieuze tradities aantreft.

De getuigenis van Eben Alexander biedt bijvoorbeeld een heel ander perspectief dan het traditionele paradigma.

Alexander, die een bijna-doodervaring had na een zeer ernstige ziekte, beschrijft een ontmoeting met een spirituele figuur die hem naar een rijk van onvoorstelbare liefde en schoonheid leidde, waardoor zijn eerdere beperkte kijk op het hiernamaals op losse schroeven kwam te staan.

Evenementen zoals de 'Science and Nonduality'-conferentie openden een ruimte voor dialoog tussen wetenschap en spiritualiteit en benadrukten hoe een NDE religieuze opvattingen over de dood kan beïnvloeden. In deze context deelden wetenschappers zoals Dr. Sam Parnia en Dr. Bruce Greyson hun onderzoek naar de ervaring van de naderende dood, waarbij ze benadrukten hoe veel mensen ontmoetingen met spirituele wezens, gevoelens van eenheid en goddelijke openbaringen melden die vaak in tegenspraak zijn met traditionele religieuze doctrines.

Maar niet alle religies hebben hun geloofwaardigheid laten beïnvloeden door een BDE. Sommige Oosterse religieuze tradities, zoals het Boeddhisme en het Hindoeïsme, hebben bijvoorbeeld bijna-doodervaringen in hun geloofssystemen geïntegreerd. De getuigenissen van mensen die een door boeddhisme of hindoeïsme beïnvloede BDE hebben meegemaakt, wijzen op een continuïteit tussen hun ervaringen en de spirituele leerstellingen van hun respectievelijke religieuze tradities, waardoor bestaande geloofsovertuigingen worden geconsolideerd en het collectieve begrip van het leven na de dood wordt verbreed.

Tot slot hebben bijna-doodervaringen een geloofscrisis veroorzaakt in religieuze tradities die het hiernamaals zien als een plaats van boetedoening, puur lijden of beperkte vreugde.

Premortale ervaringen in de verslagen van astrale reizigers. Een symbiose van wetenschap en spiritualiteit.

Ervaringen vóór de dood, vaak geassocieerd met de gebeurtenissen van astrale reizigers, zijn het onderwerp geworden van een interessante synergie tussen wetenschap en spiritualiteit.

Astrale reizen, ook bekend als astrale projectie of uittredingservaringen, zijn fenomenen waarbij een persoon het gevoel heeft dat hij zijn bewustzijn losmaakt van zijn fysieke lichaam en naar een alternatieve ruimte reist, die vaak het '*astrale vlak*' wordt genoemd. Tijdens deze ervaringen kan de persoon andere omgevingen en realiteiten waarnemen dan die van de fysieke wereld, communiceren met niet-fysieke wezens of entiteiten en ongewone of spirituele ervaringen hebben.

Beoefenaars en voorstanders van astrale ervaring geloven dat het mogelijk is om deze staat te bereiken door diepe ontspanningstechnieken, meditatie, visualisatie of andere methoden die veranderde bewustzijnstoestanden opwekken. Sommige mensen beweren spontane buiten-lichamelijke ervaringen te hebben tijdens de slaap of in situaties van gevaar of stress.

Benadrukt moet worden dat astrale ervaringen algemeen beschouwd worden als spirituele, esoterische of paranormale overtuigingen en niet algemeen geaccepteerd of ondersteund worden door de wetenschappelijke gemeenschap als aantoonbare of empirisch gevalideerde fenomenen. Veel wetenschappers wijzen erop dat astrale ervaringen het gevolg kunnen zijn van neurologische processen, suggestie, droomtoestanden of hallucinaties, in plaats van een werkelijke scheiding van het bewustzijn van het fysieke lichaam.

Astral travellers zijn mensen die geloven dat ze in staat zijn om hun bewustzijn los te koppelen van hun fysieke lichaam en andere bestaansniveaus of dimensies kunnen verkennen door middel van zogenaamde 'astrale projectie'. Deze praktijk is gebaseerd op spirituele en metafysische overtuigingen dat de ziel of het bewustzijn vrijelijk het universum buiten het lichaam kan verkennen tijdens de slaap, in een staat van diepe meditatie of via specifieke technieken om veranderde bewustzijnstoestanden op te wekken. Astrale reizigers beweren dat ze echte of astrale plaatsen kunnen ervaren en met spirituele wezens of entiteiten kunnen communiceren tijdens deze buitenlichamelijke ervaringen.

Het fenomeen astraal reizen, of buitenlichamelijke ervaringen (OBE's), heeft de aandacht getrokken van verschillende wetenschappers. Een pionier op dit gebied was de beroemde psycholoog en filosoof William Buhlman. Door zijn onderzoek en geschriften, zoals '*Adventures Beyond the Body*' en '*Experiences with the Spirit World*', documenteerde Buhlman de bijna-doodervaringen van astrale reizigers. Hij onderzocht gevoelens van zweven en lichtheid, ontmoetingen met spirituele entiteiten en de ervaring van een andere dimensie van bewustzijn. Deze verslagen zijn een springplank geweest voor een nieuwe dialoog tussen wetenschap en spiritualiteit.

Een andere prominente figuur op het gebied van astraal reizen is Robert Monroe, die het *Monroe Institute for Research on States of Consciousness* oprichtte. In zijn talrijke boeken, zoals 'Journeys Out of the Body' en 'Far Journeys', deelde Monroe zijn bijna-doodervaringen in de context van astraal reizen. Zijn getuigenissen en experimenten ondersteunden het idee dat het bewustzijn zich kan afscheiden van het lichaam en alternatieve realiteiten kan verkennen, waardoor een nieuw perspectief werd geopend op wat er zou kunnen gebeuren tijdens de doodservaring.

De anekdotes van astrale reizigers zijn vaak verweven met wetenschappelijke studies. Een van onze wetenschappelijke referenties op dit gebied is de Schotse psycholoog Dr. David Fontana, professor emeritus aan de *Universiteit van Wales*. Fontana heeft uitgebreid onderzoek gedaan naar het fenomeen astraal reizen en heeft de bijna-doodervaring gedocumenteerd als een natuurlijke uitbreiding van dergelijke ervaringen. Zijn werk heeft nieuw licht geworpen op hoe wetenschap en spiritualiteit naast elkaar kunnen bestaan en elkaar kunnen verrijken.

Concluderend kunnen we stellen dat bijna-doodervaringen in de verslagen van astrale reizigers een fascinerende symbiose vormen van wetenschap en spiritualiteit. De getuigenissen van figuren als Buhlman, Monroe, Campbell en Nicholls bieden een uniek perspectief op bijna-doodervaringen, koppelen de uittredingservaring aan alternatieve realiteiten en openen nieuwe horizonten voor het begrijpen van bewustzijn. Evenementen gewijd aan astrale reizen hebben geholpen om een dialoog tussen wetenschap en spiritualiteit te bevorderen, door de ervaringen van astrale reizigers een stem te geven en het collectieve begrip van onbekende realiteiten te verrijken. Door deze symbiose wordt ons perspectief op het leven na de overgang verrijkt met nieuwe dimensies, wat de weg vrijmaakt voor verdere onderzoeken en ontdekkingen naar de aard van het bewustzijn en het menselijk bestaan.

Energievelden en BDE's. Het mysterie van de ziel na de overgang.

BDE-ervaringen wekken intense belangstelling op bij wetenschappers, filosofen en spiritualisten vanwege de mogelijkheid die ze bieden om het mysterie van de ziel na de overgang te onderzoeken. In dit gedeelte zullen we de rol van energievelden in BDE's onderzoeken en hoe dit een dieper begrip kan geven van wat er achter de sluier van de overgang gebeurt.

Een van de speerpunten in het BDE-onderzoek betreft het concept van het energieveld dat ons lichaam omgeeft en doordringt. Dr. Gary Schwartz, professor in de psychologie aan de Universiteit van Arizona, heeft energievelden en hun relatie tot bijna-doodervaringen bestudeerd. In zijn boek '*The Energy Healing Experiments*' (2007) presenteert Schwartz zijn bevindingen uit laboratoriumonderzoek naar de effecten van subtiele energieën op lichaam en geest. Hij probeerde ook te begrijpen hoe energievelden betrokken zouden kunnen zijn bij de buiten-lichamelijke ervaringen die worden gerapporteerd bij een BDE.

Een aantal getuigenissen van patiënten die een bijna-doodervaring hebben gehad, zijn geanalyseerd door onderzoekers op het gebied van subtiele energieën. Een van de bekendste gevallen is het verhaal van Pam Reynolds, dat Michael Talbot vertelde in zijn boek '*The Holographic Universe*' uit 1992. Reynolds onderging een delicate hersenoperatie waarbij haar lichaamstemperatuur tot gevaarlijke niveaus moest worden verlaagd. Tijdens de operatie beleefde ze een zeer gedetailleerd beschreven

NDE, ondanks dat ze klinisch dood was. Dit geval riep vragen op over de vraag of energievelden ervaringen en bewustzijn kunnen behouden tijdens een operatie.

De experimenten van Dr. Melvin Morse, neurowetenschapper en auteur van '*Closer to the Light*' (1990), zijn een ander relevant voorbeeld. Morse onderzocht de relatie tussen energievelden en NDE's door middel van zijn onderzoek op kinderen die een bijna-doodervaring hadden gehad. Hij ontdekte dat veel van deze ervaringen geassocieerd werden met een verhoogde gevoeligheid voor energievelden en een perceptie van geest die het fysieke lichaam overstijgt. Deze bevindingen brachten Morse tot de hypothese dat energievelden cruciaal zijn om het overleven van de ziel na het overlijden te begrijpen.

Concluderend kan de studie van energievelden bij bijna-doodervaringen een fascinerend perspectief bieden op het mysterie van het leven na de dood. Het onderzoek van wetenschappers als Gary Schwartz en Melvin Morse, samen met de gedetailleerde getuigenissen van patiënten als Pam Reynolds, bieden aanwijzingen voor de aanwezigheid en het belang van energievelden tijdens bijna-doodervaringen. Internationale conferenties over BDE's bieden ook een omgeving voor het uitwisselen van ideeën en het verdiepen van kennis op dit gebied.

Ondanks de uitdagingen en open vragen over de aard en wetenschappelijke geldigheid van BDE's, bieden energieveldstudies een fascinerend perspectief op de mogelijkheid van menselijke ervaringen die het lichamelijke einde overstijgen.

Het onderzoeken van het verband tussen energievelden en BDE's opent een breed scala aan vragen en mogelijkheden in het wetenschappelijk zielenonderzoek na de overgang.

Larry Dossey stelde dat energievelden, met name het coherentieveld, in verband kunnen worden gebracht met de aard van de ziel en de continuïteit van het bewustzijn voorbij de doorgang. Zijn werk heeft de aandacht gevestigd op alternatieve energietherapieën, zoals *Reiki* en *pranische genezing*, die vertrouwen op de manipulatie en balancering van energievelden om het welzijn te bevorderen en de gezondheid te beïnvloeden.

Een andere belangrijke auteur is Dr. Elisabeth Kübler-Ross, die een groot deel van haar carrière heeft gewijd aan het onderzoeken van bijna-doodervaringen en het begeleiden van terminaal zieke mensen. Door haar werk benadrukte Kübler-Ross het belang van bijna-doodervaringen in het omgaan met angst en persoonlijke transformatie. Ze gaf gedetailleerde getuigenissen van individuen die beweerden contact te maken met vitale energievelden en naar een andere staat van bewustzijn geleid te worden tijdens een BDE.

Ondanks getuigenissen en onderzoek over dit onderwerp, beweren sceptici dat BDE's simpelweg het gevolg kunnen zijn van een veranderde hersenwerking door het effect van chemische stoffen die vrijkomen tijdens een staat van stress of dreigend gevaar. De gedetailleerde en consistente getuigenissen van sommige mensen roepen echter vragen op over conventionele verklaringen...

De toekomst van het onderzoek naar BDE's en energievelden is gebaseerd op een combinatie van wetenschappelijke en spirituele benaderingen, met een open geest voor de mogelijkheid van een verdere werkelijkheid voorbij datgene wat we rechtstreeks met onze zintuigen kunnen ervaren. De integratie van verschillende disciplines - van kwantumfysica tot neurowetenschappen en transpersoonlijke psychologie - zou een completer beeld kunnen geven van de menselijke ervaring en het voortbestaan ervan voorbij de passage.

Uiteindelijk roepen het mysterie van bijna-doodervaringen en hun relatie tot energievelden fundamentele vragen op over de aard van de ziel en het bewustzijn na het overlijden.

NDES, OBES, CMES. De verschillen.

In het enorme panorama van ervaringen rond het levenseinde vertegenwoordigen bijna-doodervaringen (NDE's) en *uittredingservaringen* (OBE's) een van de meest fascinerende en controversiële onderwerpen, die licht werpen op wat het individu mogelijk te wachten staat voorbij de drempel van de dood. Het zijn ervaringen die onze conventionele opvattingen over de werkelijkheid, het bewustzijn en het bestaan op de proef stellen en aanzetten tot diepere reflectie over de aard van het zelf en de zin van het leven zelf.

Bijna-dood-ervaringen, een fenomeen dat de afgelopen decennia uitgebreid is bestudeerd en gedocumenteerd, zijn ervaringen die worden ervaren door mensen die dicht bij de dood zijn geweest en vervolgens melding hebben gemaakt van buitengewone gewaarwordingen, zoals de perceptie dat men zijn lichaam verlaat, spirituele of overleden wezens ontmoet, door een lichttunnel reist en zijn leven opnieuw bekijkt. Een van de pioniers in de studie van NDE's is de arts Raymond Moody, auteur van het beroemde boek 'Life After Life' uit 1975, die deze ervaringen aan het licht heeft gebracht en een wijdverspreide interesse in het onderwerp heeft gewekt.

Aan de andere kant gaat het bij *uittredingservaringen* om de sensatie van het verlaten van het fysieke lichaam en het buiten het lichaam zweven of reizen, vaak met verrassende helderheid en bewustzijn. Pioniers zoals Robert Monroe, oprichter van het Monroe Institute, die onderzoek deed naar OBE's en soortgelijke ervaringen, hielpen bij het onderzoeken van deze fenomenen en het ontwikkelen van kennis over buiten-lichamelijke ervaringen.

De dunne scheidslijn tussen NDE's en OBE's is een onderwerp van discussie onder wetenschappers over dit onderwerp. Terwijl een BDE vaak wordt geassocieerd met sterven en dus met een bijna-doodervaring, kan een BDE in een andere context plaatsvinden en zonder dat er per se sprake hoeft te zijn van een levensbedreigende situatie. Beide ervaringen hebben echter de scheiding tussen het bewustzijn en het fysieke lichaam gemeen, wat diepgaande vragen oproept over de aard van de ziel en de werkelijkheid.

Wetenschappelijke studies, zoals die van Pim van Lommel, auteur van '*Consciousness Beyond Life*', hebben geprobeerd een rationele analyse te geven van BDE's, en suggereren dat deze ervaringen het gevolg kunnen zijn van bijzondere hersenactiviteit onder bepaalde fysiologische omstandigheden. Wetenschappelijke interpretaties sluiten echter de mogelijkheid niet uit dat er een transcendente of spirituele dimensie aan deze ervaringen ten grondslag ligt.

Te midden van deze filosofische en wetenschappelijke overpeinzingen bevinden we ons op een suggestief kruispunt dat ons niet alleen doet afvragen wat er na de dood gebeurt, maar vooral wie we zijn, wat ons ware doel is en wat onze verbinding is met het universum om ons heen. NDE's en OBE's, met hun vage grenzen tussen leven en dood, werpen een lichtstraal op dit eeuwenoude mysterie en nodigen ons uit om de diepten van ons bestaan met frisse ogen en een open geest te verkennen.

In een wereld vol buitengewone ervaringen en onbeantwoorde vragen dwingen NDE's en OBE's ons om ons traditionele begrip van de werkelijkheid en het leven zelf te heroverwegen en openen ze de deur naar een nieuwe visie die de oneindige complexiteit van het universum en ons bewustzijn omarmt.

CME's (*Border of Passage Experiences*), ook bekend als MBE's *(Mortal Border Experiences*) of ADC's (*After-Death Communication*), zijn ervaringen waarvan sommige mensen melden dat ze die vlak bij de dood of na een traumatische gebeurtenis hebben. Deze ervaringen kunnen bestaan uit gevoelens van het verlaten van het lichaam, visioenen van intens licht, ontmoetingen met spirituele of overleden wezens, een terugblik op iemands leven of gevoelens van vrede en diep welzijn.

CME's worden vaak geassocieerd met NDE's, maar ze verschillen van NDE's omdat ze niet noodzakelijk een dreigend gevaarlijke of levensbedreigende situatie impliceren. Mensen die een CME hebben meegemaakt, kunnen gevoelens beschrijven van sereniteit, verbondenheid met een hogere energie of een diep begrip van hun eigen bestaan.

Deze ervaringen kunnen een significante impact hebben op het leven van de mensen die ze meemaken en leiden vaak tot een grotere spirituele openheid, een vermindering van de angst voor de dood en een hernieuwd perspectief op het leven en de zin van het bestaan.

CME's zijn het onderwerp van studie en interesse van verschillende onderzoekers en wetenschappers, zowel op het gebied van psychologie als spiritualiteit en religie. Het onderzoeken van deze ervaringen kan interessante inzichten opleveren in de aard van de mens, de perceptie van de dood en de mogelijkheid van een dimensie voorbij de fysieke werkelijkheid die we kennen.

De rol van liefde in de ervaring na het leven. Een analyse van NDE-getuigenissen.

Verslagen van een BDE zijn doorspekt met verhalen over onvoorwaardelijke en doordringende liefde die het individu omarmt tijdens de ervaring van de oversteek. Een van de bekendste voorbeelden zijn de getuigenissen die Dr. Kenneth Ring verzamelde tijdens zijn studie aan de Universiteit van Connecticut. De verhalen van mensen die een naderende dood meemaakten, verzameld door Ring in de jaren 1970 en 1980, maken melding van een gevoel van intense liefde en diepe verbondenheid die verder gaat dan individuen en zich uitstrekt tot het hele universum. Deze liefde wordt beschreven als een alles doordringende kracht die in staat is om elk levend wezen te helen, te ondersteunen en te verbinden.

Evenementen zoals internationale congressen over NDE's en de International Association for Near-Death Studies bieden een podium om de rol van liefde in NDE's te bespreken. Bij deze gelegenheden delen deskundigen en personen die een naderende dood hebben meegemaakt hun getuigenissen, waarbij ze inzicht geven in de kracht van liefde in de context van de ervaring na de dood.

Een interessante anekdote die het belang van liefde in een NDE onderstreept, is die van Howard Storm, een voormalig kunstprofessor die het boek 'My Descent into Death' schreef nadat hij in 1985 een naderende dood had ervaren. Storm beschrijft de afwezigheid van liefde in het rijk van het voorbijgaan, zijn wanhoop en de daaropvolgende transformatie die hij ervoer toen hij de hulp en liefde accepteerde van spirituele wezens die hem naar het licht en onvoorwaardelijke liefde leidden.

Concluderend, liefde speelt een fundamentele rol in de verslagen van BDE's. Bijna-doodervaringen, beschreven door auteurs als Kenneth Ring, Pim van Lommel en Howard Storm, bieden ons een uniek perspectief op de helende en transformerende kracht van onvoorwaardelijke liefde. Wetenschappelijke studies en evenementen gewijd aan BDE's bieden de mogelijkheid om de verbanden tussen BDE's en liefde te onderzoeken, en bevorderen een dieper begrip van de vitale rol die liefde in ons leven speelt. Deze getuigenissen moedigen ons aan om na te denken over het belang van het cultiveren van liefde, vriendelijkheid en mededogen in menselijke relaties, om zo een wereld te creëren waarin liefde de belangrijkste drijfveer is voor genezing, verbinding en transformatie.

In zijn boek '*Bewustzijn voorbij het leven*' schrijft Pin Lommel als volgt:

> *Een BDE is zowel een existentiële crisis als een intense en leerzame ervaring. Mensen worden getransformeerd doordat ze zich zelfs maar vluchtig in een dimensie bevinden waar tijd en ruimte geen rol spelen, waar ze het verleden en de toekomst kunnen zien, waar ze zich compleet en geheeld voelen en waar ze oneindige wijsheid en onvoorwaardelijke liefde kunnen ervaren. Deze transformaties worden vooral gevoed door de visie dat liefde en mededogen voor jezelf, anderen en de natuur essentieel zijn. Na een NDE realiseren mensen zich dat alles en iedereen met elkaar verbonden is, dat elke gedachte invloed heeft op henzelf en anderen, en dat ons bewustzijn de fysieke dood overleeft. Als mensen denken dat de dood het einde van alles is, kiezen ze ervoor om te investeren in het vergankelijke, in het materiële, in uiterlijke dingen en zijn ze minder geneigd om het milieu te respecteren, dat wil zeggen de toekomstige wereld van onze kinderen en kleinkinderen. Onze geest vormt onze perceptie van de wereld. Als we verliefd zijn is de wereld mooi, als we depressief zijn is de wereld verschrikkelijk en als we bang zijn voor kranten door politici wordt onze wereld een angstaanjagende plek. We moeten onze gedachten veranderen om onze manier van leven en onze wereld te veranderen. Alle veranderingen in de wereld beginnen bij onszelf. Zoals een Amerikaanse vrouw die een NDE had mij schreef: "Wanneer de kracht van liefde sterker wordt dan onze liefde voor macht, verandert de wereld."*

Hoofdstuk 8. Dialoog met de doden.

"Het bewustzijn van een geliefde overleeft in de dialoog tussen affecties en herinneringen."
(Jean-Paul Sartre).

Ontmoetingen met de doden. Communicaties van gene zijde.

Het idee om met de doden te kunnen communiceren en een verbinding met het hiernamaals tot stand te kunnen brengen, fascineert de mensheid al eeuwenlang.

Een belangrijk punt in het onderzoek naar communicatie met de doden betreft de wetenschap van de parapsychologie. Dr. Raymond Moody wordt beschouwd als een van de pioniers in de studie van bijna-doodervaringen en communicatie met de doden. Moody verzamelde talloze getuigenissen waarin mensen beweerden contact te hebben gehad met hun overleden dierbaren door middel van visioenen, dromen en andere vormen van buitenzintuiglijke waarneming. Moody hielp een basis te creëren voor het begrijpen van deze ervaringen, ook al zijn ze vaak het onderwerp van scepsis van de reguliere wetenschappelijke gemeenschap.

Een prominente figuur op het gebied van communicatie met de doden is het Britse medium Derek Acorah. Zijn omroepcarrière heeft zich gericht op het overbrengen van boodschappen van overledenen naar hun dierbaren, waardoor hij een internationaal publiek verwierf. Acorah is echter ook het onderwerp geweest van kritiek en beschuldigingen van fraude door sceptici, die beweren dat zijn vermogens gebaseerd zijn op illusionistische trucs of psychologische kunstgrepen.

In de afgelopen decennia heeft technologie nieuwe mogelijkheden geopend in het onderzoek naar communicatie met de doden. Een voorbeeld hiervan is het gebruik van elektronische hulpmiddelen zoals het Frank's Box communicatiecircuit, ontwikkeld door wetenschapper Frank Sumption. Dit apparaat is ontworpen om stemmen of boodschappen van overledenen te versterken en naar buiten te brengen via de achtergrondruis die wordt gegenereerd door radiogolven en andere frequenties. De wetenschappelijke geldigheid en betrouwbaarheid van dergelijke instrumenten zijn echter nog steeds onderwerp van discussie en onderzoek.

In de loop der decennia zijn er talloze conferenties en beurzen georganiseerd die gewijd waren aan communicatie met de doden, waaronder Lily Dale's *Psychic Fair* in de Verenigde Staten.

De Lily Dale *Psychic Fair* is een populair evenement dat gehouden wordt in de spirituele gemeenschap Lily Dale in de staat New York, in de Verenigde Staten. Lily Dale staat bekend als een van de oudste en bekendste spirituele centra in de Verenigde Staten, met een lange geschiedenis van mediums, helderzienden en mensen die geïnteresseerd zijn in spiritualiteit.

De Psychic Fair biedt bezoekers de gelegenheid om mediums, helderzienden, noodlotkaarten en andere deskundigen uit de spirituele wereld te raadplegen voor lezingen en advies. Het is een plek waar velen geloven dat ze in contact kunnen komen met overleden dierbaren of berichten uit het hiernamaals kunnen ontvangen.

Tijdens de Psychic Fair kun je deelnemen aan workshops, lezingen en andere activiteiten die te maken hebben met persoonlijke groei, spiritualiteit en welzijn. Het is een evenement dat veel mensen aantrekt die op zoek zijn naar antwoorden, troost en begeleiding in een omgeving die spiritueel bewustzijn en welzijn bevordert.

Deze evenementen bieden helderzienden, mediums en geleerden de gelegenheid om hun ervaringen en methoden van communicatie met de geestenwereld te delen. Het is echter belangrijk op te merken dat deze ervaringen in veel gevallen als subjectief kunnen worden beschouwd en voor verschillende interpretaties vatbaar zijn.

Ondanks de wetenschappelijke uitdagingen en controverses rond communicatie met de doden, beweren veel mensen belangrijke persoonlijke ervaringen te hebben gehad van contact met hun overleden dierbaren. Deze getuigenissen dragen bij aan een open discussie over het bestaan van een andere werkelijkheid en de mogelijkheid om te communiceren met overledenen.

Concluderend, pogingen om met de doden te communiceren vereisen een delicate combinatie van wetenschap, spiritualiteit en ruimdenkendheid. Door het werk van mensen als Raymond Moody, Derek Acorah en anderen zijn we begonnen met het verkennen van het hiernamaals en het zoeken naar verbindingen met hen die deze wereld hebben verlaten. Hoewel er nog steeds uitdagingen en duidelijke controverses bestaan, blijft het verlangen om contact te maken met een andere realiteit het onderzoek en de studie op dit fascinerende gebied voeden.

Visioenen van de zielen van de doden. Zekerheid of illusie?

Een van de meest controversiële aspecten betreft visioenen van de zielen van de doden. Sommigen beschouwen ze als concreet bewijs van een verder bestaan, terwijl anderen ze afdoen als louter illusies of onderbewuste effecten.

Visioenen van de zielen van de doden worden echter niet zonder meer geaccepteerd door de wetenschappelijke gemeenschap. Een van de meest uitgesproken critici is neuroloog Oliver Sacks, auteur van '*The Honest Soul*' (2015), die beweert dat deze ervaringen een product zijn van de hersenen onder stress of verandering, zonder verband met een metafysische realiteit. Volgens Sacks is het idee van het zien van de zielen van de doden het resultaat van illusies en intense hersenactiviteit in tijden van crisis.

Wetenschappelijke pogingen om visioenen van de zielen van de doden te bewijzen of te weerleggen hebben zich gericht op studies van bijna-doodervaringen en aanverwante fenomenen. De AWARE-studie (*AWAreness during REsuscitation*) van Dr. Sam Parnia probeerde bijvoorbeeld bijna-doodervaringen vast te leggen tijdens hartreanimatieprocedures. Voorlopige resultaten van het onderzoek lijken te suggereren dat sommige patiënten bewuste ervaringen kunnen hebben, zelfs als hun hersenen klinisch inactief zijn, maar verder onderzoek is nodig om definitieve conclusies te trekken.

Concluderend blijft het debat over visioenen van de zielen van overledenen open en complex. Terwijl sommige persoonlijke getuigenissen en onderzoeken wijzen op de mogelijkheid van een ervaring na de dood, schrijven andere sceptici deze visioenen toe aan illusies of neurologische processen. Wetenschappelijke studies blijven proberen om deze fenomenen en hun implicaties voor ons begrip van het menselijk bestaan beter te begrijpen. Tot die tijd zullen visioenen van de zielen van de doden een fascinerend mysterie blijven dat voor verschillende interpretaties vatbaar is.

Communicatie met het hiernamaals in de westerse cultuur

Eeuwenlang heeft het idee van communiceren met de doden de collectieve verbeelding gefascineerd. In de Westerse cultuur zijn er talloze getuigenissen en overtuigingen die de mogelijkheid ondersteunen om contact te leggen met overledenen. In dit hoofdstuk gaan we in op de vermeende communicatie met het hiernamaals in de westerse cultuur, waarbij we historische figuren, experimenten en belangrijke gebeurtenissen onderzoeken die dit geloof mede vorm hebben gegeven.

Een opmerkelijk voorbeeld van communicatie met de doden in de westerse cultuur is de techniek van 'mediamieke kunst'-beoefenaars.

In de 19e eeuw doken in Europa en de Verenigde Staten verschillende beroemde mediums op, die beweerden met de doden te kunnen communiceren door middel van automatisch schrijven of tekenen. Een van de beroemdste gevallen is dat van Leonora Piper, een Amerikaans medium dat wijd en zijd bekend werd om haar seances en haar vermogen om gedetailleerde informatie te geven over de doden en de families van haar cliënten.

De populariteit van mediums verspreidde zich verder met het fenomeen spiritisme, dat zijn hoogtepunt bereikte aan het eind van de 19e en het begin van de 20e eeuw. De spiritistische beweging promootte directe communicatie met de geesten van de doden door middel van mediums en het 'Ouija bord'.

Het 'Ouija bord' is een bordspel waarvan bekend is dat het gebruikt wordt in seances om te communiceren met vermeende paranormale entiteiten. Het bestaat uit een bord gemarkeerd met letters van het alfabet, cijfers en andere woorden, samen met een klein signaleringsobject (vaak een 'planchette' genoemd) dat over het bord beweegt om boodschappen samen te stellen.

Het is belangrijk om op te merken dat het Ouija bord door veel mensen slechts als een spel wordt beschouwd en geen wetenschappelijke basis of ondersteuning heeft voor zijn beweringen over communicatie met geesten of paranormale entiteiten.

Naast mediamieke praktijken omvatte het spiritualisme ook de filosofie van reïncarnatie en de wetenschappelijke zoektocht naar bewijs voor het bestaan van de ziel en het hiernamaals.

Door de jaren heen hebben wetenschappers en onderzoekers geprobeerd om communicatie met de doden wetenschappelijk te onderzoeken. Een van de belangrijkste namen op dit gebied was professor Gary Schwartz, die verschillende experimenten met mediums uitvoerde om te bewijzen dat de informatie die tijdens de sessies werd verkregen niet afkomstig kon zijn van menselijke bronnen. De conclusies van Schwartz werden echter alom betwist, waarbij sceptici beweerden dat mediums psychologische trucs of cold reading technieken konden gebruiken om communicatie met overledenen te simuleren.

We kunnen de populaire cultuur niet uitsluiten als het gaat om communicatie met de doden in de westerse cultuur. Films, boeken en televisieseries hebben het onderwerp van vermeende communicatie met de geesten van de doden vaak behandeld. Een van de bekendste films is '*Ghost*' (1990), waarin een overleden man via een medium met zijn geliefde probeert te communiceren, terwijl in de tv-serie '*Medium*' (2005-2011) de hoofdpersoon het vermogen bezit om met de doden te communiceren en deze vermogens gebruikt om misdaden op te lossen.

Tot slot is het belangrijk om de bijdrage van sceptici op het gebied van communicatie met de doden te noemen. Mensen als de goochelaar en illusionist James Randi hebben hun leven gewijd aan het ontmaskeren van de trucs en bedrog die geassocieerd worden met communicatie met de doden. Door middel van gecontroleerde experimenten en wetenschappelijke methoden hebben ze aangetoond dat veel mediums trucs en illusies gebruiken om het publiek te misleiden.

Concluderend kan gesteld worden dat de vermeende communicatie met het hiernamaals in de westerse cultuur een aanzienlijke invloed heeft gehad op de samenleving en de collectieve verbeelding. Van mediamieke kunst tot de spiritistische beweging, van wetenschappelijke experimenten tot populaire cultuur, dit geloof heeft door de eeuwen heen mensen gefascineerd en hun meningen verdeeld. Terwijl sommigen rotsvast geloven in communicatie met de doden, betwisten andere sceptici de wetenschappelijke geldigheid van dergelijke ervaringen. Het debat gaat door nu er in de hedendaagse maatschappij nieuwe vormen van communicatie met het hiernamaals ontstaan.

Bestaan van het hiernamaals: Onderzoek naar vermeend bewijs en paranormale fenomenen.

Het idee van een leven na de dood, van een verder bestaan na de dood, fascineert de mensheid al duizenden jaren. Terwijl de reguliere wetenschap altijd heeft geprobeerd om dit te verklaren door middel van rationele verklaringen, zijn er een groot aantal vermeende bewijzen en paranormale verschijnselen die deze hoop op een andere werkelijkheid hebben aangewakkerd. In dit gedeelte gaan we in op enkele van deze onderzoeken die vragen hebben opgeroepen en inzichten hebben geboden in het mogelijke bestaan van het hiernamaals.

Een beroemd voorbeeld van onderzoek naar het bestaan van het leven na de dood is te vinden in het werk van de illustere onderzoeker van paranormale verschijnselen, Sir Arthur Conan Doyle. Doyle, bekend als de schepper van de beroemde detective Sherlock Holmes, wijdde een groot deel van zijn leven aan de zoektocht naar het hiernamaals. In zijn boek '*The New Revelation*' uit 1918 verzamelde hij getuigenissen en vermeend bewijs van communicatie met de geesten van de doden door middel van verschillende vormen van mediumschap. Deze gebeurtenissen en zijn overtuigingen lokten debat en discussie uit en legden een link tussen de rationele en occulte werelden.

Intrigerende paranormale verschijnselen zoals materialisaties, hypnotische regressie-ervaringen en postmortale visioenen hebben de discussie over het bestaan van het hiernamaals gestimuleerd. Studies naar het mediumschap van Helen Duncan in de jaren 1930 en 1940 hebben bijvoorbeeld vragen opgeroepen over haar vermogen om contact te maken met overledenen en accurate details te geven over hun vorige levens. Hoewel mediumschap vaak onderwerp van controverse is, hebben deze ervaringen velen ertoe aangezet om na te denken over de mogelijkheid dat het mogelijk is om na het overlijden een verbinding met een andere dimensie tot stand te brengen.

De 'Vardøger-ervaringen.

Vardøger-ervaringen' zijn een interessant en mysterieus fenomeen met betrekking tot buitenzintuiglijke waarneming dat voorkomt in sommige Noordse culturen, met name in Noorwegen. Het woord '*Vardøger*' is afgeleid van het Noorse '*vardøgr*', wat '*voorlopers*' of '*geanticipeerde aanwezigheden*' betekent.

Bij deze ervaringen gaat het om situaties waarin iemand het gevoel heeft iemands aanwezigheid of handelingen van tevoren waar te nemen, ook al is er nog niemand fysiek aanwezig. Iemand kan bijvoorbeeld voetstappen horen, schaduwen zien of de sensatie van een aanwezigheid hebben kort voordat iemand daadwerkelijk de kamer binnenkomt.

Vardøger-ervaringen kunnen worden geïnterpreteerd als een soort psychische anticipatie of voorkennis van toekomstige gebeurtenissen, vooral als het gaat om de aanwezigheid van een persoon op een bepaalde plek. Dit fenomeen is het onderwerp geweest van folklore en legenden in Noorse tradities en andere Noordse culturen en wekt interesse en fascinatie op vanwege het raadselachtige karakter.

De '*Vardøger-ervaringen*' vormen een intrigerend fenomeen dat in verschillende oosterse culturen voorkomt, waarbij voorgevoelens van ontmoetingen met de zielen van overledenen of met spirituele aanwezigheden plaatsvinden na de overgang naar de dimensie voorbij het aardse leven. Deze gebeurtenissen, die geladen zijn met mysterie en betekenis, bieden een uniek inzicht in de interactie tussen de levenden en de doden in de spirituele tradities van het Oosten en zetten aan tot diepgaande reflecties over het hiernamaals en de continuïteit van de ziel.

In het Tibetaans boeddhisme worden Vardøger-ervaringen vaak geassocieerd met de manifestatie van geesten of zielen van overledenen als tekenen van aanwezigheid of waarschuwing voor degenen die in de materiële wereld achterblijven. Het lamaïsme, met zijn praktijken om met geesten en doden te communiceren, biedt ruimte voor dergelijke voorgevoelens, waarbij de ziel van de overledenen zich in subtiele vormen kan manifesteren om de levenden te beschermen, te leiden of te waarschuwen.

In Japanse spirituele tradities, zoals shintoïsme en zenboeddhisme, worden Vardøger-ervaringen geïnterpreteerd als tekenen van een andere dimensie van de werkelijkheid die zich manifesteert in het alledaagse voor degenen die gevoelig zijn voor spirituele aanwezigheid. Ceremonies zoals Bon-Odori en begrafenisrituelen bieden mogelijkheden om de aanwezigheid van de zielen van overledenen in de aardse wereld waar te nemen, waardoor een brug wordt geslagen tussen de twee bestaansniveaus.

De Indiase filosofie, met haar oude opvattingen over karma en reïncarnatie, biedt een spirituele context voor het begrijpen van Vardøger-ervaringen als tekenen van de onderlinge verbondenheid en afhankelijkheid van individuen, zelfs na het overlijden. De yogische en meditatieve praktijken van het oude India bevorderen de gevoeligheid en helderziendheid om de subtiele manifestaties van onstoffelijke zielen waar te nemen en de boodschappen te ontvangen die ze kunnen overbrengen.

Studies uitgevoerd door onderzoekers in de parapsychologie en de fenomenologie van bijna-dood ervaringen, zoals Raymond Moody en Elisabeth Kübler-Ross, hebben verslagen van voorgevoelens ontmoetingen met de zielen van overledenen onderzocht als fenomenen die traditionele opvattingen over de dood en het hiernamaals uitdagen.

Deze wetenschappers hebben benadrukt hoe belangrijk het is om Vardøger-ervaringen te zien als een venster op de complexiteit van leven en dood, en als een uitnodiging om de diepere dimensies van het bestaan te verkennen.

Historische gebeurtenissen, zoals de verhalen over ontmoetingen met de zielen van de doden in de heldendichten en mythologische legenden van oosterse culturen, getuigen van de diepgewortelde aanwezigheid van Vardøger-ervaringen in het volksgeloof en de spirituele praktijken van oosterse samenlevingen. Deze verhalen bieden inzicht in de complexiteit van de interactie tussen de zichtbare en onzichtbare werelden en belichten de voortdurende aanwezigheid en invloed van geesten voorbij de sluier van de dood.

Concluderend kunnen we stellen dat de Vardøger-ervaringen in oosterse culturen een levendige getuigenis zijn van de continuïteit van de ziel en de communicatie tussen de aardse wereld en het hiernamaals. Deze voorafgaande ontmoetingen met de zielen van de doden bieden een unieke gelegenheid om na te denken over de aard van leven en dood, de essentie van het bestaan en de complexe verweving van materiële en spirituele realiteiten die onze relatie met het mysterie van het hiernamaals in Oosterse culturen bepalen.

5 - KWANTUMINFORMATIE.

Het diepgaande belang van kwantuminformatie is dat het ons begrip van natuurkundige wetten en principes verfijnt en verenigt op een manier waar de klassieke informatietheorie niet in geslaagd is.

(David Deutsch)

Hoofdstuk 9 De rol van informatie in de kosmos .

Het universum bestaat niet uit atomen, het bestaat uit verhalen."
(Muriel Rukeyser)

De rol van informatie in de kwantumkosmos: een revolutionair perspectief.

In de realiteit van de kwantumkosmos, waar de regels van de klassieke fysica geen vat meer lijken te hebben, ontstaat een revolutionair concept dat de aandacht van wetenschappers en onderzoekers trekt: de rol van informatie. Dit hoofdstuk gaat dieper in op de vraag hoe informatie past in het weefsel van de kosmische werkelijkheid en biedt een perspectief dat verder gaat dan alleen materie en energie.

De kosmische werkelijkheid, zo leren ons de kwantumtheorieën, is niet simpelweg gereduceerd tot materie en energie. Materie is verantwoordelijk voor de vorming van dingen, terwijl energie ze samenvoegt door middel van fundamentele krachten.

Wat is materie?

Het begrip materie in de natuurkunde verwijst naar alle stoffen waaruit ons universum bestaat, die massa hebben en ruimte innemen. Materie bestaat uit elementaire deeltjes zoals quarks, leptonen, bosonen en andere subatomaire deeltjes die op elkaar inwerken via fundamentele krachten zoals de elektromagnetische kracht, de sterke kernkracht, de zwakke kernkracht en de zwaartekracht.

De elementaire deeltjes waaruit materie bestaat, staan met elkaar in wisselwerking door de uitwisseling van andere deeltjes (bosonen die fundamentele krachten bemiddelen) en door kwantumverschijnselen die het gedrag van de deeltjes op subatomair niveau bepalen. Materie kan bestaan in verschillende aggregatietoestanden, zoals vast, vloeibaar, gas of plasma, afhankelijk van temperatuur en druk.

Bovendien wordt materie gekenmerkt door fysische eigenschappen zoals massa, lading en spin die van invloed zijn op de interacties en transformaties die het ondergaat. Door uitgebreide studies in de deeltjesfysica en kwantumfysica hebben onderzoekers geprobeerd de structuur van materie en de wetten die het gedrag ervan bepalen beter te begrijpen.

In de context van Einsteins algemene relativiteit wordt materie gezien als verantwoordelijk voor de kromming van ruimtetijd, wat een directe invloed heeft op de geometrie van het universum en de banen van bewegende objecten. Materie is dus essentieel voor de samenstelling van het universum dat we waarnemen en levert een belangrijke bijdrage aan de structuur en evolutie ervan in de tijd.

Het concept materie vertegenwoordigt een van de fundamentele elementen van de moderne fysica en ons begrip van het universum, wat het belang benadrukt van diepgaande studies om de fijne kneepjes en mechanismen te doorgronden die ten grondslag liggen aan de werkelijkheid die ons omringt.

Wat is energie?

In de natuurkunde is energie een fundamentele grootheid die staat voor het vermogen van een systeem om arbeid te verrichten of warmte over te dragen. Energie kan vele vormen en verschijningsvormen aannemen, maar in het fysieke domein vertegenwoordigt het het vermogen van een systeem om veranderingen aan te brengen of acties te produceren.

De verschillende vormen van energie zijn onder andere:

Kinetische energie: wordt geassocieerd met de beweging van een voorwerp. Kinetische energie is afhankelijk van de massa en de snelheid van het object.

Potentiële energie: wordt veroorzaakt door de positie of configuratie van een voorwerp binnen een krachtveld. De verschillende vormen van potentiële energie zijn bijvoorbeeld gravitatie-energie en elastische energie.

Thermische energie: is gerelateerd aan de temperatuur van een systeem. Thermische energie vertegenwoordigt de energie die gepaard gaat met de thermische bewegingen van deeltjes binnen een systeem.

lichtenergie: wordt geassocieerd met de emissie en absorptie van licht en elektromagnetische straling.

Chemische energie: is aanwezig in de bindingen tussen atomen en moleculen in een chemische stof.

Kernenergie: houdt verband met nucleaire processen waarbij de atoomkern betrokken is.

Volgens het principe van behoud van energie, ook bekend als de eerste wet van de thermodynamica, blijft de totale energie in een geïsoleerd systeem constant in de tijd; het kan van vorm veranderen, maar kan niet worden gecreëerd of vernietigd. Dit principe is van fundamenteel belang bij de analyse van energieprocessen en de interpretatie van transformaties waarbij energie betrokken is.

Energie speelt een essentiële rol in veel natuurlijke verschijnselen en technologische processen en heeft een directe invloed op het functioneren van machines, voertuigen, levende organismen en nog veel meer. Het begrip en de manipulatie ervan zijn cruciaal voor de ontwikkeling van nieuwe duurzame technologieën, energieopwekking, de werking van elektronische apparaten en vele andere aspecten van het moderne leven.

Kortom, energie is een fundamenteel concept in de natuurkunde en de wetenschap in het algemeen, essentieel om de werking van het universum te begrijpen en voor de ontwikkeling van nieuwe ontdekkingen en technologische toepassingen.

De vraag die we onszelf moeten stellen is deze: is energie een intelligente kracht? Dat wil zeggen, reageert de invloed die energie uitoefent op materie, bijvoorbeeld door het samen te voegen in zijn verschillende vormen, op een ontwerp van energie zelf, of komt het ontwerp van een externe bron?

De invloed van energie op materie en het mysterie van cellulaire instructies.

In het landschap van het universum vormt de wisselwerking tussen energie en materie een intrigerend raadsel dat geleerden, filosofen en onderzoekers al eeuwen in spanning houdt. Een van de belangrijkste vragen in deze context is of energie zelf, gemanifesteerd in de processen die materie samenvoegen tot complexe vormen zoals cellen, werkt volgens een intrinsiek ontwerp of dat het richtlijnen ontvangt van externe bronnen.

Deze reflectie wordt ondersteund door de vraag naar de aard van de instructies die de celfuncties sturen. Komen deze instructies van de energie die de cel zelf bezielt of van een externe oeroorzaak? De wortel van dit mysterie ligt in de diepte van de tijd, in een oertijdperk toen de eerste levensvormen op aarde verschenen.

De bekende bioloog en filosoof Rupert Sheldrake heeft interessante hypotheses geopperd over concepten als het '*morfogenetisch veld*', die het bestaan suggereren van een niet-lokaal geheugen dat de ontwikkeling en het functioneren van biologische systemen stuurt. Volgens Sheldrake kunnen de intrinsieke instructies in materie niet volledig worden verklaard door bekende natuurkundige wetten.

Op het fascinerende kruispunt van wetenschap, filosofie en spiritualiteit breidt het debat over het 'einde van het leven' zich uit tot mysterieuze en soms onpeilbare horizonten. In deze context valt de bekende bioloog en filosoof Rupert Sheldrake op door zijn gedurfde hypotheses over het concept van het '*morfogenetisch veld*', dat een nieuw licht werpt op de mogelijke dimensies van het bestaan die ons gewone begrip te boven gaan.

De wortels van deze beschouwingen liggen in Sheldrake's theorieën over '*natuurherinneringen*' en morfogenetische velden, een soort niet-fysieke archieven die biologische vormen en processen kunnen beïnvloeden. Deze concepten, die de auteur in 1981 voorstelde in zijn baanbrekende werk '*A New Science of Life*', leggen de basis voor het verkennen van het idee dat leven en bewustzijn een uitbreiding hebben voorbij de grenzen van onze korte aardse passage.

Intrigerend zijn de parallellen die naar voren komen tussen Sheldrake's theorieën en de spirituele en filosofische tradities van verschillende culturen over de hele wereld. Vergelijkbare visies zijn bijvoorbeeld te vinden in het hindoeïstische geloof over de Jiva, de individuele essentie in voortdurende evolutie, of in Keltische interpretaties van de energieën die de werkelijkheid doordringen. Dit kruispunt van wetenschap en spiritualiteit suggereert de mogelijkheid van een integratie van rationele en metafysische benaderingen bij het onderzoeken van het mysterie van leven en dood.

Geleerden die aan deze discussie hebben bijgedragen zijn denkers als Carl Jung, wiens concept van het '*collectief onbewuste*' verwantschap vertoont met het idee van morfogenetische velden. Jung wees op een soort gedeelde psychische erfenis, een netwerk van ervaringen en symboliek die onze perceptie van de wereld vormgeven. Op een andere manier onderzocht de psycholoog William James mystieke en paranormale ervaringen als fenomenen die het bestuderen waard zijn, waarmee hij een debat op gang bracht dat tot op de dag van vandaag interesse en debat opwekt.

Naast de filosofische en culturele dimensies lijkt recent wetenschappelijk onderzoek nieuwe wegen te openen voor onderzoek naar het leven na de dood. Studies naar het bewustzijn na de dood, zoals die van de *Universiteit van Arizona* of het *Life Research Institute van de Universiteit van Virginia*, wijzen op het voortbestaan van onverklaarbare en raadselachtige fenomenen die conventionele verklaringen tarten.

Ondanks de complexiteit van dit onderwerp blijven Sheldrake's hypotheses het middelpunt van een levendig en stimulerend debat. Zijn theorieën bieden een gedurfde blik in een veelzijdige en veelzijdige werkelijkheid, waar leven en dood met elkaar verweven zijn in een ingewikkeld patroon dat nieuwe geheimen en mysteries blijft ontrafelen.

De inherente paradox is dat materie, zelf verstoken van intelligentie, op een buitengewoon georganiseerde en complexe manier werkt. Als de energie die cellen bezielt niet de operationele informatie bevat die nodig is voor hun functioneren, wie of wat gaf dan de instructies aan de eerste cel waarmee het leven op aarde begon?

Dit opent de suggestieve hypothese van een oerenergie, een kosmische kracht begiftigd met een intrinsieke wijsheid die de loop van het leven in ons universum heeft gevormd. Dit concept roept metafysische visioenen op en zet aan tot nadenken over de diepste mysteries van de natuur en het bestaan.

Samenvattend blijft het raadsel van de materie-beïnvloedende energie en cellulaire instructies centraal staan in een discussie die de grenzen van de conventionele wetenschap overstijgt en ons uitnodigt om nieuwe kennishorizonten te verkennen en fundamentele vragen te stellen over de aard van het universum en het leven zelf.

Het debat over de oorsprong van cellulaire instructies vormt een fascinerend kruispunt tussen wetenschap, filosofie en spiritualiteit en wakkert het onblusbare menselijke verlangen aan om het mysterie van het bestaan te begrijpen.

De link tussen energie en cellulaire instructies.

Om deze ingewikkelde kwestie verder te onderzoeken, is het belangrijk om het concept van *emergentie* te overwegen, dat betrekking heeft op de complexiteit en orde die spontaan ontstaan uit schijnbaar ongeordende systemen. Dit fenomeen, dat veel bestudeerd wordt in de theorie van complexe systemen, biedt interessante inzichten in hoe cellulaire instructies zich kunnen ontwikkelen en manifesteren door de dynamische interactie tussen energie en materie.

Naast Sheldrake droegen andere wetenschappers zoals Stuart Kauffman en James A. Shapiro innovatieve ideeën bij aan de discussie over de oorsprong van cellulaire instructies en de evolutie van biologische systemen. Kauffman stelde bijvoorbeeld het concept van 'zelforganisatie' van levende systemen voor, waarbij hij benadrukte hoe complexe structuren spontaan kunnen ontstaan uit op elkaar inwerkende dynamische systemen.

Het concept van 'zelforganisatie' van levende systemen, voorgesteld door Stuart Kauffman, beschrijft een fascinerende brug tussen de complexiteit van het leven en de mogelijke voortzetting ervan na de dood.

Kauffman, een theoretisch bioloog en een van de pioniers van de complexiteitswetenschap, heeft een revolutie teweeggebracht in de manier waarop we biologische evolutie en de vorming van complexe structuren in de natuur begrijpen. In zijn baanbrekende werk '*The Origins of Order*' uit 1993 introduceerde Kauffman het idee dat geordende, complexe structuren spontaan kunnen ontstaan uit op elkaar inwerkende dynamische systemen zonder dat daar externe sturing voor nodig is.

Dit concept van 'zelforganisatie' werpt een nieuw licht op de dynamiek van het leven en zijn mogelijke voortbestaan na de fysieke dood. Als biologische structuren spontaan kunnen ontstaan en zichzelf kunnen organiseren in complexe patronen, dan zouden we kunnen speculeren dat hetzelfde principe van toepassing is op hogere organisatieniveaus, zoals bewustzijn of onbekende levensvormen.

Het onderzoek van Kauffman, ondersteund door experimenten en wiskundige modellen, liet zien hoe complexiteit kan ontstaan uit eenvoudige interacties tussen de onderdelen van een systeem, zonder dat er extern toezicht nodig is. Allemaal aan te tonen.

Experimenten op het gebied van evolutiebiologie, met name die welke betrekking hebben op de evolutie van genetische mechanismen en de plasticiteit van biologische systemen, bieden relevante inzichten in hoe cellulaire instructies in de loop van de evolutie gegenereerd en doorgegeven zouden kunnen zijn.

In een bredere context roept de reflectie over een vermeende '*oerenergie*' die de instructies voor de eerste cel verschafte, diepgaande vragen op over de aard van het universum en de krachten die het beheersen. Dit theoretische inzicht past in het bredere debat over bewustzijn, de oorsprong van het leven en de onderlinge verbondenheid van alle levende wezens.

Ongeacht de wetenschappelijke, filosofische of spirituele invalshoeken blijft het mysterie van de energie die materie en cellulaire instructies beïnvloedt de kern van een raadsel dat de mensheid drijft om nieuwe grenzen van kennis en begrip na te streven.

In een constante dialoog tussen wetenschap en bewustzijn, tussen materie en energie, is de vraag naar de oorsprong van cellulaire instructies een uitnodiging om de diepten van de natuur te verkennen en het wonder van het leven in al zijn facetten te aanschouwen.

Wat zijn de fundamentele krachten en hun rol.

De fundamentele krachten van de natuurkunde zijn de fundamentele interacties die het gedrag van materie en deeltjes in het universum bepalen. Ze spelen een cruciale rol in de structuur en evolutie van het universum zelf. Er zijn vier belangrijke fundamentele krachten.

Gravitatiekracht.

Het is verantwoordelijk voor de aantrekkingskracht tussen lichamen met massa en bepaalt de structuur van sterren, zoals planeten, sterren en melkwegstelsels. Het is altijd een aantrekkende kracht en de intensiteit is afhankelijk van de massa en de afstand tussen de lichamen.

De gravitatiekracht, beschreven door Newtons wet van universele gravitatie en verder ontwikkeld door Einsteins algemene relativiteit, is verantwoordelijk voor de vorming van hemellichamen, de baan van planeten rond de zon en de interacties op kosmische schaal die de structuur van het universum zelf vormgeven.

Elektromagnetische kracht.

Het vindt plaats tussen elektrische ladingen en veroorzaakt zowel aantrekking als afstoting. Het is verantwoordelijk voor de interacties tussen geladen deeltjes, de atoomstructuur en de eigenschappen van geleidende materialen.

De elektromagnetische kracht beheerst een breed scala aan verschijnselen, van de chemische bindingen die het leven op aarde ondersteunen tot de elektromagnetische straling die de ruimte doordringt. Zonder deze kracht zouden licht, elektriciteit, magnetisme en vele andere fundamentele interacties die onze wereld kenmerken niet bestaan.

Sterke kernkracht.

Deze kracht werkt op het niveau van de atoomkern en is verantwoordelijk voor het bij elkaar houden van subatomaire deeltjes, zoals protonen en neutronen, door de uitwisseling van deeltjes die pionen worden genoemd. Zonder deze kracht zou de kern niet kunnen bestaan, omdat protonen met een vergelijkbare (positieve) lading elkaar zouden afstoten waardoor de kern zou exploderen.

Zwakke kernkracht.

Deze kracht regelt het uiteenvallen van subatomaire deeltjes en bepaalde soorten radioactief verval. Het is verantwoordelijk voor verschijnselen zoals de transformatie van neutronen in protonen en omgekeerd.

Elk van deze krachten speelt een specifieke rol in de natuur en het universum en draagt bij aan de stabiliteit van atomaire structuren, de vorming en evolutie van sterren, de interactie tussen subatomaire deeltjes en de werking van de fysische processen die we waarnemen in de wereld om ons heen. Het begrijpen van deze krachten en de mechanismen die ze sturen is essentieel voor het verdiepen van ons begrip van de natuurkunde en het universum zelf.

Het bestuderen van de fundamentele krachten van de natuurkunde betekent het verkennen van de diepten van het universum, het onderzoeken van de grenzen van ons begrip en het proberen te ontcijferen van de geheimen die materie, energie en de structuur van de werkelijkheid om ons heen beheersen.

Deze fundamentele krachten zijn onlosmakelijk verbonden met het weven van het universum en vormen de sleutel tot het openen van de deur naar de diepste kennis van de natuur en tot het aanschouwen van de schoonheid en complexiteit van het universum in al zijn grootsheid.

Kosmische harmonie. De onschatbare rol van de fundamentele krachten.

De synergetische interactie van de fundamentele krachten van de natuurkunde resulteert in een ingewikkeld evenwicht dat vorm geeft aan het universum waarin wij leven, van het oneindig kleine tot het oneindig grote. Deze krachten, elk met hun eigen kenmerken en eigenaardigheden, werken samen om de complexe kosmische dans te regelen die het weefsel van de werkelijkheid vormt.

In de subatomaire microkosmos zorgen sterke en zwakke kernkrachten er samen voor dat atoomkernen intact blijven en sturen ze de interacties aan waaruit nieuwe deeltjes en vormen van materie ontstaan. Deze nauwkeurig georkestreerde processen hebben een cruciale invloed op onze wereld en de evolutie van het universum als geheel.

Tegelijkertijd doordringt de zwaartekracht de interstellaire ruimte, buigt het weefsel van de ruimtetijd en creëert de omstandigheden die nodig zijn voor de vorming van sterrenstelsels, sterren en planeten. Het is deze kracht die kosmische structuren bij elkaar houdt en de beweging van hemelse massa's in een eindeloos kosmisch ballet aandrijft.

De elektromagnetische kracht, met zijn dualiteit van aantrekken en afstoten, ligt ten grondslag aan uiteenlopende fenomenen als de voortplanting van licht, de interactie tussen atomen in chemische reacties en de geleiding van elektriciteit. Zonder deze kracht zou de wereld die wij kennen niet kunnen bestaan in al zijn verscheidenheid en complexiteit.

Samen creëren deze oerkrachten een universum van buitengewone rijkdom en diversiteit, waarin materie en energie verstrengelen in een kosmische harmonie die onze verbeelding uitdaagt en ons aanzet tot het stellen van vragen over het diepste mysterie van de schepping.

Het kosmische ballet van fundamentele krachten.

In het weefsel van het universum dansen fundamentele krachten in harmonie en weven ze het lot van deeltjes, sterren en sterrenstelsels tot een ingewikkeld kosmisch mozaïek. Dit kosmische ballet, beheerst door precieze wetten en subtiele interacties, vertegenwoordigt de kwintessens van de natuurkunde en de natuur zelf.

Elke kracht, met zijn unieke signatuur en kenmerkende rol, helpt het universum waarin we leven vorm te geven en schept de voorwaarden voor leven, voor de vorming van hemelse structuren en voor de wonderbaarlijke schoonheid van de werkelijkheid die ons omringt. Op elk moment, in elke hoek van het universum, werken deze krachten onmerkbaar maar krachtig en geven ze leven aan de wonderen van het bestaan.

Door de constante zoektocht naar kennis en begrip van de fundamentele krachten komt de mensheid steeds dichter bij de onthulling van de diepste geheimen van het universum. Wetenschappelijk onderzoek, filosofische reflectie en kosmische contemplatie worden gecombineerd in één poging om de verborgen wetten die de werkelijkheid vormgeven te ontsluieren.

Als we kijken naar de sterren aan de nachtelijke hemel, de delicate kruispunten van atomen en de energetische reacties op elektromagnetische straling, kunnen we de immense complexiteit en schoonheid van het universum waarnemen, een tastbare manifestatie van de fundamentele krachten die het beheersen.

Op deze tijdloze reis om het universum en de krachten die het in balans houden te begrijpen, wagen we ons steeds dieper in het duistere rijk van de theoretische en experimentele natuurkunde en laten we het licht van de kennis ons pad verlichten.

Elke ontdekking, elk inzicht en elke vraag brengt ons dichter bij de openbaring van de ultieme natuurwetten, waardoor we gaan nadenken over onze plaats in het oneindige landschap van het universum en onze verbinding met de oerkrachten die de werkelijkheid zelf vormgeven.

In de voortdurende stroom van energie en materie, in de fijne kneepjes van deeltjes en golven, in de donderende stilte van de kosmische ruimte, kunnen we de echo waarnemen van de geheimen van de fundamentele krachten, een uitnodiging om ons te verwonderen en de harmonie te aanschouwen die het universum doordringt.

Op zoek naar de ultieme waarheid. De intrigerende verweving van kosmische krachten.

Elke wetenschappelijke ontdekking, elk experiment en elke geavanceerde theorie betekent een stap voorwaarts in ons begrip van de krachten die het universum beheersen. Van verenigde theorieën tot nieuwe ontdekkingen in de grensgebieden van astronomie en deeltjesfysica, de mensheid nadert geleidelijk de ultieme waarheid achter de ogenschijnlijke complexiteit van de kosmos.

Elk sterrenstelsel, elke ster, elk subatomair deeltje is nauw verbonden met fundamentele krachten die als onzichtbare draden de mantel van het bestaan zelf weven. Deze krachten, met hun kracht en fijngevoeligheid, creëren de orde en structuur die we bewonderen in het universum, en onthullen een schoonheid en perfectie die onze verbeelding te boven gaat.

In de zoektocht naar de ultieme waarheid over kosmische krachten storten we ons in een eindeloze reis naar een dieper begrip van de werkelijkheid en ons eigen bestaan. Elke vraag die wordt gesteld, elk mysterie dat wordt onderzocht, brengt ons een stap dichter bij het kloppende hart van het universum, bij de ultieme essentie die achter de sluier van mysterie ligt.

In deze voortdurende poging om de geheimen van het universum te ontsluieren, omarmt de mensheid de schoonheid van het onbekende en duikt ze in de oneindige oceaan van kennis, op zoek naar de wetten die de kosmos beheersen en naar de harmonie die elk aspect van het bestaan doordringt.

Op zoek naar intelligentie.

In een universum dat zo complex en fascinerend is als het onze, rijst spontaan een vraag in de hoofden van degenen die geïnteresseerd zijn in de fundamentele aard van de werkelijkheid om ons heen: zijn de fundamentele krachten intelligent? Bevatten ze de blauwdruk van de werkelijkheid die ze helpen vormen en construeren? Door een reis door de moderne natuurkunde en een bredere reflectie op het universum proberen we licht te werpen op deze fascinerende vraag.

De fundamentele krachten, vier pijlers van de natuurkunde die bekend staan als de zwaartekracht, de elektromagnetische kracht, de sterke kernkracht en de zwakke kernkracht, bepalen alle interacties in het waarneembare universum. Deze krachten, bestudeerd in complexe natuurkundige theorieën zoals algemene relativiteit en het Standaard Model van Elementaire Deeltjes, zijn verantwoordelijk voor de structuur en evolutie van de kosmos op kosmologische en subatomaire schaal.

Maar wat betekent het om intelligentie toe te schrijven aan deze krachten? In de traditionele natuurkunde worden fundamentele krachten beschreven door precieze wiskundige wetten die hun werking en interactie met deeltjes en lichamen bepalen. Maar paradoxaal genoeg is de werking van de natuur buitengewoon coherent en harmonieus, waardoor sommige wetenschappers een soort '*intelligentie*' veronderstellen die inherent is aan de wetten die het universum besturen.

Intelligentie en vrije wil.

Op het kruispunt van wetenschap, filosofie en spiritualiteit ligt het debat over de relatie tussen vrije wil en intelligentie van de fundamentele natuurkrachten. Kan intelligentie zonder vrije wil om haar potentieel volledig te ontplooien, of is dat laatste een voorwaarde voor volledig uitgedrukte intelligentie? We stellen daarom de vraag: kunnen de fundamentele natuurkrachten, zoals zwaartekracht, elektromagnetisme, sterke wisselwerking en zwakke wisselwerking, als intelligent worden beschouwd, of werken ze volgens deterministische wetten zonder vrije wil?

Om dit complexe en intrigerende onderwerp te onderzoeken, duiken we in de magma van culturen, geschiedenissen en filosofische en wetenschappelijke beschouwingen die ons begrip van intelligentie en vrije wil hebben gevormd.

In een historische excursie kunnen we verwijzen naar filosofen uit de oudheid, zoals Aristoteles en Epictetus, die causaliteit en menselijke vrijheid bespraken. In de moderne tijd hebben de beschouwingen van filosofen als Kant en Schopenhauer over vrije wil en determinisme het westerse denken over dit onderwerp helpen vormgeven.

In de wetenschap confronteren experimenten zoals die van de moderne neurowetenschappen ons met vragen over de relatie tussen gedachten en handelingen die bepaald worden door biologische processen. Hedendaagse wetenschappers zoals Daniel Dennett en Sam Harris hebben uiteenlopende perspectieven op de illusie van de vrije wil en de implicaties die dit concept heeft voor de menselijke intelligentie en het menselijk handelen.

Maar als we onze blik verleggen naar de fundamentele natuurkrachten, ontstaat er een intrigerende conceptuele uitdaging. De zwaartekracht, die het universum bij elkaar houdt, of het elektromagnetisme, dat de interacties tussen deeltjes regelt, handelen volgens natuurkundige wetten die van tevoren vast lijken te staan en waarin geen ruimte is voor een opzettelijke vrije wil.

Sommige wetenschappers, zoals Rupert Sheldrake, hebben echter hypotheses naar voren gebracht over het concept van de '*uitgebreide geest*', dat een mentale onderlinge verbinding voorstelt tussen alle levende wezens en zelfs tussen natuurkrachten onderling. Dit perspectief opent ruimte voor reflectie over de intelligentie die door het hele universum verspreid is, waarbij het starre binomisme tussen determinisme en vrije wil wordt overwonnen.

Concluderend, intelligentie veronderstelt een vrije wil om het volledige menselijke potentieel tot uitdrukking te brengen, maar als het gaat om de fundamentele krachten van de natuur, wordt de kwestie complexer. Fysische krachten werken volgens precieze wetten die opzettelijke vrije wil lijken uit te sluiten, maar er blijven deuren open voor filosofische en wetenschappelijke reflectie over mogelijke intelligenties die aan deze wetten ten grondslag liggen en die ons huidige begrip te boven gaan.

Een van de belangrijkste concepten die een soort '*intelligentie*' ondersteunen die inherent is aan de wetten die het universum besturen, is het concept van '*impliciete orde*', bedacht door theoretisch natuurkundige David Bohm. Volgens dit perspectief bevat het universum een verborgen, impliciete orde, een intrinsieke intelligentie die vorm geeft aan de werkelijkheid die we waarnemen. Fundamentele krachten zouden een integraal onderdeel van deze orde kunnen zijn en een onderliggend ontwerp kunnen manifesteren dat het bestaan van het universum in stand houdt.

Binnen de meervoudige interpretaties van de werkelijkheid die de kwantumfysica biedt, komen interessante inzichten naar voren. Sommige wetenschappers geloven dat de 'intelligente' eigenschappen van fundamentele krachten op een niet-lineaire manier ontstaan en zich manifesteren in complexe patronen die geïnterpreteerd kunnen worden als onderliggende informatie of codes van de werkelijkheid.

Uiteindelijk vertegenwoordigt het idee dat fundamentele krachten intelligent zijn en de blauwdruk bevatten van de werkelijkheid die ze helpen construeren een suggestief perspectief dat nieuwe horizonten opent in het begrip van het universum. Ook al blijft het op dit moment een speculatieve hypothese, het debat rond dit onderwerp stimuleert de wetenschappelijke gemeenschap om de grenzen en mogelijkheden van de menselijke kennis te verkennen.

In een universum dat zo ingewikkeld en mysterieus is als het onze, kan de analyse van fundamentele krachten, niet alleen vanuit wiskundig en experimenteel oogpunt, maar ook vanuit een meer filosofisch en epistemologisch perspectief, ons begrip verrijken van de diepe aard van de werkelijkheid die ons omringt. De zoektocht naar de waarheid over deze fascinerende vraag blijft open en nodigt ons uit om de grenzen van ons begrip van het universum en onszelf te verkennen.

Informatie, een fundamentele intelligente kracht.

Om de werking van dit complexe universum volledig te begrijpen, moet een derde element naast materie en energie worden geïntroduceerd: informatie. De instructies die energie aandrijven en materie vormen kunnen alleen begrepen en uitgevoerd worden door informatie.

Maar hoe definieer je dit concept van informatie in de context van de kosmos? Dit is waar de uitdaging nog fascinerender wordt. Informatie kan niet simpelweg worden herleid tot een fysieke waarde zoals materie of energie, maar presenteert zichzelf als een immateriële of psychische entiteit, die onze traditionele opvattingen van de deterministische werkelijkheid uitdaagt. Informatie heeft geen fysiek lichaam, waaruit duidelijk een stelling naar voren komt: als het geen fysiek lichaam heeft, is het niet onderhevig aan de corruptie, transformatie en het verval van de doorgang.

Een van de pijlers waarop deze visie is gebaseerd, is de beroemde uitdrukking van computerwetenschapper John Archibald Wheeler:

Informatie is informatie, het is noch materie noch energie'.

Dit concept komt terug in het werk van theoretici als David Bohm, die voorstelde dat informatie een fundamenteel element is dat het gedrag van de werkelijkheid op kwantumniveau regelt.

Recente experimenten in de kwantummechanica hebben verschijnselen aan het licht gebracht die het cruciale belang van informatie bij het bepalen van het gedrag van subatomaire deeltjes lijken te bevestigen. Een treffend voorbeeld is het reflectie-experiment van Wheeler, dat laat zien hoe de late tussenkomst van de waarnemer het verleden met terugwerkende kracht kan beïnvloeden, wat de centrale rol van informatie bij het creëren van het weefsel van de werkelijkheid benadrukt.

Fascinerende theorieën zoals de kosmische simulatiehypothese van wetenschappers als Nick Bostrom openen nieuwe scenario's voor reflectie over de aard van informatie en de invloed ervan op de kwantumkosmos. Als we ons universum beschouwen als een soort simulatie die wordt aangedreven door grote hoeveelheden informatie, dan worden de grenzen tussen wat echt is en wat gesimuleerd wordt steeds vager.

De 'kosmische simulatiehypothese' is een fascinerende theorie die de fundamenten van de werkelijkheid die we waarnemen op losse schroeven zet. Deze hypothese, voorgesteld door vooraanstaande wetenschappers als filosoof Nick Bostrom, roept diepgaande vragen op over de aard van informatie, bewustzijn en de structuur van de kwantumkosmos zelf...

Kosmische simulatie suggereert dat het universum waarin we leven wel eens een soort computersimulatie zou kunnen zijn, gecreëerd door een geavanceerde beschaving met buitengewone technologische mogelijkheden. Dit perspectief opent scenario's voor reflectie over hoe informatie ten grondslag ligt aan de werkelijkheid die we waarnemen en hoe de manipulatie hiervan onze wereld en ons leven zelf kan beïnvloeden. Het is een hypothese die, hoewel het sciencefiction lijkt, gebaseerd is op diepgaande concepten uit de kwantumfysica en informatietheorie.

Om de betovering van deze theorie volledig te begrijpen, is het nodig om een sprong te maken in de tijd en ruimte van ideeën. De Zweedse filosoof Nick Bostrom formuleerde in 2003 zijn beroemde '*simulatiedrielma*', waarin hij stelde dat een van de volgende drie hypothesen waar moet zijn:

- Geavanceerde beschavingen willen geen simulaties maken, anders zou onze wereld een simulatie zijn;
- geavanceerde beschavingen niet de technologische mogelijkheden hebben om dat te doen;
- maken we eigenlijk deel uit van een simulatie.

Dit concept, hoewel speculatief, kruipt in het filosofische en wetenschappelijke debat over de oorsprong en aard van de werkelijkheid. Theoretische steun voor de kosmische simulatie is ook geworteld in kwantumfysica-experimenten zoals die over Bell's paradox en het principe van non-lokaliteit, die suggereren dat er een mysterieuze en ogenblikkelijke verbinding bestaat tussen verre deeltjes, die de wetten van de klassieke fysica schijnbaar overwint.

Afgezien van de wetenschappelijke implicaties roept deze theorie diepgaande vragen op over de aard van het bewustzijn, identiteit en de zin van het bestaan. Als we in een simulatie zouden leven, wie zouden we dan werkelijk zijn? We zouden een gedrocht zijn. Wat zouden de ethische, existentiële en spirituele gevolgen zijn van deze openbaring?

Het onderwerp van het levenseinde vanuit dit perspectief benaderen leidt tot een nog ongrijpbaardere dimensie: wat zou er gebeuren na onze 'dood' als we in een simulatie leefden? Zou ons bewustzijn de loskoppeling van de matrix overleven? Elke cultuur, met zijn verhalen, mythen en overtuigingen, biedt een uniek perspectief op deze universele vraag.

Tot slot nodigen theorieën over kosmische simulatie ons uit om onbekend terrein te verkennen van ons begrip van het universum en onszelf. Misschien zullen we, in de niet aflatende jacht naar het eeuwige, antwoorden vinden die onze diepst gewortelde opvattingen over de werkelijkheid en ons bestaan op de proef stellen. Per slot van rekening, zoals de magnifieke Alan Watts ooit zei,

"Wij zijn onze eigen droom".

Het mysterie van het einde van het leven wordt zo ontrafeld in een caleidoscoop van culturen, verhalen, wetenschappelijke en filosofische hypotheses, en biedt een fascinerend en onuitputtelijk schouwspel van vragen en overpeinzingen die ons aansporen verder te kijken dan de horizon in de hoop de ultieme waarheid van het menselijk bestaan te ontdekken.

De rol van informatie in de kwantumkosmos vormt dus een fascinerende uitdaging voor ons begrip van de werkelijkheid. Door een interdisciplinaire aanpak waarbij natuurkunde, informatica, filosofie en nog veel meer betrokken zijn, hopen we nieuw licht te werpen op een van de diepste mysteries van het universum.

In dit avontuur naar een dieper begrip van de kwantumkosmos is het ook belangrijk om stil te staan bij de bijdragen van briljante geesten uit het verleden en het heden die de basis hebben gelegd voor ons huidige begrip van informatie in het universum.

Alan Turing en zijn 'machine'.

Alan Turing was een pionier in de computerwetenschap en leverde belangrijke bijdragen aan de informatietheorie en computation, waardoor nieuwe perspectieven werden geopend op de aard van informatie zelf. Zijn ideeën hebben de manier waarop we de concepten informatie en computatie begrijpen diepgaand beïnvloed en hebben de basis gelegd voor het digitale tijdperk waarin we vandaag de dag leven.

Alan Turing is vooral bekend vanwege de ontwikkeling van het concept van de *Turing machine*, een abstract theoretisch model van een apparaat dat berekeningen uitvoert volgens opgeslagen instructies. Dit concept vormt de basis van alles wat we tegenwoordig onder '*computer*' verstaan en legde de basis voor de theorie van computatie.

Turingmachines zijn theoretische abstracte modellen van een apparaat dat symbolen op een strook tape manipuleert volgens een set gedefinieerde regels. Dit concept werd in de jaren 1930 geïntroduceerd door Alan Turing en is fundamenteel geworden voor de theorie van het rekenen. Hier volgen enkele belangrijke punten. Een Turing machine bestaat uit:

- een eindeloos lint verdeeld in cellen,
- een lees/schrijfkop die de symbolen op de tape leest en schrijft,
- een besturingseenheid die instructies interpreteert en bepaalt welke acties moeten worden uitgevoerd.

De Turing machine werkt volgens een aantal gedefinieerde regels of *instructies*. Afhankelijk van de huidige toestand en het gelezen symbool op de tape, kan de machine schrijven, lezen, naar links of rechts bewegen en van toestand veranderen.

In het verlengde hiervan introduceerde Turing het concept van de '*universele Turing* machine', die de werking van elke andere Turing machine kan simuleren. Deze eigenschap maakte het mogelijk om de berekenbaarheid van bepaalde theoretische problemen en concepten aan te tonen.

Turing toonde aan dat er problemen zijn die niet door een computationele entiteit kunnen worden opgelost, zoals het '*stopprobleem'*. Dit probleem geeft aan dat er geen algemeen algoritme is om te bepalen of een programma de uitvoering zal beëindigen of niet.

Turing's machines openden de deur naar de moderne computertheorie en het begrip van wat '*algoritmisch berekend' kan worden,* oftewel wat berekenbaar is.

Men zegt dat een wiskundig probleem of een wiskundige functie '*berekenbaar*' is als er een algoritme bestaat dat het probleem of de functie deterministisch kan oplossen of berekenen. In de computerwetenschap wordt dit concept vaak gebruikt om te verwijzen naar wat kan worden opgelost door een computer na een goed gedefinieerde reeks stappen.

Filosofische waarde van de Turing Machine.

De filosofische waarde van de *Turing Machine* is divers. Een van de belangrijkste punten is de berekenbaarheid en de grenzen van kunstmatige intelligentie. De Turing Machine hielp de grenzen van berekenbaarheid en kunstmatige intelligentie af te bakenen. Het hielp definiëren wat algoritmisch berekend kan worden en benadrukte problemen die niet inherent oplosbaar zijn door een computationele entiteit.

Bovendien hebben Turing's notie van een machine en de concepten van symbolische berekening diepgaande filosofische discussies over de aard van geest en intelligentie gestimuleerd. De vraag of machines kunnen denken, opgeworpen door Turing in zijn artikel uit 1950, heeft een blijvende invloed gehad op beschouwingen over bewustzijn en AI.

De Turing Machine riep ook belangrijke ethische vragen op over AI en de menselijke verantwoordelijkheid bij de implementatie en het gebruik van op kunstmatige intelligentie gebaseerde systemen.

De Turing Machine heeft ook belangrijke ethische vragen opgeworpen over AI en de menselijke verantwoordelijkheid bij de implementatie en het gebruik van op kunstmatige intelligentie gebaseerde systemen. Het stimuleert reflectie over de ethiek van automatisering en computationele besluitvorming.

Het idee van een universele machine die elke andere machine kan simuleren is een bron van reflectie geweest over menselijke vrijheid en autonomie en heeft geleid tot een bredere discussie over het belang van menselijke controle bij het ontwerp en gebruik van technologie.

In het algemeen heeft de Turing Machine een significante filosofische waarde, omdat het de discussie stimuleert over sleutelbegrippen als intelligentie, de geest, autonomie, ethiek en de relatie tussen mens en machine. De machine heeft de filosofie van de technologie, de filosofie van de geest en de toegepaste ethiek diepgaand beïnvloed en heeft geleid tot een rijker begrip van de filosofische implicaties van technologische innovaties.

Met het concept van de Turing machine bewees Turing dat er problemen zijn die niet door een computer kunnen worden opgelost, zoals het stopprobleem. Dit concept droeg aanzienlijk bij aan het begrip van de beperkingen van computatie en maakte de weg vrij voor computationele wiskundige logica.

Hoewel de informatietheorie meestal wordt geassocieerd met Claude Shannon, leverde Turing belangrijke conceptuele bijdragen. Zijn idee van een universele machine beïnvloedde de definitie van algoritmische complexiteit en gegevenscompressie, belangrijke aspecten van de informatietheorie.

Samengevat was Alan Turing een reus op het gebied van computerwetenschap, informatietheorie en wiskundige logica. Zijn revolutionaire bijdragen hebben de computerwereld gevormd en zijn tot op de dag van vandaag van invloed op meerdere gebieden.

Kwantuminformatie.

Kwantuminformatie is een natuurkundig gebied dat de verwerking, overdracht en manipulatie van informatie bestudeert met behulp van de principes van de kwantummechanica. In tegenstelling tot klassieke informatie, die gebaseerd is op bits die alleen waarden van 0 of 1 kunnen aannemen, is kwantuminformatie gebaseerd op qubits, die tegelijkertijd in een toestand van 0, 1 of een superpositie van beide kunnen verkeren door de principes van superpositie en kwantuminterferentie.

Tot de fundamentele concepten van kwantuminformatie behoren kwantumsuperpositie, kwantumverstrengeling en kwantummeting. Kwantumverstrengeling maakt ogenblikkelijke correlatie tussen kwantumdeeltjes mogelijk, ongeacht de afstand ertussen, waardoor het mogelijk is om informatie veilig en efficiënt te verzenden via het fenomeen kwantumteleportatie.

Kwantuminformatie heeft veel belangstelling getrokken vanwege het potentieel op het gebied van kwantumcryptografie, kwantumrekenen en kwantumcommunicatie, waarbij de veiligheid en efficiëntie van systemen sterk worden verbeterd in vergelijking met klassieke methoden.

Ik noem een aantal pioniers op het gebied van kwantuminformatiestudies.

Door de bijdragen van deze en vele andere vooraanstaande wetenschappers en filosofen zijn we getuige van een conceptuele revolutie die onze diepst gekoesterde overtuigingen over de aard van het universum op de proef stelt.

Richard Feynman.

Richard Feynman, de beroemde theoretische natuurkundige en Nobelprijswinnaar, leverde belangrijke bijdragen aan de kwantummechanica, maar richtte zich ook op het belang van informatie in de context van de natuurkunde. Het concept 'kwantuminformatie' dat Feynman introduceerde, opende nieuwe perspectieven op de informatietheorie en de verbanden tussen informatie en de fysieke werkelijkheid op kwantumniveau.

Het begrip 'kwantuminformatie' is een sleutelbegrip op het gebied van kwantumfysica en informatie. Feynman was een van de pioniers die het belang inzagen van het beschouwen van informatie vanuit een kwantumperspectief.

In de visie van Feynman is kwantuminformatie gebaseerd op de wetten van de kwantummechanica en richt het zich op de manipulatie en overdracht van informatie via kwantumsystemen in plaats van klassieke objecten. Dit concept leidde tot de evolutie van de kwantuminformatietheorie, die toepassingen kent op gebieden als kwantumcryptografie, kwantumcomputing en veilige communicatie.

Een van de belangrijkste bijdragen van Feynman was erop te wijzen dat kwantumcomputers veel sneller berekeningen zouden kunnen uitvoeren dan conventionele computers, dankzij het vermogen van qubits (kwantuminformatie-eenheden) om zich in meerdere toestanden tegelijk te bevinden.

Dit concept heeft nieuwe perspectieven geopend op het gebied van veilig rekenen en informatieoverdracht.
Kortom, kwantuminformatie vertegenwoordigt een interdisciplinair gebied dat een revolutie teweeg heeft gebracht in ons begrip van de informatie zelf en de rekenmogelijkheden.

Roger Penrose.

Roger Penrose is een eminent Brits wiskundig natuurkundige en filosoof die bekend staat om zijn belangrijke bijdragen aan de theoretische natuurkunde, kosmologie en de theorie van de geest. Hij heeft de raakvlakken tussen kwantumfysica, relativiteitstheorie en informatie diepgaand onderzocht en biedt nieuwe benaderingen en perspectieven om het universum en de geest te begrijpen.
Zijn theorieën over de interpretatie van informatie in de kwantumkosmos hebben intense discussies en reflectie over de aard van de werkelijkheid zelf uitgelokt. Hier zijn enkele van Penrose's belangrijkste concepten en bijdragen:

Veronderstellingen over de hersenbewustzijn-quantum analogie.
Penrose opperde het idee dat het bewustzijn zou kunnen voortvloeien uit kwantumprocessen in de hersenen en opende zo een poort naar een nieuw begrip van de relatie tussen kwantumfysica en het menselijk bewustzijn.

Theorie van kwantumzwaartekracht.
Penrose leverde een belangrijke bijdrage aan het begrip van kwantumzwaartekracht door te proberen algemene relativiteit en kwantummechanica te integreren in een meer compleet en samenhangend raamwerk.

Objectieve golfinstortingstheorie.
Penrose werkte aan modellen van objectieve golfcollapsmechanismen en probeerde plausibele verklaringen te geven voor de overgang van de kwantumwereld naar de klassieke wereld en de zogenaamde 'macroscopische' implicaties van de kwantummechanica.

Penrose's wetenschappelijke en filosofische onderzoek heeft baanbrekend werk verricht in de verkenning van fundamentele fysica, de aard van de geest en de relatie tussen informatie, werkelijkheid en bewustzijn. Zijn theorieën hebben zeker intense reflectie en discussie gestimuleerd binnen de wetenschappelijke en filosofische gemeenschap en hebben ons begrip van het universum en ons eigen bestaan beïnvloed. We zullen Penrose in de volgende hoofdstukken uitgebreid bespreken in relatie tot zijn theorie van onsterfelijk kwantumbewustzijn.

Max Tegmark.

De Zweedse kosmoloog Max Tegmark stelde gewaagde hypotheses voor over het wiskundige universum en het belang van informatie als fundament van de werkelijkheid zelf. Zijn visie op het universum als een autonome wiskundige structuur plaatst informatie in het centrum van een kwantumkosmische interpretatie die radicaal verschilt van de klassieke visie.

Lothar Schäfer. Onsterfelijke kwantuminformatie.

Kwantumfysicus Lothar Schäfer heeft gesuggereerd dat kwantuminformatie niet wordt vernietigd bij de dood, maar kan worden bewaard in een kwantumveld dat intrinsiek is aan het universum, een concept dat resoneert met het religieuze idee van een eeuwige ziel.

Lothar Schaefer is een van de pioniers van dit provocerende idee. Hij suggereert dat kwantuminformatie, in tegenstelling tot klassieke informatie, de fysieke dood kan overleven en bewaard kan blijven in een universeel kwantumveld. Dit voorstel is niet alleen een wetenschappelijke openbaring, maar is ook diep verweven met oude religieuze opvattingen over een eeuwige ziel.

Kwantuminformatie is een heel ander concept dan klassieke informatie. Terwijl klassieke informatie gebaseerd is op gedefinieerde en duidelijk interpreteerbare toestanden, bestaat kwantuminformatie tot het moment van waarneming in een superpositie van toestanden. Volgens Schäfer zou de informatie waaruit ons bewustzijn bestaat bij de fysieke dood niet vernietigd worden, maar eerder verschuiven naar een kwantumveld dat intrinsiek is aan het universum. Deze informatie zou worden opgeslagen op een manier die het idee oproept van een kosmische opslagplaats van kennis en bewustzijn, een soort '*zielenveld*'.

Deze theorie heeft diepgaande implicaties, niet alleen voor de natuurkunde, maar ook voor de filosofie en theologie. Het idee dat bewustzijn de dood kan overleven klinkt namelijk door in veel religieuze tradities die de eeuwigheid van de ziel postuleren. In het christendom wordt bijvoorbeeld gesproken over de onsterfelijkheid van de ziel en het eeuwige leven. In andere godsdiensten, zoals het hindoeïsme en het boeddhisme, gelooft men in reïncarnatie en de voortzetting van de cyclus van leven, dood en wedergeboorte, waarbij de ziel of het bewustzijn overgaat in een nieuw lichaam.

Schäfer stelt zich voor dat zo'n beweging niet plaatsvindt in een bovennatuurlijk rijk, maar binnen de diepe structuren van het kwantumuniversum. Hier zou het bewustzijn bewaard blijven als een vorm van kwantuminformatie, die met het universum interageert op manieren die nog steeds mysterieus zijn en niet begrepen worden. Deze theorie sluit daarom niet alleen aan bij de manier waarop veel religies de eeuwige ziel beschrijven, maar suggereert ook een mogelijk wetenschappelijk mechanisme onder deze overtuigingen.

Ondanks de fascinatie en krachtige implicaties van deze theorie, blijft deze zeer speculatief. Moderne wetenschap vereist dat hypotheses worden ondersteund door empirisch en reproduceerbaar bewijs. Op dit moment ontbreekt dergelijk hard bewijs voor de theorie van Schaefer. De wetenschappelijke gemeenschap handhaaft daarom een houding van voorzichtige scepsis, houdt de deur open voor verder onderzoek en experimentele verificatie, maar aanvaardt het idee niet blindelings zonder onderzoek.

Het onderzoek naar de postmortale overleving van bewustzijn door het prisma van de kwantumfysica staat nog maar aan het begin. Toekomstig onderzoek zou zich op verschillende aspecten kunnen richten:

Kwantumexperimenten.
Experimenten bedenken die de aanwezigheid en opslag van kwantuminformatie gerelateerd aan bewustzijn kunnen testen.

Theoretische modellen.
Wiskundige en theoretische modellen ontwikkelen die verklaren hoe kwantuminformatie kan worden vertaald en bewaard na de fysieke dood.

Interdisciplinariteit.
Samenwerking tussen natuurkundigen, neurowetenschappers, filosofen en theologen om de implicaties van deze ontdekkingen te onderzoeken vanuit zowel empirisch als humanistisch perspectief.

De theorie van kwantumbewustzijn als een onsterfelijke entiteit biedt een intrigerende brug tussen wetenschap en spiritualiteit en roept fundamentele vragen op over de betekenis van het leven, de dood en het bestaan zelf. Terwijl we reikhalzend uitkijken naar empirisch bewijs dat deze theorie ondersteunt of weerlegt, nodigt het ons uit om onze werkelijkheid vanuit een radicaal nieuw perspectief te bekijken, waar natuurkunde en filosofie elkaar ontmoeten in een kwantumveld dat de geheimen van ons eeuwige bestaan zou kunnen bevatten.

Klassieke en kwantuminformatie.

In het huidige informatielandschap onderscheiden twee paradigma's zich als pijlers van kennis: klassieke informatie en kwantuminformatie. Deze twee perspectieven geven niet alleen vorm aan de manier waarop we de wereld begrijpen, maar ook aan de toekomst van technologieën en een steeds meer onderling verbonden digitale samenleving.

Klassieke informatie. Van Sumerische papyri tot de code van Shannon.

Klassieke informatie vindt zijn oorsprong in de oude Sumerische beschavingen, die kennis doorgaven via papyri en tabletten. Het is echter met de komst van de informatietheorie in de 20e eeuw dat klassieke informatie haar hoogtepunt vindt.

Claude Shannon, de vader van de informatietheorie, legde de basis voor ons begrip van informatie als een stroom bits. Deze theorie, die voortkwam uit massacommunicatie en de digitale revolutie, heeft de moderne maatschappij gevormd en het informatietijdperk doen ontstaan.

Claude Shannon was het genie dat de basis legde voor het begrijpen van de aard van informatie zelf. In 1948 revolutioneerde Shannon het wetenschappelijke landschap met zijn baanbrekende werk '*A Mathematical Theory of Communication*', dat de deur opende naar een nieuwe manier om informatiestromen op te vatten en te manipuleren.

De informatietheorie van Shannon is gebaseerd op de opvatting van informatie als een stroom bits die een boodschap of idee overbrengt via een kanaal met ruis en interferentie. Dit fundamentele idee heeft niet alleen een transformerende invloed gehad op de wetenschap, maar ook op de moderne maatschappij en heeft het informatietijdperk waarin we nu leven vormgegeven.

Om de reikwijdte van Shannons theorie volledig te begrijpen, moeten we de belangrijkste concepten analyseren. Centraal staan de begrippen informatiebron, communicatiekanaal en bestemming of ontvanger. Shannon introduceerde het begrip entropie als een maat voor de onzekerheid van een informatiebron en introduceerde de begrippen gemiddelde informatie en kanaaltransmissiecapaciteit.

Een goed voorbeeld van de praktische toepassing van Shannons theorie zijn moderne communicatietechnologieën zoals datatransmissie en informatiecompressie. Dankzij zijn theorie kunnen we berichten via digitale netwerken versturen met een nauwkeurigheid en snelheid die voor zijn pionierswerk ondenkbaar waren.

Het werk van Claude Shannon is niet beperkt gebleven tot de academische wereld, maar is doorgedrongen in de populaire cultuur en heeft generaties computerwetenschappers, ingenieurs en informatiewetenschappers geïnspireerd. Zijn invloed strekt zich ook uit tot de filosofie, met diepgaande implicaties over de aard van informatie en kennis zelf.

Daarnaast speelde Shannon een cruciale rol in de ontwikkeling van cybernetica en kunstmatige intelligentie, waarbij hij anticipeerde op de uitdagingen en mogelijkheden van het digitale tijdperk waarin we leven. Zijn informatietheorie blijft een fundamentele pijler voor het begrijpen van onze hyperverbonden maatschappij, waarin de informatiestroom elk aspect van ons leven beïnvloedt.

Door het visionaire genie van Claude Shannon heeft de wereld kennis gemaakt met een nieuwe manier om informatie waar te nemen en te beheren. Zijn nalatenschap leeft voort in elke bit die door de digitale wereld gaat en versterkt het idee dat informatie de valuta van onze tijd is, gevormd door de fundamenten die Shannon legde met zijn revolutionaire theorie.

Kwantuminformatie en het onzekerheidsprincipe van Heisenberg.

Kwantuminformatie daarentegen kwam voort uit de rusteloze geesten van de pioniers van de kwantummechanica. In het begin van 1900 legde Werner Heisenberg de basis voor onzekerheid door te suggereren dat de meting van een deeltje onvermijdelijk de toestand van dat deeltje beïnvloedde.

Het onzekerheidsprincipe van Heisenberg is een van de fundamentele concepten van de kwantumfysica die ons begrip van de wereld op microscopisch niveau ingrijpend heeft veranderd. Dit principe werd in 1927 geformuleerd door Werner Heisenberg en stelt dat het onmogelijk is om de positie en het momentum van een subatomair deeltje precies en tegelijkertijd te kennen.

Dit principe komt voort uit de duale aard van licht en materie, volgens welke deeltjes zoals elektronen zich zowel als golven als puntdeeltjes kunnen gedragen. Wanneer wordt geprobeerd om de positie van een deeltje nauwkeuriger te meten, wordt onvermijdelijk een verstoring van de impuls geïntroduceerd, en omgekeerd. Dit betekent dat de meting van de ene variabele (positie of impuls) de meting van de andere variabele op een onvoorspelbare manier zal beïnvloeden.

Het onzekerheidsprincipe van Heisenberg heeft diepgaande filosofische en praktische implicaties. Het impliceert een grens aan de precisie waarmee we de eigenschappen van een deeltje kunnen meten en onderstreept het belang van het begrip waarschijnlijkheid in de kwantumfysica. Bovendien heeft dit principe geleid tot de opkomst van concepten als fundamentele onzekerheid in het microscopische universum, waardoor een nieuw perspectief op de aard van de werkelijkheid is ontstaan.

Een van de experimenten die het onzekerheidsprincipe van Heisenberg bevestigde, was het tweespletenexperiment van Young. In dit experiment wordt een bundel deeltjes door twee spleten geleid, waardoor een interferentiepatroon ontstaat dat de golfachtige aard van materie aantoont. Dit fenomeen toont aan dat subatomaire deeltjes geen gedefinieerde baan hebben totdat ze worden waargenomen.

Concluderend kan worden gesteld dat het onzekerheidsprincipe van Heisenberg een fundamentele bouwsteen vormt in de constructie van de kwantumtheorie, onze klassieke intuïties over de aard van de werkelijkheid op de proef stelt en de weg vrijmaakt voor een nieuw tijdperk van ontdekkingen en innovaties in de natuurkunde en de wetenschap in het algemeen.

Maar het was met het gedachte-experiment van Schrödinger, de beroemde 'kat' in de doos, dat kwantuminformatie bekendheid kreeg. Deeltjes die in een toestand van dood en leven zweefden, zetten de wetenschappelijke gemeenschap ertoe aan na te denken over de betekenis van informatie zelf.

De kwantuminformatietheorie, die in de decennia daarna werd ontwikkeld door grootheden als John Bell en David Deutsch, onthulde de fantasmagorische verbindingen die deeltjes in een kwantumtoestand met elkaar verbinden. Kwantumverstrengeling, door Einstein gedefinieerd als '*spooky action at a distance*', suggereert dat informatie ogenblikkelijk kan reizen tussen deeltjes op afstand, waardoor alle klassieke logica wordt doorbroken.

Vandaag de dag bevindt het informatielandschap zich op een kruispunt tussen deze twee perspectieven. Klassieke bits, gedragen door elektronische golven op geïntegreerde circuits, blijven onze digitale communicatie domineren. Maar kwantumqubits, die in een staat van superpositie zweven, beloven onvoorstelbare snelheid en rekenkracht.

Onderscheidende kenmerken.

In de context van informatie botsen en verstrengelen twee werelden in een intrigerende dans van bits en qubits: klassieke informatie en kwantuminformatie. Deze twee paradigma's vertegenwoordigen niet alleen verschillende benaderingen van de overdracht en verwerking van gegevens, maar weerspiegelen ook de verschillende wereldbeelden die ons begrip van de werkelijkheid hebben gevormd. Laten we ze eens onder de loep nemen.

Klassieke informatie, het kind van het digitale tijdperk en de informatietheorie van Claude Shannon, is gebaseerd op bits, de fundamentele eenheid van informatie die twee verschillende toestanden kan aannemen: 0 en 1. In dit universum van bits wordt informatie getransporteerd door elektrische signalen die met ongelooflijke snelheden door geïntegreerde circuits reizen.

Een van de meest klassieke voorbeelden van klassieke informatie is de telefoon, een apparaat dat spraaksignalen verstuurt via elektrische impulsen langs telefoonlijnen. Dit systeem is gebaseerd op de regels van de binaire logica, waarbij elke bit informatie wordt vertegenwoordigd door een signaal dat aan (1) of uit (0) kan worden gezet, waardoor reeksen bits ontstaan die de verzonden berichten vormen.

Kwantuminformatie daarentegen wordt gekenmerkt door zijn verrassende en contra-intuïtieve eigenschappen, die hun oorsprong vinden in de kwantummechanica. In de wereld van qubits, de fundamentele eenheid van quantuminformatie, kan een deeltje zich in een superpositie bevinden, dat wil zeggen dat het tegelijkertijd zowel 0 als 1 kan zijn, dankzij het quantumsuperpositieprincipe.

Een emblematisch voorbeeld van kwantuminformatie zijn kwantumteleportatie-experimenten, zoals het experiment dat in 1997 werd uitgevoerd door een team wetenschappers onder leiding van Anton Zeilinger. In dit experiment werd kwantuminformatie ogenblikkelijk overgedragen van het ene deeltje naar het andere, waarbij gebruik werd gemaakt van kwantumsuperpositie en het fenomeen van verstrengeling...

De verschillen tussen klassieke informatie en kwantuminformatie zijn radicaal. Terwijl de eerste gebaseerd is op klassieke bits die de wetten van de klassieke logica volgen, is de tweede gebaseerd op quantum qubits die de wetten van de conventionele logica tarten. Terwijl klassieke informatie zich op lineaire en deterministische manieren voortbeweegt, beweegt kwantuminformatie zich op niet-lokale en probabilistische manieren.

Ondanks deze schijnbaar onoverbrugbare verschillen blijken klassieke en kwantuminformatie elkaar aan te vullen en met elkaar verbonden te zijn. Opkomende technologieën zoals kwantumcryptografie en kwantumcomputers openen nieuwe perspectieven voor de manier waarop we informatie opvatten en gebruiken, en combineren het beste van beide werelden om een toekomst te creëren waarin communicatie en berekeningen op onvoorstelbare manieren zullen worden gerevolutioneerd.

Het fundamentele verschil.

In het domein van klassieke informatie spelen de stevigheid en tastbaarheid van fysieke media een centrale rol. Denk aan boeken, kranten, harde schijven: instrumenten die informatie opslaan en overbrengen via elektronische of mechanische systemen. De kwetsbaarheid van dergelijke media wordt echter duidelijk wanneer de tijd zijn onverbiddelijke verloop markeert.

Een emblematisch voorbeeld is het verval van een boek door de eeuwen heen. De opeenhoping van stof, de slijtage van de pagina's, de slijtage van het materiaal: allemaal tastbare tekenen van de vergankelijkheid van klassieke informatie. Zelfs in de digitale wereld kunnen fysieke media falen, harde schijven kunnen beschadigd raken, servers kunnen crashen, wat leidt tot onherstelbaar verlies van gegevens.

Kwantuminformatie daarentegen tart de conventies van materialiteit door haar inherente niet-lokaliteit te tonen. In dit domein verstrengelen qubits zich in een toestand van verstrengeling die ruimtetijdbarrières overwint, waardoor informatie bestand is tegen het verval van fysieke media. Een sprekend voorbeeld is het experiment van Alain Aspect, dat de realiteit van verstrengeling onthulde, d.w.z. het bestaan van kwantumverbindingen die fysieke afstanden overwinnen.

Kwantumverstrengeling, het vermogen van deeltjes om op afstand ogenblikkelijk met elkaar te communiceren, is de hoeksteen van kwantuminformatie. Dit fantastische fenomeen suggereert dat kwantuminformatie, dankzij de eigenschap van niet-lokaliteit, de vergankelijkheid van fysieke lichamen kan overleven, en een nieuw licht werpt op de aard van het bestaan en communicatie.

Door deze diametraal tegenovergestelde eigenschappen presenteren klassieke en kwantuminformatie zich als polen van één bredere visie. Terwijl de eerste zich voedt met de concreetheid van materiële media, rijst de tweede op in het ongrijpbare web van kwantumverstrengeling. Dit dualisme zet ons aan om na te denken over de betekenis van informatie zelf en onthult haar veranderende en veranderlijke aard.

Nu we ons wagen aan de betekenis van informatie, zou de synergie tussen deze twee werelden een nog complexere en onderling verbonden werkelijkheid kunnen vormen dan we ons kunnen voorstellen. De reis van klassieke naar kwantuminformatie is kronkelig, maar vol beloften en verrassingen die de manier waarop we de wereld waarnemen opnieuw kunnen definiëren.

Ik sluit af met de woorden van Arthur Clarke:

Elke voldoende geavanceerde technologie is niet te onderscheiden van magie'.

En in een wereld die steeds dichter bij deze magie komt, zou informatie, zowel klassiek als kwantum, de sleutel kunnen zijn om deuren te openen naar nog onontdekte werelden.

Informatie in de kwantumkosmos.

In het hart van de kwantumkosmos staat informatie als een onzichtbare maar alomtegenwoordige pijler, die de werkelijkheid zelf vormgeeft met een beheersing die ons begrip te boven gaat. Dit deel wil de deur openen naar nieuwe overpeinzingen en een bredere en meer geïntegreerde kijk op ons bestaan in het uitgestrekte landschap van het universum stimuleren.

Terwijl we de sterrenhemel afspeuren op zoek naar antwoorden op onze diepste vragen, kunnen we niet voorbijgaan aan de cruciale rol van informatie in het ingewikkelde mozaïek van de kwantumkosmos. Of het nu een illusie, een simulatie of de werkelijkheid zelf is, informatie presenteert zichzelf als de draad die de draden van de schepping verbindt en ons uitnodigt om het grote mysterie van het bestaan met nieuwe ogen te verkennen.

De geheimen die verborgen liggen in het hart van de kosmos wachten geduldig om onthuld te worden, terwijl wij mensen de sluier van onwetendheid blijven oplichten, geleid door het licht van informatie op onze eeuwige reis naar kennis en begrip.

En nu we steeds dieper in de mysteries van de kwantumkosmos duiken, is het onvermijdelijk om na te denken over de filosofische en metafysische implicaties die voortkomen uit de analyse van de rol van informatie.

De vragen die opkomen zijn veelvoudig en complex: wat is de uiteindelijke aard van informatie? Waar komt dit universele substraat van codes vandaan dat het weefsel van de werkelijkheid regelt? En hoe past de menselijke waarnemer in dit ingewikkelde patroon van informatie dat de kosmos vormgeeft?

Informatie in de kwantumkosmos is getransformeerd van een louter meet- en communicatie-instrument tot een actieve protagonist van het bestaan zelf. Elke interactie, elk fenomeen, elke entiteit lijkt doordrongen te zijn van sporen van dit ongrijpbare maar krachtige element.

Door de analyse van informatie in de kwantumkosmos worden we geconfronteerd met een baanbrekend keerpunt dat ons uitnodigt om de fundamenten van de werkelijkheid te heroverwegen. Het idee dat informatie het fundamentele 'weefsel' van het universum is, dwingt ons om verder te kijken dan materiële en energetische manifestaties en maakt de weg vrij voor een nieuw begrip van het bestaan.

De uitdagingen die dit concept stelt aan ons wereldbeeld zijn immens en stimulerend. We moeten onze conceptuele conventies loslaten om een paradigma te omarmen waarin informatie voortdurend verbrijzeld en opnieuw samengesteld wordt, waardoor de realiteit die we waarnemen en de realiteit die ons misschien nog onbekend is, vorm krijgt.

In deze zoektocht naar waarheid en betekenis zullen we de rol van informatie in de kwantumkosmos blijven onderzoeken met een open geest en een nieuwsgierig hart, in het besef dat de antwoorden die we zoeken ons niet alleen kunnen leiden naar de ontdekking van nieuwe natuurwetten, maar ook naar de openbaring van diepere waarheden over ons eigen bestaan.

Een reis door de uitdagingen van kennis.

Door het vraagstuk van cellulaire instructies en de invloed van energie op materie aan te pakken, worden we ondergedompeld in een onderzoek dat even fascinerend als complex is en de grenzen van conventionele wetenschap overstijgt om een multidisciplinair perspectief te omarmen dat diep ondergedompeld is in de essentie van het bestaan.

Door de geschiedenis heen hebben talloze theorieën geprobeerd om de oorsprong te verklaren van de instructies die de wonderen van het biologische rijk aansturen. Van Darwinistische evolutie tot de hypothese van een goddelijke intelligentie, de opvattingen over de mechanismen die het leven vormgeven zijn talrijk en soms tegenstrijdig, maar ze komen allemaal samen op één punt: de zoektocht naar het uiteindelijke begrip van de levensprocessen die onze wereld bezielen.

De uitnodiging om na te denken over een mogelijke 'oerenergie' die de eerste instructies gaf aan de oorspronkelijke cel, zet ons niet alleen aan het denken over de aard van het leven, maar ook over de grenzen van ons eigen vermogen om het universum en zijn inherente mysterie te begrijpen.

In deze fascinerende reis op zoek naar de oorsprong is het cruciaal om het belang te erkennen van het openhouden van alle perspectieven en het omarmen van de complexiteit en diversiteit van de visies om ons heen. Interdisciplinariteit en dialoog tussen de verschillende wetenschappelijke en filosofische disciplines blijken cruciaal te zijn om ons begrip van zo'n ingewikkeld en fascinerend enigma te bevorderen.

In een tijdperk waarin kennis zich razendsnel ontwikkelt en waarin de grenzen van de wetenschap steeds verder opschuiven, is het vraagstuk van cellulaire instructies en de oorsprong van de energie die materie bezielt een van de meest stimulerende en belangrijke uitdagingen van onze tijd.

Iedereen die de geest van onderzoek omarmt en openstaat voor het wonderbaarlijke mysterie van het bestaan, kan beginnen aan deze reis naar een dieper begrip van wat er schuilgaat achter het verweven web van energie en materie dat de basis van het leven vormt.

Zwarte gaten, het kosmische paradigma van de dood.

Zwarte gaten zijn gebieden in de ruimte waar de zwaartekracht zo intens is dat niets, zelfs licht niet, eraan kan ontsnappen. Ze zijn het resultaat van de ineenstorting van een extreem dichte massa in een ruimte die zo klein is dat er een ongelooflijk krachtig zwaartekrachtsveld ontstaat.

In de kosmische context spelen zwarte gaten een belangrijke rol. Ze worden beschouwd als het paradigma van de kosmische dood, omdat ze het uiteindelijke lot zijn van veel zware sterren die hun nucleaire brandstof opgebruiken en in zichzelf instorten. Bovendien voorspelt Einsteins algemene relativiteitstheorie dat objecten zoals zwarte gaten ook de ruimte en tijd om hen heen aanzienlijk kunnen beïnvloeden en zo het universum op macroscopisch niveau vormgeven.

De mysterieuze en fascinerende zwarte gaten: de poorten naar het onbekende universum.

Sinds hun ontdekking spreken zwarte gaten als geen andere kosmische entiteit tot de verbeelding en nieuwsgierigheid van de mensheid. Maar wat zijn deze raadselachtige verschijnselen precies? Zwarte gaten, die pas relatief kort geleden zijn ontdekt, zijn gebieden in de ruimte waar de zwaartekracht zo intens is dat alles wat in de buurt komt, zelfs licht, wordt geabsorbeerd.

De geschiedenis van zwarte gaten begint met het theoretische genie Albert Einstein, die in 1915 zijn algemene relativiteitstheorie presenteerde. Pas in 1916, toen de Duitse natuurkundige Karl Schwarzschild Einsteins vergelijkingen oploste voor een massief, dicht lichaam, begon het idee van een entiteit die zo compact is dat het licht vangt, vorm te krijgen.

De term '*zwart gat*' werd echter pas in 1967 bedacht door astronoom John Archibald Wheeler om deze bijzonderheid van de kosmische fysica te beschrijven. Ons begrip van zwarte gaten is aanzienlijk gegroeid dankzij pioniers als Stephen Hawking, wiens werk aan de straling die zwarte gaten uitzenden onze kijk op deze sterren heeft geherdefinieerd.

Een cruciaal moment in ons begrip van zwarte gaten kwam in 2019, toen de EHT-telescoop een beeld opnam van een zwart gat in het centrum van het sterrenstelsel M87, waarmee de aanwezigheid van deze buitengewone entiteiten werd bevestigd en ongekend visueel bewijs voor hun bestaan werd geleverd.

Wetenschappers blijven zwarte gaten bestuderen met steeds geavanceerdere instrumenten, zoals de LIGO-satelliet, die zwaartekrachtgolven heeft waargenomen die worden geproduceerd door de fusie van twee zwarte gaten die miljarden lichtjaren van elkaar verwijderd zijn. Deze inspanningen zijn nog maar het begin van wat een gouden tijdperk belooft te worden in de verkenning van de mysteries van het heelal.

Zwarte gaten zijn nog steeds een van de meest fascinerende en mysterieuze verschijnselen in het heelal. Hun ontdekking en de ontwikkeling van kennis die ermee samenhangt, vormen een buitengewoon hoofdstuk in de geschiedenis van de kosmologische wetenschap en blijven generaties onderzoekers en astronomieliefhebbers over de hele wereld inspireren.

Hoe een zwart gat werkt.

Zwarte gaten werken volgens de wetten van de natuurkunde zoals gedefinieerd door Einsteins algemene relativiteit. Bij het naderen van een zwart gat wordt de zwaartekracht steeds intenser. Als een object de zogenaamde '*waarnemingshorizon*' van een zwart gat passeert (het punt waarachter niets meer aan de zwaartekracht kan ontsnappen), wordt het onherroepelijk naar het centrum getrokken.

Als iemand in een zwart gat zou vallen, zou hij een fenomeen meemaken dat bekend staat als 'spaghettificatie'. Door de sterke zwaartekrachtsgradiënt worden de getijdekrachten zo intens dat ze het object uitrekken en in een spaghetti-achtige vorm scheuren voordat het wordt verpletterd in de kern van het zwarte gat, een plaats van extreme dichtheid en druk.

De effecten op een ruimteobject dat in een zwart gat valt, zijn onder andere extreme versnelling door toenemende zwaartekracht, verhitting door compressie in het accretiegebied en mogelijk de uitstoot van straling voordat het wordt opgeslokt.

De vergelijking van een zwart gat met een 'agent van kosmische dood' komt voort uit het feit dat alles wat in een zwart gat valt er niet aan kan ontsnappen, zelfs het licht zelf niet. In zekere zin vertegenwoordigen zwarte gaten dus het ultieme lot van elk object. Elk object dat in een zwart gat valt, houdt op te bestaan. Dit concept roept het idee op van een soort 'kosmische dood', want eenmaal gevangen in een zwart gat wordt alles onverbiddelijk voortgestuwd naar een onbekend en onherstelbaar lot.

De duisternis en het mysterie die zwarte gaten omgeven, maken ze fascinerende objecten voor wetenschappelijk onderzoek en kosmologische speculatie, omdat ze diepgaande vragen oproepen over de aard van ruimte, tijd en materie in het heelal.

De fundamentele ontdekking van Jacob Bekenstein en Stephen Hawking.

In de jaren 1970 deed Jacob Bekenstein baanbrekend onderzoek op het gebied van zwarte gaten. Hij kwam met het revolutionaire idee dat de *event horizon* (de mond) van deze kosmische objecten een oppervlak heeft dat geassocieerd is met een specifieke hoeveelheid informatie. Dit oppervlak, dat later bekend werd als het *Bekenstein-Hawking oppervlak*, fungeert als een soort '*geheugen*' dat alle details opslaat van de deeltjes en objecten die in het zwarte gat vallen.

Later ontwikkelde Stephen Hawking het idee van Bekenstein verder door aan te tonen dat zwarte gaten niet simpelweg 'wervelingen' van materie zijn. *Hawking's* concept van *straling* bezegelde een belangrijk verband tussen de thermodynamica en zwaartekracht van zwarte gaten en zette de wetenschappelijke gemeenschap ertoe aan om de speciale kenmerken van deze objecten te heroverwegen.

Stephen Hawking ontwikkelde dit idee later verder en toonde aan wat hij had verondersteld, namelijk dat zwarte gaten geen simpele 'verslinders' van materie zijn die alles opslokken, maar eerder thermodynamische entiteiten die straling uitzenden en dus in de loop van de tijd energie verliezen. Dit concept vormt een belangrijke verbinding tussen thermodynamica en de zwaartekracht van zwarte gaten.

Maar... slokt een zwart gat alles op en vernietigt het alles?

Het beeld van een zwart gat als een '*eter van alles*', een duistere en onverzadigbare kracht die alles op zijn pad genadeloos doodt en opslokt, heeft generaties astronomieliefhebbers gefascineerd. Maar hoeveel van deze mythische voorstelling komt overeen met de werkelijkheid? Ons begrip van zwarte gaten is revolutionair veranderd door briljante geesten als Stephen Hawking, wiens baanbrekende werk onze horizon op deze kosmisch bizarre wonderen heeft verbreed.

Klassieke theorieën suggereren dat niets kan ontsnappen aan de zwaartekracht van een zwart gat zodra het de waarnemingshorizon is gepasseerd. De visie van Hawking zorgde echter voor een doorbraak in ons begrip van deze kosmische entiteiten. In 1974 stelde Hawking voor dat zwarte gaten straling uitzenden, bekend als Hawkingstraling, die er uiteindelijk voor zorgt dat ze '*verdampen*' in de kosmische tijd.

Dit radicaal innovatieve concept heeft nieuwe perspectieven geopend op het traditionele idee van zwarte gaten als kosmische graven zonder terugkeer. In plaats van alleen maar 'sterreneters' te zijn, zouden zwarte gaten in de loop der tijd ook processen van energie-uitstoot en massa-afname kunnen ondergaan.

Experimenten zoals die met de EHT-telescoop, die in 2019 een nooit eerder vertoond beeld van een zwart gat vastlegde, hebben aanzienlijk bijgedragen aan ons begrip van deze fenomenen. Het beeld van M87 zorgde voor visuele verificatie van de aanwezigheid van zwarte gaten en voedde verder onderzoek naar hun aard en gedrag.

Hoewel zwarte gaten fantastisch zijn vanwege hun extreme zwaartekracht, suggereert hun interactie met entropie en Hawking-straling een complexere werkelijkheid dan het simpele idee van '*kosmische dood*' dat hen al tientallen jaren kenmerkt. Deze raadselachtige kosmische reuzen blijven ons begrip van het universum inspireren en uitdagen, en bewijzen dat, in de wetenschap net als in het leven, de waarheid veel ingewikkelder kan zijn dan we ons voorstellen.

Hawking's stralingsconcept werpt een nieuw licht op het uiteindelijke lot van zwarte gaten en werpt belangrijke vragen op over het behoud van informatie en de toekomst van de energie die erin zit. Hawking, zo stoutmoedig en gedurfd als maar weinig wetenschappers kunnen zijn, heeft deuren geopend naar nieuwe grenzen in de theoretische natuurkunde, onze kennis uitgedaagd en ons gedwongen om de fundamenten van ons begrip van het universum te heroverwegen.

Briljante geesten zoals Hawking, die met durf en vindingrijkheid onze opvattingen over de kosmos op de proef stelden, zullen voor altijd in de geschiedenis van de wetenschap gegrift staan als gidsen en inspirators voor toekomstige generaties. Door hun werk en passie voor het verkennen van het heelal hebben we een dieper en genuanceerder begrip gekregen van zwarte gaten, waardoor de weg is vrijgemaakt voor nieuw onderzoek en ontdekkingen die onze kennis blijven vormen.

Het zwarte gat doodt 'het lichaam' maar niet 'de ziel!

Hawkingstraling, getheoretiseerd door Stephen Hawking in 1974, is een buitengewoon fenomeen dat onze opvattingen over zwarte gaten aan diggelen heeft geslagen. Deze straling, die door zwarte gaten wordt uitgezonden als gevolg van kwantumeffecten nabij de waarnemingshorizon, heeft diepgaande implicaties voor het behoud van informatie en de evolutie van zwarte lichamen in de kosmische tijd.

Hawkingstraling en de informatieparadox van het zwarte gat.

Een van de meest controversiële kwesties in verband met Hawkingstraling is de *informatieparadox van het zwarte gat*. Volgens de wetten van de kwantummechanica zou de informatie die kenmerkend is voor de toestand van een object dat in een zwart gat valt, bewaard moeten blijven en niet verloren gaan in de zwaartekrachtafgrond. Als zwarte gaten echter straling uitzenden en uiteindelijk 'verdampen', zoals Hawking voorstelt, zou dit het onomkeerbare verlies van deze informatie kunnen betekenen, en dus een van de fundamentele principes van de natuurkunde schenden.

Veel wetenschappers, waaronder de theoretische astrofysicus Leonard Susskind en Hawking zelf, hebben over deze provocerende vraag gesteggeld. Susskind en Gerard 't Hooft stelden dat informatie kan worden opgeslagen via de kwantumstraling die zwarte gaten uitzenden, waarbij ze suggereerden dat de informatie van het 'opgeslokte' object kan worden gecodeerd in de kwantumveranderingen van Hawking's eigen straling.

In deze context hebben conceptuele experimenten zoals Thorne-Hawking-Preskill's *Black Holes Information Paradox* het debat aangewakkerd en verdere vragen opgeroepen over de aard van informatie in een universum dat geregeerd wordt door zwarte gaten en de straling die ze uitzenden.

Dus terwijl de straling van Hawking een fascinerend venster biedt op de fysica van zwarte gaten, daagt het lot van de informatie van een 'opgegeten' object wetenschappers uit om de wetten van de kwantummechanica te verzoenen met de mysteries van het zwaartekracht- en kosmologische universum.

In het panorama van de theoretische natuurkunde is de straling van Hawking een van de meest revolutionaire ontdekkingen van de 20e eeuw, die een deur opende naar een wereld van diepgaande verbanden tussen kwantummechanica en zwaartekracht.

De vraag naar de juiste informatie van een object dat 'opgegeten' wordt door een zwart gat heeft wetenschappers echter geïntrigeerd en verdeeld met een gedenkwaardige uitdaging. Dit dilemma heeft te maken met het concept van informatieverlies in de context van de kwantummechanica, die de unitaire volledigheid van de kwantumevolutie behoudt. Kortom, wat gebeurt er met de informatie in een object dat in een zwart gat valt?

De wetenschappelijke gemeenschap is verdeeld. Aan de ene kant zijn er mensen die geloven dat informatie vernietigd wordt (een materialistisch concept dat het principe van omkeerbaarheid in de tijd in de natuurkunde tart) en aan de andere kant zijn er mensen die geloven dat informatie op de een of andere manier bewaard blijft. De laatsten geloven dat informatie samen met Hawkingstraling wordt teruggevoerd naar de buitenkant van het zwarte gat.

Een van de meest invloedrijke pleitbezorgers van informatiebehoud is ongetwijfeld Leonard Susskind, een bekende Amerikaanse theoretische natuurkundige. In tegenstelling tot Hawking's oorspronkelijke, later gecorrigeerde idee van informatieverlies, pleitte hij voor de equivalentietheorie.

In de zoektocht naar antwoorden over de aard van het einde van het leven en het lot dat ons wacht na de dood, hebben we te maken met een breed scala aan disciplines en theorieën die verstrengeld zijn in een ingewikkeld web van wetenschappelijke, filosofische en culturele kennis. In deze context van diepgaande speculatie komt de figuur van Leonard Susskind, een van de meest invloedrijke theoretische natuurkundigen van onze tijd, het meest bekend om zijn concept van de equivalentietheorie en zijn bijdrage aan de formulering van de snaartheorie.

Leonard Susskind, geboren in 1940, heeft een grote invloed gehad op het gebied van de theoretische natuurkunde. Hij heeft fundamentele bijdragen geleverd aan het begrip van algemene relativiteit en de zoektocht naar een uniforme theorie die de fundamentele krachten van het universum kan verklaren. Met name zijn equivalentietheorie richt zich op het idee dat schijnbaar verschillende krachten in feite verschillende manifestaties van dezelfde fundamentele kracht kunnen zijn, wat leidt tot een verenigd beeld van natuurkundige verschijnselen.

In de context van het einde van het leven en wat er daarna gebeurt, kan de equivalentietheorie van Susskind interessante inzichten bieden. Als we de dood beschouwen als de overgang van de ene bestaansvorm naar de andere, zouden we deze overgang kunnen interpreteren in het licht van Susskind's equivalentie, waarbij het einde van het leven niet noodzakelijkerwijs het absolute einde betekent, maar eerder een verandering van toestand, een transformatie die leidt van het ene realiteitsniveau naar het andere.

Dit concept vindt weerklank in vele culturele en filosofische tradities die visies op het hiernamaals hebben voorgesteld als een soort overgang naar een andere dimensie van het bestaan. Zo beschouwt de hindoeïstische en boeddhistische filosofie de dood als onderdeel van een voortdurende cyclus van wedergeboorte en erkenning van de vergankelijke aard van het leven. Op dezelfde manier beschouwen sommige stromingen in de Westerse filosofie, zoals de Platonische gedachte, het idee van een onsterfelijke ziel die de dood van het lichaam overleeft.

Concluderend, Leonard Susskind en zijn equivalentietheorie bieden waardevolle stof tot nadenken over het einde van het leven en aannames over het lot dat ons wacht na de dood. Door zijn strenge wetenschappelijke visie te combineren met duizendjarige culturele en filosofische perspectieven, kunnen we beginnen aan een reis van verkenning en bevraging over de uiteindelijke aard van ons bestaan en de ingewikkelde relatie tussen leven, dood en daarna.

Een andere belangrijke bijdrage aan het debat kwam in 2012 met het experiment van Juan Maldacena, een bekende theoretische natuurkundige uit Argentinië. Het experiment leverde experimentele aanwijzingen op ten gunste van de theorie van gelijkwaardigheid en behoud van informatie en wierp verder licht op deze ingewikkelde kwestie.

De informatie van een lichaam overleeft altijd de vernietiging ervan.

Deze zin benadrukt een fundamenteel principe van de natuurkunde dat te maken heeft met het concept van behoud van informatie. Deze uitspraak is een centrale stelling in het debat over de theorie van informatieverlies, vooral als we verschijnselen zoals het instorten van een lichaam in een zwart gat in ogenschouw nemen.

In de kwantumfysica is het behoud van informatie een basisprincipe dat stelt dat informatie over de kwantumtoestand van een geïsoleerd systeem in de tijd behouden moet blijven en niet verloren mag gaan in een dynamisch proces of evolutie van het systeem zelf. Dit concept is nauw verwant aan de omkeerbaarheid in de tijd van de kwantummechanica en benadrukt het belang van het behoud van consistentie en volledigheid in beschrijvingen van fysische verschijnselen.

In de context van zwarte gaten en Hawkingstraling heeft de kwestie van informatie die daarbinnen verloren gaat een levendig debat onder theoretische natuurkundigen gegenereerd. De oorspronkelijke hypothese, die door Stephen Hawking zelf naar voren werd gebracht, suggereerde dat een lichaam dat in een zwart gat valt ook de informatie van dat object zou 'meenemen'. Op deze manier zou het voorwerp onherroepelijk zijn bijzondere eigenschappen verliezen.

In eerste instantie kwam Hawking met de hypothese dat zwarte gaten het onomkeerbare verlies van informatie zouden kunnen veroorzaken van een object dat erin valt, waarbij hij in wezen pleitte voor de zogenaamde 'Black Hole Information Paradox'.

Dit concept, hoewel revolutionair, veroorzaakte aanzienlijke controverse binnen de wetenschappelijke gemeenschap, omdat het in strijd was met het algemene principe van behoud van informatie in de kwantumfysica. In de daaropvolgende jaren was Hawking actief betrokken bij de zoektocht naar een oplossing voor de informatieparadox en zijn aanvankelijke hypothese over het volledige verlies van informatie in een zwart gat.

Belangrijk is dat Hawking zich in de loop van zijn carrière, samen met andere grootheden zoals Leonard Susskind, de diepgaande implicaties van dit raadsel realiseerde en het belang van het heroverwegen van zijn standpunten. Hawking herzag later zijn standpunt over het verlies van informatie uit een zwart gat.

In de jaren 1980 en 1990 ontwikkelde Hawking zijn visie op de kwestie en stelde hij nieuwe onderzoekslijnen en hypotheses voor die gericht waren op het vinden van een oplossing die meer in overeenstemming was met de principes van de kwantummechanica, met name het concept van behoud van informatie. Hawking mengde zich in het intellectuele debat over het onderwerp en hielp mee aan een meer doordacht en diepgaand begrip van de dynamica van zwarte gaten en het lot van de informatie die ze bevatten.

Hoewel Hawking's aanvankelijke standpunt over informatie in zwarte gaten conceptueel in tegenspraak was met de fundamentele principes van de natuurkunde, evolueerde zijn denken in de loop van de tijd, waardoor hij nieuwe perspectieven verkende en een visie omarmde die meer in harmonie was met de wetten van de kwantummechanica.

De uitspraak dat '*de informatie van een lichaam altijd zijn vernietiging overleeft*' weerspiegelt dus de strijd om de grondbeginselen van de kwantumfysica intact te houden, zelfs in het aangezicht van extreme fenomenen zoals zwarte gaten. Door dit principe accepteren veel natuurkundigen de nieuwe theorieën en concepten met betrekking tot het behoud van de informatie die inherent is aan objecten die in zwarte gaten zijn gevallen, waardoor het onderzoek naar een dieper begrip van het universum en de wetten die het beheersen wordt bevorderd.

Het concept van de ziel en het concept van informatie.

We weten nu dat niets, zelfs een zwart gat niet, informatie kan vernietigen over een fysiek object of biologisch wezen dat in de kosmos bestond.

In het complexe web van menselijk denken komen twee ogenschijnlijk verre concepten samen: het eeuwenoude concept van de ziel en het moderne concept van informatie. Terwijl aan de ene kant de ziel spirituele en mystieke suggesties oproept, wordt aan de andere kant informatie geconfigureerd als het ruwe materiaal van kennis en digitale communicatie in het hedendaagse tijdperk. Maar hoe lopen deze twee conceptuele werelden in elkaar over?

Het idee van de ziel, geworteld in de tradities en religieuze overtuigingen van vele culturen, gaat uit van het bestaan van een immaterieel en eeuwig deel van de mens. Volgens dit perspectief wordt de ziel beschouwd als een soort goddelijke entiteit die aan individuen wordt overgedragen op het moment van geboorte en bestemd is voor een hoger oordeel op het moment van passage. Deze filosofische visie weerspiegelt het idee van een intrinsieke en onveranderlijke essentie die betekenis en waarde geeft aan het menselijk leven.

Aan de andere kant van het conceptuele spectrum staat informatie, een concept dat de basis vormt van de digitale beschaving. Informatie is alomtegenwoordig: van de bits die in elektronische circuits stromen tot de complexiteit van biologische systemen, elke entiteit draagt een reeks gegevens, configuraties en betekenissen met zich mee. Binnen levende wezens neemt informatie de vorm aan van bewustzijn, d.w.z. de som van keuzes, ervaringen en interacties die de identiteit en perceptie van zichzelf en de omringende wereld vormgeven.

In dit perspectief van samenhang tussen oud en modern ontstaat de suggestie van een '*informatieziel*', een hybride concept dat zowel het spirituele en immateriële aspect van de ziel als de digitale en dynamische essentie van informatie omvat. Deze nieuwe conceptuele benadering nodigt ons uit om de mens te beschouwen als een zich ontwikkelend knooppunt van gegevens en betekenis, een harmonieuze synthese van het transcendente en het contingente, het metafysische en het empirische.

Hoewel de wortels van het begrip ziel in de heiligheid van mysterie en transcendentie liggen en dat van informatie in de concreetheid van technologie en wetenschap wordt geprojecteerd, komen beide samen in het definiëren van de existentiële essentie van het individu. De informatieziel wordt zo geconfigureerd als het ontmoetingspunt tussen de wijsheid van de eeuwen en de waanzin van het heden, tussen het onveranderlijke en het veranderlijke, tussen het goddelijke en het aardse.

In een tijd waarin de zoektocht naar zin en betekenis verweven is met de ongecontroleerde verspreiding van gegevens en informatie, nodigt reflectie op de onderlinge verbinding tussen ziel en informatie ons uit om de diepten van het menselijk wezen te verkennen en inspiratie te putten uit een vruchtbare dialoog tussen oude wijsheid en moderne kennis. Op zoek naar de menselijke essentie wagen we ons dus op het onbekende terrein van de informatieziel, waar het goddelijke en het digitale samensmelten tot één kosmische melodie.

In deze conceptuele symfonie komen diepgaande vragen naar voren die uitnodigen tot reflectie en debat. Hoe manifesteert de informatieziel zich in het tijdperk van wereldwijde informatie en kunstmatige intelligentie? Hoe beïnvloeden nieuwe technologieën en wetenschappelijke ontdekkingen onze opvattingen over ziel en identiteit? Wat zijn de ethische en filosofische implicaties van deze samensmelting van het oude en het moderne, het spirituele en het technologische?

De evolutie van maatschappij en cultuur dwingt ons om de grenzen en nuances van fundamentele concepten als ziel en informatie steeds opnieuw te definiëren. Terwijl technologie ons steeds dichter bij het ideaal van alwetende kennis en wereldwijde communicatie brengt, blijft de roep van oude existentiële vragen aanhouden, die ons oproepen om de diepten van het menselijk wezen te verkennen en de ethische en spirituele uitdagingen van onze tijd aan te gaan.

Bij het volgen van dit verhaal dat verleden en heden, traditie en innovatie met elkaar verweeft, onthult informatief zielenonderzoek zichzelf als een ontdekkingsreis naar de vele dimensies van het menselijk wezen, een uitnodiging om de complexiteit en schoonheid van het innerlijke en uiterlijke universum dat ons omringt te overdenken.

Dus terwijl we proberen de geheimen van het materiële en immateriële universum te ontcijferen, terwijl we ons bestaan en onze bestemming proberen te begrijpen, stelt de informatieziel ons vragen, daagt ons uit, fascineert ons, dwingt ons om de nooit vermoede horizonten van onze aard en ons zijn in de wereld te verkennen.

In deze constante dialoog tussen het oude en het moderne, tussen geloof en wetenschap, tussen spiritualiteit en technologie, ontdekken we dat de informatieziel niet slechts een theoretisch of filosofisch concept is, maar een levende, kloppende realiteit die het weefsel van ons bestaan doordringt.

De informatieziel en het bewustzijn.

Het verschil tussen de concepten 'informatieziel' en 'bewustzijn' ligt in hun aard en betekenisbereik, hoewel ze bepaalde verbindingsnuances delen.

De informatieziel verwijst naar een hypothetisch concept dat de spirituele en immateriële dimensies van de ziel combineert met het dynamische en vloeibare aspect van informatie. Dit concept suggereert dat individuen in wezen een voortdurend evoluerende verzameling gegevens, betekenissen en configuraties zijn. De informatieziel richt zich op het idee dat wat een individu vormt verder gaat dan het puur fysieke en biologische, inclusief de ervaringen, relaties en interacties die het bewustzijn en de identiteit vormgeven.

Bewustzijn, aan de andere kant, verwijst naar het subjectieve bewustzijn van het individu over zichzelf en zijn omgeving. Het is een geestestoestand die ons in staat stelt om waar te nemen, te denken, te voelen en ons bewust te zijn van onze eigen ervaringen. Bewustzijn wordt geassocieerd met het vermogen om na te denken, te rationaliseren en de wereld om ons heen te interpreteren, samen met onze emoties, gedachten en handelingen.

Natuur.

De informatieziel richt zich op het idee dat de essentie van het individu gevormd wordt door zich ontwikkelende gegevens en informatie, terwijl bewustzijn betrekking heeft op het subjectieve bewustzijn en de innerlijke ervaring van het individu.

Tijdelijkheid en duurzaamheid.

De informatieziel suggereert een dynamischer en veranderlijker concept, dat voortdurend evolueert in de tijd, terwijl bewustzijn een onmiddellijke en individuele ervaring is die zich in het heden manifesteert.

Conceptuele diepgang.

Terwijl bewustzijn zich richt op subjectieve ervaring en zelfbewustzijn, verwijst de informatieziel naar een breder concept dat zowel de spirituele als de informatieve/relationele dimensies van menselijke wezens omvat.

Samenvattend: terwijl bewustzijn een meer direct en persoonlijk aspect van het menselijk wezen vertegenwoordigt, verbreedt de informatieziel het conceptuele veld naar het idee van informatie, gegevens en betekenissen die de identiteit en perceptie van de wereld vormgeven.

Dus, terwijl de zon ondergaat over de horizon van de menselijke kennis, komen we verrijkt met nieuwe perspectieven uit deze reflectie, klaar om onze reis voort te zetten op zoek naar de harmonie tussen ziel en informatie, tussen de stilte van het eeuwige en de betovering van het huidige moment. In dit wirwar van concepten en betekenissen is de informatieziel een baken dat ons de weg wijst in de stormachtige zee van menselijk begrip en het pad verlicht naar de ontdekking van onszelf en de wereld om ons heen.

6 - KWANTUMBEWUSTZIJN.

"Ik geloof dat het hele universum informatief is en dat bewustzijn de manier is waarop het universum zichzelf kent."
(Ervin Laszlo)

Hoofdstuk 10. Het concept van bewustzijn is geboren .

"Het universum wordt aangedreven door informatie en bewustzijn. Elke gedachte creëert een vibratie, elk bewustzijn genereert een impact."
(Federico Faggin).

Traditionele concepten van de ziel.

De ziel is een concept dat diep geworteld is in de menselijke geschiedenis en aanwezig is in verschillende culturen en religieuze tradities. Het concept van de ziel heeft door de eeuwen heen tot verhitte discussies geleid in een poging om de ware aard en de rol van de ziel in het menselijk leven te begrijpen.

De wortels van het concept van de ziel gaan terug naar het oude Griekenland, waar filosofen als Plato en Aristoteles uiteenlopende ideeën ontwikkelden over de menselijke ziel. Plato beschouwde de ziel als een werkelijkheid die losstaat van het lichaam, een onsterfelijke entiteit die we bezitten voordat we geboren worden en die we blijven ervaren nadat we zijn heengegaan. Volgens Plato is de ziel etherisch en goddelijk, terwijl het lichaam er slechts een gevangenis voor is. Aristoteles daarentegen geloofde dat de ziel en het lichaam onlosmakelijk met elkaar verbonden zijn en dat de ziel de organiserende vorm van een levend organisme is.

De invloed van het Griekse denken breidde zich ook uit naar religieuze tradities, zoals het Christendom. In het Christendom wordt de ziel beschouwd als het onsterfelijke deel van het individu, begiftigd met een vrije wil en bestemd voor een eeuwig leven na de dood. Het concept van de ziel is verbonden met de ideeën van verlossing en het laatste oordeel, waarbij de ziel zal worden beloond of veroordeeld op basis van haar daden op aarde. Belangrijke figuren zoals Thomas van Aquino leverden een belangrijke bijdrage aan de theologische definitie van de ziel, door de belangrijkste filosofische ideeën te combineren met de religieuze leer.

De hindoeïstische en boeddhistische tradities hebben ook een unieke interpretatie van de ziel gegeven. In het hindoeïsme wordt het concept van de ziel aangeduid als '*atman*' en vertegenwoordigt het de individuele en onsterfelijke essentie van het individu, die verbonden is met het universele principe dat '*Brahman*' wordt genoemd. Deze verbinding tussen atman en Brahman speelt een fundamentele rol in het begrip van de ziel in de hindoeïstische context. In het boeddhisme wordt echter een complexere visie voorgesteld: de ziel of '*anatta*' wordt beschouwd als de afwezigheid van een permanente, individuele entiteit. Volgens de boeddhistische leer is het idee van een afzonderlijke ziel een illusie, die leidt tot de zoektocht naar bevrijding van alle banden en gehechtheden.

Naast filosofische en religieuze bronnen hebben recente wetenschappelijke studies verschillende perspectieven op de ziel geboden. De vooraanstaande Zwitserse psycholoog Carl Gustav Jung ontwikkelde zijn theorie van de '*ziel*' als een symbolische weergave van het onbewuste, een integraal onderdeel van het individu. Volgens Jung vertegenwoordigt de ziel het emotionele en spirituele aspect van de mens.

Concluderend kunnen we stellen dat de oorsprong en traditionele concepten van de ziel hun wortels hebben in de oude filosofie en verschillende religieuze tradities. Van Platonisme tot Hindoeïsme, van Christendom tot Jung's psychologie, het concept van de ziel is door de eeuwen heen verschillend geïnterpreteerd en bestudeerd. Dit heeft geleid tot verschillende meningen en debatten over de ware aard en functie van de ziel. Het begrip van de ziel blijft een onderwerp dat rijk is aan persoonlijke, filosofische en culturele interpretaties en dat de menselijke reflectie over ons bestaan en de diepere betekenis van het leven blijft stimuleren.

Historische en religieuze referenties over de ziel als een immateriële entiteit.

De ziel is door de eeuwen heen het onderwerp geweest van discussie en speculatie, zowel in de filosofische als in de religieuze sfeer.

De vroegste sporen van de opvatting van de ziel als een immateriële entiteit zijn te vinden in oude beschavingen zoals Egypte, waar het geloof in de onsterfelijkheid van de ziel wijdverspreid was. Het oude boek van de Egyptenaren, '*Het Boek van de Doden*', getuigt van hun geloof dat de ziel (bekend als '*ka*' of '*ba*') het fysieke lichaam overleefde na het overlijden en op reis ging naar het hiernamaals. Deze historische verwijzingen onthullen het oude begrip van de ziel als een realiteit die losstaat van ons fysieke omhulsel.

De klassieke Griekse filosofie behandelde ook het idee van de ziel als iets immaterieels. Plato, bijvoorbeeld, beschreef de ziel als een goddelijk deel van het menselijk wezen, apart en gescheiden van het lichaam. Volgens zijn theorie stond de ziel aan het hoofd van de rationele en spirituele vermogens van het individu. Deze concepten beïnvloedden ook de latere filosofische traditie, met name het Neo-Platonisme, dat gebaseerd was op Plato's interpretatie van de ziel als een immateriële entiteit.

Religieuze tradities hebben een fundamentele rol gespeeld bij het definiëren van de ziel als een immateriële entiteit. In het christendom wordt de ziel bijvoorbeeld gezien als eeuwig en immaterieel, geschapen door God en voorbestemd om zich na de dood met Hem te verenigen. Religieuze tradities hebben een fundamentele rol gespeeld bij het definiëren van de ziel als een immateriële entiteit. In het christendom bijvoorbeeld wordt de ziel opgevat als eeuwig en immaterieel, geschapen door God en voorbestemd om zich na het heengaan met hem te verenigen. Dit idee is nauw verbonden met de concepten van 'eeuwige verlossing' en 'verlossing van de ziel' door geloof en religieuze praktijk. Belangrijke theologische figuren zoals Augustinus van Hippo en Thomas van Aquino werkten het concept van de ziel als een immateriële entiteit verder uit en namen het op in de christelijke theologie... Belangrijke theologische figuren zoals Augustinus van Hippo en Thomas van Aquino werkten het concept van de ziel als een immateriële entiteit uit en namen het op in de christelijke theologie.

Dankzij ontwikkelingen in de moderne wetenschap zijn er alternatieve perspectieven op de aard van de ziel ontstaan. Op het gebied van de neurowetenschappen bijvoorbeeld openen studies naar hersenactiviteit en bewustzijn nieuwe mogelijkheden voor begrip. Deze wetenschappelijke ontdekkingen bieden een verder perspectief op het begrijpen van de ziel als een immateriële entiteit.

Tot slot geeft historisch en religieus onderzoek naar de ziel als een immateriële entiteit ons een overzicht van de verschillende opvattingen over deze bovenzinnelijke realiteit. Van de oude Egyptenaren tot de Griekse filosofie en religieuze tradities zoals het Christendom en het Hindoeïsme, is de ziel geïnterpreteerd als een eeuwig, immaterieel deel van de mens. De moderne wetenschap blijft deze traditionele opvattingen echter uitdagen, stelt nieuwe vragen over de aard van de ziel en opent nieuwe perspectieven voor begrip. Iedereen is vrij om de ziel te interpreteren volgens zijn of haar eigen culturele, filosofische en persoonlijke perspectieven.

Van Plato tot vandaag. De invloed van het concept van de ziel bij het definiëren van bewustzijn.

Het concept van de ziel, zoals begrepen door filosofen uit de oudheid zoals Plato, heeft een onuitwisbare stempel gedrukt op de definitie van bewustzijn en ons begrip van leven na de dood. Langs de weg van Plato tot vandaag de dag heeft de erfenis van deze opvatting van de ziel als een immaterieel en onsterfelijk principe de manier waarop we het bewustzijn en zijn rol in het universum opvatten verder vorm gegeven.

Plato schetste in de 'Phaedo' een duidelijke visie van de ziel als een eeuwige, goddelijke entiteit die het lichaam overleeft en na de dood naar hogere werelden reist. Deze visie beïnvloedde de Westerse filosofie en theologie diepgaand en leidde het denken in de richting van het idee van een immaterieel en transcendent principe dat menselijke wezens bezielt en verbindt met metafysische dimensies.

In de loop der eeuwen werd het concept van de ziel opnieuw geïnterpreteerd en bekritiseerd door denkers als Aristoteles, die een meer rationele en aardse kijk op de ziel voorstelde als een vorm van het lichaam, waarbij het spirituele element werd geïntegreerd met het materiële. Deze discussies beïnvloedden het middeleeuwse denken en leidden tot verschillende opvattingen over de ziel onder de verschillende filosofen en theologen uit die tijd.

Met de komst van de moderne tijd en de Verlichting werd het concept van de ziel in twijfel getrokken door denkers als Descartes, die het concept van geest-lichaam dualisme introduceerde en de immateriële ziel scheidde van het materiële lichaam. Deze dualistische visie beïnvloedde het filosofische debat over het concept van bewustzijn en leidde tot een opvatting van de geest als een afzonderlijke en autonome entiteit van het lichaam.

In de 19e eeuw, met de ontwikkeling van de wetenschappelijke psychologie en biologie, leidden theorieën over evolutie en instinct tot een kijk op de ziel en het bewustzijn als producten van biologische en adaptieve processen. Freud en andere psychologen verdiepten hun analyse van het onbewuste en mentale processen en suggereerden een kijk op het zelf als onderhevig aan biologische en psychologische invloeden.

In de afgelopen decennia is het concept van bewustzijn verder veranderd onder invloed van ontdekkingen en theorieën uit de neurowetenschappen en de filosofie van de geest. Studies naar hersenactiviteit tijdens veranderde bewustzijnstoestanden, neuro-imaging experimenten en onderzoek naar fenomenaal bewustzijn hebben geleid tot een visie op bewustzijn als een opkomend fenomeen van de hersenen, verbonden met complexe neurale structuren en biochemische onderlinge verbindingen.

Vandaag de dag wordt de erfenis van het zielsconcept weerspiegeld in de rijkdom en complexiteit van de huidige discussies over de aard van het bewustzijn en het zelf. Hedendaagse auteurs zoals Antonio Damasio, Daniel Dennett, David Chalmers en anderen blijven de wortels en implicaties van deze erfenis onderzoeken. Deze wetenschappers proberen visies uit het verleden te integreren met moderne wetenschappelijke en filosofische inzichten om de aard van het bewustzijn en zijn verbinding met de essentie van het menselijk wezen beter te begrijpen.

De evolutie van het zielsconcept naar bewustzijn.

Door de geschiedenis van de mensheid heen heeft het concept van de ziel een diepgaande transformatie ondergaan, waarbij het evolueerde naar dat van het bewustzijn en nieuwe horizonten opende in het onderzoek naar de aard van de mens, zijn bestaan na de dood en het functioneren van de geest. Deze reis door de eeuwen heen onthult een complex en fascinerend verhaal, onderbroken door cruciale momenten en protagonisten die hebben geholpen ons begrip van bewustzijn als een universeel en individueel fenomeen vorm te geven.

De wortels van het idee van de ziel kunnen worden teruggevoerd naar oude beschavingen en hun wereldbeelden, waarin de ziel werd gezien als de immateriële en eeuwige essentie die menselijke wezens doordrong en hen verbond met de goddelijke of spirituele rijken. Voorbeelden van deze opvattingen zijn te vinden in oude culturen zoals de Egyptische, Griekse en Hindoeïstische, waar de ziel werd gezien als het vitale en onsterfelijke principe dat het leven en het hiernamaals bestuurde.

Naarmate de antieke filosofie vorderde, ontwikkelden denkers als Plato en Aristoteles verfijnde theorieën over de ziel, die zij zagen als een werkelijkheid die los stond van het lichaam en in staat was om de fysieke dood te overleven. Plato zette de visie uiteen van een ziel die gevangen zit in het lichaam en wacht om zichzelf te bevrijden en op te stijgen naar het rijk van de ideeën. Deze opvattingen beïnvloedden eeuwenlang het westerse denken en hielpen religieuze en filosofische opvattingen over leven en dood vorm te geven.

Met de komst van de moderne tijd en de wetenschappelijke revolutie werd het concept van de ziel uitgedaagd en opnieuw geïnterpreteerd. Het Cartesiaanse dualisme van Descartes maakte een duidelijke scheiding tussen geest en lichaam en opende een nieuwe visie op het bewustzijn als een afzonderlijke en autonome entiteit. Dit dualisme had een grote invloed op de definitie van bewustzijn als onderwerp van studie en onderzoek en leidde tot een grotere rationalisatie en wetenschappelijke interpretatie van het concept.

In de 19e eeuw droegen het evolutionaire denken van Darwin en de opkomende psychologie als wetenschappelijke discipline bij aan een visie op geest en bewustzijn als producten van natuur en evolutie. Freud en Jung verdiepten in de 20e eeuw hun analyse van het onbewuste en de dynamiek van de psyche en benadrukten de complexiteit van het zelf en het bewustzijn als gevolg van onbewuste processen en sociale relaties.

In de afgelopen decennia hebben neurowetenschappelijk onderzoek en bewustzijnsonderzoek geleid tot verdere vooruitgang in het begrijpen van de overgang van ziel naar bewustzijn. Studies naar de neurale basis van bewustzijn, experimenten met veranderd bewustzijn en theorieën over de fenomenale aard van bewustzijn werpen een nieuw licht op de complexiteit van dit fenomeen en de verbanden met individuele en collectieve ervaringen.

Deze historische reis van het idee van de ziel naar het moderne begrip van bewustzijn vertegenwoordigt een genuanceerde reis van conceptuele verandering, gekenmerkt door dualistische, materialistische, spirituele en wetenschappelijke opvattingen. Door deze evolutie te onderzoeken, kunnen we de complexiteit en uitgestrektheid van ons begrip van onszelf waarderen en nieuwe vragen en perspectieven openen over de aard van het zijn en het leven.

Tussen mythe en werkelijkheid: de evolutie van het concept van ziel en bewustzijn.

De wortels van het concept van de ziel gaan terug tot oude beschavingen en hun mythologische opvattingen over het hiernamaals. In Egypte werd de ziel gezien als een onsterfelijke entiteit die de fysieke dood overleefde en naar het hiernamaals verhuisde, wat het latere denken over de bestemming na de dood beïnvloedde. In Griekenland hielpen de beschouwingen van filosofen als Plato en Aristoteles om een duidelijker idee van de ziel te schetsen, opgevat als een transcendente en onderscheidende realiteit die de dood van het lichaam kon overleven.

Met de komst van de grote monotheïstische religies, zoals het christendom en de islam, kreeg het concept van de ziel een meer theologische betekenis, gekoppeld aan verlossing, redding en goddelijk oordeel. Het idee van een onsterfelijke ziel als morele en spirituele entiteit is eeuwenlang doorgedrongen in het religieuze denken en heeft de overtuigingen en praktijken van geloofsgemeenschappen over de hele wereld beïnvloed.

Door de moderne geschiedenis heen heeft wetenschappelijk en filosofisch onderzoek geleid tot een geleidelijke transformatie van het concept van de ziel naar dat van bewustzijn als een psychologisch en biologisch fenomeen. Van het cartesiaanse dualisme van René Descartes, die ziel en lichaam duidelijk van elkaar scheidde, tot de analytische psychologie van Carl Gustav Jung, die zich verdiepte in de diepe dynamiek van de psyche, heeft het concept van bewustzijn een centrale rol gekregen in de interpretatie van het zelf en de werkelijkheid.

In de 20e eeuw, met de ontwikkeling van de neurowetenschappen, leidde onderzoek naar het bewustzijn tot een nieuw begrip van de aard en de neurale basis ervan. Studies naar veranderd bewustzijn, buitenlichamelijke bewustzijnservaringen en correlaties tussen hersenactiviteit en bewustzijnstoestanden werpen een nieuw licht op de complexiteit van dit fenomeen en benadrukken het verband met hersenfuncties en de menselijke biologie.

Vandaag de dag, van mythe tot realiteit, blijft bewustzijnsonderzoek een interdisciplinair onderzoeksgebied waarbij filosofie, cognitieve wetenschap, psychologie en neurowetenschappen betrokken zijn. Wetenschappers zoals Antonio Damasio, Daniel Dennett, Christof Koch en anderen helpen om de verschillende perspectieven op het bewustzijn te verenigen en openen nieuwe grenzen van kennis en begrip over de aard van het zijn en zijn bestemming na het aardse leven.

Samenvattend weerspiegelt de evolutie van het concept van ziel en bewustzijn door de eeuwen heen de menselijke zoektocht om het mysterie van het bestaan en de continuïteit ervan na de dood te ontrafelen. Terwijl we laveren tussen mythe en werkelijkheid, tussen geloof en rede, wordt ons begrip van bewustzijn als de basis van onze identiteit en het universum zelf verrijkt met nieuwe perspectieven en uitdagingen, waardoor een pad wordt geopend naar de ontdekking van de waarheid en de betekenis van het menselijk bestaan.

De verschuiving van de focus van de ziel naar het bewustzijn in het filosofische debat.

In de loop van de geschiedenis van het filosofische denken heeft er een significante verschuiving plaatsgevonden van het traditionele idee van de ziel naar een meer eigentijdse en complexe opvatting van het bewustzijn. Deze verschuiving is doorgedrongen in het filosofische debat over wat er na het leven gebeurt en over de essentie van de mens, wat heeft geleid tot een toegenomen aandacht voor de rol en de aard van het bewustzijn bij de interpretatie van deze existentiële vraagstukken.

In de oudheid ontwikkelden filosofen als Plato en Aristoteles fundamentele ideeën over de ziel, die zij zagen als de immateriële, transcendente essentie die het lichaam bezielde en na de dood bleef voortbestaan. Plato schetste in de 'Phaedo' de onsterfelijkheid van de ziel en haar afscheiding van het lichaam en stelde een dualisme voor tussen de materiële wereld en de wereld van ideeën. Aristoteles daarentegen zag de ziel als de vorm van het lichaam, ermee verenigd in een relatie van wederzijdse afhankelijkheid.

Met de komst van monotheïstische religies kreeg het idee van de ziel steeds meer theologische en morele betekenissen, gekoppeld aan verlossing en de eeuwige bestemming van het individu. Het christelijke denken gaf een bijzondere interpretatie van de ziel als een onsterfelijke entiteit, begiftigd met een vrije wil en belast met spirituele verlossing. Deze opvattingen hebben het Westerse denken eeuwenlang diepgaand beïnvloed en de reflectie op het menselijk bestaan en zijn transcendente bestemming gestuurd.

In de moderne tijd, met de komst van het rationalisme en empirisme, werd het concept van de ziel in twijfel getrokken. Wedergeboorte en Verlichting leidden tot een geleidelijke verschuiving van de aandacht naar de aard en het functioneren van de geest en het bewustzijn. René Descartes benadrukte met zijn geest-lichaam dualisme het onderscheid tussen ziel en lichaam als twee afzonderlijke substanties, waarmee hij de weg vrijmaakte voor een nieuwe kijk op de mens als een combinatie van een immateriële rationele entiteit en een uitgebreid, materieel lichaam.

In de 19e eeuw, met de ontwikkeling van de psychologie en de cognitieve wetenschap, werd het concept van de ziel steeds meer vervangen door dat van het bewustzijn als object van wetenschappelijke en filosofische studie. Gezaghebbende figuren als William James en Wilhelm Wundt droegen bij aan het onderzoek naar de aard van het bewustzijn, wat leidde tot de opkomst van de psychologie als autonome discipline en nieuwe perspectieven introduceerde op de fenomenologie van de geest.

Dankzij interdisciplinair onderzoek op het gebied van neurowetenschappen, filosofie van de geest en cognitiewetenschappen is de focus op bewustzijn tegenwoordig prominent aanwezig in het filosofische debat over de essentie van de mens en zijn bestemming na het aardse leven. Hedendaagse wetenschappers zoals David Chalmers, Daniel Dennett en Antonio Damasio brengen revolutionaire theorieën naar voren over de oorsprong, aard en betekenis van bewustzijn en openen nieuwe perspectieven en vragen over wat ons tot bewuste wezens maakt en wat er gebeurt na ons aardse bestaan.

Concluderend kan gesteld worden dat de verschuiving van het traditionele idee van de ziel naar de moderne opvatting van bewustzijn in het filosofische debat een belangrijke evolutie weerspiegelt in de manier waarop we onszelf en de wereld om ons heen begrijpen. Deze paradigmaverschuiving heeft geleid tot een grotere focus op subjectieve ervaring, de geest en het bewustzijn als de sleutel tot het begrijpen van ons bestaan en het mysterie dat voorbij het aardse leven ligt.

De evolutie van het concept bewustzijn: van een spiritueel fenomeen tot een object van wetenschappelijke studie.

De menselijke geschiedenis is gekenmerkt door een diepgaande verandering in de interpretatie van bewustzijn, van een mysterieus spiritueel fenomeen tot een object van wetenschappelijke studie.

In de oudheid werd bewustzijn vaak beschouwd als een goddelijk geschenk, een manifestatie van de geest of ziel die het menselijk wezen doordrong. Oude filosofieën en religies zagen het bewustzijn als een link tussen de mens en het goddelijke, als een hulpmiddel om de wereld te begrijpen en het mysterie van het bestaan te verkennen. Dit spirituele perspectief kenmerkte een groot deel van het klassieke wereldbeeld en beïnvloedde eeuwenlang het filosofische en religieuze denken.

Met de bloei van de moderne tijd, vooral sinds de Renaissance, leidden de observatie van natuurlijke gebeurtenissen en de ontwikkeling van de wetenschap tot een nieuwe kijk op het bewustzijn. Denkers als René Descartes introduceerden een rationalistische en dualistische benadering, waarbij een duidelijk onderscheid werd gemaakt tussen geest en lichaam. Dit dualisme legde de basis voor een opvatting van het bewustzijn als een afzonderlijke en autonome entiteit die bestudeerd moest worden met meer empirische en wetenschappelijke methoden.

In de daaropvolgende eeuwen begon het bewustzijn een object van systematische studie te worden. Het werk van filosofen als John Locke, David Hume en Immanuel Kant droeg bij aan een meer gedetailleerde analyse van de geest en het bewustzijn, wat leidde tot de opkomst van de psychologie als wetenschappelijke discipline. Na verloop van tijd ontstonden experimentele psychologie en neurowetenschappen als onderzoeksgebieden die zich toelegden op de studie van het menselijk bewustzijn en zijn mechanismen.

In de 19e eeuw droegen baanbrekende experimenten zoals Wilhelm Wundt's introspectie en Ivan Pavlov en Ivan Sechenov's onderzoek naar hersenactiviteit bij aan een beter begrip van mentale processen en bewustzijn.

De 20e eeuw zag de ontwikkeling van de psychoanalyse door Sigmund Freud, samen met de theorieën van het behaviorisme door B.F. Skinner en de cognitieve psychologie door Ulric Neisser. Deze theorieën benadrukten het belang van de studie van het bewustzijn en het verband met het verstand en de hersenen.

Vandaag de dag is bewustzijn, dankzij de vooruitgang in technologie en interdisciplinair onderzoek, een steeds complexer en fascinerender studieobject geworden. Wetenschappers zoals Daniel Dennett, Steven Pinker, Christof Koch en anderen blijven de grenzen van geest en bewustzijn aftasten en gebruiken wetenschappelijke en filosofische methoden om de neurale basis, mechanismen en implicaties voor de menselijke natuur te onderzoeken.

De evolutie van het concept bewustzijn van een spiritueel fenomeen naar een object van wetenschappelijke studie vertegenwoordigt een belangrijke transformatie in de manier waarop de mensheid het mysterie van zijn en geest benadert. Deze verandering weerspiegelt een groeiend bewustzijn van de complexiteit van bewustzijn en de rol ervan in het definiëren van de menselijke identiteit, en opent nieuwe perspectieven voor ons begrip van de aard en de bestemming van de menselijke geest.

Een van de cruciale stappen in deze evolutie is de vervanging van het concept ziel door dat van bewustzijn. Deze verandering was nodig om het object van studie toegankelijker te maken voor klassieke experimenten en wetenschappelijke methodologieën, die een vorm van meetbaarheid en reproduceerbaarheid vereisen.

Een pionier in de wetenschappelijke studie van het bewustzijn was de neurowetenschapper Benjamin Libet, die met zijn experimenten over hersenimpulsen en de tijd van het bewustzijn de weg vrijmaakte voor een beter begrip van de mentale processen die met het bewustzijn samenhangen. Door middel van nauwkeurige metingen toonde Libet aan dat bewustzijn gecorreleerd kan worden aan specifieke hersenactiviteiten, waarmee hij een fundamentele bijdrage leverde aan het onderzoek op dit gebied.

Deze pogingen om de studie van het bewustzijn te beperken tot het rationalistische vlak stuitten echter al snel op een andere realiteit.

Andere prominente wetenschappers die hebben bijgedragen aan het herdefiniëren van het concept bewustzijn in de wetenschappelijke context zijn David Chalmers, met zijn 'hard problem' theorie van bewustzijn, en Christof Koch, met zijn onderzoek naar de interactie tussen geest en hersenen. Deze en andere experts hebben een genuanceerd debat aangewakkerd over de aard van het bewustzijn als een entiteit die zich kan verhouden tot de hersenen, maar er onafhankelijk van is.

De kwantumfysica, met haar wetten die het gezond verstand tarten, heeft een extra element van complexiteit toegevoegd aan het discours over bewustzijn. Een aantal wetenschappers, waaronder Roger Penrose en Stuart Hameroff, hebben het bestaan van verbanden tussen kwantumverschijnselen en neurale processen getheoretiseerd, waarbij ze suggereren dat het bewustzijn beïnvloed zou kunnen worden door nog onbekende kwantummechanismen.

De overgang van ziel naar bewustzijn. Filosofische en wetenschappelijke implicaties.

De weg van de traditionele opvatting van de ziel naar het moderne begrip van bewustzijn ligt op het kruispunt van filosofische reflecties en wetenschappelijke studies over de essentie van de mens en zijn bestemming na het aardse leven.

In oude culturen werd de ziel gezien als de immateriële en transcendente essentie die leven en bewustzijn gaf aan de mens. Filosofen als Plato en Aristoteles ontwikkelden uitgebreide concepten van de ziel als een afzonderlijke en onsterfelijke entiteit, los van het lichaam en de materiële wereld. Deze visies beïnvloedden eeuwenlang het westerse denken en legden de basis voor een dualistische interpretatie van de menselijke dimensies.

Het Cartesiaanse dualisme van René Descartes legde in de 17e eeuw de basis voor het onderscheid tussen ziel en lichaam en introduceerde een opvatting die geest en materie van elkaar scheidde. Dit dualisme beïnvloedde de filosofie en de wetenschap en benadrukte de centrale rol van het bewustzijn als een entiteit die los staat van het fysieke lichaam.

In de daaropvolgende eeuwen begonnen wetenschap en filosofie de aard en biologische basis van bewustzijn te onderzoeken. Experimenten in de neurowetenschappen, de psychologie en de filosofie van de geest hebben bijgedragen tot een beter begrip van de neurale processen die verband houden met het bewustzijn en het zelf. Recente studies naar fenomenaal bewustzijn, veranderde bewustzijnservaringen en het functioneren van de hersenen hebben nieuwe inzichten geboden in de relatie tussen ziel en bewustzijn.

Hedendaagse wetenschappers zoals Christof Koch, Giulio Tononi en Daniel Dennett doen baanbrekend onderzoek naar de aard van het bewustzijn en de neurale basis ervan. Theorieën over informatie-integratie, globaal bewustzijn en emergent materialisme dragen bij aan een dieper begrip van bewustzijn als een complex product van hersenactiviteit.

De filosofische en wetenschappelijke implicaties van de overgang van ziel naar bewustzijn vormen fundamentele uitdagingen voor het traditionele mensbeeld. De confrontatie tussen spirituele en materialistische concepten van de menselijke geest, tussen dualisme en monisme, tussen subjectiviteit en objectiviteit, biedt een vruchtbare bodem voor een dieper begrip van de aard van het bewustzijn en de rol die het speelt in ons bestaan.

De overgang van ziel naar bewustzijn omvat een reis door de geschiedenis van de menselijke kennis, van de oude opvatting van een transcendente entiteit tot het moderne wetenschappelijke begrip van geest en bewustzijn. Deze evolutie blijft fundamentele vragen oproepen over de aard van het zijn en zijn bestemming na het leven, en biedt inzichten in de menselijke identiteit en de zin van het bestaan.

Bewustzijn en ziel: een vergelijkende analyse van het metafysische en wetenschappelijke perspectief.

Onder de existentiële vragen die de mensheid teisteren, zijn er maar weinig zo oud en meeslepend als die over de aard van het bewustzijn en de ziel, en hun lot na de dood. Dit onderwerp, dat filosofen, wetenschappers en theologen al eeuwen fascineert, blijkt een kruispunt te zijn tussen metafysica en wetenschap, tussen eeuwenoude overtuigingen en recente aanwinsten op het gebied van neurowetenschappen en kwantumfysica.

De moderne wetenschap heeft deze traditionele opvattingen echter verder op de proef gesteld met haar onderzoek naar de aard van het bewustzijn en de hersenen. Neurowetenschappelijke studies door onderzoekers als Christof Koch en Giulio Tononi hebben geprobeerd om de biologische basis van bewustzijn te identificeren, waarbij ze suggereerden dat het zou kunnen ontstaan uit complexe neurale processen waarbij onderling verbonden hersennetwerken betrokken zijn.

In deze context hebben experimenten zoals die van Michael Graziano over bewuste aandacht en zelfbewustzijn bij primaten de correlatie tussen hersenactiviteit en bewustzijn benadrukt, wat suggereert dat dit laatste een emergente eigenschap kan zijn van de complex georganiseerde hersenen.

Tononi's geïntegreerde informatietheorie stelt in het bijzonder voor dat bewustzijn gemeten kan worden aan de hand van de complexiteit en integratie van informatie die door de hersenen verwerkt wordt, wat een extra wetenschappelijke dimensie toevoegt aan dit eeuwenoude debat.

Deze convergentie tussen wetenschap en metafysica komt tot uiting in het concept van de overgang van ziel naar bewustzijn, waarbij de ziel als een immateriële en transcendente entiteit samensmelt met het bewustzijn als een organische en functionele manifestatie van de hersenen. Hoewel deze overgang nieuwe mogelijkheden opent om het fenomeen bewustzijn met wetenschappelijke instrumenten te begrijpen, roept het ook diepgaande vragen op over de aard van de werkelijkheid en het leven zelf.

Concluderend kan gesteld worden dat de vergelijkende analyse van metafysische en wetenschappelijke perspectieven op het bewustzijn en de ziel vruchtbare grond voor filosofisch debat en empirisch onderzoek blootlegt. Terwijl de metafysica ons aanspoort om de diepten van de mens en zijn transcendente bestemming te verkennen, nodigt de wetenschap ons uit om de geheimen van het verstand en de hersenen te onderzoeken. Misschien ligt in deze vruchtbare dialoog tussen oud en modern, tussen spiritualiteit en biologie, de sleutel tot het ontsluiten van het ultieme mysterie van ons bestaan.

Tussen ziel en bewustzijn. Een brug tussen metafysische en wetenschappelijke werelden.

Het lot van ons wezen na het overlijden, de overgang van de ene aardse dimensie naar een onbekende, is een van de oudste en meest fascinerende vragen die de mensheid zich sinds de vroegste tijden heeft gesteld. De kern van deze eeuwenoude reflectie wordt gevormd door de begrippen ziel en bewustzijn, immateriële entiteiten die onze nieuwsgierigheid en hoop om het mysterie van de dood onder ogen te zien altijd hebben aangewakkerd.

In de traditionele opvatting wordt de ziel gezien als de spirituele en onsterfelijke essentie van de mens, een eeuwig principe dat het lichaam overleeft en opstijgt naar verhevener werelden. Filosofen als Plato en Aristoteles gaven vorm aan dit eeuwenoude concept met ideeën die eeuwenlang het westerse denken doordrongen.

De komst van de moderne wetenschap heeft echter onverwachte scenario's geopend in dit voorouderlijke debat. De neurowetenschap, met haar vooruitgang in het begrijpen van de hersenen en de geest, heeft nieuw licht geworpen op de aard van het bewustzijn, waardoor we de grenzen verkennen tussen het materiële en het immateriële, tussen wat we kunnen waarnemen en meten en wat aan onze waarneming ontsnapt.

Antonio Damasio vatte de complexiteit van deze kwestie samen met zijn theorie over het zelf en de oorsprong van het bewustzijn, die een verenigd perspectief voorstelt tussen biologische processen en complexe mentale fenomenen. In deze visie ontstaat het bewustzijn uit een ingewikkelde interactie tussen hersenen, lichaam en omgeving, wat een minder dualistische en meer integratieve visie biedt dan de traditionele opvattingen over de ziel.

Binnen dit kader van convergentie tussen metafysische en wetenschappelijke werelden ontstaan experimenten en onderzoeken die bruggen proberen te slaan tussen deze complementaire perspectieven. Onderzoek naar het placebo-effect en de macht van de geest over gezondheid, zoals dat van Ted Kaptchuk en anderen, benadrukt de cruciale rol van bewustzijn bij het moduleren van lichamelijk en psychologisch welzijn.

Ervaringen zoals bijna-doodervaringen (NDE's), verteld door mensen die de grens van de dood hebben overschreden en weer tot leven zijn gekomen, bieden ook inzicht in de aard van het bewustzijn voorbij het fysieke lichaam en werpen vragen op die de huidige grenzen van de wetenschap uitdagen.

In dit ingewikkelde web van theorieën, experimenten en inzichten staan we voor de uitdaging om het spirituele en wetenschappelijke perspectief te integreren zonder het ene te ontkennen ten gunste van het andere. De zoektocht naar de waarheid over de aard van het bewustzijn en de mogelijke continuïteit ervan na de dood vereist een constante toewijding om onbekende gebieden te verkennen, onze overtuigingen uit te dagen en open te blijven staan voor de verrassingen die de werkelijkheid voor ons in petto heeft.

In de confrontatie tussen ziel en bewustzijn, tussen zichtbare en onzichtbare werelden, ontstaat het besef dat de brug tussen metafysica en wetenschap geen onoverkomelijke kloof is, maar eerder een verbindingsweg die ons uitnodigt om de complexiteit van het menselijk bestaan in al zijn diepte en verwondering te verkennen.

In het debat over het bestaan van de ziel en de invloed van het bewustzijn in onze materiële wereld komt een interessant convergentiepunt naar voren waarbij de kwantumtheorie en reflecties over het levenseinde een rol spelen. Het begrip kwantumbewustzijn, vaak genoemd in de context van de kwantumfysica, wordt voorgesteld als een sleutel tot het begrijpen van diepgaande aspecten van de werkelijkheid die verder gaan dan de traditionele opvatting van de ziel.

Lange tijd werden vragen met betrekking tot de ziel voornamelijk benaderd vanuit een religieus perspectief, waarbij metafysische en spirituele concepten de focus vormden van filosofische en theologische debatten. De moderne wetenschap, met name de kwantumfysica, biedt echter een tastbaarder en meetbaarder perspectief om de rol van het bewustzijn in het universum te onderzoeken.

Een van de centrale concepten van de kwantumtheorie is het idee dat de werkelijkheid wordt beïnvloed door de waarnemer, dat wil zeggen dat het bewustzijn van de waarnemer een directe invloed heeft op gebeurtenissen op subatomair niveau. Dit concept, welsprekend uitgedrukt door het beroemde dubbelspletenexperiment, benadrukt hoe bewustzijn een integraal onderdeel is van de werkelijkheid zelf.

Een van de pioniers in het leggen van verbanden tussen bewustzijn en kwantumfysica was de Duitse natuurkundige Werner Heisenberg, die theoretiseerde dat bewustzijn een fundamentele rol zou kunnen spelen in de ineenstorting van de golffunctie, waardoor de manifestatie van een bepaalde werkelijkheid uit vele mogelijke realiteiten wordt bepaald. Dit idee suggereert dat het bewustzijn rechtstreeks de structuur van de werkelijkheid beïnvloedt, wat de weg vrijmaakt voor een meer holistische en onderling verbonden kijk op het universum.

Andere hedendaagse wetenschappers, zoals de theoretisch natuurkundige Amit Goswami, hebben dit perspectief verdiept door modellen voor te stellen die het bewustzijn integreren in de beschrijving van de kwantumwerkelijkheid. Goswami kwam met de hypothese dat het bewustzijn de wortel van het bestaan is, door te stellen dat materie voortkomt uit het bewustzijn in plaats van andersom, zoals algemeen wordt aangenomen.

In de medische wereld ligt de kwestie van het bewustzijn en zijn relatie tot de hersenen bijzonder gevoelig als we het onderwerp van het levenseinde in beschouwing nemen. Studies en gedocumenteerde gevallen van mensen die bijna-dood ervaringen hebben gehad of in staten van veranderd bewustzijn zijn beland, hebben diepgaande vragen opgeroepen over de ruimte van bewustzijn voorbij de fysieke hersenfuncties.

Onderzoek door neurowetenschappers als Christof Koch en Giulio Tononi heeft het probleem van bewustzijn in relatie tot de hersenen aangepakt, waarbij modellen werden voorgesteld die elementen van de kwantumfysica integreren om fenomenen als niet-lokaal bewustzijn en bewustzijn in veranderde toestanden te verklaren.

Concluderend kan gesteld worden dat het debat over kwantumbewustzijn in de context van het levenseinde een gelegenheid biedt voor een diepgaande reflectie op de aard van de werkelijkheid en het bewustzijn zelf. Terwijl de wetenschap traditionele concepten probeert te ontwarren van de nieuwe grenzen van de kwantumfysica, blijft het een uitdaging om het verband tussen bewustzijn, de hersenen en de werkelijkheid volledig te begrijpen, zodat de weg wordt vrijgemaakt voor een meer inclusieve en geïntegreerde kijk op het universum en onze ervaringen van leven en dood.

Van geloof naar rede: de paradigmaverschuiving van ziel naar geweten.

De evolutie van opvattingen over het hiernamaals, de aard van het zijn en ons bestaan na de dood heeft een lange transformatie doorgemaakt, van geloof naar rationele argumenten, van de notie van de ziel naar de ontdekking van het bewustzijn als object van studie en reflectie. Deze paradigmaverschuiving, van oude overtuigingen geworteld in religieuze tradities naar nieuwe perspectieven gebaseerd op wetenschap en filosofie, vertegenwoordigt een fundamentele stap in de reis van de mensheid naar een dieper en duidelijker begrip van haar eigen aard en bestemming.

Traditionele opvattingen over de ziel als een onsterfelijke en transcendente entiteit, waarvan vele religieuze en filosofische tradities getuigen, hebben eeuwenlang de basis gevormd van de visie op de mens als bestaande uit een materieel lichaam en een immaterieel spiritueel principe. Dit concept van de ziel, dat bijvoorbeeld te vinden is in de werken van Plato, Aristoteles en de heilige geschriften van de belangrijkste religies, vormde de kosmische kijk van oude en middeleeuwse samenlevingen en beïnvloedde kunst, cultuur en moraal diepgaand.

Met de komst van het tijdperk van de rede en de vooruitgang van de wetenschap werd het paradigma van de ziel als een onafhankelijke en onsterfelijke entiteit echter in twijfel getrokken. Sleutelfiguren van de Verlichting zoals Voltaire, Kant en Descartes introduceerden nieuwe kritisch-rationele perspectieven op de aard van het zijn en de geldigheid van traditionele overtuigingen en maakten de weg vrij voor een meer empirische en wetenschappelijke kijk op de wereld.

Het concept van bewustzijn, opgevat als een manifestatie van de geest in relatie tot neurale processen in de hersenen, heeft geleidelijk de plaats ingenomen van de ziel als object van studie en onderzoek in de moderne psychologie, neurowetenschappen en filosofie van de geest. Studies naar hersenactiviteit tijdens veranderde bewustzijnstoestanden, neuro-imaging experimenten en theorieën over de subjectieve aard van ervaring hebben bijgedragen aan een nieuw begrip van bewustzijn als een opkomend en dynamisch fenomeen, in plaats van als een afzonderlijke en onveranderlijke entiteit.

De paradigmaverschuiving van ziel naar bewustzijn wordt ook weerspiegeld in de uitdaging die de hedendaagse filosofie vormt voor oude dualistische opvattingen, met auteurs als Dennett, Churchland en Blackmore. Deze wetenschappers bestrijden het idee van een immateriële entiteit en stellen een materialistische en neurowetenschappelijk onderbouwde kijk op geest en bewustzijn voor.

In dit overgangsproces, waarin geloof tegenover rede komt te staan, wordt de essentie van het menselijk wezen opnieuw gedefinieerd door het prisma van wetenschap en seculiere filosofie. De overgang van een beeld van de mens als een onsterfelijke ziel naar een meer complexe en onderling verbonden visie op het bewustzijn als een product van de hersenen en hun dynamiek brengt een diepgaande heroverweging met zich mee van onze relatie met de kosmos die ons omringt.

Paradigmatische substituties

In het enorme panorama van beschouwingen over het menselijk bestaan springt het begrip bewustzijn eruit als een fundamenteel element dat eeuwen van denken en kennis omspant. De geboorte en evolutie van het begrip bewustzijn vertegenwoordigden een culturele en wetenschappelijke transformatie van aanzienlijk belang, vooral in relatie tot het traditionele concept van de 'ziel'.

Het pad dat leidde tot de vervanging van het begrip ziel door het begrip bewustzijn in de wetenschap heeft oude wortels die teruggaan tot de westerse filosofie en cultuur. Al in het oude Griekenland hielden denkers als Plato en Aristoteles zich bezig met de aard van de ziel, die de immateriële en eeuwige essentie van de mens vertegenwoordigde.

Met de komst van het rationalistische denken in de moderne tijd werd het concept van de ziel in twijfel getrokken omdat het niet gevonden kon worden met de empirische methoden die typerend zijn voor de wetenschap. In de 18e en 19e eeuw, toen het concept van de ziel niet kon worden uitgewist, gaven psychologie en cognitieve wetenschap de voorkeur aan het concept van bewustzijn als een fenomeen dat kon worden geobserveerd en bestudeerd.

Een van de cruciale momenten in de vervanging van de ziel door het bewustzijn was de bijdrage van de Duitse filosoof en psycholoog Wilhelm Wundt, die beschouwd wordt als de grondlegger van de experimentele psychologie. Door zijn baanbrekende studies over de studie van het bewustzijn als een object van wetenschappelijk onderzoek, hielp Wundt een kijk op de menselijke geest te promoten die gebaseerd was op observeerbaarheid en meetbaarheid.

In de 20e eeuw leverden prominenten als Sigmund Freud en Carl Gustav Jung verdere bijdragen aan het begrip van bewustzijn in de psychologie en psychoanalyse, waarbij ze het belang benadrukten van persoonlijke ervaringen en bewustzijn in de vorming van menselijke identiteit en gedrag.

De komst van de neurowetenschappen gaf toen een verdere impuls om het concept van de ziel te vervangen door dat van het bewustzijn, door concreet bewijs te leveren van de onderlinge samenhang tussen hersenprocessen en bewustzijnsmanifestaties. Studies over de hersenen door wetenschappers als Antonio Damasio, V.S. Ramachandran en Christof Koch hielpen de visie van bewustzijn als het resultaat van complexe neurale processen te consolideren.

Vandaag de dag staat het bewustzijn centraal in wetenschappelijke en filosofische debatten die gericht zijn op het verkennen van de grenzen en mogelijkheden van de menselijke geest. Technologische vooruitgang en multidisciplinaire samenwerking maken een steeds dieper begrip van het bewustzijn mogelijk en openen nieuwe perspectieven op de aard van het menselijk bestaan en de menselijke identiteit.

In deze evolutie van wetenschap en cultuur is de vervanging van het concept van ziel door dat van bewustzijn een belangrijke stap in de richting van een meer geïntegreerde en wetenschappelijk onderbouwde visie op de mens en zijn ervaring van leven en dood.

Bewustzijn en ziel: een kritisch onderzoek naar hun relaties en verschillen.

Het onderwerp van bewustzijn en ziel, met hun ingewikkelde relaties en verschillen, is altijd een van de cruciale punten van reflectie geweest voor de mensheid met betrekking tot de uiteindelijke bestemming van de mens. Aan de ene kant is de ziel opgevat als de immateriële en eeuwige essentie die het lichaam bezielt en de dood overleeft, terwijl het bewustzijn de kern van onze subjectieve ervaring en zelfbewustzijn vertegenwoordigt.

Het idee van een onsterfelijke ziel gaat terug tot de oudheid. De beschavingen van het oude Egypte, Griekenland en India ontwikkelden er complexe en welbespraakte opvattingen over. Plato verkent in zijn dialoog 'Phaedo' het concept van de onsterfelijkheid van de ziel en haar scheiding van het lichaam bij de dood, waarbij hij het concept van metempsychose en reïncarnatie introduceert. Deze zienswijze heeft eeuwenlang het westerse wereldbeeld beïnvloed en ook latere religieuze en filosofische overtuigingen.

Daarentegen heeft de moderne wetenschap gekozen voor een andere benadering om het bewustzijn te begrijpen, door te proberen het te analyseren via de studie van de hersenen en neurale processen. Experimenten uitgevoerd door neurowetenschappers zoals Marcus Raichle en Giulio Tononi hebben de correlaties tussen hersenactiviteit en bewustzijnstoestanden aan het licht gebracht, wat suggereert dat bewustzijn kan voortkomen uit complexe neurale interacties in plaats van uit een onstoffelijke entiteit zoals de ziel.

Een ander verschil tussen ziel en bewustzijn komt naar voren in het concept van subjectieve identiteit en continuïteit. Terwijl de ziel vaak wordt geassocieerd met een hardnekkige individuele identiteit die tijd en ruimte overstijgt, manifesteert het bewustzijn zich in stromen van unieke ervaringen en percepties die kwetsbaar zijn voor de veranderlijkheid en contingentie van de menselijke ervaring. Dit contrast tussen de onsterfelijkheid van de ziel en de vloeibaarheid van het bewustzijn roept diepgaande vragen op over de aard van het zelf en zijn connecties met de kosmos.

Een kritische benadering van deze kwesties vereist een grondige verkenning van de theorieën en bewijzen die elk perspectief ondersteunen. Het onderzoek naar bijna dood ervaringen (NDE's) door Pim van Lommel en anderen, bijvoorbeeld, biedt suggestieve beschrijvingen van de ervaring na de dood en de relatie tussen het individuele bewustzijn en de transcendente werkelijkheid.

Daarnaast verbreden de hypotheses van een kosmische intelligentie, zoals voorgesteld door denkers als Rupert Sheldrake, of van een bewustzijn dat verder reikt dan de grenzen van de hersenen, zoals naar voren gebracht door David Chalmers, het referentiekader in het begrip van bewustzijn en de relatie met de ziel.

Concluderend, het kritische onderzoek naar de relaties en verschillen tussen bewustzijn en ziel nodigt ons uit tot een dialectische en inclusieve benadering, die de vele facetten van dit eeuwenoude debat kan bevatten. Door traditionele opvattingen te verweven met de meest recente wetenschappelijke inzichten hopen we dichter bij het begrip te komen van een van de diepste mysteries van het menselijk bestaan.

Het pad van dualiteit naar complexiteit. Ziel, bewustzijn en hun relatie in de tijd.

In een poging om voorbij de sluier van de dood te gluren en de bestemming van de mens te begrijpen, dompelen we ons onder in een reis van dualiteit naar complexiteit, waarbij we de begrippen ziel en bewustzijn en hun evolutie door de tijd onderzoeken. Van oude geloofsovertuigingen tot wetenschappelijke theorieën leidt ons inzicht ons door de cruciale fasen van deze reis vol mysterie en betekenis.

Het idee van een onsterfelijke ziel, die losstaat van het lichaam en voorbestemd is om haar reis na het aardse leven voort te zetten, is kenmerkend geweest voor het wereldbeeld van vele culturen en religieuze tradities. Het concept van de ziel als een vitaal en transcendent principe heeft zijn wortels in de oudheid en bevolkte het denken van filosofen als Plato en Aristoteles met min of meer uitgesproken visies op haar aard en bestemming.

In de loop der eeuwen bracht de geboorte van de moderne wetenschap nieuwe vragen en nieuwe uitdagingen voor deze eeuwenoude opvattingen. Onderzoek naar het bewustzijn, de neurale basis van het denken en de aard van de geest heeft een ander en ingewikkelder perspectief geboden op de essentie van het zijn. Studies van wetenschappers als Daniel Dennett over de aard van bewustzijn als voortkomend uit neurale processen hebben vragen opgeroepen over de aard van de ziel en de relatie met de complexiteit van de menselijke geest.

De weg van dualiteit naar complexiteit manifesteert zich ook in het hedendaagse filosofische debat, waarin theoretici als Thomas Nagel en Susan Blackmore de nuances van het bewustzijn en de implicaties daarvan voor ons begrip van het universum onderzoeken. Aan de ene kant wordt het idee van de ziel als een afzonderlijke en onveranderlijke entiteit uitgedaagd door de opvatting dat het bewustzijn een vloeibaar fenomeen is dat afhankelijk is van context en ervaring.

Deze voortdurende verschuiving van dualiteit naar complexiteit, van het concept van een onveranderlijke ziel naar het begrip van bewustzijn als een dynamisch en veelzijdig fenomeen, brengt ons ertoe na te denken over de eigenlijke aard van het zelf en zijn verbinding met het hele universum.

Reflecties op de aard van de mens: de rol van de ziel en het bewustzijn.

De eeuwenoude vraag naar de aard van de mens, zijn bestemming en essentie is onlosmakelijk verbonden met de begrippen ziel en bewustzijn, en daagt het menselijk intellect uit om de grenzen tussen het tastbare en het ontastbare te verkennen. In deze diepgaande reflectie willen we licht werpen op de essentiële rol die ziel en bewustzijn spelen bij het vormgeven van onze identiteit en onze ervaring van de wereld, door diep in te gaan op de wortels en perspectieven van deze fundamentele concepten.

Het idee van een onsterfelijke ziel, een goddelijke vonk die in het lichaam woont en na de dood blijft voortbestaan, heeft zijn wortels in de oude filosofie en spirituele tradities over de hele wereld. Plato schetst een fascinerend beeld van de dood als de bevrijding van de ziel uit het lichaam, klaar om aan een reis naar hogere werelden te beginnen. Deze opvatting, met verschillende nuances, dringt door in het Westerse denken door de eeuwen heen en beïnvloedt het theologische denken en de visie op het leven na het leven.

De complexiteit van het bewustzijn daarentegen is door de geschiedenis heen het onderwerp geweest van talloze studies en speculaties, die aanleiding hebben gegeven tot een veelheid aan verschillende theorieën en benaderingen. Van Descartes met zijn onderscheid tussen *res cogitans* en *res extensa* tot het hedendaagse debat tussen materialistisch reductionisme en geest-lichaam dualisme, is het bewustzijn nog steeds niet definitief gedefinieerd en biedt het een vruchtbaar gebied voor reflectie en onderzoek.

De vergelijking tussen ziel en bewustzijn brengt ons op het hoogtepunt van een duizendjarig debat, waarin de dualiteit tussen een immaterieel principe en een neurofysiologisch fenomeen (als dit een correcte manier is om bewustzijn te definiëren) een vruchtbare bodem wordt voor diepgaande existentiële vragen. Filosofen zoals David Chalmers, met zijn theorie over subjectieve ervaring, en neurowetenschappers zoals Christof Koch, met zijn onderzoek naar de neurale basis van bewustzijn, proberen bruggen te slaan tussen deze ogenschijnlijk tegengestelde perspectieven en bieden nieuwe interpretatiesleutels en nieuwe kennisscenario's aan.

In dit ingewikkelde raadsel van het menselijk bestaan, waar ziel en bewustzijn met elkaar verweven zijn en elkaar overlappen, ontstaan nieuwe uitdagingen en mogelijkheden voor begrip. Door kritische reflectie en openheid voor de multidimensionaliteit van de werkelijkheid kunnen we een innerlijke reis beginnen die ons leidt naar het omarmen van de totaliteit van het menselijk wezen, het verkennen van de diepten van de ziel en de hoogten van bewustzijn in een harmonie die de complexiteit en schoonheid van het universum zelf weerspiegelt.

De overgang naar bewustzijn. Theorieën over het zelf.

In de zoektocht van de mensheid naar antwoorden over de bestemming van het zijn na de dood en de aard van de individuele identiteit, markeerde de overgang van concepten zoals de ziel naar het meer 'moderne' concept van bewustzijn een cruciale stap in het begrip van het zelf en zijn rol in het weefsel van het bestaan. Door een historische analyse van theorieën over het zelf, kunnen we de evolutionaire paden onderscheiden die ons begrip van onszelf als bewuste en unieke wezens hebben gevormd.

Theorieën over het zelf hebben oude wortels, die teruggaan tot de gedachten van Griekse filosofen en geleerden van Oosterse spirituele tradities. Plato en Aristoteles legden met hun opvattingen over ziel en substantie de basis voor de eerste ideeën over een immateriële en transcendente entiteit die de essentie van het menselijk wezen kenmerkt. Deze visies werden later gelaagd in het christelijke, joodse, hindoeïstische en boeddhistische denken en beïnvloedden opvattingen over het zelf als een spirituele, eeuwige en onderscheidende entiteit.

Naarmate het wetenschappelijk en filosofisch denken vorderde, begon het concept van het bewustzijn tussen de 18e en 19e eeuw op te komen als een object van studie en reflectie. Filosofen als Descartes, Locke en Hume legden de basis voor een opvatting van het zelf als het resultaat van zintuiglijke ervaringen, mentale processen en sociale interacties en reduceerden de entiteit van de ziel tot een psychologische en cognitieve constructie.

In het begin van de 20e eeuw groeide de belangstelling voor psychologie en psychoanalyse. Theoretici als Freud en Jung onderzochten de diepten van het onbewuste en de dynamiek van het zelf. Freud, met zijn theorie van de persoonlijkheidsstructuur verdeeld in 'ik', 'superego' en 'es', bood een complexe en gelaagde kijk op het zelf als product van interne conflicten en sociale interacties.

Op het gebied van de neurowetenschappen heeft onderzoek naar de oorsprong en aard van het bewustzijn geleerden als Antonio Damasio en Stanislas Dehaene ertoe gebracht om de neurale basis van identiteit en subjectiviteit te onderzoeken. Het opkomende idee is dat van een dynamisch, flexibel en voortdurend veranderend zelf, gevormd door neurale netwerken, emotionele processen en zintuiglijke ervaringen die onze perceptie van onszelf en de wereld vormgeven.

Historische analyse van theorieën over het zelf laat ons zien hoe het concept van identiteit is geëvolueerd van dualistische en statische visies naar meer dynamische visies beïnvloed door de complexiteit van relaties met de omgeving en anderen. Deze evolutie blijft ons begrip van het zelf en het bewustzijn uitdagen en verrijken en opent nieuwe grenzen voor onderzoek en ontdekking terwijl we proberen de vage en verschuivende grenzen af te bakenen van wie we zijn en wie we kunnen worden.

Concluderend, de overgang naar bewustzijn weerspiegelt veranderende perspectieven op het zelf en zijn componenten, van mythische en theologische visies tot empirische en wetenschappelijke onderzoeken. Door de historische analyse van theorieën over het zelf, kunnen we de reis van de mensheid naar zelfontdekking waarderen, vol tegenstrijdigheden, uitdagingen en mogelijkheden om het bewustzijn van de aard van het menselijk wezen uit te breiden.

De evolutie van theorieën over het zelf weerspiegelt niet alleen de vooruitgang van het menselijk denken, maar ook de complexe kruispunten tussen verschillende disciplines zoals filosofie, psychologie, neurowetenschappen en spiritualiteit. De studie van het zelf is verrijkt door bijdragen van verschillende benaderingen en methodologieën, en biedt steeds bredere en veelzijdige perspectieven op de menselijke natuur en onze perceptie van onszelf.

In het hedendaagse landschap wordt het debat over het zelf verrijkt met nieuwe uitdagingen en prikkelende vragen. Concepten zoals zelfbewustzijn, genderidentiteit, het digitale zelf en uitgebreid bewustzijn komen naar voren als cruciale knooppunten in dit complexe web van betekenissen en interpretaties. Studies over sociaal bewustzijn, empathie en de perceptie van menselijke relaties versterken ons begrip van de complexiteit van het zelf en het bewustzijn.

Gebeurtenissen zoals de ecologische crisis, globalisering en technologische ontwikkeling stellen ons voor nieuwe ethische en filosofische uitdagingen wat betreft onze relatie met de wereld en met andere mensen. Reflectie op het zelf wordt zo niet alleen een oefening in individuele kennis, maar ook een politieke, sociale en spirituele praktijk die ons uitnodigt om de diepe banden te verkennen die ons verbinden met de aarde en de mensheid als geheel.

In deze steeds veranderende context presenteren theorieën over het zelf zich als een viaticum om beter te begrijpen wie we zijn, waar we vandaan komen en waar we naartoe zouden kunnen gaan. De historische analyse van opvattingen over het zelf en bewustzijn helpt ons niet alleen om de wortels van onze kennis te onderzoeken, maar toont ons ook de mogelijke richtingen van onze toekomst, in een reis van verkenning en ontdekking die ons dwingt om verder te gaan dan de grenzen van onze kennis en de complexiteit en diversiteit van de mens te omarmen.

In dit scenario waarin geloof en rede, traditie en innovatie steeds ingewikkelder met elkaar verweven raken, blijft reflectie op het zelf en het bewustzijn een van de belangrijkste en vruchtbaarste uitdagingen voor de mensheid, die op zoek is naar betekenis, identiteit en verbondenheid met het mysterie van het leven en het universum.

Van ziel naar bewustzijn: de overgang van het metafysische naar het wetenschappelijke vlak.

De conceptuele verschuiving van het traditionele idee van de ziel naar het moderne concept van bewustzijn heeft een diepgaande transformatie teweeggebracht in de manier waarop de mensheid haar aard en bestemming na het aardse leven interpreteert.

In de oudheid was de ziel een fundamenteel concept voor veel beschavingen, vaak geassocieerd met een onsterfelijke spirituele entiteit die het menselijk lichaam doordrong. Filosofen als Plato en Aristoteles ontwikkelden verfijnde opvattingen over de ziel als een vitaal, transcendent principe. In de Middeleeuwen beïnvloedde het christelijke theologische denken de kijk op de ziel als een goddelijke entiteit, verbonden met de eeuwige verlossing van het individu.

Met de komst van de Renaissance en de Verlichting werd het onderscheid tussen ziel en materie duidelijker door de dualistische kijk op geest en lichaam van filosofen als René Descartes. Dit dualisme legde de basis voor een wetenschappelijke opvatting van geest en bewustzijn en maakte de weg vrij voor de scheiding tussen metafysica en wetenschap.

In de loop der eeuwen werd het bewustzijn steeds meer het onderwerp van wetenschappelijk onderzoek. Studies naar hersenactiviteit, zoals die van Giovanni Aldini in de 18e eeuw en van hedendaagse neurowetenschappers als Antonio Damasio en V.S. Ramachandran, leverden empirisch bewijs voor het verband tussen hersenfuncties en bewustzijnstoestanden.

In de hedendaagse filosofie is het concept bewustzijn het onderwerp geweest van uitgebreide discussies en overwegingen. Filosofen als Thomas Metzinger, David Chalmers en Daniel Dennett hebben het debat over bewustzijn uitgebreid en nieuwe theorieën en modellen voorgesteld op basis van geïntegreerde wetenschappelijke en filosofische benaderingen.

Cognitiewetenschappen hebben aanzienlijk bijgedragen aan het begrip van bewustzijn als een complex cognitief proces. Studies naar hersenfuncties tijdens bewuste ervaringen, zoals die zijn uitgevoerd met neurobeeldvormingstechnieken en cognitieve neurowetenschappen, hebben nieuwe inzichten opgeleverd in de relatie tussen hersenactiviteit en de fenomenologie van bewustzijn.

De verschuiving van de metafysische naar de wetenschappelijke benadering in de opvatting van bewustzijn heeft ingrijpende gevolgen voor de filosofische hermeneutiek en de wetenschappelijke praktijk. De integratie van filosofische theorieën met empirische bevindingen in de neurowetenschappen biedt nieuwe perspectieven op de aard van de geest en het bewustzijn, waardoor het traditionele dualisme wordt uitgedaagd en nieuwe interpretaties van het menselijk wezen mogelijk worden.

Concluderend kan gesteld worden dat de overgang van ziel naar bewustzijn een keerpunt vormt in de manier waarop de mensheid zichzelf en haar plaats in het universum benadert. Deze reis van de metafysische naar de wetenschappelijke benadering nodigt ons uit om de nuances van het menselijk bewustzijn te verkennen vanuit een interdisciplinair perspectief dat filosofie, wetenschap en empirische praktijk omarmt, en opent nieuwe perspectieven op de betekenis en de aard van leven en dood.

Verwijzingen naar de bijdragen van wetenschappers en filosofen over bewustzijn en de ziel.

Het onderscheid tussen bewustzijn en ziel is een kwestie van enorm filosofisch en wetenschappelijk belang. Door de eeuwen heen hebben vooraanstaande filosofen en wetenschappers geworsteld met pogingen om de verschillen tussen deze fundamentele concepten af te bakenen. In dit gedeelte zullen we kort ingaan op de bijdragen van twee grote denkers: René Descartes en Immanuel Kant, die belangrijke inzichten in bewustzijn en ziel hebben verschaft.

René Descartes, een van de belangrijkste filosofen van de 17e eeuw, theoretiseerde een dualistische kijk op het bestaan, waarbij hij onderscheid maakte tussen mentale substantie (res cogitans) en materiële substantie (res extensa). Volgens Descartes behoort het bewustzijn tot het gebied van de geest en vormt het een onafhankelijk en essentieel aspect van het menselijk wezen. In zijn beroemde werk *De metafysische meditaties* stelde Descartes dat het bewustzijn een aangeboren, onvervreemdbare en onherleidbare realiteit was. Volgens Descartes kon zelfs de dood het bewustzijn niet uitwissen.

Immanuel Kant, die beschouwd wordt als een van de invloedrijkste filosofen van de Verlichting, bracht daarentegen een ander perspectief op bewustzijn en de ziel. Volgens Kant is het bewustzijn een cognitief vermogen dat ons in staat stelt om kennis en begrip van de wereld om ons heen te verwerven. De ziel daarentegen is een metafysisch concept dat niet empirisch geverifieerd kan worden. Kant stelt dat de ziel tot het domein van de transcendentale ideeën behoort en dat het bestaan ervan niet door wetenschappelijke observaties of experimenten kan worden vastgesteld.

Interessant genoeg hadden de standpunten van Descartes en Kant een grote invloed op de ontwikkeling van het wetenschappelijk denken. Terwijl Descartes een duidelijke scheiding aanbracht tussen bewustzijn en materie en zo de weg vrijmaakte voor het geest-lichaam dualisme, was Kant voorstander van een meer empirische en rationele kijk op bewustzijn.

Het onderscheid tussen bewustzijn en ziel is echter nog steeds onderwerp van discussie en reflectie. Hedendaagse filosofen zoals Daniel Dennett en John Searle hebben diepgaande discussies over dit onderwerp op gang gebracht. Dennett stelt dat bewustzijn een product is van hersenactiviteit en dat er geen toevlucht hoeft te worden genomen tot concepten zoals de ziel om deze fenomenologie te verklaren. Aan de andere kant benadrukt Searle in zijn theorie die bekend staat als '*de Chinese kamer*' het belang voor het begrijpen van bewustzijn van subjectieve ervaring en de onherleidbaarheid ervan tot eenvoudige neurale processen.

De 'Chinese kamer'-theorie is een argument dat is voorgesteld door de filosoof John Searle om kritiek te leveren op het idee dat een machine echt zou kunnen denken en begrijpen als een mens, zelfs als hij zou slagen voor de Turingtest.

Het argument is gebaseerd op het idee van een hypothetisch experiment waarbij een persoon zich in een kamer bevindt die een 'Chinese kamer' wordt genoemd met een boek dat instructies bevat over hoe Chinese symbolen te manipuleren zonder de Chinese taal te begrijpen. Buiten de kamer overhandigen mensen de opgesloten persoon briefjes met vragen in het Chinees en de persoon vergelijkt de ideogrammen in het boek en kopieert de overeenkomstige antwoorden. Op deze manier lijkt het alsof de persoon antwoorden in het Chinees geeft die consistent lijken.

Searle stelt dat, hoewel de antwoorden intelligent lijken voor buitenstaanders, de persoon in de kamer de Chinese taal niet zou begrijpen, alleen zou handelen volgens de instructies zonder een echt begrip te hebben van de betekenis van de woorden of de antwoorden die ze geven.

Deze analogie is bedoeld om aan te tonen dat hoewel een machine kan worden geprogrammeerd om informatie te verwerken op een manier die menselijke intelligentie nabootst, dit niet impliceert dat de machine een echt begrip of bewustzijn heeft van wat hij doet, zoals de menselijke geest. De Chinese kamertheorie wordt vaak gebruikt om sterke kunstmatige intelligentie standpunten te bekritiseren die beweren dat machines een mensachtige vorm van bewustzijn en begrip kunnen bereiken.

De interesse in bewustzijn en de ziel is niet alleen beperkt tot het filosofische veld, maar heeft ook betrekking op de wetenschap. Neurowetenschappers bestuderen bijvoorbeeld neurale activiteit en proberen te begrijpen hoe hersenactiviteit correleert met de subjectieve ervaring van bewustzijn. Onderzoek op het gebied van kunstmatige intelligentie richt zich ook op het nabootsen van het menselijk bewustzijn, waarbij ze proberen te begrijpen wat het betekent om bewust te zijn en of het mogelijk is om dit fenomeen na te bootsen in een machine of een andere vorm van kunstmatige intelligentie.

Concluderend kan gesteld worden dat het debat over het verschil tussen bewustzijn en ziel complex is en dat er een breed scala aan filosofen en wetenschappers bij betrokken is. Het dualisme van Descartes, het rationalisme van Kant en de hedendaagse reflecties van Dennett en Searle hebben ons begrip van deze concepten helpen vormen. Het mysterie van bewustzijn en de interactie tussen geest en materie blijven echter onderwerpen die openstaan voor nieuw onderzoek en reflectie. Wetenschappelijke en filosofische vooruitgang zal nieuw licht blijven werpen op de complexiteit van deze fenomenen en ons ertoe aanzetten om nog meer fundamenten van onschatbare waarde voor ons begrip van het menselijk wezen bloot te leggen.

De metafysische wortels van bewustzijn in de evolutie van het denken.

De zoektocht naar de metafysische wortels van het bewustzijn is een reis door eeuwen van inzichten, reflecties en speculaties over het mysterie van de menselijke geest en zijn bewustzijn. In dit deel zullen we de metafysische oorsprong van het bewustzijn onderzoeken en hoe filosofisch denken ons begrip van dit fenomeen, dat fundamenteel is voor het menselijk bestaan, heeft gevormd en beïnvloed.

Griekse Oudheid: Plato en Aristoteles.

De metafysische wortels van het bewustzijn gaan terug tot de Griekse oudheid, met de uitwerkingen van filosofen als Plato en Aristoteles. Plato onderzocht in de 'Phaedo' de onsterfelijkheid van de ziel en haar afscheiding van het lichaam als de basis van het individuele bewustzijn. Aristoteles daarentegen zag de ziel als een vitaal principe dat onafscheidelijk van het lichaam was en benadrukte de eenheid ervan met de lichamelijke materie.

Middeleeuwse filosofie: Augustinus en Thomas van Aquino.
In de Middeleeuwen werd de metafysische reflectie op het bewustzijn verrijkt door het werk van denkers als Augustinus van Hippo en Thomas van Aquino. Augustinus onderzocht de onsterfelijke en spirituele aard van de ziel als de fundering van het individuele bewustzijn, terwijl Thomas van Aquino Aristotelische en Christelijke perspectieven integreerde en beweerde dat de ziel de vorm van het lichaam en het principe van het intellect was.

Renaissance en Verlichting: Descartes en Leibniz.
Met de Renaissance en de Verlichting leverden figuren als René Descartes en Gottfried Wilhelm Leibniz belangrijke bijdragen aan de metafysica van het bewustzijn. Descartes introduceerde het dualisme tussen *res cogitans* en *res extensa* en benadrukte het onderscheid tussen geest en lichaam. Leibniz onderzocht met zijn theorie van de monaden de ondeelbaarheid van de eenheid van bewustzijn vanuit een metafysisch en rationeel perspectief.

Samenvloeiingen met oosterse filosofie en spiritualiteit.
De metafysische wortels van bewustzijn zijn niet beperkt tot het Westerse denken, maar zijn ook te vinden in Oosterse filosofische tradities en spirituele praktijken. Concepten zoals de boeddhistische verlichting, de Vedantische Atman en de Chinese Tao voegen nieuwe nuances toe aan het begrip van bewustzijn als de basis van de menselijke ervaring en het menselijk bestaan.

Moderne en hedendaagse filosofie: Husserl en fenomenologie
In de moderne en hedendaagse filosofie onderzochten Edmund Husserl en de fenomenologie de fenomenologische wortels van het bewustzijn. Husserl verdiepte de notie van bewustzijn als intentionaliteit, d.w.z. het vermogen om de aandacht te richten op mentale objecten en innerlijke verschijnselen, en legde daarmee de basis voor een rijker en gedetailleerder begrip van subjectief bewustzijn.

Fenomenologie is een filosofische stroming die zijn oorsprong vindt in het Europa van de 19e eeuw, vooral bij de Duitse filosoof Edmund Husserl. De term 'fenomenologie' is afgeleid van het Griekse '*phainomenon*', wat 'dat wat verschijnt' betekent, en '*logos*', wat 'studie' of 'discours' betekent. De fenomenologie richt zich op de analyse en beschrijving van objecten zoals ze in het bewustzijn verschijnen, en probeert hun essentie en betekenissen te begrijpen zoals ze uit de directe ervaring naar voren komen.

Enkele sleutelbegrippen uit de fenomenologie zijn:

Fenomenologisch tijdperk: Husserl introduceert het concept van fenomenologische reductie, een methode waarbij de objecten van onderzoek worden genomen zoals ze zich in het bewustzijn aandienen, ontdaan van alle vooroordelen en oordelen.

Intentionaliteit: Fenomenologie benadrukt dat bewustzijn altijd bewustzijn van iets is, intentionaliteit geeft het feit aan dat er altijd een object of betekenis in ons bewustzijn is waar het bewustzijn op gericht is.

Eidetiek: Fenomenologie houdt zich bezig met de essentie van objecten en probeert hun structuren en universele betekenissen te identificeren die voortkomen uit ervaring.

Fenomenen en noumenon: In tegenstelling tot het Kantiaanse onderscheid tussen *fenomeen* (dat wat aan de zintuigen verschijnt) en *noumenon* (de wereld in zichzelf), legt de fenomenologie de nadruk op het fenomeen als het bevoorrechte studieobject, omdat de wereld zich uitsluitend door middel van fenomenen openbaart.

De fenomenologie heeft verschillende gebieden van het filosofisch denken beïnvloed, waaronder het existentialisme, de filosofie van de geest en de filosofie van de waarneming. Filosofen als Martin Heidegger, Jean-Paul Sartre en Maurice Merleau-Ponty hebben het fenomenologische denken in verschillende richtingen ontwikkeld en uitgebreid, waardoor het een van de meest invloedrijke en bediscussieerde stromingen in de hedendaagse filosofie is geworden.

Concluderend kunnen we stellen dat het verkennen van de metafysische wortels van het bewustzijn ons onderdompelt in een multidimensionale bevraging van de aard en de betekenis van ons bestaan. Door eeuwen van denken, speculatie en contemplatie wordt bewustzijn onthuld als een van de fundamentele mysteries van de mens, een punt van samenkomst tussen filosofie, wetenschap en spiritualiteit dat de mensheid blijft uitdagen en inspireren in de zoektocht naar de ultieme betekenis van het leven en het universum.

Van theologie naar neurowetenschap: het pad van bewustzijn van religie naar wetenschap.

De reis van het bewustzijn van de theologie naar de neurowetenschappen vertegenwoordigt een tijdperk dat de evolutie van het menselijk denken weerspiegelt in de zoektocht naar antwoorden op de diepgaande existentiële vragen met betrekking tot het einde van het leven en de bestemming van de mens. In dit hoofdstuk zullen we onderzoeken hoe het concept van bewustzijn is overgegaan van de religieuze naar de wetenschappelijke sfeer, waarbij we de conceptuele transformaties benadrukken die deze cruciale overgang in de reis van de mensheid hebben gemarkeerd.

Theologie en religieuze conceptie van bewustzijn.

Eeuwenlang is het begrip bewustzijn benaderd door de lens van theologie en religie. De verschillende religieuze tradities zagen bewustzijn als een goddelijk geschenk, een teken van goddelijke interventie in het menselijk leven. In de christelijke context werd de ziel bijvoorbeeld beschouwd als de onsterfelijke en transcendente essentie die de mens bezielt en die bewustzijn en het vermogen tot zelfreflectie schenkt.

In theologisch perspectief is het geweten vaak gezien als een goddelijke gave, een weerspiegeling van het beeld van God in de mens. Deze visie is vooral duidelijk in de christelijke traditie, waar de ziel lange tijd werd gezien als de onsterfelijke en transcendente essentie die de mens begiftigt met het vermogen tot zelfreflectie en morele waarneming. In de context van het levenseinde wordt de kwestie van het bewustzijn nog delicater en complexer, omdat het niet alleen de biologische en psychologische dimensie van de mens betreft, maar ook de spirituele en metafysische dimensie.

Een belangrijk voorbeeld van hoe de theologie de kwestie van het bewustzijn aan het einde van het leven heeft aangepakt, is de doctrine van verlossing binnen het christendom. Volgens deze doctrine is de dood niet het absolute einde, maar eerder een overgang naar een andere vorm van bestaan waarin het individuele geweten aanwezig blijft en geconfronteerd wordt met zijn eigen eeuwige bestemming. Deze visie biedt troost en hoop aan hen die de naderende dood tegemoet gaan en geeft een diepere betekenis aan het lijden en de pijn die vaak gepaard gaan met dit cruciale moment in het leven.

Sommige hedendaagse wetenschappers hebben theologische perspectieven op het bewustzijn geïntegreerd met recente ontdekkingen in de kwantumfysica, in een poging om nieuw licht te werpen op het mysterie van het bewustzijn en zijn relatie tot het universum. Theoretisch natuurkundige Amit Goswami, bijvoorbeeld, stelt voor om bewustzijn te zien als de fundamentele essentie van het universum, dat zich in verschillende vormen manifesteert door het principe van niet-lokaliteit en kwantum onderlinge verbondenheid.

In een experiment dat in 1982 werd uitgevoerd door een team onderzoekers aan de Princeton Universiteit, dat bekend staat als het '*Global Consciousness Experiment*', werd ontdekt dat het menselijk bewustzijn het gedrag van willekeurige apparaten kon beïnvloeden, wat wijst op een mogelijke interactie tussen de menselijke geest en de fundamentele structuur van de werkelijkheid.

Het *Global Consciousness* Experiment dat in 1982 werd uitgevoerd door Princeton University is een opmerkelijk onderzoek dat heeft geleid tot interesse en debat op het gebied van psychologie, parapsychologie en kwantumfysica. Het doel van dit experiment was om de mogelijke invloed van het menselijk bewustzijn op willekeurige gebeurtenissen te onderzoeken, waardoor de huidige opvattingen over realiteit en causaliteit in twijfel werden getrokken. In het kader van dit experiment gebruikten de onderzoekers een Random *Number Generator* (*RNG*) als hulpmiddel om de willekeurigheid van een reeks gebeurtenissen te meten. De RNG is een apparaat dat reeksen willekeurige getallen kan produceren, die gelijkmatig en onvoorspelbaar verdeeld zouden moeten zijn in afwezigheid van externe invloeden.

Deelnemers aan het experiment werd gevraagd om hun aandacht te richten op een mogelijke verandering in de getallen die willekeurig door het apparaat werden gegenereerd. Verrassend genoeg toonden de resultaten significante afwijkingen van de verwachte willekeurigheid wanneer deelnemers hun aandacht richtten op bepaalde reeksen of resultaten.

Deze resultaten hebben de mogelijkheid geopperd dat het menselijk bewustzijn op een subtiele manier kan interageren met de buitenwereld, door het gedrag van kwantumgevoelige apparaten, zoals de RNG, te beïnvloeden. Dit fenomeen is door sommigen geïnterpreteerd als een indicatie van het vermogen van de menselijke geest om de fysieke werkelijkheid direct te beïnvloeden door middel van intentie en concentratie.

Ik heb dit experiment al beschreven op mijn Facebookpagina (in het Italiaans) "Cenacolo Jung Pauli". Het experiment heet 'Wereldwijd bewustzijn'.

Dit is lopend onderzoek dat wordt uitgevoerd als onderdeel van het project dat in de jaren 80 is opgezet door de professoren Robert Jahn en Brenda Dunne van de Princeton University, het *Princeton Engineering Anomalies Researh.*

Dit project werd geboren toen de verschillende experimenten suggereerden dat een collectief globaal bewustzijn wel eens zou kunnen bestaan.

De onderzoeken bestonden uit het testen van de psychokinetische effecten op een aantal kleine machines, elektronische random number generators, in technische termen RNG (Random *Number Generator*)

De getallen kunnen even of oneven zijn, dus net als bij het opgooien van een munt wordt het resultaat na een redelijk aantal tosses vlak (50-50). De mensen in het experiment werd gevraagd om te proberen de uitkomst van de getallen te beïnvloeden en het bleek dat de vrijwilligers inderdaad interessante variaties op de statistiek konden genereren.

Vervolgens werd zelfs geverifieerd dat, zelfs zonder dat iemand de RNGi-generatoren probeerde te beïnvloeden, de resultaten verschilden van de resultaten die statistisch voorspeld konden worden; daarom werd het verondersteld dat er een collectief bewustzijn was dat de generatoren onafhankelijk van de wil van individuen kon beïnvloeden.

In de jaren die volgden, maakten de interessante resultaten en de toegenomen geavanceerdheid van de technologieën het mogelijk dat veel andere instituten zich bij het project aansloten (dat de naam Global Consciousness Project kreeg). Willekeurige getallengeneratoren werden praktisch over de hele wereld geplaatst, van Europa tot de VS tot Rusland en vervolgens ook in Japan, Brazilië, China, Zuid-Amerika, Australië en Afrika. Deze generatoren, die vandaag de dag nog steeds in werking zijn, voeren de taak van vrijwilligers uit door honderden keren per seconde willekeurige getallen (enen of nullen) te genereren en tegelijkertijd een voorspelling te doen, om vervolgens te controleren of ze juist geraden hebben.

Er kon worden vastgesteld dat de generatoren, voorafgaand aan het optreden van collectieve gebeurtenissen van significant belang, hun voorspellingen veel vaker goed hadden dan gemiddeld, alsof hun gewone functioneren werd beïnvloed door de gebeurtenissen die kort daarna zouden plaatsvinden.

In de praktijk zijn RNG's in staat om een significante verandering te registreren in het collectieve bewustzijn van de gemeenschappen binnen hun invloedssfeer, wat zich uit in nauwkeurigere voorspellingen.

Als de gebeurtenis een heel continent kan treffen, registreren alle generatoren op dat continent dezelfde variaties. Om dit te bevestigen werden enkele uren voor de aanval op de Twin Towers in New York op 11 september 2001 enorme pieken in exacte voorspellingen waargenomen.

In zijn boek '*Interconnected Minds*' beschrijft Dean Radin, die deelneemt aan het project, het gedrag van RNG-apparaten als volgt:

> *"Het viel ons op dat er die dag iets ongewoons gebeurde. Op 11 september 2001 week de curve in de grafiek dramatisch af ten opzichte van de andere onderzochte dagen. Het bleek dat deze curve een piek bereikte ongeveer twee uur voordat het gekaapte vliegtuig neerstortte in de eerste van de Twin Towers, in New York, om 8.46 uur lokale tijd en naar zijn laagste niveau zakte rond 14.00 uur, ongeveer acht uur later."*

Zoals altijd zijn de resultaten van het 'Global Consciousness'-experiment onderwerp geweest van debat en kritiek binnen de wetenschappelijke gemeenschap, waarbij sommigen hun twijfels hebben geuit over de geldigheid van de resultaten en de robuustheid van de gebruikte methodologie.

Ondanks de betwistingen en onzekerheden heeft het experiment toch bijgedragen aan verdere reflectie op de interactie tussen het menselijk bewustzijn en de kwantumwerkelijkheid, en opent het nieuwe onderzoeksperspectieven op de mogelijke rol van de geest bij het interpreteren en creëren van de werkelijkheid om ons heen.

In de context van het levenseinde zou de aanwezigheid van kwantumbewustzijn nieuwe perspectieven kunnen bieden op de betekenis en het lot van de ziel, waardoor de weg wordt vrijgemaakt voor een meer omvattende en holistische kijk op leven en dood. De conceptie van bewustzijn als een fundamentele realiteit van het universum zou het ethische en spirituele debat over het levenseinde kunnen verrijken en nieuwe middelen kunnen bieden om de uitdagingen en dilemma's aan te gaan die dit voor de mensheid met zich meebrengt.

Concluderend kan gesteld worden dat de kwestie van bewustzijn in relatie tot het levenseinde een kruispunt vormt tussen theologie, filosofie, wetenschap en spiritualiteit, en inzichten biedt in wat het betekent om mens te zijn in het aangezicht van het mysterie van het bestaan en de dood. Door middel van een open en inclusieve dialoog tussen verschillende disciplines en perspectieven, kunnen we de manier waarop we het levenseinde begrijpen en ermee omgaan verrijken en de weg vrijmaken voor nieuwe vormen van bewustzijn en compassie in het aangezicht van het ultieme mysterie van het menselijk leven...

Van dualisme naar materialisme. De bijdrage van de filosofie.

In de lange en ingewikkelde geschiedenis van de mensheid heeft het debat over de aard van het bewustzijn filosofen, wetenschappers en denkers van alle tijden altijd gefascineerd. De evolutie van het filosofische denken over de relatie tussen geest en lichaam heeft een belangrijke overgang gemarkeerd van een dualistisch naar een materialistisch perspectief, waardoor de weg werd vrijgemaakt voor nieuwe interpretaties en wetenschappelijke benaderingen van het mysterie van het menselijk bewustzijn.

Een van de startpunten van deze conceptuele reis is te vinden in het denken van René Descartes, een filosoof uit de 17e eeuw, die een duidelijk onderscheid voorstelde tussen geest en lichaam. Descartes benadrukte in zijn beroemde '*Cogito, ergo sum*' de onstoffelijke en denkende aard van de geest, los van het fysieke lichaam. Dit cartesiaanse dualisme heeft lange tijd het westerse filosofische landschap gedomineerd en hielp de westerse kijk op bewustzijn en werkelijkheid vorm te geven.

Maar naarmate wetenschap en kennis voortschreden, begon het cartesiaanse dualisme tekenen van zwakte te vertonen. Geleidelijk aan stelden materialistische filosofen zoals Thomas Hobbes een tegenovergestelde opvatting voor, door te stellen dat de werkelijkheid uitsluitend uit materie bestaat en dat het bewustzijn zelf het product is van materiële processen in het organisme.

Deze cruciale verschuiving van een dualistische naar een materialistische opvatting had belangrijke gevolgen voor de studie van het bewustzijn en wetenschappelijk onderzoek in het algemeen. Filosofen als Hobbes legden de basis voor een wetenschappelijke benadering van geest en bewustzijn en effenden het pad voor latere denkers als de 19e-eeuwse Franse materialisten, waaronder Auguste Comte en Émile Durkheim, die stelden dat bewustzijn een sociaal fenomeen is dat bepaald wordt door materiële omstandigheden.

Parallel aan deze filosofische ontwikkelingen heeft de wetenschappelijke wereld steeds meer aandacht besteed aan de biologische basis van bewustzijn. Recente studies op het gebied van de neurowetenschappen hebben aangetoond hoe hersenprocessen en neuronale activiteit nauw verbonden zijn met bewuste ervaring, wat empirische ondersteuning biedt voor het materialistische perspectief op de aard van het bewustzijn.

Bovendien heeft de kwantumfysica een extra element van reflectie over het menselijk bewustzijn geïntroduceerd. Sommige wetenschappers, zoals de Britse natuurkundige Roger Penrose, hebben gespeculeerd dat kwantumverschijnselen in de hersenactiviteit betrokken zouden kunnen zijn bij het ontstaan van bewustzijn, wat nieuwe perspectieven opent op de relatie tussen kwantumfysica en subjectieve ervaring.

Concluderend kan gesteld worden dat de reis van de dualistische naar de materialistische kijk op het bewustzijn een lange en complexe reis is geweest, gemarkeerd door belangrijke filosofische, wetenschappelijke en natuurkundige bijdragen. Door verschillende visies en benaderingen met elkaar te vergelijken, zijn we gekomen tot een duidelijker en interdisciplinair begrip van het menselijk bewustzijn, dat onze geest blijft uitdagen en stimuleren in een fascinerende zoektocht naar betekenis en waarheid.

Experimenten en studies in neurowetenschappen.

De komst van de neurowetenschappen betekende een cruciale mijlpaal in ons begrip van het menselijk bewustzijn. Door middel van baanbrekende experimenten en steeds geavanceerdere onderzoeksinstrumenten zijn wetenschappers nieuw licht gaan werpen op de complexe relatie tussen hersenactiviteit en bewustzijnstoestanden, waardoor fascinerende scenario's worden geopend in het onderzoek naar de essentie van onze subjectieve ervaring.

Een fundamentele bijdrage aan dit studiegebied werd geleverd door Wilder Penfield, een bekende Canadese neurochirurg, die in de jaren 1950 revolutionaire experimenten uitvoerde met hersenstimulatie bij epileptische patiënten. Penfield slaagde erin om, door het stimuleren van specifieke hersengebieden tijdens een operatie, herinneringen en gevoelens op te wekken bij patiënten, waarmee hij de nauwe correlatie tussen hersenactiviteit en subjectieve ervaring aantoonde. Deze experimenten droegen aanzienlijk bij aan ons begrip van de lokalisatie van hersenfuncties en het verband tussen neuronale activiteit en bewuste fenomenen.

Tegenwoordig kunnen wetenschappers met moderne beeldvormingstechnieken voor de hersenen, zoals functionele magnetische resonantiebeeldvorming (fMRI) en elektroencefalografie (EEG), hersenactiviteit die verband houdt met bewustzijnstoestanden in realtime bestuderen. Recente studies hebben bijvoorbeeld aangetoond hoe specifieke patronen van neuronale activiteit geassocieerd worden met veranderde bewustzijnstoestanden, zoals tijdens de slaap of onder invloed van bepaalde psychoactieve stoffen.

Daarnaast heeft onderzoek bij patiënten in veranderde bewustzijnstoestanden, zoals coma of vegetatieve toestand, duidelijke patronen van hersenactiviteit aan het licht gebracht die waardevolle aanwijzingen kunnen geven over de bewustzijnstoestand van de proefpersoon. Deze onderzoeken hebben nieuwe perspectieven geopend voor de diagnose en behandeling van bewustzijnsstoornissen en voor een beter begrip van de neurale mechanismen die ten grondslag liggen aan bewuste ervaringen.

Toonaangevende wetenschappers op het gebied van neurowetenschappen, zoals Antonio Damasio en Christof Koch, hebben het belang benadrukt van het integreren van neurowetenschappelijke benaderingen en theorieën over bewustzijn om tot een holistische en allesomvattende kijk op het fenomeen te komen. Door een combinatie van empirische experimenten en theoretische reflectie blijft het neurowetenschappelijk onderzoek vooruitgang boeken in zijn uitdaging om het mysterie van het bewustzijn en zijn onlosmakelijke verbanden met hersenactiviteit te ontrafelen.

Experimenten en studies in de neurowetenschappen vormen een belangrijke mijlpaal op de weg naar een beter begrip van het menselijk bewustzijn. Door de gedetailleerde analyse van hersenactiviteit en de relatie met bewustzijnstoestanden banen wetenschappers de weg voor nieuwe ontdekkingen en een steeds dieper inzicht in de essentie van wat ons bewust maakt.

Belangrijkste bijdragen van hedendaags onderzoek.

In het hedendaagse onderzoek naar kwantumbewustzijn hebben vooraanstaande wetenschappers als Christof Koch, Giulio Tononi en Susan Greenfield belangrijke bijdragen geleverd aan het wetenschappelijke debat. Door middel van multidisciplinaire benaderingen en geavanceerde technieken hebben deze onderzoekers de ingewikkelde neurale dynamiek onderzocht die ten grondslag ligt aan het fenomeen bewustzijn, en zo nieuwe perspectieven geopend op het begrijpen van de verbanden tussen geest, hersenen en bewustzijn.

Een prominente naam op dit gebied is Christof Koch, een neurowetenschapper en baanbrekend onderzoeker in de studie van het bewustzijn. Zijn werk richt zich op de rol van neuronale netwerken bij het genereren van bewuste ervaringen. Door middel van geavanceerde experimenten en complexe computationele modellen heeft Koch geholpen bij het ontrafelen van de neurale mechanismen die ten grondslag liggen aan de processen van perceptie en bewustzijn, waardoor hij nieuw licht heeft geworpen op het functioneren van de geest en de hersenen.

Giulio Tononi, een andere vooraanstaande wetenschapper op het gebied van de neurowetenschappen van het bewustzijn, ontwikkelde de *geïntegreerde informatietheorie* (IIT), die een innovatief perspectief op bewustzijn voorstelt als een resultaat van integratie en dynamische informatie tussen verschillende delen van de hersenen. Door middel van empirische studies en computersimulaties heeft Tononi een solide theoretisch kader ontwikkeld om te begrijpen hoe neuronale netwerken complexe en geïntegreerde bewustzijnstoestanden kunnen genereren.

Susan Greenfield, neurowetenschapper en wetenschapspopularisator, heeft ook belangrijke bijdragen geleverd op het gebied van bewustzijn. Haar studies hebben zich gericht op de plasticiteit van de hersenen en de invloed van moderne digitale technologieën op de bewuste ervaring. Door een interdisciplinaire aanpak die neurowetenschappen, psychologie en filosofie combineert, heeft Greenfield het belang van de dynamiek van de hersenen in de modulatie van het bewustzijn belicht en nieuwe perspectieven op de rol van de externe omgeving in het vormgeven van onze subjectieve ervaring aangereikt.

Dankzij de vooruitgang in beeldvormingstechnologieën voor de hersenen en geavanceerde technieken voor gegevensanalyse, onderzoeken hedendaagse onderzoekers neurale correlaties, neuronale signaturen en hersendynamica die verband houden met bewustzijn op manieren die nog nooit eerder zijn vertoond. Experimenten met *functional magnetic resonance* imaging (fMRI), *elektro-encefalografie* (EEG) en andere geavanceerde methodologieën helpen om ons begrip van de complexiteit en diversiteit van neurale processen die ten grondslag liggen aan onze bewustzijnstoestanden te consolideren.

Ethische en filosofische implicaties.

De overgang van het begrip bewustzijn van het domein van de religie naar dat van de wetenschap heeft de weg vrijgemaakt voor diepgaande reflecties en debatten over fundamentele ethische en filosofische vragen over de essentie van het mens-zijn. Deze verschuiving heeft de fundamenten van onze overtuigingen aan het wankelen gebracht en nieuwe perspectieven gegenereerd op vrije wil, persoonlijke identiteit en de intrinsieke aard van bewustzijn.

Een van de meest besproken aspecten in deze context is het concept van de vrije wil. Terwijl de traditionele religieuze visie een centrale rol in de menselijke besluitvorming toeschreef aan het bewustzijn, heeft de wetenschap elementen van determinisme en causaliteit in de vergelijking gebracht. Neurowetenschappelijke studies hebben aangetoond dat veel van onze keuzes en handelingen voorbestemd zijn door onbewuste neurale processen, wat twijfels oproept over het werkelijke bestaan van een vrije wil die onafhankelijk is van het functioneren van de hersenen.

In deze context nemen filosofische beschouwingen over persoonlijke identiteit een prominente plaats in. Het wetenschappelijk begrip van bewustzijn en geest roept vragen op over de continuïteit van persoonlijke identiteit in de tijd en de relatie tussen lichaam en geest. Filosofen zoals Derek Parfit hebben benadrukt hoe persoonlijke identiteit vloeibaarder en complexer kan zijn dan traditioneel wordt gedacht, waardoor nieuwe interpretaties van de aard van het individu en zijn subjectieve ervaring mogelijk worden.

De ethische implicaties van deze overgang zijn even belangrijk. De manier waarop we bewustzijn en de relatie met de hersenen begrijpen, heeft directe gevolgen voor cruciale morele kwesties, zoals individuele verantwoordelijkheid, menselijke waardigheid en de behandeling van terminaal zieken of patiënten met een veranderd bewustzijn. Studies en experimenten naar de neurale correlaten van bewustzijn roepen ethische vragen op over de grenzen van manipulatie van de hersenen, individuele zelfbeschikking en de ethiek van de behandeling van patiënten met bewustzijnsstoornissen.

Vanuit filosofisch perspectief slaat het nieuwe wetenschappelijke perspectief op bewustzijn een brug tussen rationalistische en empirische tradities en biedt het een gemeenschappelijke basis voor een interdisciplinaire discussie over de aard van het menselijk wezen. Wetenschappers als Thomas Metzinger hebben de filosofische implicaties van een neurowetenschappelijke kijk op het bewustzijn verkend en nieuwe manieren voorgesteld om wetenschappelijke bevindingen te integreren met filosofische en spirituele tradities.

De overgang van bewustzijn van religie naar wetenschap heeft diepgaande ethische en filosofische implicaties gegenereerd die uitnodigen tot diepgaande en kritische reflectie over de betekenis van menselijke identiteit, vrije wil en morele verantwoordelijkheid. Deze vruchtbare grond voor confrontatie tussen verschillende benaderingen en disciplines belooft onze culturele achtergrond te verrijken en nieuwe perspectieven te openen op de complexe relatie tussen wetenschap, ethiek en filosofie in ons begrip van het menselijk bewustzijn.

Substantiële verschillen tussen ziel en bewustzijn.

Het begrip van bewustzijn en ziel fascineert filosofen, theologen en wetenschappers al eeuwenlang. Hoewel ze vaak als verwisselbare begrippen worden gebruikt, is het belangrijk om onderscheid te maken tussen bewustzijn en ziel om de aard en essentie van het menselijk wezen beter te begrijpen.

De ziel is een concept dat voortkomt uit verschillende religieuze en filosofische tradities. De ziel wordt vaak beschouwd als de spirituele essentie of het onsterfelijke deel van het individu en is al sinds de oudheid het onderwerp van speculatie. In de Platonische filosofie wordt de ziel bijvoorbeeld gezien als iets dat losstaat van het fysieke lichaam, een entiteit die voorbij de passage leeft. Vergelijkbare concepten zijn ook te vinden in veel religies, zoals in de christelijke opvatting van de ziel als een deel van het individu dat communiceert met God.

Aan de andere kant is bewustzijn een term die de subjectieve ervaring van het individu weergeeft, zijn bewustzijn van zichzelf en de wereld om hem heen. Bewustzijn is een fenomeen dat zich manifesteert in elke levensvorm met een complex zenuwstelsel, zoals de mens en alle biologische organismen. Bewustzijn maakt waarneming, denken, emotie en reflectie mogelijk. Het is door bewustzijn dat we leven, met de wereld omgaan en beslissingen nemen.

In de wirwar van theorieën over bewustzijn ontstaat een fascinerend debat over de universele aard ervan. Sommige experts beweren dat bewustzijn niet exclusief is voor mensen, maar iets is dat elke vorm van biologisch leven met zelfbewustzijn deelt. Anderen, die nog verder gaan, beweren dat zelfs de meest basale entiteiten, zoals atomen en subatomaire deeltjes, een vorm van bewustzijn kunnen bezitten op basis van hun vermogen om samen te voegen.

Deze radicale visie suggereert het idee van een universele entiteit van bewustzijn die de hele schepping doordringt, een concept dat onze traditionele opvattingen over identiteit en individualiteit uitdaagt. Om de implicaties van dergelijke theorieën volledig te begrijpen, is het nodig om verschillende gebieden van de menselijke kennis te verkennen.

Een van de pioniers van dit perspectief is de filosoof David Chalmers, bekend om zijn werk over bewustzijn en geest. Chalmers theoretiseerde over het bestaan van een '*fundamenteel bewustzijn*' dat in elk aspect van het universum aanwezig zou kunnen zijn. Zijn beschouwingen tasten de grenzen tussen materie en bewustzijn aan en maken de weg vrij voor nieuwe visies op de werkelijkheid.

In de wetenschap hebben onderzoekers zoals de theoretisch natuurkundige Roger Penrose het bestaan van kwantumprocessen in het bewustzijn verondersteld, wat suggereert dat fenomenen die nog niet begrepen worden door de klassieke natuurkunde een sleutelrol zouden kunnen spelen in onze bewuste ervaring.

De spirituele wereld biedt ook waardevolle inzichten in dit mysterie. Duizend jaar oude tradities zoals het boeddhisme en hindoeïsme overwegen het idee van een universeel bewustzijn, een onveranderlijke essentie die alle levensvormen in het hele universum met elkaar verbindt.

Een experiment dat beroemd is geworden door het onderzoeken van de onderlinge verbinding tussen het menselijk bewustzijn en de buitenwereld is het dubbelspletenexperiment. Deze test, uitgevoerd door kwantumfysici, liet zien hoe alleen al het observeren van een deeltje het gedrag ervan kan beïnvloeden, wat wijst op een intieme band tussen de waarnemer en het waargenomene die verder gaat dan alleen materie.

Uiteindelijk opent het concept van een universeel bewustzijn een scala aan mogelijkheden en reflecties die onze gebruikelijke opvattingen over zelf en wereld overstijgen. Het idee van een kosmische intelligentie die de hele schepping doordringt, nodigt ons uit om na te denken over onze rol in het universum en de uiteindelijke betekenis van ons bestaan.

In zo'n veelzijdig landschap is het cruciaal om een open geest te houden, klaar om nieuwe denkhorizonten te verkennen. Misschien zullen we op een dag, door een harmonieuze samensmelting van wetenschap, filosofie en spiritualiteit, nieuw licht kunnen werpen op het grootste mysterie van allemaal: de aard van het universele bewustzijn.

Door de geschiedenis heen hebben veel culturen en tradities verschillende perspectieven geboden op de aard van het bewustzijn en de vermeende universaliteit ervan. De Hindoeïstische traditie beschouwt bijvoorbeeld de Atman, de individuele ziel, als een integraal onderdeel van een kosmische essentie die Brahman wordt genoemd en die het hele universum doordringt. Deze visie van eenheid en onderlinge verbondenheid tussen alle levensvormen weerspiegelt op de een of andere manier het idee van een universeel bewustzijn dat door de verschillende manifestaties van het bestaan heen schijnt.

In de context van de moderne filosofie hebben denkers als Rupert Spira en Eckhart Tolle soortgelijke concepten verkend en gesuggereerd dat onze individuele waarneming slechts een tijdelijke manifestatie kan zijn van een groter, verenigd bewustzijn. Door de beoefening van mindfulness en meditatie nodigen zij ons uit om de diepten van ons eigen bewustzijn te verkennen en een dimensie van eenheid met het geheel te ontdekken.

Tegelijkertijd probeert de cognitieve neurowetenschap licht te werpen op de fysieke mechanismen die ten grondslag liggen aan het menselijk bewustzijn. Recente studies hebben de complexiteit en veelzijdigheid aangetoond van de neurale processen die onze bewuste ervaring ondersteunen, maar er blijven nog veel open vragen over de uiteindelijke oorsprong van dit fundamentele fenomeen.

In een breder perspectief suggereren sommige theorieën van de kwantumfysica een visie op het universum als een veld van mogelijkheden en onderlinge verbindingen, waarin bewustzijn een cruciale rol zou kunnen spelen bij het vormgeven van de werkelijkheid. Deze speculaties openen verrassende scenario's over de aard van de werkelijkheid en haar relatie met het bewustzijn, en bevorderen het idee van een universele intelligentie die elk aspect van het bestaan doordringt.

In een wereld van snelle veranderingen en constant debat over deze diepgaande kwesties, staan we voor een fascinerende en complexe uitdaging. De zoektocht naar de waarheid over de aard van het universele bewustzijn dwingt ons om de grenzen van de menselijke kennis te verkennen en nieuwe perspectieven te omarmen die ons begrip van de wereld en onszelf kunnen verrijken.

Ten slotte blijft de vraag naar de werkelijke aard van het bewustzijn en zijn universele aanwezigheid open en wekt deze steeds meer belangstelling onder geleerden, filosofen, wetenschappers en mystici. Misschien dat we door een interdisciplinaire dialoog die rijk is aan confrontatie en ruimdenkendheid, ooit dichter bij een dieper begrip kunnen komen van dit eeuwenoude raadsel dat de essentie van ons bestaan doordringt.

Geleerden zoals René Descartes onderzochten de relatie tussen ziel en bewustzijn. Descartes beschouwde de ziel als een entiteit die los stond van het lichaam, terwijl het bewustzijn de essentie van de mens was die zich manifesteerde via het intellect. Deze duidelijke scheiding tussen ziel en bewustzijn werd echter in twijfel getrokken door andere denkers, zoals John Locke, die stelde dat het bewustzijn een integraal onderdeel van het individu is en voortkomt uit zintuiglijke ervaringen.

Verdere bijdragen aan de studie van het bewustzijn en de ziel komen van de vooruitgang in de neurowetenschappen. Studies van de hersenen en de geest hebben tot interessante ontdekkingen geleid over het verband tussen bewustzijn en het functioneren van de hersenen. In 2010 toonde een studie van neurowetenschapper Christof Koch bijvoorbeeld aan dat bewustzijn nauw verbonden is met de activiteit en interacties van neuronen in de hersenen. Deze bevindingen roepen nog meer vragen op over de aard van het bewustzijn en de relatie met de ziel.

Belangrijk is dat, ondanks verschillende interpretaties en debatten, het verschil tussen bewustzijn en ziel een kwestie van persoonlijke en filosofische interpretatie blijft. Velen geloven dat de ziel en het bewustzijn afzonderlijke en verschillende entiteiten zijn, terwijl anderen het bewustzijn zien als een integraal onderdeel van de ziel of omgekeerd. Het begrijpen van deze complexe concepten blijft voor een groot deel een mysterie en blijft een onderwerp van debat en speculatie.

Het fundamentele verschil.

Volgens veel spirituele en religieuze tradities wordt de ziel vaak gezien als de onsterfelijke en transcendente essentie van de mens, een entiteit uit een hogere dimensie die het lichaam tijdens het aardse leven bezielt en zich er op het moment van overlijden van losmaakt om aan een reis naar een andere bestaansvorm te beginnen. Deze opvatting gaat terug tot oude beschavingen zoals het oude Egypte, waar men geloofde dat de ziel door het lichaam naar het graf werd begeleid om het goddelijk oordeel en de overgang naar het hiernamaals te ondergaan.

Denk ook aan Plato's beschouwingen over de ziel als een eeuwige en onveranderlijke entiteit, duidelijk gescheiden van het tijdelijke en materiële lichaam. Het concept van transmigratie van zielen, gevonden in verschillende spirituele tradities van India en het Oosten, benadrukt deze continuïteit van de ziel door cycli van geboorte, dood en wedergeboorte.

Kortom, de ziel is een religieus 'geschenk-object' dat bij de geboorte wordt gegeven en bij de dood moet worden teruggegeven om beoordeeld te worden.

Aan de andere kant is bewustzijn, opgevat als het vermogen om waar te nemen, ons bewust te zijn van onszelf en de wereld om ons heen, een nog complexer raadsel gebleken. Hedendaagse wetenschappers zoals Christof Koch, een neurowetenschapper en theoreticus van het bewustzijn, stellen voor dat het bewustzijn een opkomend fenomeen van de hersenfunctie is, een product van de complexiteit van neurale netwerken en synaptische activiteit.

Neurobeeldvormende experimenten en hersenstudies hebben ons belangrijke aanwijzingen gegeven over de locatie en mechanismen van bewustzijn, maar het dilemma van de essentiële aard ervan blijft onopgelost. De bekende filosoof David Chalmers heeft het concept van het 'harde probleem' van bewustzijn bedacht om de uitdaging te benadrukken om te verklaren hoe en waarom subjectieve ervaringen en qualia zich manifesteren in onze bewuste ervaring.

Deze tweedeling tussen ziel en bewustzijn opent de deur naar intrigerende vragen over het lot van de mens na de dood. Terwijl de ziel gezien zou kunnen worden als een goddelijk geschenk dat gekoesterd en verantwoord moet worden, lijkt bewustzijn iets intrinsieks aan het bestaan van materie, verbonden met materie maar er toch van gescheiden. Het onderscheid ligt in het feit dat materie bederfelijk is, maar bewustzijn, opgevat als kwantuminformatie, niet. Terwijl de ziel een metafysisch concept is, is bewustzijn een wetenschappelijk concept. Een verenigend aspect van de ziel en het bewustzijn is hun onsterfelijkheid.

Samenvattend is het verschil tussen bewustzijn en ziel een onderwerp van diep filosofisch en theologisch belang. Terwijl de ziel vaak wordt geassocieerd met spirituele en religieuze concepten, weerspiegelt het bewustzijn de subjectieve ervaring en het bewustzijn van het individu. Wetenschappelijke studies hebben ook geholpen om de neuropsychologische basis van bewustzijn te onderzoeken. Het is echter belangrijk om te erkennen dat de definitie en interpretatie van deze concepten subjectief blijven en de reflectie en verkenning van onze menselijke natuur blijven stimuleren.

Illustratie van wetenschappelijke studies over bewustzijn.

Bewustzijn, een van de meest fascinerende mysteries van de mens, heeft altijd de nieuwsgierigheid en interesse van filosofen, theologen en wetenschappers geprikkeld. In het moderne tijdperk heeft de vooruitgang van de wetenschap ons in staat gesteld om het bewustzijn in een volledig nieuw licht te bestuderen, met behulp van geavanceerde instrumenten en methodologieën. In dit deel zullen we de wetenschappelijke studies over bewustzijn verkennen, waarbij we ons concentreren op twee belangrijke instrumenten: elektro-encefalografie (EEG) en functionele beeldvorming van de hersenen (fMRI), die ons in staat stellen om door de bladzijden van het mysterie van de menselijke geest te bladeren.

Elektro-encefalografie (EEG) was een van de eerste technieken die werd gebruikt om hersenactiviteit met betrekking tot bewustzijn te bestuderen. EEG dateert uit de jaren 1920 en registreert hersengolven via elektroden die op de hoofdhuid worden geplaatst. Met behulp van deze techniek zijn wetenschappers in staat geweest om verschillende stadia van slaap en verschillende vormen van neurale activiteit te identificeren die geassocieerd worden met verschillende condities van bewustzijn. Het EEG toonde bijvoorbeeld aan dat laagfrequente hersengolven domineren tijdens diepe slaap, terwijl hoogfrequente golven gecorreleerd zijn met een wakkere toestand.

Functional brain imaging (fMRI) is een andere krachtige techniek waarmee we het bewustzijn kunnen onderzoeken. Met behulp van magnetische resonantiebeeldvorming brengt fMRI de veranderingen in de bloedstroom in de hersenen in kaart die optreden tijdens hersenactiviteit. Met deze techniek kunnen we vaststellen welke hersengebieden betrokken zijn bij specifieke mentale processen en bewustzijnstoestanden. In een onderzoek dat in 2008 werd uitgevoerd door een groep onderzoekers aan de Harvard Universiteit werd fMRI bijvoorbeeld gebruikt om een gebied in de hersenen te identificeren dat geassocieerd wordt met zelfbewustzijn, dat geactiveerd wordt wanneer mensen nadenken over hun mentale toestand.

Sommige wetenschappelijke studies zijn ook gericht op het analyseren van de subjectieve ervaring van bewustzijn. Een opmerkelijk voorbeeld is het 'Ganzfeld kamer'-experiment. In de jaren 1970 gebruikte parapsycholoog Charles Honorton deze techniek om buitenzintuiglijke waarneming te onderzoeken en ontdekte dat mensen die aan het experiment deelnamen versterkte gewaarwordingen van aanwezigheid en bewustzijn rapporteerden. Desondanks zijn de resultaten van dit experiment niet algemeen geaccepteerd door de wetenschappelijke gemeenschap, maar ze hebben wel een discussie op gang gebracht over het verband tussen subjectieve waarneming en bewustzijn.

We kunnen niet voorbijgaan aan de theorieën en studies van vooraanstaande neurowetenschappers die hebben bijgedragen aan ons begrip van het bewustzijn. Susan Greenfield, een Britse neurowetenschapper en academicus, gaf aan dat bewustzijn het resultaat zou kunnen zijn van de complexe interactie tussen neuronen. Christof Koch, een van de pioniers op dit gebied, ontwikkelde een theorie dat bewustzijnsverschijnselen verklaard kunnen worden door de studie van hersenmechanismen. Deze wetenschappers hebben baanbrekend werk verricht in het bewustzijnsonderzoek en hebben bijgedragen aan ons begrip van de neurale processen die gepaard gaan met bewustzijn.

Tot slot hebben wetenschappelijke studies over bewustzijn ons nieuwe instrumenten en benaderingen gegeven om in het hart van dit menselijke mysterie te duiken. Dankzij elektro-encefalografie (EEG) en functionele beeldvorming van de hersenen (fMRI) zijn we in staat om hersenactiviteit met betrekking tot bewustzijn te onderzoeken en verschillende stadia en toestanden van bewustzijn te identificeren. Dankzij theorieën en studies van gerenommeerde neurowetenschappers hebben we meer inzicht gekregen in de neurale mechanismen die verband houden met het bewustzijn. Ondanks de geboekte vooruitgang moet er nog veel ontdekt en begrepen worden over dit fascinerende aspect van de menselijke geest, dat wetenschappers en filosofen over de hele wereld blijft fascineren.

Commentaar op wetenschappelijke studies over bewustzijn.

In de afgelopen decennia zijn wetenschappelijke studies naar bewustzijn de uitdaging aangegaan om door te dringen tot de diepste mysteries van onze geest en het universum om ons heen. De zoektocht naar bewustzijn beperkt zich niet langer tot het begrijpen van neurale processen in de hersenen, maar gaat verder, op zoek naar een kwantumdimensie die nieuw licht zou kunnen werpen op wie we werkelijk zijn en onze rol in het universum.

In een context waarin de materialistische kijk het wetenschappelijk denken domineert, komt de kwantumfysica naar voren als een baken dat nieuwe wegen verlicht om te onderzoeken. De reductionistische visie volgens welke het bewustzijn slechts het product is van complexe hersenprocessen maakt langzaam plaats voor een breder en meer onderling verbonden perspectief dat het idee overweegt van een bewustzijn dat verder gaat dan de grenzen van de hersenen en verweven is met de fundamentele wetten van de kwantumfysica.

Een van de meest verhelderende voorbeelden van dit nieuwe perspectief is het onderzoek naar het fenomeen kwantumverstrengeling, dat de aanwezigheid van niet-lokale verbindingen benadrukt die de traditionele opvatting van ruimte en tijd in twijfel trekken.

De les van de kwantumfysica is niet slechts een abstracte puzzel die in laboratoria moet worden opgelost, maar heeft diepgaande en radicale implicaties voor onze kijk op de wereld en onszelf. Zoals Nobelprijswinnaar Niels Bohr opmerkte:

"Iedereen die niet verbaasd is over kwantummechanica, begrijpt het niet.

Juist in deze verwondering over de complexiteit van het universum vinden we misschien de sleutels tot een beter begrip van het bewustzijn en zijn rol in het web van de werkelijkheid.

Onbeantwoorde vraag.

Maar de belangrijkste vraag blijft onbeantwoord voor de wetenschap: komt bewustzijn voort uit hersencircuits, of is het een externe 'bestuurder' die aan de console zit en deze circuits gebruikt?

Het is de moeite waard om na te denken over wat er naar voren is gekomen uit studies naar bewustzijn op het gebied van kwantumfysica en te overwegen hoe dit niet alleen de wereld van de wetenschap kan beïnvloeden, maar ook onze perceptie van het einde van het leven en de aard van de werkelijkheid zelf. Misschien zullen we, door verder te kijken dan de grenzen van het materiële, onverwachte en revolutionaire antwoorden vinden die ons zullen helpen de diepten van het bewustzijn te verkennen en nieuwe horizonten van begrip en bewustzijn te ontdekken in het universum om ons heen.

Wetenschappelijke studies over bewustzijn gaan door met een bewonderenswaardige vasthoudendheid in het willen vinden van de wortels van bewustzijn waar ze niet zijn, namelijk in de hersenen. Dit is geen verbetenheid, het is de verdediging van een eeuwenoude opvatting volgens welke er niets anders is dan materie. De les van de kwantumfysica, die alle zekerheden van de Newtoniaanse fysica ontmantelde, heeft niet geholpen.

De les van Copernicus, die het Ptolemeïsche concept van het universum ontmantelde, was dus niet nodig.

Het is nu zeker dat de kwantumfysica ook alle zekerheden van het materialisme en vooroordelen over het bestaan van een psychische component van het Universum zal ontmantelen.

Hoofdstuk 11. Inleiding tot de kwantumtheorie.

"Kwantumfysica vertegenwoordigt een revolutie in de manier waarop we over de werkelijkheid denken; het laat ons zien dat het universum veel vreemder, wonderbaarlijker en fascinerender is dan we ons ooit hadden voorgesteld."

(Stephen Hawking).

Deze inleiding in de kwantumtheorie brengt ons op fascinerend en complex terrein, waar de door orde gedomineerde werkelijkheid plaats maakt voor een subtielere en diepere kijk op de aard van het universum.

Dit uitstapje naar een puur wetenschappelijk gebied stelt ons in staat om het concept dat in het volgende hoofdstuk besproken wordt, kwantumbewustzijn, beter te begrijpen.

Kwantummetafysica, ontstaan op het kruispunt van metafysica en kwantumfysica, nodigt ons uit om nieuwe paradigma's te verkennen die gevestigde concepten uitdagen.

Een van de fundamentele pijlers van de kwantumtheorie is de golf-deeltje dualiteit, volgens welke alle subatomaire deeltjes kunnen bestaan als zowel golven als deeltjes. Een beetje zoals dezelfde hoeveelheid water tegelijkertijd in kokende vloeibare toestand en in ijskoude toestand kan bestaan. Een absurd idee dat ons gezond verstand tart. Deze unieke eigenschap van materie zet ons ertoe aan om de aard van de werkelijkheid te heroverwegen.

Een cruciale gebeurtenis in de geschiedenis van de kwantumtheorie was het dubbelspletenexperiment. In 1909 toonde het experiment van Robert A. Millikan aan dat de resultaten van waarnemingen op subatomair niveau afhankelijk waren van de aanwezigheid van een bewuste waarnemer, waarmee de basis werd gelegd voor de subjectieve interpretatie van de kwantumwerkelijkheid.

Het begrip van kwantumconcepten werd in latere jaren verbreed door het werk van natuurkundigen als Werner Heisenberg, Erwin Schrödinger, Max Planck en Albert Einstein. Deze visionaire pioniers hielpen bij de ontwikkeling van de kwantumbenadering van het universum en onthulden een ingewikkelde en intrigerende realiteit die verder gaat dan de simpele deterministische kijk op de wereld.

De fundamentele concepten van de kwantumtheorie.

De pijlers van de kwantumtheorie: een overzicht.

In de fascinerende wereld van de kwantumfysica zijn de fundamentele concepten die de basis vormen van deze discipline als pilaren waarop het bouwwerk van onze kennis over de diepste werkelijkheid van het universum staat. Door studies, experimenten en inzichten van ingenieuze wetenschappers zijn theorieën geformuleerd die ons gezond verstand uitdagen en ons openstellen voor nieuwe perspectieven op de aard van de werkelijkheid zelf.

Een van de eerste pijlers van de kwantumtheorie is ongetwijfeld het concept van de golf-deeltje dualiteit, geformuleerd door Albert Einstein in 1905 en verfijnd door andere grootheden zoals Niels Bohr en Max Planck. Volgens deze theorie kunnen subatomaire deeltjes zich manifesteren als discrete deeltjes of als golven, afhankelijk van de experimentele omstandigheden. Dit fenomeen werd bevestigd door het dubbelspletenexperiment dat Thomas Young in 1801 uitvoerde, een resultaat dat vandaag de dag nog steeds verwondering en verbijstering oproept onder geleerden.

Een andere hoeksteen van de kwantumtheorie is kwantumsuperpositie, geïntroduceerd door Erwin Schrödinger in 1925 met het beroemde experiment met de kat van Schrödinger. Dit concept stelt dat een subatomair deeltje gelijktijdig in verschillende kwantumtoestanden kan bestaan, een superpositie van mogelijkheden die zich alleen manifesteert wanneer er gemeten wordt. Quantum superpositie heeft diepgaande filosofische implicaties voor de aard van de werkelijkheid en het concept van het bestaan zelf.

Ook hier kunnen we niet voorbijgaan aan het Heisenberg onzekerheidsprincipe, in 1927 uitgevaardigd door Werner Heisenberg. Dit principe stelt dat het onmogelijk is om tegelijkertijd de positie en de snelheid van een subatomair deeltje precies te weten; hoe meer we weten over één van deze grootheden, hoe minder precies we kunnen weten over de andere. Dit principe legt beperkingen op aan ons vermogen om de wereld op kwantumniveau te observeren en stelt het concept van determinisme ter discussie.

Een laatste hoeksteen van de kwantumtheorie is de kwantumdecoherentie, een theorie die in de jaren 1980 werd ontwikkeld door Wojciech Zurek en andere onderzoekers. Kwantumdecoherentie verklaart hoe kwantumsystemen hun coherentie verliezen en zich klassiek gedragen bij interactie met hun omgeving, waardoor een verklaring wordt gegeven voor de overgang van een kwantum- naar een klassieke beschrijving van de wereld.

Kwantumtheorie: bewustzijn en werkelijkheid.

In de confrontatie tussen kwantumfysica en onze perceptie van de werkelijkheid is een van de centrale thema's het bewustzijn en de rol die het speelt bij het vormgeven van ons begrip van de wereld. De kwantumtheorie nodigt ons uit om afstand te doen van verworven zekerheden, onbekende gebieden te verkennen en onze diepgewortelde overtuigingen over de aard van de werkelijkheid en het bewustzijn te heroverwegen.

Een van de belangrijkste concepten uit de kwantumtheorie is het centraal stellen van het bewustzijn in de constructie van de werkelijkheid. Volgens dit perspectief bestaat de werkelijkheid niet onafhankelijk van de waarnemer, maar wordt deze mede gecreëerd door de interactie tussen de waarnemer en het waargenomene. Dit concept, dat tot uitdrukking komt in de katparadox van Schrödinger, daagt de traditionele kijk op een objectieve en onafhankelijke wereld uit en zet ons ertoe aan de actieve rol die we zelf spelen bij het bepalen van de werkelijkheid opnieuw te overwegen.

Sommige wetenschappers, zoals de natuurkundige David Bohm, hebben gesuggereerd dat de kwantumwerkelijkheid onderling verbonden zou kunnen zijn door een onderliggende 'implicate orde', een dieper en meer verenigd niveau van werkelijkheid dan onze oppervlakkige waarneming. Dit idee zet ons aan het denken over het feit dat de werkelijkheid complexer en onderling meer verbonden zou kunnen zijn dan we gewoonlijk geloven, en dat ons bewustzijn een fundamentele rol zou kunnen spelen in de interpretatie en perceptie van deze werkelijkheid.

Bovendien nodigt de kwantumtheorie ons uit om afstand te doen van verworven zekerheden en de probabilistische aard van de kwantumwerkelijkheid te omarmen. Het kwantum superpositieprincipe laat ons zien dat subatomaire deeltjes in meerdere toestanden tegelijk kunnen bestaan totdat ze worden waargenomen. Op dat moment stort het systeem in tot een definitieve toestand. Deze fundamentele onzekerheid wijst op de noodzaak om de ongrijpbare en niet-deterministische aard van de werkelijkheid te accepteren en opent ons voor een wereldbeeld waarin zekerheid plaats maakt voor vloeibaarheid en onbepaaldheid.

Ten slotte daagt de kwantumtheorie ons uit om het raakvlak tussen bewustzijn en werkelijkheid te onderzoeken, door te suggereren dat onze perceptie van de wereld de onderliggende manifestatie ervan zou kunnen beïnvloeden. Dit perspectief opent nieuwe interpretaties van de aard van het bewustzijn en zijn relatie tot de externe werkelijkheid, en suggereert dat het bewustzijn een sleutelelement zou kunnen zijn in de constructie en interpretatie van onze ervaring van de wereld.

Meer dan gezond verstand.

In de wereld van de kwantumfysica worden we geconfronteerd met concepten die zich onttrekken aan onze alledaagse rationaliteit en intuïtie. Niets in de kwantumfysica is onmiddellijk intuïtief en dit heeft vooraanstaande wetenschappers zoals Richard Feynman ertoe gebracht om de discipline als 'absurd' te omschrijven. Het verkennen van de grondbeginselen van de kwantumtheorie betekent dat je je op onbekend terrein begeeft, waar de vertrouwde regels van de klassieke natuurkunde niet van toepassing zijn en waar onze perceptie van de werkelijkheid op de proef wordt gesteld.

Een van de concepten die het meest indruist tegen het gezond verstand is de golf-deeltje dualiteit, die stelt dat subatomaire deeltjes zich kunnen manifesteren als golven of als deeltjes, afhankelijk van de experimentele omstandigheden. Dit fenomeen, voorgesteld door Louis de Broglie in de jaren 1920 en bevestigd door talloze experimenten, daagt onze traditionele opvatting van wat een deeltje kan zijn uit en opent de deur naar een genuanceerdere en complexere kijk op de kwantumwerkelijkheid.

Een ander fundamenteel principe van de kwantumtheorie dat botst met het gezond verstand is het concept van kwantumsuperpositie, geïntroduceerd door Schrödinger in de jaren 1920. Volgens dit principe kan een subatomair deeltje in meerdere kwantumtoestanden tegelijk bestaan, waardoor een soort superpositie van mogelijkheden ontstaat die pas duidelijk wordt op het moment van meting. Dit idee, dat botst met onze lineaire en deterministische kijk op de wereld, stelt de aard van de werkelijkheid ter discussie en nodigt ons uit om na te denken over de complexiteit en onzekerheid die de wereld op kwantumniveau kenmerken.

Het onzekerheidsprincipe van Heisenberg, uitgevaardigd in 1927, is een andere mijlpaal in de kwantumtheorie die ons gezond verstand op de proef stelt. Dit principe stelt dat het onmogelijk is om tegelijkertijd de positie en de snelheid van een subatomair deeltje precies te kennen, waardoor een fundamenteel element van onzekerheid in de kwantumwereld wordt geïntroduceerd. Deze beperking op de precisie van metingen dwingt ons om het concept van causaliteit en determinisme in de subatomaire wereld te heroverwegen.

Sterker nog, de fundamenten van de kwantumtheorie voeren ons veel verder dan ons gezond verstand en stellen onze diepste intuïties over de aard van de werkelijkheid en de natuurkunde zelf op de proef. Door concepten als golf-deeltje dualiteit, kwantum superpositie en het onzekerheidsprincipe betreden we een gebied van vreemdheid en verwondering, waar vertrouwde regels worden ondermijnd en waar ons begrip van de werkelijkheid voortdurend in twijfel wordt getrokken. Alleen door deze vreemdheid te omarmen en de absurditeit te accepteren van wat de kwantumtheorie voorstelt, kunnen we hopen de diepere en betekenisvollere nuances van de structuur van het universum te begrijpen.

Kwantummechanica: conceptuele sleutels tot begrip.

Kwantummechanica, een van de pijlers van de moderne natuurkunde, vertegenwoordigt een terrein vol complexe en paradoxale concepten die ons intuïtieve begrip van de werkelijkheid uitdagen. Om deze discipline effectief te benaderen is het cruciaal om een onbevooroordeelde en nederige benadering te kiezen die openstaat voor de uitdaging om onze wereldbeelden op een radicale manier te heroverwegen.

Een van de belangrijkste concepten van de kwantummechanica is ongetwijfeld het principe van kwantum superpositie, geïntroduceerd door Erwin Schrödinger in 1925 als onderdeel van de vergelijking die zijn naam draagt. Dit principe stelt dat een subatomair deeltje gelijktijdig in verschillende kwantumtoestanden kan bestaan, totdat het gemeten wordt en het systeem ineenstort tot een gedefinieerde toestand. Dit concept, paradigmatisch uitgedrukt door het experiment van Schrödingers kat, zet ons aan om de aard van de werkelijkheid zelf te heroverwegen en te begrijpen hoe onze waarneming de manifestatie van de wereld beïnvloedt.

Een ander fundamenteel concept is het Heisenberg onzekerheidsprincipe, geformuleerd door Werner Heisenberg in 1927. Dit principe stelt dat het onmogelijk is om tegelijkertijd de positie en het momentum van een subatomair deeltje precies te kennen, wat een fundamenteel element van onzekerheid introduceert in de kwantumwereld. Deze onzekerheid is niet simpelweg een technologische beperking, maar weerspiegelt een intrinsiek kenmerk van de wereld op subatomair niveau.

Bovendien is de golf-deeltje dualiteit een ander cruciaal aspect van de kwantummechanica. Dit concept, beroemd geworden door het dubbelspletenexperiment van Thomas Young aan het eind van de 18e eeuw, benadrukt dat subatomaire deeltjes zich afhankelijk van de experimentele omstandigheden kunnen manifesteren als golven of als discrete deeltjes. Deze dualiteit dwingt ons om onze opvattingen over materie en licht te heroverwegen en opent de weg naar een dieper begrip van de kwantumwerkelijkheid.

Om kwantummechanica volledig te begrijpen, is het essentieel om een nederige en onbevooroordeelde benadering te kiezen die bereid is om onze diepst gekoesterde overtuigingen over de aard van de werkelijkheid in twijfel te trekken. In een context waarin gezond verstand vaak onverwacht in de ban raakt van verbazingwekkende fenomenen, wordt nederigheid een cruciale deugd om om te gaan met de complexiteit en het mysterie die de wereld op kwantumniveau omgeven.

Concluderend kunnen we stellen dat de conceptuele sleutels van de kwantummechanica ons naar een gebied van verwondering en uitdaging leiden, waar de gewone regels van de klassieke fysica niet van toepassing zijn en de werkelijkheid zich manifesteert op manieren die verrassend zijn en vaak tegen onze intuïtie ingaan. Alleen door nederigheid en ruimdenkendheid te omarmen, kunnen we hopen op een dieper en betekenisvoller begrip van deze buitengewone discipline die de verborgen diepten van de natuur blootlegt.

Kwantumtheorie: grondslagen van de werkelijkheid op microscopisch niveau.

De fundamenten van de werkelijkheid op microscopisch niveau worden onthuld door de studie van het atoom, dat wordt beschouwd als de ultieme basis van materie. Maar wat is het atoom en wat zijn de meest actuele en hechte voorstellingen van de kwantumwerkelijkheid? Door middel van een historisch en conceptueel overzicht kunnen we deze fundamentele eenheid van materie en haar interpretatie in de context van de kwantumfysica verkennen.

Het atoom, zoals we dat nu kennen, is in de loop van de geschiedenis van de natuurkunde het onderwerp geweest van talloze theorieën en voorstellingen. Een van de eerste belangrijke modellen was het atoommodel van Bohr, voorgesteld door Niels Bohr in 1913. Dit model postuleerde dat elektronen in discrete banen om de atoomkern draaien, elk geassocieerd met specifieke energieniveaus. Bohr's model droeg aanzienlijk bij aan het begrip van het atoom en de fundamenten van de kwantummechanica.

Het was echter het atoommodel van Schrödinger, afgeleid van de vergelijking van Schrödinger in 1926, dat een meer geavanceerde en uitgebreide kijk op het atoom bood, gebaseerd op golfmechanica. Dit model beschrijft elektronen niet als puntdeeltjes die rond de kern draaien, maar als waarschijnlijkheidsgolven die in de ruimte rond de kern zijn verdeeld. Volgens deze visie is de positie van elektronen niet precies gedefinieerd, maar wordt deze gegeven door een elektronenwolk die de waarschijnlijkheid vertegenwoordigt dat het elektron zich op een bepaalde positie bevindt.

Een van de belangrijkste experimenten die ons begrip van het atoom hebben gevormd en de principes van de kwantummechanica hebben bevestigd, is het dubbelspletenexperiment, voor het eerst uitgevoerd door Thomas Young aan het einde van de 18e eeuw. In dit experiment wordt een bundel subatomaire deeltjes door twee spleten geleid, waardoor een interferentiepatroon ontstaat dat typisch is voor golven. Dit fenomeen benadrukte de golfkarakteristiek van subatomaire deeltjes en hielp de kwantumvisie op het atoom te consolideren.

Op dit moment wordt de kwantumwerkelijkheid van het atoom het best weergegeven door de kwantummechanica en het kwantumatoommodel, dat gebaseerd is op het principe van superpositie van kwantumtoestanden en het concept van elektronenwolken als gebieden met een hogere waarschijnlijkheid om elektronen te vinden.

Het atoom is dus niet langer een kleine planeet met elektronen die er als kleine satellieten omheen draaien, maar een verzameling trillingen die alleen maar probabilistisch gedefinieerd zijn. Het is echt moeilijk te begrijpen hoe vaste materie kan zijn samengesteld uit deze 'entiteiten' die niet langer definieerbaar zijn als 'kleine objecten' zoals ze waren in de traditie die teruggaat tot Democritus.

Deze geavanceerde beschrijving van het atoom nodigt ons uit om na te denken over de waarschijnlijkheid en vloeibaarheid van de werkelijkheid op microscopisch niveau en benadrukt het belang van kwantummechanica bij het begrijpen van de fundamentele eenheden van materie.

Uiteindelijk wordt het atoom, in de context van de kwantumfysica, onthuld als een complexe en veelzijdige entiteit, waarvan de meest actuele en hechte voorstellingen van de kwantumwerkelijkheid ons leiden naar een wereld van waarschijnlijkheid, onzekerheid en verwondering. Door de ingewikkelde details van het atoom op microscopisch niveau te bestuderen en te begrijpen, krijgen we toegang tot een dieper en betekenisvoller inzicht in de fundamenten van de werkelijkheid zelf.

Quantisatie, de eerste fundamentele ontdekking.

In de enorme en raadselachtige wereld van de kwantummechanica is een van de meest fascinerende en mysterieuze concepten ongetwijfeld dat van de kwantisering van fysische grootheden. Dit verontrustende fenomeen gaat in tegen de gewone intuïtie dat wat ons omringt continu gemeten kan worden en onthult in plaats daarvan een subtieler en ingewikkelder weefsel van discrete en discontinue waarden. Maar wat betekent het eigenlijk dat fysische grootheden worden gekwantificeerd en wat is het fundamentele verschil tussen discrete en continue waarden?

Om dit onderscheid volledig te begrijpen, moet je eerst het begrip continuïteit in de natuurkundige context onderzoeken. In de klassieke natuurkunde kunnen fysische grootheden zoals de positie van een deeltje of zijn energie een oneindig aantal tussenliggende waarden aannemen tussen twee willekeurige punten. Als we bijvoorbeeld de positie van een deeltje in een driedimensionale ruimte beschouwen, kunnen we ons voorstellen dat het zich op elk punt in die ruimte kan bevinden, zonder specifieke beperkingen op de verplaatsingen tussen het ene punt en het andere. In dit scenario is elke positie potentieel toegankelijk en meetbaar, waardoor de schaal van betrokken waarden continu en onbeperkt is.

In tegenstelling tot deze zienswijze introduceert de kwantisering van fysische grootheden in de kwantummechanica de eigenaardige eigenschap dat deze grootheden alleen discrete, goed gedefinieerde waarden kunnen aannemen. Dit betekent bijvoorbeeld dat de positie van een deeltje niet op elk punt in de ruimte kan zijn, maar gebonden is aan specifieke waarden die bepaald worden door de kwantumeigenschappen van het beschouwde systeem. Met andere woorden, de positie van een deeltje kan alleen worden toegestaan op bepaalde discrete posities in de ruimte, waardoor een soort onzichtbaar raster ontstaat dat de mogelijke lokalisaties van het deeltje beperkt.

Laten we, om dit onderscheid beter te begrijpen, een eenvoudig voorbeeld bekijken dat betrekking heeft op de kwantisering van energie in een gebonden systeem, zoals een kwantumharmonische oscillator. In het geval van een klassieke oscillator oscilleert de energie die geassocieerd is met de beweging continu tussen oneindig kleine waarden, zonder specifieke beperkingen op de waarden die het kan aannemen. In een kwantumharmonische oscillator is de energie van het systeem echter gekwantificeerd en kan alleen een geheel veelvoud van een basiswaarde zijn, bekend als de energie van het foton dat bij een bepaalde oscillatiefrequentie hoort. Dus terwijl in een klassiek systeem energie vloeiend kan variëren tussen continue waarden, is energie in een kwantumsysteem beperkt tot discrete niveaus die worden bepaald door de kwantumaard van het systeem zelf.

Deze voorbeelden illustreren duidelijk het fundamentele onderscheid tussen gekwantificeerde en niet-gekwantificeerde fysische grootheden en laten zien hoe de kwantumfysica onze klassieke intuïties uitdaagt en ons dwingt om een wereld te verkennen waarin de werkelijkheid zich in verrassende en raadselachtige vormen openbaart. De discrete aard van fysische grootheden in de kwantummechanica onderstreept niet alleen de diepte van onze onwetendheid over hoe de wereld op het meest basale niveau werkt, maar opent ook de deur naar fascinerende nieuwe perspectieven op de wetten die het universum beheersen.

De paradox van Zeno.

In de wereld van de kwantumtheorie, waar de regels van het spel de klassieke logica lijken te verbrijzelen en ons denken naar onontgonnen gebieden duwen, duikt een oud filosofisch enigma weer op in een nieuw jasje: de Achilles- en de Schildpadparadox. Deze fascinerende herschikking van de kaarten dwingt ons om onze opvattingen over ruimte, tijd en beweging te heroverwegen en werpt een onverwacht licht op de implicaties van de kwantisering van fysische grootheden.

In het hart van deze paradox ligt een schijnbaar onoverkomelijke uitdaging, een conceptuele kortsluiting die onze meest basale intuïtie met betrekking tot het concept van oneindig klein en continuïteit op de proef stelt. Het verhaal gaat over Achilles, snel en snel als de wind, de majestueuze held uit de oude Griekse mythen, die besluit de langzame en logge Schildpad uit te dagen in een hardloopwedstrijd. Vanwege het aangeboren verschil in snelheid tussen de twee deelnemers, stemt Achilles ermee in om de Schildpad een voordeel te geven. Daarom gaat Achilles achter de Schildpad aan. We zouden kunnen denken dat hij haar in een paar passen zou inhalen. In plaats daarvan slaagt de held er nooit in om de schildpad in te halen.

In een klassiek systeem, waar ruimte en tijd als continu en onbeperkt worden beschouwd, lijkt deze uitdaging een paradoxaal resultaat te hebben: Achilles lijkt gedoemd om de Schildpad eeuwig te achtervolgen zonder haar ooit volledig te kunnen bereiken. Elke keer dat Achilles het punt bereikt waar de Schildpad aanvankelijk stond, zal deze een beetje verder vooruit zijn gegaan, waardoor een eindeloze reeks afstanden moet worden overbrugd en Achilles in een schijnbaar doodlopende impasse wordt getrokken.

In een klassiek systeem, waar ruimte en tijd als continu en onbeperkt worden beschouwd, lijkt deze uitdaging een paradoxaal resultaat te hebben: Achilles lijkt gedoemd om de Schildpad eeuwig te achtervolgen zonder haar ooit volledig te kunnen bereiken. Elke keer dat Achilles het punt bereikt waar de Schildpad aanvankelijk stond, zal deze een beetje verder vooruit zijn gegaan, waardoor een eindeloze reeks afstanden moet worden overbrugd en Achilles in een schijnbaar doodlopende impasse wordt getrokken.

De conceptuele revolutie die door de kwantumtheorie is geïntroduceerd, werpt echter een nieuw licht op deze eeuwenoude paradox en opent de deur naar een verrassende oplossing. In de context van een discreet systeem, waarin ruimte en tijd gekwantificeerd zijn en discrete in plaats van continue waarden aannemen, zou Achilles de Schildpad wel eens voorbij kunnen streven. In deze kwantumcontext zouden de bewegingen van Achilles en de Schildpad gedefinieerd kunnen worden door discrete stappen, waardoor Achilles de afstand die hem scheidt van de Schildpad geleidelijk kan verkleinen zonder een oneindige prestatie te leveren. In feite zijn in een gekwantiseerd systeem de tussenposities tussen twee punten niet oneindig, maar worden ze gegeven door: de afstand tussen de twee punten gedeeld door de waarde van 'een afstandskwantum'. Het 'afstandskwantum', hoe klein ook, bepaalt een discreet systeem waarin de waarden niet oneindig zijn.

De kern van de paradox in Achilles en de schildpad ligt in de overgang van continuïteit naar discretie, van het infinitesimale naar het discrete, een overgang die de diepe ingewikkeldheden van de kwantumwerkelijkheid onthult. De kwantumoplossing van de paradox nodigt ons uit om onze perceptie van ruimte en tijd te heroverwegen en suggereert dat in een wereld van discrete waarden en kwantumsprongen zelfs een uitdaging zo raadselachtig als die tussen Achilles en de schildpad een conclusie kan vinden die verrassend tegengesteld is aan Zeno's subtiele logica.

Zo wordt de Paradox van Achilles en de schildpad, in het labyrint van oude verhalen en moderne raadsels, een emblematisch voorbeeld van het snijvlak van filosofie en kwantumfysica, dat ons een fascinerende blik gunt in een universum waar de werkelijkheid zich op onverwachte en verrassende manieren ontvouwt. Uiteindelijk vormt de kwantificering van fysische grootheden in de kwantummechanica een van de pijlers waarop ons begrip van de subatomaire wereld rust, wat het belang onderstreept van een radicale en innovatieve benadering om de diepste mysteries van de natuur te ontrafelen. Deze singulariteit van de kwantumtheorie nodigt ons uit om de grenzen van de wetenschappelijke kennis te verkennen en onze traditionele opvattingen over de werkelijkheid uit te dagen, waardoor de weg wordt vrijgemaakt voor een completer en diepgaander beeld van het universum om ons heen.

De ontdekking van kwantisering. Geboorte van het concept en bevestigingen.

Het ontstaan van het concept kwantisering kan worden teruggevoerd tot de revolutionaire hypothese die in 1900 door Max Planck werd geformuleerd. De Duitse natuurkundige, die het probleem van blackbodystraling aanpakte, stelde voor dat de energie van de oscillatoren in een blackbody alleen discrete waarden kon aannemen, gehele veelvouden van een minimumhoeveelheid die later de naam 'kwantumenergie' kreeg. Dit verhelderende inzicht maakte de weg vrij voor de geboorte van de kwantummechanica en legde de basis voor de formulering van een nieuwe kijk op de natuur op microscopisch niveau.

Een van de belangrijkste experimenten die de gekwantificeerde aard van de werkelijkheid bevestigen is het foto-elektrisch effect, dat in 1905 door Albert Einstein werd bestudeerd. Zijn observatie dat licht dat op een metalen oppervlak viel alleen elektronen produceerde als de energie ervan een bepaalde drempel overschreed, ongeacht de intensiteit van het licht zelf, vormde een mijlpaal in het begrip van de kwantumeigenschappen van licht en elektronen en bevestigde daarmee het idee van energiekwantisering zoals voorgesteld door Max Planck.

Een andere belangrijke bevestiging van kwantificering is te vinden in atoomspectroscopie, waarbij de emissie- en absorptiespectra van atomen de aanwezigheid van discrete spectraallijnen laten zien die overeenkomen met de gekwantificeerde energieniveaus van elektronen binnen atomen. Dit fenomeen, dat bestudeerd werd door pioniers als Niels Bohr, Ernest Rutherford en anderen, hielp het idee te bevestigen dat fysische grootheden, zoals energie en impulsmoment, gekwantificeerd zijn en discrete waarden aannemen in de subatomaire wereld.

De ontdekking van kwantisering heeft niet alleen ingrijpende gevolgen voor de natuurkunde, maar ook voor ons begrip van de werkelijkheid zelf. Dit concept verlegt de grenzen van ons begrip van de natuur en onthult een diep en mysterieus weefsel waar de regels van de klassieke wereld niet langer gelden en waar discontinuïteit en discretie het lot bepalen van elementaire deeltjes en microscopische verschijnselen.

Concluderend kan worden gesteld dat de ontdekking van kwantisering een fundamenteel hoofdstuk vormt in de geschiedenis van de natuurkunde, een mijlpaal die de manier waarop we naar de werkelijkheid kijken radicaal heeft veranderd. Door de inzichten van briljante geesten als Planck, Einstein, Bohr en anderen zijn we meegenomen op een buitengewone reis naar de diepten van het kwantumuniversum, waar kwantisering een universum van mogelijkheden en mysteries onthult dat onze nieuwsgierigheid en verbeelding blijft prikkelen.

Definitie en waarde van 'hoeveel'.

In de natuurkunde staat het begrip 'kwantum' voor de kleinste discrete en ondeelbare eenheid van een bepaalde grootheid, afgeleid van het Latijnse woord 'kwantum', dat hoeveelheid betekent. Soms wordt de term ook gebruikt om te verwijzen naar elementaire deeltjes die gebonden zijn aan een krachtveld.

Dit idee werd later uitgebreid tot de kwantumveldentheorie, waarbij het 'kwantum' staat voor het elementaire deeltje dat geassocieerd wordt met een krachtveld. In de kwantumtheorie van de elektrodynamica worden fotonen bijvoorbeeld beschouwd als de kwanta van het elektromagnetische veld, die de interactie tussen geladen deeltjes mogelijk maken.

De constante van Planck, gesymboliseerd door *h*, is een natuurkundige basisconstante in de kwantummechanica, voor het eerst geïntroduceerd door Max Planck en Albert Einstein in het begin van de 20e eeuw in hun studie van blackbodystraling en het foto-elektrisch effect. Het ligt ten grondslag aan het concept van golf-deeltje dualisme en maakt de kwantisering van grootheden zoals energie, momentum en impulsmoment mogelijk. Ik rapporteer hier niet de wiskundige waarde van het quantum van Planck, omdat het een getal is met een absoluut complexe voorstelling en niet nuttig is voor de economie van dit boek. Maar zoals te raden valt, is de Constante van Plank een extreem kleine waarde.

De constante van Planck staat ook bekend als het 'kwantum van actie' en heeft de dimensies van 'energie vermenigvuldigd met tijd'.

De waarde van kwantum heeft niet alleen betrekking op energie, maar strekt zich uit tot alle fysische grootheden, zoals impulsmoment, elektrische lading en vele andere parameters die het gedrag van subatomaire deeltjes bepalen. De kwantisering van deze grootheden manifesteert zich op een verrassende manier en onthult een universum waarin continuïteit ruimte laat voor discretie, waar metingen welomschreven waarden aannemen op kwantumniveau.

Het bepalen van de waarde van dit kwantum heeft een diepgaande invloed gehad op ons begrip van de natuur zelf. Door de heldere geesten van natuurkundigen als Niels

Bohr, Werner Heisenberg, Erwin Schrödinger en anderen is het begrip kwantum verfijnd en geïntegreerd in een coherente theorie die een nauwkeurige beschrijving geeft van de microscopische wereld. Deze subtiele schaal van grootte, die het weefsel van de werkelijkheid op kwantumniveau doordringt, toont ons de essentie van kwantumfysica: een universum van discrete grootheden en verrassende fenomenen die onze verbeelding tarten.

Concluderend, het 'kwantum' vertegenwoordigt het fundament waarop het conceptuele bouwwerk van de kwantumfysica rust, een cruciale grootheid die de intieme structuur van het universum op microscopisch niveau onthult. Door de definitie en waarde ervan hebben we toegang tot een wereld van mogelijkheden en wonderen die ons ertoe aanzetten de grenzen van de kennis te verkennen en de schoonheid en complexiteit van de kwantumwerkelijkheid te overwegen.

Tussen continuïteit en discretie. Het gekwantificeerde hart van fysische grootheden.

In de kwantumfysica, waar microscopische structuren verstrengeld raken in een ingewikkeld mozaïek van waarschijnlijkheden en golven, ontstaat een raadsel dat onze traditionele manier om de werkelijkheid waar te nemen fascineert en uitdaagt: de discrete aard van fysische grootheden. Dit concept, dat fundamenteel is voor het begrijpen van de kwantumtheorie, brengt een universum van mogelijkheden aan het licht waarin de continuïteit van de klassieke wereld in duigen valt door de gekwantificeerde aard van materie en energie.

Om door te dringen tot de diepten van deze dichotomie tussen continuïteit en discontinuïteit, moeten we beginnen bij de fundamenten van de kwantumtheorie zelf. Onder de pioniers van deze wetenschappelijke revolutie viel de Duitse natuurkundige Max Planck op door zijn revolutionaire intuïtie toen hij het concept van de kwantisering van energie in fysische systemen introduceerde. Zijn inzicht zou de deur openen naar een nieuw begrip van het universum op microscopisch niveau.

Een andere reus van de kwantumfysica, Niels Bohr, droeg aanzienlijk bij aan de ontwikkeling van de kwantumtheorie door het concept van kwantisering van de energieniveaus van atomen te introduceren, waarmee hij de weg vrijmaakte voor de geboorte van de kwantummechanica. Door zijn experimenten en inzichten toonde Bohr aan dat bepaalde fysische grootheden, zoals de energie van elektronen in een atoom, alleen discrete waarden konden aannemen, waarmee hij een fundamenteel aspect van de kwantumnatuur van de werkelijkheid onthulde.

Een van de belangrijkste experimenten die de discrete aard van fysische grootheden benadrukt, is het dubbelspletenexperiment. Sinds de tijd van Young in 1801 is waargenomen dat fotonen en andere subatomaire deeltjes zich gedragen als zowel deeltjes als golven, en de verdeling van fotonen op het scherm na het passeren van twee spleten creëert een interferentiepatroon dat de golfkarakteristiek van materie suggereert. Directe observatie van individuele fotonen toont echter ook de discrete aard van hun verdeling op het scherm, wat de fundamentele dubbelzinnigheid van de aard van elementaire deeltjes onderstreept.

De gekwantificeerde benadering van de beschrijving van fysische grootheden biedt een nieuw perspectief op de intieme structuur van het universum en onthult een universum waar continuïteit en discreteniteit naast elkaar bestaan, waar metingen worden gekwantificeerd en fenomenen zich manifesteren door een complexe verweving van waarschijnlijkheid en determinisme. In dit fascinerende en mysterieuze scenario wordt het menselijk bewustzijn geconfronteerd met een diep raadsel: geven wij, de bewuste waarnemers, de kwantumwerkelijkheid vorm door onze waarneming?

Van atomen tot de sterren. De gekwantificeerde wereld van fysische grootheden.

In het fascinerende kader waarin het einde van het leven, kwantumbewustzijn en de essentiële concepten van de kwantumtheorie met elkaar verweven zijn, wordt een diepgaande reflectie geboden in de gekwantificeerde wereld van fysische grootheden, die alles omvat van glinsterende atomen tot verre sterren in het oneindige universum.

Om ons in dit onderwerp te verdiepen, moeten we ons in het landschap van de kwantumfysica plaatsen, dat ons introduceert in een wereld van vreemdheid en verrassingen waar de wetten van de klassieke fysica zichzelf lijken op te heffen. Centraal in dit paradigma staat het concept van kwantisering, dat ons laat zien dat fysische grootheden discreet zijn, omdat ze worden uitgedrukt in discrete hoeveelheden energie, momentum en andere fundamentele eigenschappen van materie en licht.

Kwantificering, die heerst in het microscopische universum van atomen en elementaire deeltjes, strekt zich ook elegant uit tot de macrokosmos van sterren en hemellichamen. Deze verenigende visie laat ons zien hoe dezelfde kwantumprincipes die het gedrag van subatomaire deeltjes bepalen, aan het werk zijn in de sterren die de nachtelijke hemel sieren, waardoor een intrinsiek weefsel van onderlinge verbindingen ontstaat dat de hele kosmos omspant.

Door de studie van gekwantificeerde natuurkundige grootheden komen we dichter bij een diepgaand begrip van de aard van de werkelijkheid. In de harmonieuze dans tussen de wetten van de kwantummechanica en de fenomenen die aan de hemel worden waargenomen, ontdekken we de rode draad die het oneindig kleine met het oneindig grote verbindt en ons de schoonheid en complexiteit van de schepping toont.

Nadenken over de gekwantificeerde wereld van fysische grootheden nodigt ons uit om ons bestaan en onze plaats in het universum vanuit een totaal nieuw perspectief te bekijken. Het idee dat ook wij gemaakt zijn van gekwantificeerde atomen, dat verre sterren hun licht uitzenden in discrete hoeveelheden energie, leidt ons naar een diepere en meer poëtische visie op de wereld om ons heen.

Kleine stappen, grote sprongen. Hoe kwantisering ons wereldbeeld verandert.

In de verwevenheid van het levenseinde, kwantumbewustzijn en de basisconcepten van de kwantumtheorie is een cruciaal opkomend thema hoe kwantisering ons wereldbeeld revolutioneert. Door kleine stappen en grote sprongen in de kwantumfysica zijn we getuige van een diepgaande transformatie in ons begrip van de werkelijkheid om ons heen.

Om in dit fascinerende gebied door te dringen, moeten we ons verdiepen in de geschiedenis van de moderne natuurkunde, met als hoogtepunt de geboorte van de kwantumtheorie aan het begin van de 20e eeuw. Een fundamenteel voorbeeld van deze conceptuele revolutie is het röntgenexperiment dat Max Planck in 1900 uitvoerde. Zijn observatie van de elektromagnetische straling die door een verhit lichaam werd uitgezonden, bracht hem ertoe de hypothese te formuleren dat elektromagnetische energie niet continu kon worden uitgezonden, maar alleen in discrete pakketjes energie, die quanta werden genoemd.

Dit concept markeerde het begin van een nieuw tijdperk in de natuurkunde, dat zijn hoogtepunt bereikte met de formulering van de Schrödingervergelijking in 1925 door Erwin Schrödinger en de definitie van de regels van het kwantumspel met de kwantumtheorie van Max Born, Werner Heisenberg en Niels Bohr. Heisenberg's onzekerheidsprincipe, dat grenzen stelt aan de precisie waarmee bepaalde paren complementaire fysische grootheden kunnen worden gemeten, legde de basis voor het begrijpen van de golfkarakteristiek van materie en de kwantumimplicaties daarvan.

Een andere cruciale mijlpaal in de geschiedenis van kwantisering was het werk van Paul Dirac, die de kwantumveldentheorie bedacht in zijn poging om kwantumfysica te verenigen met Einsteins speciale relativiteit. Zijn revolutionaire wiskundige benadering leidde tot de ontdekking van antimaterie en opende de deur naar nieuwe grenzen van wetenschappelijke kennis.

Kwantificering blijft vandaag de dag onze traditionele opvattingen over de werkelijkheid verstoren en beïnvloedt gebieden variërend van deeltjesfysica tot kwantumcomputers. Het bestaan van gekwantificeerde getallen op atomair en subatomair niveau wordt weerspiegeld in onze moderne technologieën, zoals kwantumcomputers die problemen beloven op te lossen die anders onoplosbaar zouden zijn met klassieke algoritmen.

Concluderend, via de kleine stappen van pioniers als Planck en Dirac naar de grote conceptuele sprongen van de moderne kwantumtheorie, realiseren we ons hoe kwantisering onze kijk op de wereld heeft veranderd en nog steeds verandert. Deze reis dwingt ons om de grenzen van de werkelijkheid te verkennen en de schoonheid en complexiteit te ontdekken van een gekwantificeerd universum dat zich stap voor stap voor onze ogen openbaart.

Golf-deeltje dualiteit.

In het domein van de kwantumfysica heeft de observatie van kwantumobjecten zoals elektronen en fotonen een fascinerend raadsel aan het licht gebracht: golf-deeltje dualiteit. Dit raadselachtige fenomeen, dat de aard van de kleine bouwstenen van materie en licht kenmerkt, laat ze heen en weer gaan tussen golf- en corpusculair gedrag en biedt ons een schouwspel van conceptuele flexibiliteit dat onze fundamentele intuïties over de fysieke werkelijkheid uitdaagt.

Een van de meest iconische voorbeelden van deze dualiteit is het dubbelspletenexperiment, een pijler van de kwantumfysica die teruggaat tot experimenten van Thomas Young aan het eind van de 18e eeuw. Hierbij wordt een lichtstraal of subatomair deeltje door twee naast elkaar liggende spleten geleid, waardoor een interferentiepatroon ontstaat dat typisch is voor golven. Dit golfgedrag is niet alleen waargenomen bij licht, maar ook bij elektronen, neutronen en andere deeltjes, wat de dualistische aard van kwantumobjecten onthult.

De verdieping van de golf-deeltje dualiteit werd verder beïnvloed door Erwin Schrödingers formulering van de golfvergelijking in 1925. Deze vergelijking gaf een wiskundige beschrijving van de golfmechanica van materie, waardoor het mogelijk werd om de waarschijnlijkheid van het vinden van een deeltje in een bepaalde positie of toestand te voorspellen. Schrödingers formulering droeg aanzienlijk bij aan het begrip van dualiteit en de interpretatie van de fysieke werkelijkheid op kwantumniveau.

Een ander emblematisch voorbeeld van golf-deeltjes dualiteit zijn de elektron diffractie en interferentie experimenten uitgevoerd door Clinton Joseph Davisson en Lester Germer in 1927, die ondubbelzinnig het golfachtige gedrag van geladen deeltjes bevestigden. Deze experimentele demonstratie consolideerde de opvatting van een kwantumwerkelijkheid waarin de duale aard van elementaire objecten een intrinsiek en fundamenteel kenmerk is.

Het begrip van de golf-deeltje dualiteit heeft verhitte debatten en filosofische reflecties aangewakkerd over de aard van de werkelijkheid en de rol van de waarnemer bij het bepalen van het gedrag van deeltjes. De kwantumtheorie heeft aangetoond dat kwantumobjecten zowel golf- als corpusculair gedrag kunnen vertonen, afhankelijk van de experimentele omstandigheden. Dit benadrukt het belang van de kwantumbenadering voor een nauwkeurige beschrijving van fysische verschijnselen op microscopisch niveau.

Concluderend: de dans van de golf-deeltje dualiteit in kwantumobjecten zoals elektronen en fotonen vormt een van de meest fascinerende raadsels van de moderne natuurkunde. Door experimenten en theorieën ontwikkeld door briljante geesten als Young, Schrödinger, Davisson en Germer, dompelen we onszelf onder in een universum van mogelijkheden en complexiteit dat onze kijk op de werkelijkheid en de aard van het universum zelf uitdaagt en verrijkt.

De magie van kwantumdualiteit.

In het hart van de kwantumfysica ligt een raadselachtige dualiteit die traditionele opvattingen over werkelijkheid en materie uitdaagt: de golf-deeltje dualiteit. Dit fundamentele aspect van de kwantumwereld spreekt al tientallen jaren tot de verbeelding van wetenschappers en filosofen en leidt tot diepgaande reflecties over de aard van het universum en het menselijk bewustzijn.

e essentie van deze dualiteit ligt besloten in het dubbel-lit experiment, een pijler van de kwantumfysica die de buitengewone veelzijdigheid van de werkelijkheid op kwantumniveau benadrukt. Wanneer een golf of deeltje door twee spleten gaat en oplost op het detectiescherm, kan het waargenomen gedrag variëren afhankelijk van hoe het experiment wordt uitgevoerd.

Aan de ene kant, als we licht als een golf bekijken, zien we een interferentiepatroon dat typisch is voor golven, met heldere randen en donkere balken die elkaar karakteristiek overlappen. Aan de andere kant, als we licht als een deeltje bekijken, zien we een ander patroon van verdeling op het scherm, met discrete deeltjes die precieze punten lijken te raken zoals kogels dat zouden doen.

Deze golf-deeltje dualiteit gaat verder dan licht en omvat alle kwantumentiteiten, wat de deur opent naar een universum van mogelijkheden en paradoxen. De magie van kwantumdualiteit ligt precies in het vermogen van deeltjes om zowel golf- als corpusculair gedrag te vertonen, afhankelijk van de experimentele omstandigheden en de context van de observatie.

In deze context komt ook de rol van het menselijk bewustzijn en het waarnemingsproces in de interpretatie van kwantumverschijnselen naar voren. De kwantumtheorie plaatst de waarnemer in het middelpunt van de actie en benadrukt hoe de aanwezigheid van en interactie met het waargenomen systeem het gedrag en de eigenschappen ervan direct kan beïnvloeden.

Het kwantumbewustzijn dringt zo binnen in het weefsel van het universum en biedt inzicht in de aard van de werkelijkheid en de onderlinge verbindingen tussen geest en materie. Door de lens van de golf-deeltje dualiteit worden we geconfronteerd met een universum van mogelijkheden en onzekerheden, waar de magie van de kwantumfysica zich verweeft met de grenzen van ons begrip.

Als de werkelijkheid verdeeld is tussen golven en deeltjes.

In de microkosmos van de kwantumwereld werpt de golf-deeltje dualiteit een raadselachtige schaduw over de aard van de werkelijkheid. Het is een concept dat onze diepste intuïties uitdaagt, ons naar de rand van het begrip brengt en een universum van wonderbaarlijke complexiteit onthult. Door middel van geavanceerde experimenten en observaties hebben wetenschappers geprobeerd de sluier van dit mysterie te doorprikken en het vreemde dat de kwantumfysica ons biedt te ontrafelen.

Een van de belangrijkste experimenten die de golf-deeltjes dualiteit benadrukken is het iconische dubbelspletenexperiment. Dit experiment, dat dateert uit het einde van de 18e eeuw en in de daaropvolgende decennia met grote zorg en nauwkeurigheid werd uitgevoerd, toonde duidelijk en ondubbelzinnig aan dat licht en materie zich zowel als afzonderlijke deeltjes en als interfererende golven kunnen gedragen.

Sindsdien is de golf-deeltjes dualiteit het onderwerp geweest van talloze onderzoeken en experimenten die ons begrip van de kwantumfysica hebben verbreed. Geleerden als Niels Bohr, Erwin Schrödinger en Werner Heisenberg hebben aanzienlijk bijgedragen aan de interpretatie en theoretische formulering van dualiteit, waardoor de studie en het begrip ervan vooruit zijn gegaan.

Een intrigerend feit betreft de katparadox van Schrödinger, een gedachte-experiment dat Schrödinger zelf voorstelde om de eigenaardigheden van de kwantummechanica te illustreren. In dit scenario wordt een kat in een gesloten doos geplaatst samen met een radioactieve bron en een apparaat dat gif vrijlaat als de bron wordt geactiveerd. Volgens de kwantumtheorie is de kat in een opeenvolgende toestand zowel levend als dood totdat hij wordt waargenomen, wat de vreemdheid van de werkelijkheid op kwantumniveau aantoont.

Dus wanneer de werkelijkheid zich splitst tussen golven en deeltjes, betreden we een rijk van oneindige mogelijkheden en schijnbare tegenstellingen die ons begrip van de wereld op de proef stellen. De golf-deeltjes dualiteit vertegenwoordigt de grens tussen klassieke en kwantumfysica, waar de werkelijkheid zichzelf op raadselachtige en verrassende manieren manifesteert en ons uitnodigt om de diepten van het bewustzijn te verkennen en de complexiteit van de kosmos te omarmen.

Elektronen en fotonen. Reizen tussen twee werelden met de golf-deeltje dualiteit.

In het domein van de kwantumfysica manifesteert de golf-deeltje dualiteit zich in al haar grootsheid door de verkenning van fundamentele entiteiten zoals elektronen en fotonen. Deze deeltjes, die op kwantumniveau het weefsel van de werkelijkheid vormen, blijken dubbelzinnig en ongrijpbaar en bewegen zich tussen twee verschillende werelden door hun dualistische aard.

Een van de belangrijkste experimenten die deze buitengewone dualiteit benadrukken is het dubbelspletenexperiment, dat generaties wetenschappers en filosofen heeft gefascineerd met zijn ongelooflijke resultaten. Elektronen, fundamentele deeltjes begiftigd met zowel massa als een negatieve lading, vertonen gedrag dat traditionele opvattingen over materie tart wanneer ze door twee spleten worden gegooid.

Licht, voorgesteld door fotonen, vertoont vergelijkbaar gedrag wanneer het wordt onderworpen aan hetzelfde experiment, waardoor de duale aard van het deeltje en de golf wordt onthuld. Deze kleine lichtquanta zijn het onderwerp geweest van studies door natuurkundige grootheden zoals Max Planck en Albert Einstein, die aanzienlijk hebben bijgedragen aan ons begrip van de aard van licht en de golf-deeltje dualiteit.

Een ander fundamenteel experiment met elektronen is het elektronendiffractie-experiment, dat duidelijk aantoonde dat elektronen golfgedrag kunnen vertonen bij interactie met geschikte structuren. Dit fenomeen benadrukt de dubbelzinnige en multidimensionale aard van subatomaire deeltjes, die de dunne lijn tussen golven en deeltjes met verrassend gemak kunnen overschrijden.

In de afgelopen decennia is de golf-deeltje dualiteit het onderwerp geweest van uitgebreid onderzoek door wetenschappers zoals Richard Feynman, die een belangrijke bijdrage heeft geleverd aan de formulering van de kwantumtheorie en ons begrip van kwantumverschijnselen. De implicaties van deze dualiteit gaan verder dan alleen natuurkunde en strekken zich uit tot filosofie, bewustzijn en de aard van het universum zelf.

Terwijl elektronen en fotonen tussen twee werelden reizen met de golf-deeltje dualiteit, worden we geconfronteerd met een fascinerend raadsel dat ons uitnodigt om de grenzen van de werkelijkheid te verkennen en de wonderen van de kwantumwereld te aanschouwen. Tijdens deze reis door de dualiteit ontdekken we de schoonheid en complexiteit van het universum, waar deeltjes golven worden en golven deeltjes, en onthullen we een kosmos vol mysterie en magie.

Door de kwantumspiegel.

Een van de meest fascinerende aspecten van golf-deeltjes dualiteit is het idee dat subatomaire deeltjes zowel golf- als corpusculair gedrag kunnen vertonen, afhankelijk van de experimentele en observationele omstandigheden. Deze dualiteit is aangetoond in iconische experimenten zoals de dubbele spleet, die de flexibiliteit en complexiteit van kwantumentiteiten zoals elektronen en fotonen benadrukken.

Een van de pijlers van de kwantumfysica, Niels Bohr, benadrukte het belang van complementariteit bij het begrijpen van de golf-deeltje dualiteit. Volgens Bohr kan men een deeltje niet alleen als golf of alleen als deeltje beschouwen, maar moet men beide voorstellingen als geldig en complementair accepteren, waardoor een rijker en veelzijdiger beeld van de kwantumwerkelijkheid ontstaat.

Het experiment van de kat van Schrödinger, voorgesteld door de natuurkundige Erwin Schrödinger zelf, roept diepgaande filosofische vragen op over de aard van de werkelijkheid en waarneming. In dit scenario wordt een kat in een opeenvolgende toestand van leven en dood geplaatst totdat hij wordt waargenomen. Dit illustreert op provocerende wijze de paradoxen van de kwantummechanica en haar relatie tot het bewustzijn.

Richard Feynman, een van de vaders van de kwantumtheorie, benadrukte de cruciale rol van onze waarneming en observatie bij het bepalen van het gedrag van deeltjes. Zijn beroemde uitspraak:

> *"Niemand heeft ooit een deeltje gezien: we hebben alleen de sporen gezien die ze achterlaten."*

benadrukt de noodzaak om de rol van de waarnemer te overwegen bij het definiëren van de kwantumwerkelijkheid.

In dit ingewikkelde doolhof van dualiteit en complexiteit komt de fundamentele vraag naar de aard van de werkelijkheid en het bewustzijn zelf naar voren. De golf-deeltjes dualiteit zet ons aan om na te denken over onze rol in het universum, de zin van ons bestaan en de relatie tussen geest en materie in een kwantumcontext, waardoor de weg wordt vrijgemaakt voor een nieuwe vorm van filosofisch bewustzijn.

Door de kwantumspiegel van de golf-deeltjes dualiteit dompelen we onszelf onder in een reis die onze overtuigingen uitdaagt en ons uitnodigt om de grenzen van de menselijke kennis te verkennen. In deze wereld achter de schijn verstrengelen filosofische reflecties zich met wetenschappelijk onderzoek, waardoor een vruchtbare ruimte ontstaat voor contemplatie en de ontdekking van nieuwe waarheden over de aard van het universum en onszelf.

Het dubbelspletenexperiment.

In de annalen van de kwantumfysica zijn er maar weinig ervaringen die zoveel interesse en ongeloof hebben gekatalyseerd als het dubbelspletenexperiment. Deze raadselachtige test, die de vreemdheid van de kwantumwereld aan het licht brengt, laat wetenschappers en filosofen al generaties lang verbijsterd achter en werpt een schaduw van onzekerheid over de aard van de werkelijkheid.

Het dubbelspleten experiment, bedacht door Thomas Young aan het einde van de 18e eeuw, is een klassieker in de geschiedenis van de kwantumfysica. Hierbij wordt een stroom subatomaire deeltjes, zoals elektronen, door een barrière met twee spleten geschoten, waardoor twee verschillende patronen ontstaan op het scherm achter de barrière. Wat dit experiment zo bijzonder maakt, is het gedrag van de deeltjes. Wanneer de deeltjes niet worden waargenomen, gedragen ze zich als golven en genereren ze een interferentiepatroon. Maar wanneer ze wel worden waargenomen of gemeten, gedragen ze zich als afzonderlijke deeltjes en vertonen ze niet-golfgedrag.

Deze buitengewone dualiteit, waarin de werkelijkheid zowel een deeltje als een golf kan zijn, afhankelijk van of deze wordt waargenomen, ligt aan de basis van het raadsel van het kwantumbewustzijn. Beroemde natuurkundigen als Niels Bohr, Werner Heisenberg en Erwin Schrödinger hielpen bij het vormen van interpretaties van dit fenomeen en benadrukten het belang van de rol van de waarnemer bij het bepalen van de staat van de kwantumwerkelijkheid. Zoals Bohr stelde:

Er is geen kwantumverschijnsel totdat het wordt waargenomen'.

Het dubbelspletenexperiment heeft de deur geopend voor diepgaande filosofische debatten over de aard van de werkelijkheid, de vrije wil en de rol van het bewustzijn bij het creëren van de werkelijkheid zelf. Recentere studies hebben de kwestie nog ingewikkelder gemaakt. Sommige experimenten hebben de retroactieve invloed van observatie op het gedrag van subatomaire deeltjes aangetoond, waardoor traditionele opvattingen over oorzaak en gevolg in twijfel werden getrokken.

In een tijd waarin wetenschap en spiritualiteit elkaar steeds meer raken, staat het dubbelspletenexperiment als een baken van licht in de donkere diepten van de werkelijkheid en nodigt het ons uit om na te denken over wat het werkelijk betekent om bewust te zijn in een kwantumuniversum. Zoals goed geïllustreerd door de paradox van Schrödinger en de Kopenhagen Interpretatie, lijkt het menselijk bewustzijn een fundamentele rol te spelen in het bepalen van de uiteindelijke aard van materie, waardoor er een sluier van mysterie ligt over wat we ooit echt zouden kunnen weten.

Samenvattend blijft het dubbel-litsexperiment een van de fundamentele pijlers van de kwantumfysica en ons begrip van de werkelijkheid zelf. De beroemdheid ligt in de eenvoud en conceptuele elegantie, en in het vermogen om onze conventionele opvattingen over natuurkunde uit te dagen en ons ervan te overtuigen dat de wereld misschien niet zo lineair en deterministisch is als we misschien denken.

Geboorte van het dubbelspletenexperiment.

Het dubbelspletenexperiment is een mijlpaal in de geschiedenis van de kwantumfysica, die generaties wetenschappers heeft gefascineerd en filosofen heeft verbijsterd met zijn diepgaande implicaties over de aard van de werkelijkheid. Deze fascinerende test, die nieuwsgierigheid en verhitte discussies heeft opgewekt, heeft eeuwenoude wortels en een ongelooflijke geschiedenis.

De oorspronkelijke bedenker van dit revolutionaire experiment was de wetenschappelijke grootheid Thomas Young, een leidende figuur in de 19e eeuw. Young, geboren in 1773, was een veelzijdige geleerde die een belangrijke bijdrage leverde aan de natuurkunde, fysiologie en linguïstiek. Zijn eclectische en leergierige geest bracht hem ertoe om de minder bereisde wegen in de wetenschap te verkennen, wat hem leidde naar de ontdekking van buitengewone fenomenen zoals de interferentie van lichtgolven.

In 1801 ontwierp Young een innovatief experiment om de golfkarakteristiek van licht aan te tonen, wat later het dubbelspletenexperiment zou worden. Zijn ingenieuze idee hield in dat licht door twee smalle spleten werd gestuurd, waardoor een interferentiepatroon ontstond op een gevoelig scherm dat achter de spleten was geplaatst. Deze test toonde duidelijk en ondubbelzinnig aan dat licht zich gedroeg als een golf en weerlegde daarmee de heersende theorieën uit die tijd die licht zagen als een stroom van deeltjes.

De motivatie achter Youngs concept van het dubbelspletenexperiment was tweeledig. Ten eerste wilde hij de corpusculaire lichttheorie van Isaac Newton weerleggen, die stelde dat licht uit deeltjes bestond. Ten tweede wilde Young bewijzen dat licht een golfkarakter had en zo de weg vrijmaken voor de nieuwe golffysica die een revolutie in het wetenschappelijke denken teweeg zou brengen.

In wezen bevestigde Youngs eerste experiment een voorspelbare hypothese, dus niets bijzonders.

Youngs nalatenschap in de natuurkunde is echter onmiskenbaar, want zijn experiment legde niet alleen de basis voor de golftheorie van licht, maar legde ook de basis voor het begrijpen van de kwantumnatuur van de werkelijkheid. Door de eeuwen heen hebben zijn inzicht en vastberadenheid om de grenzen van de wetenschappelijke kennis te verkennen hele generaties natuurkundigen geïnspireerd en geleid, en geholpen om de manier waarop we de wereld zien vorm te geven.

Uiteindelijk vertegenwoordigt het dubbelspletenexperiment niet alleen een cruciaal moment in de geschiedenis van de wetenschap, maar belichaamt het ook het doorzettingsvermogen en de genialiteit van een man wiens stoutmoedige visie de donkerste hoeken van het universum verlichtte. Young, met zijn onwrikbare zoektocht naar waarheid en kennis, gaf de mensheid een krachtig hulpmiddel om de mysteries van het kwantumbewustzijn en de werkelijkheid zelf te onderzoeken en liet daarmee een onuitwisbare stempel achter op de geschiedenis van de moderne wetenschap.

Het experiment van Young werd in de loop der tijd op een steeds geavanceerdere manier herhaald, waarbij de evolutie van de techniek werd gevolgd, totdat de resultaten absoluut verbluffend waren.

De uitvoering van het dubbelspletenexperiment in de moderne tijd.

De eerste onderzoeken naar dubbele spleten dateren uit de 18e eeuw, toen natuurkundige Thomas Young een experiment uitvoerde om de golfkarakteristiek van licht aan te tonen. Young liet licht door twee spleten gaan en observeerde een interferentiepatroon op het scherm voorbij de spleet zelf. Dit fenomeen suggereerde dat licht zich gedroeg als een golf, die buigt en interfereert met zichzelf.

De doorbraak in het begrip van de golf-deeltjes dualiteit vond plaats in de 20e eeuw met de komst van de kwantumfysica. In 1927 werd het dubbelspletenexperiment uitgevoerd met elektronen door Clinton Davisson en Lester Germer, waarmee werd bevestigd dat subatomaire deeltjes ook golfgedrag vertoonden. Dit schokkende resultaat maakte de weg vrij voor een nieuwe kijk op de werkelijkheid, waarin deeltjes niet langer konden worden beschouwd als afzonderlijke en afzonderlijke entiteiten, maar als entiteiten die zich zowel als golven als als deeltjes gedragen, afhankelijk van de experimentele omstandigheden en meethandelingen.

Deeltjes werden naar een barrière met een enkele open spleet gegooid. Na het passeren sneden de deeltjes een punt af op het achterscherm, wat een deeltjeachtig gedrag demonstreerde, vergelijkbaar met dat van een projectiel. Maar als de deeltjes naar een barrière met twee open spleten werden gegooid, gingen de deeltjes door beide spleten en tekenden interferentiepatronen op het achterscherm, wat aantoonde dat beide barrières waren gepasseerd.

In de afgelopen decennia is het dubbelspletenexperiment verder verfijnd en uitgebreid. Dankzij de moderne technologie hebben natuurkundigen steeds geavanceerdere onderzoeken uitgevoerd om de grenzen van de kwantumtheorie te verkennen. Een belangrijk experiment werd in 1998 uitgevoerd door Anton Zeilinger en zijn team, die de probabilistische aard van het gedrag van deeltjes aantoonden in een kwantuminterferentie-experiment met enkele fotonen.

In deze volgende evolutie van het experiment werd een enkel foton naar de barrière gelanceerd. Welnu, dat *enkele* foton bleek in staat om tegelijkertijd door *beide* spleten te gaan en het interferentiepatroon op het achterscherm te tekenen. Dit gebeurt normaal gesproken in soortgelijke experimenten. Dat wil zeggen, een enkel foton kan zich op twee plaatsen tegelijk bevinden, namelijk op de twee spleten. Eenmaal door de spleten interfereert het foton met zichzelf en graveert het interferentiepatroon op het scherm.

Ongelooflijke ontwikkelingen in het dubbelspletenexperiment.

De openbaring van het vermogen van het foton om door beide spleten te gaan, zette de onderzoekers ertoe aan om het experiment verder te onderzoeken.

Er werd besloten om een detector bij een spleet te plaatsen om te controleren of het foton er daadwerkelijk doorheen ging.

Door een enkel foton opnieuw naar de twee spleten te werpen (de ene wel en de andere niet bewaakt) ging het foton alleen door de bewaakte spleet. Dit werd bewezen door het feit dat het foton een plek op het achterscherm bij die spleet trof, zoals een kogel zou hebben gedaan. .

Door de detector naar de andere spleet te verplaatsen, zou het foton alleen die spleet passeren.

Door de detector te elimineren, ging het foton terug door beide spleten en trok interferentiegolven.

Dit is zeker een van de meest uitgevoerde en meest raadselachtige experimenten op het gebied van kwantumfysica.

Je zou zeggen dat het enkele deeltje wonderbaarlijke eigenschappen bezit en in staat is om van tevoren te voorspellen:

- hoeveel scheuren hij op zijn pad zal vinden,
- of de scheuren worden bewaakt,
- welke scheuren worden gecontroleerd.

Maar de meest verrassende observatie is een andere: de waarnemer kan, door het plaatsen, verplaatsen of verwijderen van de detector, het gedrag van het deeltje bepalen. Dit aspect, dat hieronder wordt beschreven, wordt de 'rol van de waarnemer' genoemd en impliceert dat de wil, of liever het bewustzijn van de waarnemer, het gedrag van materie kan beïnvloeden.

Het is begrijpelijk dat de dubbele spleet nog steeds een kruispunt vormt tussen wetenschap en filosofie, omdat het fundamentele vragen oproept over de aard van de werkelijkheid en de rol van de waarnemer in het ontstaan ervan. Er zijn geleerden zoals theoretisch natuurkundige John Wheeler die beweren dat er zonder de bewuste waarnemer geen definitieve werkelijkheid zou zijn, maar alleen een zee van kwantummogelijkheden.

Samenvattend blijft het dubbelspletenexperiment een pijler van de kwantumfysica, een raadselachtig venster op de aard van de werkelijkheid. Door de uitvoering en interpretatie ervan in de moderne tijd ontstaat een wereld van onzekerheid en potentieel, waarin het onderscheid tussen materie en golf, tussen waarnemer en geobserveerde vervaagt tot een ingewikkeld web van mogelijkheden.

De dogma's van de klassieke fysica worden uitgedaagd door het dubbelspletenexperiment.

Op het gebied van de kwantumfysica heeft het dubbelspletenexperiment zich ontpopt als een fundamentele pijler die de dogma's van de klassieke fysica in twijfel kan trekken. Dit experiment, dat betrekking heeft op het gedrag van fotonen of andere subatomaire deeltjes wanneer ze door twee afzonderlijke spleten gaan, heeft de deur geopend naar een nieuwe wereld van wetenschappelijk begrip die traditionele opvattingen over de werkelijkheid uitdaagt.

Een van de meest raadselachtige concepten die uit het dubbelspletenexperiment naar voren kwam, is de golf-deeltje dualiteit. Dit principe houdt in dat kwantumentiteiten zoals fotonen zich kunnen gedragen als golven of als deeltjes, afhankelijk van de experimentele omstandigheden.

Een ander gevolg van het dubbel-lit experiment is de meetparadox. Volgens de kwantumfysica kan alleen al de waarneming van een deeltje de toestand ervan beïnvloeden, wat leidt tot kwantumsuperpositie. Dit concept, benadrukt door Schrödinger in zijn beroemde Cat's Thought, benadrukt de cruciale rol van de waarnemer bij het bepalen van de werkelijkheid.

Het fundamentele effect dat wordt waargenomen in het dubbel-spleten experiment is de vorming van interferentiepatronen wanneer fotonen door de twee spleten gaan. Dit fenomeen, voor het eerst beschreven door Thomas Young en later in detail bestudeerd door Feynman, geeft aan dat de deeltjes zich gedragen alsof ze tegelijkertijd door beide spleten gaan en gedrag vertonen dat niet intuïtief is vergeleken met klassieke fysica.

Concluderend kan worden gesteld dat het dubbelspletenexperiment de fundamenten van de klassieke natuurkunde op zijn grondvesten doet schudden en de noodzaak benadrukt van een nieuw paradigma om de kwantumwereld volledig te begrijpen. Geleerden als Max Planck, Niels Bohr, Werner Heisenberg en Richard Feynman hebben aanzienlijk bijgedragen aan ons begrip van deze schijnbaar tegenstrijdige fenomenen.

Het dubbelspletenexperiment blijft de wetenschappelijke gemeenschap intrigeren en uitdagen door fundamentele vragen te stellen over de aard van de werkelijkheid en onze perceptie ervan. Door zijn complexiteit en dubbelzinnigheid legt dit experiment de basis voor een nieuw kennistijdperk waarin de grenzen tussen materie en bewustzijn, tussen klassieke en kwantumfysica, steeds vager worden.

Tenslotte kan de experimentator van een kwantumfenomeen zichzelf nooit beschouwen als 'extern' aan het fenomeen, zoals een verkeersagent die de snelheid van een voertuig meet zou kunnen doen. Het is duidelijk dat die meter geen invloed heeft op de snelheid die hij of zij meet. Omgekeerd heeft elke meter (waarnemer) van een kwantumfenomeen invloed op het fenomeen zelf: dit betekent dat de waarnemer altijd een ondeelbaar deel is van het fenomeen dat hij waarneemt.

Wetenschappelijke implicaties van het dubbelspletenexperiment.

Het dubbelspletenexperiment is een mijlpaal in de kwantumfysica met diepgaande en revolutionaire wetenschappelijke implicaties. Dit experiment, waarbij het gedrag van subatomaire deeltjes door twee spleten wordt onderzocht, heeft een aantal gevolgen die de fundamenten van ons begrip van de kwantumwerkelijkheid op de proef stellen.

Een onmiddellijke implicatie van het dubbel-lit experiment is het gebrek aan determinisme in de kwantumwereld. De onzekerheid die de kwantummechanica introduceert, en die duidelijk geïllustreerd wordt door dit experiment, daagt onze traditionele opvatting van een vooraf bepaalde werkelijkheid uit. Einsteins beroemde uitspraak "*God dobbelt niet met het universum*" weerspiegelt zijn weerstand tegen deze probabilistische interpretatie van de kwantumfysica.

Een andere belangrijke implicatie is de rol van de waarnemer bij het bepalen van de werkelijkheid. Het dubbelspletenexperiment laat zien dat het observeren van een kwantumverschijnsel het gedrag ervan kan beïnvloeden, wat leidt tot het verdwijnen van de kwantumsuperpositie, oftewel 'kwantuminstorting'. Dit concept, benadrukt door denkers als Schrödinger en von Neumann, roept diepgaande vragen op over de aard van het bewustzijn en de relatie tot de fysieke werkelijkheid.

Het dubbelspletenexperiment duwt de wetenschap naar een dieper begrip van de werkelijkheid en vraagt om een nieuwe benadering van de natuurkunde die zulke schijnbaar tegenstrijdige fenomenen kan integreren. Wetenschappers als John Wheeler, Eugene Wigner en David Bohm hebben bijgedragen aan de discussie over kwantumbewustzijn en de vele implicaties ervan.

Door het dubbelspletenexperiment worden we gedwongen om de aard van de werkelijkheid te heroverwegen. Het idee dat deeltjes in meerdere toestanden tegelijk kunnen bestaan en dat de waarneming hun gedrag kan beïnvloeden, roept fundamentele epistemologische vragen op over de aard van menselijke kennis en waarneming.

Concluderend kan worden gesteld dat het dubbelspletenexperiment wetenschappelijke implicaties heeft die verder gaan dan de fysica zelf en die de kern raken van ons begrip van werkelijkheid en bewustzijn. Door het onderzoeken van concepten zoals golf-deeltje dualiteit, de rol van de waarnemer en het gebrek aan determinisme, ontstaan nieuwe perspectieven die onze gevestigde inzichten op de proef stellen.

Aan de basis van de golf-deeltje dualiteit ligt een diepgaande filosofische vraag: wat betekent het om zowel golf als deeltje te zijn? Dit raadsel inspireerde denkers als Niels Bohr en Werner Heisenberg om na te denken over de fundamentele aard van de werkelijkheid en de relatie tussen de subatomaire wereld en onze macroscopische wereld. Nils Bohr verklaarde:

"Iedereen die niet geschokt is door kwantumfysica heeft het niet begrepen."

Deze zin benadrukt de noodzaak om onzekerheid en dubbelzinnigheid in ons begrip van de wereld te omarmen.

Een ander cruciaal aspect van golf-deeltje dualiteit is de rol van de waarnemer bij het bepalen van het gedrag van het deeltje. De Kopenhagen interpretatie van Bohr en Heisenberg benadrukt hoe de keuze van de waarnemer om een deeltje als golf of als deeltje te meten, de toestand van het deeltje direct beïnvloedt. Dit stelt de objectieve aard van de werkelijkheid ter discussie en roept vragen op over de basis van kennis.

Door het mysterie van de golf-deeltjes dualiteit onder ogen te zien, worden we geconfronteerd met de grenzen van de menselijke rationaliteit en de onvermijdelijke confrontatie met de irrationaliteit van kwantummaterie. Dit zet ons ertoe aan onze relatie met de natuurlijke wereld te heroverwegen en vraagtekens te zetten bij de aard van de werkelijkheid en het bestaan zelf.

De golf-deeltje dualiteit, gebaseerd op het dubbele spleetexperiment, nodigt ons uit om de diepten van het kwantummysterie te verkennen en de beperkingen van ons conventionele begrip van de wereld te overwinnen. Door de integratie van wetenschappelijke, filosofische en spirituele perspectieven kunnen we een meer holistische kijk op de werkelijkheid benaderen die de onderlinge verbondenheid van geest, materie en bewustzijn omarmt.

Er zijn veel interpretaties van kwantumfysica.

Interpretaties van kwantumfysica zijn verschillende perspectieven of conceptuele modellen die de betekenis en implicaties van de experimentele resultaten van kwantumfysica proberen te verklaren. Hoewel de kwantumtheorie extreem krachtig en nauwkeurig is in het beschrijven van de wereld op subatomair niveau, blijft de interpretatie ervan een onderwerp van discussie en debat onder natuurkundigen en wetenschapsfilosofen.

Er zijn veel redenen waarom er meerdere interpretaties van kwantumfysica zijn:

Complexiteit van het kwantumfenomeen.
Kwantumfysica introduceert concepten en fenomenen, zoals golf-deeltje dualiteit, kwantum superpositie en kwantum verstrengeling, die onze intuïtie en begrip van de werkelijkheid op de proef stellen. Deze complexiteit leidt tot verschillende interpretaties om te proberen deze fenomenen te begrijpen.

Verschillende filosofische interpretaties.
Interpretaties van kwantumfysica weerspiegelen vaak de filosofische overtuigingen van natuurkundigen en wetenschapsfilosofen. Verschillen in epistemologische en ontologische benaderingen kunnen leiden tot verschillen in interpretaties van de kwantumtheorie.

Debatten over de rol van de waarnemer.
De rol van de waarnemer in de interpretatie van kwantumresultaten is een belangrijk twistpunt. Sommige interpretaties schrijven een actieve rol toe aan het bewustzijn in de evolutie van het kwantumsysteem, terwijl anderen de voorkeur geven aan een meer objectieve benadering.

Talloze paradoxen.
De kwantumfysica zit vol paradoxen en schijnbaar tegenstrijdige situaties. Verschillende interpretaties proberen deze paradoxen vaak op verschillende manieren op te lossen, wat leidt tot het naast elkaar bestaan van meerdere gezichtspunten.

Enkele van de bekendste interpretaties van kwantumfysica zijn de Kopenhagen interpretatie, de vele-werelden theorie, de piloot-golf interpretatie, de decoherentie interpretatie en andere. Elk van deze interpretaties biedt een unieke manier om naar de kwantumwereld te kijken en ons begrip van de werkelijkheid op een dieper niveau te verdiepen.

Uiteindelijk getuigt de aanwezigheid van meerdere interpretaties in de kwantumfysica van de complexiteit en diepgang van de theorie, en voedt het een rijke discussie die wetenschappelijk en filosofisch onderzoek blijft stimuleren op zoek naar meer complete antwoorden over de aard van de wereld. In dit boek verwijs ik naar de meest populaire interpretatie, de Kopenhagen interpretatie.

De Kopenhagen-interpretatie

De Kopenhagen-interpretatie, voornamelijk ontwikkeld door Niels Bohr en Werner Heisenberg, is een van de pijlers van de kwantumfysica in haar poging om het gedrag van subatomaire deeltjes te verklaren, in het bijzonder door middel van het dubbelspletenexperiment. Deze interpretatie biedt een uniek perspectief op de fundamentele aard van de werkelijkheid en haar interacties met de waarnemer.

De Kopenhagen interpretatie is gebaseerd op een aantal sleutelbegrippen, waaronder het complementariteitsprincipe van Bohr en het onzekerheidsprincipe van Heisenberg. Deze principes benadrukken het idee dat bepaalde fysische grootheden, zoals de positie en het momentum van een deeltje, niet tegelijkertijd met oneindige precisie gemeten kunnen worden, wat leidt tot de noodzaak van een niet-deterministisch begrip van de kwantumwerkelijkheid.

Een centraal aspect van de Kopenhagen interpretatie is de cruciale rol van de waarnemer bij het bepalen van de toestand van een deeltje. Volgens deze benadering bestaat een deeltje in een toestand van superpositie van mogelijke fysische toestanden totdat het wordt waargenomen, op welk moment het potentieel wordt gereduceerd tot een enkele configuratie. Dit concept, dat Bohr in talloze geschriften en discussies met andere geleerden herhaalde, benadrukt het belang van het bewustzijn bij de interpretatie van de kwantumwerkelijkheid.

Een van de meest besproken punten van de Kopenhagen interpretatie is de paradox van de meethandeling. Volgens Heisenberg beïnvloedt de eenvoudige handeling van het meten van een kwantumgrootheid de grootheid zelf, waardoor een onzekerheid wordt geïntroduceerd die inherent is aan de kwantumaard van deeltjes. Dit concept, uitgedrukt in Heisenbergs beroemde onzekerheidsrelatie, heeft diepgaande implicaties voor ons begrip van precisie en causaliteit in de subatomaire wereld.

De Kopenhagen interpretatie beïnvloedde de ontwikkeling van de kwantumfysica aanzienlijk en leidde tot vruchtbare debatten over de aard van de werkelijkheid en de geldigheid van een probabilistische benadering van de wetenschap. Sommige wetenschappers, zoals Einstein, Podolsky en Rosen, maakten bezwaar tegen de probabilistische kijk die door de School van Kopenhagen werd voorgesteld en benadrukten de noodzaak van een completer en deterministischer begrip van de kwantumwerkelijkheid.

De Kopenhagen Interpretatie vertegenwoordigt een fundamenteel stuk in het mozaïek van de kwantumfysica en biedt een lens waardoor we de subatomaire wereld en de interacties tussen materie en waarnemer kunnen onderzoeken. Door een dieper begrip van deze benadering kunnen we onze kijk op de werkelijkheid en de cruciale rol van bewustzijn in de formulering van wetenschappelijke waarheid verfijnen.

De rol van de waarnemer.

In de kwantumfysica is een van de meest besproken aspecten de centrale rol van de waarnemer bij het bepalen van de kwantumwerkelijkheid. Dit concept, dat fundamenteel is voor ons begrip van de aard van het bewustzijn en de subatomaire wereld, roept diepgaande vragen op over de relatie tussen het waarnemingsproces en de manifestatie van de werkelijkheid. Laten we samen de ingewikkelde link ontdekken die bestaat tussen de waarnemer en de kwantumwerkelijkheid.

Een van de belangrijkste aspecten van de invloed van de waarnemer in de kwantumfysica wordt benadrukt door de golf-deeltje dualiteit. Het gedrag van subatomaire deeltjes als golven of deeltjes hangt af van de waarnemingshandeling, wat de beslissende rol benadrukt die het bewustzijn speelt bij het definiëren van de aard van een deeltje. Dit fenomeen, onderzocht door natuurkundigen als Niels Bohr en Werner Heisenberg, benadrukt de intieme interactie tussen de waarnemer en de kwantumwerkelijkheid.

De waarnemer, met zijn bewustzijn en zijn vermogen om waar te nemen en te meten, wordt een fundamenteel element in de creatie van de kwantumwerkelijkheid. De paradox van de bewuste waarnemer manifesteert zich als je bedenkt dat het observeren van een deeltje de toestand en locatie ervan kan bepalen, wat duidt op een diepgaande interconnectie tussen subject en object, tussen geest en materie. Deze complexe interactie onderstreept de transformerende kracht van bewustzijn in de kwantumwerkelijkheid.

In de kwantumtheorie kunnen deeltjes bestaan in een toestand van superpositie van meerdere toestanden totdat ze worden waargenomen, op welk moment het systeem instort in een gedefinieerde toestand. Dit fenomeen, dat bekend staat als de 'evanescence of the wave function', of 'quantum collapse', benadrukt de delicatesse van de link tussen de waarnemer en de quantum werkelijkheid, waar de handeling van het waarnemen de manifestatie van een enkele uitkomst uit een veelheid van mogelijkheden bepaalt.

De ingewikkelde link tussen de waarnemer en de kwantumwerkelijkheid roept diepgaande filosofische vragen op over de aard van bewustzijn, perceptie en vrije wil. Nadenken over de interactie tussen de menselijke geest en het weefsel van de kwantumwerkelijkheid leidt tot een breder begrip van onze rol in het universum en het belang van bewustzijn bij het vormgeven van onze ervaring van de wereld.

Concluderend, de ingewikkelde link tussen de waarnemer en de kwantumrealiteit nodigt ons uit om de diepten van bewustzijn en realiteitscreatie te verkennen. Door ons bewust te worden van onze invloed op de aard van de kwantumwerkelijkheid, kunnen we een actieve rol spelen in het verkennen en begrijpen van de mysteries die in de diepten van het kwantumuniversum liggen.

Door een synthese van wetenschap en filosofie kunnen we de onderlinge verbondenheid van bewustzijn, waarneming en de kwantumwerkelijkheid omarmen en ons openstellen voor de wonderen en uitdagingen van een universum dat steeds complexer en fascinerender wordt.

De waarnemer als architect van de kwantumwerkelijkheid.

Beweren dat de waarnemer optreedt als een schepper van de werkelijkheid lijkt misschien gewaagd, maar de fundamenten van de kwantumtheorie leiden tot deze verrassende conclusie. Laten we samen dit overtuigende perspectief onderzoeken dat het bewustzijn in het centrum plaatst van de creatie van de kwantumwerkelijkheid.

Een van de pijlers van de kwantumtheorie is de golf-deeltje dualiteit, die het dubbelzinnige gedrag van subatomaire deeltjes in aanwezigheid van observatie benadrukt. De waarneming van een deeltje kan ervoor zorgen dat het zich gedraagt als een golf of als een deeltje, wat de cruciale rol van de waarnemer bij het bepalen van de toestand van het deeltje benadrukt. Geleerden als Niels Bohr en Max Planck hebben bijgedragen aan de formulering van dit revolutionaire perspectief.

Nergens is het belang van de waarnemer in de kwantumfysica duidelijker dan in het dubbelspletenexperiment. Wanneer een enkel foton zich zowel als golf en als deeltje gedraagt, afhankelijk van de waarneming, rijst de fundamentele vraag: welke werkelijkheid manifesteert zich zonder waarnemer? Dit raadsel benadrukt het bepalende effect van waarneming op het experimentele resultaat, wat suggereert dat de waarnemer actief bijdraagt aan de creatie van de kwantumwerkelijkheid.

De theorie van de vele werelden, voorgesteld door Hugh Everett, suggereert dat elke afwijkende beslissing of observatie een vertakking van het universum creëert, waardoor een veelheid aan alternatieve realiteiten ontstaat. Dit concept breidt het idee uit dat de waarnemer niet alleen de werkelijkheid interpreteert, maar deze ook mede creëert door zijn acties en keuzes, waardoor de definitie van de werkelijkheid waarin hij leeft wordt uitgebreid.

Het idee dat de waarnemer een architect is van de kwantumwerkelijkheid roept fundamentele vragen op over de aard van het bewustzijn, de vrije wil en onze relatie met het universum. Als het menselijk bewustzijn de manifestatie van de werkelijkheid rechtstreeks kan beïnvloeden, welke implicaties heeft dit dan voor de zin van ons bestaan en ons vermogen om de wereld om ons heen vorm te geven?

Het idee dat de waarnemer een architect is van de kwantumrealiteit stuwt ons naar een nieuw begrip van de relatie tussen geest en materie, tussen bewustzijn en het universum. Door ons bewust te worden van ons vermogen om de subtiele dynamiek van de kwantumwereld te beïnvloeden en vorm te geven, kunnen we een actieve rol omarmen in de co-creatie van de werkelijkheid om ons heen, wat de deur opent naar een bredere en diepere visie op onze plaats in het universum.

De vage grenzen tussen waarnemer en waargenomene in de kwantumfysica.

In het conceptuele doolhof van de kwantumfysica lost de grens tussen waarnemer en waargenomene op in een intrigerende dans die de fundamenten van ons begrip van de werkelijkheid op de proef stelt. In deze verkenning van de vage grenzen tussen de waarnemer en het waargenomene, duiken we in een universum dat rijk is aan filosofische en wetenschappelijke implicaties die de diepte van de verbinding tussen bewustzijn en de kwantumwereld onthullen.

Kwantum superpositie, een belangrijk fenomeen van de kwantumfysica, benadrukt dat deeltjes tegelijkertijd in meerdere toestanden kunnen bestaan totdat ze worden waargenomen, op welk moment een enkele uitkomst zich manifesteert. Dit impliceert dat de waarneming niet alleen de werkelijkheid onthult, maar ook actief bijdraagt aan de definitie ervan, wat suggereert dat de grens tussen waarnemer en geobserveerde doorlaatbaar en onderling verbonden is. Wetenschappers als Erwin Schrödinger en John Bell hebben bijgedragen aan het begrip van dit verrassende fenomeen.

Geen experiment belichaamt de verstrengeling van waarnemer en waargenomene beter dan de dubbele spleet. Wanneer een enkel foton door twee aparte spleten gaat, gedraagt het zich zowel als een golf als een deeltje, afhankelijk van de observatie. Deze paradox daagt de werkelijkheid zelf uit en laat zien dat het waarnemen niet neutraal maar actief is, omdat het het lot van subatomaire deeltjes bepaalt. De studies van Niels Bohr en Richard Feynman hielpen licht te werpen op deze ingewikkelde interactie.

De paradox van de bewuste waarnemer benadrukt de cruciale rol van het bewustzijn bij het bepalen van de werkelijkheid. De waarnemer is niet slechts een passieve toeschouwer, maar een actieve deelnemer aan de creatie en interpretatie van de kwantumwerkelijkheid. Dit leidt tot reflectie over de aard van het bewustzijn zelf en de invloed ervan op de perceptie van de wereld. Werken van Werner Heisenberg en Eugene Wigner hebben het begrip van dit raadsel beïnvloed.

Bij het beschouwen van de vage grenzen tussen waarnemer en waargenomene in de kwantumfysica komen fundamentele filosofische vragen over de aard van de werkelijkheid, kennis en het bestaan naar voren. De verbinding tussen bewustzijn en materie wordt onthuld als een brug tussen schijnbaar gescheiden werelden en biedt inzicht in een bredere kijk op onze relatie met het universum en onszelf.

In deze reis voorbij het kijken, benaderen we de vage grenzen tussen waarnemer en waargenomene in de kwantumfysica, en erkennen we de diepte van onze verbinding met de kwantumwereld. Door het filter van het bewustzijn manifesteert en evolueert de werkelijkheid en onthult een universum van wonderen en mysteries die ons aansporen om de intieme interacties tussen geest, materie en het universum te onderzoeken.

Reflecties op de rol van bewustzijn in de handeling van het observeren.

Door een filosofische lens verkennen we de implicaties van het bestaan en het bewustzijn in de handeling van het observeren, en de aard van de werkelijkheid die voortkomt uit deze verstrengeling van waarnemer en geobserveerde.

De golf-deeltje dualiteit, een van de pijlers van de kwantumfysica, toont aan dat deeltjes zich afhankelijk van de waarneming kunnen gedragen als golven of als deeltjes. Dit raadselachtige fenomeen werpt licht op de intieme relatie tussen waarneming en de manifestatie van de werkelijkheid.

Het dubbelspletenexperiment onthult hoe het gedrag van subatomaire deeltjes radicaal verandert in aanwezigheid van de waarnemer. Het vermogen van de waarnemer om de kwantumwerkelijkheid te beïnvloeden roept diepgaande vragen op over de aard van het bewustzijn en de invloed ervan op de creatie van de werkelijkheid. De fundamentele rol van de waarnemer bij het bepalen van het experimentele resultaat heeft briljante geesten als Werner Heisenberg en Richard Feynman beziggehouden.

De kwantumfysica daagt het traditionele onderscheid tussen subject en object, geest en materie uit. De filosofische implicaties van deze theorie zetten ons aan het denken over de aard van de werkelijkheid en de kennis zelf. Het idee dat de waarnemer actief vorm kan geven aan de werkelijkheid onthult het transcendentale potentieel van bewustzijn in de schepping van het universum.

Het idee dat de waarnemer een transcendente rol speelt in de kwantumfysica nodigt ons uit om onze perceptie van de werkelijkheid en ons eigen bestaan te heroverwegen. Bewustzijn wordt niet langer gezien als een passieve toeschouwer, maar als een creatieve kracht die actief deelneemt aan de constructie van de werkelijkheid. Dit nieuwe paradigma spoort ons aan om de diepten van het bewustzijn te verkennen en een bredere, meer geïntegreerde kijk op de aard van de werkelijkheid te omarmen.

In deze verkenning van de filosofische implicaties van kwantumfysica en de transcendente rol van de waarnemer, naderen we de drempel van een dieper begrip van bewustzijn en werkelijkheid. Door het prisma van de kwantumfysica ontdekken we een fascinerend universum waarin het bewustzijn niet alleen observeert, maar actief het weefsel van het bestaan construeert.

Potentiële golven en gefixeerde werkelijkheid. Het conflict tussen geest en materie in de kwantumfysica.

Kwantumsuperpositie, een centraal concept in de kwantumfysica, suggereert dat subatomaire deeltjes tegelijkertijd in meerdere toestanden kunnen bestaan totdat ze worden waargenomen. Deze superpositietoestand vertegenwoordigt een golf van potentieel, een fluctuatie tussen meerdere mogelijke realiteiten, wat de vloeibare en probabilistische aard van de kwantumwerkelijkheid benadrukt. Natuurkundigen als Erwin Schrödinger en Hugh Everett III hebben bijgedragen aan het begrip van dit revolutionaire fenomeen.

De ineenstorting van de golffunctie vertegenwoordigt de overgang van de kwantumsuperpositie naar een coherente en definitieve werkelijkheid. Deze gebeurtenis markeert het moment waarop de potentiële golf (probabilistische golf) transformeert in fysieke werkelijkheid, waardoor een vaste, waarneembare werkelijkheid ontstaat. Het conflict tussen de ongedefinieerde aard van de potentiële golf en de concreetheid van de fysieke werkelijkheid roept fundamentele vragen op over de overgang van mogelijkheid naar zekerheid.

Het beroemde kattenexperiment van Schrödinger geeft de paradox tussen potentiële golven en gefixeerde realiteit tastbaar weer. In dit hypothetische experiment bevindt een kat zich in een overlappende staat van leven en dood totdat hij wordt waargenomen, op welk moment de potentiële golf ineenstort in een gefixeerde realiteit. Dit paradigma zet aan tot diep nadenken over de rol van de waarnemer en de dualiteit tussen mogelijkheid en zekerheid.

Het conflict tussen golven van potentieel en gefixeerde werkelijkheid zet ons ertoe aan om de complexe relatie tussen geest en materie te onderzoeken. Deze tweedeling stelt de aard van de menselijke ervaring en perceptie van de werkelijkheid ter discussie en brengt de centrale rol van het bewustzijn in het proces van waarnemen en creëren van de werkelijkheid aan het licht. Bij dit debat zijn denkers betrokken als Werner Heisenberg en David Bohm, die hebben bijgedragen aan een bredere kijk op het kwantumuniversum.

In deze verkenning van de golven van potentie en werkelijkheid die zich afspelen in de kwantumfysica, worden we geconfronteerd met het kloppende hart van een onzeker en veranderlijk universum. Het conflict tussen geest en materie, tussen mogelijkheid en zekerheid, nodigt ons uit om na te denken over de kracht en complexiteit van bewustzijn in de verweving van subtiele en manifeste werelden. Door deze zoektocht kunnen we dichter bij de essentie van de kosmos komen, tussen de golven van potentieel die ons omringen en de realiteiten die vorm krijgen onder onze aandachtige blik.

Principe van superpositie (superpositie).

Het superpositieprincipe, een van de meest verrassende concepten in de kwantumfysica, daagt ons traditionele begrip van de werkelijkheid uit. Volgens dit principe kan een kwantumsysteem gelijktijdig in verschillende toestanden bestaan zolang er geen meting wordt gedaan om een specifieke toestand te bepalen. Deze eigenaardige eigenschap opent de deur naar een wereld van mogelijkheden en complexiteit die ons ertoe brengt de aard van het bewustzijn en de werkelijkheid zelf nader te bekijken.

Erwin Schrödinger, een van de grondleggers van de kwantumfysica, illustreerde het concept superpositie met het beroemde 'Schrödingers kat'-experiment. In dit hypothetische scenario bevindt een kat zich tegelijkertijd in een superpositie van leven en dood totdat hij wordt waargenomen. Dit fictieve experiment symboliseert duidelijk en provocerend de buitengewone aard van kwantum superpositie.

Volgens de Kopenhagen-interpretatie van Niels Bohr bepaalt de waarneming welke toestand van het kwantumsysteem zich manifesteert. Totdat het wordt waargenomen, bestaat het systeem in een gesuperponeerde toestand van mogelijkheid. Dit concept benadrukt de cruciale rol van de waarnemer bij het definiëren van de kwantumwerkelijkheid en benadrukt de intieme band tussen bewustzijn en manifestatie.

Het superpositieprincipe roept diepgaande filosofische vragen op over de aard van de werkelijkheid, de perceptie van kennis en de aard van het bestaan zelf. De mogelijkheid dat een systeem tegelijkertijd in meerdere toestanden kan bestaan, opent de deur naar een bredere en complexere kijk op de werkelijkheid die onze conventionele intuïties over concreetheid en definitie uitdaagt.

Concluderend: het superpositieprincipe in het kwantumbewustzijn katapulteert ons in een universum van verwondering en mysterie, waar de werkelijkheid zich manifesteert als een web van mogelijkheden en potentialiteiten. Dit principe onthult de transformerende kracht van het bewustzijn in de evolutie en creatie van de werkelijkheid en opent de deur naar een dieper inzicht in de complexiteit en onzekerheid die de kwantumwereld doordringt.

In het hart van het onbekende. De dans van waarschijnlijkheid in kwantummechanica.

Kwantummechanica, een fascinerend en complex natuurkundig vakgebied, laat ons kennismaken met een wereld waarin elementaire deeltjes zoals elektronen en fotonen zich gedragen op manieren die onze klassieke intuïties tarten. Een van de meest intrigerende en bediscussieerde aspecten van deze theorie is het superpositieprincipe, dat het suggestieve idee in zich draagt dat een deeltje in verschillende toestanden tegelijk kan bestaan totdat het wordt gemeten.

Het concept van superpositie werd in 1935 geïntroduceerd door een van de grondleggers van de kwantummechanica, Erwin Schrödinger, via het beroemde experiment met de kat van Schrödinger. Volgens de kwantummechanica bestaat de kat tegelijkertijd levend en dood totdat de doos wordt geopend. Dit is een superpositie van toestanden, een echte bijzonderheid van de kwantumwereld....

Een van de pijlers waarop ons begrip van superpositie en de waarschijnlijkheidsdans in de kwantummechanica is gebaseerd, is het dubbel-spleten experiment. Bij dit klassieke experiment worden deeltjes door twee spleten geleid om een interferentiepatroon te creëren dat alleen kan worden verklaard door de superpositie van de toestanden van de betrokken deeltjes te bekijken.

De interpretatie van de betekenis van superpositie is door de jaren heen het onderwerp geweest van verhitte discussies onder kwantumfysici. Aan de ene kant vinden we de Kopenhagen-denkschool, waarin Werner Heisenberg en Niels Bohr beargumenteerden dat superpositie simpelweg onze onwetendheid over de ware kwantumtoestanden vóór de meting weergeeft. Aan de andere kant hebben we de visie van meer alternatieve interpretaties zoals kwantum decoherentie, voorgesteld door Wojciech Zurek en Hans Dieter Zeh, die suggereert dat interactie met de omgeving leidt tot het snelle verlies van superpositie.

Een sprekend voorbeeld van de subtiliteit van superpositie is te vinden in het interferometerexperiment van Fabry-Pérot uit 1899, dat de complexiteit aantoonde van verschijnselen die verband houden met de interactie van deeltjes met meetinstrumenten.

Uiteindelijk biedt het kwantumbewustzijn ons een bevoorrechte blik in een universum van waarschijnlijkheden, superposities en onzekerheden, dat onze klassieke opvattingen over de werkelijkheid uitdaagt. Deze onzekere en levendige wereld, waarin deeltjes dansen in een ruimte van mogelijkheden, blijft het middelpunt van een van de grootste intellectuele en filosofische uitdagingen van de hedendaagse wetenschap.

Voorbij de objectieve werkelijkheid. De kwantumwaarschijnlijkheidsrevolutie.

Kwantummechanica is een fascinerend natuurkundig vakgebied dat een revolutie teweeg heeft gebracht in ons begrip van de werkelijkheid door ons kennis te laten maken met verrassende concepten zoals kwantum superpositie. Dit principe, dat stelt dat een deeltje tegelijkertijd in meerdere toestanden kan bestaan totdat het wordt waargenomen, stelt onze diepst gekoesterde overtuigingen over de fundamentele aard van de wereld om ons heen op de proef.

De kwantumwaarschijnlijkheidsrevolutie heeft diepgaande filosofische vragen opgeworpen over de aard van de werkelijkheid en de relatie tussen waarnemer en geobserveerde wereld. In de Kopenhagen-denkschool, verdedigd door natuurkundigen als Werner Heisenberg en Niels Bohr, wordt gesteld dat superpositie simpelweg onze onzekerheid en onwetendheid over de ware kwantumtoestanden voorafgaand aan de meting weergeeft, waardoor het concept van objectieve werkelijkheid waarop de klassieke natuurkunde was gebaseerd, omver wordt geworpen.

Verdere bijdragen aan het begrip van superpositie en kwantumwaarschijnlijkheid kwamen van geleerden als Hugh Everett III, die in 1957 de interpretatie van vele werelden voorstelde, met het argument dat elke mogelijke uitkomst van een kwantummeting plaatsvindt in een parallel universum. Deze radicale kijk op de werkelijkheid versterkte het debat over de aard van het bestaan en bewustzijn binnen de kwantumcontext.

Voorbij de objectieve werkelijkheid navigeren en een duik nemen in de revolutie van kwantumwaarschijnlijkheid is een universum van fluctuaties, onzekerheden en mogelijkheden omarmen dat de grenzen van onze traditionele opvatting van de werkelijkheid overstijgt. Het is een reis die ons ertoe aanzet om niet alleen de fysieke wereld te verkennen, maar ook de intrinsieke rol van bewustzijn in het vormgeven van ons begrip van de fundamentele waarheid die ten grondslag ligt aan het universum om ons heen.

Golffuncties en onzeker lot. De probabilistische aard van kwantumwerkelijkheidỳ.

De golffunctie is een wiskundige entiteit die de kwantumtoestand van een systeem beschrijft en de onzekere en probabilistische aard van de werkelijkheid om ons heen met zich meedraagt.

Een golffunctie vertegenwoordigt de waarschijnlijkheid dat een deeltje zich op een bepaalde positie in ruimte en tijd bevindt. Deze wiskundige voorstelling werd in 1926 geïntroduceerd door Erwin Schrödinger met de vergelijking die zijn naam draagt, en is sindsdien een essentieel hulpmiddel geworden om kwantumsystemen te beschrijven.

Een van de bekendste verschijnselen die de probabilistische aard van kwantumwerkelijkheid benadrukken is het dubbelspletenexperiment. Een ander cruciaal experiment dat het belang van golffuncties in kwantumbeschrijving bevestigt is het Bohm atoom experiment. Dit experiment, dat in 1952 werd voorgesteld door David Bohm, toonde aan dat de golffunctie van een deeltje het gedrag van dat deeltje aanzienlijk kan beïnvloeden, waardoor de diepe verbinding tussen wiskundige beschrijving en fysieke werkelijkheid wordt bevestigd.

Dit experiment levert een belangrijke bijdrage aan ons begrip van de kwantumnatuur van de werkelijkheid. David Bohm, een in Amerika geboren theoretisch natuurkundige, staat bekend om zijn werk op het gebied van de kwantumfysica en om zijn ideeën over de aard van het universum en het bewustzijn.

Het atoomexperiment van Bohm was ontworpen om het effect van de kwantum-golffunctie op de dynamica van atomen aan te tonen. Bohm stelde een gedachte-experiment voor waarin onafhankelijke waarnemers op twee verschillende paden worden geplaatst: de ene kijkt naar de baan van de atomen, terwijl de andere de golffunctie van de atomen volgt.

Het centrale idee van Bohm was dat de aanwezigheid van onafhankelijke waarnemers kon aantonen hoe de golffunctie van atomen hun gedrag daadwerkelijk beïnvloedde.

Hoewel Bohm's atoomexperiment een gedachte-experiment is, heeft het de verdienste dat het het belang van golffuncties in de kwantummechanica benadrukt en suggereert dat dit niet slechts wiskundige hulpmiddelen zijn, maar elementen die een echte impact hebben op waargenomen fysische verschijnselen.

Bohm's benadering van kwantumfysica werd vaak gezien als een tegenvoorstel voor de heersende opvatting van de Kopenhagen interpretatie, omdat hij het idee verdedigde dat er een objectieve werkelijkheid bestaat die onafhankelijk is van de waarnemer en dat de rol van golffuncties cruciaal zou zijn om tot een nauwkeurige beschrijving van kwantumverschijnselen te komen.

Al met al is Bohm's atoomexperiment een belangrijke mijlpaal in de zoektocht naar de probabilistische aard van de kwantumwerkelijkheidỳ en zet het aan tot diepgaande reflecties over de relatie tussen wiskunde en natuurkunde en over de aard van het universum dat ons omringt.

De probabilistische aard van de kwantumwerkelijkheidỳ vormt een fundamentele uitdaging voor ons deterministische wereldbeeld. Het superpositieprincipe, gecombineerd met de aanwezigheid van golffuncties, zet ons aan tot het omarmen van een visie waarin onzeker lot en meervoudige mogelijkheden zich verstrengelen in een ballet van onbeperkte waarschijnlijkhedeṅ en potentialiteiteṅ.

Recente studies op het gebied van kwantumbewustzijn en golffuncties hebben geleid tot steeds fascinerendere theorieën en hypotheses, zoals Hugh Everett III's voorgestelde veel-werelden interpretatie, die het bestaan van parallelle universa suggereert waarin elke mogelijke kwantumuitkomst zich manifesteert. Deze inzichten duwen de mensheid ertoe de grenzen van de kennis te verkennen en de confrontatie aan te gaan met de uitgestrektheid en complexiteit van de kwantumwerkelijkheidỳ.

De grenzen van het bestaan gezien door de superpositie van toestanden...

Kwantummechanica, met haar fundamentele principe van superpositie, opent de deur naar een visie op de werkelijkheid die verder gaat dan louter bestaan, en introduceert ons in een onderzoeksgebied dat de grenzen van de mens en het universum om ons heen raakt. Door de superpositie van toestanden betreden we een rijk van mogelijkheden en waarschijnlijkheden die onze conventionele opvattingen over de aard van dingen en bewustzijn uitdagen.

Een van de meest intrigerende aspecten van superpositie van toestanden is het vermogen om een bevoorrecht inzicht te bieden in de aard van de werkelijkheid. In de kwantumfysica kan een deeltje tegelijkertijd in meerdere toestanden bestaan, een superpositie die ons uitnodigt om na te denken over de multidimensionale aard van het universum en ons eigen bestaan.

Het dubbel-spleten experiment is een sprekende illustratie van hoe de superpositie van toestanden de deur opent naar nieuwe inzichten over de aard van de werkelijkheid. Wanneer deeltjes twee spleten passeren en er een interferentiepatroon optreedt, worden we geconfronteerd met een fenomeen dat de complexiteit en rijkdom onthult van de situaties die het kwantumrijk beheersen.

De superpositie van toestanden gaat verder dan het louter fysieke bestaan en drijft ons ertoe om de diepten van het menselijk bewustzijn te verkennen. Wetenschappers als Max Planck en Albert Einstein hebben gesuggereerd dat de werkelijkheid zelf op een of andere manier gevormd zou kunnen worden door het bewustzijn, wat de weg vrijmaakt voor een perspectief waarin onze waarneming en ons bewustzijn een fundamentele rol spelen bij het vormgeven van de wereld om ons heen.

De visie op de werkelijkheid die de superpositie van toestanden biedt, nodigt ons uit om de mens niet alleen te beschouwen als een passieve waarnemer van de wereld, maar als een actieve deelnemer aan de creatie van de werkelijkheid zelf. Dit radicale perspectief dwingt ons om de grenzen van het zijn te verkennen en onze zekerheden over de zin van het bestaan en het bewustzijn in twijfel te trekken.

Maar wat is een deeltje dan voordat het wordt gemeten?

Wat is een deeltje voordat het wordt gemeten? Deze vraag zet ons ertoe aan de diepten van de kwantumwerkelijkheid te verkennen en fundamentele concepten zoals het superpositieprincipe te confronteren, waardoor onze diepst gewortelde opvattingen over de aard van het universum op de proef worden gesteld.

Voordat een deeltje wordt gemeten, bevindt het zich in een superpositie, d.w.z. in een lineaire combinatie van verschillende kwantumtoestanden. Dit fundamentele concept, geïntroduceerd door pioniers als Erwin Schrödinger en Werner Heisenberg, betekent dat het deeltje zich tegelijkertijd in meerdere posities, in meerdere spintoestanden of in verschillende configuraties van fysische eigenschappen kan bevinden, totdat het wordt waargenomen of gemeten.

Een van de meest revolutionaire implicaties van superpositie van toestanden is dat totdat een deeltje wordt waargenomen of interactie heeft met zijn omgeving, het niet bestaat in een gedefinieerde toestand, maar een veelheid aan mogelijkheden kan omarmen. Dit suggestieve scenario doet denken aan de eeuwenoude filosofische vraag: als een boom omvalt in een bos en er is niemand om hem te horen, maakt hij dan geluid?

Iconische experimenten zoals het dubbel-spleten experiment bieden een bevoorrecht venster op de kwantumwerkelijkheid vóór observatie. In dit experiment wordt het gedrag van een deeltje dat door twee spleten gaat, bepaald door de superpositie van zijn toestanden. Dit fenomeen leidt tot een interferentiepatroon dat zichtbaar wordt op de detectieplaat, waarmee de probabilistische en golfachtige aard van deeltjes wordt aangetoond voordat er een meting wordt gedaan.

Uitgebreide studies door natuurkundigen en filosofen hebben geleid tot verschillende theorieën en interpretaties van de aard van de niet-waargenomen kwantumwerkelijkheid. Sommige theoretici beweren dat een deeltje in een superpositie van toestanden bestaat totdat het wordt gemeten, terwijl anderen het bestaan van onderliggende latente werkelijkheden postuleren die het gedrag van het deeltje bepalen, zelfs voordat het wordt waargenomen.

Uiteindelijk heeft de vraag wat een deeltje is voordat het wordt gemeten geen antwoord, of beter gezegd, het antwoord is: we weten het niet. Dit zet ons aan om na te denken over de relatie tussen waarnemer en waargenomene, de rol van het bewustzijn bij het creëren van de werkelijkheid en de diepere betekenis van de aard van materie en het universum.

Het concept van lokaliteit en niet-lokaliteit .

In het hart van de kwantumtheorie werpt de vergelijking tussen het begrip lokaliteit, zoals gedefinieerd door de klassieke natuurkunde, en kwantum-non-lokaliteit licht op een intrigerend raadsel dat de diepgaande verschillen onthult tussen twee schijnbaar onverzoenlijke wereldbeelden. Dit debat is van cruciaal belang in de context van het levenseinde en kwantumbewustzijn, omdat het de subtiele nuances van het universum belicht die aan onze gewone waarneming ontsnappen.

Localiteit is een fundamenteel principe van de klassieke natuurkunde, welsprekend geformuleerd door Albert Einstein. Volgens deze opvatting wordt elke fysieke gebeurtenis alleen beïnvloed door oorzaken die 'er direct op inwerken' op hetzelfde punt in ruimte en tijd. Dit principe van ruimtelijke en temporele scheiding van fysieke interacties heeft eeuwenlang de basis gevormd van ons begrip van de wereld.

De kwantumfysica daagt dit principe echter radicaal uit door het concept van non-lokaliteit te introduceren. Kwantumnon-lokaliteit suggereert dat subatomaire deeltjes zoals elektronen ogenblikkelijk gecorreleerd kunnen zijn, ongeacht de ruimtelijke afstand ertussen. Dit fenomeen, dat bekend staat als 'kwantumverstrengeling', is het onderwerp geweest van intensief onderzoek en experimenten op het gebied van kwantumfysica.

Een van de experimenten die aanzienlijk heeft bijgedragen aan het begrip van niet-lokaliteit was het Aspect-experiment, uitgevoerd door Alain Aspect in 1982. In dit experiment werd een paar gecorreleerde fotonen op grote afstand van elkaar gestuurd. De waarneming van de toestand van het ene foton beïnvloedde onmiddellijk de toestand van het andere foton, wat de aanwezigheid van niet-lokale correlaties tussen de deeltjes bevestigde.

Kwantum niet-lokaliteit betekent een radicale breuk met de deterministische en lokale kijk op de werkelijkheid die door de klassieke natuurkunde wordt geboden. Dit kenmerk van de kwantumwereld stelt onze diepste intuïties over de aard van de werkelijkheid op de proef en roept fundamentele vragen op over het concept van ruimte en tijd en de aard van het bewustzijn zelf.

De vergelijking tussen Einsteins lokaliteit en kwantum-non-lokaliteit biedt een bevoorrechte blik op de tegenstrijdigheden en wonderen die het weefsel van het universum doordringen. Door de briljante geesten van pioniers als Einstein, Aspect en andere wetenschappers die de grenzen van de kwantumfysica verkenden, worden we geconfronteerd met een conceptueel kruispunt dat uitnodigt tot diepe reflectie over de verborgen dimensies van het bestaan.

In deze reis door de complexiteit van het concept van lokaliteit en niet-lokaliteit wagen we ons in het rijk van de kwantumfysica, waar de regels van de gewone werkelijkheid worden uitgedaagd en herschreven. Deze dialoog tussen twee schijnbaar tegengestelde wereldbeelden zet ons aan om het verband te onderzoeken tussen het einde van het leven, bewustzijn en de diepe mysteries die het weefsel van het universum doordringen.

Het begrip lokaliteit in de klassieke natuurkunde.

De klassieke natuurkunde, al eeuwenlang de basis van ons begrip van de fysieke wereld, is stevig gebaseerd op het principe van lokalisme. Dit principe stelt dat gebeurtenissen en interacties in ons universum beperkt zijn door gedefinieerde ruimtelijke grenzen en dat de acties van een object alleen invloed hebben op zijn directe omgeving, zonder invloed op grote afstanden.

Een van de pijlers van de klassieke natuurkunde die het concept van lokalisme ondersteunt, is de relativiteitstheorie van Albert Einstein. Einstein verschafte met zijn revolutionaire veldvergelijkingen, zoals de vergelijkingen van Maxwell, een solide wiskundig raamwerk om de krachten en interacties tussen objecten in ons universum te beschrijven. De relativiteitstheorie versterkt het concept van lokalisme door grenzen te stellen aan de lichtsnelheid, die fungeren als 'grenzen' waarbuiten de invloeden van een gebeurtenis zich niet onmiddellijk kunnen voortplanten.

Een ander belangrijk voorbeeld dat het lokalisme in de klassieke natuurkunde benadrukt, is het dubbelspletenexperiment. Dit experiment, uitgevoerd door Thomas Young in de 19e eeuw, toonde overtuigend het golfachtige gedrag van licht aan, maar het resultaat kon worden geïnterpreteerd in de context van het lokalisme. De waarneming van individuele fotonen die door de twee spleten gingen was verenigbaar met het idee dat elk foton zich gedroeg als een gelokaliseerd deeltje met een welbepaald pad.

Maar met de opmars van de kwantumfysica in de 20e eeuw werd de lokalistische kijk van de klassieke natuurkunde op de proef gesteld. Het fenomeen van kwantumverstrengeling, beschreven door Erwin Schrödinger in 1935, is een van de belangrijkste concepten die licht werpen op de niet-lokaliteit in de wereld van subatomaire deeltjes. Verstrengeling impliceert een ogenblikkelijke correlatie tussen de eigenschappen van twee deeltjes, ongeacht de afstand die hen scheidt, waardoor het principe van lokalisme wordt getart.

Het beroemde debat tussen Einstein en Niels Bohr over de probabilistische aard van de kwantummechanica verdiepte de kwestie van lokaliteit versus niet-lokaliteit nog verder. Einstein, met zijn beroemde uitspraak '*God dobbelt niet*', probeerde een deterministische en lokalistische interpretatie van de fysieke wereld te verdedigen, terwijl Bohr pleitte voor de geldigheid van een niet-lokalistische kijk op het universum op kwantumniveau.

Concluderend kan gesteld worden dat het concept van lokalisme in de klassieke natuurkunde een solide basis vormde voor het begrijpen van onze fysieke wereld, maar met de komst van de kwantumfysica en haar schijnbaar niet-lokale verschijnselen is het noodzakelijk geworden om deze basis te heroverwegen en in twijfel te trekken. Onderzoek en discussie over lokaliteit en niet-lokaliteit blijft een gebied van grote interesse en debat in de wetenschappelijke gemeenschap, en werpt licht op een van de meest fascinerende raadsels van de aard van ons universum.

"Localiteit": de pijler van de klassieke fysica. "Non-localiteit": het kwantummysterie...

De vergelijking tussen lokaliteit en niet-lokaliteit is een onderwerp van discussie dat geworteld is in de fundamenten van ons begrip van de fysieke wereld. De klassieke fysica heeft altijd vastgehouden aan het concept van lokalisme, met haar deterministische wetten en het idee dat gebeurtenissen beperkt zijn in de ruimte. De kwantumfysica daarentegen heeft mysterieuze fenomenen aan het licht gebracht die deze zienswijze in twijfel trekken en nieuwe perspectieven openen op de aard van de werkelijkheid.

Het concept van plaatsbepaling is eeuwenlang de pijler geweest waarop de klassieke natuurkunde is gebaseerd. Galileo Galilei hielp in de 17e eeuw met zijn onderzoek naar zwaartekrachtversnelling bij het definiëren van de bewegingswetten die het gedrag van voorwerpen in de driedimensionale ruimte bepalen, en bevestigde het idee dat de acties van een voorwerp beperkt zijn door zijn positie in de ruimte en dat interactie alleen plaatsvindt met omringende voorwerpen.

Het werk van Isaac Newton, met zijn onsterfelijke wet van de universele zwaartekracht, verstevigde het concept van lokaliteit binnen de klassieke natuurkunde. Newtons vergelijkingen, die de beweging van hemellichamen en aardse lichamen nauwkeurig beschrijven, zijn een sprekend voorbeeld van hoe de localistische kijk het mogelijk maakte om natuurkundige verschijnselen met grote nauwkeurigheid te voorspellen en te verklaren in een deterministische context.

Met de komst van de kwantumfysica in de 20e eeuw werd de wetenschap echter opgeschrikt door onthullingen over niet-lokaliteit, waardoor een mysterie aan het licht kwam dat de fundamenten van ons begrip van de wereld op losse schroeven zette. Het Bell-experiment, uitgevoerd door John Bell in 1964, toonde ondubbelzinnig aan dat subatomaire deeltjes op een niet-lokale manier gecorreleerd kunnen zijn, dat wil zeggen, met een ogenblikkelijke onderlinge verbondenheid die ruimtelijke afstanden overstijgt.

De bijdragen van kwantumfysici als Niels Bohr, Werner Heisenberg en Erwin Schrödinger hebben ons begrip van de niet-lokaliteit en het golf-deeltje dualisme die de kwantumwereld kenmerken verder verbreed. Het onzekerheidsprincipe van Heisenberg en het principe van kwantum superpositie benadrukken de probabilistische en niet-deterministische aard van verschijnselen op subatomair niveau, waardoor de localistische opvatting van de werkelijkheid in twijfel wordt getrokken.

Concluderend kan worden gesteld dat de confrontatie tussen lokaliteit en niet-lokaliteit een van de meest diepgaande en stimulerende uitdagingen vormt voor de hedendaagse fysica. Terwijl de klassieke fysica de wereld benaderde vanuit een strikt, deterministisch lokalistisch perspectief, heeft de kwantumfysica de deur geopend naar een arena van schijnbaar paradoxale en mysterieuze fenomenen die ons uitnodigen om onze kijk op de wereld en de werkelijkheid zelf opnieuw te interpreteren. Dit evoluerende debat blijft de geesten van onderzoekers en nieuwsgierigen inspireren en intrigeren die de uiteindelijke aard van het bewustzijn en het universum om ons heen in vraag stellen.

Verstrikking en paradoxen. De kern van de divergentie tussen de klassieke en kwantumwereld.

Om verstrengeling volledig te begrijpen, moeten we teruggaan in de tijd naar het begin van de kwantumfysica. In 1935 publiceerde Albert Einstein samen met Boris Podolsky en Nathan Rosen een artikel waarin de pijlers van de kwantummechanica in twijfel werden getrokken. Het artikel presenteert een gedachte-experiment dat een ongelooflijke correlatie laat zien tussen twee deeltjes die, als ze eenmaal interageren, een ogenblikkelijke verbinding lijken te onderhouden die het concept van plaatsbepaling in de ruimtetijd tart. Het artikel wil de onmogelijkheid van deze theorie aantonen, en dus ook van de kwantumtheorie. Het voorgestelde experiment werd bekend als de 'EPR Paradox' als acroniem voor de namen van de indieners.

In plaats daarvan is het iconische experiment dat verstrengeling bewees het experiment dat in 1964 werd voorgesteld door John Bell en in 1982 werd gerealiseerd door Alain Aspect. Bell's beroemde stelling legde de basis voor het experimenteel verifiëren van de niet-lokaliteit van kwantumverschijnselen. Door middel van een serie metingen aan paren verstrengelde deeltjes was het mogelijk om aan te tonen dat kwantumcorrelaties door geen enkele lokale theorie kunnen worden verklaard, waardoor een van de meest intrigerende aspecten van de kwantumwerkelijkheid aan het licht kwam.

Het concept van verstrengeling is echter niet beperkt tot de wereld van de elementaire deeltjes: het heeft zich ook uitgebreid naar de kwantumbiologie en werpt diepgaande vragen op over de aard van het bewustzijn. Theoretisch bioloog Stuart Hameroff heeft in samenwerking met natuurkundige Sir Roger Penrose verondersteld dat microtubuli in hersencellen een sleutelrol kunnen spelen in het ontstaan van bewustzijn door kwantumverstrengeling.

In dit visionaire scenario wordt het menselijk bewustzijn een ingewikkeld web van kwantumverbindingen die zich uitstrekken tot het subatomaire niveau, waardoor traditionele opvattingen over scheiding en afstand worden getart. De Duitse filosoof Arthur Schopenhauer zou, als hij vandaag zou leven, in het kwantumdoolhof een bevestiging vinden van zijn visie op het universum als een manifestatie van één en dezelfde ondeelbare werkelijkheid.

Kortom, kwantumverstrengeling en de paradoxen van niet-lokaliteit vormen een fascinerende grens in wetenschap en filosofie. Door verbazingwekkende experimenten legden pioniers als Niels Bohr, Erwin Schrödinger en Werner Heisenberg de basis voor het begrijpen van een universum waarin de scheiding tussen entiteiten oplost in een kwantumverstrengeling die de hele werkelijkheid omvat.

Gescheiden maar verenigd: kwantum niet-lokaliteit.

In het labyrint van de kwantumfysica komt non-lokaliteit naar voren als een van de meest uitdagende en contra-intuïtieve vragen die het concept zelf van ruimte en afscheiding in twijfel trekken. Kwantum-non-lokaliteit vormt samen met het begrip verstrengeling een fundamentele pijler die onze diepst gewortelde intuïties over werkelijkheid en bewustzijn uitdaagt.

Om kwantum-non-lokaliteit volledig te begrijpen, moeten we een sprong terug in de tijd maken naar de baanbrekende experimenten die in de 20e eeuw werden uitgevoerd. Een van de belangrijkste experimenten die de niet-lokaliteit benadrukten, is het onderzoek van Alain Aspect in de jaren 1980. Met behulp van systemen van verstrengelde deeltjesparen toonde Aspect aan dat kwantumcorrelaties tussen deeltjes niet konden worden verklaard door lokale theorieën, waarmee de aanwezigheid van een intieme verbinding buiten ruimte en tijd werd bevestigd.

De bijdrage van theoretische natuurkundigen zoals David Bohm kan in deze discussie niet worden onderschat. Bohm stelde een visie op het universum voor waarin niet-lokaliteit inherent is aan het weefsel van de werkelijkheid en suggereerde dat elk deel van het universum verbonden is met elk ander deel op een diepgaande en mysterieuze manier die de ruimtelijke afstand overstijgt.

De Kopenhagen Interpretatie theorieën van Niels Bohr en Werner Heisenberg riepen ook cruciale vragen op over de aard van niet-lokaliteit. Het idee dat een deeltje een ander deeltje ogenblikkelijk kan beïnvloeden, zelfs als het zich op enorme afstanden bevindt, heeft de knapste koppen op dit gebied ertoe aangezet om de grondslagen van de moderne natuurkunde opnieuw te overdenken.

In een wereld waarin afgescheidenheid een illusie lijkt die door onze beperkte perceptie in kaart is gebracht, confronteert kwantum-non-lokaliteit de menselijke blik met een raadsel dat zich aan rationeel begrip onttrekt. Via kwantum'verbindingen' die het universum doorkruisen, worden we geconfronteerd met de waarneming van een realiteit waarin we afgescheiden zijn, maar tegelijkertijd verenigd in een onbreekbaar web van onzichtbare verbindingen.

In deze buitengewone context nodigt kwantum-non-lokaliteit ons uit om de aard van de werkelijkheid te heroverwegen en opent de deur naar nieuwe grenzen van kennis en bewustzijn. Door de donkere sluier van non-lokaliteit herinnert de kwantumfysica ons eraan dat we weliswaar ver van elkaar verwijderd zijn in de ruimte, maar dat onze levens met elkaar verweven zijn in een groter en mysterieuzer patroon, dat alles wat bestaat verenigt in een intieme dans van onderlinge verbondenheid.

Lokaliteit en niet-lokaliteit. De historische confrontatie tussen Einstein en de kwantumfysica.

In de natuurkunde van de 20e eeuw werd het debat tussen het onbetwiste genie Albert Einstein en de nieuwe theorieën van de kwantumfysica beheerst door een gedenkwaardige botsing: de confrontatie tussen lokaliteit en niet-lokaliteit. Dit intellectuele duel wakkerde het vuur aan van een controverse die getuigde van de kloof tussen het klassieke en het kwantum wereldbeeld, en gaf aanleiding tot een van de meest fascinerende hoofdstukken in de geschiedenis van de wetenschap.

Het strijdtoneel in deze confrontatie was de aard van het universum zelf: Einstein, met zijn relativiteitstheorie, pleitte voor het idee van een deterministische werkelijkheid beheerst door natuurkundige wetten die de notie van plaatsgebondenheid van ruimte en tijd respecteerden. Aan de andere kant bood de kwantumfysica, met haar raadselachtige raadsels en kwantum-non-lokaliteit, een beeld van een universum dat beheerst wordt door probabilistische wetten en intrinsieke connecties voorbij ruimte en tijd.

Een van de belangrijkste experimenten die de kwestie van niet-lokaliteit aan het licht brachten, was het experiment dat Einstein, Podolsky en Rosen voorstelden in het beroemde artikel uit 1935 dat bekend staat als de 'EPR-paradox'. In dit artikel benadrukten de drie wetenschappers een ogenschijnlijke ogenblikkelijke verbinding tussen verstrengelde deeltjes, waarbij ze aangaven hoe dit het idee van scheiding tussen ruimte en tijd op losse schroeven zette en de grondslagen van de klassieke natuurkunde in twijfel trok.

Andere cruciale experimenten die de kwestie van niet-lokaliteit onderzochten, waren onder andere het onderzoek van John Bell in de jaren 1960, dat culmineerde in zijn stelling die de geldigheid van lokale theorieën met betrekking tot kwantumverschijnselen testte. De schending van de ongelijkheden van Bell door echte experimenten bevestigde dat kwantumverschijnselen niet kunnen worden verklaard door theorieën die de lokaliteit respecteren, en opende de weg naar een panorama van onvermoede verbindingen door ruimte en tijd heen.

Het debat tussen Einstein en de grondleggers van de kwantumfysica, zoals Niels Bohr, Werner Heisenberg en Erwin Schrödinger, katalyseerde intense reflectie over zowel de aard van de fysieke werkelijkheid als onze perceptie ervan. De contrasterende ideeën van Einstein en de kwantumfysici bakenden een dunne lijn af tussen twee conceptuele werelden en benadrukten de diepe kloof tussen Einsteins deterministische en lokale visie en de probabilistische en niet-lokale visie van de kwantummechanica.

In deze fascinerende tweestrijd van ideeën en concepten is de uitdaging tussen lokaliteit en niet-lokaliteit een mijlpaal gebleken in de geschiedenis van het wetenschappelijk denken, waardoor we onze diepgewortelde overtuigingen over de aard van de werkelijkheid en het menselijk bewustzijn moeten heroverwegen. Terwijl Einstein en de kwantumfysica door de eeuwen heen met elkaar blijven converseren, blijft de confrontatie tussen lokaliteit en niet-lokaliteit een van de grootste raadsels voor de mensheid die nog opgelost moeten worden, met de belofte nieuwe inzichten te onthullen in de essentiële aard van het universum om ons heen.

Heisenberg onbepaaldheid.

Dit principe, geformuleerd door de beroemde Duitse natuurkundige Werner Heisenberg in 1927, is een van de fundamentele pijlers van de kwantumtheorie en onthult een verrassende realiteit: we kunnen niet tegelijkertijd precies zowel de positie als de impuls van een deeltje kennen.

Heisenberg, een leidende figuur in de 20e eeuwse fysica, deed dit revolutionaire onderzoek in de kwantummechanica en legde daarmee de basis voor een wereldbeeld waarin ambiguïteit en onzekerheid heersen op microscopisch niveau. Door het gebruik van complexe wiskundige formalismen en de gedetailleerde analyse van experimenten toonde Heisenberg aan dat er een intrinsieke grens is aan de precisie waarmee we de fysische grootheden van een elementair deeltje kunnen meten.

In een beroemd gedachte-experiment over de gelijktijdige meting van de positie en het momentum van een elektron, wees Heisenberg erop dat elke poging tot precisie in de meting van een van deze grootheden onvermijdelijk leidt tot een toename van de onzekerheid in de andere grootheid. Dit fenomeen, bekend als het onzekerheidsprincipe, daagt ons gezond verstand uit dat een precieze en definitieve kennis verwacht van de fysieke werkelijkheid om ons heen.

De paradoxen en filosofische implicaties van Heisenbergs onbepaaldheid hebben decennialang verhitte debatten onder wetenschappers en filosofen aangewakkerd. Sommige wetenschappers, zoals Niels Bohr en Max Born, stellen dat onbepaaldheid een intrinsiek kenmerk is van de kwantumnatuur van de werkelijkheid en dat we het moeten accepteren als onderdeel van het weefsel van de moderne fysica.

Anderen, zoals Albert Einstein, waren diep verontrust door de schijnbare willekeur en onzekerheid die inherent zijn aan de kwantummechanica en riepen zelfs de beroemde zin uit: "*God dobbelt niet met het universum*".

Echter, de talrijke experimentele bevestigingen van Heisenbergs onbepaaldheid door experimenten zoals elektronendiffractie en atoomspectroscopie hebben zijn status als een van de fundamentele principes van de natuur geconsolideerd...

Vandaag de dag blijft Heisenbergs onbepaaldheid wetenschappelijk onderzoek stimuleren en nieuwe perspectieven openen op de aard van de werkelijkheid. De implicaties gaan veel verder dan de fysica zelf en werpen licht op diepere vragen over de rol van de waarnemer bij het bepalen van de werkelijkheid en de aard van het bewustzijn zelf.

In een tijd waarin de grenzen tussen wetenschap en spiritualiteit steeds vager lijken te worden, stellen kwantumbewustzijn en Heisenbergs onbepaaldheid ons voor een dwingend raadsel. We kunnen ons afvragen: in hoeverre wordt onze wereld bepaald door de wetten van de klassieke fysica en in hoeverre wordt hij gevormd door onze eigen waarneming en bewustzijn?

Terwijl we de diepten van het kwantumuniversum verkennen, moeten we dus erkennen dat Heisenbergs onbepaaldheid niet alleen een wetenschappelijk raadsel is dat opgelost moet worden, maar ook een uitnodiging om na te denken over de aard van de werkelijkheid en ons bestaan.

Concluderend kan gesteld worden dat Heisenbergs onbepaaldheid een van de belangrijkste stadia is in de menselijke reis naar het begrijpen van de kwantumwereld, een reis die ons dwingt om onze diepst gewortelde opvattingen over de aard van de werkelijkheid en het bewustzijn zelf te heroverwegen. In deze constante dialoog tussen geest en materie, tussen waarnemer en waargenomene, worden we opgeroepen om nieuwe grenzen van kennis te verkennen en onzekerheid te omarmen als een integraal onderdeel van de schoonheid en complexiteit van het universum om ons heen.

Dansen in onbepaaldheid. Het mysterie van het principe van Heisenberg.

Deze fundamentele pijler van de kwantumtheorie, die al in 1927 door Werner Heisenberg werd geformuleerd, biedt ons een fascinerend en diepgaand inzicht in de aard van de werkelijkheid, een reis die ons uitnodigt om te dansen tussen de nuances van onzekerheid.

Heisenberg, een leidende figuur in de 20e eeuwse natuurkunde, benaderde het mysterie van de natuur op microscopisch niveau met een geest van gedurfde verkenning. In zijn studies van de kwantummechanica realiseerde hij zich dat, in tegenstelling tot de voorspelling van de klassieke fysica, we niet tegelijkertijd met absolute precisie de positie en het momentum van een elementair deeltje kunnen weten. Dit concept, dat zich manifesteert als het onzekerheidsprincipe, onthult een levendige wereld van ambiguïteit en subtiele onderlinge verbondenheid tussen fysische grootheden.

Als we de implicaties van dit principe onderzoeken, zien we een ingewikkelde dans tussen subatomaire deeltjes, waarbij onze eigen waarneming het gedrag van de kleinste entiteiten in het universum beïnvloedt. Het verhaal gaat dat tijdens een beroemde ontmoeting tussen Heisenberg en zijn collega Niels Bohr in Kopenhagen in 1927, de briljante geesten van de twee natuurkundigen botsten over deze schijnbaar paradoxale concepten. Bohr, een fervent verdediger van de probabilistische kwantuminterpretatie, betoogde dat onbepaaldheid inherent is aan de aard van de deeltjes, terwijl Heisenberg, met zijn Duitse precisie, met zijn scherpe wiskunde de fundamenten van deze visie probeerde te ondermijnen.

Het onvergetelijke gedachte-experiment van de botsing tussen een deeltje en een foton, dat Heisenberg gebruikte om het onzekerheidsprincipe te illustreren, zet ons aan tot nadenken over de grens tussen wat we kunnen weten en wat onopgelost blijft in het kwantumuniversum. De diffractie van elektronen door een dubbele spleet, het experiment dat licht wierp op de golfkarakteristiek van materie, is een andere mijlpaal die de ongrijpbare essentie van elementaire deeltjes bevestigt.

Maar het mysterie van Heisenbergs onbepaaldheid reikt verder dan de pagina's van natuurkundeboeken en laboratoria van wetenschappers. De bredere context van het menselijk bewustzijn en de werkelijkheid zelf is met dit principe verweven en stelt ons voor diepgaande existentiële vragen over de aard van onze waarneming en onze rol in het universum.

In een tijd waarin kwantumfysica en spiritualiteit samensmelten in een vruchtbare dialoog, nodigt 'Dance in Indeterminacy' ons uit om het concept van realiteit en kennis te heroverwegen. Misschien ligt in dit uitgestrekte scenario van onzekerheid wel de schoonheid en diepte van het universum, een uitnodiging om het mysterie met nederigheid en ontzag te aanschouwen.

Laten we dus, terwijl we dansen in Heisenbergs onbepaaldheid, in vervoering raken door de mysterieuze muziek van het kwantumuniversum, waar de werkelijkheid zichzelf onthult en verbergt in een ingewikkeld spel van dubbelzinnigheid en verwondering.

Tussen positie en snelheid. De onmogelijkheid van absolute kennis.

In het fascinerende rijk van de kwantumfysica is een van de meest relevante en intrigerende concepten de onmogelijkheid om tegelijkertijd zowel de absolute positie als het absolute momentum (snelheid) van een deeltje te kennen, zoals vastgesteld door het beroemde onzekerheidsprincipe van Heisenberg. Deze fundamentele pijler van de kwantumtheorie onthult een universum van nuances en uitdagingen voor ons traditionele begrip van de werkelijkheid.

Het onzekerheidsprincipe stelt dat hoe nauwkeuriger onze kennis van de positie van een deeltje, hoe onzekerder de informatie over zijn impuls wordt, en omgekeerd. Dit concept doet de fundamenten van de klassieke natuurkunde, die gebaseerd is op een deterministische en precieze kijk op de werkelijkheid, wankelen.

Om deze dichotomie tussen positie en momentum volledig te begrijpen, kunnen we nadenken over een emblematisch experiment zoals de dubbele spleet, dat de golfachtige aard van materie benadrukt. In deze context manifesteert de onzekerheid van Heisenberg zich in al zijn kracht en dwingt ons om ons intuïtieve gevoel van precisie en determinisme te heroverwegen.

Bij het debat rond deze kwesties waren briljante geesten in de kwantumfysica betrokken, zoals Niels Bohr, die stelde dat onbepaaldheid een integraal onderdeel is van de kwantumwerkelijkheid en dat we het moeten accepteren als onderdeel van de structuur van het universum. Aan de andere kant botsten illustere wetenschappers zoals Albert Einstein met de schijnbare willekeur en onvoorspelbaarheid van Heisenbergs principe, wat de spanningen tussen kwantummechanica en gezond verstand benadrukt.

Bovendien is de rol van de waarnemer in de bepaling van de werkelijkheid in deze context van cruciaal belang geworden. Experimenten met de actie van de waarnemer en hun invloed op het gedrag van deeltjes benadrukken de complexiteit van de relatie tussen het waargenomene en de waarnemer en openen nieuwe deuren naar de aard van het bewustzijn zelf.

De waarnemer wordt een integraal onderdeel van het experiment en beïnvloedt met zijn observatie het resultaat zelf. Deze combinatie van subject en object opent de deur naar een nieuwe manier om de relatie tussen de geest en de buitenwereld te begrijpen.

In het licht van dit alles betreden we het rijk van de onzekerheid met nederigheid en verwondering, in het besef dat de natuurkunde zelf haar grenzen onthult als het aankomt op het doorgronden van de diepten van het kwantumuniversum. De sprong van onzekerheid nodigt ons uit om nieuwe perspectieven te verkennen op de aard van de werkelijkheid, de rol van bewustzijn en de betoverende dans van elementaire deeltjes, zwevend tussen positie en momentum, tussen het bekende en het onbekende.

Kwantumwaarschijnlijkheid. De golffunctie.

Stel je voor dat je een vriend zoekt en vraagt waar je hem kunt vinden. De klassieke natuurkunde zou antwoorden: hij is op het Piazza Mazzini, in de Sports Bar, buiten, derde tafel rechts, de meest noordelijke stoel. Kwantumfysica daarentegen zou antwoorden: hij is waarschijnlijk op Piazza Mazzini.

Omdat we door de onbepaaldheid van Heisenberg het deeltje niet precies kunnen lokaliseren, kunnen we ons alleen maar voorstellen waar het deeltje zich waarschijnlijk bevindt. Hier komt de golffunctie ons te hulp. Dit is een wiskundig hulpmiddel dat de waarschijnlijkheid beschrijft dat een deeltje zich in een bepaalde positie of toestand bevindt.

In het magische rijk van de kwantumfysica ontstaat een fundamenteel concept dat de levensader vormt van deze fascinerende discipline: de golffunctie. Dit revolutionaire wiskundige hulpmiddel, dat wordt gebruikt in de kwantummechanica, geeft ons een diep en indringend inzicht in de waarschijnlijkheid dat een deeltje zich in een bepaalde positie of toestand bevindt en onthult de diepste geheimen van het subatomaire universum.

De golffunctie is de hoeksteen van de kwantummechanica, een wiskundig formalisme dat het gedrag van deeltjes op microscopisch niveau op een probabilistische manier beschrijft. De golffunctie werd in 1925 geïntroduceerd door Erwin Schrödinger met de beroemde vergelijking die zijn naam draagt en betekent een grote sprong voorwaarts ten opzichte van de klassieke opvattingen over natuurkunde, waarbij de werkelijkheid niet precies wordt bepaald, maar door een superpositie van mogelijke toestanden.

Door de golffunctie zijn we niet langer in staat om de definitieve baan van een deeltje te beschrijven, maar eerder de waarschijnlijkheid dat het zich in een bepaalde positie of toestand bevindt. Dit revolutionaire concept werd verder ontwikkeld door grootheden als Niels Bohr en Werner Heisenberg binnen de Kopenhagen interpretatie van de kwantummechanica, die het probabilistische en indeterministische karakter van de subatomaire wereld benadrukte.

Een paradigmatisch experiment dat het belang van de golffunctie onderstreept, is het tweespletenexperiment. Wanneer een bundel deeltjes door twee spleten wordt geleid, wordt een interferentiepatroon waargenomen dat alleen volledig kan worden verklaard door de probabilistische beschrijving die de golffunctie biedt. Dit raadselachtige fenomeen benadrukt de golfkarakteristiek van deeltjes en de complexiteit van de kwantumwerkelijkheid.

De rol van de golffunctie als voorspellend hulpmiddel werd bevestigd door talloze experimenten in de 20e eeuw, waaronder atoomspectroscopie en elektronendiffractie, die experimentele resultaten opleverden die overeenkwamen met de voorspellingen van de kwantummechanica. Deze experimentele successen hebben de geldigheid en het belang van de golffunctie als basis van ons begrip van de kwantumwerkelijkheid versterkt.

Uiteindelijk presenteert de golffunctie zichzelf als de brug tussen de waargenomen werkelijkheid en de verborgen waarschijnlijkheid van kwantumfysica, en biedt ons een bevoorrechte blik in de subtiele wereld van elementaire deeltjes.

Kansgolven, d.w.z. universum van mogelijkheden...

De golffunctie is een verbazingwekkende wiskundige entiteit, fundamenteel voor de probabilistische beschrijving van de kwantumwerkelijkheid, die de deur opent naar een universum van mogelijkheden en waarschijnlijkheden, dat het weefsel van het kwantumbewustzijn weeft.

De golffunctie vormt het kloppende hart van de kwantummechanica, een theorie die de canons van de klassieke natuurkunde uitdaagt door concepten te introduceren die een mysterieuze en levendige werkelijkheid onthullen. In 1925 formuleerde Erwin Schrödinger de vergelijking die zijn naam draagt, een vergelijking die de tijdsevolutie van een deeltje beschrijft aan de hand van de golffunctie, en zo een venster opent op de delicatesse en complexiteit van de kwantumwerkelijkheid.

Door de golffunctie betreden we een universum van waarschijnlijkheid en superpositie van toestanden, waar de positie en toestand van deeltjes niet met zekerheid worden bepaald, maar met een schaduw van onzekerheid die de aard van de subatomaire werkelijkheid onthult. Dit revolutionaire concept vormde de basis van de Kopenhagen interpretatie van de kwantummechanica en leidde geleerden als Niels Bohr en Werner Heisenberg tot een radicale heroverweging van de aard van het universum.

De praktische toepassingen van de golffunctie zijn bevestigd door een reeks experimenten en observaties in de loop van de 20e eeuw, die de geldigheid en effectiviteit van dit voorspellende hulpmiddel bij het beschrijven van verschijnselen op atomair en subatomair niveau hebben aangetoond. Het elektronendiffractie-experiment en atoomspectroscopie zijn slechts twee van de voorbeelden die de golffunctie hebben geconsolideerd als fundamenteel voor ons begrip van de kwantumwerkelijkheid.

Concluderend: door ons onder te dompelen in de golven van waarschijnlijkheid en het universum van mogelijkheden dat de golffunctie biedt, worden we geconfronteerd met een buitengewone wereld van verwondering en complexiteit, waar de werkelijkheid in haar meest intieme en mysterieuze vorm wordt onthuld. De kwantumtheorie onderzoeken door de lens van de golffunctie is de confrontatie aangaan met de oneindige verscheidenheid aan mogelijkheden die het universum biedt en nieuwe en onontdekte horizonten openen over de aard van het bestaan zelf.

Tussen dromen en werkelijkheid. Het probabilistische perspectief van kwantummechanica.

In de fascinerende dans tussen dromen en werkelijkheid confronteren kwantumfysica en klassieke fysica elkaar met uiteenlopende perspectieven die de intrinsieke complexiteit van het universum onthullen. De kern van dit conceptuele conflict ligt in de tegenstelling tussen het probabilistische perspectief van de kwantummechanica, gebaseerd op de golffunctie, en het lokalistische perspectief van de klassieke natuurkunde, gebaseerd op deterministische en vaststaande wetten.

De golffunctie, een bolwerk van de kwantummechanica, wordt voorgesteld als een wiskundig hulpmiddel dat de waarschijnlijkheid beschrijft dat een deeltje zich in een bepaalde positie of toestand bevindt. Deze vorm van probabilistische beschrijving van de subatomaire wereld staat in contrast met de lokalistische kijk van de klassieke natuurkunde, die voorstelt dat de positie en toestand van een deeltje op elk moment met zekerheid kan worden voorspeld, in lijn met deterministische opvattingen van de fysieke wereld.

De Schrödingervergelijking, in 1925 geformuleerd door Erwin Schrödinger, vormt de basis van de probabilistische beschrijving van de kwantumwerkelijkheid. Door deze vergelijking evolueert de golffunctie in de tijd volgens precieze regels die een waarschijnlijkheidskaart afbakenen die zich alleen manifesteert op het moment van observatie. Deze probabilistische benadering opent de deur naar mogelijke universa waarin absolute vastberadenheid oplost in het rijk van de waarschijnlijkheid.

Vanuit een ander perspectief heeft de klassieke fysica, met haar deterministische en lokalistische wetten, lange tijd het wetenschappelijke landschap gedomineerd en een wereldbeeld geboden dat gebaseerd is op een schijnbaar onaantastbare zekerheid. De komst van de kwantummechanica heeft dit fundament echter op losse schroeven gezet en een dun weefsel van waarschijnlijkheid en onzekerheid onthuld dat de subatomaire werkelijkheid doordringt.

Het tweespletenexperiment, waarbij subatomaire deeltjes interferentiegedrag vertonen dat alleen de probabilistische beschrijving van de golffunctie kan verklaren, laat duidelijk de divergentie tussen de twee perspectieven zien. Terwijl de klassieke natuurkunde ernaar streeft om de wereld te begrijpen vanuit een visie van absoluut determinisme, nodigt de kwantummechanica ons uit om de werkelijkheid te beschouwen in een onbepaalbare chaos van steeds veranderende mogelijkheden.

Tegen deze achtergrond van conceptueel conflict tussen dromen en werkelijkheid, tussen waarschijnlijkheid en determinisme, bevinden we ons op een epistemologisch kruispunt dat ons dwingt om de diepten van het universum en het bewustzijn zelf te verkennen. Terwijl de golffunctie ons leidt naar het labyrint van de onzekerheid, biedt het lokalistische perspectief ons een ankerplaats in de illusoire zekerheid van de klassieke fysica.

Dus, te midden van dromen over waarschijnlijkheid en deterministische realiteit, duiken we in een eindeloze reis door de grenzen van het menselijk begrip, waarbij we de paradoxen en tegenstrijdigheden verkennen die het kloppende hart van de kwantumfysica en onze perceptie van het universum bepalen.

De alchemie van het onwaarschijnlijke. Golffuncties en onzeker lot in kwantumbewustzijn.

In de ingewikkelde structuur van de kwantumfysica zien we een onderscheidend kenmerk dat de schoonheid en complexiteit van het universum onthult: het gebruik van golffuncties om de subtiele wereld van kwantumwaarschijnlijkheid te beschrijven. Dit fundamentele element van de kwantummechanica introduceert ons in een wereld waar het onwaarschijnlijke danst in harmonie met het onzekere en de alchemie van onvoorspelbaarheid onthult die de kwantumwerkelijkheid kenmerkt.

Golffuncties, wiskundige instrumenten die worden gebruikt om de waarschijnlijkheid van het vinden van een deeltje in een bepaalde positie of toestand te onderzoeken, zijn de magische sleutels die de deuren naar het kwantumrijk openen. Deze golffuncties, meesterlijk geïntroduceerd door illustere figuren als Erwin Schrödinger in 1925, vormen de basis waarop ons begrip van de subatomaire werkelijkheid rust, een wereld waarin onvoorspelbaarheid en onzekerheid dansen naast het onwaarschijnlijke.

Door het gebruik van golffuncties betreden we een ingewikkeld gebied waarin het lot van een deeltje niet van tevoren vaststaat, maar zich ontwikkelt in een probabilistische orkestratie van mogelijke toestanden. Dit perspectief staat in schril contrast met de deterministische kijk van de klassieke fysica, waarin elke gebeurtenis de oorzaak is van een precies effect, en schetst een beeld waarin de alchemie van het onwaarschijnlijke verweven is met de onzekere dans van de kosmos.

Het tweespletenexperiment, een uitstekend voorbeeld van de interferentie van subatomaire deeltjes, illustreert duidelijk het effect van golffuncties op de kwantumwerkelijkheid. Alleen door de probabilistische benadering van golffuncties kunnen we het complexe interferentiepatroon verklaren dat ontstaat wanneer de deeltjes de spleten passeren, wat de ongrijpbare en veranderende aard van de kwantumwerkelijkheid benadrukt.

Het verschil tussen het probabilistische perspectief van golffuncties en de deterministische visie van de klassieke natuurkunde leidde in de 20e eeuw tot verhitte discussies tussen wereldberoemde wetenschappers als Niels Bohr en Albert Einstein. Terwijl Bohr de geldigheid van de probabilistische benadering van de kwantummechanica verdedigde, bleef Einstein sceptisch over de indeterministische kijk die golffuncties boden, wat resulteerde in een epistemologische confrontatie van zeldzame intensiteit.

In deze tumultueuze dans tussen de alchemie van het onwaarschijnlijke en het onzekere lot, worden we geconfronteerd met een kruispunt van mogelijkheden en wonderen die de fundamenten van ons begrip van het universum op de proef stellen. Via golffuncties betreden we een labyrint van waarschijnlijkheid en onzekerheid, waar het lot zich in zijn onuitsprekelijke pracht openbaart en ons een bevoorrechte blik gunt op de oneindige verscheidenheid aan mogelijkheden die de kwantumwerkelijkheid doordringen.

Het experiment van de kat van Schrödinger

Op het gebied van de kwantumfysica zijn er maar weinig concepten die zoveel fascinatie en verbijstering opwekken als het experiment met de kat van Schrödinger. Dit raadselachtige scenario, in 1935 bedacht door de briljante Oostenrijkse natuurkundige Erwin Schrödinger, is een icoon van de vreemdheid en complexiteit van de subatomaire wereld.

Maar wat houdt dit beroemde experiment precies in? Stel je voor dat je een kat in een doos opsluit samen met een stralingsbron en een potje gif. Als er een verval optreedt in de stralingsbron, wat waarschijnlijk gebeurt, zorgt dit ervoor dat het gif zich verspreidt en de kat sterft. Volgens de kwantumtheorie bestaat de kat, totdat de doos wordt geopend om te kijken, in een superpositieve toestand, tegelijkertijd levend en dood, waardoor een paradoxale situatie ontstaat.

Dit conceptuele raadsel roept belangrijke vragen op over de aard van de werkelijkheid en de rol van de waarnemer bij het bepalen van de uitkomst van een kwantumexperiment. De kwantumfysica laat ons zien hoe subatomaire deeltjes zich in een superpositie kunnen bevinden totdat ze worden waargenomen, wat een wereld onthult waarin de wetten van de gewone logica lijken te wankelen.

Een van de interessantste aspecten van deze paradox is de invloed ervan op het begrip van de interpretatie van de kwantummechanica. Van de verschillende standpunten die in de loop der jaren naar voren zijn gebracht, heeft het debat tussen de voorstanders van de Kopenhagen-interpretatie van Niels Bohr en critici zoals Schrödinger zelf, de fervente reflectie over de aard van de kwantumwerkelijkheid aangewakkerd.

Het is belangrijk om op te merken dat het kattenexperiment van Schrödinger, hoewel voorgesteld als een theoretisch argument om de dubbelzinnigheden van de kwantummechanica te illustreren, nooit in de praktijk werd uitgevoerd om voor de hand liggende ethische redenen. Schrödinger dacht waarschijnlijk aan een kat omdat hij er thuis een had. De filosofische en conceptuele impact was echter enorm en beïnvloedde generaties wetenschappers en denkers.

Tot de meest illustere geleerden die met deze paradox hebben geworsteld, behoren niet alleen Schrödinger en Bohr, maar ook Albert Einstein en Werner Heisenberg, die de hoofdrolspelers waren in verhitte discussies over de betekenis en implicaties van de kwantumfysica. De verschillende visies en interpretaties van deze wetenschapsgiganten hebben het debat verrijkt en nieuwe perspectieven op ons begrip van de wereld op subatomair niveau gestimuleerd.

Concluderend kan worden gesteld dat het experiment van de kat van Schrödinger het toppunt vormt van de complexiteit en onzekerheid die kenmerkend zijn voor de kwantumfysica. Door dit raadselachtige scenario worden we ertoe aangezet om vraagtekens te zetten bij de grondslagen van de werkelijkheid, de rol van de waarnemer en de aard van de kosmos zelf. In een universum waar klassieke logica plaatsmaakt voor kwantumambiguïteit, blijft de kat van Schrödinger een onuitwisbaar symbool van onze voortdurende zoektocht naar betekenis in de raadselachtige wereld van elementaire deeltjes.

Geschiedenis en context van het kattenexperiment van Schrödinger.

Het experiment met de kat van Schrödinger is een van de bekendste en meest fascinerende voorbeelden van paradoxen en tegenstrijdigheden die ons begrip van de subatomaire wereld op de proef stellen. Dit experiment, in 1935 voorgesteld door de Oostenrijkse natuurkundige Erwin Schrödinger, heeft tot verhitte debatten en filosofische beschouwingen geleid over de aard van de werkelijkheid en het bewustzijn zelf.

Om het belang en de complexiteit van dit experiment volledig te begrijpen, is het nodig om de geschiedenis ervan na te gaan en de wetenschappelijke en filosofische context waarin het ontstond te analyseren. Schrödinger formuleerde dit gedachte-experiment als kritiek op interpretaties van de kwantummechanica die het naast elkaar bestaan van tegenstrijdige toestanden leken te impliceren.

In het kort houdt het experiment van Schrödinger's kat in dat een denkbeeldige kat wordt opgesloten in een doos samen met een radioactieve bron, een geigerteller en een flesje vergif. Als het radioactieve atoom desintegreert, detecteert de geigerteller de straling, waardoor het gif vrijkomt dat de kat doodt. Maar volgens de kwantumtheorie wordt de toestand van de kat, totdat deze direct wordt waargenomen, beschreven door een superpositie van toestanden, 'levende kat' en 'dode kat'.

Dit schijnbaar absurde scenario riep diepgaande vragen op over de aard van de werkelijkheid en het belang van de waarnemer bij het bepalen van de uitkomst van een kwantumexperiment. Schrödinger zelf was verbaasd over deze implicatie van zijn theorie en gebruikte het kattenexperiment om de schijnbare tegenstrijdigheden in de kwantummechanica te benadrukken.

In de historische context van die tijd weerspiegelde het kattenexperiment van Schrödinger de controverses en conceptuele uitdagingen waarmee de kwantumfysica werd geconfronteerd. In de jaren 1930 was de wetenschappelijke gemeenschap verdeeld tussen aanhangers van verschillende interpretaties van de kwantumtheorie, zoals Niels Bohr's (Kopenhagen School) interpretatie en Hugh Everett III's vele-werelden interpretatie.

Het debat over het kattenexperiment van Schrödinger is niet beperkt gebleven tot de academische wereld, maar heeft ook de populaire cultuur en de filosofie erbij betrokken. Filosofen als Ludwig Wittgenstein en Karl Popper hebben gedebatteerd over de betekenis en interpretatie van de kwantummechanica, waardoor de belangstelling voor de diepere implicaties van deze theorie werd aangewakkerd.

Ondanks kritiek en controverse blijft het experiment van de kat van Schrödinger een pijler van de kwantumfysica en stimuleert het voortdurende reflecties over de aard van de werkelijkheid en het menselijk bewustzijn. De geschiedenis en context van dit experiment vormen een belangrijk hoofdstuk in wetenschappelijk onderzoek en wetenschapsfilosofie en benadrukken de intellectuele uitdagingen die gepaard gaan met de ontdekking van de fundamentele wetten van het universum.

Concluderend kan gesteld worden dat het experiment van Schrödingers kat onbeantwoorde vragen oproept en de mensheid aanspoort om de grenzen van kennis en begrip te verkennen. Bovenal is dit experiment een uitnodiging om verder na te denken over de relatie tussen geest en materie en opent het nieuwe perspectieven voor wetenschap en filosofie.

Dagboek van een Mentaal Experiment. Denkbeeldige uitvoering van de kat van Schrödinger.

Dag 1.

Met wetenschappelijk elan en een vleugje nieuwsgierigheid vermengd met een vleugje ontzag begin ik aan een experiment dat het gezond verstand en de conventionele logica tart. Vandaag begin ik in mijn laboratorium met de uitvoering van het gedurfde kattenexperiment van Schrödinger. De voorbereidingen zijn minutieus geweest en de apparaten staan klaar: de doos met de kat, de radioactieve bron, de geigerteller en de giffles.

Dag 2.

Het experiment is nu in volle gang. De doos is verzegeld en de radioactieve bron is klaargemaakt voor verval. Het lot van de kat, zowel dood als levend, hangt in het ongewisse over kwantum. Ik verwijs naar de theorieën van Schrödinger, die mijn begrip van de superpositie van toestanden en de cruciale rol van de waarnemer hebben gevormd.

Dag 3.

De spanning in het laboratorium neemt toe. De tijd verstrijkt als de kat, in haar dubbele toestand, het middelpunt van mijn onderzoek wordt. Ik stel vragen over de aard van het bewustzijn en de invloed ervan op de interpretatie van de resultaten van dit experiment. De theorieën van denkers als Eugene Wigner en John Archibald Wheeler leiden me in deze diepgaande contemplatie.

Dag 4.

De uitspraak nadert. Vandaag is het kritieke moment waarop ik moet beslissen of ik de doos zal openen en het lot van de kat zal observeren. De spanning is voelbaar terwijl ik de natuur van kwantumobservatie en de paradox van superpositie van toestanden onder ogen zie. Hugh Everett III's ideeën over het multiversum en de implicaties daarvan verbreden mijn denkhorizon. Volgens Hugh Everett III zou het openen van de doos de geboorte van een ander universum veroorzaken. Als de kat in dit universum zou leven, zou hij zeker sterven in een ander universum, en vice versa.

Dag 5

De grote finale van het experiment is aangebroken. Met een mengeling van opwinding en vrees open ik de doos en kijk naar de kat. Leeft hij? Is hij dood? Mijn observatie bepaalt de uiteindelijke uitkomst op een cruciaal moment van interactie tussen materie en bewustzijn. De betekenis en implicaties van dit experiment weerklinken in mijn overpeinzingen.

Bij dit 'gedachte-experiment' van Schrödingers kat was natuurlijk geen kat betrokken. We beleefden een reis naar de afgrond van de kwantumfysica en het menselijk bewustzijn. Door middel van dit verhaal hebben we geprobeerd de essentie te vatten van de intellectuele en filosofische uitdaging die dit experiment vertegenwoordigt, waarbij de grens tussen wetenschap en metafysica wordt benaderd. Of de kat nu leeft of dood is, de echte ontdekking ligt in de vraag die zijn lot stelt aan ons begrip van de wereld.

De bedoelingen van Schrödinger achter de kwantumkat.

Maar wat was Schrödingers bedoeling achter het bedenken van dit buitengewone scenario?

Erwin Schrödinger, die in 1933 de Nobelprijs voor Natuurkunde kreeg voor zijn formulering van de golfvergelijking in de kwantummechanica, toonde een diepe interesse in de filosofische en conceptuele implicaties van de nieuwe theorie. Het kattenexperiment vertegenwoordigde Schrödingers poging om de conventionele interpretatie van de kwantummechanica in twijfel te trekken, in het bijzonder Niels Bohr's kijk op onbepaaldheid en de rol van de waarnemer.

Schrödinger geloofde dat de Kopenhagen interpretatie van Bohr, volgens welke een kwantumsysteem zich in een superpositie van toestanden bevindt totdat het gemeten wordt, tot logische en conceptuele impasses leidde die moeilijk te verenigen waren met het gezond verstand. Schrödingers kattenexperiment, met zijn extreme weergave van een superpositie van toestanden, was bedoeld om de absurditeit van een puur fenomenologische benadering van de kwantummechanica aan te tonen.

Veel wetenschappers hebben Schrödingers bedoeling geïnterpreteerd als kritiek op het gebrek aan een volledige en coherente verklaring van de werkelijkheid op kwantumniveau. Sommigen, zoals David Bohm, hebben geprobeerd om alternatieve interpretaties van de theorie te ontwikkelen die de dubbelzinnigheden en paradoxen zouden vermijden die uit het kattenexperiment naar voren kwamen. Anderen, zoals Max Planck en Albert Einstein, deelden Schrödingers twijfels over de conventionele interpretatie van de kwantummechanica.

De erfenis van het experiment met de kat van Schrödinger reikt veel verder dan de oorspronkelijke context en blijft inspireren tot nieuwe overwegingen en debatten op het gebied van theoretische natuurkunde en wetenschapsfilosofie. Het raadsel van de kwantumkat blijft een symbool voor de complexiteit en conceptuele uitdagingen die ons begrip van de wereld op subatomair niveau kenmerken, en nodigt ons uit om de grenzen van kennis en bewustzijn zelf te verkennen.

Uiteindelijk waren Schrödingers bedoelingen met de kwantumkat om diepgaande vragen op te werpen over de aard van de werkelijkheid en de noodzaak van een dieper en vollediger begrip van de kwantummechanica. Het kattenexperiment vormt dus een brug tussen wetenschap en filosofie, een raadsel dat de meest briljante geesten blijft uitdagen en de zoektocht naar een eenduidig beeld van de kwantumwereld stimuleert.

Het experiment met de kat van Schrödinger is een paradigmatisch voorbeeld van hoe de kwantumfysica onze intuïties over de aard van de werkelijkheid uitdaagt. Achter de fascinatie en complexiteit van dit experiment schuilt echter een onvermijdelijke dubbelzinnigheid: de poging om concepten en fenomenen uit de subatomaire wereld te vertalen naar de macroscopische wereld.

De kwantummechanica, ontstaan om het gedrag van materie op microscopisch niveau te beschrijven, is een broedplaats gebleken voor paradoxale en tegenstrijdige fenomenen. Concepten zoals superpositie van toestanden en kwantumonbepaaldheid, die heersen in het rijk van atomen en deeltjes, worden verbijsterend wanneer ze worden toegepast op objecten en systemen op macroscopische schaal.

Het experiment van de kat van Schrödinger belichaamt deze conceptuele uitdaging en brengt de ambiguïteit aan het licht die inherent is aan het uitbreiden van de principes van de kwantumfysica naar de echte wereld om ons heen.

De superpositie van toestanden (tegelijkertijd levende en dode kat) is een eigenaardig kenmerk van de kwantummechanica dat botst met onze gewone perceptie van de werkelijkheid. Terwijl deze superpositie op subatomair niveau algemeen wordt waargenomen en geaccepteerd, leidt de toepassing ervan op een macroscopisch object zoals een kat tot een duidelijke tegenspraak met de alledaagse ervaring. Dit conflict tussen de theorie en de directe ervaring van de fysieke wereld benadrukt het misverstand dat Schrödingers kattenexperiment impliceert.

Wetenschappers en filosofen worstelen al lang met deze kwestie en proberen te begrijpen hoe ze de interne samenhang van de kwantummechanica in overeenstemming kunnen brengen met de tastbare werkelijkheid om ons heen. Interpretaties van het kattenexperiment variëren, van voorstellen om de ineenstorting van de golffunctie te reduceren tot theorieën over vele werelden, maar ze erkennen allemaal de complexiteit en ambiguïteit die inherent is aan een poging om kwantumprincipes uit te breiden naar het macroscopische.

Uiteindelijk herinnert de dubbelzinnigheid die impliciet is in het kattenexperiment van Schrödinger ons aan de noodzaak van epistemologische voorzichtigheid bij het transponeren van subatomaire concepten naar macroscopische contexten. Terwijl de kwantumfysica ons blijft verbazen en uitdagen met haar eigenaardigheden, is het belangrijk om de grenzen tussen de verschillende lagen van de werkelijkheid te erkennen en om een kritische en bewuste benadering te handhaven in onze ondervraging van de kwantumwereld en het bewustzijn dat deze waarneemt.

De paradox van de maan die niet bestaat tenzij je ernaar kijkt.

In het labyrint van paradoxen en eigenaardigheden dat de kwantumfysica kenmerkt, ligt een fascinerend raadsel dat bekend staat als de 'maanparadox'. Volgens deze paradox bestaat de maan niet, tenzij je ernaar kijkt. Dit raadselachtige concept benadrukt de dubbelzinnige en raadselachtige aard van de werkelijkheid op kwantumniveau en stelt onze traditionele opvattingen over ruimte, tijd en materie op de proef.

De paradox wordt geïllustreerd door een gedachte-experiment waarin je je voorstelt dat je een lichtstraal naar het oppervlak van de maan gooit. Volgens de kwantumtheorie bestaat licht uit een golf en een deeltje dat foton wordt genoemd. Wanneer het foton het maanoppervlak raakt, ontstaat er interferentie die typisch is voor de golfkarakteristiek van licht. Als er echter geen waarnemer is om de interferentie te registreren, bestaat de maan op een bepaald moment praktisch niet.

Deze paradox benadrukt het fundamentele concept van 'kwantumcoherentie', volgens welk de werkelijkheid niet in een bepaalde toestand bestaat totdat deze wordt waargenomen of gemeten. Het feit dat de maan kan verdwijnen als hij niet wordt waargenomen, stelt ons algemene besef van de werkelijkheid en de continuïteit van het bestaan buiten de menselijke waarneming om op de proef.

Deze paradox en soortgelijke paradoxen werden in de 20e eeuw bestudeerd en bediscussieerd door vooraanstaande kwantumfysici als Niels Bohr, Werner Heisenberg en Erwin Schrödinger. Deze pioniers van de kwantumfysica hielpen onze opvattingen over de werkelijkheid op microscopisch niveau vorm te geven en benadrukten de buitengewone complexiteit en ambiguïteit die de subatomaire wereld kenmerkt.

Het gebruik van paradoxen zoals de onzichtbare maan buiten de waarneming om heeft een cruciale rol gespeeld in de ontwikkeling van de kwantumtheorie en stimuleert reflectie en innovatie op het gebied van de theoretische natuurkunde. Deze paradoxen werken als katalysatoren voor ons begrip van de kwantumwerkelijkheid en zetten wetenschappers ertoe aan om onze diepst gekoesterde intuïties over de aard van materie en het universum te heroverwegen.

In hun complexiteit en tegenstrijdige aard nodigen kwantumparadoxen zoals die van de onzichtbare maan ons uit om de diepten van het kwantumuniversum te verkennen en de grondslagen van de werkelijkheid in twijfel te trekken.

Kwantumverstrengeling.

In het hart van de kwantumfysica ligt een buitengewoon fenomeen dat onze diepste intuïties over de aard van de werkelijkheid uitdaagt: kwantumverstrengeling. Dit revolutionaire concept werpt licht op een intieme en mysterieuze verbinding tussen kwantumdeeltjes, zodanig dat de toestand van het ene deeltje onmiddellijk de toestand van een ander deeltje beïnvloedt, zelfs op enorme afstanden. Door middel van experimenten en beschouwingen heeft de wetenschappelijke gemeenschap de buitengewone implicaties van dit fenomeen onderzocht, dat een nieuw licht werpt op de fundamenten van het universum.

Een van de beroemdste experimenten om kwantumverstrengeling aan te tonen is het Bell-experiment, in 1964 voorgesteld door John Stewart Bell en in 1982 uitgevoerd door Alain Aspect. Dit experiment, ontworpen om de voorspellingen van de kwantummechanica met betrekking tot de correlatie tussen verstrengelde deeltjes te testen, leidde tot resultaten die de voorspellingen van de klassieke fysica in twijfel trekken. Verstrengelde deeltjes blijken ogenblikkelijk met elkaar te communiceren, waardoor de lichtsnelheid wordt overschreden en het hele concept van lokaliteit en causaliteit in twijfel wordt getrokken.

Alle latere kwantumverstrengelingsexperimenten hebben de realiteit van deze niet-lokale correlatie tussen deeltjes bevestigd. Het experiment van Alain Aspect leverde het experimentele bewijs van kwantum niet-lokaliteit en vestigde verstrengeling als een van de pijlers van de kwantumfysica.

Kwantumverstrengeling is het onderwerp geweest van intense debatten en filosofische interpretaties door geleerden als Niels Bohr, Albert Einstein, Erwin Schrödinger en vele anderen. Deze denkers hebben ons begrip van verstrengeling en de implicaties ervan helpen vormen en bieden verschillende perspectieven op de aard van de werkelijkheid en de structuur van het universum.

Het concept van kwantumverstrengeling slaat een brug tussen klassieke en kwantumfysica en stelt onze traditionele opvattingen over causaliteit en determinisme op de proef. De implicaties van dit fenomeen op de aard van de werkelijkheid en onze perceptie van de wereld zijn immens en openen de weg naar nieuwe ontdekkingen en een dieper begrip van de fundamentele aard van het universum.

Door kwantumverstrengeling laten deeltjes een intieme verbinding zien die verder gaat dan ruimte en tijd, waardoor de subtiele wonderen en tegenstrijdigheden van het kwantumrijk worden onthuld. Dit buitengewone fenomeen nodigt ons uit om de grenzen van ons begrip te verkennen en suggereert dat de werkelijkheid veel mysterieuzer en onderling meer verbonden is dan we ons ooit hebben voorgesteld.

Voorbij ruimte en tijd. Mysteries en wonderen van kwantumverstrengeling.

Een van de meest fascinerende en raadselachtige concepten in de moderne natuurkunde is ongetwijfeld dat van de kwantumverstrengeling, die ons naar de duizelingwekkende wereld leidt van een wereld voorbij ruimte en tijd zoals wij die ons voorstellen. Dit fenomeen, waarbij verre deeltjes ogenblikkelijk met elkaar in verbinding staan, heeft de fundamenten van ons begrip van de werkelijkheid op de proef gesteld en licht geworpen op aspecten van een natuur die ver buiten onze gewone perceptie ligt.

Een van de eersten die zich de omvang van deze buitengewone eigenaardigheid van de kwantumfysica realiseerde was Albert Einstein, samen met Boris Podolsky en Nathan Rosen, die in 1935 de beroemde EPR (Einstein-Podolsky-Rosen) paradox formuleerde. Deze paradox benadrukte het concept van langeafstandskwantumcorrelaties en onderstreepte de absurditeit van het concept zelf van non-lokaliteit.

Het was echter pas met later uitgevoerde experimenten dat kwantumverstrengeling al zijn verbazingwekkende realiteit onthulde. Een van de beroemdste experimenten, uitgevoerd in 1982 door Alain Aspect en zijn team, bevestigde ondubbelzinnig de niet-lokaliteit van kwantumdeeltjes. Dit experiment, dat vaak de 'Aspect test' wordt genoemd, was een mijlpaal in de experimentele bevestiging van kwantumverstrengeling.

Tegelijkertijd hebben theoretische ontwikkelingen op het gebied van kwantummechanica, met bijdragen van grootheden als Niels Bohr, Erwin Schrödinger en John Bell, het conceptuele kader achter kwantumverstrengeling verrijkt. Concepten zoals kwantum superpositie en kwantum metingen hebben geholpen nieuw licht te werpen op fundamentele vragen over de uiteindelijke realiteit van de natuur.

Een van de meest bijzondere aspecten van kwantumverstrengeling is het vermogen om de beperkingen van ruimte en tijd te overstijgen die onze relatie met de fysieke wereld eeuwenlang hebben bepaald. De ogenblikkelijke verbinding tussen verstrengelde deeltjes suggereert een diepgaande mate van onderlinge verbondenheid en eenheid die ten grondslag ligt aan de werkelijkheid, waardoor conventionele opvattingen over oorzaak en gevolg op losse schroeven komen te staan.

Bovendien heeft kwantumverstrengeling revolutionaire praktische toepassingen gevonden op het gebied van kwantumcryptografie en kwantumrekenen, waarmee de weg wordt vrijgemaakt voor nieuwe technologische grenzen die de manier waarop we informatie en communicatie begrijpen radicaal kunnen veranderen.

Kortom, kwantumverstrengeling is een fascinerend raadsel dat ons dwingt om de grondslagen van de werkelijkheid opnieuw te overdenken. Door middel van experimenten, theorieën en ingenieuze inzichten nodigt de wereld van de kwantumfysica ons uit om onbekende gebieden van het universum te verkennen, waar ruimte en tijd buigen voor de mysterieuze dans van verstrengelde deeltjes en een verborgen harmonie onthullen die ten grondslag ligt aan de essentie van het bestaan.

Geschiedenis en praktische uitvoering van het experiment van Alain Aspect.

Er zijn maar weinig experimenten die zo tot de verbeelding en nieuwsgierigheid van het publiek hebben gesproken als het experiment dat Alain Aspect en zijn team in 1982 uitvoerden. Het was het experiment dat ondubbelzinnig de niet-lokaliteit van kwantumdeeltjes door verstrengeling bevestigde. Dit experiment, dat bekend staat als de 'Aspect-test', betekende een fundamentele doorbraak in het begrijpen van de aard van de kwantumwerkelijkheid en wierp een nieuw licht op de mysteries van bewustzijn en kwantumverstrengeling.

De context waarin dit experiment werd uitgevoerd is rijk aan eerdere uitdagingen en ontdekkingen. Sinds de dagen van Einstein, Podolsky en Rosen en hun beroemde paradox, heeft het onderwerp kwantumverstrengeling theoretische natuurkundigen gefascineerd. Het was echter pas met de komst van de technologie en meer verfijnde experimentele methodologieën dat Alain Aspect in staat was om het door John Stewart Bell voorgestelde en door de EPR-paradox geïnspireerde experiment in de praktijk te brengen. Aspect's realisatie maakte het mogelijk om onomstotelijk de realiteit van dit fenomeen aan te tonen.

Het experiment van Aspect bestond uit paren gecorreleerde deeltjes die vervolgens op grote afstand van elkaar werden gescheiden. Door de correlaties tussen de eigenschappen van de deeltjes op afstand te meten, toonde het experiment aan dat deze deeltjes, op welke afstand ze ook werden geplaatst, een ogenblikkelijke kwantumverbinding behielden, die de voorspellingen van de klassieke fysica overtrof.

Het resultaat van dit experiment bevestigde op overweldigende wijze de niet-lokaliteit van de kwantumwerkelijkheid en suggereerde een vorm van onderlinge verbondenheid die verder gaat dan ruimte en tijd zoals we die gewoonlijk kennen. Dit opende een nieuw hoofdstuk in ons begrip van bewustzijn en de relatie met de fysieke werkelijkheid, en opende intrigerende mogelijkheden en conceptuele uitdagingen die vandaag de dag nog steeds onderzoek en wetenschappelijk debat stimuleren.

Alain Aspect heeft met zijn baanbrekende visie en technische expertise een belangrijke bijdrage geleverd aan ons begrip van kwantumverstrengeling en de relatie daarvan met bewustzijn. Zijn experiment heeft generaties natuurkundigen en onderzoekers beïnvloed, nieuwe onderzoekslijnen geïnspireerd en nieuwe perspectieven geopend op de aard van de werkelijkheid.

Concluderend kan worden gesteld dat het experiment van Alain Aspect een fundamenteel hoofdstuk vormt in de geschiedenis van de kwantumfysica. Het benadrukt de noodzaak om radicale concepten te omarmen en zich een universum voor te stellen waarin de wetten van de conventionele fysica op de proef kunnen worden gesteld. Door de praktische uitvoering en verrassende resultaten nodigt het ons uit om de grenzen van het bewustzijn te verkennen en het mysterie van ons bestaan in een steeds veranderend kwantumuniversum in vraag te stellen.

Kwantumverstrengeling. De intieme dans van deeltjes in het rijk van de niet-lokaliteit.

Kwantumverstrengeling onthult de intieme dans van deeltjes, die zelfs op enorme afstanden ogenblikkelijk in overeenstemming bewegen. Deze verstrengeling onthult dus de diepe onderlinge verbondenheid die het weefsel van de werkelijkheid doordringt, waardoor onvoorstelbare scenario's ontstaan die onze conventionele opvattingen over causaliteit en lokaliteit uitdagen.

Het experiment van Aspect, waarbij de toestand werd gemeten van verstrengelde deeltjes die van elkaar gescheiden waren door afstanden tot honderden kilometers, toonde ondubbelzinnig aan dat deze deeltjes zich in een staat van ogenblikkelijke correlatie bevonden, zonder onderlinge communicatie in de traditionele zin van het woord. Deze opzienbarende ontdekking onderstreepte het concept van niet-lokaliteit in de kwantumfysica en benadrukte de aanwezigheid van een diepe en mysterieuze verbinding die ruimtetijdbarrières overstijgt.

Recentere studies op het gebied van kwantumverstrengeling hebben nog meer facetten van dit intrigerende fenomeen aan het licht gebracht. Van de toepassing van kwantumverstrengeling in kwantumcryptografie tot perspectieven op kwantumrekenen: dit onderzoeksgebied is een vruchtbare bodem gebleken voor nieuwe ontdekkingen en technologische innovaties.

In een universum dat verweven is met kwantumverstrengelingen lijken deeltjes perfect op elkaar in te spelen, waar de uitwisseling van informatie ogenblikkelijk en zonder barrières van tijd of ruimte plaatsvindt. Dit suggereert een fundamentele eenheid in de uitgestrektheid van de kosmos, waar elk element nauw verbonden is met de anderen in een onzichtbaar web van verbindingen dat de grenzen van ons begrip tart.

Concluderend is kwantumverstrengeling een uitnodiging om de diepste mysteries van de natuur en het bewustzijn te verkennen en nieuwe perspectieven te openen op de relatie tussen de waarnemer en het waargenomene, tussen ruimte en tijd. Door zijn intieme en raadselachtige dans onthullen deeltjes ons een universum van wonderen en onbekenden, waar niet-lokaliteit en onderlinge verbondenheid het canvas vormen waarop het grote plaatje van de kwantumrealiteit zich ontvouwt.

Wetenschappelijke dogma's van de klassieke fysica verslagen door kwantumverstrengeling.

Kwantumverstrengeling, met zijn vermogen om een werkelijkheid te onthullen die onze diepste intuïties te boven gaat, heeft de fundamenten van de klassieke fysica aan het wankelen gebracht en bepaalde dogma's die onze manier om de wereld te interpreteren eeuwenlang hebben gedomineerd, uitgedaagd en losgelaten. Dit mysterieuze fenomeen heeft de tegenstrijdigheden aan het licht gebracht tussen de klassieke kijk op de werkelijkheid en de kwantumnatuur van het universum, waardoor de knapste koppen in de moderne wetenschap zich bewust zijn geworden van de noodzaak om de pijlers waarop ons begrip van de natuur rust, te heroverwegen.

Een van de wetenschappelijke dogma's die het sterkst wordt weerlegd door kwantumverstrengeling is het begrip lokaliteit, volgens welke fysieke invloeden zich op een beperkte manier zouden moeten voortplanten in ruimte en tijd.

In feite zouden deze invloeden een 'fysisch medium' nodig hebben om zich door voort te planten en zouden ze dit alleen kunnen doen met de maximale lichtsnelheid.

Verstrengeling, met zijn ogenblikkelijke correlatie tussen ver van elkaar verwijderde deeltjes, heeft aangetoond dat kwantumverschijnselen dit conventionele idee in twijfel kunnen trekken en de weg kunnen openen naar een nieuw perspectief op de aard van de werkelijkheid.

Een andere klassieke opvatting van de fysica die door verstrengeling wordt uitgedaagd is determinisme, volgens welke de evolutie van een fysisch systeem voorspelbaar is op basis van de initiële condities. Verstrikking, met zijn inherente willekeur en onvoorspelbaarheid, benadrukte de fundamentele rol van toeval en willekeur in het kwantumuniversum, waardoor de verwachtingen van een vooraf bepaalde werkelijkheid op losse schroeven kwamen te staan.

Sommige dogma's van de klassieke natuurkunde waren gebaseerd op het idee van een duidelijke scheiding tussen waarnemer en geobserveerd systeem, wat suggereerde dat de handeling zelf van de waarneming het systeem op geen enkele significante manier beïnvloedde. Kwantumverstrengeling heeft echter onthuld hoe ingewikkeld en intiem de relatie tussen waarnemer en waargenomen systeem is, aangezien de meting van een deeltje in een verstrengelde toestand de toestand van zijn tegenhanger onmiddellijk kan beïnvloeden, ongeacht de afstand.

Dankzij de baanbrekende experimenten van wetenschappers als Alain Aspect, John Bell en anderen, heeft kwantumverstrengeling veel van de meest vastgeroeste overtuigingen van de klassieke natuurkunde ontkracht en de weg vrijgemaakt voor een nieuw begrip van de werkelijkheid. Dit fenomeen, met zijn vermogen om gevestigde dogma's te ontkrachten en de tegenstrijdigheden van ons conventionele wereldbeeld bloot te leggen, nodigt ons uit om nieuwe horizonten van kennis te verkennen en de complexiteit en onzekerheid te omarmen die het weefsel van het universum doordringen.

Onzichtbare verbindingen en onmiddellijke effecten. Deeltjesverstrengeling.

Binnen de kwantumfysica is kwantumverstrengeling ongetwijfeld een van de meest mysterieuze en fascinerende fenomenen. Albert Einstein zelf beschreef het als 'spooky action at a distance'. Deze beschrijving geeft een goed idee van de intrige en diepgaande implicaties die verstrengeling met zich meebrengt. Maar wat is kwantumverstrengeling precies? En hoe heeft het ons begrip van de werkelijkheid radicaal veranderd?

Verstrengeling werd formeel geïntroduceerd in het begin van de 20e eeuw, dankzij het pionierswerk van natuurkundigen als Niels Bohr en Erwin Schrödinger. Het concept werd echter pas decennia later experimenteel getest. De kern van de formulering is het superpositiebeginsel, dat stelt dat een kwantumdeeltje in een combinatie van verschillende toestanden kan bestaan totdat het wordt gemeten. Wanneer twee deeltjes verstrengeld raken, worden hun kwantumtoestanden onderling afhankelijk, ongeacht de afstand die hen scheidt. Het lot van het ene deeltje is in feite onlosmakelijk verbonden met dat van het andere.

Een van de cruciale experimenten waarmee verstrengeling onomstotelijk werd aangetoond, werd in 1981 uitgevoerd door de Franse natuurkundige Alain Aspect. Aspect en zijn team aan het Institut d'Optique in Orsay maten correlaties tussen paren verstrengelde fotonen en bevestigden dat deze correlaties in strijd waren met de ongelijkheden van Bell, voorgesteld door de natuurkundige John Bell in 1964. De ongelijkheden van Bell waren een wiskundig criterium dat was ontworpen om onderscheid te maken tussen de voorspellingen van de kwantummechanica en die van lokale klassieke theorieën gebaseerd op lokaal realisme.

De resultaten van de experimenten van Aspect waren buitengewoon: de waargenomen correlaties tussen deeltjes konden niet worden verklaard zonder de aanwezigheid van niet-lokale effecten te accepteren. Met andere woorden, verstrengeling toonde aan dat verstrengelde deeltjes verbonden waren door een onzichtbare verbinding waardoor ze elkaar ogenblikkelijk konden beïnvloeden, zelfs als ze duizenden kilometers van elkaar gescheiden waren.

In de 21e eeuw reiken de implicaties van kwantumverstrengeling veel verder dan het gebied van de theoretische natuurkunde. Bedrijven en onderzoeksinstituten onderzoeken dit fenomeen om revolutionaire technologieën te ontwikkelen. Kwantumcomputers maken bijvoorbeeld gebruik van verstrengeling om berekeningen uit te voeren met een snelheid die onvergelijkbaar is met die van klassieke computers. Een ander veelbelovend gebied is kwantumcommunicatie, dat dankzij de eigenschappen van verstrengeling een ongekend niveau van gegevensbeveiliging zou kunnen bieden.

Het idee van onmiddellijke communicatiekanalen is niet langer een hersenspinsel. Wetenschappers werken aan kwantumteleportatie, dat gebaseerd is op verstrengeling om deeltjestoestanden van de ene plaats naar de andere over te brengen zonder het deeltje fysiek over te brengen.

Filosofische reflecties en metafysische implicaties.

De implicaties van verstrengeling strekken zich ook uit tot de filosofie en metafysica. Klassieke concepten van causaliteit en scheidbaarheid worden op de proef gesteld. De Oostenrijkse natuurkundige Anton Zeilinger, bekend om zijn baanbrekende experimenten met verstrengeling, heeft vaak gesproken over de bredere implicaties van deze fenomenen. Zeilinger heeft door zijn werk aan de Universiteit van Wenen en andere instituten veel bijgedragen aan het begrip van kwantumteleportatie en de fundamenten van de kwantummechanica.

Een van de meest fascinerende aspecten van verstrengeling is dat het een diepe eenheid in de natuur suggereert. De ruimtelijke scheiding tussen deeltjes doet niets af aan hun verbondenheid, wat erop wijst dat het weefsel van het universum misschien wel meer met elkaar verbonden is dan we ons ooit hebben kunnen voorstellen.

Verstrikking laat ons zien dat er onzichtbare verbindingen zijn die de samenstellende elementen van materie op een manier met elkaar verbinden die onze klassieke, lineaire perceptie van de wereld op losse schroeven zet. Op een bepaalde manier nodigt het ons uit om het concept van afscheiding en onafhankelijkheid te heroverwegen en beveelt het een meer holistische kijk op de werkelijkheid aan.

Concluderend kan gesteld worden dat kwantumverstrengeling een van de meest buitengewone prestaties van de moderne fysica is, zowel vanwege de technologische implicaties als vanwege de filosofische. De onzichtbare verbindingen en ogenblikkelijke effecten tussen verstrengelde deeltjes bieden ons een blik in een diepgaande en verbazingwekkend verenigde werkelijkheid, die ons ertoe aanzet nieuwe wetenschappelijke horizonten te verkennen en dieper na te denken over de fundamentele principes die het universum besturen.

Onverbrekelijke banden. Kwantumverstrengeling en het onzichtbare frame van het universum.

Het universum dat we kennen is een ingewikkeld tapijt van deeltjes, energieën en krachten. Een van de meest raadselachtige krachten is kwantumverstrengeling, een fenomeen dat suggereert dat deeltjes niet zomaar geïsoleerde elementen zijn, maar stukjes van een onderling verbonden universeel mozaïek.

Het begrip verstrengeling werd geïntroduceerd door Erwin Schrödinger in 1935, als reactie op een paradox die bedoeld was om de vreemde gevolgen van de kwantummechanica te benadrukken. Schrödinger definieerde dit fenomeen als een situatie waarin twee of meer deeltjes zo diep met elkaar verbonden zijn dat hun totale kwantumtoestand alleen als een geheel kan worden beschreven, ondanks het feit dat ze in de ruimte van elkaar gescheiden zijn. Het concept werd herhaald in de EPR-paradox van Einstein Podolski en Rosen.

John Bell zorgde voor verdere theoretische ondersteuning met zijn stelling in 1964. Bell stelde wiskundige ongelijkheden voor, de zogenaamde 'Bell-ongelijkheden', die gebruikt konden worden om experimenteel te testen of de kwantumwerkelijkheid lokaal was (en dus de limiet van de lichtsnelheid respecteerde) of niet. Zijn voorspellingen maakten de weg vrij voor een reeks cruciale experimenten.

De eerste grote test werd uitgevoerd door Alain Aspect in 1981 in het Institut d'Optique in Orsay, Frankrijk. Aspect en zijn team gebruikten fotonenparen die werden gecreëerd door het verval van een calciumatoom. Door de eigenschappen van verstrengelde fotonen te meten, kon Aspect aantonen dat de waargenomen correlaties in strijd waren met de ongelijkheden van Bell, wat bevestigde dat verstrengeling een niet-lokale verbinding tussen deeltjes creëert.

In de loop der jaren zijn de technologie en de precisie van de experimenten sterk geëvolueerd. Het werk van Anton Zeilinger, bekend om zijn kwantumteleportatie-experimenten, leidde tot een beter begrip van het praktische potentieel van verstrengeling. Zeilinger zelf heeft kwantumtoestanden van deeltjes geteleporteerd tot afstanden van honderden kilometers en zo de weg vrijgemaakt voor nieuwe vormen van communicatie en kwantumcryptografie.

Kwantumverstrengeling suggereert dat het universum bijeen wordt gehouden door een onzichtbaar weefgetouw van ogenblikkelijke verbindingen. Dit idee heeft niet alleen natuurkundigen gefascineerd, maar ook filosofen en metafysici. David Bohm, een theoretisch natuurkundige, opperde het idee van een verstrengelde orde, een verborgen orde waarin elk deel van het universum op een niet-lokale manier verbonden is met alle andere delen. Volgens Bohm is verstrengeling een manifestatie van deze impliciete orde, wat impliceert dat het universum een onderliggende eenheid bezit die scheidslijnen en schijnbare afstanden overstijgt.

De filosofische implicaties van verstrengeling zijn diepgaand. Als deeltjes over kosmische afstanden verstrikt kunnen raken, impliceert dit een diepe en alomtegenwoordige onderlinge verbondenheid in het universum. Dit concept klinkt door in vele culturele en religieuze tradities die spreken van een fundamentele eenheid van de werkelijkheid.

Verstrengeling blijft een levendig en opwindend onderzoeksgebied. Wetenschappers onderzoeken hoe ze verstrengeling kunnen gebruiken om communicatienetwerken te creëren die onmogelijk te onderscheppen zijn en om buitengewoon krachtige kwantumcomputers te ontwikkelen. De Micius missie, een samenwerking tussen China en Oostenrijk, heeft onlangs records gevestigd voor de afstand van verstrengeling, die is gedocumenteerd voorbij de grenzen van onze atmosfeer.

Kwantumverstrengeling maakt duidelijk dat ons universum veel ingewikkelder en onderling meer verbonden is dan onze alledaagse intuïties suggereren. Verstrengelde deeltjes werken synchroon op manieren die de klassieke wetten van de fysica tarten, wat het bestaan suggereert van een onzichtbaar weefgetouw dat de hele werkelijkheid samenbindt. Deze ontdekking versterkt niet alleen het belang van kwantummechanica, maar nodigt ook uit tot diep nadenken over de uiteindelijke aard van ons universum.

Kwantumverstrengeling maakt duidelijk dat ons universum veel ingewikkelder en onderling meer verbonden is dan onze alledaagse intuïties suggereren. Verstrengelde deeltjes werken synchroon op manieren die de klassieke wetten van de fysica tarten, wat het bestaan suggereert van een onzichtbaar weefgetouw dat de hele werkelijkheid samenbindt. Deze ontdekking versterkt niet alleen het belang van kwantummechanica, maar nodigt ook uit tot diep nadenken over de uiteindelijke aard van ons universum.

Verstrengeld voorbij de tijd. Reflecties op kwantumverstrengeling en zijn wonderen.

Kwantumverstrengeling is zonder twijfel een van de meest fascinerende en mysterieuze fenomenen die de moderne natuurkunde ons heeft gegeven. Deze vreemde eigenschap, waarbij twee of meer deeltjes nauw met elkaar verbonden raken ongeacht de afstand tussen hen, daagt onze diepst gewortelde intuïties over de aard van de werkelijkheid uit. Maar wat zijn de wonderen van dit fenomeen? En hoe kunnen we de diepere implicaties ervan begrijpen? Om dit te beantwoorden moeten we een reis maken door tientallen jaren van wetenschappelijke ontdekkingen en filosofische beschouwingen, van de tijd van Erwin Schrödinger tot de moderne experimenten van Anton Zeilinger.

De term 'verstrengeling' werd voor het eerst geïntroduceerd door Erwin Schrödinger in 1935. In een beroemd artikel beschreef Schrödinger hoe deeltjes zo nauw met elkaar verbonden kunnen raken dat het gedrag van de een de ander onmiddellijk beïnvloedt, zelfs als ze over astronomische afstanden van elkaar zijn gescheiden. Deze eigenschap brak duidelijk met de klassieke wetten van de natuurkunde, volgens welke geen informatie sneller dan het licht kan reizen.

Het was John Bell die in 1964 de cruciale stap nam om verstrengeling te testen met zijn beroemde ongelijkheden. Bell's ongelijkheden stelden een manier vast om te bepalen of kwantumcorrelaties verklaard konden worden door lokale verborgen variabelen of dat ze juist een niet-lokale en onmiddellijke vorm van verstrengeling vereisten. Bell toonde aan dat als de metingen in strijd waren met zijn ongelijkheden, de werkelijkheid niet-lokaal moest zijn - een concept dat tot dan toe ondenkbaar leek.

Een belangrijke mijlpaal werd in 1981 toegevoegd door Alain Aspect. Met een reeks briljante experimenten slaagde Aspect erin om de ongelijkheden van Bell te schenden en zo de eerste experimentele bevestiging te geven van kwantum-non-lokaliteit. Met behulp van paren gecorreleerde fotonen (afkomstig van dezelfde gebeurtenis) toonde Aspect aan dat metingen aan deze gecorreleerde deeltjes onmiddellijk compatibele resultaten opleverden, ondanks de afstand die hen scheidde. De deeltjes die Aspect gebruikte waren 'gecorreleerd' in die zin dat ze het resultaat waren van een dubbele kwantumsprong in hetzelfde atoom.

Deze ontdekking markeerde een historisch keerpunt en bevestigde het concept van verstrengeling als een experimentele en niet alleen als een theoretische realiteit.

Meer recentelijk hebben Anton Zeilinger en zijn team in Wenen verstrengeling naar nieuwe hoogten getild. Zeilinger is beroemd om zijn kwantumteleportatie-experimenten, waarmee hij de kwantumtoestand van een deeltje over grote afstanden naar een ander deeltje stuurde. In 2017 bereikte hij een baanbrekend resultaat door kwantumverstrengeling aan te tonen tussen satellieten die om de aarde draaien en aardstations, waarmee hij bevestigde dat verstrengeling zelfs op kosmische ruimtedimensies kan worden gehandhaafd.

Parallel aan de experimentele ontwikkelingen zijn er belangrijke filosofische bijdragen geleverd. Hiervan verdient de visie van David Bohm een speciale vermelding. Bohm stelde het concept van 'impliciete orde' voor, volgens welke alle dingen in het universum nauw met elkaar verbonden zijn in een verborgen orde die niet direct waarneembaar is. Verstrikking zou volgens Bohm een manifestatie zijn van deze diepe orde, en een netwerk van onderlinge verbindingen onthullen dat de beperkingen van ruimte en tijd overstijgt.

Kwantumverstrengeling werpt niet alleen diepgaande vragen op voor de natuurkunde, maar ook voor ons begrip van de werkelijkheid zelf. Het impliceert dat het universum veel meer onderling verbonden en intrinsiek verwant is dan we vermoedden. Deze verbinding voorbij tijd en ruimte roept nieuwe vragen op over hoe we onszelf en onze plaats in de kosmos zien. Als alle deeltjes op de een of andere manier met elkaar verbonden zijn in een gigantisch kosmisch web, zou er dan een wetenschappelijke basis kunnen zijn om bewustzijn te begrijpen als een onderling verbonden en universeel fenomeen?

Onderzoek naar verstrengeling is niet alleen een reis door de wereld van de kwantumfysica, maar ook een voortdurend avontuur om de diepten van ons bestaan te begrijpen. Terwijl wetenschappers de wonderen van dit fenomeen blijven onderzoeken, is het moeilijk om niet gefascineerd te raken door het idee dat alles in het universum, inclusief wijzelf, intiem verstrengeld is voorbij tijd en ruimte. In deze context wordt verstrengeling niet alleen een wetenschappelijk concept, maar ook een poëtisch venster op de hele textuur van de werkelijkheid.

Conceptuele verbindingen tussen de fysieke realiteit van verstrengeling en de holistische mogelijkheden van kwantumbewustzijn.

In een wereld die steeds meer gefascineerd raakt door de mysteries van de kwantummechanica, komt het concept van kwantumbewustzijn naar voren als een van de meest intrigerende onderwerpen. Aan de basis van dit fascinerende veld ligt het idee dat kwantumverstrengeling, een fenomeen dat Albert Einstein ooit beschreef als '*spookachtige actie op afstand*', een conceptuele verbinding kan bieden tussen de fysieke werkelijkheid en de holistische mogelijkheden van bewustzijn.

Deze fenomenen zijn niet alleen theoretisch interessant voor natuurkundigen, maar hebben ook diepgaande implicaties voor ons begrip van bewustzijn. David Bohm, een andere pionier in het kwantumdenken, stelde het concept van 'impliciete orde' voor, waarbij hij suggereerde dat alle dingen in het universum onderling verbonden zijn in een verborgen orde, met verstrengeling als een manifestatie van deze diepere verbinding. Volgens Bohm is bewustzijn mogelijk geen afzonderlijk product van neurale activiteit, maar een intrinsiek verbonden aspect van het universum.

Deze holistische visie komt terug in het werk van hedendaagse wetenschappers zoals Stuart Hameroff en Sir Roger Penrose. Samen ontwikkelden zij de theorie van de 'georkestreerde objectieve reductie' (Orch-OR), die stelt dat kwantumprocessen in de microtubuli van hersencellen een sleutelrol zouden kunnen spelen bij het ontstaan van bewustzijn. Volgens deze theorie zou kwantumverstrengeling het mechanisme voor de coherentie van bewustzijn kunnen verschaffen, waardoor mentale processen op grote schaal ogenblikkelijke verbindingen kunnen hebben.

Een interessante anekdote betreft de Italiaanse neurobioloog Giuseppe Vitiello, die kwantumimplicaties in de fysica van de geest onderzocht. Hij stelde voor dat de hersenstructuur en het bewustzijn niet alleen fysieke processen weerspiegelen, maar ook beïnvloed worden door kwantumverschijnselen, waarbij hij een parallel trekt met verstrengelde toestanden.

Kwantumverstrengeling, ooit verbannen naar het rijk van theoretische eigenaardigheden, is dus in opkomst als een cruciaal concept voor het begrijpen van bewustzijn. Of het nu gaat om de vergelijkingen van Bell, de experimenten van Aspect of de theorieën van Bohm en Penrose, het idee dat er een onzichtbare en onverbrekelijke verbinding is die alles in het universum verbindt, tart onze traditionele opvattingen over scheiding en dualisme. De fysieke werkelijkheid, zoals onthuld door de kwantummechanica, blijkt dus een ingewikkeld web van verbindingen te zijn, waarin het bewustzijn zelf een centraal knooppunt zou kunnen zijn.

Concluderend: terwijl het onderzoek de mogelijkheden van kwantumbewustzijn blijft onderzoeken en bevestigen, wachten we om te ontdekken hoe deze onzichtbare verbindingen tussen deeltjes de diepste geheimen van de menselijke geest kunnen ontsluiten. Verstrikking is niet langer slechts een technische term; het is een open venster naar een meer holistisch en onderling verbonden begrip van de werkelijkheid en ons bestaan.

Quantum decoherentie principe.

Het verband tussen kwantummechanica en bewustzijn is een van de meest fascinerende en controversiële onderwerpen in de moderne wetenschap. Een cruciaal punt in deze discussie is het principe van kwantum decoherentie, dat een cruciale rol speelt in onze poging om te begrijpen waarom kwantumverschijnselen zo moeilijk waar te nemen zijn op macroscopisch niveau.

Het kwantum decoherentieprincipe behandelt het probleem hoe en waarom kwantumsystemen, onderworpen aan superpositie en verstrengeling, deze eigenschappen verliezen bij interactie met de omgeving. Om dit fenomeen beter te begrijpen, is het nuttig om uit te gaan van de fundamenten van de kwantumtheorie die in de eerste decennia van de 20e eeuw is ontwikkeld.

In 1935 stelde Erwin Schrödinger het beroemde gedachtenexperiment 'Schrödingers kat' voor om de ogenschijnlijke absurditeit van kwantummechanica toegepast op macroscopische objecten te illustreren. De kat, opgesloten in een doos met een dodelijk mechanisme dat afhankelijk is van het verval van een kwantumdeeltje, blijkt tegelijkertijd levend en dood te zijn totdat de doos wordt geopend. Deze toestand van kwantum superpositie is echter iets wat we niet waarnemen in de alledaagse werkelijkheid.

Quantum decoherentie geeft ons een verklaring voor de vraag van Schrödinger. Wanneer een kwantumsysteem interageert met zijn omgeving, vervallen kwantumeigenschappen zoals superpositie en verstrengeling snel, wat leidt tot het ontstaan van gedrag dat in plaats daarvan klassiek is. Deze overgang is fundamenteel om te begrijpen waarom we in het dagelijks leven geen superposities van macroscopische toestanden waarnemen.

Een duidelijk voorbeeld van decoherentie is te zien in kwantumcomputers. Deze apparaten maken gebruik van superpositie en verstrengeling om berekeningen uit te voeren die ontoegankelijk zouden zijn voor klassieke computers, maar het proces moet extreem geïsoleerd zijn om te voorkomen dat interactie met de omgeving verlies van coherentie veroorzaakt, waardoor kwantuminformatie wordt vernietigd.

Verschillende fundamentele figuren hebben geholpen om deze ideeën te ontwikkelen en te verifiëren. John Bell toonde met zijn stelling uit 1964 aan dat geen enkele theorie gebaseerd op lokale verborgen variabelen alle voorspellingen van de kwantummechanica kan reproduceren. Vervolgens bevestigden de experimenten van Alain Aspect in 1982 de voorspellingen van Bell en toonden aan dat verstrengeling een echte eigenschap van deeltjes is.

David Bohm, een andere grote denker, stelde een herinterpretatie van de kwantummechanica voor door middel van de theorie van niet-lokale verborgen variabelen, in een poging om de kwantummechanica te verzoenen met een meer klassiek idee van de werkelijkheid. Hoewel controversieel, stimuleerde deze theorie diepgaande debatten over de aard van de kwantumwerkelijkheid en hoe decoherentie de overgang naar klassiek gedrag zou kunnen verklaren.

Naast de experimentele en theoretische implicaties roept kwantum decoherentie relevante filosofische vragen op. Het concept van kwantumbewustzijn stelt bijvoorbeeld voor dat de manier waarop we de wereld waarnemen fundamenteel is voor het instorten van golffuncties. Richard Feynman en andere natuurkundigen hebben het idee besproken dat de waarnemer een sleutelrol speelt bij het bepalen van de toestand van het kwantumsysteem.

Het is echter belangrijk om op te merken dat het concept van decoherentie suggereert dat het de fysieke omgeving is, en niet het bewustzijn, die ervoor zorgt dat kwantum superposities instorten. Dit sluit de mogelijkheid niet uit dat bewustzijn een rol speelt, maar het compliceert het beeld en vereist verder diepgaand onderzoek.

Het principe van kwantumdecoherentie is een essentiële component voor ons begrip van kwantummechanica toegepast op macroscopische systemen. Terwijl kwantumverschijnselen zoals superpositie en verstrengeling moeilijk waarneembaar zijn in de zichtbare wereld vanwege interacties met de omgeving, biedt kwantumdecoherentie een overtuigende verklaring voor deze overgang.

Tussen licht en schaduw: het kwantum decoherentieprincipe en de ineenstorting van toestanden.

Het principe van decoherentie vertegenwoordigt een thema dat schommelt tussen de grenzen van het zichtbare en onzichtbare, tussen orde en chaos. Dit concept is cruciaal om te begrijpen hoe de microkosmos van subatomaire deeltjes zich verhoudt tot de macroscopische wereld die we dagelijks waarnemen. In de kortstondige dans van deeltjes zet het fenomeen decoherentie de fijnzinnigheid van een kwantumtoestand om in een werkelijkheid die voor ons begrijpelijker is.

De natuurkunde heeft misschien nog nooit zo'n schokkende paradox gekend als de paradox die Erwin Schrödinger in 1935 bedacht. In zijn gedachte-experiment kan een kat in een gesloten doos zowel levend als dood zijn, een superpositie van toestanden die de gewone logica tart. Maar hoe komen we van kwantum onbepaaldheid tot de concrete realiteit van een kat die zeker dood of levend is? Het antwoord ligt in het principe van decoherentie, een fenomeen dat optreedt wanneer een kwantumsysteem interageert met zijn omgeving, waardoor het zijn eigenschappen van superpositie en verstrengeling verliest.

Het concept decoherentie is uitgebreid beschreven door natuurkundigen zoals H. Dieter Zeh in de jaren 1970 en Wojciech Zurek in de jaren 1980. Decoherentie laat zien hoe een geïsoleerd systeem in superpositie van toestanden ineenstort tot een enkele toestand als gevolg van interacties met de omgeving. Dit proces zorgt ervoor dat de oorspronkelijke kwantuminterferentie, die kenmerkend is voor superposities, verdwijnt, waardoor het systeem niet meer te onderscheiden is van een klassieke toestand.

Een van de experimenten die licht hebben geworpen op de complexiteit van decoherentie wordt toegeschreven aan het team van de Fransman Alain Aspect. In het begin van de jaren 1980 voerden Aspect en zijn medewerkers experimenten uit die de voorspellingen van de kwantummechanica met betrekking tot verstrengeling en niet-lokaliteit bevestigden. Ze toonden met bijna poëtische precisie aan hoe twee verstrengelde deeltjes, zelfs als ze door grote afstanden van elkaar worden gescheiden, een ogenblikkelijke en mysterieuze verbinding in stand houden.

Maar decoherentie vertelt ons dat wanneer deze verstrengelde deeltjes interageren met hun omgeving, deze quasi-telepathische banden worden verstoord, waardoor hun vele mogelijkheden samenvallen tot een precieze en vastomlijnde toestand. Een kwantumsysteem kan in zijn isolement gedrag vertonen dat werkelijk vreemd is aan onze intuïtie, maar zodra het in contact komt met de onvermijdelijke invloed van de omgeving, wordt het 'normaler' en conformeert het zich aan de wetten van de klassieke fysica.

David Bohm, met zijn theorie van impliciete orde, suggereerde dat decoherentie niets anders is dan de manifestatie van een verborgen orde, een geheim weefsel dat alle dingen met elkaar verbindt. Het idee dat een foton of elektron zijn onbepaalde aard kan verliezen wanneer het botst met de chaos van de omgeving suggereert een diep verbonden werkelijkheid, waarin elk deeltje een weerspiegeling is van het geheel.

Een andere moderne bijdrage aan het begrip van decoherentie komt van de experimenten van het team van Markus Arndt, dat er in 1999 in slaagde om kwantuminterferentie-effecten te laten zien op fullereenmoleculen, waarmee werd aangetoond hoe groot een systeem kan zijn met behoud van kwantumgedrag, voordat decoherentie het overneemt.

Concluderend: het decoherentieprincipe leidt ons door een fascinerende reis van het kwantumgebied van oneindige mogelijkheden naar het klassieke gebied van gedefinieerde werkelijkheid. Het is een schaduw die het licht onthult, een principe dat ons laat zien hoe het oneindig kleine overgaat in het oneindig grote en begrijpelijke. Het is hier, te midden van het licht en de schaduwen van decoherentie, dat het mysterie van de ineenstorting van kwantumtoestanden ligt, dat ons diepgaand inzicht biedt in de aard van het universum en, misschien, van ons eigen bewustzijn.

Stelling van niet-klonen.

In de wereld van de kwantumfysica is er een principe dat niet alleen ons begrip van de werkelijkheid, maar ook onze verbeelding op de proef stelt: het non-cloning theorema. Hoewel dit concept voor niet-ingewijden abstract lijkt, speelt het een cruciale rol in hedendaagse debatten over het zogenaamde kwantumbewustzijn.

Het niet-klonen theorema, formeel bewezen door William Wootters en Wojciech Zurek in 1982, stelt dat het onmogelijk is om een exacte kopie te maken van een onbekende kwantumtoestand. Dit fundamentele resultaat heeft diepgaande implicaties, niet alleen voor de kwantumfysica zelf, maar ook voor opkomende gebieden zoals kwantumcomputing en kwantumcryptografie.

Om de draagwijdte van deze verklaring te begrijpen, moeten we eens kijken hoe kwantummechanica werkt. Kwantumtoestanden worden beschreven door golffuncties, die een superpositie van verschillende mogelijkheden kunnen vertegenwoordigen. Het elektron in een atoom bevindt zich bijvoorbeeld niet op een exact punt, maar bestaat in een toestand van verdeelde waarschijnlijkheid. Om een van deze toestanden perfect te klonen zouden deze waarschijnlijkheden exact gedupliceerd moeten worden, een uitdaging die onmogelijk wordt gemaakt door de wiskundige structuur van de kwantumtheorie zelf.

Het werk van Wootters en Zurek levert een belangrijke bijdrage aan ons begrip van de grenzen van kennis en meting in de kwantumwereld. Als het mogelijk zou zijn om een kwantumtoestand perfect te dupliceren, zou men het superpositieprincipe schenden dat aan de basis ligt van de kwantummechanica. Dit principe, oorspronkelijk geformuleerd door Erwin Schrödinger in de jaren 1930, stelt dat een kwantumsysteem gelijktijdig in verschillende toestanden kan bestaan totdat het wordt waargenomen.

Een van de bekendste voorbeelden van de onmogelijkheid van kwantumklonen is het gedachtenexperiment met de kat van Schrödinger. Laten we ons voorstellen dat we de toestand van de kat kunnen klonen - die tegelijkertijd levend en dood is totdat hij wordt waargenomen. Als het mogelijk zou zijn om een exacte kopie van deze gesuperponeerde toestand te maken, dan zouden we twee katten hebben, beide in een onzekere staat van leven of dood. Maar niet-klonen vertelt ons dat zo'n perfecte kopie niet kan worden gemaakt zonder fouten of verstoringen te introduceren.

Het onvermogen om een onbekende kwantumtoestand exact te klonen heeft ook belangrijke praktische implicaties. In de kwantumcryptografie zorgt dit principe bijvoorbeeld voor de veiligheid van communicatie. Kwantumcryptografie maakt gebruik van verstrengeling en andere kwantumverschijnselen om cryptografische sleutels te maken die, dankzij het niet-klonen theorema, niet ongemerkt gekopieerd of onderschept kunnen worden.

Op het opkomende gebied van kwantumbewustzijn hebben wetenschappers als Roger Penrose en Stuart Hameroff het idee onderzocht dat kwantumprocessen in de hersenen zouden kunnen bijdragen aan bewuste ervaringen. Hoewel deze theorie zeer speculatief en controversieel is, voegt de onmogelijkheid om kwantumtoestanden te klonen een interessante dimensie toe aan de vraag naar de subjectiviteit en uniciteit van bewustzijn.

Onderzoeksgebieden zoals kwantumcomputing en kwantumcryptografie zitten vol met experimenten die deze concepten ondersteunen. Het recente gebruik van het BB84 protocol, ontwikkeld door Charles Bennett en Gilles Brassard in 1984, laat bijvoorbeeld zien hoe quantum cryptografische sleutels veilig verzonden kunnen worden door gebruik te maken van het non-cloning theorema.

Als we nadenken over de complexiteit en schoonheid van de kwantummechanica, herinnert het niet-klonen theorema ons eraan dat er fundamentele grenzen zijn aan ons vermogen om de werkelijkheid te kennen en te kopiëren. In een universum waar deeltjes zich tegelijkertijd op meerdere plaatsen en in meerdere toestanden kunnen bevinden, is ons begrip inherent beperkt door de principes van de kwantumfysica zelf. En terwijl we doorgaan met het onderzoeken van de diepten van deze mysteries, blijft de stelling van het niet klonen een van de essentiële hoekstenen die ons leidt bij het navigeren door dit ingewikkelde weefsel van de werkelijkheid.

Kwantumbewustzijn, 'qualia' en niet-kloneerbaarheid.

In het ingewikkelde domein van de kwantumfysica worden de grenzen van ons begrip van de kosmos voortdurend uitgedaagd en verruimd. Een van de meest fascinerende en bediscussieerde concepten is dat van 'kwantumbewustzijn', een gedurfd voorstel dat de mysterieuze aard van bewustzijn probeert te verklaren met behulp van de fundamentele principes van de kwantummechanica. Ter ondersteuning van deze theorie worden 'qualia' onderzocht, de subjectieve ervaringen die ons bewustzijn kleuren, en het 'non-cloning theorem', een principe dat de uniciteit en niet-repliceerbaarheid van kwantumtoestanden benadrukt.

Het idee dat kwantumprocessen kunnen bijdragen aan onze bewuste ervaring is niet nieuw. Erwin Schrödinger, een van de grondleggers van de kwantummechanica, vroeg zich in de jaren 1930 al af hoe subatomaire verschijnselen de macroscopische wereld en, bij uitbreiding, de menselijke geest konden beïnvloeden. Moderne theorieën over kwantumbewustzijn zijn echter vooral ontwikkeld in de afgelopen decennia, dankzij het werk van wetenschappers als Roger Penrose en Stuart Hameroff.

Penrose, een briljante Britse natuurkundige en wiskundige, stelde voor dat kwantumverschijnselen een verklaring zouden kunnen bieden voor cognitieve processen die zich aan louter algoritmische operaties lijken te onttrekken. In samenwerking met anesthesist Stuart Hameroff introduceerde hij de Orchestrated Objective Reduction (Orch-OR) theorie, waarin hij suggereerde dat bewustzijn zou kunnen ontstaan uit microtubuli, structuren in neuronen die op kwantumniveau werken.

Een cruciaal aspect van de discussie over kwantumbewustzijn betreft 'qualia!', de subjectieve ervaringen die met ons bewuste leven gepaard gaan. Deze ervaringen, zoals de smaak van chocolade of het gevoel van rood, zijn extreem persoonlijk en moeilijk objectief nauwkeurig te beschrijven. De onderliggende vraag is: hoe kunnen schijnbaar materiële en tastbare neurale processen aanleiding geven tot zulke intiem beleefde ervaringen?

Dit is waar kwantumtheorieën een golf van interesse krijgen. Als de geest in een kwantumdimensie zou werken, zouden de unieke eigenschappen van kwantumtoestanden kunnen verklaren waarom qualia zo uniek en ongrijpbaar zijn. Het concept van 'superpositie', waarbij een deeltje in meerdere toestanden tegelijk kan bestaan totdat het wordt waargenomen, zou theoretisch verband kunnen houden met de vele mogelijkheden van perceptie in onze geest.

Ter ondersteuning van de unieke eigenschappen van bewustzijn komt het 'niet-klonen theorema'. Dit fundamentele principe, in 1982 geformuleerd door William Wootters en Wojciech Zurek, stelt dat het onmogelijk is om een exacte en perfecte kopie te maken van een onbekende kwantumtoestand. Deze onmogelijkheid heeft diepgaande implicaties voor het menselijk bewustzijn als wordt aangenomen dat het gedeeltelijk kwantum is.

De niet-kloneerbaarheid van kwantumtoestanden benadrukt de singulariteit van elke bewuste ervaring. Zelfs als het mogelijk zou zijn om het menselijk brein volledig in kaart te brengen en alle neuronale toestanden te repliceren, suggereert het non-cloning theorema dat de resulterende kopie nooit een perfect duplicaat van het origineel zou zijn, vooral als bewustzijnstoestanden beïnvloed worden door kwantumprocessen. Dit versterkt het idee dat elk menselijk bewustzijn uniek en onherhaalbaar is.

De fusie van het concept van kwantumbewustzijn met qualia en het non-cloning theorema opent nieuwe wegen om na te denken over het mysterie van de menselijke geest. Hoewel er nog steeds geen sluitend bewijs is voor de rol van kwantumprocessen in het bewustzijn, bieden de hypotheses en theorieën van Penrose en Hameroff fascinerende inzichten voor verder onderzoek. De niet-repliceerbaarheid van kwantumtoestanden, gecombineerd met de unieke subjectiviteit van qualia, suggereert dat ons bewustzijn misschien wel net zo raadselachtig en onherhaalbaar is als de fenomenen die ten grondslag liggen aan de kwantummechanica zelf.

Hoofdstuk 12. De onderlinge relatie tussen geest en werkelijkheid.

"Het leven is niet zoals het is, maar zoals wij het waarnemen.
(Carl Jung).

Bewustzijn, dat levensbloed dat zin en diepte geeft aan ons bestaan, is altijd een raadsel geweest dat filosofen, wetenschappers en denkers fascineert. De kwantumfysica, met haar radicaal nieuwe implicaties, heeft ongekende perspectieven geopend voor het begrijpen van de onderlinge relatie tussen geest en werkelijkheid. In deze context komt de mogelijkheid dat bewustzijn de fysieke dood kan overleven naar voren als een van de meest gedurfde en intrigerende hypothesen.

Een van de pioniers in het leggen van verbanden tussen kwantumfysica en bewustzijn was Eugene Wigner, die in 1963 de Nobelprijs voor Natuurkunde won. Wigner stelde dat de toestand van een kwantumsysteem alleen in een gedefinieerde toestand kon vervallen door interactie met een waarnemend bewustzijn. Deze hypothese leidde tot nadenken over de mogelijkheid dat bewustzijn niet alleen interageert met de fysieke werkelijkheid, maar mogelijk ook bestaat in een vorm buiten de materiële dimensie.

In een poging om een robuustere wetenschappelijke verklaring te geven, stelden de natuurkundige Roger Penrose en de anesthesist Stuart Hameroff het Orch-OR (*Orchestrated Objective Reduction*) model voor. Volgens dit model zou bewustzijn het resultaat zijn van kwantumprocessen die plaatsvinden in de microtubuli van neuronen in de hersenen. Penrose en Hameroff suggereren dat kwantumverschijnselen, zoals superpositie en kwantumverstrengeling, de complexe aard van het bewustzijn kunnen verklaren en dat het op de een of andere manier onafhankelijk van het fysieke lichaam zou kunnen bestaan.

Een iconisch experiment in de kwantumfysica dat vragen oproept over de aard van de werkelijkheid en het bewustzijn is dat van de dubbele spleet. Dit experiment, dat bekend staat om de golf-deeltje dualiteit, krijgt een filosofische implicatie als je bedenkt dat het de waarneming is die het gedrag van de deeltjes bepaalt. Sommige radicale interpretatoren, zoals de voorstanders van de interpretatie van de vele werelden, stellen voor dat elke waarnemingshandeling nieuwe vertakkingen van het universum creëert; anderen geloven echter dat de waarnemer centraal staat.

De natuurkundige John Archibald Wheeler suggereerde met zijn theorie van het '*participerend antropisch principe*' dat het universum bestaat omdat het wordt waargenomen. Dit leidt tot de conclusie dat bewustzijn een fenomeen zou kunnen zijn dat intrinsiek verbonden is met de structurering van het universum zelf, en niet slechts een epifenomeen van fysisch-chemische processen.

Het idee dat bewustzijn de fysieke dood kan overleven houdt nauw verband met deze kwantumreflecties. De kwantumfysica suggereert dat de scheiding tussen waarnemer en waargenomene minder scherp is dan eerder werd gedacht. Dit opent de mogelijkheid dat bewustzijn kan bestaan in een vorm die niet gebonden is aan de materiële beperkingen van het menselijk lichaam. We zouden ons bewustzijn kunnen voorstellen als een kwantumveld, misschien vergelijkbaar met het 'verenigd veld' in sommige geavanceerde natuurkundige theorieën, dat blijft bestaan na het uiteenvallen van het fysieke lichaam.

De Near-Death Experiences (NDE) hypothese, bestudeerd door artsen en neurowetenschappers zoals Pim van Lommel, zou in deze context een verklaring kunnen vinden. Van Lommel, een Nederlandse cardioloog, voerde gedetailleerde studies uit van patiënten die uittredingservaringen rapporteerden tijdens een hartstilstand. De verslagen van deze ervaringen, die lijken op te treden wanneer de hersenen klinisch niet-functioneel zijn verklaard, dagen puur neurologische verklaringen uit en lenen zich voor een kwantumlezing. Van Lommel suggereert dat deze ervaringen kunnen wijzen op een niet-lokaal aspect van bewustzijn, in overeenstemming met kwantumtheorieën.

De kwantumfysica, met haar revolutionaire ontdekkingen, nodigt ons uit om de aard van de werkelijkheid en het bewustzijn te heroverwegen op een manier die bijna mystiek lijkt vergeleken met het traditionele wetenschappelijke denken. Als bewustzijn op de een of andere manier een kwantumfenomeen is dat het fysieke bestaan overstijgt, dan zou ons begrip van leven, dood en de mogelijkheid van een vorm van bestaan na de dood radicaal kunnen veranderen.

De beroemde natuurkundige Erwin Schrödinger, zowel filosoof als wetenschapper, stelde dat het bewustzijn één is en via meerdere individuen is afgestemd. Deze monistische kijk op het universum resoneert verrassend genoeg met de mogelijkheden die de kwantumfysica biedt, door een continuüm voor te stellen waarin de bewuste essentie niet gebonden is aan materiële vergankelijkheid.

Concluderend kan gesteld worden dat kwantumbewustzijn suggereert dat onze geest misschien niet alleen onze werkelijkheid vorm kan geven, maar ook verder kan gaan in een nieuwe vorm, vrij van de beperkingen van sterfelijkheid. De implicaties zijn immens en brengen ons dichter bij een begrip dat rigoureuze wetenschap zou kunnen versmelten met de verkennende gebieden van spiritualiteit.

Geest en werkelijkheid: kwantumimplicaties voor leven en dood.

Decennialang hebben kwantumfysica en filosofie zich verstrengeld in een complexe en fascinerende dans die de aard van het bewustzijn en zijn relatie tot de werkelijkheid probeert te onderzoeken. Terwijl natuurkundigen het universum op subatomair niveau proberen te begrijpen, onderzoeken filosofen en neurowetenschappers de aard van het denken en het zijn. Maar wat gebeurt er als deze paden elkaar ontmoeten en de implicaties ongelooflijk diepgaand worden? We onderzoeken hoe geest en werkelijkheid samenhangen door de lens van de kwantumfysica en de mogelijke implicaties voor leven en dood.

Eugene Wigner, een van de pioniers van de kwantummechanica, stelde een theorie voor die bewustzijn beschouwt als een fundamentele factor in de ineenstorting van de golffunctie. Volgens Wigner is het menselijk bewustzijn niet simpelweg een epifenomeen van de hersenen, maar speelt het een centrale rol bij het definiëren van de fysieke werkelijkheid. Dit werpt een verontrustende vraag op: als de geest zo cruciaal is voor het bestaan van de werkelijkheid, kan deze dan de dood van het lichaam overleven?

Natuurkundige Sir Roger Penrose en anesthesist Stuart Hameroff hebben het *Orchestrated Objective Reduction* (Orch-OR) model ontwikkeld, dat voorstelt dat bewustzijn ontstaat uit kwantumprocessen in de microtubuli, structuren in de neuronen van de hersenen. Volgens deze theorie zouden dergelijke kwantumprocessen het mysterie van het bewustzijn kunnen oplossen door bewuste ervaring te doen ontstaan. Het kwantumkarakter van dergelijke processen suggereert dat het bewustzijn mogelijk niet star gebonden is aan het fysieke lichaam. Dit zou een geldige wetenschappelijke verklaring kunnen zijn voor verschijnselen zoals bijna-dood ervaringen.

Het dubbelspletenexperiment is een van de meest diepgaande demonstraties van de bizarre aard van de kwantumwerkelijkheid. Wanneer deeltjes zoals elektronen door een dubbele spleet worden gestuurd, gedragen ze zich als golven en creëren ze een interferentiepatroon. Wanneer ze echter worden waargenomen, gedragen ze zich als discrete deeltjes. Dit experiment suggereert dat de waarneming de werkelijkheid zelf beïnvloedt en benadrukt de onlosmakelijke band tussen waarnemer en verschijnsel.

Cardioloog Pim van Lommel heeft uitgebreid onderzoek gedaan naar bijna-doodervaringen (BDE's). Deze fenomenen, gerapporteerd door mensen die een hartstilstand hebben gehad en gereanimeerd zijn, beschrijven vaak gevoelens van helder bewustzijn, het verlaten van het lichaam en ontmoetingen met immateriële entiteiten. Van Lommel veronderstelde dat dergelijke ervaringen verklaard zouden kunnen worden door de kwantumfysica, wat wijst op een niet-lokaal aspect van bewustzijn dat niet beperkt wordt door het fysieke lichaam of de traditionele hersenstructuur. Zijn werk snijdt met de hypotheses van Penrose en Hameroff, die suggereren dat kwantumbewustzijn zou kunnen overleven in een vorm die onafhankelijk is van hersenmaterie.

Het perspectief van kwantumbewustzijn nodigt ons uit om veel van onze traditionele overtuigingen over leven en dood te heroverwegen. De geest kan inderdaad een onsterfelijke kwantumentiteit zijn en de implicaties van deze conclusie zijn verbijsterend: de fysieke dood is misschien niet het einde van het bewustzijn zoals wij dat begrijpen. Dit verandert onze filosofische opvattingen over identiteit, sterfelijkheid en zelfs ethiek fundamenteel.

Er ontstaat een complex en fascinerend beeld waarin de menselijke geest en de fysieke werkelijkheid geen afzonderlijke entiteiten zijn, maar met elkaar verbonden zijn in een tijdloze kwantumdans. De wetenschap staat op een kruispunt, waar toekomstige ontdekkingen nieuwe fundamentele waarheden over de essentie van het bestaan zouden kunnen onthullen.

Onsterfelijk bewustzijn. Kwantumwetenschap en het mysterie van voortbestaan.

In het uitgestrekte landschap van de moderne wetenschap is een fascinerend en veelbesproken onderwerp dat van het bewustzijn en de mogelijke onsterfelijke aard ervan. Dit concept, dat bekend staat als 'kwantumbewustzijn', ligt op het snijvlak van kwantumfysica, neurobiologie en filosofie en biedt boeiende perspectieven op de aard van de werkelijkheid en de mogelijkheid van leven na de fysieke dood.

In 1963 stelde Eugene Wigner een revolutionair idee voor: de fundamentele rol van bewustzijn in de ineenstorting van de golffunctie. In de eenvoudigste bewoordingen suggereerde Wigner dat de handeling van het observeren van een kwantumsysteem feitelijk de uiteindelijke toestand bepaalt. Dit impliceert een diepgaande verbinding tussen geest en materiële werkelijkheid: bewustzijn is niet slechts een product van fysische processen, maar zou er een essentieel onderdeel van kunnen zijn.

Deze theorie wordt ondersteund door het raadselachtige dubbelspletenexperiment, dat natuurkundigen al meer dan een eeuw fascineert en verbijstert. Dit experiment laat zien dat deeltjes, zoals fotonen en elektronen, zich zowel als golven en als deeltjes gedragen, afhankelijk van hun waarneming. Als er een waarnemer aanwezig is, 'kiezen' de deeltjes een bepaalde toestand. Dit gedrag roept vragen op over de invloed van de waarnemer op de werkelijkheid zelf, wat suggereert dat bewustzijn een fundamentele rol zou kunnen spelen in het kwantumuniversum.

Dit alles brengt ons ertoe om de mogelijkheid te overwegen dat bewustzijn een fundamentele eigenschap van het universum kan zijn, en niet slechts een epifenomeen van grijze materie. Als de ineenstorting van de golffunctie een bewuste waarnemer vereist, en als bewustzijn onafhankelijk van de hersenen kan bestaan, dan is de fysieke dood misschien niet het einde van ons bewustzijn.

We kunnen een analogie trekken met de veldtheorie in de natuurkunde: net zoals elektromagnetische velden onafhankelijk bestaan van de objecten die ze genereren, zou bewustzijn een fundamenteel veld van het universum kunnen zijn, gegenereerd maar niet beperkt door onze biologie. Dit idee opent nieuwe wegen voor onderzoek naar de aard van leven en dood, en hoe we ons bestaan begrijpen.

Concluderend biedt de kwantumwetenschap nu paradigma's die onze diepst gekoesterde overtuigingen over het leven en de continuïteit ervan in twijfel trekken. Wat bewustzijn werkelijk is, en of het op de een of andere manier de fysieke dood kan overleven, blijft nog steeds een mysterie. De wetenschappelijke theorieën van Wigner, Penrose, Hameroff en de studies van van Lommel brengen ons echter dichter bij een dieper en positiever begrip van dit mysterie.

Vierdimensionaal bewustzijn. Realiteit, kwantum en onsterfelijkheid.

De aard van het bewustzijn is een van de meest fascinerende en mysterieuze vragen in de moderne wetenschap. De relatie met realiteit en onsterfelijkheid heeft veel gedurfde theorieën geïnspireerd, variërend van filosofie tot kwantumfysica. In deze context komt het idee van een vierdimensionaal bewustzijn naar voren als een intrigerend perspectief, dat in staat is om ons begrip van de geest en zijn bestaan na de fysieke dood opnieuw te definiëren.

In een theoretische context kunnen de vier dimensies van vierdimensionaal bewustzijn worden opgevat als:

Temporele dimensie.
Het vermogen van het bewustzijn om tijd op een niet-lineaire manier waar te nemen en te ervaren, waardoor een ononderbroken bestaan na het fysieke leven mogelijk wordt.

Ruimtelijke dimensie.
Het vermogen om driedimensionale ruimte waar te nemen en ermee te interageren, maar met een bewustzijn dat fysieke grenzen overstijgt.

Kwantumdimensie.
Een directe verbinding met verschijnselen op kwantumniveau, wat wijst op een diepe integratie met de kwantumtoestanden en -fluctuaties van het universum.

Energiedimensie.
De waarneming en manipulatie van de fundamentele energieën van het universum, wat een vorm van bestaan impliceert die gebaseerd is op energie voorbij materie.

Een centraal punt in dit debat is de rol van het bewustzijn in het kwantumproces. Natuurkundige en Nobelprijswinnaar Eugene Wigner heeft gesuggereerd dat bewustzijn een cruciale rol speelt in de zogenaamde 'ineenstorting van de golffunctie'. Met andere woorden, het zou de bewuste waarnemer zijn die de concrete manifestatie van de werkelijkheid zou bepalen uit meerdere kwantummogelijkheden. Dit postulaat introduceert het idee dat de geest niet slechts een passieve recorder van gebeurtenissen is, maar een actieve schepper van de werkelijkheid zelf.

De hypothese van Roger Penrose en Stuart Hameroff suggereert dat de menselijke geest geworteld is in kwantumverschijnselen en daarom de biologische dood kan overleven. Het model van Penrose en Hameroff vormt een belangrijk uitgangspunt voor het onderzoeken van het idee van de onsterfelijkheid van het bewustzijn.

Bovendien suggereert de kwantumveldentheorie de mogelijkheid dat bewustzijn een fundamenteel veld van het universum zou kunnen zijn, analoog aan elektromagnetische of zwaartekrachtvelden. Als dat zo is, dan zou bewustzijn kunnen bestaan zonder de steun van het biologische lichaam, net zoals fotonen kunnen ontstaan en verdwijnen zonder een materieel medium nodig te hebben.

In het hedendaagse landschap zijn deze ideeën niet langer alleen geworteld in laboratoria of academische debatten, maar hebben ze hun intrede gedaan in filosofische en spirituele discussies over de toekomst van de mensheid. Het perspectief van een vierdimensionaal bewustzijn nodigt ons uit om na te denken over het idee dat ons bestaan zich zou kunnen uitstrekken voorbij de grenzen van tijd en ruimte, waardoor ons beeld van onszelf en de werkelijkheid grondig verandert.

Het is duidelijk dat de implicaties van deze studies buitengewoon zijn. Als bewustzijn inderdaad een entiteit is die onafhankelijk is van het fysieke medium, dan is de onsterfelijkheid van de geest niet langer slechts een religieuze of mystieke droom, maar een wetenschappelijke mogelijkheid die onderzocht moet worden. Toekomstige studies kunnen deze dynamiek misschien verder ontrafelen en nieuwe horizonten openen voor het begrijpen van ons bestaan en de werkelijkheid zelf.

Concluderend biedt de visie van een vierdimensionaal bewustzijn, verstrengeld in het kwantumweb van het universum, fascinerende en mysterieuze perspectieven. Zoals gesuggereerd door pioniers als Wigner, Penrose, Hameroff en onderzoekers als van Lommel, zou de menselijke geest meer kunnen zijn dan alleen een product van de hersenen. Het zou de sleutel kunnen zijn tot het ontsluiten van de diepe band tussen realiteit en onsterfelijkheid.

Geest, kwantum en eeuwigheid. Een nieuwe visie op overleven tot de dood.

De tot nu toe beschreven ervaringen vinden een mogelijk ondersteunend kader in het enorme complex van de kwantumveldentheorie. Volgens deze visie zou er een fundamenteel veld van bewustzijn kunnen bestaan, analoog aan de bekende krachtvelden in de natuurkunde zoals elektromagnetische velden, dat onafhankelijk van fysieke materie zou bestaan. Deze revolutionaire hypothese suggereert dat bewustzijn een intrinsieke eigenschap van het universum zou kunnen zijn, net zoals zwaartekracht en elektromagnetisme dat zijn.

Vanuit dit perspectief ontstaat de conceptualisering van een vierdimensionaal bewustzijn, dat verder gaat dan de drie ruimtelijke dimensies en een niet-fysieke dimensie omvat die niet gemeten kan worden met de huidige beschikbare technologieën. Een dergelijke visie herformuleert radicaal ons concept van bestaan en wist de traditionele grenzen tussen leven en dood uit. Als bewustzijn kan bestaan in een dimensie buiten de gewone tijd en ruimte, dan zou het inderdaad onsterfelijk kunnen zijn, een eeuwig heden onaangetast door fysiek verval.

Deze nieuwe visie brengt tal van uitdagingen met zich mee, zowel conceptueel als experimenteel. De convergentie tussen kwantumfysica en neurobiologische studies opent echter nieuwe en opwindende horizonten. Het gevreesde einde van alles, voorgesteld door de dood, zou in plaats daarvan een overgang kunnen zijn naar een andere vorm van bestaan, waarin het bewustzijn zijn reis voortzet in een mysterieus en deels onontgonnen universum.

In een tijd waarin de wetenschap vaak tegen de grenzen van het begrip aanloopt, nodigen ideeën zoals die van Wigner, Penrose, Hameroff en van Lommel ons uit om na te denken over de mogelijkheid dat onze geest niet alleen vorm geeft aan de werkelijkheid die we waarnemen, maar ook ver voorbij de grenzen van ons fysieke bestaan kan voortbestaan. Een nieuwe visie op overleven na de dood, geworteld in de diepten van de kwantumtheorie, doemt aan de horizon op en nodigt ons uit om onze plaats in het universum opnieuw te overdenken.

Het belangrijkste aspect dat uit deze theorieën naar voren komt, is de onvermijdelijkheid van de onderlinge verbondenheid tussen verschillende dimensies in de constructie van de werkelijkheid. De geest is geen geïsoleerde entiteit, maar maakt integraal deel uit van het weefsel van het universum. Dit leidt tot de mogelijkheid dat het bewustzijn als een brug zou kunnen fungeren tussen de tastbare fysieke wereld en een dieper gelegen kwantumsubstraat, dat de bron zou kunnen zijn van wat wij als werkelijkheid waarnemen.

De discussie over kwantumbewustzijn is niet alleen een academische aangelegenheid. Het heeft potentieel buitengewone filosofische, wetenschappelijke en zelfs existentiële implicaties. Als het bewustzijn werkelijk een onsterfelijke entiteit is, geworteld in de fundamentele wetten van het kwantumuniversum, zou onze perceptie van leven, dood en de realiteit zelf een radicale transformatie kunnen ondergaan. Dit onderzoeksgebied belooft niet alleen de diepe mysteries van de menselijke geest te ontrafelen, maar ook nieuwe grenzen te openen in ons begrip van het universum.

Hoofdstuk 13. Kwantumbewustzijn in de metafysische visie.

"Bewustzijn is fundamenteel voor het kwantumproces; het bepaalt het waargenomene en de waarnemer."
(David Bohm).

Kwantumbewustzijn als onsterfelijke entiteit.

De kwestie van het bewustzijn is een van de oudste en meest fascinerende vragen die altijd centraal heeft gestaan in filosofische, wetenschappelijke en metafysische speculaties. In de afgelopen decennia is een nieuwe term dit debat gaan beïnvloeden: 'kwantumbewustzijn'. Om dit begrip volledig te begrijpen, is het nodig om te onderzoeken en te verduidelijken wat we bedoelen met 'bewustzijn' en hoe het kan worden geïnterpreteerd door het prisma van de kwantumfysica.

Het concept bewustzijn heeft denkers van alle tijden gefascineerd. Aristoteles definieerde het als 'de ziel', het vitale principe van de mens. Tientallen jaren later nam René Descartes dit begrip over en schreef het beroemde '*Cogito, ergo sum*' (Ik denk, dus ik ben), waarmee hij het bewustzijn centraal stelde in zijn filosofie.

In recentere tijden is bewustzijn het onderwerp van studie geweest in de psychologie en neurowetenschappen. William James, een van de vaders van de moderne psychologie, beschreef bewustzijn als een continue stroom van gedachten. Niemand heeft echter al een definitieve verklaring gegeven voor wat bewustzijn precies is en hoe het ontstaat.

In de afgelopen jaren zijn een aantal wetenschappers en filosofen begonnen met het onderzoeken van het idee dat bewustzijn een kwantumoorsprong kan hebben. Een van de sleutelfiguren in dit onderzoek is de natuurkundige Roger Penrose, winnaar van de Nobelprijs voor Natuurkunde in 2020. Penrose stelde samen met neurochirurg Stuart Hameroff de *Orchestrated Objective Reduction* (Orch-OR) theorie voor, volgens welke bewustzijn ontstaat uit kwantumprocessen in de microtubuli van neuronen in de hersenen.

Volgens deze zienswijze functioneren microtubuli als kleine kwantumprocessoren die bewustzijn produceren door de ineenstorting van de kwantumgolffunctie. De auteurs beweren dat dit model mysterieuze fenomenen zoals dromen, bijna-dood ervaringen en creativiteit zou kunnen verklaren.

In de metafysische visie is kwantumbewustzijn niet gewoon een opkomende functie van de hersenen, maar een onsterfelijke entiteit die materie overstijgt. Dit idee weerspiegelt de inzichten van vele spirituele en filosofische tradities. Volgens de Indiase filosoof Sri Aurobindo is het universum doordrongen van een uniek bewustzijn dat zich manifesteert in elke vorm van leven.

Ook de natuurkundige David Bohm, bekend om zijn theorie van het universum als een 'implicate orde' en 'explicate orde', suggereerde dat de werkelijkheid een ondeelbaar geheel is en dat bewustzijn een manifestatie zou kunnen zijn van een diepere, verborgen orde van het universum.

Een interessante anekdote gaat over Erwin Schrödinger, een van de architecten van de kwantummechanica. Schrödinger was sterk beïnvloed door Oosterse filosofieën en beschouwde bewustzijn als een unitair en universeel fenomeen, in plaats van een fragmentarisch en individueel fenomeen.

Verschillende studies en experimenten proberen het verband tussen bewustzijn en kwantummechanica te onderzoeken. Een van de meest geciteerde experimenten is het beroemde 'dubbelspleten experiment', dat laat zien hoe kwantumdeeltjes in opeenvolgende toestanden kunnen bestaan en alleen een bepaalde positie lijken te 'kiezen' wanneer ze worden waargenomen. Dit fenomeen heeft ertoe geleid dat sommigen speculeren dat de waarnemer zelf een rol zou kunnen spelen in het creëren van de werkelijkheid.

Verder hebben onderzoeken van Dean Radin aan het Institute of Noetic Sciences geprobeerd om te testen of de menselijke geest het gedrag van kwantumdeeltjes kan beïnvloeden, met intrigerende maar niet overtuigende resultaten.

Het vraagstuk van het kwantumbewustzijn en de mogelijke onsterfelijkheid ervan blijft open en prikkelt voortdurend onze verbeelding en dorst naar kennis. De samensmelting van metafysica en kwantumfysica opent nieuwe perspectieven en nodigt ons uit om de aard van het bewustzijn opnieuw te bekijken, niet alleen als een product van de hersenen, maar als een diepere en fundamentelere realiteit.

In een wereld waar wetenschap en spiritualiteit zich vaak op parallelle sporen lijken te bewegen, vormt de theorie van het kwantumbewustzijn een fascinerende brug die ons zou kunnen leiden naar een meer geïntegreerd en compleet begrip van onze plaats in het universum. Het verder onderzoeken van deze ideeën, door middel van experimenten, studies en reflecties, zou nieuwe waarheden kunnen onthullen over wat het werkelijk betekent om bewust te zijn en, misschien, wat ons te wachten staat na het materiële leven.

De mogelijke unies van kwantumfysica en bewustzijn.

De poging om kwantumfysica te combineren met bewustzijn heeft geleid tot het ontstaan van een fascinerend en innovatief studiegebied dat de grondslagen van het wetenschappelijke en filosofische denken uitdaagt. In dit hoofdstuk worden de mogelijke raakvlakken tussen deze disciplines onderzocht en wordt nagegaan hoe de metafysische visie ons begrip van het bewustzijn als een potentieel onsterfelijke entiteit kan verrijken.

De kwantumfysica heeft een revolutie teweeggebracht in de manier waarop we de wereld zien sinds het ontstaan ervan aan het begin van de 20e eeuw, waarbij legendarische figuren als Niels Bohr, Werner Heisenberg en Erwin Schrödinger de basis legden. De kwantumwereld wordt gekenmerkt door paradoxen en onzekerheden die ontsnappen aan de Newtoniaanse logica, waarbij begrippen als superpositie, verstrengeling en ineenstorting van de golffunctie worden geïntroduceerd.

De wereldberoemde astrofysicus en wiskundige Roger Penrose ontketende een verhit debat met zijn Orch-OR theorie, ontwikkeld in samenwerking met Stuart Hameroff. Volgens Penrose en Hameroff zouden neuronale microtubuli in de hersenen de rol kunnen spelen van kwantumprocessoren, waarbij bewustzijn voortkomt uit fundamentele kwantumprocessen.

Deze theorie probeert vragen te beantwoorden die anders in de schaduw zouden blijven, zoals de oorsprong van intuïtie of subjectieve ervaring. Orch-OR daagt de klassieke neurowetenschappelijke benadering uit en stelt voor dat bewustzijn niet slechts een opeenvolging van chemische en elektrische processen is, maar eerder een manifestatie van kwantumdynamica.

De metafysische kijk op bewustzijn als een onsterfelijke entiteit past perfect bij enkele van de diepere implicaties van de kwantumfysica. De menselijke geest zou niet simpelweg het product zijn van biochemische reacties, maar een fenomeen dat de fysieke werkelijkheid overstijgt.

De natuurkundige David Bohm suggereerde met zijn theorie van impliciete en expliciete orde dat het universum gezien kon worden als een onlosmakelijk geheel, waarin elk deel de eenheid van het geheel weerspiegelt. Bewustzijn zou volgens Bohm een manifestatie kunnen zijn van deze impliciete orde, een universeel veld dat alles wat bestaat doordringt.

Een van de meest besproken aspecten van de kwantummechanica is het zogenaamde '*waarnemerseffect*'. Experimenten zoals het dubbelspleten experiment laten zien dat kwantumdeeltjes in een superpositie toestand bestaan totdat ze worden waargenomen, wat suggereert dat de handeling van het waarnemen de werkelijkheid zelf kan beïnvloeden.

Dit heeft ertoe geleid dat sommige wetenschappers speculeren dat het menselijk bewustzijn een actieve rol zou kunnen spelen in de creatie van de werkelijkheid. Een opmerkelijk voorbeeld is het onderzoek dat Dean Radin uitvoerde aan het Institute of Noetic Sciences, waarin werd geprobeerd om de invloed van het bewustzijn op de uitkomst van kwantumexperimenten te meten, met resultaten die, hoewel controversieel, uitnodigen tot verder onderzoek.

Het idee dat bewustzijn onsterfelijk zou kunnen zijn is gebaseerd op de vooronderstelling dat de kwantumwerkelijkheid conventionele tijd en ruimte overstijgt. In de context van de Orch-OR theorie zou bewustzijn hersendood kunnen overleven door te blijven bestaan op een kwantumvlak.

Erwin Schrödinger werd, naast zijn fundamentele bijdragen aan de natuurkunde, diepgaand beïnvloed door Oosterse filosofieën. In zijn essay "*Wat is leven?*" (1944) onderzoekt Schrödinger de mogelijkheid dat bewustzijn een unitair en ondeelbaar fenomeen is, dat voorbij de grenzen van tijd en ruimte bestaat, een zienswijze die weerklank vindt in moderne kwantumtheorieën.

De mogelijke verbindingen tussen kwantumfysica en bewustzijn vertegenwoordigen een nog grotendeels onontgonnen maar ongelooflijk veelbelovende grens. De metafysische visie suggereert dat bewustzijn niet beperkt is tot de materiële dimensie, maar dat het onsterfelijk kan worden gemaakt door de fundamentele kwantumprocessen die het universum besturen.

Een benadering van kwantumbewustzijn.

Reflecties op de kwantumnatuur van de geest.

Het menselijk bewustzijn is altijd een fascinerend raadsel geweest voor filosofen, wetenschappers en denkers. Onlangs heeft de komst van de kwantumfysica nieuwe perspectieven en theoretische hulpmiddelen opgeleverd om een van de diepste mysteries van het bestaan te onderzoeken: de aard van de geest.

De benadering van Roger Penrose en Stuart Hameroff, bekend als de Orch-OR theorie, suggereert dat bewustzijn niet simpelweg het product is van klassieke processen in de hersenen, maar eerder een fenomeen dat voortkomt uit kwantumprocessen die plaatsvinden in neuronale microtubuli. Penrose, een wereldberoemde wis- en natuurkundige, en Hameroff, een anesthesist en neurowetenschappelijk onderzoeker, stellen voor dat deze subcellulaire structuren functioneren als natuurlijke 'kwantumcomputers', waarbij de toestand van superpositie een vorm van informatieverwerking mogelijk maakt die tijd en ruimte overstijgt.

Penrose besprak in zijn baanbrekende werken zoals *'The Emperor's New Mind'* (1989) de ontoereikendheid van klassieke rekenmodellen om het bewustzijn te verklaren. Hij stelde dat een nieuwe fysica, verankerd in kwantumprincipes, nodig zou zijn om het bewustzijn te begrijpen. Hameroff daarentegen stelde dat verschijnselen op kwantumniveau in microtubuli de sleutel zouden kunnen zijn tot het ontsluieren van dit mysterie, waarbij hij de nadruk legde op de 'metastabiele' rol van kwantumgolven in de hersenen.

De metafysica van het kwantumbewustzijn overstijgt het domein van de empirische wetenschap en roept diepgaande reflecties op over de betekenis van zijn en tijd. David Bohm, een andere reus in de natuurkunde, benadrukte met zijn concept van de impliciete orde dat het universum een ondeelbaar geheel is waarin bewustzijn de manifestatie zou kunnen zijn van een verborgen orde die de oppervlakkig waargenomen werkelijkheid overstijgt. In zijn werk *'Wholeness and Implied Order'* (1980) onderzoekt Bohm hoe de fundamentele eenheid van het universum een diepe onderlinge verbondenheid van de menselijke geest met de kosmos zou kunnen impliceren.

Deze visie suggereert dat bewustzijn geen geïsoleerd fenomeen is, maar een integraal onderdeel van een universele matrix, een veld van bewustzijn dat zich uitstrekt voorbij de grenzen van tijd en ruimte. Erwin Schrödinger liep vooruit op concepten die een eenheid van bewustzijn oproepen. Schrödinger sprak niet strikt over kwantumfysica toegepast op de geest, maar postuleerde een continuïteit van leven na de fysieke dood, een standpunt dat weerklank vindt in moderne speculaties over kwantumbewustzijn.

Een interessante anekdote die de reikwijdte van het kwantumbewustzijn illustreert, heeft betrekking op het beroemde dubbelspletenexperiment. Dit experiment, dat dateert uit het begin van de 20e eeuw, liet zien hoe eenvoudige observatie de resultaten van kwantumverschijnselen kan beïnvloeden. Albert Einstein, Max Planck en Niels Bohr waren de hoofdrolspelers in verhitte debatten over de betekenis van deze resultaten. Met name Bohr betoogde dat de klassieke opvatting van de werkelijkheid ontoereikend was en dat de waarnemer een cruciale rol speelde bij het bepalen van de aard van kwantumgebeurtenissen.

De implicaties van het waarnemerseffect hebben ertoe geleid dat sommigen speculeren dat de geest zelf wel eens een fundamentele component zou kunnen zijn in de constructie van de werkelijkheid. Dit opent de deur naar fascinerende metafysische speculaties over een universum waarin het bewustzijn niet alleen waarneemt, maar ook creëert.

De theorie van het kwantumbewustzijn is niet alleen een wetenschappelijke voorhoede, maar ook een uitnodiging om onze plaats in het universum opnieuw te bekijken. De metafysische visie van een eeuwige geest, verbonden met een diepere, universele orde, daagt ons uit om conventionele noties van geboorte, leven en dood te heroverwegen. In het multidimensionale landschap dat door de kwantumfysica wordt gesuggereerd, zou bewustzijn wel eens een onsterfelijke entiteit kunnen zijn, verweven met het weefsel van de werkelijkheid, waardoor we deelnemers worden aan een mysterie dat teruggaat tot de oorsprong van de kosmos zelf.

Het universum als uitdrukking van kwantumbewustzijn.

In de afgelopen decennia is de dialoog tussen wetenschap en filosofie geïntensiveerd, wat heeft geleid tot nieuwe opvattingen over de aard van het bewustzijn en zijn relatie tot het universum. Een van de meest fascinerende posities is die van het kwantumbewustzijn, volgens welke het bewustzijn niet alleen verbonden is met de kwantumwereld, maar ook een onsterfelijke entiteit vertegenwoordigt die instrumenteel is in de structuur en ervaring van het universum zelf. In dit hoofdstuk wordt onderzocht hoe, door een metafysische lens, het universum kan worden opgevat als een uitdrukking van kwantumbewustzijn.

In hun boek '*Consciousness in the Universe: Quantum Theory, Evolution, and the Brain*' (2010) stellen Hameroff en Penrose voor dat bewustzijn kan voortkomen uit kwantumverschijnselen die zich voordoen binnen de microtubuli van neuronale cellen. Deze opvatting suggereert dat bewustzijn niet simpelweg het product is van neuronale interacties, maar kwantumprocessen omvat die de kloof tussen klassieke en kwantumfysica zouden overbruggen.

Het centrale idee is dat kwantumbewustzijn werkt op subatomaire interactieniveaus, wat suggereert dat onze bewuste ervaring slechts een deel is van een veel breder en dieper fenomeen. Penrose zette in zijn werk '*The Emperor's New Mind*' uit 1989 al de hypothese uiteen dat de menselijke geest niet volledig kan worden verklaard door computationele algoritmen en drong aan op een integratie van de kwantumfysica in deze context.

Maar welke implicatie heeft deze visie voor de conceptie van het universum? Volgens de theorie van het kwantumbewustzijn kan het universum zelf beschouwd worden als een uitdrukking van een universeel kwantumbewustzijn. Dit idee is verwant aan de Oosterse filosofie, met name het Vedantische denken, waarin wordt beweerd dat het universum de expansie is van een enkel, universeel bewustzijn, geïdentificeerd als *Brahman*.

Kosmoloog en natuurkundige David Bohm, bekend om zijn werk aan de theorie van verborgen variabelen, stelde ook dat het universum een 'impliciete orde' vertegenwoordigt en dat het menselijk bewustzijn deel zou kunnen uitmaken van een grotere en diepere orde. In die zin stelde Bohm voor om het universum te beschouwen als een continuüm waarin de scheiding tussen waarnemer en waargenomene niet duidelijk is, maar eerder een illusie.

In kwantumfysica-experimenten onthulde het beroemde dubbelspletenexperiment dat observatie de resultaten lijkt te beïnvloeden. Wanneer deeltjes, zoals elektronen en fotonen, worden waargenomen, verandert hun gedrag van een golfmodel in een deeltjesmodel. Dit resultaat leidt tot de vraag of het bewustzijn zelf de fysieke werkelijkheid kan beïnvloeden: bewustzijn is niet slechts een passieve waarneming, maar een actieve interactie met het weefsel van het universum.

Kwantumfysicus Amit Goswami onderzoekt in zijn boek '*The Self-Aware Universe*' (1993) de mogelijkheid dat bewustzijn niet alleen een product is van het menselijk brein, maar de basis van de werkelijkheid. Bewustzijn wordt gezien als een primair fenomeen van waaruit het universum wordt voortgebracht. Zo draagt elke waarnemer, in zijn of haar handeling van waarnemen, bij aan de manifestatie van de werkelijkheid zelf.

Vanuit een metafysisch perspectief wordt deze visie verder uitgebreid, waarbij wordt gesuggereerd dat het universum niet slechts een koude machine is, maar een manifestatie van een universele intelligentie of bewustzijn. Dit impliceert een diepgaande identificatie tussen het menselijk bewustzijn en dat van het universum, waarbij het individu wordt gezien als een tijdelijke manifestatie van het eeuwige universele bewustzijn.

De filosofie van Henri Bergson, die de stroom van het leven en het bewustzijn als een dynamische entiteit benadrukt, sluit goed aan bij deze ideeën. Bergson bekritiseerde de traditionele wetenschappelijke methode vanwege haar mechanistische benadering en suggereerde in plaats daarvan dat bewustzijn zich uitbreidt en evolueert in een tijdscontinuüm.

Als bewustzijn gezien wordt als intrinsiek verbonden met het universum, dan volgt daaruit dat het niet beschouwd kan worden als een fenomeen dat uitsluitend beperkt is tot het menselijk leven. Van kwantumdenkers naar metafysische denkers kunnen we het idee van de onsterfelijkheid van het bewustzijn overwegen. In het oosterse denken bijvoorbeeld worden reïncarnatie en de cyclus van leven en dood uitgedrukt als cycli van bewustzijn, wat suggereert dat dit het louter fysieke bestaan overstijgt.

Einstein zelf, die vasthield aan een wetenschappelijke benadering, schreef dat:

"De dood is niets. Het is nooit niets geweest. Bewustzijn is onsterfelijk".

Dit citaat bevestigt het idee dat bewustzijn, als onderdeel van een kwantumuniversum, de grenzen van tijd en ruimte tart.

De vraag naar kwantumbewustzijn als een onsterfelijke entiteit biedt een wereldbeeld dat het mechanistisch reductionisme overstijgt en een dieper begrip van de verbinding tussen al het leven en het universum omarmt. Als we bewustzijn zien als de essentie van het universum, kunnen we onze verantwoordelijkheid erkennen voor de werkelijkheid die we mede creëren. In deze visie is bewustzijn niet slechts een deel van de werkelijkheid, maar de rode draad die elk element van het bestaan verbindt, waardoor het ongelooflijke potentieel van een bewust, onderling verbonden leven aan het licht komt. De kwantumwetenschap, omarmd door de filosofie, nodigt ons uit om niet alleen de uiterlijke kosmos te onderzoeken, maar ook de innerlijke kosmos en onze eeuwige verbondenheid daarmee.

Dansen op de golven van kwantumbewustzijn.

De mensheid heeft altijd met ontzag en verwondering gekeken naar het fenomeen bewustzijn. Duizenden jaren lang hebben filosofen en wetenschappers de aard ervan in twijfel getrokken en geprobeerd te achterhalen of het slechts een product is van het fysieke brein of dat er een diepere dimensie bestaat. In de hedendaagse context herschrijft een opkomend onderzoeksveld, dat kwantumfysica en metafysica combineert, de regels van deze eeuwenoude vraag: kwantumbewustzijn.

Het concept van kwantumbewustzijn maakt deel uit van een debat dat al gevoerd is door enkele van de grootste denkers van de 20e eeuw. Erwin Schrödinger, een van de vaders van de kwantummechanica, verklaarde in 1944 overtuigend dat:

"Bewustzijn is een enkele entiteit die gedeeld wordt door alle levende wezens".

Schrödinger suggereerde dat ons bewustzijn niet gefragmenteerd was in individuele singulariteiten, maar een kwantumperceptuele continuïteit vertegenwoordigde.

Deze zienswijze wordt ondersteund door experimenten die de fundamenten van het wetenschappelijk materialisme aan het wankelen hebben gebracht. Een van deze experimenten is het beroemde dubbelspletenexperiment. Dit experiment, dat voor het eerst werd uitgevoerd door Thomas Young in 1801 en vervolgens werd geperfectioneerd met meer geavanceerde technologie in de 20e eeuw, laat zien hoe elementaire deeltjes, zoals elektronen, zich zowel als deeltjes en als golven gedragen, afhankelijk van de waarneming van de waarnemer. Niels Bohr, met zijn complementariteitsprincipe, stelde dat de waarneming van een deeltje de toestand ervan bepaalt, wat een bizarre maar fascinerende link tussen bewustzijn en fysieke werkelijkheid impliceert.

Kwantumbewustzijn en de metafysische visie

Het metafysische perspectief op kwantumbewustzijn is gebaseerd op het idee dat bewustzijn niet slechts een bijproduct is van neuronale activiteit, maar een universele constante die overal en op elke plaats aanwezig is. Prominent onder de voorstanders van deze zienswijze is de Oostenrijkse natuurkundige Fritz-Albert Popp, bekend om zijn biofotonentheorie. Popp veronderstelde dat levende cellen ultrazwak licht uitzenden dat bestaat uit '*biofotonen*', wat een vorm van communicatie op kwantumniveau tussen cellen zou kunnen zijn. Deze biofotonen zouden de gemeenschappelijke taal kunnen blijken te zijn van de onderlinge verbondenheid van cellen, en bij uitbreiding van al het leven.

Een andere baanbrekende naam is die van David Bohm. Bohm publiceerde in 1980 '*Wholeness and the Implicit* Order', waarin hij het concept van impliciete orde introduceerde, een acausale, verborgen werkelijkheid waaruit ons zintuiglijk waarneembare expliciete universum voortkomt. Volgens Bohm zijn alle dingen met elkaar verbonden door een onzichtbaar netwerk van kwantumenergie, en zou het bewustzijn zelf deel kunnen uitmaken van dit impliciete substraat. Deze holografische visie zou kunnen verklaren hoe alle informatie in het universum is vervat in elk afzonderlijk deel van de kosmos.

Bevestigingen van verstrengeling, een andere pijler van de kwantumfysica, schetsen een beeld van een universum waarin deeltjes over grote afstanden met elkaar verbonden blijven, waarbij veranderingen in de een onmiddellijke reacties in een ander teweegbrengen. Dit verbazingwekkende concept werd levendig gedemonstreerd in de stelling van John Bell uit 1964, die de basis legde voor het begrijpen van het experimentele bewijs voor verstrengeling. Het werk van Alain Aspect uit 1982, die de realiteit van verstrengeling aantoonde met zijn baanbrekende experimenten, impliceert dat de aard van het universum zodanig is dat lokaliteit eigenlijk een illusie is waarover niet-lokaliteit heerst.

Interessant genoeg weerspiegelt het concept van kosmisch bewustzijn, een allesomvattend bewustzijn, Oosterse filosofische tradities. Het non-dualistische perspectief van Advaita Vedanta, omarmd door wijzen als Adi Shankaracharya, resoneert met de noties van eenheid en onderlinge verbondenheid die door kwantumtheorieën worden voorgesteld. De vooraanstaande Indiase natuurkundige en mysticus Amit Goswami legt een levendig verband tussen deze filosofische principes en de kwantummechanica en benadrukt dat bewustzijn, en niet materie, de basis is van alle bestaan.

Het concept van kwantumbewustzijn verenigt fysiologie, neurobiologie en kwantumfysica in één harmonieus veld en brengt ons ertoe de grenzen van het zelf en het universum te heroverwegen. De dans op de golven van het kwantumbewustzijn leert ons dat alle dingen nauw met elkaar verbonden zijn, dat onze manieren om de wereld waar te nemen en te begrijpen veel subtieler en complexer kunnen zijn dan we ons ooit hebben voorgesteld. In deze metafysische visie zijn we niet slechts bewoners van een geïsoleerde planeet in een immens vacuüm van de ruimte, maar eerder bewuste fragmenten van een universeel kwantum hologram, actieve deelnemers in een tijdloze dans die alle bekende grenzen overstijgt.

Het onderzoek gaat door, experimenten volgen elkaar op en ons begrip van het universum kan zich verder ontwikkelen, waardoor we buitengewone nieuwe inzichten krijgen in de aard van het bewustzijn en de werkelijkheid zelf. Tot die tijd kunnen we alleen maar nadenken over deze theorieën, geïnspireerd door het oneindige vermogen van mensen om het onbekende te verkennen, paradigma's te ondermijnen en misschien echt te dansen op de golven van het kwantumbewustzijn.

De grenzen van het bewustzijn en de circulariteit van de kwantumtheorie.

In het enorme web van het universum, tussen de raadselachtige subatomaire deeltjes en de ingewikkelde kronkelingen van het menselijk denken, duikt een fascinerende en verontrustende vraag op: zou ons bewustzijn een onsterfelijke kwantumentiteit kunnen zijn? Deze hypothese, die de diepten van de kwantumfysica en de abstracties van de metafysica combineert, wint terrein onder moderne filosofen en sommige theoretische natuurkundigen.

De kwantumfysica, geboren aan het begin van de 20e eeuw met de bijdragen van pioniers als Max Planck, Niels Bohr en Albert Einstein, gooide de conventies van de klassieke natuurkunde omver. De beroemde Schrödingervergelijking van 1926, geïntroduceerd door de Oostenrijkse natuurkundige Erwin Schrödinger, bood het eerste wiskundige hulpmiddel om de waarschijnlijkheid van kwantumtoestanden te beschrijven. Het concept van superpositie, dat impliceert dat een deeltje in verschillende toestanden tegelijk kan bestaan, en de intrinsieke onzekerheid vertegenwoordigd door het onzekerheidsprincipe van Heisenberg, werden de fundamentele pijlers van deze theorie.

Het menselijk bewustzijn is op zijn beurt een even complex en mysterieus fenomeen. In 1989 opperde de natuurkundige Roger Penrose in zijn boek '*The Emperor's New Mind*' de hypothese dat bewustzijn zou kunnen berusten op kwantumprincipes. Penrose suggereerde dat kwantumprocessen in het menselijk brein ten grondslag zouden kunnen liggen aan bewustzijnstoestanden, een idee dat verdere steun vond door samenwerking met arts en onderzoeker Stuart Hameroff. Het duo stelde de Orch-OR theorie voor, volgens welke neuronale microtubuli de locaties zijn van kwantumprocessen die relevant zijn voor het bewustzijn.

De cirkel van de kwantumtheorie.

Een van de meest intrigerende kenmerken van de kwantumfysica is haar circulariteit. De deeltjes waaruit de materie en energie van het universum bestaan, lijken te bewegen in een voortdurende lus van creatie en vernietiging, een kosmisch ballet dat geen echt begin of einde kent. Dit principe van eeuwige herhaling kan worden gezien aan de hand van Hugh Everett's interpretatie van vele werelden, gepostuleerd in 1957, die suggereert dat elke gebeurtenis die kan plaatsvinden de opdeling van het universum in afzonderlijke, parallelle takken met zich meebrengt.

Vanuit metafysisch oogpunt bieden deze ideeën interessante inzichten in de mogelijke aard van bewustzijn. Als de kwantumprocessen die het bewustzijn in stand houden ook deel uitmaken van deze eeuwige kwantumcyclus, dan is het bewustzijn misschien niet beperkt door de traditionele tijdelijke begrenzing van geboorte en dood.

In sommige filosofische en religieuze tradities, zoals in de concepten van het hindoeïsme en het boeddhisme, wordt het bestaan van een eeuwige ziel gepostuleerd die van het ene lichaam naar het andere transmigreert, een concept dat in het licht van de kwantumfysica in een nieuw licht kan worden gezien.

Een praktisch voorbeeld van het snijvlak tussen bewustzijn en kwantummechanica is het gedachtenexperiment 'de kat van Schrödinger', waarbij een kat tegelijkertijd levend en dood kan zijn totdat er een observatie plaatsvindt. Deze paradox, ontworpen om Kopenhagen's interpretatie van de kwantummechanica te bekritiseren, roept vragen op over de invloed van de bewuste waarnemer op de werkelijkheid.

Een ander interessant punt is kwantumverstrengeling, een fenomeen dat in 1982 experimenteel werd aangetoond door natuurkundige Alain Aspect. Aspects experimenten toonden aan dat verstrengelde deeltjes ogenblikkelijk verbonden blijven, ongeacht de afstand die hen scheidt. Dit suggereert dat ruimtelijke scheiding een illusie is en dat het hele universum onderling verbonden is, een idee dat resoneert met veel holistische filosofieën.

Terwijl de natuurkunde de theorieën van gravitatie en kwantum probeert te verenigen in een theorie van alles, blijft de menselijke geest proberen zichzelf te begrijpen. De begrippen superpositie, verstrengeling en golf-deeltje dualiteit kunnen aanwijzingen geven over hoe bewustzijn niet alleen ontstaat, maar ook voortdurend interageert met de kosmos. Penrose schreef:

> *Het universum is niet alleen vreemder dan we denken, maar ook vreemder dan we kunnen denken'.*

In dit enorme labyrint van gedachten en deeltjes zijn we misschien allemaal in een onverbrekelijke dans met het kwantumweefsel van de kosmos, eeuwig met elkaar verbonden en onsterfelijk.

Voorbij het mysterie: op zoek naar de sleutel tot kwantumbewustzijn.

Geconfronteerd met de grote vragen over de oorsprong en de aard van het bewustzijn, heeft de mensheid zich vaak gewend tot zowel de wetenschap als de filosofie. In de afgelopen decennia heeft zich een nieuwe grens geopend dankzij ontwikkelingen in de kwantumfysica, die ongekende perspectieven bieden die wijzen in de richting van een onsterfelijke bewuste entiteit. Dit hoofdstuk verkent dergelijke fascinerende en complexe ideeën, waarbij een metafysische visie wordt gebruikt om te proberen een antwoord te geven op de uitdaging van het mysterie van het bewustzijn.

Bewustzijn, gedefinieerd als het vermogen om jezelf en je omgeving waar te nemen, is lange tijd een raadsel geweest voor wetenschappers en filosofen. Met de komst van de kwantumfysica aan het begin van de 20e eeuw kwam er echter een nieuwe set conceptuele gereedschappen beschikbaar. De grondleggers van de kwantummechanica - waaronder Max Planck, Werner Heisenberg en Albert Einstein

- begonnen te ontdekken dat de subatomaire wereld op onvoorspelbare en paradoxale manieren werkte en de klassieke wetten van de fysica tartte.

Roger Penrose, een Britse wis- en natuurkundige die bekend staat om zijn werk over relativiteit en zwarte gaten, introduceerde het idee dat de hersenen op kwantumniveau zouden kunnen functioneren in zijn boek '*The Emperor's New Mind*' uit 1989. Penrose ontwikkelde samen met anesthesist Stuart Hameroff de Orch-OR theorie waarin wordt voorgesteld dat bewustzijn ontstaat uit kwantumprocessen in de microtubuli van hersencellen.

Kwantumverstrengeling, door Albert Einstein '*fantoomactie op afstand*' gedoopt, is een ander relevant fenomeen. Studies uitgevoerd door Alain Aspect in de jaren 1980 toonden aan dat verstrengelde deeltjes verbonden blijven op manieren die de lichtsnelheid overschrijden. Deze ogenblikkelijke onderlinge verbinding suggereert een netwerk van universele verbindingen dat zich zou kunnen uitstrekken tot het menselijk bewustzijn. De metafoor die vaak wordt gebruikt is die van een '*kosmisch web*', waarbij elk bewust wezen een knooppunt is dat verbonden is met het hele universum.

In een metafysische context biedt de kwantumfysica een basis voor verkenningen voorbij de materiële wereld. Oosterse filosofieën zoals het boeddhisme en hindoeïsme overwegen al duizenden jaren het idee van een universele energie die elk levend wezen doordringt, waarbij het concept van '*Atman*' (individuele ziel) en '*Brahman*' (universele ziel) een opvallende parallel vormt met kwantumverstrengeling.

In de loop der tijd hebben veel esoterische tradities gesuggereerd dat bewustzijn de fysieke dood zou kunnen overleven. De natuurkundige David Bohm, een onverzettelijke voorstander van de holografische interpretatie van het universum, stelde voor dat de werkelijkheid een projectie is van een diepere impliciete orde. Bohm zag bewustzijn als een integraal onderdeel van dit kosmische hologram, waarin elk klein deel het geheel bevat.

Het idee van een onsterfelijk kwantumbewustzijn wordt verder verrijkt door recente studies in de theoretische natuurkunde en kosmologie. Een van de cruciale concepten is de rol van de waarnemer in de kwantumtheorie. Kwantumfysica suggereert dat de waargenomen werkelijkheid niet onafhankelijk van de waarnemer bestaat. Het complementariteitsprincipe van Niels Bohr impliceert dat het gedrag van deeltjes afhangt van de meethandeling, wat wijst op een fundamentele verbinding tussen waarnemer en universum.

Vanuit een metafysisch perspectief zou deze observatie geïnterpreteerd kunnen worden als bewijs dat bewustzijn en het universum onlosmakelijk met elkaar verbonden zijn. Hier vindt het concept van een onsterfelijke bewuste entiteit plausibele steun. Als bewustzijn een kwantumverschijnsel is, dan zou het voorbij de grenzen van tijd en ruimte kunnen bestaan, vergelijkbaar met de eeuwigheid die in spirituele tradities wordt gepostuleerd.

De zoektocht naar de sleutel tot het kwantumbewustzijn brengt ons voorbij het mysterie op het snijvlak van wetenschap en metafysica. Kwantumtheorieën roepen niet alleen vragen op over de aard van de kosmos, maar dwingen ons ook om ons begrip van de geest en de werkelijkheid zelf te heroverwegen. Figuren als Roger Penrose, Stuart Hameroff en David Bohm hebben deuren geopend naar een bewustzijn dat materie en tijd zou kunnen overstijgen, resonerend met oude spirituele concepten en een nieuwe betekenis gevend aan ons bestaan.

William James, een van de vaders van de moderne psychologie, stelde:

> *"De ervaren wereld kan worden geanalyseerd in kwantumtermen, en onze bewustzijnservaringen zouden de sleutel kunnen zijn tot het begrijpen van de ware structuur van de werkelijkheid."*

In deze fascinerende verkenning komen wetenschap en metafysica samen en wordt een beeld geschetst dat nieuwe en diepgaande betekenissen kan onthullen over de aard van het bewustzijn en onze essentie als mens.

Het begrip tijd in de kwantumfysica en subjectieve ervaring.

De relatie tussen bewustzijn en kwantumfysica is een onderzoeksgebied dat zowel belangstelling als kritiek heeft gekregen. Een van de meest suggestieve theorieën is die van het 'kwantumbewustzijn', waarin het concept van bewustzijn wordt onderzocht als een entiteit die in staat is om aan de lichamelijke dood te ontsnappen. Hoewel dit idee speculatief blijft, is het geworteld in complexe wetenschappelijke en filosofische discussies over begrippen als tijd, werkelijkheid en perceptie.

Tijd is een centraal concept in de kwantumfysica, maar het wordt heel anders behandeld dan in de klassieke fysica. In het begin van de 20e eeuw legden natuurkundigen als Albert Einstein en Niels Bohr de basis voor een begrip van tijd dat de intuïtieve lineariteit van '*verleden, heden en toekomst*' overstijgt. Einsteins algemene relativiteit (1915) veranderde ons begrip van tijd radicaal door ons te laten zien dat tijd onlosmakelijk verbonden is met ruimte in een structuur die ruimtetijd wordt genoemd.

Volgens de kwantumfysica worden gebeurtenissen niet gedefinieerd door een starre reeks oorzaken en gevolgen, maar eerder door een matrix van waarschijnlijkheden. Tijd wordt daarom meer gezien als een dimensie waarin de waarschijnlijkheid van gebeurtenissen 'instort' op specifieke momenten waarop ze worden waargenomen. Deze visie heeft suggestieve implicaties voor het concept van bewustzijn en de mogelijke eeuwigheid ervan.

De theorie van 'kwantumbewustzijn' stelt dat mentale processen gerelateerd zijn aan kwantumverschijnselen, zoals het overwinnen van de golf-kern dualiteit en het instorten van golffuncties.

Hameroff suggereert dat bewustzijn zou kunnen bestaan op een manier die niet gebonden is aan het fysieke vlak, door gebruik te maken van de niet-lokale en tijdloze aard van kwantumtoestanden. Dit idee opent de mogelijkheid dat bewustzijn de fysieke dood zou kunnen overleven door zichzelf in een of andere immateriële vorm over te dragen of op een andere manier in het weefsel van het universum binnen te dringen.

BDE-ervaringen vormen een bijzonder intrigerend studiegebied in de context van kwantumbewustzijn. Veel mensen melden gevoelens van het overstijgen van tijd en ruimte, waarbij ze een soort eeuwige universaliteit ervaren tijdens deze ervaringen.

Subjectieve tijd is daarom niet altijd in overeenstemming met objectieve maatstaven. De filosoof Henri Bergson onderzocht deze subjectieve dimensies van tijd in zijn werk '*Tijd en vrije wil*' (1889) en suggereerde dat de perceptie van tijd verwijd of verkort kan worden afhankelijk van het individuele bewustzijn. Dit idee wordt verder ondersteund door de moderne psychologie, met studies die aantonen hoe tijdsperceptie sterk kan variëren in veranderde bewustzijnstoestanden.

Verschillende experimenten hebben geprobeerd om de aard van het bewustzijn te onderzoeken door het prisma van de kwantumfysica. Een van de bekendste en meest controversiële experimenten is dat van Benjamin Libet, die in de jaren 1980 de reactietijd van de hersenen bestudeerde met betrekking tot het bewustzijn van motorische beslissingen. Zijn resultaten suggereerden dat beslissingen in de hersenen worden voorbereid voordat we ons ervan bewust worden, wat vragen opriep over de aard van de vrije wil en de tijdelijkheid van het bewustzijn.

Evenzo laten kwantumverstrengelingsexperimenten zien dat twee deeltjes ogenblikkelijk verbonden kunnen blijven over grote afstanden, een fenomeen dat ons traditionele begrip van tijd en ruimte op de proef stelt. Als bewustzijn op de een of andere manier verbonden kan zijn met dit fenomeen, dan impliceert dit een niet-gelokaliseerd en niet-tijdelijk soort bestaan.

Het idee van kwantumbewustzijn als een onsterfelijke entiteit is een fascinerende verkenning op de grens tussen wetenschap, filosofie en spiritualiteit. Veel van deze reflecties openen een essentiële dialoog over wat het betekent om bewust te zijn en hoe onze plaats in het universum verder zou kunnen reiken dan de grenzen van onze eindige lichamen.

De kwantumfysica heeft al een revolutie teweeggebracht in ons begrip van de materiële werkelijkheid; het is niet geheel onaannemelijk om te denken dat het hetzelfde zou kunnen doen voor de realiteit van het bewustzijn. De toekomst van het onderzoek op dit gebied belooft de manier waarop we onszelf en ons bestaan zien te blijven uitdagen en uitbreiden. Per slot van rekening, zoals de natuurkundige Richard Feynman zei:

> *"Als je denkt dat je kwantummechanica hebt begrepen, dan heb je kwantummechanica niet begrepen".*

Misschien geldt hetzelfde voor ons begrip van bewustzijn.

Reflecties over causaliteit en bewustzijn in de context van kwantumfysica.

De vraag naar het voortbestaan van het bewustzijn na de dood heeft de mensheid altijd gefascineerd en is verweven met het weefsel van religieuze, filosofische en wetenschappelijke overtuigingen. In de afgelopen decennia is een nieuw theoretisch kader vorm beginnen te krijgen, dat van het 'kwantumbewustzijn'. Dit concept is diep verbonden met de aard van de werkelijkheid zoals beschreven door de kwantumfysica en opent een venster op fascinerende discussies over causaliteit en bewustzijn.

De kwantumfysica heeft ons begrip van causaliteit omvergeworpen en het deterministische paradigma dat de wetenschap sinds de tijd van Newton heeft gedomineerd, op losse schroeven gezet. Vooral het superpositieprincipe en het concept van verstrengeling hebben het plaatje veel complexer gemaakt. De experimenten van Alain Aspect (1982) toonden bijvoorbeeld aan dat verstrengelde deeltjes elkaar ogenblikkelijk kunnen beïnvloeden, ongeacht de afstand ertussen, waardoor de klassieke notie van lineaire causaliteit in twijfel werd getrokken.

De kwantumfysicus John Bell maakte met zijn beroemde stelling (1964) het plaatje nog gecompliceerder door te laten zien dat geen enkele lokale theorie van verborgen variabelen ooit alle voorspellingen van de kwantummechanica kan reproduceren. Dit heeft ingrijpende gevolgen voor het concept van causaliteit, omdat het suggereert dat de werkelijkheid niet-lokaal kan zijn en verweven op manieren die ons intuïtieve begrip tarten.

Bewustzijn, of bewustzijn, is nog steeds een grotendeels mysterieus fenomeen, zelfs in de neurowetenschappen. Sommige wetenschappers hebben echter geprobeerd om kwantumfysica te verbinden met bewustzijn, waardoor nieuwe onderzoekshorizonten zijn geopend. Dit zijn onder andere de wiskundige Roger Penrose en de neurofysioloog Stuart

Penrose zelf stelde in zijn boek '*The Emperor's New Mind*' dat de berekeningen van de menselijke geest niet door een algoritme gereproduceerd kunnen worden en dat kwantumprocessen aan het bewustzijn ten grondslag moeten liggen. Volgens Hameroff en Penrose is bewustzijn mogelijk niet strikt gebonden aan het fysieke lichaam, maar kan het een soort niet-lokaal fenomeen zijn dat de dood kan overleven.

Het idee dat bewustzijn de fysieke dood kan overleven is ook terug te vinden in oude culturen en overtuigingen. De kwantumbenadering biedt echter een nieuwe lens om deze mogelijkheid te onderzoeken. De niet-lokaliteit van de kwantumfysica impliceert bijvoorbeeld dat sommige fenomenen wereldwijd met elkaar verbonden kunnen zijn, ongeacht de afstand. Dit zou een structuur van de werkelijkheid kunnen suggereren waarin het bewustzijn niet beperkt is tot een enkel punt in de ruimte-tijd.

Verder suggereert Hugh Everett's interpretatie uit 1957, bekend als de '*vele-werelden interpretatie*', dat alle mogelijke kwantumtoestanden gerealiseerd worden in parallelle universa. Zou bewustzijn van universum naar universum kunnen '*springen*', zoals sommige radicale theoretici suggereren? Dit idee, hoewel zeer speculatief, is door verschillende onderzoekers serieus behandeld en opent nieuwe scenario's over de mogelijke onsterfelijkheid van het bewustzijn.

Een aantal experimenten heeft geprobeerd om het verband tussen kwantumfysica en bewustzijn te onderzoeken. De dubbelspletenexperimenten, waarbij de waarneming zelf de uitkomst van kwantumverschijnselen lijkt te beïnvloeden, ondersteunen het idee dat het bewustzijn een fundamentele rol kan spelen in het vervormen van de werkelijkheid zelf.

Het idee van kwantumbewustzijn en zijn mogelijke onsterfelijkheid vertegenwoordigt een onderzoeksgebied dat even controversieel als fascinerend is. De kwantumfysica, met haar eigenaardigheden en omkeringen ten opzichte van de klassieke fysica, dwingt ons om de relatie tussen geest en materie, oorzaak en gevolg, en de uiteindelijke betekenis van ons bestaan te heroverwegen.

Theorieën over kwantumbewustzijn nodigen ons uit om onze fundamentele overtuigingen grondig te heroverwegen. Zoals Carl Sagan zei:

"Wetenschap is niet alleen verenigbaar met spiritualiteit; het is een diepe bron van spiritualiteit."

Misschien zal de kwantumwetenschap in de toekomst nieuwe waarheden onthullen over ons bewustzijn en de mysterieuze duurzaamheid van onze essentie over de grenzen van leven en dood heen.

De aard van het zelf en de kwantumtheorie.

In de afgelopen decennia heeft de wetenschap gebieden verkend die tot voor kort werden beschouwd als het exclusieve domein van de filosofie en metafysica. Eén daarvan is de aard van het zelf en zijn relatie met het fysieke universum. In het bijzonder heeft het kwantumbewustzijn een vurig debat aangewakkerd over een vraag die mensen al eeuwen fascineert: de onsterfelijkheid van de ziel. Door een wetenschappelijke en metafysische lens kunnen we zien hoe de kwantumtheorie de grenzen van ons concept van bewustzijn herdefinieert en misschien wel van ons bestaan zelf.

De kwantumtheorie, die ontstond in de eerste decennia van de 20e eeuw, heeft een revolutie teweeggebracht in ons begrip van de fysieke werkelijkheid. De kern van deze revolutie is het principe van kwantum superpositie, dat stelt dat deeltjes zoals elektronen gelijktijdig in verschillende toestanden kunnen bestaan totdat ze worden waargenomen.

Deze theorie heeft diepgaande implicaties voor de aard van het zelf. Kwantumbewustzijn suggereert dat het zelf, of het menselijk bewustzijn, op microscopisch niveau zou kunnen werken door de interactie van subatomaire deeltjes in de hersenen. Penrose en Hameroff stelden met de Orch-OR theorie voor dat bewustzijn voortkomt uit kwantumprocessen in de microtubuli van neuronen in de hersenen. Deze theorie, hoewel controversieel, heeft nieuwe wegen geopend voor onderzoek naar de interactie tussen geest en materie.

Het concept van een kwantum en onsterfelijk zelf is niet nieuw in het landschap van menselijke ideeën, maar de kwantumtheorie biedt een wetenschappelijk kader voor oude metafysische overtuigingen. De visie van een onderling verbonden en holistisch universum heeft diepe wortels in Oosterse filosofieën. Zo lijken het hindoeïstische concept van de '*Atman*', die de universele ziel vertegenwoordigt, en de boeddhistische theorie van het '*Geen-Zelf*', die de onderlinge verbondenheid van alle dingen benadrukt, een echo te zijn van het idee van kwantumverstrengeling, waarbij deeltjes die duizenden kilometers van elkaar verwijderd zijn intiem met elkaar verbonden kunnen blijven.

Erwin Schrödinger, een van de vaders van de kwantummechanica, had een grote belangstelling voor deze filosofieën. Hij schreef in zijn boek '*My View of the World*' (1961):

> *"Bewustzijn is een eenheid. Er zijn natuurlijk vele lichamen en vele geesten, maar slechts één bewustzijn".*

Schrödinger herkende een diepe verbinding tussen Oosterse filosofische leringen en de werkelijkheid die door de kwantumfysica wordt beschreven.

Een andere belangrijke bijdrage aan het debat over kwantumbewustzijn kwam van David Bohm, met zijn theorie van '*Impliciete Orde*'. Bohm stelde voor dat het hele universum een uitgestrekt netwerk van relaties was waarin elk deel vervat zit in het geheel en het geheel aanwezig is in elk deel, een idee dat verrassend genoeg overeenkomt met het begrip kwantumverstrengeling. Bohm schreef in zijn boek '*Wholeness and the Implicate Order*' (1980):

> *"De werkelijkheid is ondeelbaar en onderling verbonden".*

Op experimenteel gebied maakte het onderzoek van John Wheeler naar het '*Delayed Choice Experiment*' de relatie tussen de waarnemer en het waargenomene nog gecompliceerder door te suggereren dat onze toekomst het heden kan beïnvloeden en zo diepgaande vragen op te werpen over de aard van tijd en werkelijkheid.

De onderliggende vraag is of bewustzijn, als een kwantumfenomeen, de fysieke dood kan overleven. De visie van een onsterfelijke kwantumentiteit postuleert dat ons zelf, als een superpositie van kwantumtoestanden, op de een of andere manier kan voortbestaan na de vernietiging van het fysieke lichaam. Dit opent suggestieve en, voor sommigen, geruststellende scenario's over de mogelijkheid dat bewustzijn een eeuwige dimensie heeft.

Het debat over kwantumbewustzijn en de mogelijke onsterfelijkheid ervan zet ons ertoe aan om oude vragen opnieuw te bekijken in een nieuw, wetenschappelijk licht. De kwantumtheorie, met haar vermogen om de ingewikkelde onderlinge verbondenheid van de werkelijkheid te beschrijven, biedt een moderne taal om te praten over oude menselijke verlangens, zoals het voortbestaan van de ziel en de aard van het zelf. Zoals de natuurkundige John von Neumann schreef:

> *"Als we de fundamenten van de moderne wetenschap overdenken, ontdekken we dat de geest op een onverwachte en mysterieuze manier deel uitmaakt van ons begrip van de wereld".*

Het valt nog te bezien of de wetenschap ooit definitieve antwoorden zal kunnen geven op deze diep filosofische onderwerpen. De combinatie van kwantumfysica en metafysica vormt echter een vruchtbare bodem voor onderzoek, die in staat is om het wetenschappelijk denken steeds dichter bij die fundamentele vragen over het menselijk bestaan te brengen die ons al duizenden jaren bezighouden.

De kwantumrealiteit achter menselijke waarneming.

Door de geschiedenis heen hebben vragen over de aard van het bewustzijn en de relatie tot de fysieke werkelijkheid filosofen, wetenschappers en denkers van alle tijden gefascineerd. Met de komst van de kwantummechanica in de 20e eeuw begonnen de grenzen tussen wetenschap en filosofie te vervagen, waardoor nieuwe en onverwachte perspectieven werden geboden. Kwantummechanica, met haar eigenaardigheden en paradoxen, werpt een nieuw en intrigerend licht op de aard van het zelf en zijn perceptie van de wereld.

Heisenberg introduceerde in 1927 de paradox van de onbepaaldheid, door te stellen dat het niet mogelijk is om tegelijkertijd de positie en de impuls van een deeltje met absolute precisie te kennen. Dit principe riep fundamentele vragen op over de beperktheid van onze waarneming en de aard van de werkelijkheid zelf. Het is alsof de werkelijkheid verborgen is achter een sluier van waarschijnlijkheid die alleen door observatie gedeeltelijk kan worden opgelicht.

Quantum superpositie, geïntroduceerd door Schrödinger in 1935 met het beroemde kattenexperiment, suggereert dat een quantumsysteem in meerdere toestanden tegelijk kan bestaan totdat het wordt waargenomen. Dit impliceert dat de waarnemer, of het bewustzijn, een fundamentele rol speelt bij het bepalen van de fysieke werkelijkheid, met diepgaande implicaties voor ons begrip van het zelf en de wereld.

Binnen de metafysica biedt de kwantumtheorie een conceptueel kader om de aard van het zelf en zijn mogelijke onsterfelijkheid te onderzoeken. De opvatting dat het menselijk bewustzijn gekoppeld kan worden aan kwantumverschijnselen opent de weg naar hypotheses over een 'ik' dat onafhankelijk is van het fysieke lichaam.

Het fenomeen van kwantumverstrengeling toont aan dat twee deeltjes met elkaar verbonden kunnen blijven, ongeacht de afstand tussen hen. Dit principe van onderlinge verbondenheid zou kunnen suggereren dat alle bewustzijn deel uitmaakt van een grotere, onderling verbonden werkelijkheid.

John Wheeler, een andere pionier van de kwantumfysica, stelde het concept van een '*participerend universum*' voor, waarbij hij suggereerde dat het universum bestaat als een reeks mogelijkheden die alleen werkelijkheid worden door de deelname van waarnemers. Hij schreef:

"Geen fenomeen is een fenomeen totdat het een waargenomen fenomeen is.

Deze participatieve kijk op het universum brengt de kwantumwetenschap dichter bij oude metafysische filosofieën die het bewustzijn als centraal zien bij het creëren van de werkelijkheid.

Stuart Hameroff en Roger Penrose hebben de Orch-OR theorie voorgesteld. Deze theorie impliceert dat kwantuminformatie de fysieke dood van het lichaam kan overleven, wat de onsterfelijkheid van bewustzijn suggereert.

In de context van de metafysica zou deze theorie het 'ik' kunnen interpreteren als een entiteit die tijd en ruimte overstijgt en na de fysieke dood in een andere vorm blijft bestaan. Hameroff heeft in verschillende interviews en publicaties de mogelijkheid benadrukt dat het bewustzijn deel uitmaakt van een fundamentele structuur van het universum en stelt fascinerende scenario's voor waarin het 'ik' eeuwig en onverwoestbaar is.

Het huwelijk tussen kwantummechanica en metafysica schetst een intrigerend beeld waarin bewustzijn een cruciale rol speelt bij het creëren van de werkelijkheid. Door de kwantumprincipes van onbepaaldheid, superpositie en verstrengeling wordt de menselijke waarneming een centraal element in een onderling verbonden en misschien uiteindelijk participerend universum.

Als de kwantumtheorie de wetenschap kan uitrusten met een taal om de eeuwenoude vragen van de filosofie te onderzoeken, dan nodigt ze ons ook uit om na te denken over de mogelijkheid dat het bewustzijn, en dus het 'ik', meer is dan alleen maar een chemisch epifenomeen in de hersenen. Zoals David Bohm het verwoordde:

"De hele geschiedenis van het universum verschijnt als een ondeelbaar proces, dat bewustzijn omvat als een intrinsiek en onafscheidelijk aspect".

Hoewel de kwantumwetenschap in veel opzichten nog steeds mysterieus en controversieel is, biedt het ons de kans om onze innerlijke werkelijkheid door nieuwe en krachtige lenzen te onderzoeken, wat ons dichter bij het begrip van de aard van het zelf en zijn eeuwige mysterie brengt.

Reflecties van het 'ik': bewustzijn als spiegel van het kwantumuniversum.

In een tijd waarin de grenzen van de wetenschap steeds meer verweven raken met de diepste vragen van de filosofie, duikt het concept 'kwantumbewustzijn' op als een spiegel waardoor we niet alleen de menselijke geest, maar het hele universum kunnen observeren. Het debat over de aard van het 'zelf', hoewel zo oud als de filosofie zelf, krijgt een nieuwe dimensie wanneer het wordt onderzocht in het licht van de kwantumfysica.

De rol van de waarnemer in de kwantummechanica heeft de manier waarop we de werkelijkheid begrijpen op zijn kop gezet. "Werner Heisenberg, een van de vaders van de kwantumtheorie, herinnert ons eraan dat:

"Voordat het wordt waargenomen, bestaat het deeltje niet op een bepaalde plaats, maar in een toestand van superpositie".

Deze principes van onbepaaldheid en superpositie suggereren dat het waarnemen intrinsiek verbonden is met de manifestatie van de werkelijkheid.

De natuurkundige John Wheeler, met zijn theorie van het participerende universum geformuleerd in de jaren 1970, stelde voor dat de werkelijkheid kneedbaar was en afhankelijk van observatie:

"Het universum is niet alleen daarbuiten, maar moet worden gezien als de zelfactualisatie van zijn bestaan door de deelname van de waarnemer".

Volgens deze zienswijze wordt het 'ik' een actieve agent in de creatie van de werkelijkheid, een soort kwantummedeplichtige in het universum.

Dit perspectief opent de deur naar oude en nieuwe metafysische visies. De filosoof Plato geloofde in een werkelijkheid voorbij de zintuiglijk waarneembare werkelijkheid, een dimensie van perfecte ideeën en vormen die voortleefden na de fysieke dood. Op een bepaalde manier resoneerde de moderne kwantumtheorie met deze visie, met het idee dat bewustzijn meer zou kunnen zijn dan een product van het fysieke brein, maar eerder een venster naar een diepere, onderling verbonden werkelijkheid.

Bohm beschouwde geest en materie als verschillende aspecten van dezelfde onderliggende werkelijkheid:

> *"Bewustzijn is een spiegelbeeld van de kwantumwereld, en de kwantumwereld is een weerspiegeling van bewustzijn".*

Het concept van bewustzijn als spiegel van het kwantumuniversum daagt niet alleen het reductionistisch materialisme uit, maar biedt ook een verhelderende synthese van wetenschap en spiritualiteit. Naarmate we dieper doordringen in het domein van de kwantummechanica, kunnen we het 'ik' herdefiniëren, niet alleen als een entiteit die in onze hersenen opgesloten zit, maar als een actieve en voortdurende deelnemer aan het kosmische mysterie, een spiegel waarin het universum zichzelf bekijkt en begrijpt.

Voorbij het worden: het verkennen van de constellatie van het zelf in het universum van kwantummogelijkheden.

Onderzoek naar de aard van het bewustzijn heeft altijd fascinerende vragen opgeroepen en heeft de grenzen van de filosofie, psychologie en, meer recentelijk, de natuurkunde uitgedaagd. Een van de meest intrigerende concepten op het kruispunt van wetenschap en metafysica is het kwantumbewustzijn, een dimensie die het bestaan van een onsterfelijk 'ik' suggereert, in staat om tijd en ruimte te overstijgen. Gebruikmakend van de kwantumtheorie als een sleutel tot interpretatie, zal dit deel de constellatie van het zelf en zijn evolutie voorbij het worden verkennen.

In deze context suggereert kwantumbewustzijn het idee dat ons 'zelf' meer is dan een opeenvolging van mentale toestanden; het vertegenwoordigt een onderling verbonden netwerk van mogelijkheden en potentialiteiten. Het citaat van de hedendaagse schrijfster en filosofe Marilynne Robinson is relevant:

> *"Ons leven is niet alleen het worden, maar ook de viering van oneindige mogelijkheden die in de tijd worden gerealiseerd".*

Als we het over het 'zelf' hebben in de context van kwantumbewustzijn, hebben we het over een subjectiviteit die niet beperkt wordt door tijd of ruimte. Carl Jung, de gevierde psychoanalyticus, onderzocht het idee van het collectieve onbewuste en suggereerde dat er een dimensie van menselijke ervaring is die verder gaat dan het individu en universele archetypes en symbolen omvat die we allemaal delen.

Meditatie en contemplatieve praktijken hebben een verrassende affiniteit met de ideeën over kwantumbewustzijn. Jon Kabat-Zinn, beroemd om zijn mindfulness-based stress reduction (MBSR) programma, heeft aangetoond hoe meditatie onze perceptie van tijd en 'zelf' kan beïnvloeden, en een gevoel van eenheid en onderlinge verbondenheid kan bevorderen. Deze ervaringen kunnen leiden tot een gevoel van onderdompeling in mogelijkheden, waarbij we uit een cyclus van identificatie met het dagdagelijkse 'zelf' komen om de kwantumdimensie van het bestaan te verkennen.

Kwantumbewustzijn impliceert dat de mens niet slechts een product van materie is, maar een entiteit die intrinsiek verbonden is met het universum. Deze visie nodigt ons uit om na te denken over drie fundamentele aspecten:

Onsterfelijkheid van het ego
Als het zelf wordt gezien als een constellatie van mogelijkheden in plaats van een statische entiteit, wordt de deur geopend naar een nieuwe opvatting van onsterfelijkheid. De kwantumvisie suggereert dat het zelf kan voortbestaan na de fysieke dood en zich kan manifesteren in nieuwe vormen en bestaansstaten. Eugene Wigner, Nobelprijswinnaar in de natuurkunde, stelde dat het bewustzijn een fundamentele rol speelt in de waarneming en creatie van de werkelijkheid en benadrukte hoe onze waarneming tijdsgrenzen kan overstijgen.

Interconnectie met het universum.
Het idee van een kwantum 'zelf' bevordert het bewustzijn van de onderlinge verbondenheid tussen alle levende wezens en het universum zelf. Spirituele stromingen, zoals oosterse filosofieën zoals het boeddhisme en taoïsme, hebben deze dynamiek al lang onderzocht en erkennen de illusie van het ego en het belang van verbondenheid. Het beroemde citaat van Alan Watt vat deze visie goed samen:

"Je bent geen druppel in de zee, je bent de zee in een druppel".

Ethische reflecties.
De ethische implicaties van kwantumbewustzijn zijn immens. Als we allemaal met elkaar verbonden zijn, hoe beïnvloeden de acties van één individu dan het hele weefsel van de werkelijkheid? Fritjof Capra onderzocht in zijn boek '*The Tao of Physics*' hoe spirituele tradities de wetenschap kunnen verlichten, waarbij hij de nadruk legde op de individuele verantwoordelijkheid voor het harmoniseren van iemands acties met het collectieve welzijn.

Experimenten en lopend onderzoek.

Hoewel kwantumbewustzijn grotendeels een speculatief gebied is, zijn er belangrijke experimenten geweest in een poging om de basis ervan te begrijpen. Een beroemd experiment is het dubbelspletenexperiment, dat aantoont hoe alleen al de waarneming van een deeltje het gedrag ervan kan beïnvloeden. Dit fenomeen heeft geleid tot diepgaande beschouwingen over de aard van de waarnemer en zijn verbinding met de werkelijkheid.

Kwantumbewustzijn, gezien door de lens van de metafysica, biedt een fascinerend perspectief op de essentie van het zelf en zijn rol in het universum. Met het voorstel van een onsterfelijk en onderling verbonden 'zelf' nodigt het ons uit om na te denken over het belang van ons bestaan, onze handelingen en onze verbinding met de wereld om ons heen. Terwijl de wetenschap het mysterie van het bewustzijn blijft onderzoeken, staat ons een reis voorbij het worden te wachten, op zoek naar een dieper begrip van de aard van de werkelijkheid en onze plaats daarin.

Deze reis vereist niet alleen intellectuele nieuwsgierigheid, maar ook een openheid voor het mysterie dat de menselijke ervaring omhult: een uitnodiging om voorbij het worden te kijken en de oneindige mogelijkheden te ontdekken die binnen de constellatie van ons wezen liggen.

De aard van menselijke intentionaliteit in het licht van de kwantumfysica.

De vraag naar het bewustzijn en de aard ervan heeft filosofen, wetenschappers en denkers door de eeuwen heen gefascineerd. In de moderne tijd heeft de komst van de kwantumfysica ongekende vragen opgeroepen over de essentie van het menselijk zelf en de potentiële onsterfelijkheid ervan. Een van de meest intrigerende aspecten van deze discussie is de relatie tussen bewustzijn en intentionaliteit, geanalyseerd in het licht van de principes van de kwantumfysica.

De term 'intentionaliteit' werd geïntroduceerd door de Duitse filosoof Franz Brentano in de 19e eeuw, verwijzend naar het vermogen van de menselijke geest om zijn gedachten te richten op een object, echt of denkbeeldig. Deze eigenschap onderscheidt het bewustzijn van eenvoudige fysiologische toestanden. De vraag die rijst is: hoe past dit vermogen in de ontdekkingen van de kwantumfysica?

In de jaren 1970 stelde de natuurkundige Eugene Wigner, Nobelprijswinnaar in 1963, dat bewustzijn een cruciale rol speelt bij kwantumwaarneming. In zijn beroemde artikel '*Remarks on the mind-body problem*' (1961) stelde Wigner dat het waarnemen van een kwantumdeeltje leidt tot de 'definitie' ervan in een specifieke toestand, wat suggereert dat het menselijk bewustzijn bijdraagt aan de meethandeling in de kwantumwereld. Dit impliceert dat menselijke intentionaliteit een directe invloed zou kunnen hebben op de fysieke werkelijkheid, een concept dat traditionele intuïties uitdaagt.

Om de wisselwerking tussen bewustzijn en werkelijkheid te begrijpen, is het cruciaal om de principes van de kwantumfysica in beschouwing te nemen. Een belangrijk experiment is het 'Double Slit' experiment, dat het fenomeen van kwantum superpositie aantoont. Wanneer een deeltje, zoals een elektron, door twee spleten gaat, gedraagt het zich als een golf en neemt het tegelijkertijd meerdere toestanden aan. De observatie van dit deeltje dwingt het echter om een specifieke toestand te 'kiezen'. Dit leidt tot een cruciale vraag: observatie is niet slechts een passieve handeling, maar een actieve interactie die het gedrag van de werkelijkheid beïnvloedt.

Een belangrijke bijdrage aan deze discussie wordt geleverd door de theorieën van de natuurkundige David Bohm, die suggereert dat het universum kan worden gezien als een ondeelbaar en onderling verbonden geheel, waarin '*alles met alles verbonden is*'. Bohm verkende dit idee in zijn boek '*Wholeness and the Implicate Order*' (1980) en formuleerde een metafysische kijk op het universum die een innerlijke, subjectieve dimensie van de werkelijkheid impliceert. In deze context kan menselijke intentionaliteit gezien worden als een manier waarop bewustzijn interageert met en bijdraagt aan ons onderling verbonden begrip van de werkelijkheid.

Bewustzijn en onsterfelijkheid: De zoektocht naar betekenis.

Als men aanvaardt dat het bewustzijn een actieve rol speelt in de schepping van de werkelijkheid, rijst de vraag naar de onsterfelijkheid ervan. Sommige wetenschappers en filosofen, zoals de beroemde neurofysioloog Sir John Eccles, hebben betoogd dat de geest en de hersenen op een geïntegreerde manier werken, maar dat het 'Ene' niet gereduceerd kan worden tot het 'Andere'. Eccles stelde, in samenwerking met Nobelprijswinnaar Albert Einstein, een model voor dat een immateriële dimensie impliceert voor de manifestatie van het zelf, waarbij hij suggereerde dat bewustzijn niet beperkt is tot de hersenen, maar eerder voortkomt uit een complexe interactie met de kwantumwereld.

Dit idee komt terug in de theorie van '*parallelle universa*' die de natuurkundige Hugh Everett III in 1957 voorstond met zijn '*vele-werelden*'-interpretatie van de kwantummechanica. Volgens deze interpretatie zou elke keuze die door menselijke intentionaliteit wordt gemaakt aanleiding kunnen geven tot een parallel universum, wat suggereert dat elke beslissing ons bestaan zou kunnen vermenigvuldigen in oneindig veel sferen van werkelijkheid. Dit roept even fascinerende als verontrustende vragen op over de aard van het zelf en zijn mogelijke onsterfelijkheid.

Als we het bewustzijn analyseren door het prisma van de kwantumfysica, worden de grenzen tussen wetenschap en spiritualiteit steeds vager. Het idee van een onsterfelijke entiteit die louter lichamelijkheid overstijgt vindt weerklank in veel spirituele tradities, die postuleren dat het zelf niet beperkt wordt door het materiële lichaam. De Indiase filosoof Jiddu Krishnamurti benadrukte bijvoorbeeld het belang van intentionaliteit bij het begrijpen van het bestaan. In zijn boek *The First and Last Freedom* (1954) benadrukte Krishnamurti dat ware vrijheid wordt bereikt door de erkenning van het zelf als een onbegrensde entiteit.

De samensmelting van wetenschap en spiritualiteit in de vraag naar de onsterfelijkheid van het bewustzijn biedt uitdagingen en kansen voor een nieuw begrip van de werkelijkheid. Terwijl de kwantumfysica zich blijft ontwikkelen en ons wereldbeeld blijft uitbreiden, is het cruciaal om het subjectieve en intentionele element van de menselijke ervaring niet uit het oog te verliezen.

In het algemeen leidt de verkenning van de menselijke intentionaliteit in het licht van de kwantumfysica tot nieuwe beschouwingen over de fundamentele vragen van het bestaan, het bewustzijn en de mogelijkheid van een onsterfelijke entiteit. Vandaag de dag is het meer dan ooit duidelijk dat bewustzijn niet kan worden gedegradeerd tot een louter biologische functie, maar een complex fenomeen vertegenwoordigt dat krachtig verbonden is met het weefsel van de werkelijkheid zelf.

In deze zoektocht naar betekenis biedt de kwantumfysica niet alleen nieuwe mogelijkheden om de aard van het zelf te onderzoeken, maar nodigt ook uit tot diepere reflecties over onze positie in het universum. En zo worden we, terwijl we ons in het mysterieuze rijk van het bewustzijn wagen, geconfronteerd met een fundamentele vraag: is menselijke intentionaliteit een poort naar onsterfelijkheid?

Subjectieve ervaring als kruising tussen kwantumfysica en filosofie.

Het menselijk bewustzijn, met al zijn complexiteit en nuances, blijft een van de meest raadselachtige vragen in zowel de wetenschap als de filosofie. In de afgelopen decennia heeft de opkomst van de kwantumfysica nieuwe wegen geopend voor onderzoek, en gesuggereerd dat ons begrip van de werkelijkheid nauw verbonden kan zijn met onze subjectieve ervaringen. In dit hoofdstuk zullen we onderzoeken hoe subjectieve ervaring kan fungeren als een kruispunt tussen kwantumfysica en filosofie, wat kan leiden tot een metafysische kijk op bewustzijn en het zelf.

Subjectieve ervaring is de manier waarop we de wereld waarnemen en interpreteren, vanuit ons eigen unieke en persoonlijke gezichtspunt. In de filosofie is dit concept diepgaand geanalyseerd door denkers als Edmund Husserl, de grondlegger van de fenomenologie, en meer recent door Daniel Dennett en David Chalmers. Hun theorieën benadrukken dat bewustzijn en persoonlijke ervaring fundamenteel zijn om de essentie van het zelf en de werkelijkheid zelf te begrijpen.

De kwantumfysica daarentegen biedt een radicaal ander begrip van de fysieke werkelijkheid. Door middel van experimenten zoals het tweespletenexperiment hebben natuurkundigen aangetoond dat het gedrag van subatomaire deeltjes verandert, afhankelijk van of ze worden waargenomen of niet. Dit fenomeen, dat bekend staat als 'ineenstorting van de golffunctie', impliceert dat de waarneming, die zo nauw verbonden is met het bewustzijn, een cruciale rol speelt bij het definiëren van de werkelijkheid.

Om terug te komen op het dubbelspleten experiment: het gedrag van de deeltjes suggereert dat ze in een superpositie toestand bestaan totdat ze gemeten worden. Dit bewijs heeft geleid tot fundamentele vragen: welke rol speelt de waarnemer? En welke invloed heeft bewustzijn op de ervaring van waarneming? Kwantumfysici zoals Eugene Wigner en Wolfgang Pauli onderzochten het idee dat bewustzijn nodig is om een kwantumtoestand te 'fixeren'. Wigner stelde:

> *"Het is de handeling van het bewustzijn die uiteindelijk de werkelijkheid definieert."*

Dit suggereert dat menselijke intentionaliteit, dat wil zeggen het vermogen om onze aandacht en waarneming te sturen, de wereld op een fundamenteel niveau kan beïnvloeden.

De implicaties van dit verband tussen intentionaliteit en kwantumfysica strekken zich uit tot de metafysica. Sommige wetenschappers, zoals de natuurkundige David Bohm, hebben gesuggereerd dat de scheiding tussen subject en object illusoir is en dat alles wat we buiten ons waarnemen op de een of andere manier verbonden is met ons innerlijk. Bohm werkte deze filosofie uit in zijn boek '*Wholeness and the Implicate Order*' (1980), waarin hij een holistische kijk op het universum voorstelde waarin bewustzijn een fundamentele rol speelt in de manifestatie van de werkelijkheid.

Vanuit fenomenologisch oogpunt is bewustzijn niet simpelweg een product van de fysiologie, maar een complexe ervaring die perceptie, emotie en intuïtie integreert. Volgens de Amerikaanse filosoof Thomas Nagel,

"Subjectieve ervaring maakt het leven de moeite waard."

Dit encyclopedische en inherent persoonlijke kleed van de menselijke ervaring dringt niet alleen door in de filosofie maar ook in de wetenschap en suggereert dat het bewustzijn een autonome entiteit is die zich manifesteert via onze subjectiviteit.

Als we hierover nadenken, kunnen we overwegen hoe meditatieve praktijken of transcendente ervaringen onze perceptie van de werkelijkheid kunnen veranderen. In 1970 toonde de neurofysioloog Richard Davidson met behulp van hersenscans aan hoe meditatie bewustzijnstoestanden kan opwekken die verder gaan dan het normale functioneren van de hersenen, waardoor onze subjectieve ervaring verandert en een diep verband wordt gesuggereerd tussen wat we waarnemen en de kwantumstructuur van het universum.

Door subjectieve ervaring door het prisma van de kwantumfysica te bekijken, kunnen we een glimp opvangen van de mogelijkheid van onsterfelijk bewustzijn. De kwantumtheorie biedt een context waarin bewustzijn niet langer wordt gezien als louter een activiteit van de hersenen, maar eerder als een fenomeen dat de fysicaliteit overstijgt. Neurowetenschapper en filosoof Giulio Tononi heeft met zijn '*informatie-integratietheorie*' gesuggereerd dat bewustzijn eerder van informatie- dan van fysiologische aard zou kunnen zijn, wat leidt tot radicale vragen over wat leven is en wat het betekent om te bestaan.

Hoewel de moderne wetenschap nog geen sluitend bewijs heeft geleverd voor de onsterfelijkheid van het bewustzijn, nodigt de fusie van kwantumfysica en subjectieve ervaring uit tot een bredere reflectie. Veel spirituele tradities, van oosterse tradities zoals het boeddhisme en hindoeïsme tot westerse filosofieën, hebben een zelf beschreven dat het fysieke leven overstijgt en erkennen dat subjectieve ervaring een venster kan zijn op diepere werkelijkheden - een mogelijkheid die de kwantumwetenschap tot op zekere hoogte zou kunnen bevestigen.

De combinatie van kwantumfysica en filosofie door middel van subjectieve ervaring verbreedt niet alleen onze cognitieve horizon, maar nodigt ook uit tot diepe reflectie over de aard van het bewustzijn. Onze ervaring, met haar unieke emoties en percepties, lijkt een centrale rol te spelen in het definiëren van wat we als echt beschouwen. Op een bredere schaal suggereert dit dat bewustzijn misschien niet alleen een product is van hersenverschijnselen, maar eerder een fundamenteel en onderling verbonden aspect van het universum zelf.

Terwijl we ons dus verdiepen in het mysterie van zijn en bestaan, biedt de kwantumfysica ons hulpmiddelen en perspectieven om de diepere betekenis van menselijke intentionaliteit en de potentiële onsterfelijkheid van bewustzijn te onderzoeken. De verwondering en het aroma van mysterie blijven onbetaalbaar en in onze zoektocht naar waarheid ontdekken we misschien dat de kracht van onze subjectieve ervaring niet slechts een representatie van de wereld is, maar deel uitmaakt van een groter, krachtiger en uiteindelijk eeuwig kosmisch ontwerp.

Het universum als een collectieve creatie van bewustzijn.

In het huidige tijdperk heeft de combinatie van filosofie en kwantumfysica geleid tot een aantal revolutionaire hypothesen die ons traditionele begrip van de werkelijkheid op de proef stellen. Een onderwerp van groeiende interesse is dat van het kwantumbewustzijn als een onsterfelijke entiteit en het universum als een collectieve creatie van bewustzijn.

Het idee dat het universum op de een of andere manier een collectieve creatie van het menselijk bewustzijn kan zijn, heeft zijn wortels in de metafysica. Deze opvatting impliceert dat het bewustzijn niet slechts een epifenomeen van de hersenen is, maar een fundamenteel en actief element in de vorming van de werkelijkheid. Een van de eerste mensen die een interactieve werkelijkheid tussen het bewustzijn en het universum voorstelde, was John Archibald Wheeler, een Amerikaanse theoretisch natuurkundige, die de term '*participerend universum*' bedacht. Wheeler suggereerde dat de waarnemer niet slechts een passieve toeschouwer is, maar een sleutelrol speelt in de creatie van de werkelijkheid zelf. Zoals Wheeler het stelde:

> *Zonder de meethandeling kan de toestand van een kwantumdeeltje niet definitief worden vastgesteld.*

Deze theorie wordt bevestigd door het dubbelspletenexperiment, dat al liet zien hoe lichtdeeltjes (fotonen) zich kunnen gedragen als golven of als deeltjes, afhankelijk van de aanwezigheid van een waarnemer. De aanwezigheid van de waarnemer verandert het resultaat van het experiment, wat suggereert dat het menselijk bewustzijn een actieve rol kan spelen bij het bepalen van kwantumgebeurtenissen.

Het idee dat bewustzijn kwantumonsterfelijk kan zijn en in staat om de werkelijkheid te beïnvloeden, maakt deel uit van een filosofische traditie die begint bij Plato en reikt tot het heden, via de werken van Descartes, Kant en Schopenhauer*. Het is echter de link met de kwantumfysica die deze theorie bijzonder intrigerend maakt.

Neurofysioloog Sir John Eccles en natuurkundige-filosoof Karl Popper stelden dat de bewuste geest materie kan beïnvloeden via kwantumverschijnselen. Eccles stelde voor dat de geest inwerkt op de hersenen door middel van '*synaptische gebeurtenissen*', waarbij kwantumprocessen op neuraal niveau betrokken zijn. Dit suggereert dat mentale processen in staat zouden kunnen zijn om fysieke beperkingen te overwinnen, wat de weg vrijmaakt voor een vorm van kwantumonsterfelijkheid.

Penrose en Hameroff suggereren dat de keuzes en beslissingen van de bewuste geest niet bepaald worden door rigoureuze computationele processen, maar door kwantumgolffunctie-instortingen die plaatsvinden in microtubuli. Dit impliceert dat bewustzijn een fundamenteel kwantumkarakter kan hebben en niet simpelweg een product is van neurale complexiteit.

Vanuit metafysisch oogpunt suggereren deze theorieën dat het universum niet alleen wordt beïnvloed door ons bewustzijn, maar dat de werkelijkheid zelf een collectieve projectie zou kunnen zijn van onderling verbonden bewustzijn. Ervin

Laszlo, een filosoof en systeemtheoreticus, spreekt van het '*Akashic* Field', een kosmisch veld van informatie dat het collectieve geheugen van het universum zou kunnen vertegenwoordigen. Volgens Laszlo is het individuele bewustzijn in staat om dit veld te verbinden en te beïnvloeden, waardoor het bijdraagt aan de co-creatie van de werkelijkheid.

Tegelijkertijd introduceert David Bohm, een theoretisch natuurkundige, in zijn holistische benadering van het universum het idee van een '*impliciete orde*', waarin alles in een staat van diepe onderlinge verbondenheid verkeert. Bohm postuleert dat de zichtbare werkelijkheid (expliciete orde) ontstaat uit de interactie van het bewustzijn met dit diepere, verborgen niveau van de werkelijkheid.

In de metafysische kijk op het universum als een collectieve creatie van bewustzijn, ontstaan nieuwe perspectieven op eeuwenoude vragen: Wie zijn wij? Wat is de aard van de werkelijkheid? Kwantumbewustzijn als een onsterfelijke entiteit nodigt ons uit om ons bestaan te heroverwegen in termen van onderlinge verbondenheid en co-creatie, en omvat een verhaal waarin de menselijke geest en het universum niet gescheiden zijn, maar delen van een groot interactief weefsel dat de werkelijkheid op elk moment schildert.

Terwijl de kwantumwetten hun dans van onzekerheid en mogelijkheden blijven uitvoeren, lijkt de rol van het bewustzijn steeds centraler te worden in dit kosmische werk. Zoals Wheeler ons leerde, zijn we actieve deelnemers in dit universum en met elke daad van observatie en intentie dragen we bij aan de grote symfonie van de werkelijkheid.

Voorbij de golf en het deeltje. De dualiteit van bewustzijn in het kwantumuniversum.

De wereld van de kwantumfysica heeft altijd gefascineerd door zijn vermogen om onze meest gevestigde ideeën over de werkelijkheid uit te dagen. Een van de meest raadselachtige concepten is dat van de golf-deeltje dualiteit, die heeft geleid tot vragen over de aard van materie en energie, en, in recentere tijden, zijn ondervragingen heeft uitgebreid naar het gebied van het bewustzijn zelf. Dit deel onderzoekt de metafysische kijk op kwantumbewustzijn als een onsterfelijke entiteit, en onderzoekt de duale aard ervan in het kwantumuniversum.

Het fenomeen van de golf-deeltjes dualiteit was een van de pijlers van de kwantummechanica, geïntroduceerd door de fundamentele experimenten van Thomas Young met zijn dubbelspleten experiment in 1801 en vervolgens geformaliseerd in de context van de kwantumfysica door pioniers als Niels Bohr en Werner Heisenberg in de eerste decennia van de 20e eeuw.

In het beroemde dubbel-spleten experiment bewegen fotonen, of lichtdeeltjes, wanneer ze niet worden waargenomen door twee spleten en interfereren als golven, waardoor een karakteristiek interferentiepatroon op het detectiescherm ontstaat. Wanneer er echter een meetapparaat wordt ingebracht om te observeren door welke spleet het foton gaat, gedraagt het zich als een deeltje en verdwijnt het interferentiepatroon. Dit gedrag suggereert dat de aard van het foton verandert afhankelijk van de waarnemingshandeling.

Niels Bohr verklaarde met zijn complementariteitsprincipe dat de golf- en corpusculaire eigenschappen van de kwanta complementaire aspecten zijn van een grotere werkelijkheid, die niet volledig kan worden begrepen door middel van klassieke logica. Maar wat gebeurt er als we dit principe toepassen op het bewustzijn zelf?

Als we bewustzijn beschouwen als een fenomeen dat een kwantumkarakter zou kunnen hebben, worden we geconfronteerd met een soortgelijke dualiteit. Roger Penrose en Stuart Hameroff stelden met hun Orch-OR theorie dat kwantumprocessen in de microtubuli van neuronen de fysieke basis van zelfbewustzijn zouden kunnen vormen. Volgens Hameroff:

> *"Bewustzijn is geen emergente eigenschap van de hersenen, maar eerder een fundamentele eigenschap van de natuur".*

In dit perspectief zou bewustzijn kunnen bestaan in een staat van dualiteit, vergelijkbaar met licht en elektronen, in staat om zich te manifesteren in de vorm van subjectieve ervaring wanneer die wordt waargenomen (golf) of als meetbare fysieke processen in de hersenen (deeltje). Dit idee opent een fascinerende mogelijkheid: bewustzijn zou buiten ons begrip van tijd en ruimte kunnen bestaan, werkend op een kwantumniveau dat de fysieke dood overstijgt.

In de context van de dualiteit van het bewustzijn komen verschillende studies en hypothesen naar voren die het huidige paradigma in twijfel trekken. De natuurkundige David Bohm suggereerde met het concept van '*impliciete en expliciete orde*' dat de zichtbare werkelijkheid een manifestatie is van een diepere, verborgen orde, waarvan alle elementen nauw met elkaar verbonden zijn. Bohm zag het universum als een groot hologram, waarin elk deel de informatie van het geheel bevat, een interessante parallel wat betreft de werking van het bewustzijn.

Een andere opmerkelijke bijdrage kwam van de neuroloog Karl Pribram, die de theorie van het holografische brein voorstelde. Pribram stelde dat hersenprocessen zich niet op specifieke punten in de hersenen bevonden, maar verdeeld waren als in een hologram. Deze verdeling zou de kwantum- en niet-lokale aard van het bewustzijn kunnen weerspiegelen, waarbij licht en materie met elkaar verbonden zijn via een complexe informatieruimte.

Op filosofisch gebied onderzocht Erwin Schrödinger het idee van een eenheidsbewustzijn. In zijn essay '*Mind and Matter*' (1958) maakt Schrödinger opmerkingen over de ondeelbare aard van het bewustzijn en introduceert hij verdere dimensies in de discussie over de rol van de waarnemer in het kwantumuniversum:

> *"Pluraliteit is slechts schijn. In werkelijkheid is er maar één geest".*

Hedendaagse experimenten in de kwantumneurowetenschappen proberen een brug te slaan tussen theorie en tastbare werkelijkheid. Anton Zeilinger's studie van verstrengelde kwantumsystemen toonde aan hoe deeltjes die door enorme afstanden van elkaar gescheiden zijn, ogenblikkelijk de acties van andere deeltjes kunnen weerspiegelen, wat suggereert dat niet-lokaliteit een rol zou kunnen spelen in de overdracht van kwantumbreininformatie.

Een verslag uit 2017 in het tijdschrift Nature meldde dat een team wetenschappers van de *Universiteit van Californië, Santa Barbara*, onder leiding van natuurkundige Matthew Fisher, hersenprocessen onderzoekt. Het doel van het onderzoek zou zijn om hersenprocessen te verklaren aan de hand van kwantummechanismen zoals de 'kernspin' van fosfaten in DNA. Fisher stelt dat::

> *"Als de spinkernen van onze fosforatomen echt verstrengeld zijn, dan zouden we een kwantummechanisme hebben geïdentificeerd op het niveau van onze hersenchemie".*

De metafysische kijk op de dualiteit van het bewustzijn in het kwantumuniversum brengt ons tot nadenken over fundamentele vragen over ons bestaan en de aard van de werkelijkheid. Als bewustzijn een dualiteit bezit die vergelijkbaar is met die van kwantumdeeltjes, dan is elke waarnemingshandeling niet zomaar een geïsoleerde gebeurtenis, maar een verbonden en harmonieuze dans tussen waarnemer en universum, tussen materie en ervaring.

Deze visie zou een revolutie teweeg kunnen brengen in ons begrip van de dood, het voortbestaan van het bewustzijn en het menselijk potentieel. Pierre Teilhard de Chardin, filosoof en paleontoloog, sprak over de '*Noossfeer*', een laag van collectief denken die alle bewustzijn met elkaar verbindt. Volgens hem is evolutie niet alleen een biologisch feit, maar een spiritueel fenomeen, dat leidt tot een totale eenwording van het menselijk bewustzijn.

Het idee van een 'kwantumzelf', duaal en onsterfelijk, opent scenario's waarin spiritualiteit en wetenschap niet langer gescheiden gebieden zijn, maar samenkomen in een gemeenschappelijke verkenning van de mogelijkheden van de geest en het universum.

De 'Noossfeer' van Pierre Teilhard de Chardin. Vereniging van wetenschap en spiritualiteit.

Pierre Teilhard de Chardin, eminent 20e-eeuws Frans filosoof en paleontoloog, drukte een onuitwisbare stempel op het culturele en wetenschappelijke landschap met zijn theorie van de 'Noosphere'. Dit concept vertegenwoordigt een laag van collectief denken en bewustzijn, een metaforische entiteit die menselijke geesten verbindt en verenigt in een voortdurende spirituele evolutie. Volgens Teilhard is evolutie niet simpelweg een biologisch proces dat wordt geschetst door natuurlijke selectie, maar een teleologische progressie die de mensheid voortstuwt naar hogere niveaus van bewustzijn en eenheid.

De noossfeer, een term die Teilhard samen met de wiskundige Édouard Le Roy bedacht, wordt gezien als de derde fase in de ontwikkeling van de aarde, na de geosfeer (levenloze materie) en de biosfeer (biologisch leven). Het vertegenwoordigt een soort '*globale geest*', een gemeenschappelijke intelligentie die voortkomt uit de onderlinge verbondenheid van individuele bewustzijnen. Teilhard de Chardin stelde zich voor dat de noossfeer voorbestemd was om te evolueren naar een punt van convergentie dat het

'*Omega Punt*' werd genoemd, een uiteindelijke eenheid van universeel bewustzijn en een volledige realisatie van de menselijke geest.

In de context van de moderne wetenschap vindt dit idee weerklank in bepaalde speculaties van de kwantumfysica, waarin geest en bewustzijn in een nieuw licht worden onderzocht. Hedendaagse geleerden hebben Teilhards noosphere geïnterpreteerd als een anticipatie op theorieën over de kwantumgeest en de rol van kwantuminformatie in het bewustzijn.

De theorie van het kwantumbewustzijn is een nog ontluikend vakgebied dat het fenomeen geest en bewustzijn probeert te verklaren met behulp van de principes van de kwantummechanica. Een van de bekendste voorstanders is Roger Penrose, een Britse natuurkundige en wiskundige, die samen met neurochirurg Stuart Hameroff de Orch-OR theorie ontwikkelde.

Deze zienswijze suggereert dat bewustzijn een fundamentele kwantumdimensie heeft, een aspect van het zelf dat de pure neuronale biologie overstijgt. De noosfeer die Teilhard voorstelde, zou dus geïnterpreteerd kunnen worden als een kwantumnetwerk van onderling verbonden bewustzijnen, waar informatie en bewustzijn zich voortplanten via kanalen van kwantumcorrelaties.

Het idee van onsterfelijk bewustzijn heeft zijn wortels in vele filosofische en religieuze tradities, maar met de komst van de kwantumtheorie krijgt het een nieuw wetenschappelijk jasje. De kwantumfysica, met haar concepten van niet-lokaliteit en verstrengeling, biedt de mogelijkheid dat kwantuminformatie niet beperkt wordt door de beperkingen van de klassieke ruimte-tijd.

Teilhard de Chardin kan zich de details van de kwantumtheorie niet hebben voorgesteld, maar zijn intuïtie van een universeel bewustzijn dat tijd en fysicaliteit overstijgt, vindt een verrassende weerklank in moderne voorstellen over de kwantumgeest. De noosphere wordt in deze visie een ambitieuze metafoor voor een onderling verbonden informatiesysteem waarin het persoonlijke en collectieve zelf mogelijk langer kan bestaan dan de fysieke levenscyclus.

Teilhard de Chardin's Noosphere nodigt ons uit om evolutie niet alleen als een biologisch feit te beschouwen, maar ook als een teleologisch en spiritueel fenomeen. Het legt de basis voor een dialoog tussen filosofie, spiritualiteit en moderne wetenschap. De kwantumfysica, met haar radicale implicaties voor de aard van informatie en bewustzijn, verbreedt niet alleen de horizon van onze wetenschappelijke kennis, maar resoneert ook met Teilhards metafysische inzichten.

De toekomst van deze gezamenlijke verkenning moet nog worden geschreven, maar één ding is duidelijk: de noossfeer blijft een krachtig beeld van ons collectieve streven naar een eenheid van bewustzijn en zijn. Of deze eenwording nu wordt gerealiseerd via de paden die door de kwantummechanica zijn gebaand of via andere opkomende ontdekkingen, Teilhards denken blijft een baken dat onze zoektocht naar betekenis en begrip in de complexiteit van het universum verlicht.

Hoofdstuk14. De evolutie van de metafysica en de uitdaging van de passage.

"Elk grondig menselijk onderzoek leidt onvermijdelijk tot metafysische problemen en mysteries die het intellect niet kan oplossen."
(Immanuel Kant).

De grondslagen van de metafysica. Een definitie.

Metafysica is een duizend jaar oude discipline, geworteld in het hart van de filosofie, die de fundamentele concepten van het bestaan en de werkelijkheid onderzoekt. Het woord zelf is afgeleid van het Griekse 'half' (voorbij) en 'physiká' (dat wat tot de natuur behoort), wat duidt op een blik die verder gaat dan de fysieke wereld om te onderzoeken wat er 'voorbij' de materie en het zintuiglijke is.

De oorsprong van de metafysica als autonome discipline gaat terug tot Aristoteles (384-322 voor Christus), de Griekse filosoof die de term voor het eerst systematisch gebruikte. In zijn werk '*Metafysica*' onderzoekt Aristoteles de eerste principes en fundamentele oorzaken van het zijn. Hij introduceert het begrip 'substantie' (*ousia*), de essentie van wat bestaat onafhankelijk van zijn toevallige eigenschappen. Voor Aristoteles is substantie dat wat identiek blijft door verandering, de fundamentele kern van de werkelijkheid.

Hoewel Aristoteles vaak wordt beschouwd als de vader van de metafysica, mogen we zijn meester Plato (427-347 v.Chr.) niet vergeten. Plato introduceerde het idee van een wereld van Ideeën of Vormen, immateriële en perfecte entiteiten waarvan de zintuiglijke wereld slechts een onvolmaakte kopie is. Dit Platoonse dualisme tussen de schijnbare wereld en de werkelijke wereld heeft de latere metafysische traditie diepgaand beïnvloed.

Met René Descartes (1596-1650) krijgt de metafysica een nieuw gezicht. Descartes zoekt in zijn beroemde '*Metafysische Meditaties*' naar een ondubbelzinnig fundament voor alle kennis. Hij komt tot de beroemde conclusie '*Cogito, ergo sum*' (Ik denk, dus ik ben) en identificeert de geest als de essentie van het menselijk bestaan, in tegenstelling tot de externe werkelijkheid die we waarnemen met onze vaak misleidende zintuigen.

De metafysica van Gottfried Wilhelm Leibniz (1646-1716) introduceert het concept van '*monaden*', eenvoudige, ondeelbare entiteiten die de werkelijkheid vormen. Leibniz stelde ook het idee van mogelijke werelden voor, een oneindige reeks alternatieve universa die allemaal zouden kunnen bestaan, maar waarvan er slechts één - de onze - door God is gekozen als de '*beste van alle mogelijke werelden*'.

Georg Wilhelm Friedrich Hegel (1770-1831) breidt de metafysica uit naar het gebied van de geest. Hegel ziet de geschiedenis als een dialectisch proces, waarin de werkelijkheid zich ontwikkelt via een reeks tegenstellingen en overwinningen (*Aufhebung*), culminerend in de realisatie van het *Absolute*. Voor Hegel is de werkelijkheid rationeel, en rationaliteit is immanent in de geschiedenis.

In de 19e en 20e eeuw kwam de metafysica voor nieuwe uitdagingen te staan. Het logisch positivisme en neo-positivisme, vertegenwoordigd door figuren als Auguste Comte en leden van de Wiener Kreis, verwierpen metafysische speculaties ten gunste van een wetenschappelijke en linguïstische analyse van de werkelijkheid. Denkers als Martin Heidegger en Ludwig Wittgenstein blijven echter de fundamentele vragen over zijn en kennis onderzoeken, zij het met nieuwe instrumenten en perspectieven.

Metafysica, met haar lange traditie van vragen en antwoorden, nodigt ons uit om na te denken over wat het betekent om te bestaan en wat de ultieme principes van de werkelijkheid zijn. Vanaf de tijd van Aristoteles en Plato tot aan hedendaagse debatten heeft deze discipline geprobeerd de diepste mysteries van het universum te ontrafelen en blijft het een onuitputtelijke bron van verwondering en speculatie.

De fijne vitae als universeel raadsel.

De dood is altijd een groot raadsel geweest voor de mensheid, maar in het moderne tijdperk komt de wetenschap misschien eindelijk dichter bij de ontcijfering van dit eeuwenoude mysterie. Het snijvlak van kwantumfysica en bewustzijnsstudies biedt verrassende en provocerende perspectieven op de ultieme existentiële vragen.

Eugene Wigner, een van de vaders van de kwantummechanica, suggereerde dat bewustzijn een bepalende factor zou kunnen zijn in de ineenstorting van de golffunctie, een fundamenteel proces in de kwantumfysica. Deze theorie impliceert dat onze geest niet simpelweg een product van de hersenen is, maar de fysieke werkelijkheid direct kan beïnvloeden. Wigner opende de deur naar een nieuwe manier van denken over bewustzijn, door te suggereren dat het het fysieke lichaam kan overstijgen en zo de dood kan overleven.

Een verdere ontwikkeling van deze theorie komt van Roger Penrose en Stuart Hameroff met het Orch-OR (*Orchestrated Objective Reduction*) model. Volgens Penrose en Hameroff ontstaat bewustzijn door kwantumprocessen in de microtubuli van neuronen in de hersenen. Dit revolutionaire idee stelt dat kwantumprocessen niet beperkt zijn tot subatomaire deeltjes, maar ook op biologisch niveau kunnen werken. Als het bewustzijn inderdaad geworteld is in kwantumverschijnselen, dan zou het zelfs na de dood van het fysieke lichaam kunnen blijven bestaan, op een niveau van de werkelijkheid dat nog grotendeels onbekend is.

Het idee dat bewustzijn de dood kan overleven vindt ook steun in het werk van Pim van Lommel, een Nederlandse cardioloog die uitgebreid onderzoek heeft gedaan naar bijna-doodervaringen (NDE's). De ervaringen die zijn patiënten rapporteerden - ontmoetingen met entiteiten, visioenen van lichttunnels en het gevoel gescheiden te zijn van het lichaam - suggereren dat het bewustzijn onafhankelijk van de hersenen kan opereren. Van Lommel heeft talloze gevallen van BDE's gedocumenteerd en zijn verslagen leveren empathisch bewijs dat bewustzijn kan blijven bestaan in een niet-lokale dimensie van ruimtetijd.

Deze aannames worden ook bevestigd door het begrip '*vierdimensionaal bewustzijn*'. Deze theorie stelt voor dat bewustzijn kan bestaan in een gebied buiten de drie bekende ruimtelijke dimensies, waarbij mogelijk tijd en een kwantumdimensie deel uitmaken van de ware aard van het bewustzijn. Dit zou kunnen verklaren waarom NDE's percepties van verwijde of afwezige tijd bevatten, en toegang tot kennis die de normale capaciteit van het menselijk brein te boven gaat.

Een verhelderend voorbeeld van hoe dergelijke concepten vorm kunnen krijgen in ons begrip is het beroemde '*keuzevertraging*'-experiment van John Wheeler, dat aantoont dat keuzes die vandaag worden gemaakt gebeurtenissen in het verleden op kwantumschaal kunnen beïnvloeden. Als ons bewustzijn een rol kan spelen in dergelijke kwantumtransacties, kunnen we letterlijk verbonden zijn op manieren die ons traditionele begrip van tijd en ruimte te boven gaan.

De dood lijkt daarom niet langer het definitieve einde, maar eerder een overgang of transpositie van bewustzijn naar een nieuwe vorm of dimensie. De kijk op ons bestaan als louter beperkt tot de fysieke dimensie maakt langzaam plaats voor een meer geïntegreerd multidimensionaal en misschien wel onsterfelijk begrip.

In het licht van deze ontdekkingen is het duidelijk dat we in een tijdperk leven waarin metafysica en kwantumfysica samenkomen om de uitdaging van het levenseinde aan te gaan. Hoewel de dood een raadsel blijft, blijkt het niet het einde te zijn dat verborgen ligt achter de sluier van de tijd, maar een nieuwe grens voor verkenning voor wetenschap en filosofie. En door de inspanningen van pioniers als Wigner, Penrose, Hameroff en van Lommel verlichten we langzaam de duisternis van de voortzetting van het bewustzijn en openen we fascinerende nieuwe perspectieven op het lot en de essentie van het menselijk wezen.

Het begrip van het menselijk bewustzijn heeft filosofen, wetenschappers en denkers door de eeuwen heen uitgedaagd. Recentelijk is er een revolutionair perspectief ontstaan uit de verbanden tussen bewustzijn en kwantummechanica, een tak van de natuurkunde die verschijnselen op subatomaire schaal bestudeert. Deze benadering, die bekend staat als kwantummetafysica, stelt fascinerende en mogelijk transformerende ideeën voor over de aard van het bewustzijn en de mogelijke onsterfelijkheid ervan.

De evolutie van ons begrip van bewustzijn door de lens van de kwantummetafysica vormt een diepgaande uitdaging voor traditionele wetenschappelijke en filosofische paradigma's. Het idee dat bewustzijn onsterfelijk kan zijn en op kwantumniveau kan werken, opent niet alleen nieuwe wegen voor wetenschappelijk onderzoek, maar roept ook cruciale ethische en existentiële vragen op.

Concluderend: hoewel het onderzoek naar kwantumbewustzijn nog in de kinderschoenen staat, zijn de implicaties van deze theorieën immens. Het snijvlak van kwantumfysica en bewustzijn dwingt ons niet alleen de aard van de werkelijkheid te heroverwegen, maar ook de uiteindelijke betekenis van het menselijk bestaan. De uitdaging van het levenseinde, gezien vanuit dit perspectief, wordt een reis van voortdurende ontdekking, die een dieper begrip van onze plaats in het universum belooft.

Hoofdstuk 15. Meer geavanceerde studies in kwantumbewustzijn.

"Door het kwantumbewustzijn wordt het universum waargenomen en krijgt het vorm."
(Fred Alan Wolf).

In een wereld waarin wetenschap en spiritualiteit steeds meer met elkaar verweven raken, wint het idee terrein dat bewustzijn een kwantumnatuur zou kunnen hebben. Dit hoofdstuk onderzoekt de meest geavanceerde studies over de mogelijkheid dat bewustzijn niet alleen een kwantumverschijnsel is, maar ook een onsterfelijke entiteit. Aan de hand van de bijdragen en theorieën van vooraanstaande wetenschappers zoals Eugene Wigner, Roger Penrose, Stuart Hameroff en vele anderen over het bestaan van een onsterfelijk bewustzijn, duiken we in de theorieën die deze fascinerende hypothese ondersteunen.

Pim van Lommel en bijna-doodervaringen.

De Nederlandse cardioloog Pim van Lommel heeft een van de meest uitgebreide onderzoeken gedaan naar bijna-doodervaringen (BDE's). Zijn onderzoek geeft aan dat veel mensen levendige en consistente ervaringen van bewustzijn rapporteren tijdens periodes waarin hersenfuncties volledig zouden moeten zijn gestopt. Van Lommel suggereert dat deze ervaringen bewijs zouden kunnen leveren voor bewustzijn als een entiteit die onafhankelijk van het fysieke brein opereert en in een niet-lokale vorm van ruimte-tijd bestaat. Deze zienswijze opent de deur naar de mogelijkheid dat bewustzijn kan bestaan na de fysieke dood, in een dimensie die niet gebonden is aan lichamelijke beperkingen. Zijn ervaringen worden beschreven in het hoofdstuk over BDE's.

Van Lommel heeft een groot deel van zijn carrière gewijd aan het bestuderen van fenomenen die lijken te wijzen op het bestaan van een bewustzijn dat de fysieke grenzen van het menselijk lichaam kan overstijgen.

Een van de hoekstenen van Van Lommels onderzoek is de documentatie van talloze gevallen van BDE's, waarbij mensen intense en consistente ervaringen van bewustzijn rapporteren tijdens perioden waarin hersenactiviteit afwezig zou moeten zijn. In zijn onderzoek, gepubliceerd in 2001 in *The *Lancet**, presenteert Van Lommel bijvoorbeeld gevallen van patiënten die uittredingen, lichtervaringen, visioenen van overleden familieleden en een diep gevoel van vrede hebben ervaren, allemaal tijdens momenten van hartstilstand en vlakke hersengolven.

Deze verslagen laten zien dat het bewustzijn zelfs zonder meetbare hersenactiviteit blijft bestaan en werken, wat suggereert dat het misschien niet volledig gebonden is aan neuronale activiteit. Dit bracht Van Lommel tot de hypothese van het bestaan van niet-lokaal bewustzijn, een concept dat ook een vruchtbare bodem vindt in de aannames van de kwantumfysica.

Het idee van bewustzijn als een niet-lokaal fenomeen komt overeen met enkele van de meest geavanceerde theorieën in de kwantumfysica. Wetenschappers als Roger Penrose en Stuart Hameroff hebben de theorie *van de georkestreerde objectieve reductie* (Orch-OR) voorgesteld, die stelt dat het fenomeen bewustzijn het resultaat zou kunnen zijn van kwantumprocessen in de microtubuli in de neuronen van de hersenen. Dit impliceert dat het bewustzijn niet beperkt wordt door tijd en ruimte en dus onafhankelijk van het fysieke lichaam kan bestaan.

Van Lommel, hoewel niet direct afgestemd op Orch-OR, gebruikt dit raamwerk om te suggereren dat bewustzijn, in een niet-lokale vorm van ruimte-tijd, de dood van het fysieke lichaam kan overleven. Deze theorie biedt een coherente wetenschappelijke verklaring voor de vele ervaringen die door zijn patiënten worden gerapporteerd en die zijn opgenomen in de NDE-literatuur, en schetst een beeld waarin bewustzijn een soort 'kwantumonsterfelijkheid' zou kunnen hebben.

Van Lommels verzameling getuigenissen is uitgebreid en gedetailleerd. Hij beschrijft het geval van een man die, na een hartaanval en een lange reanimatieperiode, precieze details rapporteerde van wat er gebeurde tijdens zijn bewusteloosheid - bijzonderheden die hij niet had kunnen weten als zijn bewustzijn volledig was 'uitgeschakeld'. Dit soort ervaringen is bevestigd in latere onderzoeken en door andere onderzoekers, zoals Kenneth Ring en Bruce Greyson, die vergelijkbare bevindingen hebben gevonden in hun werk over NDE-verschijnselen.

Als we de mogelijkheid accepteren dat bewustzijn onafhankelijk van het fysieke lichaam en de hersenen kan bestaan, opent dat enorme filosofische en wetenschappelijke vragen over de aard van het bestaan, de dood en de continuïteit van het bewustzijn. Van Lommels visie nodigt ons uit om de dood niet te zien als een definitief einde, maar als een overgang naar een nieuwe vorm van bestaan.

Kortom, Pim van Lommels geavanceerde onderzoek naar bijna-doodervaringen stelt de traditionele perceptie van bewustzijn als een exclusief biologisch product ter discussie. Zijn onderzoek stelt een visie voor waarin bewustzijn een niet-lokaal fenomeen zou kunnen zijn, dat in staat is om te blijven bestaan na het stoppen van lichamelijke functies, wat een radicaal nieuw en mogelijk meer omvattend perspectief biedt op de aard van leven en dood.

De theorie van Eugene Wigner: Bewustzijn laat de golffunctie instorten.

Eugene Wigner was een natuurkundige en Nobelprijswinnaar, geboren op 17 november 1902 in Boedapest, Hongarije, en overleden op 1 januari 1995 in Princeton, VS. Hij studeerde chemische technologie aan de *Tecchisce Hochschule in Berlijn* en wijdde zich later aan de theoretische natuurkunde. In 1963 ontving hij de Nobelprijs voor Natuurkunde voor zijn bijdragen aan de theorie van de atoomkern en elementaire deeltjes, in het bijzonder voor zijn ontdekking en toepassing van de fundamentele principes van symmetrie. In de jaren 1960 formuleerde Wigner de theorie dat het menselijk bewustzijn een cruciale rol speelt in de ineenstorting van de golffunctie in de kwantummechanica, waarmee hij suggereerde dat het bewustzijn niet slechts een passieve waarnemer is, maar een actieve deelnemer in de vorming van de fysieke werkelijkheid.

Eugene Wigner stelde in de jaren '60 het gewaagde idee voor dat het menselijk bewustzijn een fundamentele rol speelt in de ineenstorting van de kwantum-golffunctie. Met andere woorden, volgens Wigner is de geest niet slechts een passieve waarnemer van het universum, maar een entiteit die in staat is om de fysieke werkelijkheid direct te beïnvloeden. Dit principe suggereert dat het bewustzijn zou kunnen bestaan als een entiteit los van de klassieke ruimte-tijd, waardoor het potentieel onsterfelijk is. Het vermogen van de geest om de kwantumwereld te beïnvloeden zou kunnen betekenen dat de fundamentele aspecten van bewustzijn niet beperkt zijn tot het domein van de fysieke materie.

In de fascinerende mysteries van de kwantumfysica valt het concept van de werkelijkheid uiteen in een reeks mogelijkheden totdat een bewuste waarnemer tussenbeide komt om deze mogelijkheden te 'collimeren' tot een enkele definitieve gebeurtenis. Dit model, dat ooit werd verbannen naar filosofische en speculatieve discussies, vond in het midden van de 20e eeuw een uitzonderlijke medestander: Eugene Wigner, Nobelprijswinnaar voor natuurkunde, die een theorie voorstelde die de fundamenten van ons begrip van de kosmos deed schudden.

In de jaren 1960 daagde Eugene Wigner de mechanistische kijk op het universum uit met een beslist revolutionair voorstel: de menselijke geest is niet slechts een passieve waarnemer, maar een actieve deelnemer aan de fysieke werkelijkheid. Volgens Wigner is het het bewustzijn dat de ineenstorting van de kwantum-golffunctie veroorzaakt, een fundamenteel proces in de kwantumfysica dat de 'zee van mogelijkheden' van de golffunctie omzet in een specifieke concrete werkelijkheid.

Dit radicale idee is gebaseerd op de orthodoxe interpretatie van de kwantummechanica, die stelt dat subatomaire deeltjes zoals elektronen geen vaste positie hebben totdat ze worden waargenomen. Het beroemde dubbelspletenexperiment laat zien hoe een foton tegelijkertijd als een golf door twee spleten kan gaan, maar op het moment dat het wordt waargenomen gedraagt het zich als een deeltje. Wigner ging nog een stap verder met dit mentale experiment. Hij stelde voor dat het lot van de kat werd bepaald door het bewustzijn van de menselijke waarnemer op het moment van de waarneming.

Het werk van Wigner opende een academisch debat dat niet alleen de natuurkunde, maar ook de filosofie en theologie omvatte. Als bewustzijn de fysieke werkelijkheid direct kan beïnvloeden, dan zou het gezien kunnen worden als een fundamentele kracht in het universum, onafhankelijk van fysieke materie en ruimte-tijd. Deze zienswijze impliceert dat geest, en dus bewustzijn, buiten de fysieke beperkingen zou kunnen bestaan, wat een soort kwantum 'onsterfelijkheid' suggereert.

Het denken van Wigner bleef niet beperkt tot de jaren 1960. Wetenschappers als Roger Penrose hebben in de afgelopen halve eeuw de verbanden tussen bewustzijn en kwantumfysica verder onderzocht. Penrose stelde samen met anesthesist Stuart Hameroff de theorie van *Orchestrated Objective Reduction* (Orch-OR) voor, waarin wordt verondersteld dat kwantumprocessen in de microtubuli van neuronale cellen ten grondslag zouden kunnen liggen aan het bewustzijn. Orch-OR is een van de bekendste pogingen om bewustzijn met kwantumfysica te integreren.

In zijn geschriften en toespraken dacht Eugene Wigner vaak na over een bekende paradox in de kwantummechanica: de katparadox van Schrödinger. Stel je een kat voor die opgesloten zit in een doos met een dodelijk mechanisme dat afhankelijk is van het verval van een radioactief deeltje. Zolang de doos niet wordt geopend en de toestand van de kat wordt geobserveerd, is de kat volgens de kwantumfysica tegelijkertijd levend en dood. Wigner ging nog een stap verder met dit gedachte-experiment door te suggereren dat het het bewustzijn van de menselijke waarnemer was dat besliste over het lot van de kat op het moment van de waarneming.

Eugene Wigner heeft een gedachtegoed achtergelaten dat de traditionele grenzen tussen de natuurwetenschappen en de geesteswetenschappen uitdaagt. Zijn hypothese dat bewustzijn de kwantum-golffunctie kan laten instorten, opent fascinerende mogelijkheden voor het begrijpen van de aard van de menselijke ervaring en haar plaats in het universum. Terwijl de moderne kwantumfysica haar ontdekkingsreis voortzet, blijven de ideeën van Wigner fundamentele vragen oproepen over wat het betekent om bewust te zijn en hoe dit bewustzijn de grenzen van ons materiële bestaan zou kunnen overstijgen.

Uiteindelijk, als het bewustzijn werkelijk het vermogen bezit om de werkelijkheid vorm te geven, dan spelen we duidelijk een actievere rol in het universum dan we ons ooit hadden kunnen voorstellen. Zo kunnen we een glimp opvangen van onze eigen eeuwigheid in elke daad van bewuste observatie.

Vierdimensionaal bewustzijn: voorbij ruimte en tijd.

Een andere fascinerende onderzoekslijn betreft het concept van bewustzijn als een vierdimensionale entiteit, die niet alleen de drie ruimtelijke dimensies integreert, maar ook de tijdsdimensie en misschien andere kwantumdimensies die nog niet volledig begrepen zijn. Als bewustzijn werkelijk bestaat in een vorm die de driedimensionale wereld overstijgt, dan zou het eeuwig kunnen bestaan, niet onderhevig aan het verstrijken van de tijd zoals wij die kennen.

Deze theorie daagt niet alleen onze driedimensionale opvattingen over ruimte en tijd uit, maar suggereert ook dat bewustzijn de tijdslineariteit kan overstijgen en in een eeuwigdurende vorm kan bestaan die immuun is voor de effecten van de tijd zoals wij die kennen.

Het idee van een vierdimensionaal bewustzijn impliceert dat de menselijke geest niet beperkt is tot de drie ruimtelijke dimensies en de lineaire progressie van tijd. In plaats daarvan suggereert het dat het bewustzijn opereert binnen een vierde dimensie, waar het verleden, het heden en de toekomst tegelijkertijd bestaan. Deze opvatting komt overeen met sommige interpretaties in de moderne natuurkunde, zoals Einsteins relativiteitstheorie, die al heeft vastgesteld dat ruimte en tijd met elkaar verweven zijn in een vierdimensionaal ruimte-tijdcontinuüm.

Een fundamentele pijler van deze theorie is het bekende 'vertraagde keuze-experiment' van John Wheeler. Dit experiment, voor het eerst uitgevoerd in de context van kwantummechanica, laat zien dat huidige beslissingen gebeurtenissen in het verleden kunnen beïnvloeden.

Het gedachte-experiment wil aantonen dat de werkelijkheid uit het verleden niet bestaat in een vaste en onveranderlijke vorm, maar verandert en consolideert volgens de waarnemingen en metingen die we vervolgens doen.

Als ons bewustzijn gebeurtenissen in het verleden kan beïnvloeden, zou dit erop kunnen wijzen dat het opereert op een niveau dat een conventionele lineaire tijdspijl overstijgt.

Deze notie wordt verder ondersteund door het complementariteitsprincipe van Niels Bohr, volgens welke kwantumdeeltjes verschillend gedrag kunnen vertonen afhankelijk van de waarnemingsomstandigheden. Met andere woorden, de kwantumwerkelijkheid wordt beïnvloed door de waarneming. Als bewustzijn in staat is om op deze manier te interageren met de kwantumrealiteit, zou het voorbij de grenzen van de drie ruimte-tijd dimensies kunnen bestaan.

Implicaties van vierdimensionaal bewustzijn.

Als het bewustzijn in een vierde dimensie werkt, zijn de implicaties buitengewoon. Het zou bijvoorbeeld kunnen betekenen dat onze perceptie van tijd slechts een beperkte projectie is en dat, op een dieper niveau, alle momenten van tijd naast elkaar bestaan. Dit zou verschijnselen als *déjà vu* of voorgevoelens kunnen verklaren, wat suggereert dat het bewustzijn gebeurtenissen buiten de lineaire tijdssequentie kan waarnemen.

Bovendien zou een vierdimensionaal bewustzijn het idee van de onsterfelijkheid van de geest versterken. Als het bewustzijn niet gebonden is aan het verstrijken van de tijd, zou het zelfs na de biologische dood van het lichaam kunnen blijven bestaan, in een ruimte-tijdcontinuüm dat niet beperkt wordt door de grenzen van het fysieke leven.

De theorie van vierdimensionaal bewustzijn vormt een fascinerende grens in ons begrip van geest en werkelijkheid. Terwijl de reguliere wetenschap doorgaat met het onderzoeken van de diepten van ruimte-tijd en kwantummechanica, opent het idee dat bewustzijn kan werken buiten onze vertrouwde dimensies opwindende nieuwe mogelijkheden. Als deze theorie bewezen wordt, zou dat niet alleen ons begrip van bewustzijn revolutioneren, maar ook een nieuw perspectief bieden op onsterfelijkheid en de aard van de werkelijkheid zelf.

Fred Alan Wolf.

Wolf staat bekend om zijn vermogen om te navigeren tussen de wetenschappelijke avant-garde en de diepten van het filosofische denken. Hij heeft nieuwe wegen geopend voor het begrijpen van de aard van het bewustzijn en de mogelijke implicaties ervan na het aardse leven.

Fred Alan Wolf, geboren op 3 december 1934 in Chicago, Illinois, is een Amerikaans theoretisch natuurkundige en wetenschapspopularisator. Hij behaalde zijn PhD in theoretische fysica aan de UCLA in 1963 en doceerde aan verschillende prestigieuze universiteiten, waaronder de San Diego State University en het California Institute of Integral Studies.

Sinds het begin van zijn carrière heeft Wolf een voorliefde voor existentiële en spirituele vragen. Hierdoor is hij zich gaan richten op de vraag hoe de wetten van de kwantumfysica ons begrip van het bewustzijn kunnen beïnvloeden. Zijn meest revolutionaire theorie betreft het idee van 'kwantumbewustzijn' als een onsterfelijke entiteit.

De kern van de theorieën van Wolf is het idee dat bewustzijn niet louter een product is van het fysieke brein, maar bestaat als een entiteit die kan interageren met de kwantumwerkelijkheid. Deze theorie is geworteld in de concepten van kwantum superpositie en decoherentie, die suggereren dat bewustzijn in een golfachtige toestand kan bestaan totdat het wordt waargenomen, op welk moment het 'instort' in een bepaalde realiteit.

Wolf werkte deze ideeën uit in talrijke werken, waaronder zijn beroemde boek '*Taking the Quantum Leap*' (1981), dat bekroond werd met de *National Book Award.* In deze tekst verkent Wolf niet alleen de fundamenten van de kwantumfysica, maar ook de religieuze en filosofische implicaties van een kwantumopvatting van bewustzijn.

Volgens Wolf zou het bewustzijn niet beperkt zijn tot tijd en ruimte zoals we die gewoonlijk begrijpen, wat de mogelijkheid opent dat het zelfs na de dood van het fysieke lichaam in een kwantumtoestand zou kunnen bestaan.

Onsterfelijkheid van bewustzijn in het denken van Wolf.

Een van de meest relevante implicaties van de theorieën van Wolf is die van de onsterfelijkheid van het bewustzijn. Gebaseerd op interpretaties van de kwantumtheorie suggereert Wolf dat ons bewustzijn het fysieke lichaam kan overstijgen en kan blijven bestaan in een kwantumdimensie, vergelijkbaar met een entiteit van informatie. Dit idee werd ook beïnvloed door de studies van de natuurkundige Sir Roger Penrose en de arts Stuart Hameroff, die veronderstelden dat microtubuli in neuronen in de hersenen kwantumprocessen met betrekking tot het bewustzijn zouden kunnen ondersteunen. Wolf wees erop:

"Als een deeltje in verschillende toestanden tegelijk kan bestaan, waarom zou bewustzijn dat dan niet ook kunnen?"

Deze verwijzing naar het dubbelspletenexperiment is emblematisch voor de argumenten van Wolf. In het experiment vertoont een deeltje zoals een foton golfachtig gedrag wanneer het niet wordt waargenomen, maar gedraagt het zich als een deeltje wanneer het wordt gemeten, wat suggereert dat de waarneming zelf de fysieke werkelijkheid beïnvloedt.

Een cruciaal experiment dat Wolf inspireerde is dat van *Wheeler's Razor* (1980), uitgevoerd door natuurkundige John Archibald Wheeler. Het experiment toonde aan dat de beslissing over de manier waarop een deeltje wordt gemeten, feitelijk zijn gedrag in het verleden kan beïnvloeden, wat licht werpt op het idee dat lineaire tijd niet zo star is als eerder werd gedacht.

Wheeler's razor experiment is beter bekend als Wheeler's *vertraagde keuze experiment*, Dit experiment is een variatie op het dubbelspleten experiment in de kwantummechanica en heeft diepgaande implicaties voor ons begrip van de aard van de werkelijkheid en tijd.

Het centrale idee van het vertraagde keuze-experiment is om te onderzoeken of de beslissing om een deeltje te observeren zijn gedrag met terugwerkende kracht beïnvloedt, d.w.z. of de manier waarop een deeltje wordt gemeten zijn vroegere toestand kan beïnvloeden.

Het uitgestelde keuze-experiment van Wheeler. Basisbegrippen.

1. Het dubbelspleten experiment. Dit klassieke experiment toont golf-deeltje dualiteit aan. Als je afzonderlijke elektronen naar een barrière met twee spleten schiet en niet waarneemt door welke spleet ze gaan, dan vertonen de elektronen, zodra ze het scherm raken, een interferentiepatroon dat typisch is voor golven. Dit suggereert dat de elektronen als golven door beide spleten zijn gegaan. Als je daarentegen de elektronen observeert om te zien door welke spleet ze gaan, gaat elk elektron slechts door één spleet en verdwijnt het interferentiepatroon.

2. Vertraagde keuze. Wheeler stelde een versie voor waarbij de beslissing om elektronen te observeren wordt genomen *nadat* ze door de spleten zijn gegaan, maar *voordat* ze het scherm raken. In sommige tests kan het detectieapparaat zelfs worden veranderd nadat het deeltje door de spleten is gegaan, maar voordat het de detector raakt. Dit wordt gedaan om te testen of de keuze van de meetmethode het gedrag van het deeltje kan beïnvloeden.

3.*Terugwerkende invloed.* Het experiment lijkt te suggereren dat de beslissing om deeltjes laat te observeren hun gedrag 'uit het verleden' kan beïnvloeden. Het uitstellen van de verificatie tot nadat het deeltje door de spleten is gegaan, leidt tot deeltjes- of golfgedrag, afhankelijk van je keuze, ook al vond je keuze plaats na de passage. Dit ongelooflijke experiment bevestigt dat het gedrag van deeltjes met terugwerkende kracht kan worden bepaald.

4. Tijdelijkheid en causaliteit. Dit roept grote conceptuele problemen op met betrekking tot de aard van tijd en causaliteit in de kwantummechanica. *Lineaire causaliteit* (waarbij het verleden de toekomst beïnvloedt, maar niet andersom) lijkt te worden uitgedaagd door deze resultaten.

5. Kopenhagen Interpretatie. De golffunctie van een deeltje vertegenwoordigt een superpositie van alle mogelijke toestanden totdat het wordt gemeten. Als er een meting wordt gedaan, stort de golffunctie ineen in een gedefinieerde toestand. In het experiment van Wheeler zou de meting met terugwerkende kracht bepalen welk pad het deeltje heeft afgelegd.

Wheeler's uitgestelde keuze-experiment blijft debat en reflectie stimuleren over de rol van de waarnemer, de aard van de werkelijkheid en de essentie van tijd in de kwantummechanica.

Wolf breidde deze interpretatie uit door te suggereren dat als waarnemers (d.w.z. bewuste wezens) de werkelijkheid op een kwantumniveau kunnen beïnvloeden, dan zou kunnen worden beargumenteerd dat bewustzijn een onafhankelijke dimensie heeft, ongebonden door tijd en ruimte. Bijgevolg zou bewustzijn in een of andere kwantumvorm kunnen blijven bestaan, zelfs na fysieke ontbinding.

De werken van Wolf zijn erin geslaagd om wetenschap en filosofie met elkaar te verbinden, waardoor ze toegankelijk zijn voor een breder publiek. Naast "*Taking the Quantum Leap*" gaan werken als "*The Dreaming Universe*" (1994) en "*Mind into Matter*" (2000) verder in op deze ideeën, waarbij dromen, tijd en realiteit worden besproken vanuit het perspectief van de kwantumfysica.

In "*The Dreaming Universe*" stelt Wolf voor dat dromen een venster zijn op de kwantumcomplexiteit van het bewustzijn, een concept dat geïnspireerd is door het werk van Carl Jung en zijn archetypetheorie. Wolf suggereert dat het collectieve onbewuste kan worden geïnterpreteerd als "*een kwantumverbonden toestand*".

Wolfs theorie over kwantumbewustzijn als een onsterfelijke entiteit heeft nieuwe wegen voor onderzoek en reflectie gestimuleerd. Hoewel het nog steeds een open vraag is in het wetenschappelijke landschap, heeft het al een significante invloed gehad op de manier waarop we denken over bewustzijn en de mogelijke overleving ervan na het fysieke leven.

Of deze ideeën bekrachtigd zullen worden, zal afhangen van de vooruitgang van de wetenschap, maar de bijdrage van Fred Alan Wolf zette conventies op hun kop en daagde de grenzen van ons begrip uit. Zoals Wolf zelf zei:

> *"Het vermogen om je nieuwe mogelijkheden voor te stellen is wat de wetenschap drijft, en er is niets mysterieuzer dan de reis van het bewustzijn."*

Fred Alan Wolf blijft een veelzijdige figuur die de mysteries van de kwantumfysica durfde te combineren met de raadsels van het menselijk bewustzijn. Zijn theorie van kwantumbewustzijn als een onsterfelijke entiteit vertegenwoordigt een van de moedigste pogingen om de fundamentele vragen van het bestaan aan te pakken en biedt een visie die ons uitnodigt om na te denken over het oneindige potentieel van onze geest en ons wezen.

Terwijl de wetenschap deze grenzen blijft verkennen, blijven de ideeën van Wolf een bron van inspiratie voor diegenen die de ware aard van het bewustzijn en zijn mogelijke bestemming voorbij de fysieke grenzen van het lichaam willen begrijpen.

Wolf heeft ook samengewerkt met andere vooraanstaande denkers in zijn vakgebied. Zijn vriendschap met de zogenaamde '*Quantum Mysticus*' Amit Goswami leidde tot diepgaande conferenties over de rol van bewustzijn in de kwantummechanica. Daarnaast werd Wolf beïnvloed door het werk van David Bohm, wiens theorie van entailed order een model bood waarin elk element van het universum op een diep niveau met elkaar verbonden is, een idee dat essentieel is voor de hypothese van een universeel kwantumbewustzijn.

Fred Alan Wolf is in staat geweest om een wetenschappelijke visie na te streven die niet bang is om kwesties van spiritualiteit en het bestaan na de dood aan te snijden. Zijn leven en werk getuigen van een onuitputtelijke intellectuele nieuwsgierigheid en een bereidheid om het mysterie van het bewustzijn tot aan de verste grenzen te verkennen. Terwijl de wetenschappelijke gemeenschap blijft debatteren over zijn theorieën, heeft de impact van Wolf's ideeën nieuwe denk- en onderzoekswegen geopend en onze kijk op de realiteit en het menselijk potentieel beïnvloed.

Uiteindelijk blijft het kwantumbewustzijn als een onsterfelijke entiteit, zoals voorgesteld door Fred Alan Wolf, een van de meest provocerende en fascinerende ideeën in het hedendaagse denken, dat ons uitnodigt om na te denken over het oneindige potentieel van ons bestaan, ver voorbij de grenzen van het materiële lichaam.

Bernard Haisch.

Bernard Haisch werd geboren op 21 december 1947 in Stuttgart, Duitsland. Na zijn verhuizing naar de Verenigde Staten maakte Haisch een succesvolle carrière in de astrofysica. Hij behaalde zijn doctoraat aan de Universiteit van Wisconsin-Madison, met als hoofdvak astrofysica. Tijdens zijn carrière heeft hij verschillende onderzoeks- en onderwijsfuncties bekleed, waaronder functies aan *Stanford University* en het *Max-Planck-Institut für extraterrestrische Physik*, Duitsland.

Haisch staat niet alleen bekend om zijn bijdragen aan het begrip van astrofysische verschijnselen, maar ook om zijn interesse in kwantumfysica en de aard van het bewustzijn. Zijn carrière overspant verschillende wetenschappelijke gebieden, maar het is zijn theorie over kwantumbewustzijn die hem een prominente figuur heeft gemaakt in het hedendaagse debat over de aard van het bestaan.

In het panorama van wetenschappelijke en filosofische theorieën over het bestaan zijn maar weinig ideeën zo fascinerend als de mogelijkheid van de onsterfelijkheid van het bewustzijn. Bernard Haisch, een wereldberoemde astrofysicus die bekend staat om zijn baanbrekende theorieën over de oorsprong van het universum en bewustzijn als de basis van het bestaan, loopt voorop in deze kwesties. Dit deel verkent de meest geavanceerde ontwikkelingen in de studie van kwantumbewustzijn als een onsterfelijke entiteit, waarbij de nadruk ligt op de theorieën van Haisch en relevante bijdragen van andere wetenschappers op dit gebied.

Het idee dat bewustzijn voorbij het biologische leven kan bestaan, heeft diepe wortels in verschillende filosofische en spirituele tradities. In recentere tijden is het verrijkt door ontwikkelingen in de kwantumfysica. Met name Bernard Haisch heeft voorgesteld dat bewustzijn niet alleen de fysieke dood overleeft, maar een fundamenteel onderdeel van het universum zelf kan zijn.

Haisch heeft een cruciale rol gespeeld in het leggen van verbanden tussen kwantumfysica en de aard van bewustzijn. In zijn boek '*The Purpose-Guided Universe*' (2010) verdedigt Haisch het idee dat bewustzijn niet slechts een epifenomeen van de hersenen is, maar een fundamenteel principe van de werkelijkheid. Volgens Haisch zou het universum zelf zo geconfigureerd kunnen zijn dat het de manifestatie en evolutie van bewustzijn vergemakkelijkt.

Haisch' speculatie is grotendeels gebaseerd op de fysica van het kwantumvacuüm, een studiegebied dat de minimale staat van energie onderzoekt die de hele ruimte doordringt. Haisch en zijn medewerker Alfonso Rueda hebben voorgesteld dat het kwantumvacuüm eigenschappen kan hebben die het behoud van bewustzijn mogelijk maken. Het centrale idee is dat het kwantumvacuüm een 'substraat' zou kunnen vormen waardoor bewustzijn blijft bestaan na de ontbinding van het fysieke lichaam.

In de afgelopen jaren hebben veel wetenschappers en onderzoekers de theorieën van Haisch uitgebreid en geprobeerd om deze beweringen een wetenschappelijke basis te geven.

Het idee van een onsterfelijk kwantumbewustzijn heeft niet alleen diepgaande wetenschappelijke implicaties, maar ook belangrijke filosofische en existentiële. Als het bewustzijn werkelijk onafhankelijk van het fysieke lichaam kan bestaan, zoals Haisch en anderen voorstellen, opent dit een nieuwe dimensie in de discussie over de betekenis van leven, dood en de aard van de werkelijkheid.

De ideeën van Bernard Haisch over kwantumbewustzijn als een onsterfelijke entiteit behoren tot de meest provocerende en uitdagende in de moderne wetenschappen. Samen met de bijdragen van figuren als Roger Penrose en Stuart Hameroff, geven deze theorieën vorm aan een nieuw begrip van bewustzijn dat een revolutie teweeg kan brengen in de manier waarop we het bestaan waarnemen.

Bernard Haisch. Kwantumbewustzijn als een onsterfelijke entiteit.

Een van de belangrijkste werken van Bernard Haisch is '*The Purpose-Guided Universe: Believing In Einstein, Darwin, and God*' (2010), een boek dat de mogelijkheid onderzoekt dat het universum gestructureerd is volgens het bewustzijn. In deze tekst combineert Haisch wetenschappelijke concepten met filosofische speculaties, waarbij hij het idee naar voren brengt dat bewustzijn een centraal onderdeel van het universum zou kunnen zijn, dat in staat is om de werkelijkheid te beïnvloeden en vorm te geven.

Een ander baanbrekend werk is '*Brilliant Disguise: Light, Matter, and the Zero-Point Field*' (2008), geschreven samen met Alfonso Rueda. Dit boek onderzoekt de rol van het nulpuntveld, een concept uit de kwantumfysica, bij het vormgeven van de werkelijkheid die we waarnemen. Haisch en Rueda stellen dat dit veld de sleutel kan zijn tot het begrijpen van de diepe aard van bewustzijn.

Aan de theorieën van Haisch ligt het concept van het kwantumvacuüm ten grondslag. Het kwantumvacuüm is de laagste energietoestand die een kwantumveld kan hebben, een zee van fluctuaties op subatomair niveau die, hoewel 'leeg', wemelt van activiteit. Haisch stelde samen met Rueda voor dat dit veld betrokken zou kunnen zijn bij het genereren en in stand houden van bewustzijn.

Een van Haisch' belangrijkste theorieën is dat bewustzijn niet simpelweg een product is van het biologische brein, maar een fundamenteel onderdeel van het universum zelf. Met andere woorden, bewustzijn is geïntegreerd in de structuur van het universum via het nulpuntveld. Dit impliceert dat het bewustzijn zou kunnen voortbestaan na de fysieke dood van het lichaam, waarbij het een soort 'onsterfelijkheid' vindt in het kwantumvacuüm.

Het nulpuntveld.

Het concept van het 'nulpuntveld' (ZPF) is een van de meest fascinerende en revolutionaire ideeën in de moderne natuurkunde. Het komt voort uit de kwantumveldentheorie en heeft diepgaande implicaties, niet alleen voor de theoretische fysica, maar mogelijk ook voor toekomstige technologieën en ons begrip van de werkelijkheid.

De term 'nulpunt' verwijst naar het feit dat zelfs in een vacuüm, bij een temperatuur van nul graden Kelvin - het theoretische punt waarop alle thermische beweging zou stoppen - er nog steeds een vorm van energie bestaat. Dit fenomeen wordt nulpuntsenergie genoemd. Het bestaan ervan werd voor het eerst gepostuleerd in het begin van de 20e eeuw toen wetenschappers probeerden de discrepanties tussen de klassieke fysica en het waargenomen gedrag in de subatomaire wereld te begrijpen.

Aan de basis van het nulpuntveld ligt de kwantumveldentheorie, die deeltjes niet beschrijft als geïsoleerde entiteiten, maar als excitaties van alomtegenwoordige kwantumvelden. In dit raamwerk heeft elk type deeltje een corresponderend kwantumveld, en deze velden zijn onderhevig aan kwantumfluctuaties, zelfs in het meest perfecte vacuüm.

Nulpuntenergie is de restenergie die in een systeem overblijft nadat alle vormen van energie zijn verwijderd. Het is het laagste energieniveau dat een kwantumsysteem kan hebben en kan niet verder tot nul worden gereduceerd omdat er zelfs bij nul Kelvin altijd kleine fluctuaties zijn door de kwantumaard van het vacuüm.

Implicaties van het nulpuntveld.

Vacuümschommelingen.

Kwantum vacuüm fluctuaties creëren en vernietigen paren van virtuele deeltjes, een fenomeen dat experimenteel is bevestigd en implicaties heeft voor verschillende fysische fenomenen, zoals het Casimir effect.

Casimir-effect.

Een fenomeen dat wordt waargenomen tussen twee naburige geleidende oppervlakken in vacuüm, die elkaar aantrekken door fluctuaties in het nulpuntveld tussen hen. Dit effect wordt beschouwd als een van de belangrijkste experimentele bevestigingen van de fysische realiteit van nulpuntsenergie.

Kosmologische implicaties.

Het nulpuntveld zou een cruciale rol kunnen spelen bij het begrijpen van donkere energie en de versnelde uitdijing van het heelal. Sommige theoretici speculeren dat de lege energiedichtheid bijdraagt aan het gedrag van de kosmos op grote schaal.

Futuristische technologieën.

Onderzoek naar het nulpuntveld heeft geleid tot speculaties over futuristische technologieën zoals vacuümenergiegeneratoren en geavanceerde voortstuwingssystemen voor de ruimtevaart. Deze ideeën zijn echter nog grotendeels theoretisch en niet experimenteel geverifieerd.

Invloed op de deeltjesfysica.

Dit veld beïnvloedt het gedrag van subatomaire deeltjes op subtiele maar significante manieren en draagt bij aan de toekenning van deeltjesmassa's via Higgs-interacties en andere schijnbaar exotische mechanismen.

Duurzaamheid van het theoretische veld.

Hoewel het concept van nulpuntsenergie goed is ingeburgerd in de kwantumfysica, blijft de interpretatie en het praktische gebruik van het nulpuntveld een onderwerp van veel debat en onderzoek. Onderzoekers blijven manieren onderzoeken om deze energie te meten en mogelijk te benutten, maar op dit moment zonder definitieve praktische resultaten.

Het nulpuntveld is een van de spannendste grenzen in de moderne fysica. Het daagt ons uit om ons begrip van vacuüm, energie en de fundamentele natuurwetten te herzien. Hoewel veel van de praktische toepassingen nog speculatief zijn, zou de verdere bestudering van dit fenomeen ons universum op nog onvoorstelbare manieren kunnen veranderen. Onderzoek op het gebied van het nulpunt verlegt niet alleen de grenzen van de theoretische wetenschap, maar kan ook de weg vrijmaken voor innovaties die vandaag sciencefiction lijken, maar morgen werkelijkheid kunnen worden.

Het Akasha-kamp.

Haisch' ideeën zijn niet geïsoleerd ontwikkeld. Hij werkte samen met verschillende wetenschappers en liet zich inspireren door verschillende kennisgebieden. Zijn theorieën zijn bijvoorbeeld sterk beïnvloed door de studies van David Bohm, een kwantumfysicus die bekend staat om zijn werk over impliciete orde en de onderlinge verbondenheid van de werkelijkheid. Daarnaast haalde Haisch het werk aan van Ervin Laszlo, een filosoof en systeemtheoreticus, die het idee opperde van een '*Akasha-veld*' dat fungeert als een universeel geheugen waarin alle informatie is opgeslagen.

De term 'Akasha' vindt zijn oorsprong in de Vedische filosofie en verwijst naar een soort ether of kosmische ruimte waarin alle informatie in het universum is opgeslagen. Om het in een hedendaags perspectief te plaatsen, kunnen we het zien als een soort kosmisch internet, een universeel geheugenveld dat elke ervaring, elke gedachte, elke gebeurtenis die zich voordoet in het universum opslaat.

Ervin Laszlo, een filosoof en systeemtheoreticus, ontwikkelde het idee van het Akasha veld niet alleen als een filosofisch concept maar ook als een wetenschappelijk principe. Volgens Laszlo is de Akasha een veld van informatie dat het hele universum doordringt en elk afzonderlijk element verbindt als deel van een groot kosmisch hologram. Laszlo ziet dit veld als de basis van alle bekende natuurkundige wetten, van zwaartekracht tot kwantuminteracties, en stelt dat de werkelijkheid zelf een onderlinge verbinding is van universele informatie die in dit veld is vastgelegd.

De voor de hand liggende analogie tussen het Akasha veld en het collectieve onbewuste van Jung ligt in hun functie van het verbinden en opslaan van informatie op een universeel niveau. Het Akasha veld, zoals beschreven door Ervin Laszlo, fungeert als een 'kosmisch internet' waar alle informatie in het universum wordt opgeslagen en met elkaar verbonden is, terwijl het collectieve onbewuste van Jung een onbewuste universele geest vertegenwoordigt die alle mensen met elkaar verbindt via gedeelde archetypes en ervaringen. Beide concepten suggereren een niveau van bewustzijn of informatie dat individuele geesten overstijgt en collectieve kennis omarmt.

Bernard Haisch integreerde Laszlo's ideeën in zijn werk over kwantumbewustzijn. Haisch stelt voor dat bewustzijn niet simpelweg een product van de hersenen is, maar een fenomeen dat interageert met een informatief kwantumveld.

Volgens Haisch zou bewustzijn een soort '*verstrengeling*' met dit Akasha veld kunnen zijn, een diepe en onverbrekelijke onderlinge verbinding. Met andere woorden, onze ervaringen en waarnemingen zouden beïnvloed kunnen worden door dit universele informatieveld, en vice versa. Dit stelt ons in staat om te speculeren dat het bewustzijn, gezien zijn kwantumnatuur, onsterfelijk zou kunnen zijn en zelfs na de fysieke dood van het lichaam zou kunnen blijven bestaan.

In de klassieke natuurkunde impliceert het principe van behoud van energie dat niets verloren gaat maar wordt getransformeerd. Haisch en Laszlo breiden dit principe uit naar informatie: alle opgedane ervaring en kennis zou permanent opgeslagen kunnen worden in de Akasha.

De onderlinge verbondenheid die door de Akasha wordt voorgesteld, weerspiegelt een holografisch principe waarin elk deel van het geheel de informatie van het geheel bevat. Dit suggereert dat elk individueel bewustzijn toegang zou kunnen hebben tot een soort universeel geheugen, wat het idee van een fundamentele eenheid tussen alle bewustzijnen ondersteunt.

Hoewel de theorieën van Bernard Haisch en Ervin Laszlo over het Akasha veld speculatief lijken, vormen ze een belangrijke intellectuele uitdaging voor de reguliere wetenschap. Ze suggereren dat het menselijk bewustzijn niet alleen het fysieke lichaam overstijgt, maar ook een onsterfelijke component heeft die in wisselwerking staat met een universeel kwantumveld.

Het Akasha veld, zoals voorgesteld door Laszlo en gebruikt door Haisch, breidt ons begrip van het universum en de aard van bewustzijn uit en biedt een fascinerend inzicht dat, naarmate wetenschappelijk en technologisch onderzoek vordert, zou kunnen leiden tot revolutionaire doorbraken in het begrijpen van de mogelijkheid van de onsterfelijkheid van bewustzijn.

Hoewel veel vragen onbeantwoord blijven, blijft het belang van het Akasha veld in de kwantumbewustzijnstheorie een fascinerend onderwerp dat het waard is om verder onderzocht te worden. Voor nu nodigt het ons uit om diep na te denken over de aard van het bewustzijn en zijn plaats in het universum.

Haisch' werk met Alfonso Rueda heeft geleid tot belangrijke wetenschappelijke artikelen over de implicaties van het kwantumvacuüm. Een van de meest geciteerde artikelen is '*The Zero-Point Field and Inevitability of a Self-Regenerating Universe*' (2001), waarin Haisch en Rueda bespreken hoe vacuümfluctuaties een mechanisme kunnen bieden waardoor het universum zichzelf voortdurend regenereert, een proces dat het voortbestaan van bewustzijn mogelijk zou kunnen maken.

Haisch verwoordde zijn ideeën vaak op een duidelijke en boeiende manier en probeerde complexe concepten toegankelijk te maken. Een van zijn beroemdste citaten luidt:

> *"Ik geloof dat bewustzijn een fundamenteel kenmerk van het universum is, net zo belangrijk als ruimte, tijd, materie en energie".*

Deze aanpak hielp om zijn ideeën niet alleen onder wetenschappers te verspreiden, maar ook onder het grote publiek.

Bernard Haisch komt naar voren als een pionier op het gebied van bewustzijnsstudies en kwantumfysica. Zijn theorieën bieden een fascinerende en radicale visie op het bewustzijn als een onsterfelijke entiteit. Met zijn werk en zijn samenwerking blijft Haisch het wetenschappelijke en filosofische debat stimuleren en nodigt hij ons uit om dieper in te gaan op de mysteries van het universum en ons eigen bestaan.

Concluderend kunnen we stellen dat Haisch' speculaties nieuwe perspectieven openen op de rol van het bewustzijn in het universum en onze conventionele opvattingen over leven, dood en werkelijkheid uitdagen. Naarmate de wetenschap zich verder ontwikkelt, valt nog te bezien of zijn ideeën empirische bevestiging zullen vinden, maar de impact van zijn werk is onmiskenbaar: een uitnodiging om voorbij de grenzen van het bekende te kijken en mogelijkheden te overwegen die tot voor kort als pure fantasie werden beschouwd.

William Tiller.

William A. Tiller is een naam die weerklinkt in zowel de wereld van de reguliere natuurkunde als in het onderzoek naar de grenzen van het menselijk bewustzijn. Met een carrière die varieert van solide wetenschappelijke fundamenten tot gedurfde verkenningen van de kracht van menselijke intentie, heeft Tiller een groot deel van zijn leven gewijd aan het onderzoeken hoe de geest materie kan beïnvloeden.

William Tiller, geboren op 18 juni 1929, promoveerde in 1954 aan de Stanford University in de materiaalwetenschappen. Na tientallen jaren als professor en onderzoeker te hebben gewerkt, voornamelijk aan Stanford University, wendde hij zich tot een studiegebied dat maar weinig wetenschappers durven te verkennen: de interactie tussen de menselijke geest en de fysieke wereld.

Tiller heeft veel wetenschappelijke bijdragen geleverd, maar een van zijn beroemdste werken is '*Science and Human Transformation: Subtle Energies, Intentionality and Consciousness*' (1997). In dit boek zet Tiller zijn theoretische model uiteen over hoe menselijke intentionaliteit de fysieke eigenschappen van materie kan beïnvloeden.

Centraal in de theorieën van Tiller staat het idee dat het menselijk bewustzijn niet slechts een epifenomeen van de hersenen is, maar een actieve kracht die kan interageren met de fysieke werkelijkheid. Dit model van '*psychoenergetica*' suggereert dat de menselijke intentie elektromagnetische velden en andere vormen van subtiele energie kan veranderen om meetbare veranderingen in de fysieke wereld teweeg te brengen.

Het empirische deel van zijn theorieën wordt ondersteund door talloze experimenten. Tiller ontwikkelde een apparaat dat bekend werd als het '*Tiller-apparaat*', ontworpen om menselijke intentie te versterken en te focussen. Een van de bekendste experimenten betrof het gebruik van dit apparaat om de pH van water te verhogen of verlagen, afhankelijk van de intentie die erop gericht was. De resultaten lieten significante variaties zien, wat suggereerde dat de menselijke intentie een meetbare invloed kon hebben.

Tiller heeft ook samengewerkt met verschillende onderzoekers en experimentators, waaronder Lynne McTaggart, een journaliste en schrijfster die de kracht van intentie onderzocht in haar boek '*The Intention Experiment*' (2007).

Tiller gebruikte vaak de woorden van Albert Einstein om zijn visie kracht bij te zetten:

> *"We kunnen problemen niet oplossen met dezelfde manier van denken die we gebruikten toen we ze creëerden".*

Dit citaat vat de essentie van zijn onderzoek samen: om de ware aard van het menselijk bewustzijn en zijn potentieel te begrijpen, moeten we verder denken dan de grenzen van onze huidige wetenschappelijke inzichten.

De theorieën van Tiller, hoewel ondersteund door strenge experimenten, zijn op veel scepsis gestuit, maar dat is het lot van oorspronkelijke denkers. De reguliere wetenschappelijke gemeenschap kijkt vaak terughoudend naar zijn conclusies, omdat psycho-energetica algemeen geaccepteerde natuurkundige wetten tart. Desondanks heeft Tiller een grote schare volgelingen verzameld onder degenen die meer openstaan voor de onderlinge verbanden tussen geest en materie en heeft hij in hen ware bondgenoten gevonden in de zoektocht naar een breder begrip van onze werkelijkheid.

William Tiller blijft een fascinerende en controversiële figuur in het hedendaagse wetenschappelijke landschap. Zijn toewijding om te bewijzen dat bewuste intentie de fysieke wereld kan beïnvloeden verlegt de grenzen van ons begrip van de werkelijkheid en het bewustzijn zelf. In deze complexe en gedurfde reis nodigt Tiller ons uit om verder te kijken dan het voor de hand liggende en de diepten van de menselijke geest en zijn verborgen potentieel te verkennen.

Mario Beauregard.

In het landschap van de hedendaagse neurowetenschappen zijn er maar weinig wetenschappers die zo moedig de grenzen tussen wetenschap en spiritualiteit hebben durven verkennen als Mario Beauregard. Met een carrière vol gedurfde en innovatieve studies heeft Beauregard spirituele ervaringen en bewustzijn onderzocht, waarbij hij verder ging dan de traditionele paradigma's die deze ervaringen beperken tot louter het functioneren van de hersenen.

Mario Beauregard, geboren op 19 april 1962 in Montreal, Canada, is een vooraanstaand persoon op het gebied van neurowetenschappen. Na zijn doctoraat in neuropsychologie aan de Université de Montréal, volgde hij postdoctorale studies aan de *Unité de Neurosciences Cognitives* in Aix-Marseille, Frankrijk. Deze solide basis in de cognitieve neurowetenschappen heeft hem in staat gesteld om het vraagstuk van het bewustzijn te benaderen met de methodologische nauwkeurigheid die nodig is om een even complex als controversieel onderwerp aan te pakken.

Beauregard heeft zich onderscheiden door een reeks publicaties waarin hij de materialistische kijk op bewustzijn aan de kaak stelt. Een van zijn meest relevante werken is '*The Spiritual Brain: A Neuroscientist's Case for the Existence of the Soul*', geschreven samen met Denyse O'Leary. Dit boek is een referentie voor iedereen die geïnteresseerd is in de relatie tussen hersenen en bewustzijn, omdat het het idee voorstelt dat bewustzijn onafhankelijk van de fysieke hersenen kan bestaan.

Beauregards centrale theorie is dat bewustzijn geen epifenomeen van de hersenen is, maar eerder een onafhankelijke entiteit die kan bestaan zonder de materiële ondersteuning van grijze materie. Dit perspectief plaatst hem in de stroming van het moderne dualisme, dat dialogeert met de erfenis van filosofen als René Descartes, maar met moderne neurowetenschappelijke hulpmiddelen en methodologieën.

Een van de opmerkelijke bijdragen van Beauregard is de studie van bijna-doodervaringen (NDE's), die de aanname dat dergelijke fenomenen simpelweg gevolgen zijn van neurochemische processen, in twijfel trok. In een reeks experimenten aan de Université de Montréal gebruikte Beauregard functionele magnetische resonantiebeeldvorming (fMRI) om de hersenactiviteit te volgen tijdens diepe meditatie en gebed, situaties waarvan vaak wordt gezegd dat ze spirituele of transcendente componenten bevatten.

Een onderzoek naar mystiek en de hersenen.

Een van de beroemdste en meest controversiële experimenten van Mario Beauregard vond plaats in 2006, toen hij en zijn team besloten om de mystieke ervaring wetenschappelijk te onderzoeken door karmelietessen te observeren tijdens een staat van '*mystieke* vereniging *met God*'.

Het hoofddoel van dit onderzoek was om te begrijpen hoe de hersenen zich gedragen tijdens diepgaande mystieke ervaringen. Karmelietessen, die bekend staan om hun diepgaande gebeds- en meditatiepraktijken, werden gekozen als ideale proefpersonen voor dit type onderzoek. Deze studie was erop gericht om te observeren of er verschillende patronen van hersenactiviteit waren die geassocieerd werden met staten van spirituele eenheid.

Beauregard en zijn team gebruikten een van de meest geavanceerde neuroimagingtechnieken die op dat moment beschikbaar waren: functional magnetic resonance imaging (fMRI). Met deze technologie kunnen veranderingen in de bloedstroom in de hersenen in realtime worden gevolgd, wat een gedetailleerde 'kaart' oplevert van gebieden die actief zijn tijdens specifieke mentale activiteiten.

Voor het meetproces werden de zusters uitgenodigd om een staat van mystieke eenheid te bereiken terwijl ze in de fMRI-scanner zaten. Dit vereiste zeer speciale omstandigheden, omdat deze ervaringen niet op commando kunnen worden opgeroepen op een reproduceerbare en meetbare manier zoals andere cognitieve functies.

De resultaten van het onderzoek waren fascinerend en onthullend. Tijdens staten van mystieke eenheid toonden fMRI-scans significante activering in meerdere hersengebieden.

Deze resultaten wezen met name op een complexe integratie tussen verschillende neurale netwerken die betrokken zijn bij emoties, zelfbewustzijn en spirituele waarneming. Dit suggereerde dat ervaringen van mystieke eenheid misschien niet simpelweg een product zijn van een enkel hersengebied, maar eerder het resultaat van verschillende gebieden die in synergie werken.

De implicaties van dit onderzoek waren enorm en provocerend. Zoals Beauregard zelf al aangaf, tarten deze resultaten het idee dat mystieke ervaringen slechts een kunstmatige constructie van de geest zijn, als gevolg van willekeurige neurochemische processen. In plaats daarvan lijken ze de hypothese te ondersteunen dat deze ervaringen een transcendente werkelijkheid kunnen weerspiegelen of op zijn minst een andere staat van bewustzijn die niet volledig kan worden gereduceerd tot neuronale verschijnselen.

Het onderzoek werd gepubliceerd in *Neuroscience Letters* en trok de aandacht en interesse van wetenschappers uit verschillende disciplines. Het veroorzaakte een weelderig academisch debat, waardoor sommigen hun materialistische aannames heroverwogen terwijl anderen sceptisch bleven en opriepen tot verder bewijs en onderzoek.

Zoals te verwachten was, kreeg het experiment ook kritiek en scepsis. Sommige neurowetenschappers die het materialisme voorstonden, geloofden dat mystieke ervaringen volledig verklaard konden worden door neurochemische en fysiologische veranderingen zonder hun toevlucht te nemen tot transcendente interpretaties.

Beauregard reageerde op deze kritiek door te benadrukken dat we in de wetenschap een open geest moeten houden en niet a priori hypotheses moeten verwerpen die niet overeenkomen met traditionele modellen. Hij wees erop dat de verzamelde empirische gegevens overweging en verder onderzoek verdienden.

Het experiment met de karmelietessen in 2006 is een belangrijk hoofdstuk in de carrière van Mario Beauregard en in de neurotheologie. Beauregard toonde wetenschappelijke nauwkeurigheid in zijn benadering van spirituele kwesties en opende nieuwe perspectieven in het begrijpen van het menselijk bewustzijn en de geest en riep op tot een geïntegreerde dialoog tussen wetenschap en spiritualiteit.

Met behulp van functional magnetic resonance imaging (fMRI) observeerde Beauregard dat tijdens deze mystieke ervaringen hersengebieden werden geactiveerd die geassocieerd worden met positieve emoties en bewustzijn, maar ook gebieden die niet eenvoudig te verklaren zijn door neurale activiteit alleen. Deze bevindingen, gepubliceerd in *Neuroscience Letters*, leidden tot een verhit debat over de aard van bewustzijn en spirituele ervaringen.

Citaten en referenties.

Om de reikwijdte van Beauregards werk te begrijpen, is het nuttig om de standpunten van andere wetenschappers te bekijken. Zo heeft de filosoof David Chalmers, beroemd om het concept van het '*moeilijke probleem van bewustzijn*', het werk van Beauregard aangehaald in zijn betogen over het idee dat bewustzijn onafhankelijk van het fysieke lichaam kan bestaan. Zelfs de natuurkundige Roger Penrose, bekend om zijn theorieën over kwantumbewustzijn, heeft erkend dat de gegevens van Beauregard interessante inzichten bieden in de integratie van neurobiologie en theoretische natuurkunde.

Een belangrijke anekdote uit de carrière van Beauregard betreft een lezing in 2010 aan de Universiteit van Arizona, waarin hij de resultaten van zijn onderzoek naar BDE's presenteerde. Tijdens zijn lezing uitten sommige wetenschappers in het publiek hun scepsis over zijn conclusies, omdat ze volgens hen in strijd waren met het dominante materialistische paradigma. Beauregard, met zijn gebruikelijke kalmte, reageerde door de aanwezigen uit te nodigen om het bewijs zonder vooroordelen te overwegen en herinnerde hen eraan dat "*wetenschap niet bang moet zijn voor mysterie*".

Het werk van Mario Beauregard herinnert ons aan de noodzaak van meer openheid in het wetenschappelijk onderzoek naar bewustzijn. Door aloude aannames in twijfel te trekken en nieuwe wegen voor onderzoek voor te stellen, heeft Beauregard niet alleen een belangrijke bijdrage geleverd aan de neurowetenschappen, maar ook aan de filosofie van de geest en spiritualiteit.

Het verkennen van gebieden waar bewustzijn en materie in elkaar overlopen blijft een fascinerend en controversieel gebied. Het werk van Beauregard zal een referentiepunt blijven voor iedereen die wil begrijpen of en hoe bewustzijn zich kan uitstrekken buiten de hersenen, een fenomeen dat een sleutel zou kunnen zijn tot het begrijpen van de onsterfelijkheid van het zelf.

Diane Hennacy Powell.

Diane Hennacy Powell komt naar voren als een vooraanstaand persoon, die de wetenschappelijke nauwkeurigheid van de psychiatrie en neurowetenschappen combineert met een diepe interesse in het paranormale en buitengewone cognitieve vermogens. Haar werk nodigt ons uit om de traditionele kijk op bewustzijn te heroverwegen en nieuwe horizonten te verkennen, waaronder de mogelijkheid van kwantum- en onsterfelijk bewustzijn.

Diane Hennacy Powell is een Amerikaanse psychiater en neurowetenschapper wiens carrière zich uitstrekte over enkele van 's werelds meest prestigieuze academische instellingen. Ze is afgestudeerd aan de *Johns Hopkins University School of Medicine* en vervolgde haar opleiding met klinische studies en geavanceerde studies in de neurowetenschappen. Powell heeft ook lesgegeven aan *de Harvard Medical School,* een van de toonaangevende smederijen van briljante geesten in de geneeskunde en wetenschappelijk onderzoek.

Naast haar academische carrière staat Powell bekend om haar diepgaande studies naar het paranormale en buitengewone cognitieve vermogens. Haar passie voor deze onderwerpen heeft ertoe geleid dat ze samenwerkt met verschillende onderzoekers en talloze artikelen en boeken heeft gepubliceerd die conventionele overtuigingen over de werking van de menselijke geest in twijfel trekken.

Belangrijkste werken en studies.

In de loop der jaren heeft Diane Hennacy Powell talloze werken gepubliceerd over de multidimensionaliteit van het bewustzijn. Een van haar bekendste boeken is *The *ESP Enigma: The Scientific Case for Psychic Phenomena** (2008), waarin ze rigoureus het wetenschappelijke bewijs ten gunste van paranormale verschijnselen onderzoekt. In deze tekst analyseert Powell gevallen van telepathie, helderziendheid en voorgevoel en stelt ze voor dat dergelijke fenomenen een kwantumverklaring kunnen hebben.

In het boek wordt een vraag gesteld: ondanks onze uitgebreide kennis over hoe de hersenen werken, blijft de vraag naar de oorsprong van het bewustzijn grotendeels onopgelost: waar komt het gevoel van 'zelf' vandaan dat onze innerlijke dialoog kenmerkt? Hoe kan een immaterieel fenomeen als het bewustzijn ontstaan uit een materiële structuur als de hersenen? Diane Powell heeft op innovatieve wijze de betekenis en de aard van het bewustzijn heroverwogen, waarbij ze zich concentreerde op onderzoek naar psychische verschijnselen. In de afgelopen jaren heeft een reeks zorgvuldig ontworpen en nauwlettend gecontroleerde experimenten verschijnselen gedocumenteerd als telepathische interconnecties, helderziendheid, voorkennis, psychokinese en buitenlichamelijke ervaringen. De conventionele wetenschap heeft dit bewijs grotendeels over het hoofd gezien omdat het in strijd is met het conventionele model dat bewustzijn uitsluitend ziet als een product van hersenchemie. Op basis van deze experimenten werkt Diane Powell een nieuwe theorie over bewustzijn uit. Met behulp van concepten uit de fysica, neurowetenschappen en andere disciplines biedt ze een diepgaande en uitdagende verklaring voor ESP-fenomenen, waarbij ze op provocerende wijze beargumenteert dat het bestaan van paranormale vermogens ons begrip van bewustzijn verbreedt. Deze paranormale vermogens worden ook weerspiegeld in de bevindingen van de moderne fysica: psychokinese, bijvoorbeeld, suggereert dat bewustzijn kan worden gezien als een krachtveld, terwijl precognitie impliceert dat het verleden, heden en de toekomst tegelijkertijd bestaan. Verhelderend in zijn conclusies en stimulerend in zijn implicaties, daagt '*The ESP Enigma*' je vooroordelen uit en verbreedt het je mentale horizon.

Theorieën over kwantumbewustzijn.

Diane Powell is vooral geïnteresseerd in het voortbestaan van bewustzijn na de dood. In verschillende artikelen en lezingen heeft ze de mogelijkheid besproken dat bewustzijn onafhankelijk van het fysieke lichaam kan bestaan, een idee dat weerklank vindt in veel hedendaagse studies over kwantumfysica.

De theorieën van Diane Hennacy Powell over kwantumbewustzijn maken deel uit van een opkomend veld dat de menselijke geest probeert te verklaren aan de hand van de principes van de kwantummechanica. Volgens Powell is bewustzijn niet simpelweg een verschijnsel van het fysieke brein, maar kan het een meer fundamentele en potentieel onsterfelijke entiteit zijn.

Powell is ook geïnspireerd door het werk van andere baanbrekende onderzoekers zoals Roger Penrose en Stuart Hameroff, die de 'Orch-OR' theorie voorstellen.

Diane Hennacy Powell haalt talloze getuigenissen aan die haar theorieën ondersteunen. Een belangrijk voorbeeld is het geval van Matilda O'Donnell MacElroy, een verpleegster die beweerde telepathisch te hebben gecommuniceerd met een buitenaards wezen tijdens het Roswell incident. Powell gebruikt deze en andere gevallen om de mogelijkheid van telepathische communicatie te benadrukken en suggereert dat dergelijke fenomenen niet volledig verklaard kunnen worden door traditionele neurowetenschappelijke modellen.

In zijn laboratorium voerde Powell strenge experimenten uit om fenomenen als telepathie en kijken op afstand te testen. Een van de meest intrigerende onderzoeken betrof individuen die beweerden objecten te kunnen 'zien' die verborgen waren in afgesloten ruimtes, een fenomeen dat bekend staat als *kijken op afstand*. In een gecontroleerde omgeving werd deelnemers gevraagd om verborgen objecten gedetailleerd te beschrijven, met resultaten die, hoewel controversieel, een verbluffende mate van nauwkeurigheid lieten zien.

Dit specifieke experiment riep veel vragen op. Als er echt een vorm van communicatie bestaat die de traditionele vijf zintuigen overstijgt, hoe kunnen we dat dan verklaren? Powell speculeert dat de antwoorden in de kwantumfysica kunnen liggen, waar de normale wetten van de klassieke fysica niet van toepassing zijn. De theorie van het kwantumbewustzijn suggereert dat de geest kan werken op een bestaansniveau dat tijd en ruimte zoals wij die kennen tart.

De onderzoeksresultaten van Powell zijn verre van overtuigend en zijn door het gebruikelijke deel van de wetenschappelijke gemeenschap met scepsis begroet. De nauwkeurigheid van de beschrijvingen die deelnemers aan zijn remote viewing sessies geven, is echter moeilijk te verklaren met traditionele methoden. Dit zou kunnen wijzen op een diepere en intiemere verbinding tussen het bewustzijn en het universum, een verbinding die zelfs een vorm van onsterfelijkheid van het bewustzijn zou kunnen impliceren.

Deze onderzoekslijn opent fascinerende en tegelijkertijd verontrustende scenario's. Als het bewustzijn inderdaad op kwantumniveau met elkaar verbonden is, zou dat kunnen betekenen dat het in staat is om de dood van het fysieke lichaam te overleven en een ononderbroken bestaan te projecteren in een andere dimensie of vorm van realiteit. De uitdaging ligt in het vertalen van deze ongrijpbare fenomenen in een strenge wetenschappelijke taal die universeel geaccepteerd en gereproduceerd kan worden.

Terwijl Diane Hennacy Powell en haar collega's de grenzen van ons begrip blijven verleggen, blijft het onderzoek naar kwantumbewustzijn als een onsterfelijke entiteit een groeiend en veelbelovend gebied. Misschien staan we wel aan de vooravond van een revolutionaire ontdekking die ons concept van leven en dood opnieuw zal definiëren. In ieder geval herinneren de durf en nieuwsgierigheid van wetenschappers als Powell ons eraan dat menselijke kennis een eindeloos avontuur is, altijd klaar om nieuwe gebieden te verkennen.

Diane Hennacy Powell blijft een leidende figuur in het bewustzijnsonderzoek en combineert diepgaande wetenschappelijke kennis met een open geest die zeldzaam is in de academische wereld. Haar theorieën over kwantumbewustzijn als een onsterfelijke entiteit dagen ons uit om onze diepste overtuigingen over de aard van geest en werkelijkheid te heroverwegen.

Henry Stapp, de natuurkundige die het bestaan van de ziel ondersteunt.

In het hedendaagse wetenschappelijke landschap weerklinken maar weinig namen met de echo van revolutionaire paradigma's als die van Henry Stapp. Stapp is een internationaal bekende theoretische natuurkundige die de wetenschappelijke gemeenschap in beroering heeft gebracht met zijn gedurfde theorieën waarin hij de kwantummechanica koppelt aan de aard van het bewustzijn en, uiteindelijk, het bestaan van de ziel. In dit deel worden Stapps leven, werk en theorieën verkend, waarbij de originaliteit van zijn denken wordt belicht, dat wetenschap en filosofie probeert te versmelten in een gedurfde en tijdloze dialoog.

Henry Stapp werd geboren op 23 juni 1928. Nadat hij in 1957 promoveerde in de natuurkunde aan de University of California, Berkeley, onder leiding van Owen Chamberlain, Nobelprijswinnaar in de natuurkunde, begon Stapp aan een academische en onderzoekscarrière waarin hij samenwerkte met enkele van de meest briljante geesten van de 20e eeuw, waaronder Werner Heisenberg en Wolfgang Pauli.

Stapp werkte bij het *Lawrence Berkeley National Laboratory* (LBL) en droeg bij aan belangrijke ontwikkelingen in de kwantumtheorie. Zijn carrière nam echter een unieke wending toen hij de implicaties van de kwantumfysica voor de filosofie van de geest begon te onderzoeken. Deze interesse leidde hem naar radicale ideeën over de aard van het bewustzijn en het bestaan van de ziel.

Stapps meest invloedrijke werken zijn '*Mind, Matter, and Quantum Mechanics*' (1993) en '*Mindful Universe: Quantum Mechanics and the Participating Observer*' (2007). In deze teksten analyseert Stapp de implicaties van kwantummechanica en stelt hij voor dat geest en materie geen afzonderlijke entiteiten zijn, maar op een fundamentele manier met elkaar verbonden zijn.

Een van de centrale concepten in zijn werk is de 'ineenstorting van de golffunctie', een fenomeen dat in de kwantumfysica de overgang beschrijft van een kwantumsysteem van een superpositiestaat naar een gedefinieerde toestand na observatie. Stapp veronderstelt dat de bewuste geest een directe rol speelt in dit proces, wat suggereert dat bewustzijn de fysieke werkelijkheid kan beïnvloeden.

Stapp introduceerde een theorie die kwantummechanica koppelt aan de filosofie van de geest, door te beargumenteren dat de bewuste geest een fundamentele rol speelt in de ineenstorting van de golffunctie. Deze zienswijze impliceert dat bewustzijn niet slechts een epifenomeen van de hersenen is, maar eerder een essentieel en actief onderdeel van het universum.

Volgens Stapp kan de bewuste waarnemer kwantumgebeurtenissen beïnvloeden. Dit idee is geworteld in het onzekerheidsprincipe van Heisenberg en het dubbelspleten experiment, waarbij het gedrag van deeltjes verandert afhankelijk van de aanwezigheid van een waarnemer. Stapp breidt dit idee uit om te beargumenteren dat bewustzijn en menselijke observatie niet alleen kwantumgebeurtenissen registreren, maar integraal deel uitmaken van het ontstaan ervan.

Een ander cruciaal punt in Stapps theorieën is het concept van '*mentale causaliteit*'. Dit concept stelt dat mentale processen via het kwantummechanisme veranderingen in fysieke processen kunnen veroorzaken. Deze stelling daagt de traditionele opvatting van het Cartesiaanse dualisme uit en promoot in plaats daarvan een soort interactief dualisme waarbij geest en materie elkaar beïnvloeden.

Een van de beroemdste passages van Henry Stapp luidt:

> *"Bewustzijn is geen ongelukje van de hersenen; het is een fundamenteel aspect van de kwantumwerkelijkheid".*

Deze uitspraak vat de kern van zijn filosofie samen, die bewustzijn ziet als een essentiële entiteit die niet kan worden gereduceerd tot chemische reacties in de hersenen alleen.

Henry Stapp verlegde de grenzen van de reguliere wetenschap en nodigde de academische wereld uit om serieus na te denken over de mogelijkheid dat bewustzijn een onsterfelijke entiteit en een fundamentele actor in het kwantumuniversum is. Zijn provocerende theorieën, ondersteund door een solide wetenschappelijke basis en een indringende filosofische visie, blijven verhitte debatten stimuleren en inspireren tot nieuw onderzoek op het gebied van bewustzijn en kwantummechanica.

In een tijd waarin wetenschap en spiritualiteit vaak gescheiden werelden lijken, vertegenwoordigt Henry Stapp een figuur die een brug probeert te slaan tussen de twee, op zoek naar een completer en diepgaander begrip van de aard van het bestaan. Zijn intellectuele nalatenschap nodigt ons uit om na te denken over het mysterie van bewustzijn en de implicaties ervan te onderzoeken voor ons begrip van het universum en onze plaats daarin.

In de hedendaagse verbeelding heeft de wetenschap vaak een mechanistische en deterministische kijk op het universum uitgedragen, een kijk waarin de mens gereduceerd wordt tot een automaat wiens gedachten en handelingen strikt het resultaat zijn van vooraf bepaalde fysieke interacties.

Henry Stapp, een internationaal bekende theoreticus op het gebied van kwantumfysica, heeft deze achterhaalde perceptie echter op vele manieren en bij vele gelegenheden aangevochten en een conceptie voorgesteld waarin bewustzijn een fundamentele rol speelt en, voor sommigen, kan worden beschouwd als een onsterfelijke entiteit. Ik geef een samenvatting van zijn gedachten tijdens een fascinerende en verhelderende conferentie in Parijs in 2023.

Het einde van het klassieke determinisme.

Stapps reflectie begon met een kritiek op de klassieke mechanica, een theorie die eeuwenlang het wetenschappelijke denken domineerde en die grondig werd ontkracht door de ontdekkingen van de kwantummechanica (QM). Hij wees er met name op dat de klassieke mechanica gebaseerd was op een deterministische kijk op de wereld, waarin elke gebeurtenis het onvermijdelijke gevolg was van eerdere fysische oorzaken. Dit model was weliswaar krachtig en nuttig, maar werd empirisch uitgedaagd en overtroffen door de ontwikkelingen in de kwantummechanica. Stapp legde duidelijk uit hoe QM, door middel van experimenten en verificaties, aantoonde dat subatomaire gebeurtenissen niet volledig bepaald worden door eerdere feiten, maar beschreven worden in termen van waarschijnlijkheden.

Centraal in Stapps denken staat de nieuwe kijk op de mens als een psycho-fysiek wezen. Aan de hand van de kwantummechanica stelt Stapp dat de mens geen mechanische automaat is, maar eerder een entiteit waarvan het bewustzijn het verloop van fysieke gebeurtenissen kan beïnvloeden. Deze omkering van perspectief is revolutionair: terwijl in de klassieke mechanica bewuste intenties onbeduidend waren in vergelijking met het domein van de natuurkundige wetten, worden diezelfde intenties in de kwantummechanica actieve en invloedrijke componenten.

Tijdens de lezing illustreerde Stapp hoe bewuste beslissingen 'golffunctie-instortingen' kunnen veroorzaken, een kwantumfenomeen waarbij één van de vele mogelijkheden wordt geactualiseerd. Met andere woorden, het menselijk bewustzijn kan kiezen tussen verschillende mogelijke evoluties van een fysische gebeurtenis, waardoor de mentale dimensie wordt toegevoegd aan de causale keten van de fysische realiteit. Dit geeft het bewustzijn een veel belangrijkere en meer autonome rol dan in het klassieke determinisme.

Stapp ging verder in zijn toespraak en opperde de mogelijkheid dat het bewustzijn een onsterfelijke entiteit zou kunnen zijn. Als bewustzijn een rol speelt in de evolutie van fysieke gebeurtenissen, dan zou dat kunnen betekenen dat het niet gebonden is aan de vergankelijkheid van het fysieke lichaam. De huidige KM-theorieën sluiten niet uit, en suggereren in sommige gevallen zelfs, dat het bewustzijn zelf continuïteitseigenschappen zou kunnen hebben die de fysieke dood overleven...

Stapps conclusie is even provocerend als diep menselijk: het is cruciaal dat we, zowel individueel als collectief, de dominante opvatting corrigeren dat de wetenschap ons voorstelt als louter biologische machines. Dit idee, gebaseerd op de klassieke mechanica en nu achterhaald, moet plaats maken voor de nieuwe opvatting die voortkomt uit de kwantummechanica. De mens moet worden gezien als een complexe entiteit, waarin bewustzijn een belangrijke causale en potentieel onsterfelijke rol speelt. Deze conceptuele revolutie herdefinieert niet alleen onze plaats in het universum, maar heeft ook immense ethische, filosofische en spirituele implicaties.

Kortom, Henry Stapp nodigt ons uit om ons begrip van de werkelijkheid en onszelf radicaal te herzien. Het is een uitnodiging om bewustzijn niet te beschouwen als een verwaarloosbaar epifenomeen, maar als een centraal en doordringend element in het weefsel van het universum, waarbij het fascinerende vooruitzicht open wordt gehouden dat ons bewustzijn op de een of andere manier de grenzen kan overstijgen die worden opgelegd door de eindigheid van het fysieke lichaam.

Er wordt gezegd dat een van de grootste uitdagingen van de moderne wetenschap het begrijpen van de aard van het bewustzijn is. Op deze conferentie in Parijs zette Henry Stapp deze kwestie in de schijnwerpers door te stellen dat de wetenschap, via de kwantummechanica, de sleutels in handen heeft om het verband tussen onze bewuste ervaringen en de fysieke wereld te onthullen. Stapp zette zijn theorie van 'kwantumbewustzijn' uiteen en suggereerde dat bewustzijn niet alleen de fysieke wereld zou kunnen beïnvloeden, maar ook een kwaliteit van onsterfelijkheid zou kunnen bezitten.

Om Stapps innovatieve benadering te begrijpen, is het essentieel om te beginnen met zijn kritiek op de klassieke natuurkunde. De natuurkundige theorieën van de 18e en 19e eeuw schilderden een strikt deterministisch universum, waarin elke gebeurtenis het onvermijdelijke resultaat was van voorafgaande natuurkundige oorzaken. In deze context leken bewuste ervaringen en de menselijke wil irrelevant. Volgens deze zienswijze had onze geest geen macht om het verloop van fysieke gebeurtenissen te beïnvloeden, waardoor de mens gereduceerd werd tot een mechanische automaat, verstoken van vrije wil en betekenis.

Maar, zoals Stapp aangeeft, zijn deze theorieën inmiddels achterhaald. In zijn interview maakt hij duidelijk dat klassieke natuurkundige theorieën '*fundamenteel onjuist*' zijn en vervangen zijn door de kwantummechanica. Kwantummechanica vertegenwoordigt een paradigmaverschuiving: het introduceert niet alleen het concept van onbepaaldheid, maar plaatst ook het menselijk bewustzijn in het centrum van het proces om de toekomst te bepalen.

Stapp legde uit dat in de kwantummechanica onze bewuste '*vrije keuzes*' een cruciale rol spelen bij het vormgeven van de toekomst. Deze keuzes worden '*vrij*' genoemd omdat ze niet beperkt worden door enig ander kenmerk van de theorie. Eenvoudiger gezegd: bewuste beslissingen worden niet vooraf bepaald door eerdere fysieke gebeurtenissen, maar kunnen direct het verloop van fysieke gebeurtenissen bepalen.

De effecten van deze keuzes zijn het duidelijkst in de hersenen. Volgens Stapp beïnvloeden vrije mentale keuzes hersenprocessen, wat aantoont dat de geest geen passieve figuur is die het universum observeert, maar een actieve agent die het universum kan veranderen.

Een van de meest fascinerende aspecten van Stapps theorie betreft de onsterfelijke aard van het bewustzijn. Als mentale processen het verloop van fysieke gebeurtenissen kunnen bepalen door middel van kwantummechanica, dan zou dit kunnen betekenen dat bewustzijn niet uitsluitend gebonden is aan de lichamelijkheid van het menselijk lichaam. Met andere woorden, het bewustzijn zou een continuïteit kunnen hebben die de fysieke dood overleeft.

Stapp levert geen definitief bewijs voor deze onsterfelijkheid, maar hij opent een horizon van reflectie die ons uitnodigt om bewustzijn te beschouwen als een doordringend en hardnekkig element van het universum. Dit concept van 'kwantumbewustzijn' zou zelfs kunnen suggereren dat het bewustzijn zelf een fundamenteel onderdeel van de werkelijkheid is, op één lijn met de deeltjes en golven die de fysieke wereld beschrijven.

In zijn toespraak nodigt Stapp ons uit om ons begrip van de werkelijkheid en onze positie daarin te herzien. Hij gelooft dat het van fundamenteel belang is voor de mensheid om het achterhaalde idee van mechanische automaten, afgeleid van de klassieke fysica, los te laten en het scenario van de kwantummechanica te omarmen. In dit nieuwe kader wordt de mens gezien als een psycho-fysieke entiteit waarvan de bewuste intenties feitelijk de toekomst kunnen bepalen.

Deze nieuwe visie herinterpreteert niet alleen de betekenis van ons bestaan, waarbij ons bewustzijn een actieve en dynamische rol krijgt, maar opent ook nieuwe perspectieven op het begrip onsterfelijkheid. Stapps theorie leidt ons ertoe de werkelijkheid en onszelf met andere ogen te bekijken en benadrukt het belang van onze bewuste ervaringen en wil bij het vormgeven van de wereld om ons heen.

In essentie laat Henry Stapp ons achter met een krachtige boodschap: ons bewustzijn is niet slechts een epifenomeen van fysieke processen, maar een levende, invloedrijke kracht die verder zou kunnen reiken dan de grenzen van het fysieke lichaam. Een concept dat niet alleen fascineert, maar ook uitnodigt tot diepe reflectie over de aard van de werkelijkheid en ons bestaan.

Hoopvol materialisme'.

In het interview gaat Stapp in op het concept van 'hoopvol materialisme'. Hoopvol Materialisme, een term bedacht door Sir Karl Popper, beschrijft het heersende optimisme in de neurowetenschappen, volgens welke de geest en de hersenen, als tastbare entiteiten, uiteindelijk ontcijferd zullen kunnen worden door middel van de gevestigde principes van de klassieke mechanica. Stapp wijst er echter op hoe deze visie beperkt wordt door haar eigen primitieve fundamenten. Het hardnekkig vasthouden aan deterministische en reductionistische principes van de klassieke natuurkunde is volgens Stapp een onoverkomelijk obstakel voor een volledig begrip van bewustzijn.

Om te illustreren waarom, roept Stapp de inzichtelijke observatie op van de 19e eeuwse natuurkundige John Tyndall. Tyndall onderkende een '*onoverwinnelijke kloof*' tussen het fysieke domein van materiële objecten en de subjectieve ervaring van het menselijke bewustzijn. Hoewel Tyndall de ontwikkeling van het zenuwstelsel kon traceren en in verband kon brengen met de parallelle fenomenen van gewaarwording en denken, gaf hij toe dat hij het verband tussen fysieke impulsen en subjectieve ervaring niet kon begrijpen.

Deze 'onoverwinnelijke kloof' werd later overbrugd, maar met een paradigmaverschuiving die werd beschreven door de logicus John von Neumann. Hij stelde de introductie van de kwantummechanica voor, waarmee de inherente beperkingen van de klassieke fysica werden uitgedaagd en overwonnen. Stapp aanvaardde en ontwikkelde von Neumanns benadering en stelde dat kwantumprocessen niet alleen de vreemde en complexe wereld van onze bewuste ervaring beter nabootsen, maar ook een theoretisch kader bieden om bewustzijn te begrijpen als een actieve speler in het vormgeven van de werkelijkheid.

De hoeksteen van Stapps denken draait om het idee dat bewustzijn geen passief bijproduct van materie is, zoals het hoopvolle materialisme vaak suggereert, maar een fundamenteel instrument dat interacteert met de fysieke wereld. Door middel van meetexperimenten in de kwantummechanica, waarbij de waarnemer de uitkomst lijkt te beïnvloeden, vindt Stapp solide argumenten om te beargumenteren dat het bewustzijn de touwtjes van de waargenomen werkelijkheid in handen heeft.

Dit perspectief heeft diepgaande implicaties voor het concept van de onsterfelijke ziel. Als het bewustzijn intrinsiek verbonden is met de structuur van het kwantumuniversum, dan is het voortbestaan ervan mogelijk niet strikt afhankelijk van de beperkingen van het fysieke lichaam. Menselijke wezens, als bewuste waarnemers, nemen actief deel aan de creatie van de werkelijkheid zelf, wat de theoretische basis legt voor het idee dat een deel van ons, ons bewustzijn, kan voortbestaan na fysiek verval.

Stapp levert niet alleen een stevige kritiek op de klassieke natuurkunde, maar biedt ook een gedurfde en tot nadenken stemmende visie die ons aanzet tot een heroverweging van onze plaats in het universum. Kwantummechanica, met haar eigenaardigheden en mogelijkheden, werpt een nieuw licht op het begrip van bewustzijn en daarmee op de eeuwenoude kwestie van de ziel. Misschien kunnen we, zoals Stapp suggereert, door het prisma van de kwantummechanica eindelijk een glimp opvangen van de eeuwige dimensie van ons bewuste bestaan.

Materialisme is een paradigma in crisis. Een nieuw paradigma.

De echte revolutie, suggereert Stapp, kwam met de komst van de kwantummechanica aan het begin van de 20e eeuw. Theoretische en experimentele ontdekkingen toonden aan dat klassieke wetten, die perfect toepasbaar waren op grote astronomische en aardse objecten, jammerlijk faalden in de wereld van atomen. Als reactie op deze ontdekkingen ontstond een nieuw patroon van wetten die in principe niet alleen van toepassing zijn op individuele atomen, maar ook op systemen die bestaan uit een willekeurig groot aantal atomen.

Deze vernieuwde benadering heeft echter laten zien dat als we deze wetten proberen toe te passen op een systeem dat zowel de waarnemer als het object van waarneming omvat, we een fundamentele discrepantie vinden. Volgens de atoomwetten zouden de hersenen van een waarnemer zich moeten ontwikkelen tot een mengsel van veel verschillende toestanden, die elk corresponderen met een andere waarneming. Toch manifesteert zich in de empirische werkelijkheid slechts één waarneming. Deze discrepantie tussen theorie en ervaring heeft geleid tot een fundamentele doorbraak.

De grondleggers van de kwantummechanica losten dit conflict op door afstand te doen van het conceptuele raamwerk dat in de 17e eeuw door Isaac Newton werd gecreëerd. Meer dan tweehonderd jaar lang had dit 'klassieke' paradigma de mogelijkheid uitgesloten dat onze bewuste ervaringen de fysisch beschreven toekomst rechtstreeks konden beïnvloeden.

De kwantumtheorie daarentegen verheft onze bewuste ervaringen van de passieve rol van louter waarnemers tot de actieve rol van deelnemers aan de schepping van onze gedeelde fysieke toekomst. Deze verheffing is volgens Stapp niet alleen een wetenschappelijke revolutie, maar ook een diepgaande filosofische verschuiving die aanwijzingen zou kunnen geven voor de onsterfelijkheid van het bewustzijn.

Volgens Stapp biedt de kwantummechanica een kader om bewustzijn te begrijpen als een fundamenteel aspect van de werkelijkheid, en niet slechts als een epifenomeen van het fysieke brein. In deze context zou bewustzijn voorbij de fysieke grenzen van het lichaam kunnen bestaan, wat een soort mentale of spirituele onsterfelijkheid suggereert.

Stapp daagt de klassieke dichotomie tussen geest en materie uit door voor te stellen dat bewustzijn niet alleen de fysieke dood zou kunnen overleven, maar ook een actieve en oorzakelijke rol zou kunnen spelen in het universum. Dit concept opent fascinerende mogelijkheden voor de toekomst van wetenschappelijk en filosofisch onderzoek en roept vragen op waar de mensheid al duizenden jaren over nadenkt.

Hoewel de klassieke natuurkunde ongelooflijk effectief is in het voorspellen van het gedrag van macroscopische objecten, slaagt ze er niet in om de rol van het bewustzijn te verklaren. Stapp benadrukt dat wetenschap zich moet verankeren in onze ervaringen, omdat we de wereld daardoor kennen. In het verleden erkenden wetenschappers als Niels Bohr dat het niet de taak van de wetenschap was om de 'waarheden' achter ervaringen te ontdekken, maar eerder om de relaties tussen de verschillende aspecten van onze ervaringen te traceren. Bohr zelf verklaarde:

> *"Het doel van onze beschrijving van de natuur is niet om de ware essentie van verschijnselen te onthullen, maar alleen om zo goed mogelijk de relaties te traceren tussen de veelzijdige aspecten van onze ervaring."*

Concluderend bekritiseert Henry Stapp niet alleen de beperkingen van het materialisme, maar stelt hij een visie voor waarin kwantummechanica de sleutel zou kunnen zijn tot het begrijpen van de essentiële en onsterfelijke aard van bewustzijn. In een wereld waar wetenschap en spiritualiteit vaak als tegenpolen worden gezien, fungeert Stapp als een brug en opent hij nieuwe denkpistes die op een dag ons leven zouden kunnen veranderen.

De Kopenhagen interpretatie en de rol van de waarnemer.

Stapp vindt het veelzeggend dat de vaders van de kwantumtheorie, met name in de Kopenhagen interpretatie, de cruciale rol van de waarnemer benadrukten. De Kopenhagen-interpretatie stelt namelijk dat de resultaten van kwantumexperimenten niet onafhankelijk van de waarnemingshandelingen kunnen worden beschouwd; de waarnemer zelf speelt een cruciale rol in het bepalen van de experimentele werkelijkheid.

Dit idee sluit nauw aan bij Stapps kijk op het bewustzijn als actieve deelnemer. Volgens Stapp worden kwantumgebeurtenissen beïnvloed door de bewuste keuzes van waarnemers, een opvatting die sterk afwijkt van het starre determinisme van de klassieke mechanica. De 'vrije keuzes' van de experimentatoren worden niet bepaald door natuurkundige wetten, maar komen voort uit een sfeer van intentionaliteit en bewustzijn, wat de mogelijkheid opent voor nieuwe perspectieven op de aard van de werkelijkheid en, misschien, de onsterfelijkheid van de ziel.

Stapp introduceert het concept van '*vrije keuzes*' om bewuste beslissingen te beschrijven die niet vooraf worden bepaald door mechanische wetten, maar een cruciale rol spelen bij het beïnvloeden van de resultaten van kwantumexperimenten. De keuzes van het waarnemend subject, in deze context, bepalen welke metingen zullen worden gedaan en, bijgevolg, welke aspecten van de kwantumwerkelijkheid zullen worden onthuld.

Deze revolutionaire benadering vormt een duidelijke breuk met de klassieke mechanica en haar claim om elk fenomeen te kunnen verklaren door middel van vooraf bepaalde wetten. Daarentegen suggereert de kwantumtheorie, zoals ontwikkeld en geïnterpreteerd door Stapp, dat bewustzijn een intrinsieke rol speelt in het universum, wat de deur opent voor interpretaties die de mogelijkheid van een onsterfelijk bewustzijn omvatten.

Stapp stelt dat dit nieuwe begrip van bewustzijn, als een actief en fundamenteel element in de structuur van het universum, ons een pad kan bieden naar een completer begrip van onze essentie. De implicaties van deze visie zijn enorm en diepgaand en raken niet alleen de fysica en neurowetenschappen, maar ook de filosofie en theologie.

Uiteindelijk daagt Henry Stapps theorie van kwantumbewustzijn het 'hoopvolle materialisme' uit en stelt een visie voor waarin bewustzijn niet slechts een bijproduct van materie is, maar een essentieel element in het weefsel van het universum. Dit perspectief opent nieuwe wegen om niet alleen de aard van de werkelijkheid te begrijpen, maar ook de mogelijkheid dat ons bewustzijn verder reikt dan de grenzen van het fysieke leven, wat mogelijk het bestaan van een onsterfelijke ziel suggereert.

De rol van de waarnemer.

"Hier is een pauze nodig!" waarschuwt Stapp, die benadrukt hoe belangrijk het is om serieus na te denken over deze conceptuele sprong. De klassieke natuurkunde, legt Stapp uit, is ontstaan uit de observatie van grote hemellichamen en aardse lichamen, waarbij de keuzes van de waarnemer geen invloed hebben op het geobserveerde systeem. Dit idee uitbreiden naar de neurowetenschappen is volgens Stapp echter een fatale fout. Onze mentale keuzes hebben namelijk een significant causaal effect op onze materiële acties, een punt waar de kwantummechanica technisch beter mee overweg kan dan de klassieke fysica. De kwantummechanica, met haar complexe behandeling van meetprocessen, herkent en verklaart hoe onze waarnemingen van planeten radicaal verschillen van onze waarnemingen van onszelf.

In de kwantummechanica is de waarnemer geen passief element, maar een actief element. De algemene kwantummeetprocedure begint met een bewuste keuze en daaropvolgende actie van de waarnemer. Als de door de waarnemer gekozen ervaringsreactie optreedt, dan krijgt het waargenomen systeem een nieuwe fysieke eigenschap. Dit fundamentele proces, dat 'ineenstorting van de kwantumtoestand' wordt genoemd, suggereert dat de fysieke werkelijkheid mede wordt gecreëerd door de handeling van bewuste observatie.

Stapp geeft ons een voorbeeld: vóór observatie kan de toestand van een systeem verspreid zijn over een groot ruimtelijk gebied; na observatie kan het beperkt zijn tot een veel kleiner gebied. Deze overgang, of ineenstorting, lost het probleem van het golf-lichaam dualisme op en toont het belang van de rol van de waarnemer aan.

Een cruciaal aspect van Stapps theorieën is het idee van 'vrije keuzes'. Deze keuzes - bewuste beslissingen die niet vooraf worden bepaald door natuurkundige wetten - hebben een significante invloed op de materiële wereld. Op deze manier wordt het bewustzijn niet alleen gezien als een passieve waarnemer, maar als een actieve deelnemer aan de creatie van de werkelijkheid. Dit concept gaat rechtstreeks in tegen het idee dat alles in ons universum voorbestemd en mechanistisch is.

Stapp breidt dit idee uit door erop te wijzen dat het bewustzijn mogelijk niet beperkt is tot het fysieke lichaam, waardoor de mogelijkheid ontstaat dat het ook na de dood nog bestaat. Het idee dat de ziel of het bewustzijn onsterfelijk kan zijn, is een van de meest diepgaande en fascinerende implicaties van zijn theorieën, die de mysteries van de kwantumfysica verbinden met oude filosofische vragen over het bestaan en de aard van de ziel.

Naar een nieuw begrip van de werkelijkheid.

In het traditionele paradigma van de klassieke natuurkunde wordt het universum gezien als een gigantische machine waarin elke gebeurtenis wordt bepaald door natuurkundige wetten. De theorieën van Henry Stapp suggereren echter een alternatief paradigma waarin de geest zelf een essentiële rol speelt bij het vormgeven van de werkelijkheid. De kwantumfysica, met haar erkenning van vrije keuzes en de actieve rol van de waarnemer, biedt een meer vloeiende en dynamische kijk op de wereld.

Stapp concludeert dat we, om de aard van het bewustzijn en de implicaties ervan volledig te begrijpen, verder moeten gaan dan de beperkingen van het materialisme. Volgens Stapp is het universum een intrinsiek verbonden en interactieve plek, waar bewustzijn niet slechts een product is van fysieke materie, maar een fundamenteel onderdeel van de werkelijkheid zelf.

Samengevat nodigt Henry Stapp ons uit om niet alleen de aard van het universum te heroverwegen, maar ook onze plaats daarin. Zijn ideeën bieden ons een visie waarin bewustzijn en materie nauw met elkaar verbonden zijn, met de fascinerende mogelijkheid dat onze bewuste essentie eeuwig zou kunnen zijn. Dit perspectief verrijkt niet alleen ons wetenschappelijk begrip, maar brengt ons ook dichter bij het oplossen van enkele van de grootste existentiële vraagstukken van de mensheid.

Stapp beroept zich op het werk van John von Neumann, een beroemd wiskundige en logicus, die in zijn studie de 'klassieke beschrijving' van de fysieke werkelijkheid verwierp en in plaats daarvan een puur kwantumbeschrijving voorstelde. Von Neumann pakte de raadsels van de kwantummechanica resoluut aan en herdefinieerde het begrip 'ineenstorting van de golffunctie' in termen van de interactie tussen geest en materie.

Volgens von Neumann wordt het instortingsproces niet veroorzaakt door een nevelachtige 'grootheid', maar door het bewustzijn van de waarnemer. In de orthodoxe formulering van de kwantummechanica scheidt de '*Heisenberg cut*' wat wiskundig beschreven moet worden door QM (Quantum Mechanics) van wat in klassieke of mentale termen verklaard wordt. Von Neumann verplaatste deze snede echter geleidelijk naar boven, integreerde alle fysieke objecten onder de kwantumbeschrijving en behield zo de eenheid van de psycho-fysieke beschrijving zonder zijn toevlucht te nemen tot concepten uit de klassieke fysica.

In het model van von Neumann, overgenomen door Stapp, speelt de waarnemer een cruciale rol. De 'vrije keuzes' van de waarnemer worden vanuit een kwantumperspectief niet bepaald door natuurkundige wetten, maar komen voort uit een gebied van intentionaliteit en bewustzijn. Dit idee vormt een directe uitdaging voor het determinisme van de klassieke fysica en biedt een verklaring die meer in overeenstemming is met de menselijke natuur en subjectieve ervaring.

De onsterfelijke ziel. Voorbij de grens van het fysieke lichaam.

Een van de meest revolutionaire en provocerende aspecten van Stapps argumenten is de hypothese dat bewustzijn niet beperkt is tot het fysieke lichaam en kan voortbestaan na de dood. Stapp, die von Neumanns ideeën over '*abstracte ego's*' herhaalt, stelt dat de mentale aspecten van de waarnemer niet tot de fysieke wereld behoren, maar een kwantumdynamische verbinding onderhouden met het bijbehorende fysieke brein. Deze zienswijze impliceert dat het bewustzijn, als kwantumentiteit, een bestaansvorm kan hebben die onafhankelijk is van het fysieke lichaam, wat een mogelijke onsterfelijkheid van de ziel suggereert.

Henry Stapp nodigt ons uit om de beperkingen van de klassieke fysica te overwinnen door een meer omvattende en geïntegreerde kwantumvisie op het universum en het bewustzijn aan te nemen. Zijn ideeën zijn niet alleen een wetenschappelijke maar ook een filosofische uitdaging, omdat ze een interpretatie van de werkelijkheid bieden waarin geest en subjectieve ervaring niet slechts bijproducten van materie zijn, maar fundamentele en dynamische componenten van het universum. In dit perspectief is bewustzijn niet slechts een opkomend fenomeen, maar een actieve en doordringende kracht die de grenzen van het fysieke leven zou kunnen overstijgen, wat de weg opent naar nieuwe reflecties over de essentie van ons bestaan en de mogelijkheid van de onsterfelijkheid van de ziel.

Stapp concentreert zijn betoog op de waarnemer en geeft deze een rol die heel anders is dan de passieve getuige die door de klassieke fysica wordt gepostuleerd. In de kwantummechanica (QM) heeft de waarnemer de vrijheid om te kiezen welke vraag hij aan de natuur stelt. Deze eenvoudige handeling heeft diepgaande gevolgen voor het begrip van de fysieke werkelijkheid.

Laten we eens kijken naar het kwantum Zeno-effect, een van de hoekstenen van Stapps filosofie. Stel je het volgende scenario voor: een waarnemer stelt de natuur een ja/nee vraag over de toestand van een systeem. Als het antwoord van de natuur 'Ja' is, zal het systeem zeker de eigenschap vertonen die de waarnemer had gekozen.

Maar dat is niet alles. Als in een bepaalde situatie het eerste antwoord van de natuur 'Ja' is en de waarnemer dezelfde vraag snel blijft herhalen, beginnen 'Nee'-antwoorden sterk onderdrukt te worden. Dit fenomeen impliceert dat de waarnemer een bepaalde toestand van het systeem voor langere tijd in stand kan houden, een belangrijk vermogen dat Stapp direct toeschrijft aan bewustzijn.

Hier komt een cruciaal aspect om de hoek kijken: het bewuste besluitvormingsproces van de waarnemer bepaalt welke eigenschappen van het systeem zich zullen manifesteren, en dit is niet louter academisme. Stapp maakt duidelijk dat, volgens de regels van QM, 'Nee' antwoorden drastisch verminderen als de vraag vaak gesteld wordt - een fenomeen dat bekend staat als het *Quantum Zeno Effect*. Bijgevolg oefenen de keuzes van de waarnemer een effectieve controle uit over het gemeten systeem, dat in Von Neumanns formulering het brein van de waarnemer vertegenwoordigt.

Stapp wijst erop dat deze dynamische verandering het traditionele beeld van de waarnemer als louter toeschouwer omverwerpt. In plaats van overgeleverd te zijn aan de genade van een vooraf bepaald universum, wordt de mens een medeschepper van de werkelijkheid. Dit concept werd op zijn beurt ontwikkeld door de grondleggers van QM, zoals Niels Bohr, die de tweeledige rol van de mens in het grote menselijke bestaan benadrukten: acteur en toeschouwer.

Henry Stapp werpt niet alleen een nieuw licht op de kwantumfysica, maar ook op het filosofische concept van de ziel. Als het bewustzijn de fysieke werkelijkheid rechtstreeks kan beïnvloeden, wordt er een theoretische brug geslagen naar het idee van een onsterfelijke entiteit die de louter fysieke toestand overstijgt. Deze innovatie is een eerbetoon aan de visie van William James, die de integraliteit van het bewustzijn in alle menselijke activiteit erkende.

Stapp laat ons nadenken over de implicatie dat bewustzijn niet slechts een epifenomeen is, maar een dynamisch en fundamenteel element in de constructie van de werkelijkheid. Deze gedachte verbreedt de horizon van de fysica enorm en roept diepgaande vragen op over onze plaats in het universum.

Concluderend kan worden gesteld dat de theorie van Henry Stapp niet alleen de paradigma's van de klassieke fysica uitdaagt, maar ook een discours over de eenheid van geest en materie bevordert en suggereert dat de ziel, verre van een abstract concept te zijn, een wetenschappelijke basis kan hebben in de dynamiek van het kwantumbewustzijn. Een bewering die, hoewel nog steeds zeer speculatief, nieuwe wegen zou kunnen openen in het begrijpen van ons bestaan en de weg naar onsterfelijkheid.

Het kwantumbrein.

Voor Stapp zijn de menselijke hersenen vooral interessant omdat ze via ionenkanalen kwantumonzekerheid genereren. Ionen die door deze kanalen gaan produceren significante onzekerheden in hun snelheid, een proces dat kwantumonzekerheid naar het macroscopische niveau overbrengt zonder dat iemand, zelfs de persoon zelf, zich hiervan bewust is.

Deze radicale visie transformeert de hersenen in een kwantummechanische entiteit, doorbreekt de barrières van de klassieke fysica en opent de weg naar de mogelijkheid dat de bewuste geest daadwerkelijk gedrag kan beïnvloeden. Volgens Stapp zou de natuur inefficiënt zijn als ze de mensheid zou begiftigen met een geavanceerd bewustzijn dat de loop van de feitelijke gebeurtenissen niet zou kunnen beïnvloeden.

Om zijn theorie verder te valideren, haalt Stapp de '*sneller dan het licht*'-eigenschap van de kwantummechanica aan, die de principes van de relativistische fysica tart. Deze eigenschap, door Einstein ook wel '*spectrale actie op afstand*' genoemd, is het bewijs van de immaterialiteit van de kwantumwereld. Einstein geloofde dat deze eigenschap slechts een bijproduct was van wiskundig formalisme, maar Stapp laat zien dat het in plaats daarvan een fundamentele eigenschap van de werkelijkheid is. Deze significante macroscopische eigenschap van de kwantummechanica, die onverenigbaar is met de '*nooit-sneller-dan-licht*' aanname, opent nieuwe deuren voor het begrijpen van bewustzijn als een kwantumverschijnsel.

Stapps visie brengt diepgaande provocaties met zich mee voor de wetenschap en de filosofie. Het menselijk brein, een generator van kwantumonzekerheden, zou de sleutel kunnen zijn tot het begrijpen van bewustzijn als een onsterfelijke entiteit. Dit suggereert dat de ziel, verre van een vaag spiritueel concept te zijn, een solide basis zou kunnen vinden in de kwantumfysica. Henry Stapp heeft niet alleen de fundamenten van de klassieke fysica uitgedaagd, maar ook de basis gelegd voor een interdisciplinaire dialoog die een revolutie teweeg zou kunnen brengen in ons begrip van het bewustzijn en de werkelijkheid zelf. Het is een uitnodiging om verder te kijken dan de schijn, om te overwegen dat wat we zien niet de hele waarheid is, en dat er in ons een diepe verbinding kan zijn met de kwantumessentie van het universum.

Retro-causale effecten.

Een van de meest intrigerende aspecten van Stapps theorieën betreft het verschijnen van acties die terug in de tijd lijken te gaan. Deze retro-causale effecten dagen niet alleen het materialisme gebaseerd op klassieke fysica uit, maar suggereren ook dat bewustzijn een actieve rol zou kunnen spelen in het bepalen van de fysieke werkelijkheid.

Stapp haalt verschillende experimenten aan die aantonen dat de ineenstorting van de golffunctie in de kwantummechanica geen puur fysisch proces is, maar beïnvloed wordt door de bewuste keuzes van de waarnemer. Deze ineenstorting bepaalt in feite niet alleen welke van de potentialiteiten werkelijkheid wordt, maar wist ook alle herinneringen aan de geëlimineerde mogelijkheden uit, zodat er alleen een spoor overblijft van de eigenschappen die tot de gebeurtenis hebben geleid die heeft plaatsgevonden.

Een belangrijk concept dat Stapp naar voren brengt, en dat de woorden van Stephen Hawking en Leonard Mlodinow in hun boek '*The Grand Design*' weerspiegelt, is het volgende:

> *"Wij zijn het die de geschiedenis creëren door onze observaties, het is niet de geschiedenis die ons creëert".*

Deze omkering van perspectief onderstreept hoe het bewustzijn niet slechts een passieve toeschouwer is, maar een actieve speler in de constructie van de werkelijkheid.

Stapp gebruikt talloze experimenten om zijn theorieën te ondersteunen. Er is bijvoorbeeld waargenomen dat de pupilgrootte van menselijke proefpersonen verandert vlak voor een lichtflits, waarvan de timing volledig willekeurig is. Een ander experiment toont een plotselinge toename in huidgeleiding vlak voordat een schokkende visuele prikkel wordt getoond.

Deze effecten kunnen niet worden verklaard door de principes van de klassieke fysica. Ze geven aan dat de acties van ons lichaam kunnen voorafgaan aan externe stimuli, wat een invloed van het bewustzijn suggereert die het traditionele concept van tijdelijke causaliteit uitdaagt.

Stapp identificeert deze retro-effecten als empirisch bewijs dat '*hoopvol materialisme*' weerlegt - het geloof dat alles wat bestaat materieel is en dat alles verklaard kan worden door de wetten van de klassieke fysica. Deze direct waarneembare verschijnselen op macroniveau, zo betoogt Stapp, maken het materialisme uitermate ontoereikend om de werkelijkheid te verklaren.

Een ander element van Stapps theorieën is het zogenaamde '*Zenon-effect*' in de kwantummechanica. Dit effect laat zien hoe voortdurende waarnemingen een bepaalde toestand van een systeem kunnen stabiliseren. Door dit concept toe te passen op het menselijk brein, suggereert Stapp dat het bewustzijn bepaalde hersenprocessen actief kan houden door een reeks bewuste waarnemingen of invloeden.

Concluderend nodigt Henry Stapp ons uit om ons concept van realiteit en bewustzijn radicaal te herzien. Zijn visie leidt ons naar een universum waarin het bewustzijn niet alleen observeert, maar de werkelijkheid zelf vormt en stuurt. Dit opent de deur naar een interpretatie waarin de ziel en haar onsterfelijkheid niet langer slechts een filosofisch idee zijn, maar een wetenschappelijk gefundeerde mogelijkheid. Deze paradigmaverschuiving zou op een dag een brug kunnen slaan tussen wetenschap en spiritualiteit, waardoor het concept van de onsterfelijke ziel niet slechts een droom wordt, maar een tastbare realiteit.

Giulio Tononi. Het concept van informatierendement.

In dit scenario valt de bijdrage van wetenschappers als Giulio Tononi op door zijn nauwkeurigheid en innovatie. Hoewel niet strikt gerelateerd aan de kwantumtheorie van bewustzijn, biedt zijn Integrated Information Theory (IIT) een fascinerende en kwantificeerbare kijk op bewustzijn.

Giulio Tononi werd in 1960 geboren in Trento (Italië). Hij studeerde af in Geneeskunde en Chirurgie aan de Universiteit van Pisa en promoveerde vervolgens aan de Scuola Normale Superiore in dezelfde stad. Hij vervolgde zijn carrière bij prestigieuze internationale instellingen, waaronder het Brain Research Institute van de Universiteit van Zürich en het Massachusetts General Hospital van Harvard. Momenteel is Tononi professor aan de Universiteit van Wisconsin-Madison, waar hij de mysteries van de hersenen en het bewustzijn blijft onderzoeken.

Tononi's theorie is gebaseerd op twee fundamentele principes: informatie en integratie. Tononi stelt dat het bewustzijn toeneemt met de mate van informatie-integratie in een systeem en introduceert het begrip 'phi' (Φ), een kwantitatieve maat voor informatie-integratie. Volgens Tononi is het bewustzijn het hoogst wanneer een systeem zeer informatief en geïntegreerd is, en in staat is om een grote hoeveelheid verenigde ervaringen te produceren.

Deze benadering heeft de verdienste een kwantitatieve basis voor bewustzijn te bieden, waardoor de 'phi' van verschillende systemen gemeten en vergeleken kan worden. Hoewel IIT niet direct ingaat op de vraag of het bewustzijn onsterfelijk is, bieden de precisie en wiskundige formalisering een krachtig hulpmiddel om ons begrip van het bewuste fenomeen te ontwikkelen.

In een tijdperk waarin de grens tussen kennis en speculatie steeds vager wordt, is de bijdrage van wetenschappers als Tononi cruciaal om ons begrip te verankeren aan de feiten en tegelijkertijd onze nieuwsgierigheid en openheid voor nieuwe, fascinerende mogelijkheden levend te houden.

Tononi ontwikkelde specifieke maatstaven, zoals de φ index (phi), om het informatieniveau in een systeem te kwantificeren, in een poging om een objectieve maatstaf voor bewustzijn te verschaffen. Tononi's theorie heeft de interesse gewekt van veel onderzoekers op het gebied van bewustzijn en computationele neurowetenschappen.

Giulio Tononi heeft internationale erkenning gekregen voor zijn werk en ontving talloze prijzen en onderscheidingen voor zijn bijdragen aan het begrip van bewustzijn. Zijn onderzoek blijft het debat beïnvloeden over de aard van het bewustzijn en het begrip van hoe het ontstaat in het menselijk brein.

Tononi's Revolutie. Geïntegreerde informatie als sleutel tot bewustzijn.

In het landschap van de moderne neurowetenschappen zijn er maar weinig concepten die tot zulke gepassioneerde debatten en diepgaande overpeinzingen hebben geleid als de *geïntegreerde informatietheorie* (IIT) van Giulio Tononi. Tononi staat bekend als een van de meest innovatieve figuren op het gebied van bewustzijnsstudies en heeft een theorie geïntroduceerd en ontwikkeld die het potentieel heeft om ons begrip van de geest en het functioneren ervan radicaal te veranderen.

De kern van IIT is het idee dat bewustzijn overeenkomt met de capaciteit van een systeem om informatie te integreren. Tononi stelde voor dat elke bewuste ervaring kwantitatief gemeten kan worden aan de hand van een parameter genaamd 'phi' (Φ). Deze waarde vertegenwoordigt de hoeveelheid informatie die in een systeem is geïntegreerd. Een systeem met een hoge integratie van informatie, en dus een hoge waarde van phi, zal een hoog bewustzijnsniveau hebben.

Tononi's theorie stelt dat bewustzijn niet alleen voortkomt uit de complexiteit van het neurale netwerk, maar ook uit de specifieke manier waarop dit netwerk informatie integreert. Het menselijk brein, met zijn ingewikkelde onderlinge verbindingen, is de ultieme uitdrukking van deze integratie.

Om zijn theorie te ondersteunen, voerden Tononi en zijn team een groot aantal experimenten uit met geavanceerde neurobeeldvormende technieken zoals functionele magnetische resonantiebeeldvorming (fMRI) en elektro-encefalografie (EEG). Slaapstudies hebben bijvoorbeeld aangetoond dat tijdens diepe slaap de phi-waarden in de hersenen drastisch afnemen, wat duidt op een lager bewustzijnsniveau. Tijdens het dromen nemen de phi-waarden juist toe, wat duidt op een hoger bewustzijnsniveau.

De geïntegreerde informatietheorie stelt niet alleen een kwantitatieve en objectieve maat voor het bewustzijn voor, maar biedt ook een nieuw perspectief voor het interpreteren van verschillende klinische en neurowetenschappelijke verschijnselen. Het kan bijvoorbeeld een verklaring bieden voor veranderde bewustzijnstoestanden zoals die tijdens anesthesie of coma. Bovendien heeft IIT ook weerklank gevonden buiten het strikt neurowetenschappelijke veld. Roger Penrose, de beroemde Britse natuurkundige en wiskundige, onderzocht IIT in verband met zijn theorie over kwantumbuisjes in de geest.

In een van zijn verklaringen zei Tononi:

> *"Ons doel is om te begrijpen hoe en waarom een aggregatie van neuronen niet alleen informatie kan verwerken, maar ook een unieke subjectieve ervaring kan creëren."*

Deze uitspraak illustreert duidelijk het ambitieuze doel van het IIT: het overstijgen van de louter structurele analyse van de hersenen om door te dringen in het mysterie van subjectieve ervaring.

Tononi's voorstel is een ware revolutie op het gebied van bewustzijn. Het is niet slechts een herinterpretatie van reeds bestaande concepten, maar stelt een nieuwe conceptuele kaart voor om door de complexe wateren van de geest te navigeren. Het verandert de manier waarop we de relatie tussen materie en bewustzijn zien en verlegt de focus van de loutere beschrijving van neurale netwerken naar het begrip van informatie als een fundamenteel en geïntegreerd element.

In de toekomst zou ITT enorme implicaties kunnen hebben, niet alleen voor de wetenschap van de geest, maar ook voor de filosofie, kunstmatige intelligentie en zelfs onze opvatting over leven en dood. Zoals Tononi aangeeft, is de uitdaging nog maar net begonnen en de reis naar een volledig begrip van bewustzijn en de rol van geïntegreerde informatie belooft een van de meest bijzondere intellectuele avonturen van onze tijd te worden.

Tononi's pad en culturele bijdragen.

Tot Tononi's belangrijkste werken behoren verschillende boeken en wetenschappelijke artikelen. In '*Phi: A Voyage from the Brain to the Soul*' (2012) neemt Tononi de lezer mee op een denkbeeldige reis door de hersenen en de geest, waarbij hij de meanders van het bewustzijn verkent met een verhalende en wetenschappelijke benadering. Dit werk wordt vooral gewaardeerd om zijn vermogen om complexe concepten te vertalen in begrijpelijke termen, zelfs voor een niet-gespecialiseerd publiek, met behoud van wetenschappelijke diepgang.

In het boek '*Dream Consciousness*' (2005), dat Tononi samen met andere vooraanstaande wetenschappers schreef, onderzoekt hij het fenomeen dromen als een manier om bewustzijn te begrijpen. Hier onderzoekt hij hoe de droomtoestand kan worden geanalyseerd door de lens van IIT, waardoor nieuwe perspectieven worden geboden op veranderde bewustzijnstoestanden.

In de loop der jaren heeft Tononi talloze experimenten uitgevoerd om zijn theorie te ondersteunen en te testen. In samenwerking met collega's zoals Christof Koch, een andere gerenommeerde bewustzijnswetenschapper, heeft Tononi geavanceerde *neurobeeldvormingstechnieken* gebruikt om de integratie van informatie in het menselijk brein te meten. In een experiment uit 2008, gepubliceerd in PLoS Biology, analyseerden Tononi en zijn team hersenpatronen tijdens verschillende bewustzijnstoestanden, waarbij ze lieten zien hoe het niveau van 'phi' varieerde tussen wakende, slapende en verdovende toestanden.

De invloed van Tononi's werk reikt veel verder dan het gebied van de neurowetenschappen. Zijn theorie heeft fervente debatten en hernieuwde interesse in het begrijpen van bewustzijn gestimuleerd. Belangrijke bijdragen zijn ook afkomstig uit de theoretische natuurkunde, waarbij figuren als Roger Penrose interesse hebben getoond in IIT in relatie tot de kwantumtheorie van de geest.

Samenwerking met Gerald Edelmann.

Giulio Tononi en Gerald Edelman onderscheiden zich door hun vruchtbare samenwerking. Beide wetenschappers hebben een belangrijke bijdrage geleverd aan het begrip van het menselijk bewustzijn. Ze combineerden hun briljante geesten om revolutionaire theorieën te ontwikkelen die licht werpen op nog onontdekte aspecten van de menselijke ervaring.

Gerald Edelman, een Nobelprijswinnaar voor zijn ontdekkingen over de structuur van het immuunsysteem, richtte zich vervolgens op de neurowetenschappen en legde met de Neuronal Group Selection Theory (TNGS) de basis voor de Darwinistische benadering van bewustzijn. De combinatie van de theorieën van Tononi en Edelmann leidde tot een ongewone maar fascinerende synergie.

De *Neuronale Groep Selectie* Theorie (TNGS), ontwikkeld door Gerald Edelman, is een Darwinistische benadering om bewustzijn te begrijpen. Volgens deze theorie ontstaat bewustzijn door een selectieproces tussen groepen neuronen, een concept dat lijkt op biologische natuurlijke selectie. Edelman suggereerde dat neurongroepen met elkaar concurreren en dat de groepen die het meest effectief blijken te zijn worden geselecteerd, net zoals dat het geval is met de best passende genen in biologische populaties.

Dit proces omvat verschillende selectieniveaus: initiële variabiliteit van neurongroepen, synaptische selectie op basis van ervaring en activiteit, en tot slot reentry, d.w.z. continue feedback tussen verschillende hersengebieden. Via deze mechanismen verwerken de hersenen niet alleen informatie, maar ontwikkelen ze ook het vermogen tot bewustzijn.

TNGS werd verder verrijkt door Edelmans samenwerking met Giulio Tononi, die uitmondde in Integrated Information Theory (IIT). Dit gecombineerde werk onderzoekt diepgaand hoe bewustzijn kan voortkomen uit de complexiteit en integratie van hersensystemen.

De paden van Tononi en Edelman kruisten elkaar begin jaren 2000, toen Tononi naar de Verenigde Staten verhuisde om te werken aan het Neurosciences Research Institute in San Diego, waar Edelman directeur was. Hier gingen hun intellectuele gesprekken een eigen leven leiden, resulterend in samenwerkingen die onze conventionele opvattingen over bewustzijn op de proef stelden en uitbreidden.

Een belangrijke bijdrage van deze samenwerking is het boek '*A Universe of Consciousness: How Matter Becomes Imagination*' dat in 2000 werd gepubliceerd. Deze tekst is een mijlpaal in de neurowetenschappelijke literatuur en onderzoekt hoe bewustzijn ontstaat uit de complexiteit van het menselijk brein. Tononi en Edelman, die hun respectievelijke theorieën combineren, presenteren een panorama waarin bewustzijn wordt gezien als een emergente eigenschap van zeer complexe en geïntegreerde systemen, en leggen daarmee de basis voor toekomstige discussies over kwantumbewustzijn.

Een van de meest intrigerende aspecten van de discussies tussen Tononi en Edelman betreft de mogelijkheid van de onsterfelijkheid van het bewustzijn. Hoewel geen van beide wetenschappers direct heeft voorgesteld dat het menselijk bewustzijn letterlijk onsterfelijk kan zijn, opent hun werk de deur naar fascinerende speculaties. Tononi's IIT theorie, bijvoorbeeld, suggereert dat bewustzijn niet simpelweg een functie van de fysieke hersenen is, maar een manifestatie van geïntegreerde informatie. In dit paradigma zou een voldoende configuratie van informatie in theorie onafhankelijk van het oorspronkelijke fysieke substraat kunnen bestaan.

Edelman, met TNGS, postuleerde dat bewustzijn voortkomt uit selectieve processen die vergelijkbaar zijn met Darwinistische evolutie, maar dan toegepast op neuronaal niveau. Dit impliceert een voortdurende aanpassing en overleving van de meest efficiënte neurale configuraties, een idee dat, hoewel het in fysiologische termen is opgevat, bijdraagt aan het theoretische begrip van een schijnbare 'overleving' van bewustzijn.

In de context van deze theorieën kan men speculeren dat als bewustzijn nauw verbonden is met informatie en neurale configuraties in plaats van met specifieke fysieke materie, er een soort kwantumcontinuïteit van bewustzijn zou kunnen bestaan die de fysieke dood overstijgt. Dit leidt onvermijdelijk tot filosofische en zelfs existentiële vragen over het uiteindelijke lot van het bewustzijn en de mogelijkheid van het voortbestaan ervan in een abstracte, immateriële vorm.

De samenwerking tussen Giulio Tononi en Gerald Edelman heeft de neurowetenschappen en de filosofie van de geest diepgaand beïnvloed. Hoewel het concept van kwantumbewustzijn als een onsterfelijke entiteit vooralsnog in het rijk der speculaties blijft, bieden hun theorieën waardevolle hulpmiddelen om dergelijke mogelijkheden te onderzoeken. Het werk van deze twee pioniers laat zien dat we door de integratie van verschillende wetenschappelijke perspectieven langzaam maar zeker dichter bij het begrip kunnen komen van een van de grootste mysteries van ons bestaan: de aard en uiteindelijke bestemming van het menselijk bewustzijn.

Een beroemd citaat van Tononi luidt:

> *"Bewustzijn is wat je verliest als je in slaap valt zonder te dromen en wat je terugkrijgt als je wakker wordt".*

Deze uitspraak vat welsprekend zijn benadering van bewustzijn samen als een meetbaar fenomeen dat gekoppeld is aan de integratie van informatie.

De belangrijkste werken van Giulio Tononi vertegenwoordigen een bastion van innovatie en wetenschappelijke nauwkeurigheid in de studie van het bewustzijn. Door experimenten, samenwerkingsverbanden en een productieve literaire productie heeft Tononi nieuw licht geworpen op een van de meest fascinerende mysteries van de wetenschap: de aard van het bewustzijn. De geïntegreerde informatietheorie blijft een bron van inspiratie en een cruciaal onderzoeksgebied voor neurowetenschappers, natuurkundigen en filosofen, en verlegt de grenzen van het menselijk begrip naar nieuwe horizonten.

Tononi's boek 'Phi: een reis van de hersenen naar de ziel'.

Dit is niet zomaar een wetenschappelijke verhandeling, maar een verhalende reis die wetenschap en filosofie met elkaar verweeft. Door middel van verhalen en dialogen onderzoekt Tononi diepgaand de relatie tussen hersenen en bewustzijn, waardoor de lezer wordt aangezet tot nadenken over de fundamentele vragen van het bestaan.

Dit boek is een baanbrekend werk dat verder gaat dan de puur wetenschappelijke benadering en een meer verhalende en filosofische kijk op bewustzijn biedt.

Phi', gepubliceerd in 2012, is geen traditionele wetenschappelijke verhandeling, maar een suggestieve combinatie van verhalend proza en academisch discours. Tononi gebruikt een unieke methode, waarbij hij zijn theorie vertelt door middel van een reis die zich ontvouwt tussen korte verhalen, dialogen en filosofische reflecties. Deze structuur stelt de lezer in staat om de complexiteit van het bewustzijn op een intuïtieve en boeiende manier te verkennen.

Zo voert Galileo Galilei's denkbeeldige reis door het rijk van de menselijke perceptie en geest, bewust parallel aan de structuur van Dante's 'Goddelijke Komedie', de lezer door niveaus van ervaring en bewustzijn. Galileo interageert hier met historische, fictieve personages en wetenschappelijke concepten en analyseert de aard van subjectiviteit en bewuste ervaring.

De kern van 'Phi' is Tononi's Integrated Information Theory (IIT), die voorstelt om bewustzijn te kwantificeren als de mate van informatie-integratie in een systeem. Volgens IIT is bewustzijn niet slechts een epifenomeen van hersenprocessen, maar een intrinsieke eigenschap van elk systeem dat informatie op een zinvolle manier integreert.

Tononi stelt dat het bewustzijn toeneemt naarmate het systeem meer geïntegreerd is en de delen ervan minder als afzonderlijk kunnen worden beschouwd. Dit wordt geïllustreerd door het begrip 'phi' (Φ), een kwantitatieve maat voor informatie-integratie. Systemen met een hoge phi zijn die met een hoog bewustzijn, zoals het menselijk brein, terwijl systemen met een lage phi een laag of geen bewustzijn hebben.

Tononi staat bekend om zijn vermogen om strenge wetenschap te combineren met diepgaande verkenningen van de filosofie van de geest. In 'Phi' benadrukt hij dat de wetenschap van het bewustzijn niet los kan worden gezien van de filosofie. Het vertellen van verhalen is niet alleen een literaire strategie, maar een noodzaak om problemen aan te pakken die de wetenschap alleen niet kan oplossen. Zo zijn reflecties over de aard van de subjectieve werkelijkheid, de grenzen van het reductionistisch materialisme en de ethische en existentiële implicaties van het bewustzijn niet alleen terug te voeren op empirische gegevens.

De reis door het boek wordt verrijkt door een reeks anekdotes en beschouwingen over historische figuren en moderne theoretici. Tononi haalt bijvoorbeeld herinneringen op aan episodes uit het leven van Alan Turing, de pionier op het gebied van computatie, en bespreekt de implicaties van zijn beroemde 'Turing machine' voor de theorie van geest en bewustzijn. Denkbeeldige dialogen met figuren als Leibniz, die het belang van geïntegreerde informatie al had ingezien met zijn concept van 'monaden', laten zien hoe filosofische ideeën uit het verleden nieuwe interpretaties kunnen vinden in het licht van moderne ontdekkingen.

"Phi" werpt belangrijke vragen op over de aard van het bewustzijn en onze plaats in het universum. Door middel van de metafoor van de reis nodigt Tononi ons uit om onszelf niet alleen als biologische machines te beschouwen, maar als bewuste entiteiten die de informatie van het hele universum integreren en weerspiegelen.

Concluderend kan worden gesteld dat 'Phi: een reis van de hersenen naar de ziel' niet alleen een fundamentele bijdrage levert aan de wetenschap van het bewustzijn, maar ook aan de interculturele dialoog tussen wetenschap en filosofie. Giulio Tononi, met zijn unieke verhalende benadering en diepgaande reflecties, leidt ons op een verkenningstocht die zowel intellectueel als existentieel is, waardoor we het bewustzijn niet alleen als een biologisch fenomeen gaan beschouwen, maar ook als een immateriële en misschien, in zekere zin, onsterfelijke entiteit.

Als je de mening van een gemiddelde lezer zoals ik weergeeft, lijkt het er bijna op dat Tononi uiteindelijk metafoor wil gebruiken om te suggereren wat hij niet metaforisch kan zeggen. Ik citeer hier in alle rust de slotpassage van zijn boek:

> *"Bewustzijn is superieur onherleidbaar en uniek; bewustzijn is de vorm van kennis, de enige echte vorm, het meest echte dat er is. Bewustzijn is een model van hoe de wereld zou kunnen zijn, een trotse originele wereld, opgebouwd over miljoenen jaren, met immense opofferingen, ten koste van onberekenbare verliezen, geboren op het leven en de dood van ontelbare voorouders, betaald door eindeloze oorlogen, veroverd door het zweet van slaven, bijgesteld door slopende lessen, gepolijst door beschavingen, scholen en geleerde redeneringen, maar het is een model geweven in de enige taal die we bezitten, die van de hersenen en hun betoverde weefgetouw. Om te weten hoezeer de wereld naar het beeld en de gelijkenis van onze hersenen is, hoeven we alleen maar het eerste experiment te volgen: in slaap vallen en dromen. Wat we dromen is wat we weten, en wat we kunnen weten is waar we over dromen. De wereld kan van binnenuit worden verbeeld, niet naakt van buitenaf worden gezien. Toch zou er zonder de innerlijke gloed van het bewustzijn geen zicht zijn. Wat we moeten doen is het licht zoeken, het licht zoeken dat verenigt."*

Penose en Hameroff. De Orch-OR theorie

Een van de bekendste pogingen om twee schijnbaar onverenigbare gebieden samen te voegen is de Orch-OR theorie die in de jaren 1990 werd voorgesteld door de natuurkundige Roger Penrose (Nobelprijswinnaar voor natuurkunde 2020) en de anesthesist Stuart Hameroff. Penrose, beroemd om zijn werk op het gebied van algemene relativiteit en kosmologie, stelde voor dat bewustzijn zou kunnen voortkomen uit kwantumprocessen binnen neurale microtubuli. Tot op de dag van vandaag blijft Hameroff beweren dat microtubuli kunnen fungeren als een medium voor de kwantumprocessen die het bewustzijn doen ontstaan, wat suggereert dat het niet-lokale eigenschappen kan hebben en zichzelf in zekere zin kan voortzetten na de biologische dood.

Het begrip kwantumcoherentie toegepast op de hersenen is een ander aspect dat door verschillende wetenschappers is onderzocht. De kwantumfysica, die het gedrag van deeltjes op subatomaire schaal bepaalt, stelt toestanden voor waarin deeltjes in superpositie kunnen bestaan - dat wil zeggen, in verschillende toestanden tegelijk kunnen verkeren. De mogelijkheid dat zulke superposities optreden in de microtubuli van de hersenen zou de zeer efficiënte en onderling verbonden processen van ons brein kunnen verklaren. Onderzoek van Matthew Fisher, een theoretisch natuurkundige aan de Universiteit van Californië in Santa Barbara, heeft voorgesteld dat fosforkernen in onze hersenen kwantumtoestanden lang genoeg in stand kunnen houden om mentale processen te beïnvloeden.

Er is geen gebrek aan experimenten die, hoewel voorlopig en vaak betwist, licht proberen te werpen op deze fenomenen. Een van de bekendste en meest besproken experimenten is dat van de gebroeders Becker-Rohrer, die in 2010 probeerden het effect van menselijke beslissingen op kwantumexperimenten aan te tonen door psycho-kwantumtesten uit te voeren. Sceptici wijzen echter op de moeilijkheden van repliceerbaarheid van dergelijke experimenten en op de inherente interpretatieproblemen.

Het menselijk brein vanuit een fysisch standpunt.

Het menselijk brein van een gemiddelde volwassene weegt ongeveer 1,4 kilogram en bevindt zich in de schedel, een sterk benig omhulsel dat het brein beschermt. Hoewel ze slechts 2% van het totale lichaamsgewicht uitmaken, verbruiken ze ongeveer 20% van de energie die door het lichaam wordt geproduceerd.

De hersenen zijn verdeeld in twee grote hersenhelften, de rechter- en linkerhersenhelft, die met elkaar verbonden zijn door een dichte strook zenuwvezels die het corpus callosum wordt genoemd. Elk van de hersenhelften bestuurt de andere kant van het lichaam.

Het buitenste deel van de hersenen wordt de hersenschors genoemd. Het wordt gekenmerkt door talrijke plooien (ronden) en groeven (scharen), die de beschikbare oppervlakte voor neuronale processen vergroten zonder het volume van de hersenen aanzienlijk te vergroten. Hierdoor hebben we een grotere cognitieve en informatieverwerkingscapaciteit.

Grijze stof bestaat voornamelijk uit de cellichamen van neuronen en bevindt zich voornamelijk in de hersenschors. Het is betrokken bij functies zoals zintuiglijke waarneming, motorische opdrachten, geheugen en beoordelingsvermogen.

De witte stof bestaat voornamelijk uit zenuwvezels (axonen) die bedekt zijn met myeline, wat de overdracht van elektrische impulsen langs neuronen versnelt. De witte stof bevindt zich in de binnenste kanalen van de hersenen en verbindt verschillende delen van de grijze stof met elkaar.

De hersenen zijn verdeeld in vier hoofdkwabben, elk met specifieke functies. De frontale kwab wordt geassocieerd met hogere cognitieve functies zoals denken, plannen, gecontroleerd gedrag en vrijwillige beweging. De pariëtale kwab is verantwoordelijk voor het verwerken van zintuiglijke informatie die van het lichaam wordt ontvangen. De temporale kwab is betrokken bij auditieve verwerking en langetermijngeheugen. De occipitale kwab is volledig gewijd aan het gezichtsvermogen.

Het cerebellum bevindt zich onder de occipitale kwabben en is cruciaal voor de motorische coördinatie en het evenwicht. Hoewel het relatief klein is, bevat het ongeveer de helft van alle neuronen in de hersenen.

Het diencephalobium omvat structuren zoals de thalamus en hypothalamus, die belangrijke sensorische en autonome functies regelen, en de pijnappelklier; deze laatste scheidt melatonine af, dat betrokken is bij het regelen van de slaap-waakcyclus.

De hersenstam bestaat uit de middenhersenen, de hersendelen en de bulbus; deze regelt vitale functies zoals ademhaling, hartslag en bloeddruk.

De hersenen zijn sterk gevasculariseerd. Een complex systeem van slagaders, haarvaten en aders zorgt voor een continue aanvoer van zuurstof en vitale voedingsstoffen en voert afvalstoffen af. De belangrijkste hersenslagaders, zoals de halsslagaders en de wervels, vormen de Cirkel van Willis, een arteriële ring aan de basis van de hersenen die zorgt voor een redundante bloedtoevoer.

De hersenen bevatten ongeveer 86 miljard neuronen en een nog groter aantal gliacellen, die de neuronen ondersteunen, voeden en isoleren.

Neuronen zijn de basiscellen voor communicatie in de hersenen. Ze communiceren met elkaar via elektrische impulsen en chemische synapsen.

Gliacellen ondersteunen neuronen op verschillende manieren, zoals het leveren van voeding en het verwijderen van celresten.

Het menselijk brein is een ongelooflijk complex orgaan, ingenieus georganiseerd om een breed scala aan vitale, cognitieve en emotionele functies te beheren. Hoewel we enorme vooruitgang hebben geboekt in ons begrip van de hersenen, zijn veel van de kenmerken en functies nog steeds onderwerp van studie en ontdekking.

Neurobiologie, een wetenschap die de hersenen bestudeert.

Onder de ontelbare mysteries die ons bestaan in zijn plooien verbergt, blijft de aard van het bewustzijn een van de meest diepgaande en fascinerende raadsels. De neurobiologie, die het zenuwstelsel en complexe hersenmechanismen bestudeert, heeft grote vooruitgang geboekt in het begrijpen van veel neurale processen. Maar subjectief bewustzijn, de essentie van wat het betekent om bewust te zijn, blijft zich onttrekken aan een volledig begrip.

In essentie is neurobiologie het vakgebied dat zich bezighoudt met het ontleden van elk aspect van de hersenen, van de kleinste synaps tot de meest complexe neurale circuits. James Watson, de beroemde medeontdekker van de structuur van DNA, stelde ooit dat 'als je de hersenen begrijpt, je alles begrijpt'. Maar ondanks de enorme vooruitgang die deze wetenschap heeft geboekt, is het begrijpen van de hersenen in relatie tot het bewustzijn een ontmoedigende taak gebleken.

Zenuwcellen, of neuronen, communiceren met elkaar via elektrische en chemische signalen en vormen ingewikkelde netwerken die elke lichamelijke en mentale functie regelen. Maar in de microtubuli, deze kleine cilinders die bestaan uit tubuline-eiwitten, zag Hameroff een buitengewoon potentieel voor het ontstaan van bewustzijn.

Neurobiologie is een tak van de biologie die zich richt op de studie van het zenuwstelsel, met bijzondere aandacht voor de structuur, functies en mechanismen ervan. Deze discipline integreert kennis uit verschillende gebieden zoals moleculaire biologie, fysiologie, anatomie, genetica en biochemie om te begrijpen hoe neuronen en zenuwcircuits functioneren op individueel en collectief niveau.

Het centrale zenuwstelsel (CZS) bestaat uit de hersenen en het ruggenmerg. De hersenen zijn verder onderverdeeld in verschillende regio's, waaronder het cerebellum, de hersenstam en de hersenkwabben (frontaal, pariëtaal, occipitaal en temporaal), elk met een specifieke functionele rol.

Het perifere zenuwstelsel (PNS) omvat alle zenuwen die zich vanuit het centrale zenuwstelsel naar de rest van het lichaam vertakken. Het wordt verder onderverdeeld in het somatische zenuwstelsel (vrijwillige besturing van skeletspieren) en het autonome zenuwstelsel (besturing van onwillekeurige functies zoals hartslag en spijsvertering).

Neurobiologie houdt zich bezig met het begrijpen hoe neuronen communiceren via synapsen om elektrochemische signalen door te geven. Neuronen zijn de functionele basiseenheden van het zenuwstelsel en communiceren via actiepotentialen en neurotransmitters.

Moleculaire neurobiologie bestudeert de moleculaire basis van neuronale functies, waaronder de processen van signaaltransductie en genexpressie binnen neuronen.

Neurofysiologie onderzoekt de functionele eigenschappen van cellen in het zenuwstelsel en de mechanismen van neuronale signaaloverdracht.

Neuroanatomie houdt zich bezig met de fysieke structuur en organisatie van het zenuwstelsel.

Neurogenetica Analyseert de invloed van genen op de ontwikkeling en functie van het zenuwstelsel.

Een van de gebruikte technieken is beeldvorming van de hersenen. Dit omvat een aantal technieken zoals functionele magnetische resonantiebeeldvorming (fMRI), positronemissietomografie (PET) en elektro-encefalografie (EEG) die worden gebruikt om hersenactiviteit te visualiseren en te bestuderen.

Ontdekkingen in de neurobiologie hebben belangrijke gevolgen voor de geneeskunde, met name voor de behandeling van neurologische en psychiatrische aandoeningen zoals Alzheimer, Parkinson, schizofrenie en depressie. Daarnaast is neurobiologie van fundamenteel belang voor de ontwikkeling van geavanceerde technologieën zoals brein-computer interfaces, die een revolutie beloven teweeg te brengen op verschillende gebieden, van motorische revalidatie tot communicatie voor mensen met een handicap.

Samengevat is neurobiologie een interdisciplinair vakgebied dat de mysteries van de hersenen en het zenuwstelsel als geheel probeert te ontrafelen en zo bijdraagt aan een beter begrip van de aard van de geest en de lichaamsfuncties.

Het menselijk brein in de Orch-OR theorie.

In de jaren 1990 stelden de natuurkundige Roger Penrose en de anesthesist Stuart Hameroff een gedurfde en fascinerende theorie voor om het fenomeen van het menselijk bewustzijn te verklaren: de Orch-OR (Orchestrated Objective Reduction) Hypothese. Deze theorie suggereert dat bewustzijn niet simpelweg een product is van neurale activiteit en synapsen, maar eerder een kwantumfenomeen dat de fysieke dimensies van ons lichaam zou kunnen overstijgen.

Aan de basis van de Orch-OR theorie ligt een specifieke biologische structuur die in neuronen wordt aangetroffen: microtubuli. Deze microscopische cilinders, gevormd uit tubuline-eiwitten, zijn niet simpelweg de architraven van het cytoskelet, maar kunnen volgens Hameroff fungeren als kleine natuurlijke kwantumcomputers. Hameroff veronderstelde zelfs dat microtubuli gebruik kunnen maken van superpositieverschijnselen en kwantumverstrengeling, centrale concepten van de kwantumtheorie.

Het functioneren van deze microtubuli zou beïnvloed worden door '*georkestreerde objectieve reducties*' (OR's), processen die Penrose en Hameroff beschrijven als niet willekeurig, maar gevormd door fundamentele invloeden van het weefsel van ruimtetijd. Zullen we ze 'quantum collapses' noemen?

Een van de meest voorkomende bezwaren tegen de Orch-OR theorie is het feit dat het menselijk brein werkt bij temperaturen die volgens veel natuurkundigen te hoog zijn om kwantumcoherentie te ondersteunen. Veel critici hebben het brein beschreven als "te heet, nat en lawaaierig" om complexe kwantumtoestanden lang genoeg in stand te houden om biologisch relevante effecten te produceren.

Recente experimenten hebben de perceptie op dit gebied echter veranderd. Fenomenen van kwantumcoherentie zijn waargenomen in biologische systemen, zelfs bij lichaamstemperaturen, wat een argument is voor de theorie van Penrose en Hameroff. De studie van elektronische efficiëntie in fotosynthetische systemen heeft bijvoorbeeld aangetoond dat planten kwantumprocessen gebruiken om de efficiëntie van het oogsten van lichtenergie te maximaliseren, wat suggereert dat kwantumcoherentie bij hoge temperaturen niet alleen mogelijk is, maar ook biologisch relevant.

De Orch-OR theorie gaat verder dan alleen het verklaren van bewustzijn als een fenomeen dat voortkomt uit neurale activiteit; het gaat zelfs zo ver dat het suggereert dat bewustzijn verbonden kan zijn met een fundamentele structuur van het universum. Penrose stelt dat keuzes in het proces van objectieve reductie worden beïnvloed door een kwantumgeometrie van de werkelijkheid, een zienswijze die het idee oproept van een onsterfelijk bewustzijn dat ons fysieke bestaan overstijgt. Penrose stelt:

> *Bewustzijn is meer dan alleen een combinatie van neurale activiteit. Het kan verbonden zijn met fundamentele en universele fysische processen."*

De hoeksteen van deze visie is 'kwantummeetkunde', een concept dat de werelden van macro en micro omvat, van subatomaire deeltjes en verre sterrenstelsels. Volgens Penrose zou het bewustzijn zich kunnen bevinden in deze interacties op kwantumniveau, wat misschien suggereert dat onze gedachten en gevoelens verweven zijn met het weefsel van het universum zelf.

De Orch-OR theorie van Penrose en Hameroff is een gedurfde poging om kwantumfysica te verenigen met de biologie van het menselijk brein en biedt een mogelijke verklaring voor de aard van het bewustzijn die traditionele opvattingen uitdaagt. Hoewel veel vragen onbeantwoord blijven en de controverses fel worden bediscussieerd, belichaamt de theorie een revolutionaire visie die kan leiden tot een dieper begrip van onze werkelijkheid en misschien wel tot de ontdekking dat bewustzijn in feite een onsterfelijke entiteit is.

Wat microtubuli zijn.

Maar wat zijn microtubuli precies? Microtubuli zijn kleine cilinders, gevormd uit eiwitten genaamd tubuline, die deel uitmaken van het cytoskelet van cellen. Ze zijn cruciaal voor het behoud van de vorm van de cel, celdeling en intracellulair transport. De structuur van microtubuli, fascinerend vanwege zowel de geometrische elegantie als de functionele complexiteit, is vergelijkbaar met die van een ingewikkeld wegenstelsel waarop de moleculaire 'machines' van het leven draaien...

Penrose en Hameroff stelden voor dat microtubuli zouden kunnen functioneren als kleine kwantumcomputers in neuronen. Hun theorie is gebaseerd op het idee dat de golfkarakteristiek van subatomaire deeltjes, zoals gesuggereerd door de kwantummechanica, door microtubuli zou kunnen worden gebruikt om superpositie en verstrengelingsstoestanden te produceren. Deze kwantumverschijnselen zouden volgens de twee wetenschappers ten grondslag liggen aan bewuste processen.

Een belangrijk element dat dit voorstel rechtvaardigt is het unieke vermogen van microtubuli om te bestaan in opeenvolgende kwantumtoestanden, waarbij één deeltje meerdere toestanden tegelijkertijd kan aannemen. Deze kwantumtoestanden kunnen op complexe manieren op elkaar inwerken door middel van verstrengeling, een niet-lokale verbinding waardoor verre deeltjes elkaar ogenblikkelijk kunnen beïnvloeden.

Hameroff beschreef microtubuli als '*drivers op het subneurale niveau van cognitieve en bewuste processen*'. Een cruciaal experiment dat in deze discussie vaak wordt aangehaald is dat van Lothar Schaefer en collega's in 1994, dat de mogelijkheid van kwantumcoherentie op biologisch niveau suggereerde. Ook studies naar de fysische eigenschappen van tubuline-eiwitten, zoals die van Bandyopadhyay en collega's in 2010, laten kwantumoscillaties zien onder gecontroleerde omstandigheden, wat het idee van kwantumprocessen in microtubuli zou kunnen ondersteunen.

Ter ondersteuning van hun theorie benadrukte Penrose vaak de '*verklarende kloof*' van bewustzijn vanuit een puur computationeel perspectief. Volgens hem konden klassieke modellen van de hersenen als een Turing machine de subjectieve ervaring van bewustzijn niet verklaren. De verbinding met de kwantumfysica zou volgens Penrose een mogelijk bevredigend antwoord bieden op deze raadselachtige vraag.

De implicaties van de Orch-OR theorie gaan verder dan de eenvoudige beschrijving van microtubuli. Als het bewustzijn inderdaad gebaseerd zou zijn op kwantumverschijnselen, zou dit kunnen wijzen op een verband met de fundamentele structuur van de werkelijkheid en zelfs de mogelijkheid van een soort 'kwantumonsterfelijkheid' kunnen oproepen. Wanneer subatomaire deeltjes zich in een superpositie bevinden, zouden ze de fysieke dood van de hersenen kunnen overleven, wat impliceert dat een deel van ons bewustzijn zou kunnen blijven bestaan.

Hoewel de theorie niet universeel wordt geaccepteerd en veel neurowetenschappers sceptisch zijn over het vermogen van biologische systemen om kwantumcoherentie te behouden bij lichaamstemperatuur, blijft Orch-OR belangrijke discussies en onderzoek stimuleren op het gebied van cognitieve wetenschap en kwantumfysica. Zoals Penrose zei:

> *"De menselijke geest is een kwantumervaring die geen enkele klassieke machine ooit zou kunnen nabootsen."*

De conclusie is dat microtubuli niet simpelweg functionele cellulaire componenten zijn, maar mogelijke geleiders van onze eigen bewuste essentie. De Orch-OR theorie nodigt ons uit om de mogelijkheid te overwegen dat we, om onze geest echt te begrijpen, verder moeten kijken dan synapsen en neurotransmitters naar de vreemde en wonderbaarlijke wereld van de kwantumfysica.

Hoe kwantum instorting het menselijk bewustzijn vormt.

De aard van het menselijk bewustzijn heeft ontelbare debatten uitgelokt onder wetenschappers, filosofen en denkers van alle tijden. Met de komst van de moderne natuurkunde, en in het bijzonder de kwantumtheorie, zijn er nieuwe perspectieven ontstaan die een vruchtbare bodem vormen voor revolutionaire speculaties en theorieën. Een van de meest besproken en fascinerende theorieën is die van natuurkundige en wiskundige Roger Penrose en anesthesioloog Stuart Hameroff: de theorie die bekend staat als Orch-OR. Deze theorie belicht een fundamenteel onderdeel van ons kwantumuniversum: kwantumcollaps en de mogelijke rol daarvan in de vorming van het menselijk bewustzijn.

Het concept van kwantuminstorting komt uit het hart van de kwantummechanica, een tak van de natuurkunde die het gedrag van deeltjes op oneindig kleine schaal beschrijft. Volgens de kwantummechanica kan een deeltje tegelijkertijd in een superpositie van verschillende toestanden bestaan, een toestand die een '*superpositie*' of '*superpositie*'-toestand wordt genoemd. Wanneer het echter gemeten of waargenomen wordt, '*stort*' het deeltje in slechts één van deze mogelijke toestanden. Deze gebeurtenis, die '*kwantuminstorting*' wordt genoemd, zet waarschijnlijkheden om in definitieve realiteiten.

Volgens de Orch-OR theorie van Penrose en Hameroff bevinden zich in onze neuronen piepkleine eiwitstructuren, microtubuli genaamd, die door hun configuratie kunnen fungeren als kwantumeenheden die superposities kunnen handhaven. Wanneer de ineenstorting van deze kwantumtoestanden in microtubuli plaatsvindt, wordt wat zij noemen een '*bewust moment*' gegenereerd. Met andere woorden, het menselijk bewustzijn zou ontstaan uit een reeks microscopische kwantuminstortingen die in de hersenen plaatsvinden.

Microtubuli zijn cilindrische structuren gevormd door eiwitten genaamd tubulinen, die het skelet van cellen vormen en een cruciale rol spelen bij de celdeling en neuronale structuur. Penrose en Hameroff beweren dat deze structuren niet slechts passieve cellulaire componenten zijn, maar kunnen fungeren als piepkleine 'kwantumcomputers' die informatie kunnen verwerken op kwantumniveau.

Het idee is dat tubulines binnen microtubuli in superpositie toestanden kunnen bestaan en dat door het proces van kwantumcollaps deze superposities in gedefinieerde toestanden uiteenvallen en zo de fenomenen genereren die we waarnemen als gedachten, gevoelens en bewustzijn. Deze revolutionaire kijk op bewustzijn als een kwantumverschijnsel impliceert dat microtubuli oneindig veel complexer en essentiëler zijn voor ons begrip van de geest dan we ons ooit hadden kunnen voorstellen.

De theorie van Penrose en Hameroff is zeker gewaagd en biedt een vernieuwende kijk op de mechanismen die aan bewustzijn ten grondslag liggen. Hoewel het debat nog lang niet beslecht is, blijft het idee van kwantum instorting als een generator van bewustzijn de discussie en het onderzoek stimuleren. Als bewustzijn kan worden verklaard door middel van kwantumprocessen, zou dit onverwachte deuren kunnen openen naar het begrip van het zelf en de geest, en mogelijk naar de mogelijkheid dat bewustzijn voorbij de fysieke dood kan bestaan en op kwantumniveau verbonden is met het universum.

Concluderend kan gesteld worden dat het onderzoeken van de manier waarop kwantuminstorting het menselijk bewustzijn kan vormen een reis is naar de grenzen tussen natuurkunde, biologie en filosofie. Hoewel we nog ver verwijderd zijn van een definitieve demonstratie, nodigt deze theorie ons uit om onszelf niet alleen als biologische wezens te beschouwen, maar als entiteiten die onlosmakelijk verbonden zijn met de kwantumdiepten van het universum.

Orch-OR theorie. De basis.

In het enorme landschap van bewustzijnstheorieën komt één voorstel met de kracht van een bliksemschicht naar voren: de Orch-OR theorie, of *'Georkestreerde Objectieve Reductie'.* Deze gedurfde en revolutionaire theorie probeert kwantumfysica en neurowetenschap te combineren om een verklaring te geven voor de oorsprong van bewustzijn, door te suggereren dat het een aangeboren kwantumfenomeen zou kunnen zijn, in plaats van voort te komen uit puur klassieke neurale processen.

Om de originaliteit van Orch-OR volledig te begrijpen, is het nodig om in de conceptuele fundamenten van de theorie te duiken. Roger Penrose, bekend om zijn bijdragen aan de natuurkunde en wiskunde zoals de zwarte gat theorie en Gödel's onvolledigheidstheorie, opperde het idee dat de menselijke geest niet volledig verklaard kon worden door computationele algoritmen. Penrose beargumenteerde in zijn boek "*The Emperor's New Mind*" (1989) dat bewustzijn natuurkundige fenomenen met zich meebrengt die niet berekend kunnen worden, waarschijnlijk gerelateerd aan kwantumfysica.

Door samen te werken met Stuart Hameroff, een anesthesist en onderzoeker op het gebied van neurale microstructuren, kregen deze abstracte ideeën een praktische vorm. Hameroff was vooral gefascineerd door microtubuli, cilindrische structuren die in neuronen worden aangetroffen en die volgens hem fundamenteel zijn voor cognitieve processen. Microtubuli, klein maar complex, zijn opgebouwd uit eiwitten die tubulinen worden genoemd en Hameroff suggereerde dat ze de rol van natuurlijke 'kwantumcomputers' zouden kunnen spelen, die superpositie en kwantumverstrengeling kunnen gebruiken om informatie te verwerken.

Orch-OR beweert volgens zijn voorstanders dat bewustzijn voortkomt uit '*georkestreerde* objectieve reducties' (OR's) binnen de microtubuli van neuronen. Deze reducties, fenomenen waarbij een kwantumsuperpositie instort in een bepaalde toestand, zouden worden georkestreerd door de structuur en dynamica van de hersenen. Penrose stelde voor dat deze reducties niet willekeurig waren, maar eerder bestuurd werden door fundamentele spatio-temporele invloeden die teruggaan tot de structuur van het universum.

Verschillende experimenten en observaties begonnen voorlopig licht op deze ideeën te werpen. Hameroff haalde bijvoorbeeld waarnemingen aan van kwantum coherentie in biologische systemen bij lichaamstemperatuur, een context waarin je eerder zou verwachten dat kwantum decoherentie zou domineren. Bovendien suggereerden laboratoriumexperimenten, zoals die uitgevoerd door Anirban Bandyopadhyay aan het RIKEN Brain Science Institute, dat microtubuli kwantumcoherente toestanden lang genoeg in stand konden houden om functioneel te zijn voor hersenprocessen.

De theorie ontsnapte echter niet aan zware kritiek. Veel neurowetenschappers en natuurkundigen zetten vraagtekens bij de coherentie van kwantumverschijnselen in de hete, vochtige omgeving van de hersenen, die gekenmerkt wordt door snelle decoherentie. Critici zoals Max Tegmark stelden dat de hersenen eenvoudigweg te 'heet, nat en lawaaierig' zijn om coherente kwantumtoestanden gedurende biologisch relevante perioden in stand te houden.

Penrose en Hameroff bleven hun theorie verfijnen, kregen te maken met kritiek en stelden voor dat bepaalde omstandigheden in microtubuli bescherming zouden kunnen bieden tegen decoherentie. In 2014 publiceerden Hameroff en Penrose een belangrijke update met nieuwe bevindingen over elektronenresonantie in microtubule-eiwitten om te beargumenteren dat kwantumeffecten inderdaad kunnen plaatsvinden onder biologische omstandigheden.

Naast de wetenschappelijke implicaties heeft Orch-OR ook fascinerende filosofische reflecties in zich. Als bewustzijn inderdaad verankerd is in fundamentele kwantumprocessen, zou dit dan een soort 'onsterfelijkheid' van bewustzijn op kwantumniveau kunnen impliceren? De verbinding van de theorie met bredere concepten zoals David Bohm's 'implicate orde' geeft een gevoel van universele onderlinge verbondenheid en, mogelijk, eeuwige terugkeer...

Concluderend kan gesteld worden dat de Orch-OR theorie van Roger Penrose en Stuart Hameroff een gedurfde en speculatieve grens vertegenwoordigt in de zoektocht naar bewustzijn.

Diversiteit van het denken van Stapp en Penrose over kwantumbewustzijn.

In de afgelopen decennia heeft de wetenschap de deur opengezet voor een vurig debat waarin kwantumfysica en bewustzijn met elkaar verweven zijn. Twee van de meest prominente hoofdrolspelers in deze discussie zijn Henry Stapp en Roger Penrose, wier theorieën aanzienlijk uiteenlopen maar toch een gemeenschappelijk doel hebben: de aard van het bewustzijn begrijpen. Hoewel beiden de raakvlakken tussen kwantummechanica en geest onderzoeken, verschillen hun benadering en conclusies aanzienlijk.

Henry Stapp, een eminent theoretisch natuurkundige, benadrukte de mogelijkheid dat het bewustzijn een eeuwig bestaande immateriële entiteit is, waarbij hij de wetenschappelijke kijk integreerde met de filosofische en soms spirituele. Stapp sluit zich aan bij een stroming in het denken volgens welke geest niet simpelweg een product is van neuronale interacties, maar een fundamentele realiteit van het universum. Door zijn interpretatie van de kwantummechanica stelt Stapp dat het bewustzijn een daadwerkelijke causale rol speelt in de subatomaire dynamica, waarbij het veranderingen in de besluitvorming in het kwantumuniversum zelf beïnvloedt. Deze zienswijze breidt de functie van de menselijke geest uit tot meer dan alleen een passieve waarnemer, en verandert hem in een actieve agent die interacteert met de fysieke werkelijkheid.

Roger Penrose daarentegen ontwikkelde in samenwerking met neurobioloog Stuart Hameroff de theorie van Orchestrated Objective Reduction (Orch-OR). Volgens deze theorie zouden kwantumprocessen die plaatsvinden in microtubuli, structuren binnen neuronale cellen, ten grondslag liggen aan het bewustzijn. Penrose en Hameroff stellen voor dat bewustzijn voortkomt uit kwantumcomputatie en een soort kwantumpenetratie in neuronale functionaliteit vertegenwoordigt. In tegenstelling tot Stapp kent Penrose echter geen immateriële of spirituele eigenschappen toe aan het bewustzijn, maar ziet hij het eerder als een kwantumfysisch fenomeen dat theoretisch verklaard en geanalyseerd kan worden door middel van natuurkunde.

Een van de belangrijkste verschillen tussen Stapp en Penrose ligt in de visie op de uiteindelijke aard van het bewustzijn. Stapp ziet het bewustzijn als een niet-lokale, immateriële entiteit die niet alleen onafhankelijk van het fysieke brein bestaat, maar ook de biologische dood overleeft, wat overeenkomt met een potentieel onsterfelijke kijk op de ziel. Penrose erkent dat het bewustzijn wortels heeft in de kwantummechanica, maar waagt zich niet aan overleving na de dood, hoewel dit niet wordt ontkend, waardoor de vraag naar bewustzijn na het fysieke leven open blijft.

Qua methodologie hanteert Stapp een interdisciplinaire benadering die filosofie, natuurkunde en soms spirituele elementen omvat, waarbij hij probeert aspecten van de wetenschap te verzoenen met eeuwenoude inzichten in de ziel en de immaterialiteit van het bewustzijn. In plaats daarvan gebruikt Penrose een rigoureuze wetenschappelijke methodologie, zoekt hij empirisch bewijs voor zijn theorie in hersenprocessen en bestudeert hij hoe de wetten van de fysica complexe cognitieve verschijnselen kunnen verklaren. Desondanks schrikt Penrose er niet voor terug om te stellen:

> *"De kwantumtoestanden van superpositie en coherentie van de menselijke geest zouden gekoppeld kunnen worden aan informatiestructuren in het universum zelf, wat een soort onsterfelijkheid van het bewustzijn impliceert".*

Deze benadering sluit geen nieuwe perspectieven uit op hoe we ons huidige leven leven, in de context van een mogelijk eeuwig bestaan op kwantumniveau.

Tot slot lopen de toepassingen van hun theorieën in het menselijk begrip sterk uiteen. De implicaties van het werk van Stapp bieden een kijk op de geest die een bredere betekenis geeft aan het menselijk bestaan en het doel van het leven, en raakt aan existentiële en spirituele kwesties. Omgekeerd zouden Penrose's theorieën, indien bevestigd, een revolutie teweegbrengen in ons begrip van de hersenen en nieuwe wegen kunnen openen in de behandeling van neurodegeneratieve ziekten en de creatie van kunstmatige intelligenties geïnspireerd door de kwantumwerking van de menselijke geest.

Concluderend kunnen we stellen dat Henry Stapp en Roger Penrose twee pijlers vormen van een fascinerende en complexe discussie. Hun verschillen bieden een breed en divers beeld van de mogelijke oorsprong van bewustzijn en stimuleren een voortdurende dialoog tussen natuurkundigen, filosofen en neurowetenschappers. Onderzoek naar kwantumbewustzijn lijkt dus voorbestemd om verder te gaan langs verschillende maar onderling verbonden paden, waarbij rigoureus wetenschappelijk onderzoek wordt gecombineerd met diepere filosofische en existentiële reflecties.

David Bohm en de impliciete orde.

David Bohm was een in Amerika geboren theoretisch natuurkundige wiens revolutionaire ideeën over kwantumfysica en de aard van het bewustzijn een onuitwisbare stempel hebben gedrukt op de geschiedenis van de wetenschap. Geboren op 20 december 1917 in Wilkes-Barre, Pennsylvania, groeide Bohm op in een Joods immigrantengezin van Hongaarse afkomst. Zijn academische carrière begon aan de Universiteit van Californië, Berkeley, waar hij afstudeerde in natuurkunde en later promoveerde onder toezicht van Robert Oppenheimer, de vader van de atoombom.

Tijdens de jaren 1930 en 1940, een turbulente tijd voor de Verenigde Staten en de wereld als geheel, kwam Bohm dichter bij het marxisme, aangetrokken door het idee van een rechtvaardigere en rechtvaardigere samenleving. Tijdens de Tweede Wereldoorlog, toen hij werkte aan het *Manhattan* Project, werd Bohm actief in linkse groeperingen en kwam hij dicht bij een officieel lidmaatschap van de Communistische Partij. Deze politieke connectie, in een tijd van toenemende spanning en achterdocht tijdens de Koude Oorlog, zou fataal zijn voor zijn carrière in de Verenigde Staten.

De belangrijkste episode van deze fase vindt plaats in 1949, tijdens het proces tegen Edward Condon, een andere wetenschapper die wordt beschuldigd van communistische activiteiten. Bohm wordt opgeroepen om te getuigen, maar met een beroep op het Vijfde Amendement weigert hij vragen te beantwoorden over zijn politieke associaties in het verleden. Deze beslissing leidt tot zijn arrestatie, hoewel hij later wordt vrijgesproken. De gevolgen zijn echter desastreus: zijn academische status aan Princeton University komt in gevaar en hij wordt gedwongen de Verenigde Staten te verlaten.

Gedwongen om werk in het buitenland te zoeken, verhuisde Bohm in 1951 naar Brazilië, waar hij een hoogleraarschap aanvaardde aan de Universiteit van São Paulo. Hier ging hij, ondanks aanvankelijke moeilijkheden en een verre van stabiel politiek klimaat, door met het ontwikkelen van zijn innovatieve ideeën over kwantumfysica. Een interessante anekdote gaat over het moment waarop de grote natuurkundige Albert Einstein, met wie Bohm een hechte vriendschap was aangegaan op Princeton, hem probeerde te helpen om terug te keren naar de Verenigde Staten, maar zonder succes.

In 1955 aanvaardde Bohm een positie aan de Universiteit van Bristol in Engeland, waar hij zijn studie voortzette. Hier ontwikkelt hij zijn theorie van impliciete orde, een revolutionair concept dat het traditionele begrip van kwantummechanica uitdaagt. Het centrale idee is dat elk aspect van de werkelijkheid eigenlijk een manifestatie is van een diepere, impliciete orde die kan worden 'ontvouwd' of 'expliciet gemaakt' door observatie en interactie.

Het werk van Bohm bereikt een hoogtepunt met de publicatie van zijn boek '*Wholeness and the Implicate Order*' (1973), waarin hij zijn theorieën in detail uiteenzet. Hij suggereert dat het universum niet uit afzonderlijke delen bestaat, maar een continu geheel is waarin elk deel het geheel weerspiegelt. Dit concept heeft ook diepgaande implicaties voor de conceptie van bewustzijn. Bohm stelt voor dat het bewustzijn zelf deel zou kunnen uitmaken van de impliciete orde, een opvatting die verder gaat dan de grenzen van de klassieke ruimte-tijd.

Bohm's politieke ideeën en zijn gedwongen ballingschap hebben zijn wetenschappelijke werk diepgaand gevormd. Doordat hij gemarginaliseerd werd uit de academische hoofdstroom, kon hij misschien radicale concepten verkennen en verder denken dan de conventionele grenzen. Zijn theorieën zijn echter niet altijd geaccepteerd door de mainstream wetenschappelijke gemeenschap. Ondanks zijn fundamentele bijdrage aan de natuurkunde bleven veel van de ontwikkelingen van zijn ideeën tot in de laatste decennia van de 20e eeuw in de marge van het reguliere onderzoek.

David Bohm is een complexe figuur, een wetenschappelijke vernieuwer en diepzinnig denker wiens leven werd gekenmerkt door politieke en academische spanningen. Zijn theorie van de impliciete orde heeft nieuwe denksporen geopend, niet alleen in de natuurkunde, maar ook in de filosofie van de geest. In een wereld die vaak nog steeds worstelt met het begrijpen van de ware aard van bewustzijn, blijven de ideeën van Bohm een uniek en fascinerend perspectief bieden, dat een holistische kijk op de werkelijkheid integreert die conventionele scheidingen tussen geest en materie uitdaagt.

Samengevat herinneren het leven en werk van David Bohm ons eraan dat wetenschap, net als bewustzijn, een voortdurende reis is, vol ontdekkingen, worstelingen en verlichtingen, en dat wijsheid vaak uit de meest onverwachte richtingen kan komen.

David Bohm en de kwantumpotentiaal.

David Bohm, een van de meest raadselachtige en visionaire theoretische natuurkundigen van de 20e eeuw, stelde een visie op het universum voor die diep fascinerend was en radicaal verschilde van het traditionele begrip. Bohm, geboren in 1917, doorliep verschillende stadia van wetenschappelijk denken en liet een onuitwisbare indruk achter met zijn theorie van de kwantumpotentiaal. Maar wat dreef hem naar deze ideeën? Wat zijn de fundamentele concepten van deze theorie en hoe houden ze verband met het idee van kwantumbewustzijn als een onsterfelijke entiteit?

David Bohm werd in de wetenschappelijke gemeenschap niet alleen beroemd door zijn bijdragen aan de kwantummechanica, maar ook door zijn filosofische ideeën die de wetenschap probeerden te verenigen met een dieper begrip van de werkelijkheid. Zijn theorie van het kwantumpotentieel is gebaseerd op een radicale herziening van het standaardmodel van de kwantummechanica en stelt een holistische en onconventionele kijk op de werkelijkheid voor.

Bohm's uitgangspunt was het concept 'kwantumpotentiaal' dat voor het eerst werd geïntroduceerd in de jaren 1950. In samenwerking met Basil Hiley ontwikkelde Bohm een alternatieve benadering van de kwantummechanica, die bekend staat als de *Bohm-interpretatie* of '*Bohmiaanse mechanica*'. Deze interpretatie wijkt duidelijk af van de orthodoxe Kopenhagen-visie door voor te stellen dat kwantumdeeltjes welomschreven posities en snelheden hebben, geleid door een onzichtbare 'stuurgolf'.

Bohm wilde Einsteins twijfels over kwantum-non-lokaliteit ondersteunen. Simpel gezegd, als deeltjes geleid zouden worden door 'pilootgolven' die inherent zijn aan het 'kwantumpotentieel', dan zou onbepaaldheid verdwijnen.

Het kwantumpotentieel.

Een van de pijlers van het kwantumpotentieel is het concept van niet-lokaliteit. In tegenstelling tot de relativiteit, die ervan uitgaat dat geen enkel signaal sneller kan reizen dan het licht, geloofde Bohm dat er op kwantumniveau een onmiddellijk verband bestond tussen ver verwijderde deeltjes. Volgens Bohm traden niet-lokale effecten echter op als gevolg van de kwantumpotentiaal, d.w.z. op deterministische wijze. In de praktijk zou de kwantumpotentiaal de mysterieuze 'verborgen variabele' kunnen vertegenwoordigen waarop Einstein zich beriep.

Impliciete en expliciete volgorde.

Bohm maakt onderscheid tussen twee niveaus van werkelijkheid: de impliciete orde en de expliciete orde. De expliciete orde is wat we dagelijks zien en ervaren, gekenmerkt door de wetten van de klassieke fysica. De impliciete orde daarentegen is een verborgen domein waarin alle kwantummogelijkheden bestaan in een ongemanifesteerd potentieel. Bohm was ervan overtuigd dat het bewustzijn zelf nauw verbonden was met deze impliciete orde, wat suggereert dat de werkelijkheid die we waarnemen slechts een klein deel is van een veel complexer en fundamenteler weefsel.

Proefgolf.

In het Bohmiaanse model worden deeltjes geleid door een informatieveld dat een 'pilootgolf' wordt genoemd. Dit veld draagt geen energie, maar informeert het deeltje hoe het moet bewegen. Dit is een radicaal andere kijk dan de traditionele kwantummechanica, die subatomaire onderwerpen tegelijkertijd als golven en deeltjes beschrijft.

Bohm's ideeën vonden zowel bijval als kritiek onder zijn tijdgenoten. Richard Feynman en John Bell erkenden bijvoorbeeld de diepgang van zijn theorieën, maar bleven sceptisch over hun vermogen om de traditionele kwantummechanica te vervangen. Andere wetenschappers en filosofen, zoals Karl Pribram, die de holografische theorie van de geest ontwikkelde, hebben zich echter laten inspireren door de ideeën van Bohm om de aard van de geest en de psyche te verkennen.

In de populaire cultuur en literatuur zijn Bohm's ideeën in verschillende contexten verkend, van Fritjof Capra's boek '*The Tao of Physics*', dat kwantumfysica koppelt aan Oosterse filosofieën, tot fictieve werken waarin parallelle universa en transcendente verbindingen tussen materie en bewustzijn worden verbeeld.

De kwantumpotentiaaltheorie van David Bohm is een van de meest gedurfde en fascinerende pogingen om de werkelijkheid op een dieper niveau te begrijpen. Hoewel het in de wetenschappelijke mainstream op weerstand en kritiek is gestuit, blijft het mensen inspireren die op zoek zijn naar diepere verbanden tussen natuurkunde, bewustzijn en de aard van het universum.

Impliciet bevel en expliciet bevel. .

De begrippen 'impliciete orde' en 'expliciete orde' komen naar voren als centrale concepten in het Bohmiaanse denken en werpen licht op een nieuw wereldbeeld dat de beperkingen van de klassieke fysica overstijgt.
David Bohm introduceerde de begrippen 'impliciete orde' en 'expliciete orde' om de diepe, onderliggende natuur van de kosmos te verklaren. In zijn essay '*Wholeness and the Implicate Order*' beschrijft Bohm de expliciete orde als de wereld van externe verschijnselen, alles wat direct waarneembaar en meetbaar is. Het is de manifeste werkelijkheid die we dagelijks waarnemen. De implicate orde daarentegen vertegenwoordigt een dieper, verborgen niveau van de werkelijkheid, een enorm reservoir van mogelijkheden, informatie en energieën die zich ontvouwen om waarneembare verschijnselen te doen ontstaan.
Volgens Bohm is wat zich voordoet als een eindig fysiek object in de expliciete orde eigenlijk een emanatie van de impliciete orde, waar alles zodanig met elkaar verbonden is dat ruimtelijke en temporele scheiding illusoir is. Deze holistische visie suggereert dat het universum functioneert als een groot hologram, waarin elk deel de informatie van het geheel bevat.
Bohm's beroemde interpretatie van de kwantummechanica is onlosmakelijk verbonden met de EPR-paradox (Einstein-Podolsky-Rosen) en het Bell-experiment dat Alain Aspect in 1982 uitvoerde. In dit experiment werd aangetoond dat verstrengelde deeltjes, hoewel ruimtelijk gescheiden, ogenblikkelijk met elkaar leken te communiceren, wat in strijd was met het localiteitsprincipe. Deze resultaten versterkten Bohm's stelling dat het universum niet verdeeld is in onafhankelijke entiteiten, maar in één enkele, onderling verbonden werkelijkheid.
En het is precies in deze onderlinge verbondenheid dat de onsterfelijkheid van het bewustzijn zichtbaar wordt: als alles deel uitmaakt van een kosmisch hologram, dan is het bewustzijn niet beperkt in tijd en ruimte. Het is een entiteit die deelneemt aan de impliciete orde en voortdurend door verschillende vormen van manifestatie in de expliciete orde stroomt.
Bohm gebruikte de analogie van de 'inktdruppel' om de onderlinge relatie tussen impliciete en expliciete orde te beschrijven. Stel je een inktdruppel voor die in een transparante viskeuze vloeistof valt. Tijdens het roeren zal de inkt zich gelijkmatig verspreiden in de vloeistof, waardoor hij schijnbaar onzichtbaar wordt (impliciete orde). Als de beweging wordt omgekeerd, zal de inkt opnieuw samenklonteren en weer zichtbaar worden (impliciete orde). Dit visuele voorbeeld illustreerde hoe informatie in een potentiële toestand kan bestaan en vervolgens in een waarneembare vorm kan verschijnen.
De implicaties van Bohm's theorie zijn enorm en revolutionair. Hedendaags onderzoek in de neurowetenschappen en de kwantumfysica blijft de verbanden tussen

geest en materie onderzoeken en probeert te begrijpen hoe informatie en bewustzijn deel kunnen uitmaken van een grotere kosmische orde.

Het werk van David Bohm nodigt ons uit om de basis van de werkelijkheid en het bewustzijn te heroverwegen. Het idee van een impliciete orde, waarin alles met elkaar verbonden is, spoort ons aan om het universum niet te zien als een verzameling losse onderdelen, maar als een geïntegreerd geheel. En in dit geheel zou het bewustzijn zijn thuis kunnen vinden, de grenzen van tijd en ruimte overstijgen en in zekere zin onsterfelijk worden.

Bohm's onderzoek herinnert ons aan onze aangeboren nieuwsgierigheid en voortdurende zoektocht naar betekenis in het universum. Zoals Bohm zelf zei:

> *"De scheiding tussen de mens en zijn kosmische beeld is aan het verdwijnen. We ontdekken een nieuwe orde in de menselijke activiteit en de natuur".*

En in deze ontdekking vinden we misschien eindelijk de intieme verbinding tussen ons bewustzijn en de hele kosmos, waardoor we de alomtegenwoordigheid van een onsterfelijke entiteit waarnemen: de essentie van ons bewustzijn.

Analogieën tussen Bohm's implicate order theorie en andere filosofische metafysische theorieën.

Wanneer we ons wagen aan de studie van theorieën die de fundamentele aard van werkelijkheid en bewustzijn onderzoeken, dompelen we onszelf onder in een ingewikkeld en fascinerend web van ideeën die reiken van de kwantumfysica tot de grenzen van de filosofie en metafysica. De implicate order theorie van David Bohm biedt een uniek en revolutionair perspectief dat niet alleen ons begrip van de kosmos herdefinieert, maar ook een verrassende weerklank vindt bij veel oude en hedendaagse filosofische en metafysische theorieën.

David Bohm stelde het idee voor van een universum waarin de gemanifesteerde orde (expliciete orde) het zichtbare en tastbare aspect is, terwijl een diepere en verborgen orde (impliciete orde) de onderliggende textuur van de werkelijkheid vertegenwoordigt. In deze visie komt de tastbare werkelijkheid voort uit een zee van mogelijkheden en relaties waarin elk element verbonden is met een groter geheel. Deze holistische theorie sluit aan bij veel filosofische en metafysische tradities die al eeuwenlang soortgelijke concepten onderzoeken.

Een van de meest directe analogieën is te vinden in de Vedantische filosofie van het hindoeïsme, waar het concept Brahman centraal staat. Brahman wordt beschreven als de ultieme, onveranderlijke en alles doordringende essentie van de wereld, waaruit alles voortkomt en waarnaar alles terugkeert. Net als Bohm's impliciete orde is Brahman een verenigende realiteit die ten grondslag ligt aan de schijnbare veelheid van het universum. Shankaracharya, de grote Vedantische filosoof uit de 8e eeuw, stelde dat het fenomenale universum slechts een tijdelijke manifestatie is van een stabiele en eeuwige hogere werkelijkheid, een buitengewone parallel met de ideeën van Bohm.

Op dezelfde manier sprak de Neo-Platonische filosoof Plotinus (204-270 n.Chr.) over het Ene, een opperste en ondeelbare werkelijkheid waar alles uit voortkomt en waar alles nauw mee verbonden is. Volgens Plotinus is de 'Ene' het fundamentele principe waaruit alle mentale en fysieke realiteiten voortkomen, een directe analogie met Bohm's impliciete orde. Plotiniaanse emanaties herinneren in feite aan het idee dat de manifeste wereld (expliciete orde) een uitdrukking is die is afgeleid van een dieper, verenigd substraat (impliciete orde).

Een ander belangrijk raakpunt is te vinden in de filosofie van Baruch Spinoza (1632-1677), die een monistische kijk op het universum voorstelde. Spinoza stelde dat er maar één substantie is, God of Natuur (*Deus sive Natura*), waaruit alle dingen voortkomen. Net als Bohm's impliciete orde, is Spinoza's enkele substantie de ultieme realiteit die alles wat bestaat omvat en verbindt, waardoor de scheidslijnen tussen geest en materie, subject en object verdwijnen.

In de kwantumfysica liet het concept van niet-scheidbaarheid, beroemd geworden door de experimenten van Alain Aspect in de jaren 1980, zien hoe verstrengelde deeltjes gecorreleerd blijven ongeacht de afstand. Dit fenomeen is een voorbeeld van hoe Bohm's impliciete orde terug te vinden is in de moderne natuurkunde: de werkelijkheid die we ervaren is slechts het topje van een ijsberg, met diepe, onzichtbare verbindingen die het onderliggende weefsel van het universum weven.

Stuart Hameroff en Roger Penrose stelden met hun Orch-OR (Orchestrated Objective Reduction) theorie voor dat bewustzijn voortkomt uit kwantumprocessen. Deze theorie suggereert dat bewustzijn niet simpelweg een biologisch epifenomeen is, maar een fundamenteel kenmerk van het universum dat zou kunnen interageren met de impliciete orde die Bohm schetste. In die zin zou het menselijk bewustzijn gezien kunnen worden als een lokale manifestatie van een universeel kosmisch bewustzijn, waarmee het idee van bewustzijn als een onsterfelijke en alles doordringende entiteit in stand wordt gehouden.

Carl Jung, een Zwitserse psychoanalyticus uit de 20e eeuw, introduceerde het idee van een collectief onbewuste, een reservoir van ervaringen en archetypes die de hele mensheid gemeen heeft. Net als Bohm geloofde Jung dat onder de oppervlakte van het individuele bewustzijn een gedeelde en onderling verbonden werkelijkheid schuilgaat. Jung beschrijft het collectieve onbewuste als een soort universeel archief van symbolen en mythen die het menselijk gedrag diepgaand beïnvloeden.

e analogie met Bohm's impliciete orde komt naar voren in de perceptie van een onderliggend niveau van werkelijkheid dat de fenomenale wereld informeert. Terwijl voor Jung het collectieve onbewuste bevolkt wordt door archaïsche en symbolische beelden, bevat voor Bohm de impliciete orde alle potentiële configuraties van het universum, klaar om zich te ontvouwen in de expliciete orde. Deze overeenkomst suggereert dat ons begrip van onszelf en het universum intrinsiek verbonden kan zijn met diepe, universele structuren.

In de spirituele tradities van het hindoeïsme en boeddhisme wordt Akasha beschouwd als het etherische principe dat alles wat bestaat doordringt. De oude Sanskriet term duidt een alles doordringend veld aan waarin alle informatie en energieën van het universum zijn opgeslagen. De Akasha wordt vaak omschreven als het "*geheugen van de kosmos*", een analogie die verrassend veel weerklank vindt bij Bohm's impliciete orde.

Bohm stelde zich zijn impliciete orde voor als een uitgestrekt en complex veld waarin elk deeltje en elke gebeurtenis impliciet met elkaar verbonden zijn. Net zoals de Akasha dient als een opslagplaats voor alle ervaringen uit het verleden, het heden en de toekomst, biedt het concept van impliciete orde een visie op het universum waarin alles voortdurend dynamisch met elkaar verbonden is. De kwantumfysica, met haar notie van verstrengeling en niet-lokaliteit, versterkt dit parallellisme nog en suggereert dat Bohm's 'web' inderdaad zou kunnen overeenkomen met de Akasha die Oosterse wijzen duizenden jaren geleden beschreven.

Een van de meest iconische beelden met betrekking tot deze ordening is dat van het holografische universum. Bohm verkende samen met neurowetenschapper Karl Pribram het idee dat het universum vergelijkbaar zou kunnen zijn met een reusachtig hologram, waarin elk deel de informatie van het geheel bevat. Deze visie werd verder onderzocht door hedendaagse natuurkundigen zoals Leonard Susskind en Gerard 't Hooft, die het holografische principe formuleerden om de aard van kwantumzwaartekracht te verklaren.

In een hologram bevat elk fragment, hoe klein ook, de hele afbeelding, net als in Bohm's impliciete orde, waar elk punt in het universum de totaliteit van informatie bevat. Dit holografische model is niet alleen een 'mooie metafoor', maar komt ook terug in de snaartheorie en in meer recente hypotheses in de theoretische natuurkunde. Het LIGO-experiment met de detector voor zwaartekrachtgolven heeft bijvoorbeeld nieuwe perspectieven geopend op de aard van de werkelijkheid en suggereert dat er mogelijk een onderliggende 'code' is die het universum bestuurt, net als een hologram.

David Bohm legde met zijn theorie van de impliciete orde niet alleen de basis voor een nieuw begrip van de kwantumfysica, maar creëerde ook diepgaande raakvlakken met oude en moderne metafysische theorieën. Vergelijking met het collectieve onbewuste van Jung, de Akasha van het hindoeïsme en boeddhisme en het concept van een holografisch universum onthult een gemeenschappelijk web van onderlinge verbondenheid en diepte. Deze visie brengt niet alleen de exacte wetenschappen dichter bij de menselijke en spirituele wetenschappen, maar nodigt ons ook uit om na te denken over de aard van het bewustzijn, de werkelijkheid en het universum. In een tijd waarin de grenzen tussen wetenschap en spiritualiteit steeds vager lijken te worden, vormt Bohm's nalatenschap een cruciale brug om deze onontgonnen gebieden van het menselijke en kosmische bestaan te verkennen.

David Bohm zelf was zich bewust van de diepe resonanties van zijn theorie met verschillende filosofische tradities. In een van zijn meest verhelderende uitspraken stelde hij:

> *"Het geheel is in de betrokken orde, de kosmos onafscheidelijk. Alle fenomenen nemen deel aan deze orde en elke manifestatie is een gedeeltelijke weergave van de diepere eenheid".*

Dit perspectief verbreedt niet alleen ons begrip van de kosmos, maar ook van onze eigen natuur als bewuste wezens.

Natuurkundige en filosoof Henry Stapp, wiens onderzoek de implicaties van kwantummechanica voor de theorie van de geest heeft onderzocht, wees erop dat:

"Bohm's concepten bieden een kader waarbinnen bewustzijn kan worden gezien als een essentieel onderdeel van de structuur van de werkelijkheid".

De reis door de analogieën tussen David Bohm's theorie van de impliciete orde en andere metafysische en filosofische theorieën nodigt ons uit om een universum te overwegen dat meer geïntegreerd en verbonden is dan de gewone waarneming doet vermoeden. Het idee van een diepe en verenigende werkelijkheid, waaruit alle manifestaties van de kosmos voortkomen, is niet alleen een krachtig wetenschappelijk inzicht, maar ook een brug naar oude en gerespecteerde denktradities.

Kwantumbewustzijn, gezien als een onsterfelijke entiteit, presenteert zichzelf dus niet alleen als een plausibele uitbreiding van moderne natuurkundige theorieën, maar ook als een voortzetting van een rijke erfenis aan filosofische ideeën die sinds mensenheugenis een antwoord hebben gezocht op het grote raadsel van het bestaan. In dit licht biedt het werk van Bohm ons een frisse en diepgaande manier om onze verbondenheid met het universum te begrijpen, door te suggereren dat de essentie van ons bewustzijn niet beperkt is, maar deel uitmaakt van een eeuwige en oneindige kosmische dans.

Bohm's benadering van anmatheorieën en oosterse filosofie.

Maar wat brengt een kwantumfysicus ertoe om zich te interesseren voor Oosterse filosofie en anma-theorieën? Om deze vraag te beantwoorden is het essentieel om Bohm's intellectuele reis en zijn ontmoeting met Oosterse wijsheidstradities te onderzoeken.

David Bohm begon zijn carrière in de laboratoria van de kwantumfysica, waar zijn werk aan de theorie van kwantumpotentialen hielp om fundamentele concepten van de kwantummechanica opnieuw te definiëren. Zijn wetenschappelijke visie was echter breder dan de strikt gedefinieerde grenzen van de natuurkunde. Al in de late jaren 1950 was Bohm op zoek naar verbanden die de werkelijkheid konden verklaren in termen van een ongedeelde totaliteit. Dit pad leidde hem onvermijdelijk naar Oosterse filosofieën, die bekend staan als syncretisch en geïntegreerd.

Zijn intellectuele ontmoeting met Jiddu Krishnamurti in de jaren 1960 was beslissend. Krishnamurti, een in India geboren spiritueel denker en spreker, had een radicale benadering van het begrip van geest en bewustzijn. Hun veelvuldige discussies, gedocumenteerd in een reeks gepubliceerde dialogen, stelden Bohm in staat om zich bezig te houden met concepten als 'Atman', in het Westen vaak vertaald als '*ziel*' of '*geest*', maar dat een veel bredere betekenis heeft en diep geworteld is in de Vedische traditie.

Een van de interessantste momenten van hun ontmoetingen is vastgelegd in *The Ending of Time* (1985), een verzameling van hun belangrijkste gesprekken. In één passage bespreekt Bohm met Krishnamurti het idee van het universum als een geheel waarin elk deel de hele orde bevat, een concept dat opvallend veel lijkt op het idee van de anma als een onsterfelijke en universele entiteit. Door deze discussies begon Bohm zijn theorie van impliciete orde te zien als een mogelijke wetenschappelijke verklaring van oude ideeën uit Vedische en Boeddhistische teksten.

Bohm's impliciete orde suggereert dat elk deel van het universum in een dynamische relatie staat met het geheel en in staat is zichzelf holistisch te 'verklaren' in plaats van reductionistisch. Dit concept staat heel dicht bij het begrip brahman in het hindoeïsme - de hele werkelijkheid gezien als één universele essentie. Bohm zelf verklaarde bij verschillende gelegenheden, zoals in een interview in 1980, dat hij brahman zag als "*een soort impliciete orde waardoor alles met elkaar verbonden is*".

Bohm's werk vindt ook parallellen in zenpraktijken, waar de geest vaak wordt gezien als ondeelbaar van de rest van de werkelijkheid. Dit komt duidelijk naar voren in zijn vergelijkingen met laatmoderne oosterse natuurkundigen en in internationale conferenties, zoals die in 1973 aan de Berkely University. Hier beantwoordde Bohm vragen over de meditatieve aspecten van zijn theorieën en parallellen met het Zen-idee van 'satori' 'verlichting'.

Bohm was er niet tevreden mee om deze kwesties alleen in theorie aan te pakken. Hij werkte ook samen met neurowetenschappers zoals Karl Pribram om te onderzoeken hoe impliciete orde betrokken zou kunnen zijn bij hersenactiviteit en probeerde verschijnselen als intuïtie, creativiteit en holistische waarneming te verklaren, waarbij zowel de moderne wetenschap als de oosterse epistemologie betrokken waren.

In deze context wordt het concept van kwantumbewustzijn als een onsterfelijke entiteit minder esoterisch en meer een punt van integratie tussen verschillende cognitieve culturen. Bohm nodigt ons uit om te overwegen dat bewustzijn niet slechts een epifenomeen is van het materiële brein, maar fundamenteel geworteld kan zijn in een dieper, universeel veld - een oneindig netwerk van verbindingen, zoals voorgesteld door Oosterse spirituele tradities via het concept van anma.

Hoofdstuk 16. Wetenschappelijke aspecten van kwantumbewustzijn.

"Bewustzijn is de grond waarop alle kwantummogelijkheden van de werkelijkheid groeien."
(Amit Goswami)

Bewustzijn' en 'kwantumbewustzijn'.

In het tumult van hedendaags filosofisch en wetenschappelijk onderzoek duiken vragen op die de fundamenten van ons begrip van het universum en onszelf op de proef stellen. Te midden van deze vragen vallen twee fascinerende concepten op, die de aandacht trekken van zowel wetenschappers als nieuwsgierigen: bewustzijn en kwantumbewustzijn. Maar wat zijn de verschillen die ten grondslag liggen aan deze twee pijlers van ons bestaan?

Bewustzijn, een complex en mysterieus fenomeen, is onlosmakelijk verbonden met onze individuele identiteit, ons gevoel van bestaan en van zijn in de wereld. Het vertegenwoordigt de zetel van subjectieve ervaring, intentionaliteit en zelfbewustzijn, aspecten die vaak weerspiegeld worden in onze confrontatie met het andere en het mysterie van het universum zelf. Grote denkers als Plato, Descartes, Kant, Jung en Freud hebben diep nagedacht over de aard van het menselijk bewustzijn en daarmee de basis gelegd voor een onderzoek dat tijd en ruimte tart.

Aan de andere kant werpt kwantumbewustzijn een nieuw en mysterieus licht op de kronkelingen van de menselijke geest en het universum. Dit concept komt voort uit de raadsels van de kwantumfysica en onderstreept het idee dat bewustzijn en materie op ondenkbare manieren met elkaar verweven zijn, waardoor traditionele vormen van het begrijpen van de werkelijkheid op de proef worden gesteld. Wetenschappers als Roger Penrose, Stuart Hameroff en Henry Stapp hebben onderzoek en theorieën geproduceerd die een diepgaand verband suggereren tussen de fenomenen van de geest en de wetten van de kwantumfysica...

De verschillen tussen bewustzijn en kwantumbewustzijn raken aan de wortels van hoe we de werkelijkheid waarnemen. Terwijl traditioneel bewustzijn vaak wordt gezien als een epifenomeen van hersenmaterie, suggereert kwantumbewustzijn een meer geïntegreerde kijk waarin de geest en de fysieke wereld elkaar op ingewikkelde en mysterieuze manieren beïnvloeden. Experimenten zoals het dubbelspletenexperiment, dat het deeltjesachtige gedrag van licht als functie van bewuste observatie benadrukt, roepen diepgaande vragen op over de aard van de werkelijkheid en de rol van het bewustzijn daarin.

Het onderzoek naar bewustzijn en kwantumbewustzijn nodigt ons uit om onontgonnen gebieden van de geest en het universum te verkennen en opent nieuwe perspectieven en mogelijkheden voor begrip.

Bewustzijn en kwantumbewustzijn zijn onderzoekssferen die de complexiteit en schoonheid van het universum en van onszelf onthullen en ons uitnodigen tot een eeuwige dans tussen het 'Ene' en het geheel, tussen zijn en worden, tussen schaduw en licht.

Het debat over bewustzijn en kwantumbewustzijn stopt hier niet, maar vertakt zich naar nieuwe uitdagingen en nieuwe mogelijkheden voor onderzoek. Door interdisciplinaire samenwerking en voortdurend onderzoek hopen we nieuw licht te werpen op deze eeuwenoude raadsels die ons omringen.

Het kruispunt van neurowetenschap, filosofie, kwantumfysica en spiritualiteit biedt ons de mogelijkheid om de krachten van menselijke kennis te bundelen om de complexiteit van ons bestaan te doorgronden.

De evolutie van theorieën en onderzoek over bewustzijn en kwantumbewustzijn dwingt ons om de grenzen van ons begrip te verleggen, om onontgonnen gebieden van zijn en worden te verkennen. Door dialoog en het delen van kennis en inzichten kunnen we steeds dichter bij een geïntegreerde visie op de werkelijkheid komen, waarin geest en materie in elkaar verstrengelen in een eindeloze kosmische dans.

In het licht van deze raadsels en uitdagingen blijven we achter met een uitnodiging om de complexiteit en het wonder van het bestaan te onderzoeken, te bevragen en te omarmen. Bewustzijn en kwantumbewustzijn presenteren ons een fascinerend en meeslepend mysterie, een uitnodiging om naar de diepten van onze essentie te gluren en te dansen met de sterren aan het firmament van het universum.

Op zoek naar de unie tussen kwantumfysica en bewustzijn

In het uitgestrekte, raadselachtige en vaak verontrustende domein van de kwantumfysica en de theorie van het bewustzijn, spreekt een opkomend onderzoeksgebied tot de verbeelding van zowel wetenschappers als filosofen: de mogelijkheid dat het bewustzijn een entiteit van de kwantumnatuur is, en daarom, in een bepaalde vorm, onsterfelijk. Deze verkennende benadering probeert een brug te slaan tussen twee van de meest mysterieuze en complexe gebieden van de moderne wetenschap.

Een van de bekendste pogingen om deze twee schijnbaar onverenigbare gebieden samen te voegen is de Orch-OR theorie die in de jaren 1990 werd voorgesteld door de natuurkundige Roger Penrose en de anesthesist Stuart Hameroff. Penrose, beroemd om zijn werk op het gebied van algemene relativiteit en kosmologie, stelde voor dat bewustzijn zou kunnen voortkomen uit kwantumprocessen binnen neurale microtubuli. Tot op de dag van vandaag blijft Hameroff beweren dat microtubuli kunnen fungeren als een medium voor de kwantumprocessen die het bewustzijn doen ontstaan, wat suggereert dat het niet-lokale eigenschappen kan hebben en zichzelf in zekere zin kan voortzetten na de biologische dood.

Het begrip kwantumcoherentie toegepast op de hersenen is een ander aspect dat door verschillende wetenschappers is onderzocht. De kwantumfysica, die het gedrag van deeltjes op subatomaire schaal bepaalt, stelt toestanden voor waarin deeltjes in superpositie kunnen bestaan - dat wil zeggen, in verschillende toestanden tegelijk kunnen verkeren. De mogelijkheid dat zulke superposities optreden in de microtubuli van de hersenen zou de zeer efficiënte en onderling verbonden processen van ons brein kunnen verklaren. Onderzoek van Matthew Fisher, een theoretisch natuurkundige aan de Universiteit van Californië in Santa Barbara, heeft voorgesteld dat fosforkernen in onze hersenen kwantumtoestanden lang genoeg in stand kunnen houden om mentale processen te beïnvloeden.

Er is geen gebrek aan experimenten die, hoewel voorlopig en vaak betwist, licht proberen te werpen op deze fenomenen. Een van de beroemdste en meest besproken experimenten is dat van de gebroeders Becker-Rohrer, die in 2010 probeerden het effect van menselijke beslissingen op kwantumexperimenten aan te tonen door psycho-kwantumtesten uit te voeren. Sceptici wijzen echter op de moeilijkheden van repliceerbaarheid van dergelijke experimenten en op de inherente interpretatieproblemen.

Aan deze theorieën ligt een gedachtengang ten grondslag die ook terug te vinden is in filosofische en spirituele stromingen, volgens welke het bewustzijn uitstijgt boven louter fysisch-biologische ondersteuning. De filosoof David Chalmers, die bekend staat om het noemen van het 'Hard *Problem* of Consciousness', heeft het idee doen ontstaan dat bewustzijn een fundamentele eigenschap van het universum zou kunnen zijn, vergelijkbaar met concepten als ruimte, tijd en massa.

Als we kijken naar het landschap van de betrokken onderzoekers, dan is David Bohm emblematisch, wiens werk over holistische en impliciete kwantuminterpretaties al een diepere en meer verbonden aard van de werkelijkheid suggereerde. Zijn dialogen met de Indiase filosoof Jiddu Krishnamurti probeerden de grenzen tussen fysica en bewustzijn te verkennen en riepen vragen op die vandaag de dag nog steeds relevant en krachtig zijn.

Natuurlijk is het idee dat bewustzijn een kwantumverschijnsel is niet zonder critici. Veel van de bezwaren zijn gebaseerd op het nog onvolledige begrip van kwantum decoherentie in biologische systemen en op problemen met de mogelijkheid van meetbare laboratoriumexperimenten met complexe neurologische processen.

Uiteindelijk is de droom om kwantumfysica te verenigen met een begrip van bewustzijn niet alleen een kwestie van wetenschap, maar van diepe menselijke vragen: wie we zijn, waar we vandaan komen en wat het lot voor ons in petto heeft voorbij de sluier van sterfelijkheid. De zoektocht is in deze visie niet simpelweg een intellectueel avontuur, maar een reis naar de fundamenten van ons wezen en ons bestaan in het universum.

Een benadering van kwantumbewustzijn.

In de 20e eeuw onderging de natuurkunde diepgaande conceptuele revoluties, met als hoogtepunt de formulering van de kwantummechanica. Tegelijkertijd is het mysterie van het bewustzijn wetenschappers en filosofen blijven uitdagen. In de afgelopen decennia is een intrigerend concept terrein beginnen te winnen: de mogelijkheid dat het bewustzijn zelf een kwantumkarakter heeft. Deze fascinerende kruising tussen kwantumfysica en de wetenschap van de geest opent fundamentele vragen en filosofische uitdagingen van groot kaliber.

De kwantummechanica, zoals deze aan het begin van de 20e eeuw werd getheoretiseerd door pioniers als Niels Bohr en Werner Heisenberg, introduceert ons in een subatomaire wereld waar de klassieke wetten van de natuurkunde niet langer van toepassing zijn. De beroemde 'golf-deeltje dualiteit' en Heisenbergs 'onzekerheidsprincipe' (1927) onthullen een universum waarin deeltjes gelijktijdig in verschillende toestanden kunnen bestaan totdat een waarneming ze reduceert tot een specifieke toestand.

Een emblematisch experiment in deze context is het beroemde dubbelspletenexperiment (Thomas Young, 1801, later uitgebreid tot de kwantumfysica). Dit experiment toonde aan dat deeltjes zoals elektronen en fotonen zich afhankelijk van de omstandigheden van het experiment als golven of als deeltjes kunnen gedragen, wat suggereert dat de waarneming een cruciale rol speelt bij het bepalen van de uiteindelijke toestand van het deeltje.

Het idee dat bewustzijn een kwantumkarakter kan hebben, kwam voort uit de behoefte om fenomenen te verklaren die de traditionele neurale biologie niet volledig kan beschrijven. Roger Penrose, Nobelprijswinnaar voor natuurkunde (2020), en Stuart Hameroff, anesthesist en bewustzijnswetenschapper, brachten in de jaren 1990 de Orchestrated Objective Reduction (Orch-OR) theorie naar voren. Volgens deze theorie is bewustzijn geen eenvoudig epifenomeen van de neuronale synaps, maar ontstaat het uit kwantumprocessen binnen de microtubuli van zenuwcellen.

Deze microtubuli zijn eiwitstructuren die deel uitmaken van het cellulaire skelet en Penrose en Hameroff beweren dat ze coherente kwantumtoestanden in stand kunnen houden, waarbij ze fungeren als centra voor de kwantumtransformatie van bewustzijn. Zoals Hameroff stelde:

> *"Microtubuli zijn niet alleen structurele buisjes, maar de locatie van kwantumactiviteit die bewustzijn produceert".*

De theorie van Penrose en Hameroff heeft een intens debat op gang gebracht. Experimenten die kwantumcoherentie in biologische systemen proberen aan te tonen zijn significant. Het werk van Anirban Bandyopadhyay van het *National Institute for Materials Science* in Japan onderzocht bijvoorbeeld de mogelijkheid van kwantumcoherentie in eiwitstructuren in microtubuli.

Een van de critici, Max Tegmark, een theoretisch natuurkundige aan het MIT, heeft erop gewezen dat kwantumprocessen extreem gevoelig zijn voor temperatuur en interactie met de omgeving, en de warme en vochtige omgeving van het menselijk brein lijkt ongastvrij voor kwantumcoherentie. In een studie uit 2000 berekende Tegmark naar verluidt dat de decoherentietijden in microtubuli te kort zouden zijn om bewuste denkprocessen te ondersteunen. Deze bewering is door latere studies weerlegd.

Naast wetenschap speelt filosofie een belangrijke rol in de discussie over kwantumbewustzijn. David Chalmers, filosoof van de geest, heeft betoogd dat het '*harde probleem*' van bewustzijn (hoe materie een bewuste ervaring creëert) misschien een nieuw begrip van de werkelijkheid vereist. Chalmers stelt niet expliciet dat bewustzijn kwantum is, maar suggereert dat onconventionele oplossingen nodig zouden kunnen zijn, waarmee hij de kwantumfysica positioneert als een mogelijke weg om te onderzoeken.

Een van de interessantste historische voorbeelden is de briefwisseling en dialogen tussen Albert Einstein en Niels Bohr, waarin zij fundamentele vragen van de kwantumontologie aan de orde stelden. Einstein stond weliswaar sceptisch tegenover de volledigheid van de kwantummechanica, maar stelde cruciale punten aan de orde over de implicaties ervan voor de werkelijkheid en de menselijke kennis. Deze filosofische dialogen legden de basis voor latere interpretaties die het verband tussen waarnemer en waargenomen fenomeen in beschouwing nemen.

Recente experimenten die het verband tussen bewustzijn en kwantummechanica willen testen, zijn onder andere studies naar verstrengelde fotonen en elektromagnetische resonanties in de hersenen. In 2015 bijvoorbeeld, gebruikte een team van onderzoekers aan de Universiteit van Genève, onder leiding van natuurkundige Nicolas Gisin, verstrengelde kwantumtoestanden om te onderzoeken of bewuste waarneming de experimentele resultaten zou kunnen beïnvloeden.

De link tussen bewustzijn en kwantummechanica blijft een van de meest fascinerende en speculatieve grenzen van de moderne wetenschap. Het pad is beladen met uitdagingen en controverses, maar ook met ongelooflijke mogelijkheden. Elke stap voorwaarts, experimenteel of theoretisch, brengt ons dichter bij een dieper begrip van een van de meest blijvende raadsels van de mensheid: de aard van het bewustzijn en zijn relatie tot het universum. Zoals Penrose zei:

> *"Als we de natuurkunde echt zo gedetailleerd begrijpen, moeten we in staat zijn om elk natuurlijk fenomeen te verklaren, inclusief bewustzijn".*

De uitdaging blijft open, intrigeert briljante geesten en belooft onthullingen die onze natuurkunde- en filosofieboeken kunnen herschrijven.

Kwantumfysica als sleutel tot het begrijpen van de aard van bewustzijn in de overgang naar het hiernamaals.

In het labyrint van de neurowetenschappen blijft de zoektocht naar het bewustzijn een van de meest fascinerende en mysterieuze onderwerpen. Vandaag de dag kijken sommige wetenschappers naar de kwantumfysica als een mogelijke sleutel om de geheimen van onze geest te ontsluieren, waarbij ze postuleren dat bewustzijn de dood zelf kan overstijgen. Maar hoe solide zijn deze argumenten? En wie zijn de hoofdrolspelers van deze revolutionaire hypothese?

De Orch-OR theorie, voorgesteld door de natuurkundige Roger Penrose en de anesthesist Stuart Hameroff, vertegenwoordigt een van de meest overtuigende integraties van kwantumfysica en neurowetenschappen. Volgens Penrose en Hameroff ontstaat bewustzijn uit kwantumprocessen die plaatsvinden in de microtubuli in neuronen. Deze piepkleine polymeren, die cruciaal zijn voor de celstructuur en celdeling, zouden kunnen functioneren als piepkleine kwantumverwerkende apparaten.

Penrose, beroemd om zijn onderzoek naar zwarte gaten en entropie, voelde zich aanvankelijk aangetrokken tot de '*zielige verklaring*' van bewustzijn in de context van de klassieke mechanica. In samenwerking met Hameroff, auteur van talloze onderzoeken naar anesthetica en hun effect op het bewustzijn, ontwikkelde hij de Orch-OR theorie, die suggereert dat bewustzijn geassocieerd wordt met objectieve reducties in de kwantumtoestand in microtubuli.

Maar wat betekent dit allemaal? In de kwantumfysica kunnen deeltjes in verschillende toestanden tegelijk bestaan (superpositie). Het is alleen door observatie dat deze deeltjes 'instorten' in een gedefinieerde toestand. Volgens de Orch-OR theorie vindt zo'n quantum instorting plaats in microtubuli. Deze ineenstorting zou bewustzijn kunnen genereren en het in staat stellen om voorbij de fysieke dood te blijven bestaan....

Experimenten met verstrengelde deeltjes, bijvoorbeeld die van Alain Aspect in de jaren 1980, hebben aangetoond dat twee deeltjes op afstand verstrengeld kunnen blijven, in een fenomeen dat Einstein zelf '*spectrale actie op afstand*' noemde. Deze kwantumverstrengeling zou implicaties kunnen hebben voor het bewustzijnsvraagstuk, omdat het suggereert dat de geest op nog niet volledig begrepen manieren verbonden kan zijn met het universum.

Recente experimenten blijven de grenzen van deze hypothese verkennen. Studies van de elektromagnetische resonanties van de hersenen en culturele en spirituele kwantumpotentialen geven aan dat er misschien nog veel te ontdekken valt over ons bestaan. Hoewel het debat nog lang niet voorbij is, is de mogelijkheid dat kwantumfysica op een dag de onsterfelijke aard van bewustzijn kan verklaren een fascinerende reis naar de diepste mysteries van het universum en ons bestaan.

Uiteindelijk, als bewustzijn inderdaad een kwantumentiteit is, zou dit kunnen betekenen dat, zoals gesuggereerd door mystici en sommige spirituele tradities, de geest niet sterft met het lichaam maar blijft bestaan in andere vormen, misschien als onderdeel van een 'collectief bewustzijn' of in een kwantumrijk dat we nog moeten onderzoeken. In elk geval heeft de kwantumfysica ons begrip van het universum al veranderd; misschien zal het op een dag hetzelfde doen met de menselijke geest zelf.

Onderzoek naar het verband tussen kwantumfysica en perceptie.

Het verband tussen kwantumfysica en het menselijk bewustzijn is een fascinerend onderwerp dat de afgelopen decennia steeds meer aandacht heeft gekregen. De kern van dit onderzoek is de vraag of bewustzijn inderdaad een kwantumverschijnsel is en, in het verlengde daarvan, of het de dood kan overstijgen, waardoor de mens een onsterfelijke entiteit wordt. Dit onderwerp breidt ons begrip van realiteit en perceptie uit, door kennis uit de meest geavanceerde fysica samen te brengen met eeuwenoude concepten over de aard van de ziel en het bewustzijn.

Roger Penrose en Stuart Hameroff stelden de Orch-OR theorie voor.

Een van de centrale elementen van deze theorie is het idee van 'quantum collapse'. In de subatomaire wereld bestaan deeltjes in een superpositie, wat betekent dat ze in meerdere toestanden tegelijk kunnen verkeren. Kwantumcollaps is het proces waarbij een deeltje van een superpositie van toestanden naar een eindtoestand gaat wanneer het wordt waargenomen. Penrose en Hameroff stellen voor dat deze ineenstortingen op een georkestreerde manier plaatsvinden in microtubuli, waardoor datgene ontstaat wat wij waarnemen als momenten van bewustzijn.

Een ander intrigerend concept met betrekking tot dit onderzoek is 'kwantumverstrengeling' of kwantumverstrengeling. Dit fenomeen, dat kan worden omschreven als een onlosmakelijke band tussen deeltjes, is al vele malen experimenteel aangetoond. Een van de beroemdste voorbeelden is het verstrengelingsexperiment dat natuurkundige Alain Aspect in 1982 uitvoerde. Sommige onderzoekers suggereren dat als twee verstrengelde deeltjes elkaar ogenblikkelijk kunnen beïnvloeden ondanks de afstand, hetzelfde principe kan worden toegepast op het menselijk bewustzijn en de menselijke perceptie...

Een relevante anekdote betreft de natuurkundige Erwin Schrödinger, een van de grondleggers van de kwantummechanica. Hij stelde in zijn geschriften dat geest en materie intrinsiek met elkaar verbonden konden zijn op kwantumniveau. Hoewel hij deze ideeën niet formaliseerde in een theoretisch model, plaveiden zijn speculaties de weg voor veel hedendaagse discussies over dit onderwerp.

De implicaties van deze theorie zijn diepgaand en suggereren dat de aard van het bewustzijn verbonden zou kunnen zijn met een kwantumweefsel van het universum zelf, waardoor we ons begrip van de werkelijkheid en ons bestaan moeten heroverwegen. Zoals Albert Einstein zei:

> *"Het mooiste wat we kunnen ervaren is mysterie. Het is de bron van alle ware kunst en wetenschap."*

Concluderend kan gesteld worden dat de verkenning van het verband tussen kwantumfysica en menselijke perceptie een veld in ontwikkeling blijft vol fascinerende en diepgaande mogelijkheden.

Reflecties op de kwantumnatuur van de geest.

De kwantumnatuur van de geest is een onderwerp dat levendige discussies oproept onder wetenschappers, filosofen en theoretici over bewustzijn. Aan de basis van dit debat ligt de vraag of kwantumverschijnselen een verklaring kunnen bieden voor de mysteries van het menselijk bewustzijn, die zich tot nu toe hebben onttrokken aan het uitgebreide begrip van de klassieke neurowetenschappen.

Hoewel de wetenschappelijke gemeenschap verdeeld blijft, zijn de filosofische implicaties van de kwantumtheorie van het bewustzijn diepgaand en provocerend. Albert Einstein, hoewel sceptisch over de kwantummechanica (*'God dobbelt niet met het universum'*), leverde een fundamentele bijdrage aan het begrip van de kwantumfysica, die vandaag de dag de basis vormt van deze speculaties. De kwantummechanica zelf is een gebied dat ons dwingt om veel van onze intuïties over de objectieve werkelijkheid te herzien, waardoor we ons afvragen of de geest, als onderdeel van deze werkelijkheid, ook volgens kwantumprincipes kan werken.

Het is daarom nog steeds een open vraag die voortdurend onderzoek en reflectie stimuleert. De mogelijkheid dat ons bewustzijn een kwantumbasis heeft, biedt een nieuw perspectief op de aard van de geest en kan misschien, zoals sommigen hopen, ooit het mysterie van leven na de dood ophelderen. Tot die tijd zullen beschouwingen over de kwantumnatuur van de geest interesse blijven wekken en wetenschappelijke en filosofische discussies blijven verrijken, waarbij de grenzen tussen natuurkunde, biologie en menselijk bewustzijn worden verkend.

Het universum als uitdrukking van kwantumbewustzijn.

Een van de meest raadselachtige en fascinerende theorieën over bewustzijn is er een die het ziet als een kwantumfenomeen, dat in staat is om de grenzen van het fysieke lichaam en, mogelijk, de dood zelf te overstijgen. Tot de meest gewaagde voorstanders van dit idee behoren de wis- en natuurkundige Roger Penrose en de anesthesist Stuart Hameroff, met hun Orch-OR theorie. Volgens deze theorie zou bewustzijn het resultaat zijn van kwantumprocessen die plaatsvinden binnen microtubuli, piepkleine structuren die aanwezig zijn in neuronen.

De Orch-OR theorie daagt de materialistische opvatting van de geest uit door voor te stellen dat kwantumcoherentie en objectieve reductieprocessen aan de oorsprong liggen van bewuste ervaring.

Ondanks verhitte debatten onthult het idee van een kwantumbewustzijn een breder en verleidelijker beeld: het universum zelf zou gezien kunnen worden als een enorme uitdrukking van een alles doordringend kwantumbewustzijn. Deze visie klinkt door in de speculaties van Erwin Schrödinger, een van de pioniers van de kwantummechanica, die een diepe verbinding tussen geest en materie veronderstelde.

Zo ontstaat het idee dat het universum zelf bewust zou kunnen zijn. In deze context zou het individuele bewustzijn slechts een fragment of een lokale manifestatie van deze uitgestrektheid zijn, in staat om verloren te gaan en opnieuw gecreëerd te worden binnen het kwantumweefsel van de kosmos. Als we accepteren dat de ineenstorting van de golffunctie gekoppeld kan worden aan de waarneming zelf, kunnen we een universum zien waarin alle materie en energie voortdurend beïnvloed worden door de handeling van het bewustzijn.

Dit leidt onvermijdelijk tot het idee van de onsterfelijkheid van het bewustzijn. Als bewustzijn net zo fundamenteel is als materiedeeltjes, dan zou het niet gebonden kunnen zijn aan de duur van het fysieke lichaam. In plaats daarvan zou het kunnen voortbestaan, transformeren en samensmelten met het alomtegenwoordige universele bewustzijn. Een concept dat oude kosmologische visies weerspiegelt zoals in Vedanta, waar de individuele atman een vonk is van de universele brahman.

Ondanks de complexiteit van deze ideeën gaat de zoektocht naar de verbinding tussen de kwantumwereld en het bewustzijn door. Het is inspirerend om te denken dat we door wetenschappelijk en filosofisch onderzoek langzaam de sluier oplichten van een werkelijkheid die ons vasthoudt in een kwantumomhelzing en ons wezen verbindt met het geheel. Misschien zal het bewustzijn van deze band ons dichter brengen bij het begrijpen van de ware aard van ons bestaan en onze relatie met het universum, een relatie die intrinsiek verbonden en potentieel onsterfelijk is.

De alomtegenwoordigheid van bewustzijn in de kwantumveldentheorie.

Eeuwenlang heeft de mensheid geprobeerd de aard van het bewustzijn te begrijpen en het mogelijke voortbestaan ervan na het sterfelijke leven. Terwijl wetenschap en filosofie deze grenzen blijven verkennen, is een van de meest fascinerende theorieën die van het kwantumbewustzijn. Deze theorie suggereert dat bewustzijn kan voortkomen uit kwantumprocessen. Maar wat is het werkelijke potentieel dat bewustzijn in staat zou stellen om te bestaan als een onsterfelijke entiteit?

De kwantumveldentheorie biedt een eigenaardig perspectief op deze kwestie. Een van de kernbegrippen van de kwantumfysica is de alomtegenwoordigheid van deeltjes en krachten, die niet op één plaats bestaan, maar eerder als een veld dat de hele werkelijkheid doordringt. Dit zou kunnen suggereren dat het bewustzijn zelf in zekere zin deel uitmaakt van dit universele veld.

De natuurkundige Erwin Schrödinger speculeerde in zijn artikel "*What is Life?*" uit 1944 op de mogelijkheid dat geest en materie nauw met elkaar verbonden zouden kunnen zijn op kwantumniveau. Hij speculeerde dat bewustzijn niet simpelweg een bijproduct van materie was, maar eerder een fundamenteel element van het universum, verbonden met het weefsel van de werkelijkheid.

Een van de meest intrigerende bewijzen van deze onderlinge verbondenheid kwam naar voren uit de experimenten van Alain Aspect in 1982, die het bestaan van het fenomeen kwantumverstrengeling aantoonden. De deeltjes die betrokken zijn bij verstrengeling blijven ogenblikkelijk verbonden, ongeacht de afstand tussen hen. Dit heeft ertoe geleid dat velen zich afvragen: als deeltjes een kwantumverstrengeling op afstand kunnen handhaven, zou bewustzijn dan hetzelfde kunnen doen?

De kwantumveldentheorie vertelt ons dat deeltjes geen geïsoleerde entiteiten zijn, maar oscillaties van velden die de ruimte doordringen. Neurowetenschapper en kwantumtheoreticus Menas Kafatos heeft vaak gesproken over het universum als een 'ondeelbaar geheel' waarin bewustzijn en materie niet twee aparte entiteiten zijn, maar zijden van dezelfde medaille. Kafatos heeft zelf geschreven:

> *"Het waargenomen universum is onderling verbonden en bewustzijn speelt een sleutelrol in deze onderlinge verbondenheid."*

Ondanks de onvermijdelijke kritiek blijven recente experimentele vorderingen hoop geven aan voorstanders van kwantumbewustzijn. In 2014 voerde een groep onderzoekers van het MIT een experiment uit waaruit bleek dat zelfs in biologische systemen bij kamertemperatuur kwantumeffecten kunnen worden waargenomen. Dit opent intrigerende nieuwe perspectieven op de mogelijkheid dat het bewustzijn zelf op kwantumschaal werkt.

Het concept van bewustzijn als een onsterfelijke entiteit vindt ook weerklank in sommige oude Oosterse filosofieën. Het Boeddhisme spreekt bijvoorbeeld van een continuïteit van de geest door verschillende bestaansvormen heen, een concept dat we parallel zouden kunnen vinden aan de kwantumideeën van non-lokaliteit en eeuwigheid van het veld.

Concluderend: hoewel de wetenschap nog geen definitieve antwoorden heeft gegeven, biedt de kwantumveldentheorie vruchtbare grond voor speculatie. De mogelijkheid dat bewustzijn net zo alomtegenwoordig is als kwantumvelden is een hypothese die fascineert en die ons op een dag misschien zal doen begrijpen of er werkelijk een manier is waarop bewustzijn ons fysieke bestaan kan overstijgen en onsterfelijkheid kan benaderen. De zoektocht gaat door, en daarmee de hoop op het ontdekken van de waarheden die verborgen liggen in de mysteries van de geest en het universum zelf.

Bewustzijn als kwantumveld.

Het idee van kwantumbewustzijn als een onsterfelijke entiteit heeft het debat aangewakkerd tussen wetenschappers, filosofen en theoretici over de hele wereld. Dit fascinerende perspectief stelt voor dat ons bewustzijn niet simpelweg een bijproduct is van neuronen en synapsen, maar een fundamentele entiteit die intrinsiek verbonden is met de structuur van het universum. Onder deze lens zou bewustzijn de grens van biologisch leven kunnen overstijgen en streven naar onsterfelijkheid. Maar hoe past de kwantumveldentheorie in deze kosmische visie op bewustzijn?

De kwantumveldentheorie is een vooruitgang in de moderne natuurkunde en beschrijft het universum als een complex web van energievelden die kunnen bestaan in opeenvolgende toestanden, verstrengeling en fluctuaties. Sommige wetenschappers beweren dat bewustzijn begrepen kan worden als een fundamenteel kwantumveld. Dit concept daagt de traditionele kijk uit en suggereert dat bewustzijn niet beperkt is tot het biologische brein, maar eerder een eeuwig veld is dat complex interageert met andere kwantumstructuren.

Pierre Teilhard de Chardin, beroemd om zijn synthese van wetenschap en spiritualiteit, introduceerde het concept van de 'Noosphere' in zijn werk '*The Human Phenomenon*' (1955). De Chardin stelde zich een laag van collectief denken voor die alle menselijke bewustzijnen met elkaar verbond en evolueerde naar een punt van convergentie en spirituele eenwording. Ter ondersteuning van deze visie kunnen nieuwe experimenten op het gebied van neuro-kwantum en theoretische fysica aanwijzingen geven over hoe deze velden van collectief denken daadwerkelijk kunnen bestaan in een kwantumwereld.

Een van de meest prominente stemmen in dit interdisciplinaire veld is die van filosoof en computerwetenschapper Bernardo Kastrup, die het idee van de mentale basiswerkelijkheid onderzoekt. In werken als '*Why Materialism is Baloney*' (2014) betoogt Kastrup dat de ultieme werkelijkheid niet bestaat uit materie, maar uit ervaring en bewustzijn. Hij bespreekt hoe kwantummechanica en bewustzijn geworteld kunnen zijn in hetzelfde onderliggende weefsel van het universum.

Het '*Double-Slit*'-experiment dat in de 19e eeuw door verschillende natuurkundigen, waaronder Thomas Young, werd uitgevoerd en later met moderne technologie werd gerepliceerd, suggereert ook dat het bewustzijn van de waarnemer het gedrag van subatomaire deeltjes kan beïnvloeden. Dit werpt licht op de onderlinge verbinding tussen bewustzijn en de kwantumwerkelijkheid en ondersteunt verder het idee van een bewuste basis voor ons universum.

Het idee van een onsterfelijk kwantumbewustzijn klinkt misschien als sciencefiction, maar serieuze discussies tussen wetenschappers en filosofen mogen niet over het hoofd worden gezien. De evolutie van ons wetenschappelijk inzicht blijft verbanden onthullen tussen kwantumfysica en bewuste ervaring die de fundamenten van de filosofie, wetenschap en het begrip van de werkelijkheid zouden kunnen veranderen. Als bewustzijn inderdaad een kwantumveld is, dan is de mogelijkheid van zijn onsterfelijkheid misschien niet alleen een kwestie van hoop, maar van toekomstig wetenschappelijk bewijs. Zoals Carl Sagan zei:

> *"Wetenschap is niet alleen verenigbaar met spiritualiteit; het is een diepe bron van spiritualiteit."*

Deze verkenningen zetten ons niet alleen aan het denken over de grenzen van het universum, maar ook over de grenzen van ons eigen wezen.

Naar een verenigde theorie van bewustzijn en kwantumfysica.

In de afgelopen decennia heeft de fascinatie voor de metafysica van het bewustzijn filosofen, wetenschappers en denkers meegesleept in een intellectueel avontuur dat erop gericht is de diepste geheimen van ons bestaan te ontsluieren. Deze reis naar het rijk van het niet-materiële heeft een interessante convergentie gekend met de kwantumfysica, de tak van de fysica die het bizarre en contra-intuïtieve gedrag van subatomaire deeltjes onderzoekt. Aan deze samensmelting ligt een theorie ten grondslag die suggereert dat bewustzijn niet slechts een epifenomeen van de hersenen is, maar mogelijk bestaat als een kwantum, onsterfelijke en universele entiteit.

De discussie over de metafysische aard van bewustzijn heeft oude wortels, maar is nieuw leven ingeblazen met de komst van kwantumtheorieën.

De visie van De Chardin heeft veel hedendaagse wetenschappers beïnvloed die de begrippen bewustzijn en kwantumfysica proberen te integreren. Een van de meest invloedrijke theoretici in het verbinden van kwantumfysica en bewustzijn is David Bohm, een theoretisch natuurkundige die het idee van 'implicate orde' en 'explicate orde' voorstelde. In zijn boek 'Wholeness and the Implicate Order' (1980) suggereert Bohm dat de zichtbare werkelijkheid (explicate orde) slechts een manifestatie is van een dieper, verborgen niveau van de werkelijkheid (implicate orde), waar alles met elkaar verbonden is. Volgens Bohm zou bewustzijn deel kunnen uitmaken van deze impliciete, fundamentele en universele orde.

Een specifieke ervaring die aandacht heeft gekregen is het werk van Eben Alexander, een Amerikaanse neurochirurg. In zijn bestseller *Proof of Heaven* (2012) beschrijft Alexander zijn bijna-doodervaring tijdens een coma veroorzaakt door bacteriële encefalitis. Hij vertelt dat hij een reeks visioenen heeft ervaren die volgens hem het bestaan van een bewustzijn onafhankelijk van het lichaam bevestigen. Hoewel zijn ervaringen onderwerp van discussie zijn geweest, hebben ze toch de reflectie gestimuleerd over de beperkingen van de huidige wetenschap in het begrijpen van bewustzijn.

Het verband tussen bewustzijn en kwantumfysica heeft ook diepgaande ethische en filosofische vragen opgeworpen. Bijvoorbeeld, als bewustzijn inderdaad een onsterfelijk kwantumveld is, wat impliceert dit dan voor onze opvatting over de dood en het hiernamaals? Eén mogelijk antwoord komt uit de oosterse filosofische traditie, zoals het boeddhisme, dat al eeuwenlang het idee van een continu bewustzijn ondersteunt, dat vele levens en vormen omspant. Deze oude inzichten vinden een merkwaardige parallel met sommige moderne interpretaties van de kwantumfysica.

Natuurkundige Amit Goswami, auteur van '*The Self-Aware Universe*' (1993), stelt een geïntegreerde visie voor waarin bewustzijn de basis van het universum is, verder gaat dan materie en kwantumfysica integreert. Goswami suggereert dat de materiële werkelijkheid voortkomt uit een fundamenteel bewustzijn, waardoor het bewustzijn zelf een metafysische onsterfelijkheid krijgt.

Concluderend: terwijl de wetenschap de mysteries van het bewustzijn blijft onderzoeken door het prisma van de kwantumfysica, biedt de metafysica een verhalend en interpretatief kader dat deze ontdekkingen verbindt met duizenden jaren oude vragen over het zelf, het leven en onsterfelijkheid. De weg naar een verenigde theorie van bewustzijn en kwantumfysica is nog lang en vol uitdagingen, maar de inzichten en ontdekkingen van pioniers als de Chardin, Bohm, Penrose en anderen brengen ons een stap dichter bij het begrijpen van wie we werkelijk zijn en wat onze plaats is in het universum.

Capiolo 17. Federico Faggin. Voorbij de kwantumvisie.

"Bewustzijn is de bron van de werkelijkheid en als we begrijpen hoe het werkt, kunnen we de essentie van het universum begrijpen."
(Federico Faggin).

Federico Faggin is een Italiaans-Amerikaanse ingenieur en ondernemer die bekend staat om zijn bijdrage aan de ontwikkeling van de eerste commerciële CPU, de Intel 4004, en zijn rol in het ontwerp van andere microprocessoren.
Hier is belangrijke informatie over Federico Faggin:

Intel 4004. Faggin was de hoofdontwerper van de Intel 4004, 's werelds eerste commerciële microprocessor, gebouwd in 1971. Deze microprocessor speelde een sleutelrol in de ontwikkeling van moderne computers.
Intel 8080. Later leidde Faggin het ontwerpteam voor de ontwikkeling van de Intel 8080, een andere belangrijke microprocessor die bijdroeg aan de verspreiding van personal computers.
Zilog. Na zijn tijd bij Intel was Faggin in 1974 medeoprichter van Zilog, Inc., een bedrijf dat zich specialiseerde in het ontwerpen en produceren van microprocessoren, waaronder de Z80, een microprocessor die populair was in de elektronica-industrie.
ASIC's en geavanceerde technologieën. Faggin bleef betrokken bij de ontwikkeling van geavanceerde technologieën, zoals ASIC's, geïntegreerde schakelingen die ontworpen zijn om specifieke functies uit te voeren in een bepaald elektronisch systeem.

Federico Faggin is erkend voor zijn bijdragen aan de industrie en de technologie. Hij heeft vele prijzen en onderscheidingen ontvangen, waaronder de Albert A. Michelson Award in 2009 voor zijn baanbrekende werk in de microprocessortechnologie. In feite wordt hij beschouwd als een leidende figuur in de microprocessortechnologie en heeft hij een grote invloed gehad op de evolutie van computertechnologie. Zijn innovaties hebben aanzienlijk bijgedragen aan de ontwikkeling van moderne computers en de digitale technologieën die we vandaag de dag gebruiken.

Ontwaken.

Federico Faggin staat bekend om zijn revolutionaire bijdrage aan de creatie van de eerste microprocessor. In de afgelopen jaren is Faggin echter begonnen aan een intellectuele reis die hem ertoe heeft gebracht de kronkelingen van het menselijk bewustzijn te verkennen, een reis die een belangrijke verschuiving van technologie naar spiritualiteit markeert.
Deze transformatie vond plaats op een cruciaal moment in zijn leven, een ervaring die hij zelf omschrijft als zijn 'ontwaken'. Het was toen dat Faggin de werkelijkheid niet langer alleen begon waar te nemen door de analytische strengheid van de wetenschap, maar ook door een nieuwe spirituele dimensie, waardoor hij de aard van het menselijk bewustzijn diepgaand ging onderzoeken. Zelf beschrijft hij in zijn boek 'Onherleidbaar' de ervaring van het ontwaken op deze manier:

"In december 1990, toen ik tijdens de kerstvakantie met mijn familie in Lake Tahoe was, werd ik wakker van de drank.

Terug in bed, terwijl ik wachtte om weer in slaap te vallen, voelde ik plotseling een zeer sterke energie uit mijn borst opkomen. Het was niet alleen een ervaring die ik nog nooit eerder had gevoeld, maar ook een fenomeen dat zo buitengewoon was dat ik me deze levende energie nooit had kunnen voorstellen. Het was liefde, maar een liefde zo intens en zo ongelooflijk bevredigend dat het elk emotioneel gevoel dat ik had over de aard van liefde overtrof. Nog ongelooflijker was het feit dat ik de bron van deze liefde was.

... was ik tegelijkertijd de waarnemer van de wereld en de wereld die zichzelf observeerde!

En tegelijkertijd realiseerde ik me dat de wereld gemaakt is van een substantie die 'smaakt naar liefde' en dat ik diezelfde substantie ben!

... Die ervaring bevatte een ongekend gevoel van waarheid omdat het waar was op alle niveaus van mijn wezen. Op fysiek niveau was mijn lichaam levendig en levendig, zoals ik nog nooit eerder had gevoeld. Op emotioneel niveau zag ik mezelf als een krachtige bron van liefde en op mentaal niveau wist ik met zekerheid dat alles uit liefde bestaat.

Deze ervaring deed me beseffen dat, zoals de beroemde Libanese dichter Khalil Gibran zei: 'Spiritueel ontwaken is het meest essentiële in het leven van de mens en het enige doel van het bestaan'. Deze ervaring veranderde mijn leven volledig en heeft door de jaren heen zijn oorspronkelijke intensiteit behouden. Zelfs vandaag de dag heeft het nog een krachtige impact op mij".

Deze transformatie vond plaats op een cruciaal moment in zijn leven. Op dat moment begon Faggin de werkelijkheid niet langer alleen waar te nemen door de analytische strengheid van de wetenschap, maar ook door een nieuwe spirituele dimensie, waardoor hij de aard van het menselijk bewustzijn diepgaand ging onderzoeken.

In zijn geschriften haalt Faggin de profetische visie van Giordano Bruno aan, volgens welke:

"Er komt een dag waarop de mens uit de vergetelheid zal ontwaken en eindelijk zal begrijpen wie hij werkelijk is".

Voor Faggin vertegenwoordigt dit ontwaken het moment waarop mensen hun goddelijke aard beseffen, begrijpen dat hun essentie verder gaat dan de rigide definities die door rationaliteit worden opgelegd. Faggin stelt dat we allemaal een goddelijke natuur bezitten. De filosoof Plotinus citerend stelt Faggin dat het onze taak is om::

Het goddelijke in onszelf terugbrengen naar het goddelijke in het universum'.

Dit idee benadrukt het oneindige potentieel van de mens, een potentieel dat niet kan worden ingeperkt binnen de grenzen van conventionele definities. Het wijst erop dat onszelf definiëren impliceert dat we rigide grenzen rond onze essentie plaatsen, dat we onszelf bepaalde eigenschappen toeschrijven en alle andere uitsluiten.

In deze context neemt Faggin de woorden van Giordano Bruno weer op, die stelde:. Dit idee benadrukt het oneindige potentieel van het menselijk wezen, een potentieel dat niet kan worden beperkt binnen de grenzen van conventionele definities. Hij wijst erop dat onszelf definiëren impliceert dat we rigide grenzen rond onze essentie plaatsen, dat we onszelf bepaalde eigenschappen toeschrijven en alle andere uitsluiten.

In deze context neemt Faggin de woorden van Giordano Bruno weer op, die verklaarde:

> *"De mens heeft geen grenzen en wanneer hij dit beseft zal hij zelfs hier in deze wereld vrij zijn".*

Deze uitspraak resoneert diep met Faggins visie, die de hedendaagse neiging om elk aspect van de werkelijkheid te willen catalogiseren, classificeren en definiëren aan de kaak stelt. Hij stelt dat velen een volledig digitale werkelijkheid zouden willen, binair herleidbaar tot waar of onwaar. Faggin daagt deze visie echter uit door te verklaren dat een dergelijke benadering zelfs binnen de rekenkunde beperkt is.

Voor Faggin is de mens een uitgestrektheid, oneindig complex en onherleidbaar tot eenvoudige digitale dichotomieën. Hij gelooft dat de mens *'voorbij alle verten'* is, een concept dat herinnert aan de noodzaak om de werkelijkheid met nieuwe ogen te zien en onszelf te bevrijden uit een conceptuele gevangenis die ons potentieel in het verleden heeft beperkt. Deze conceptuele gevangenis heeft volgens Faggin de vleugels van onze spirituele evolutie afgesneden.

Faggins oproep tot ontwaken en een hernieuwde visie op de werkelijkheid wordt goed geïllustreerd door de woorden van de dichter Rumi:

> *"Je bent geboren met idealen en dromen. Je bent geboren met een gave. Je bent geboren met vleugels. Je bent niet bedoeld om te kruipen, dus doe het niet. Je hebt vleugels, leer ze te gebruiken en vlieg."*

Dit citaat belichaamt perfect de filosofie van Faggin, die in de mens een wezen ziet dat voorbestemd is om hoog te vliegen, de grenzen van de traditionele opvatting van de werkelijkheid te overstijgen en de diepten van zijn eigen bewustzijn te verkennen.

Concluderend kan gesteld worden dat de reis van Federico Faggin een buitengewone overgang is van technologische innovatie naar spirituele zoektocht. Door zijn 'ontwaken' nodigt Faggin ons allemaal uit om onze goddelijke natuur te herontdekken, om verder te kijken dan conventionele definities en grenzen en om het oneindige potentieel van het menselijke bewustzijn met moed en vastberadenheid te verkennen.

Kwantumbewustzijn: de ontdekkingen van Faggin en collega's.

Federico Faggin, een naam die met eerbied weerklinkt in de wandelgangen van Silicon Valley vanwege zijn fundamentele bijdrage aan de ontwikkeling van de eerste microprocessor, heeft onlangs zijn aandacht gericht op een van de grootste en diepste mysteries van de mensheid: het bewustzijn. Als rusteloze ziel en briljante geest is Faggin begonnen aan een nieuw wetenschappelijk onderzoek dat de traditionele opvattingen over de aard van de geest en de werkelijkheid uitdaagt, waarbij hij een pad bewandelt dat kwantumfysica en bewustzijnsstudies samenbrengt.

Faggins overgang van technische natuurkunde naar filosofie van de geest was niet plotseling. Hij werd geboren in Vicenza in 1941 en doorliep decennia van technologische innovatie. Hij droeg niet alleen bij aan de creatie van de Intel 4004 microprocessor in 1971, maar ook aan andere fundamentele technologieën. Eind jaren 1990, begin jaren 2000 begon Faggin echter steeds diepere vragen te stellen over de aard van de werkelijkheid en het bewustzijn, in de overtuiging dat de traditionele benadering van de materialistische wetenschap onvoldoende was om subjectieve ervaring te verklaren.

Het concept van kwantumbewustzijn is niet exclusief van Faggin, maar maakt deel uit van een breder debat dat al tientallen jaren gaande is. Faggin vond overeenkomsten tussen zijn ideeën en die van andere pioniers zoals Roger Penrose, de beroemde Britse natuurkundige en wiskundige, en Stuart Hameroff, een anesthesist en filosoof van de geest.

Hij formuleerde echter zijn eigen originele theorie, beïnvloed door zijn ervaring in de engineering van complexe systemen. Volgens hem is bewustzijn niet simpelweg een epifenomeen van de hersenen, maar een fundamentele eigenschap van het universum, ingebed in de bouwstenen van de kwantumwerkelijkheid.

Een van de moedigste stappen van Faggin was de oprichting, samen met zijn vrouw, van de *Federico and Elvia Faggin Foundation*, opgericht om het begrip van bewustzijn te bevorderen door theoretisch en experimenteel onderzoek. De stichting staat ook bekend als de *Foundation for the Advancement of Consciousness.* Faggin investeerde zowel financiële als intellectuele middelen in deze onderneming om de grenzen van het bewustzijn te verkennen. Een belangrijk experiment van Faggins team betreft de analyse van kwantumcorrelaties in de menselijke waarneming. Hoewel deze studies zich nog in een voorlopig stadium bevinden, hebben ze aangetoond hoe verstrengelde deeltjes een rol kunnen spelen in bewuste toestanden, wat het idee ondersteunt dat bewustzijn zou kunnen worden gebruikt om niet-lokale kwantumcorrelaties te manipuleren.

De groeiende belangstelling voor deze ideeën in de 21e eeuw wordt ook gevoed door wetenschappers als Henry Stapp, een kwantumfysicus die pleitte voor het belang van geest en bewustzijn bij de interpretatie van kwantumverschijnselen. Stapp bracht het idee naar voren dat de menselijke geest een actieve rol zou kunnen spelen in het kwantumuniversum, in schril contrast met de traditionele mechanistische visie.

Faggin is zich ervan bewust dat het pad dat hij is ingeslagen vol uitdagingen en kritiek zit. De traditionalistische wetenschappelijke gemeenschap begroet de verbanden tussen kwantumfysica en bewustzijn vaak met scepsis. Faggins vastberadenheid wordt echter gevoed door de overtuiging dat alleen een dieper begrip van de kwantumnatuur van de werkelijkheid zal leiden tot significante vooruitgang in de neurowetenschappen en de filosofie van de geest.

In de woorden van Federico Faggin is het duidelijk dat:

> *"Bewustzijn is niet alleen het resultaat van de complexiteit van de hersenen, maar een fundamentele dimensie van het universum zelf".*

Deze uitspraak klinkt als een uitnodiging om nieuwe horizonten te verkennen, om niet tevreden te zijn met de antwoorden die de huidige wetenschap geeft en om de uiteindelijke aard van ons bestaan te blijven bevragen.

Concluderend kan worden gesteld dat de bijdrage van Federico Faggin aan bewustzijnsstudies een pioniersstap is naar een nog grotendeels onontgonnen gebied, waar de kwantumfysica nieuwe lagen van de werkelijkheid en de menselijke geest zou kunnen onthullen. Zijn ontdekkingen en die van zijn medewerkers zouden op een dag een revolutie teweeg kunnen brengen in ons begrip van bewustzijn, wat zou kunnen leiden tot een nieuw tijdperk van kennis en bewustzijn.

Bewustzijn begrijpen. Faggin's theorieën.

Faggin werd in 1941 geboren in Vicenza en bracht tientallen jaren door in de geavanceerde lijn van technologische innovatie. Zijn intellectuele nieuwsgierigheid bleef echter nooit beperkt tot de grenzen van de toegepaste wetenschap. Al in de jaren 1990 begon Faggin vraagtekens te zetten bij de fundamenten van de werkelijkheid en de betekenis van het bewustzijn, gedreven door een diepe intuïtie dat er veel meer was dan alleen materie.

Federico Faggin stelt een gedurfde en vernieuwende theorie van het bewustzijn voor, waarin hij reductionistische opvattingen aanvecht die het bewustzijn slechts als een product van de hersenen beschouwen. Hij stelt dat bewustzijn een intrinsieke eigenschap van het universum is, een visie die aansluit bij de panpsychistische filosofie. Volgens Faggin:

> *"Bewustzijn kan niet alleen worden verklaard door de fysische en chemische processen van de hersenen, maar moet worden begrepen als een fundamenteel kenmerk van de werkelijkheid".*

Faggins ideeën ontstaan niet in een vacuüm, maar sluiten aan op een panorama van bestaande theorieën. Een van de bekendste voorlopers is David Chalmers, een Australische filosoof die de term '*hard problem of consciousness*' bedacht. Chalmers maakt onderscheid tussen het gemakkelijke probleem, dat betrekking heeft op de hersenmechanismen van bewustzijn, en het harde probleem, dat betrekking heeft op de aard van subjectieve ervaring. Ook Faggin begeeft zich op het terrein van subjectiviteit en suggereert dat het antwoord op de mysteries van bewustzijn wel eens zou kunnen liggen in een dieper begrip van kwantumwerkelijkheid.

Faggin heeft samengewerkt met wetenschappers en filosofen om deze revolutionaire ideeën te onderzoeken. Zijn *Foundation for the Advancement of Consciousness*, opgericht in 2011, financiert onderzoek dat neurowetenschappen, kwantumfysica en filosofie combineert. Een opmerkelijk experiment dat door de stichting werd gesponsord, betrof het gebruik van functionele magnetische resonantiebeeldvorming (fMRI) om de neurale correlaten van bewustzijn tijdens diepe meditatie-ervaringen te observeren. Deze studies hebben tot doel te begrijpen hoe verheven en transcendente mentale toestanden de hersenactiviteit beïnvloeden, wat het idee ondersteunt dat bewustzijn mogelijk op niveaus werkt die verder gaan dan louter neuronale berekeningen.

De theorieën van Faggin hebben de aandacht getrokken van verschillende experts op het gebied van neurowetenschappen en natuurkunde. Stuart Hameroff, een bekende anesthesist en bewustzijnstheoreticus, heeft vaak het belang van de kwantumbenadering voor het begrijpen van de geest benadrukt.

De implicaties van Faggins theorieën zijn diepgaand en revolutionair. Als bewustzijn, zoals hij suggereert, een fundamenteel aspect van het universum is, dan moet ons begrip van natuurkunde, biologie en zelfs filosofie worden herzien. Dit perspectief vereist een nieuw paradigma waarin bewustzijn geen epifenomeen is, maar een intrinsiek onderdeel van de werkelijkheid, dat beïnvloedt hoe we alles benaderen, van de grondbeginselen van de fysica tot het concept van vrije wil en persoonlijke identiteit.

Federico Faggin is een man met een buitengewone visie, wiens onderzoek naar het bewustzijn het landschap van de wetenschap en de filosofie radicaal zou kunnen veranderen. Zijn ideeën, verankerd in een diep begrip van zowel technologie als filosofie, vertegenwoordigen een gedurfde stap in de richting van een nieuw begrip van de aard van geest en werkelijkheid.

Klassiek panpsychisme in de herinterpretatie van Faggin.

De term 'panpsychisme' is afgeleid van het Griekse 'pan' (alles) en 'psyche' (ziel, geest), wat suggereert dat alles in het universum een vorm van bewustzijn bezit. Dit concept werd oorspronkelijk bepleit door filosofen uit de oudheid zoals Anaxagoras en later door Leibniz.

Panpsychisme is een theorie die stelt dat geest of bewustzijn niet slechts opkomende eigenschappen zijn van complexe systemen zoals mensen, maar een fundamenteel en universeel kenmerk zijn van de hele werkelijkheid. Met andere woorden, volgens het panpsychisme is bewustzijn of geest in een bepaalde basisvorm aanwezig in het hele universum, tot in de eenvoudigste elementen van materie.

Deze theorie kan vele vormen aannemen, maar er zijn twee hoofdvarianten:

Het klassieke panpsychisme, voorgesteld door sommige historische filosofen, stelt dat alle materiële dingen een soort rudimentair bewustzijn of basale mentale eigenschap hebben.

Een voorbeeld van panpsychisme zijn de vermogens van planten. Een van de bekendste experimenten op dit gebied is het '*Backster Effect*', uitgevoerd door Cleve Backster in 1966. Backster, een expert op het gebied van leugendetectoren, ontdekte dat planten leken te reageren op menselijke gedachten en emotionele stimuli, wat wijst op een soort universeel bewustzijn dat buiten het menselijke domein bestaat.

Het Backster Effect: Planten en het Universele Bewustzijn.

Een van de meest intrigerende en controversiële experimenten van de 20e eeuw met betrekking tot het bewustzijn en het mogelijke invloedsgebied ervan is ongetwijfeld het 'Backster Effect'. Het experiment werd in 1966 uitgevoerd door Cleve Backster, directeur van de *Backster School of Lie Detection*. Dit onderzoek leidde tot uitgebreide discussies over de mogelijkheid dat ook planten een vorm van bewustzijn zouden kunnen bezitten of gevoelig zouden kunnen zijn voor de emotionele toestand van levende wezens.

Cleve Backster, geboren in 1924, was een polygraaf expert die diende in het *U.S. Army Counterintelligence Corps* en later zijn eigen 'school voor leugendetectie' oprichtte. Hij was een gerespecteerde professional in zijn vakgebied toen hij in een moment van nieuwsgierigheid een polygraafelektrode aan een dracaena bevestigde, een *kamerplant* die algemeen bekend staat als '*maïsplant*'.

Op 2 februari 1966 besloot Backster uit een plotselinge, bijna speelse impuls om de bladeren van de plant aan te sluiten op een polygraaf. Hij wilde kijken of hij het vochtgehalte van de plant kon meten. Wat hij ontdekte overtrof echter zijn verwachtingen. Toen hij eraan dacht om een blad van de plant te verbranden om een reactie te zien, toonde de polygraafplot een plotselinge stijging, alsof de plant had '*gevoeld*' en '*gereageerd*' op de gedachte beschadigd te worden.

Na deze eerste toevallige ontdekking begon Backster aan een reeks systematische experimenten om zijn waarnemingen te testen. Hij ontdekte dat de plant niet alleen leek te reageren op directe bedreigingen, maar ook op veranderingen in de omgeving en menselijke emoties. Hij probeerde bladeren af te snijden, te verbranden of zelfs onder te dompelen in heet water terwijl hij ze in de gaten hield. Backster breidde zijn experimenten uit naar verschillende biologische organismen, waaronder eieren en bacteriën, en vond vergelijkbare reacties.

Zijn werk kwam aan bod in verschillende publicaties en presentaties, waaronder een beroemd citaat in 1973 in het boek '*The Secret Life of Plants*' van Peter Tompkins en Christopher Bird. Deze populaire tekst, hoewel niet strikt wetenschappelijk, hielp bij de verspreiding van het idee dat planten een vorm van bewustzijn zouden kunnen hebben of op zijn minst een sterke gevoeligheid voor prikkels.

Het werk van Cleve Backster stimuleerde nieuwe vragen en experimenten op het gebied van bio-elektrografie en de zogenaamde 'psychobotanie'. Het idee dat planten op complexe en onverwachte manieren kunnen reageren op externe prikkels vond weerklank in latere studies, zij het in verschillende vormen.

Een modern voorbeeld is het werk van Stefano Mancuso, een plantenneurobioloog, die onderzoekt hoe planten prikkels waarnemen en erop reageren, waarbij ze met hun omgeving communiceren op manieren die complexe vormen van gedrag suggereren. In zijn boek '*Plant Revolution*' (2017) beschrijft

Mancuso de verbazingwekkende vermogens van planten om te reageren op externe prikkels, hoewel hij ook kritisch staat tegenover al te speculatieve conclusies zoals die van Backster.

Een andere hedendaagse bijdrage kwam van onderzoekers Marcel Vogel en Andrija Puharich, die de bio-energetische aspecten van planten grondig onderzochten. Vogel, een voormalig IBM-wetenschapper, voerde experimenten uit met kristallen en planten en beweerde dat deze menselijke energieën konden registreren.

Het 'Backster Effect' is een van de meest provocerende experimenten van de 20e eeuw op het gebied van bewustzijn en gevoel bij planten. Hoewel het werd bekritiseerd vanwege het gebrek aan wetenschappelijke nauwkeurigheid, heeft het openlijk het debat gestimuleerd over de aard van het bewustzijn en de mogelijkheid dat het niet exclusief is voor mensen of dieren, maar een breder scala aan levensvormen kan omvatten. Vandaag de dag blijft dit thema wetenschappers en filosofen aansporen om na te denken over de grenzen van kennis en perceptie, en suggereert het dat ons begrip van leven en bewustzijn wel eens veel beperkter zou kunnen zijn dan tot nu toe gedacht.

Actualiteit van panpsychisme.

Dan is er een modernere variant van panpsychisme, die suggereert dat alle delen van het universum deelnemen aan een ervaringsveld. Het betekent niet dat elk object gedachten of emoties heeft zoals mensen, maar eerder dat elk deel van de materie een elementaire vorm van ervaring of gevoel bezit.

Panpsychisme wordt vaak besproken als een middenweg tussen cartesiaans dualisme (dat geest en materie duidelijk van elkaar scheidt) en reductionistisch materialisme (dat alles reduceert tot materie en fysieke processen). Het kan ook gezien worden als een oplossing voor de problemen die bewustzijn met zich meebrengt, zoals het harde probleem van David Chalmers, dat probeert te verklaren waarom en hoe fysieke toestanden aanleiding kunnen geven tot subjectieve ervaringen.

Hoewel panpsychisme geen dominante theorie is in de hedendaagse filosofie van de geest, heeft het de interesse gewekt van sommige filosofen en wetenschappers vanwege de aanhoudende moeilijkheden om de aard van het bewustzijn te verklaren met behulp van traditionele paradigma's.

Federico Faggin, beïnvloed door denkers als David Chalmers en Stuart Hameroff, wilde het panpsychisme op een solide wetenschappelijke basis brengen. Zijn visie breekt met de klassieke traditie en betreedt het gebied waar technologie, neurowetenschap en kwantumfysica elkaar kruisen.

Faggins herinterpretatie draait om een belangrijk principe: bewustzijn is een intrinsieke eigenschap van het universum, net als elementaire deeltjes en fundamentele krachten.

Federico Faggin heeft experimenten uitgevoerd om te bewijzen dat cognitieve en perceptuele vermogens slechts een deel zijn van het grotere geheel van universeel bewustzijn. Door samen te werken met neurowetenschappers en natuurkundigen heeft hij studies bevorderd die kwantumcoherentieverschijnselen in menselijke neuronen proberen waar te nemen, een gebied dat een revolutie teweeg zou kunnen brengen in de manier waarop we naar geest en materie kijken.

Zijn herinterpretatie van het panpsychisme is niet onopgemerkt gebleven. Persoonlijkheden als David Chalmers hebben zijn opvattingen met interesse verwelkomd en erop gewezen hoe ze antwoorden kunnen geven op vragen die het reductionistische materialisme over het hoofd heeft gezien.

Federico Faggin heeft met zijn unieke combinatie van technologische expertise en filosofische visie een innovatief pad in de studie van het bewustzijn gebaand. Zijn ideeën dagen niet alleen traditionele wetenschappelijke verklaringen uit, maar ook de epistemologie van menselijke kennis.

Hoewel veel details van zijn theorieën nog door empirische experimenten geverifieerd moeten worden, heeft het pad dat hij heeft geopend een vruchtbare dialoog tussen wetenschap en filosofie op gang gebracht. Vanuit dit perspectief is panpsychisme niet langer slechts een metafysische speculatie, maar een tastbare mogelijkheid, in staat om de mysteries van het universum te verenigen met het grootste mysterie van allemaal: bewustzijn.

Faggin's 'One': een revolutie in wetenschappelijk denken.

De centrale theorie van Faggin kan worden samengevat in het concept van het 'Ene', een innovatief perspectief dat bewustzijn beschouwt als een fundamentele eigenschap van het universum, intrinsiek aan de werkelijkheid zelf, en niet slechts als een bijproduct van neuronale activiteit in de hersenen.

De studies van Faggin zijn gebaseerd op het snijvlak van technologie, neurowetenschappen en kwantumfysica. In zijn werk stelt hij dat bewustzijn mogelijk geworteld is in het ingewikkelde weefsel van de kwantumwerkelijkheid.

Faggins pad naar deze theorie kende een scharniermoment in de jaren 1990, toen hij geïnteresseerd raakte in meditatieve en spirituele praktijken en de aard van subjectieve ervaring wilde begrijpen. Faggin had al veel geleerd van zijn technologische innovaties over hoe kleine eenheden informatie kunnen leiden tot complexe systemen, maar hij realiseerde zich dat het begrijpen van bewustzijn een sprong vereiste die verder ging dan wiskundige formules en geïntegreerde circuits.

In zijn geschriften gebruikt Faggin vaak een anekdote om zijn visie te illustreren: de relatie tussen een oceaan en een druppel water. Terwijl de traditionele wetenschap bewustzijn ziet als een 'druppel' die geproduceerd wordt door een biologisch brein dat gelijk is aan de 'oceaan', stelt Faggin voor dat elke druppel (elk bewustzijn) een fundamentele uitdrukking is van een grotere oceaan (het 'Ene').

In zijn stichting stimuleert Faggin onderzoeksprojecten die interdisciplinaire methoden gebruiken om de diepten van de menselijke geest te onderzoeken. Hedendaagse wetenschappers die steun hebben ontvangen zijn neurobiologen, kwantumfysici en informatietheoretici, die allemaal een gewaagde poging doen om het raadsel van het bewustzijn te ontcijferen.

Beroemd is de episode in 1997 toen Faggin de historische conferentie '*Toward a Science of Consciousness*' bijwoonde, georganiseerd door de Universiteit van Arizona. Daar kwam hij in contact met vooraanstaande denkers als Chalmers, bekend om zijn onderscheid tussen het 'makkelijke probleem' en het 'moeilijke probleem' van bewustzijn, en Hameroff, die zijn latere denken diepgaand zou beïnvloeden.

Nog belangrijker was de bijdrage van Faggin in 2018, toen hij in een artikel stelde dat om de ware aard van bewustzijn te begrijpen, de wetenschap haar materialistische reductionisme moet loslaten en de fundamentele rol van subjectieve ervaringen moet erkennen. Deze benadering herinnert ook aan de oude oosterse filosofie, met name Vedanta, die bewustzijn altijd niet als een epifenomeen heeft gezien, maar als de ultieme realiteit.

Federico Faggin verlegt met zijn theorie van het bewustzijn als het 'Ene' de grenzen van het wetenschappelijk denken. Veel wetenschappers zijn sceptisch, terwijl anderen, zoals neurobioloog Christof Koch, in dit onderzoek een belofte zien voor een dieper en vollediger begrip van ons wezen. Koch, die uitgebreid heeft samengewerkt met Francis Crick om het bewustzijn in de hersenen te lokaliseren, heeft onlangs laten zien open te staan voor onconventionele ideeën.

Samengevat vormt Faggins visie op het Ene, geïnspireerd en ondersteund door een reeks praktische en intellectuele ervaringen, een krachtige uitdaging voor de dominante wetenschappelijke visie. Hij keert het paradigma om dat bewustzijn slechts als een epifenomeen ziet en stelt een visie voor waarin bewustzijn het fundament is waarop alle werkelijkheid rust. Dit perspectief, hoewel gedurfd, zou een van de meest ingrijpende revoluties in de geschiedenis van het wetenschappelijk denken kunnen betekenen, en ons ertoe kunnen aanzetten om niet alleen ons begrip van de geest te herzien, maar ook onze opvatting van het universum zelf.

Faggin's Seity. Een analyse van meervoudige en geïntegreerde identiteiten.

Federico Faggin, beroemd om zijn baanbrekende uitvinding van de microprocessor, heeft onlangs de schijnwerpers verlegd naar zijn fascinerende onderzoek naar bewustzijn, een gebied dat hij omarmt met de passie en wetenschappelijke nauwkeurigheid die zijn innovatieve geest kenmerken. Centraal in zijn onderzoek staat het concept '*Seity'*, dat hij beschrijft als een manifestatie van de meervoudige en geïntegreerde identiteiten van het bewuste wezen.

De term 'Seity' verwijst naar een vorm van identiteit die zowel meervoudig als verenigd is. Volgens Faggin is elk individu geen monolithische entiteit, maar een verzameling ervaringen, gewaarwordingen en bewustzijn die geïntegreerd zijn in een verenigd bewustzijn. Deze theorie resoneert met de ideeën van geleerden zoals William James, die in zijn werk '*The Principles of Psychology*' uit 1890 het concept van de '*stream of consciousness'* introduceerde, waarbij ervaringen een niet te onderscheiden continuüm vormen.

Faggin gaat verder en suggereert dat ons bewustzijn een netwerk is van gelijktijdig bestaande identiteiten die op elkaar inwerken in een toestand van kwantumcoherentie. Een parallel is te vinden in het werk van de Deense psychiater Janov, met zijn benadering van de behandeling van multi-generationele en traumatische identiteiten. Faggin integreert echter de kwantumfysica en stelt voor dat onze hersenen werken als een interferometer die energie en informatie kanaliseert van onze meervoudige innerlijke identiteiten.

Een praktisch voorbeeld dat Faggin aanhaalt is het zelfperceptie-experiment dat in 2022 werd uitgevoerd aan de universiteit van Stanford, waarbij deelnemers die afwisselend werden blootgesteld aan stress- en ontspanningssituaties significante veranderingen in hun zelfperceptie vertoonden. Deze veranderingen, gemeten met behulp van functional magnetic resonance imaging (fMRI), vertoonden gediversifieerde hersenactivaties die Faggin interpreteert als sporen van verschillende identiteiten die tegelijkertijd actief waren.

Een ander relevant experiment werd uitgevoerd door een team van neurowetenschappers aan het MIT, die geavanceerde *brein-computer-interfacetechnologieën* gebruikten om hersensynapsen te volgen en in kaart te brengen tijdens diepe meditaties in 2023. De resultaten gaven aan dat de hersenen tijdens dergelijke toestanden niet alleen andere gebieden activeren dan tijdens gewoon bewustzijn, maar ook coherentiepatronen vertonen die lijken op supergeleidende toestanden van materie. Deze coherentietoestanden, suggereert Faggin, zijn symbolisch voor meerdere identiteiten die samenwerken in een enkele bewuste ervaring.

Tijdens een interview in 2021 vertelde Faggin een fascinerende anekdote over zijn 'ontwaken':

> *"Tijdens een meditatie had ik een buitenlichamelijke ervaring waarin ik me tegelijkertijd toeschouwer en acteur van mijn leven voelde. Het was alsof ik van een solonummer naar een enorme symfonie ging, waar elke noot een deel van mij was."*

Deze persoonlijke episode benadrukt niet alleen de ervaringsdimensie van 'Seity', maar suggereert ook dat dergelijke toestanden voor iedereen toegankelijk en verifieerbaar kunnen zijn.

Faggins theorieën over 'Seity' vormen een brug tussen de mystieke traditie en de strenge moderne wetenschap en stellen een model van bewustzijn voor dat zowel gefragmenteerd als geïntegreerd is, in overeenstemming met de meest geavanceerde bevindingen in de kwantummechanica en neurowetenschappen. Toekomstige richtingen van dit onderzoek zouden een revolutie teweeg kunnen brengen in ons begrip van identiteit, door te suggereren dat wat we 'zelf' noemen een complexe, maar harmonieuze symfonie is van ervaring en bewustzijn.

De impact van deze ontdekkingen zou veel verder kunnen reiken dan filosofie en psychologie en invloed kunnen hebben op gebieden als geneeskunde, cognitieve informatica en zelfs sociologie, en nieuwe hulpmiddelen kunnen bieden om de complexiteit van de menselijke ervaring te begrijpen en te verbeteren. Federico Faggin blijft ons met zijn visionaire werk laten zien dat het wonder van het bestaan ligt in het buitengewone vermogen om tegelijkertijd eenvoudig en complex, ondeelbaar en meervoudig te zijn.

Faggin's denken als in een stroomschema.

Federico Faggin, een wereldberoemde wetenschapper, is een meester in de kunst van het wetenschappelijk redeneren. Hij is gewend om te werken via logische analyse en formele precisie en zijn lange ervaring in de wereld van het programmeren kon alleen maar een diepgaande invloed hebben op de vorming van zijn metafysische theorie. De theoretische constructie van Faggins denken kan inderdaad gezien worden als een verfijnde choreografie van onderling verbonden elementen, een stroomschema waarin elke afzonderlijke stap nauwkeurig berekend is en niets aan het toeval wordt overgelaten.

Denk eens aan de complexiteit van een stroomdiagram. Daarin vertegenwoordigt elk knooppunt een beslissing, elke lijn een mogelijke richting en elk symbool een specifieke functie. Alle onderdelen werken in harmonie en creëren een ordelijk systeem zonder overbodige elementen. Elke draad, elke verbinding heeft zijn reden, zijn precieze rechtvaardiging binnen het grote geheel. En dit is precies de kern van Faggins denken: alles is met elkaar verbonden door een strikte logica, waarbij elke hypothese zorgvuldig is overwogen en geëvalueerd.

Het doel van een stroomschema is om elk mogelijk scenario te voorzien, om te anticiperen op elke splitsing in het logische pad. Faggin blinkt uit in deze kunst. Iedereen die zich in zijn denken verdiept, hoeft zich alleen maar voor te stellen dat hij het spoor volgt dat door een stroomschema is uitgezet. Elk van zijn concepten, zijn ideeën, heeft een precieze plaats en een gedefinieerde functie binnen dit diagram.

Denk aan een perfecte machine, een ingewikkeld apparaat waaraan niets kan ontsnappen. Stel je nu een gigantisch paneel voor vol met knoppen, elk precies beschreven, elk met een eigen functie. Elke keer dat er op een knop wordt gedrukt, voert de machine een handeling uit met nauwgezette nauwkeurigheid. Maar stel je voor dat er iemand langskomt en zonder reden twee knoppen tegelijk indrukt. Gewoon voor de lol, maar genoeg om de hele machine te laten crashen. Zoals ze onder programmeurs plachten te zeggen: de machine was niet 'foolproof'.

Het is hier dat de meesterlijke vaardigheid van Faggin doorschemert. Zijn theorie is ontworpen om dergelijke eventualiteiten te weerstaan, die onvermijdelijke situaties die de stabiliteit van elk systeem op de proef kunnen stellen. Dankzij zijn gestructureerde visie heeft Faggin geleerd om logische botsingen te voorspellen en te voorkomen, waardoor een systeem is ontstaan dat niet alleen werkt, maar ook bestand is tegen verstoringen.

Uiteindelijk betekent je onderdompelen in het denken van Faggin dat je een geordende wereld binnengaat, waar elk element zijn plaats vindt en elke twijfel is voorzien. Het betekent de paden van een stroomschema volgen, met de absolute zekerheid dat elke stap deel uitmaakt van een harmonieus en onfeilbaar proces. Een dans van logica en rationaliteit die alleen een geest kan bedenken die gewend is aan het navigeren door de grenzen van computerwetenschap en metafysica.

Deze onbetwistbare logica in de uiteenzetting van zijn denken, bemiddeld door zijn boeken, fascineerde me al voor de verdienste van zijn theorieën. In de volgende paragrafen zal ik proberen de logische stappen van Faggins schema te volgen. Ik weet dat zijn wetenschappelijke punctualiteit me vaak zou corrigeren, maar in principe hoop ik zijn denken getrouw weer te geven. Ik moet erop wijzen dat ik hier slechts een klein deel van zijn discipline weergeef. Om er dieper in te duiken raad ik aan zijn boeken 'Silicon', 'Irreducible' en 'Beyond the Invisible' te lezen.

Nousym', een nieuwe discipline om een nieuw postulaat te ondersteunen.

In zijn geschriften stelt Federico Faggin een vernieuwende visie voor die in staat is om wetenschap en spiritualiteit te combineren door middel van een nieuwe discipline die hij 'Nousym' heeft genoemd. Deze discipline vindt haar basis in een postulaat dat Faggin het '*postulaat van Zijn*' noemt. Dit postulaat luidt:

> *"Het 'Ene' is de totaliteit van wat bestaat en is dynamisch, holistisch en wil zichzelf kennen".*

Het postulaat van Zijn vormt het uitgangspunt om de werkelijkheid op een verenigde en geïntegreerde manier te begrijpen. Hij definieert het 'Ene' als een dynamische en holistische entiteit die alles wat bestaat in zich opneemt en die er van nature naar streeft zichzelf te kennen. Deze benadering stelt Faggin in staat een brug te slaan tussen de wetenschappelijke wereld en de spirituele dimensie, waardoor de traditionele dichotomieën tussen deze twee kennisgebieden worden overwonnen.

Binnen Nousym gebruikt Faggin het postulaat van Zijn om fundamentele concepten als bewustzijn en vrije wil te definiëren. Bewustzijn wordt beschreven als "*iemands vermogen om zichzelf te kennen*", terwijl vrije wil wordt beschouwd als "*iemands vermogen om zijn eigen zelfkennis te sturen*". Deze definities weerspiegelen de opvatting dat zowel bewustzijn als vrije wil intrinsieke en fundamentele eigenschappen zijn van het 'Ene', en niet afgeleid van iets meer elementairs.

Faggin stelt dus dat, in de visie die Nousym voorstelt, bewustzijn en vrije wil niet gereduceerd kunnen worden tot secundaire of opkomende fenomenen, maar bestaan als primaire en onherleidbare kwaliteiten van het Zijn zelf. Op deze manier biedt hij een perspectief waarin alle aspecten van de menselijke ervaring, van materie tot geest, geïntegreerd zijn in een dynamische en zelfvoorzienende totaliteit, waarvan het uiteindelijke doel zelfkennis en zelfrealisatie is.

Met Nousym nodigt Faggin ons uit om een nieuwe dimensie te verkennen waarin wetenschap en spiritualiteit niet langer antagonistisch zijn, maar eerder verschillende uitdrukkingen van dezelfde verenigde werkelijkheid. Deze revolutionaire benadering opent nieuwe mogelijkheden voor het begrijpen van de aard van bewustzijn en vrije wil, en stelt een synthese voor die diepgaande implicaties kan hebben voor onze kijk op de wereld en onze plaats daarin.

Faggin maakt duidelijk dat een postulaat intrinsiek vanzelfsprekend moet zijn. Hij stelt dat er niets vanzelfsprekender is dan de directe ervaring van bewustzijn en vrije wil die ieder van ons ervaart. Veel hedendaagse wetenschappers proberen echter te bewijzen dat bewustzijn en vrije wil voortkomen uit iets dat niet dezelfde kwaliteiten bezit. In dit verband maakt Faggin zich een ander fundamenteel principe eigen: het 'meer' kan niet voortkomen uit het 'minder'. Met andere woorden, hij gelooft dat bewustzijn niet kan voortkomen uit materie zonder bewustzijn, terwijl onbewustheid gezien kan worden als een gereduceerde of ontbrekende vorm van bewustzijn.

Op dezelfde manier kan de vrije wil, die indeterminisme vooronderstelt, niet voortkomen uit determinisme. Net zoals determinisme kan voortkomen uit indeterminisme (een principe dat goed geïllustreerd wordt door de kwantumfysica die de klassieke fysica voortbrengt), zo komt de vrije wil voort uit indeterminisme. Faggin benadrukt dat de vrije wil ervoor zorgt dat de toekomst open blijft en niet vooraf bepaald. Zelfs het 'Ene', de dynamische totaliteit, kan zijn eigen toekomst niet kennen, laat staan wij die, als delen van het Ene, samen met het Ene op een cognitieve reis zijn.

Deze concepten vormen de basis van de Nousym-discipline, die Faggin gebruikt om bewustzijn te herdefiniëren als "*het vermogen van 'Eén' om zichzelf te kennen*" en vrije wil als "*het vermogen van 'Eén' om de eigen zelfkennis te sturen*".

Faggins visie stelt bewustzijn en vrije wil dan ook als primaire elementen van de menselijke ervaring, onafscheidelijk en niet herleidbaar tot louter fenomenen die voortkomen uit levenloze materie. Door Nousym voor te stellen, nodigt Faggin ons uit om deze geïntegreerde benadering te erkennen en te onderzoeken, door een perspectief te bieden dat een eenheid vormt tussen wetenschap en spiritualiteit en onze plaats in het grote geheel van het bestaan opnieuw definieert. Volgens deze visie maken elk individu en elk element van het universum deel uit van een onderling verbonden en dynamische totaliteit, die zich bezighoudt met voortdurende zelfontdekking en begrip.

Gebaseerd op zijn 'postulaat van Zijn' stelt Faggin dat kwantumvelden bewustzijn en vrije wil moeten hebben. Om ze te onderscheiden van klassieke velden, die deze eigenschappen missen, introduceert hij de term '*Seity'*. Seity' zijn die kwantumvelden en hun combinaties die bewustzijn en vrije wil belichamen.

De elementaire 'Seity' worden volgens Faggin voortgebracht door het 'Ene', de totale eenheid van het bestaan. Elke 'Seity' is zowel deel als geheel van Eén. Ze weerspiegelen dezelfde kenmerken van Eén (holisme, dynamisme, wil tot kennis) en vertegenwoordigen de verschillende gezichtspunten waardoor het 'Ene' zichzelf kent.

Net zoals elementaire deeltjes combineren om nucleonen, atomen en moleculen te vormen, combineren elementaire 'Zeden' om 'Zeden' van een hoger niveau te creëren. Deze combinatie en interactie van 'Seity' op verschillende niveaus vertegenwoordigt de toenemende complexiteit van bewustzijn en vrije wil in het universum.

De 'Ene'. De bron van alles.

De Neo-Platonische filosoof Plotinus (204-270 n.Chr.) sprak over de 'Ene', een opperste en ondeelbare werkelijkheid waar alles uit voortkomt en waar alles nauw mee verbonden is.

Het 'Ene' van Plotinus is het fundamentele principe waaruit alle mentale en fysieke realiteiten voortkomen, een directe analogie met de impliciete orde van Bohm. Plotiniaanse emanaties herinneren in feite aan het idee dat de manifeste wereld (expliciete orde) een uitdrukking is die is afgeleid van een dieper, verenigd substraat (impliciete orde).

Faggin stelt ook het concept 'Eén' voor, maar schetst de contouren ervan binnen het kader van zijn Nousym-hypothese.

In een reis door zijn concept van het 'Ene' leidt Federico Faggin ons naar de ontdekking van fundamentele concepten die aanleiding geven tot een unieke en diepgaande visie op de oorsprong en aard van de werkelijkheid. Faggin introduceert het concept van het 'Ene' als het eerste principe, het fundament waar alles uit voortkomt, en kent het drie essentiële eigenschappen toe: Het 'Ene' is holistisch, dynamisch en belust op zelfkennis.

Volgens Faggin is het 'Ene' holistisch, wat betekent dat het niet uit afzonderlijke delen bestaat. Daarin is alles met elkaar verbonden, elk aspect van de werkelijkheid is verbonden met de anderen in een onverbrekelijke eenheid. Deze holistische visie benadrukt dat het 'Ene' een ondeelbare entiteit is waarin geen fragmenten bestaan, in tegenstelling tot de materiële objecten die we waarnemen in de fysieke wereld, die in plaats daarvan afzonderlijk kunnen worden gescheiden en geanalyseerd.

Bovendien is het 'Ene' dynamisch. Dit betekent dat het niet statisch is, maar voortdurend in beweging en verandering. Het 'Ene' evolueert, groeit en transformeert voortdurend. Door deze dynamiek kan het eerste principe zich ontwikkelen en vooruitgang boeken, wat het idee ondersteunt dat de werkelijkheid niet vastligt, maar altijd in ontwikkeling is.

De derde eigenschap van het 'Ene' is zijn verlangen om zichzelf te kennen. Dit verlangen naar zelfkennis introduceert een element van introspectie in het Ene, een behoefte om zijn eigen essentie te begrijpen. Dit verlangen om zichzelf te begrijpen impliceert noodzakelijkerwijs het bestaan van bewustzijn en vrije wil. Bewustzijn is het vermogen van het 'Ene' om zelfbewust te zijn, om na te denken over zijn eigen aard en ervaringen. De vrije wil, aan de andere kant, vertegenwoordigt het vermogen om deze kennis autonoom en vrijwillig te sturen.

Faggin wijst erop dat deze kenmerken van het 'Ene' - bewustzijn en vrije wil - elementen zijn die niet weerspiegeld worden in het universum dat beschreven wordt door de traditionele natuurkunde. De natuurkunde houdt zich bezig met objecten en verschijnselen die waargenomen en gemeten kunnen worden, maar gaat niet in op de aard van het bewustzijn of de vrije wil, die centraal staan in de opvatting van het Ene.

In Faggins visie is het leven zelf een uitdrukking van het 'Ene' dat zichzelf wil leren kennen. Elk levend wezen, begiftigd met bewustzijn en een vrije wil, is een fragment van deze eindeloze en voortdurende zoektocht van het 'Ene' naar zelfbegrip.

Via dit conceptuele kader biedt Faggin ons een integratieve en diepgaande visie op de werkelijkheid, waarin bewustzijn geen epifenomeen van materie is, maar een fundamentele en primaire component van het universum. Dit perspectief nodigt uit tot een bredere reflectie op de zin van het bestaan, de rol van het bewustzijn en de uiteindelijke aard van de werkelijkheid zelf.

We kunnen een voorbeeld nemen aan boeddhistische wijzen, die het leven zien als een voorbereiding op de dood, een proces van het vergaren van kennis en wijsheid

De 'Ene' verlangt zichzelf te kennen.

Faggin komt met een fascinerende hypothese over hoe het 'Ene' zelfkennis verwerft, een proces dat geworteld is in zijn dynamische en holistische aard.

Het proces van zelfkennis van de 'Ene' vindt volgens Faggin plaats door de creatie van bewuste entiteiten, die hij UC's (*Eenheid van Bewustzijn*) noemt. Telkens wanneer het 'Ene' vanuit een nieuw gezichtspunt wordt waargenomen, wordt er een aparte UC geboren. Deze CU's kunnen vergeleken worden met de monaden van Leibniz, in die zin dat ze hele delen van het Ene vertegenwoordigen, elk met hetzelfde cognitieve potentieel als het 'Ene' zelf. Elke CU, hoewel een deel van het geheel, bevat in zich het potentieel van het geheel, en weerspiegelt zo de holografische structuur van het 'Ene', waar elk deel de informatie van het geheel bevat.

Het leven zelf, beweert Faggin, is het resultaat van de generatieve eigenschap van het 'Ene', dat ernaar verlangt zichzelf te kennen. Elke daad van zelfkennis zal leiden tot de geboorte van een nieuwe UC, die bijdraagt aan het bestaan van de 'Ene' door zijn unieke perspectief. Dit voortdurende proces is hoe de 'Ene' zijn kennis uitbreidt en potentiële kennis omzet in feitelijke kennis.

Faggin maakt onderscheid tussen 'potentiële kennis' en 'actuele kennis' om duidelijk te maken hoe kennis niet uit het niets ontstaat. Potentiële kennis maakt deel uit van het 'Ene' in een latente staat, 'bestaand en niet-bestaand' tegelijkertijd.

"Het 'bestaat' in de zin dat het anders is dan het 'niets', maar het 'bestaat niet' totdat het gekend wordt door het 'Ene'. Dit concept beantwoordt de vraag hoe kennis kan voortkomen uit het ogenschijnlijke 'niets'. Kennis bestaat als een mogelijkheid die intrinsiek is aan het 'Ene', en deze mogelijkheid wordt geactiveerd en gemanifesteerd door het denkproces van het 'Ene'.

Het denken van het 'Ene' is dus de actie waarmee het 'Ene' potentiële kennis activeert en als feitelijke kennis laat bestaan. Dit creatieve proces is wat geboorte geeft aan een UC, een nieuwe bewuste entiteit met het potentieel om bij te dragen aan het begrip van het 'Ene'.

Faggin voegt zo een element van creativiteit en dynamiek toe aan de basis van de werkelijkheid en suggereert dat bewustzijn en bestaan van elkaar afhankelijk zijn. Kennis is voor Faggin niet slechts een passieve handeling van het verzamelen van gegevens, maar een creatieve handeling die bestaan verleent. Het 'Ene', door de voortdurende generatie van UC, ervaart en kent zichzelf in een eindeloze cyclus van zelfkennis en evolutie.

Samengevat integreert Faggins visie bewustzijn, vrije wil en dynamiek diepgaand in een holistische opvatting van het universum. Het 'ene', als het eerste principe, is niet alleen de oorsprong van alles, maar is ook in voortdurende transformatie, bezig met een eeuwige reis naar het volledige begrip van het zelf door de creatie en manifestatie van nieuwe vormen van bewustzijn. Dit proces weerspiegelt een realiteit waarin bestaan en kennis onafscheidelijk zijn, twee zijden van dezelfde medaille, die samen het weefsel van het leven en het universum weven.

Het concept van deel-gat.

Federico Faggin introduceert in zijn uitgebreide gedachte over bewustzijn en bestaan het concept van het 'Ene', een fundamentele dynamische en holistische entiteit die zichzelf probeert te begrijpen. Uit deze zoektocht naar zelfbewustzijn ontstaat de creatie van Eenheden van Bewustzijn (UC's), vergelijkbaar met de monaden van Leibniz. Elke UC is een 'heel deel' van 'Eén', d.w.z. het deelt alle eigenschappen van 'Eén' terwijl het zijn eigen unieke identiteit behoudt die onlosmakelijk verbonden is met het geheel.

Volgens Faggin ontstaat een UC wanneer het 'Ene' een nieuw perspectief op zichzelf aanneemt. Dit nieuwe perspectief is nooit vernietigbaar, omdat het integraal deel uitmaakt van het bestaan van het 'Ene'. Elke CU bezit dus het potentieel van het 'Ene' en zijn eigen identiteit, waardoor het zelfbewustzijn en 'agentiviteit' krijgt, d.w.z. het vermogen om zijn eigen vrije wil te sturen in het kennen van zichzelf en de wereld.

CU's zijn velden die voortkomen uit het 'Ene' en die, omdat ze er onafscheidelijk van zijn, dynamisch en holistisch zijn, met een natuurlijke neiging om zichzelf en andere CU's te kennen. Net als de 'Ene' heeft elke CU het vermogen om andere CU's te creëren, in een proces dat vergelijkbaar is met menselijke voortplanting. Dit mechanisme leidt tot een voortdurende creatie en evolutie van bewustzijn.

Het "Ene" kan worden voorgesteld als een verenigd veld van waaruit UC's ontstaan, die met elkaar kunnen combineren en hiërarchische niveaus van bewuste entiteiten vormen die "Seity" worden genoemd.

Ze' ontwikkelen gedeelde symbolen om met elkaar te communiceren en zichzelf beter te begrijpen. Naarmate de wederzijdse kennis toeneemt, neemt ook de complexiteit van de communicatieve symbolen toe.

Het creatieve werk van het 'Ene', samen met de UC's en de Seity, resulteert dus in een eeuwigdurende evolutie van bewustzijn, wat blijkt uit de onophoudelijke ontwikkeling en toegenomen complexiteit van interacties en communicatie tussen de verschillende bewuste entiteiten.

UC. Eenheden van bewustzijn.

Het 'Ene' is een fundamentele, dynamische en holistische entiteit, die in staat is om verschillende bewustzijnseenheden (VE's) te genereren en te combineren, elk met zijn eigen unieke identiteit.

De CU's komen samen om hiërarchieën van bewuste entiteiten te vormen, 'Seity' genaamd, in een proces dat vergelijkbaar is met de combinatie van elementaire deeltjes om steeds complexere structuren te vormen zoals nucleonen, atomen, moleculen, macromoleculen en, uiteindelijk, levende cellen. Deze UC's zijn dus primaire elementen van 'Seity'.

Identiteit, bewustzijn en agentschap zijn de gemeenschappelijke kenmerken van al deze eenheden. Faggin stelt dat het 'Ene' zichzelf creëert door de oneindige daad van het kennen van zichzelf. Alle nieuwe kennis en bestaan komen voort uit de oneindige potentiële kennis die het 'Ene' bezit. Alleen de 'Ene' kan deze potentiële kennis activeren en manifesteren als feitelijke kennis, waardoor nieuwe CU's ontstaan en zichzelf toeneemt.

Volgens Faggin ligt de essentie van leven en reproductie in dit creatieve proces van de 'Ene' die UC's genereert naar zijn beeld en gelijkenis, waardoor de concepten van bestaan, kennis en leven met elkaar verweven worden. De kennis die de 'Ene' van zichzelf heeft is de som van de zelfkennis van de UC's en Seity, maar deze collectieve kennis is veel meer dan de som van de delen, een fenomeen dat mogelijk wordt gemaakt door de aard van de kwantumwerkelijkheid.

Uiteindelijk kent de 'Ene' zichzelf ook door ieder van ons, omdat ieder van ons een deel is van de 'Ene' die zichzelf wil kennen. We zijn echter niet slechts instrumenten die door de 'Ene' worden gebruikt om zijn kennis te vergroten; we zijn in feite ondeelbare delen van de 'Ene'. We zijn allemaal 'Eenheid'. Het is onze taak om onze werkelijkheid te ervaren en te kennen om de kennis van het 'Ene' over zichzelf te vergroten.

Ernst.

Federico Faggin introduceert in zijn boeken een diepgaand en revolutionair concept: 'Seity'. Volgens Faggin vertegenwoordigt 'Seity' een entiteit die ontsnapt aan alle traditionele categorisering en definitie. Je kunt het niet beschrijven zoals een machine, omdat zijn fundamentele kenmerken (bewustzijn, identiteit, agentschap en creativiteit) onafscheidelijk en intrinsiek met elkaar verbonden zijn.

Seity' is een weinig gebruikte Engelse term die '*bezit van individualiteit*' betekent.

Faggin definieert een 'Seity' als een bewuste entiteit die zelfbewustzijn heeft, met een vrije wil kan handelen en een permanente identiteit bezit, net als mensen. Deze entiteit is een 'veld' in een zuivere staat dat bestaat in een werkelijkheid die groter is dan de gewone fysieke wereld.

Een cruciaal punt in Faggins denken is dat een 'Seity' onafhankelijk van het fysieke lichaam bestaat. Deze uitspraak leidt tot een visie op bewustzijn als iets dat niet volledig gebonden is aan materie. De 'Seity' gebruikt het lichaam als een instrument om waar te nemen en te interageren met de fysieke wereld, die slechts een klein deel is van de grotere werkelijkheid waarin de 'Seity' zich bevindt.

Seity, die niet tot de fysieke ruimte-tijd behoort, communiceert met het lichaam door gebruik te maken van wat Faggin '*levende informatie*' noemt. Dit type informatie verschilt van klassieke informatie, die we gebruiken om te communiceren met robots of avatars in een virtuele omgeving. Levende informatie is dus een brug tussen de grotere werkelijkheid van 'Seity' en de fysieke wereld waarin het lichaam opereert.

Het idee dat 'Seity' kan handelen met een vrije wil benadrukt het aspect van wil en zelfbeschikking, en gaat verder dan het idee van een universum dat alleen bepaald wordt door natuurkundige wetten.

Het aspect van permanentie van identiteit suggereert dat individualiteit niet oplost met de dood van het fysieke lichaam, maar blijft voortbestaan in een andere vorm van bestaan, nog steeds gericht op bewustzijn.

Faggin integreert deze ideeën en stelt een nieuwe visie voor op bewustzijn als een fundamentele dimensie van de werkelijkheid, die niet slechts een epifenomeen is van fysieke interacties, maar een essentiële en onafhankelijke component.

Dit perspectief opent de weg voor een dialoog tussen de subjectieve ervaringen van het bewustzijn en de objectieve modellen van de wetenschap, en nodigt uit tot nadenken over hoe deze twee dimensies naast elkaar kunnen bestaan en op elkaar kunnen inwerken.

Faggin beweert dat 'Seity' zelfs zonder het fysieke lichaam bestaat. Dit standpunt stelt dat de realiteit van bewustzijn niet beperkt kan worden tot materie, wat een bredere dimensie suggereert en impliceert dat onze ware essentie niet alleen afhankelijk is van lichamelijkheid.

Hoewel een 'Seity' in principe beschreven zou kunnen worden aan de hand van een reeks kwantumvergelijkingen, zouden deze de innerlijke ervaring en '*qualia*', d.w.z. de subjectief waargenomen kwaliteiten van bewustzijn, niet kunnen bevatten. Wiskundige theorieën kunnen alleen aspecten van de werkelijkheid a posteriori weergeven, niet het creatieve proces van bewuste keuzes.

De kwantumwerkelijkheid is volgens Faggin breder dan de klassieke werkelijkheid omdat er niet één enkel bevoorrecht gezichtspunt is. Elke 'Seity' heeft een andere ervaring van de werkelijkheid, en dit principe geldt ook voor de beschrijving van de klassieke wereld. De speciale en algemene relativiteitstheorieën laten zien dat de beschrijving van de werkelijkheid varieert afhankelijk van het referentiesysteem, wat benadrukt dat er geen absolute objectieve beschrijving bestaat.

Bij elke waarneming maakt de waarnemer deel uit van het waargenomene. Bijgevolg kan niemand een volledig objectief en onafhankelijk gezichtspunt hebben, en dit geldt zowel voor de kwantummechanica als voor de relativiteit. Met andere woorden, de werkelijkheid is intrinsiek verbonden met de subjectieve ervaring en het perspectief van de waarnemer.

We zijn 'Seity' die tijdelijk in ons lichaam woont.

In zijn baanbrekende theoretische werk 'Nousym' stelt Federico Faggin een radicale visie op de werkelijkheid voor. Faggin stelt dat we, om het universum en ons bestaan te begrijpen, de aanwezigheid van een holistisch Geheel moeten accepteren, dat hij definieert als 'Alles', dat de zaden van vrije wil, bewustzijn en leven bevat.

Deze benadering staat in schril contrast met de conventionele kijk van de wetenschap, die bewustzijn en vrije wil postuleert als eindproducten van de evolutie. Faggin keert dit perspectief om en stelt dat bewustzijn en vrije wil in plaats daarvan het beginpunt van het universum zijn. Deze omkering geeft onze menselijkheid een nieuwe betekenis, niet als louter resultaat van doelloze evolutionaire processen, maar als medescheppers van het universum-leven.

Faggin benadrukt dat het zien van bewustzijn als een emergent fenomeen ons bestaan reduceert tot een opeenvolging van deterministische gebeurtenissen. Zijn theorie daarentegen ziet ons als eeuwige, bewuste wezens, tijdelijke bewoners van onze fysieke lichamen, die bezig zijn met een reis van persoonlijke en collectieve ontdekking.

Preciezer gezegd, volgens Faggin zijn we eeuwige, bewuste wezens, geen vergankelijke lichamen. En we zijn hier om cruciale aspecten van onszelf te leren door met elkaar te interageren in het fysieke universum dat we juist voor dit doel gecreëerd hebben. Alles wat we in het universum zien, werd aanvankelijk gecreëerd in het bewustzijn van de Eenheid. Omdat de fysieke werkelijkheid de kwantumwerkelijkheid volgt, die de kwantuminformatie volgt, die op haar beurt het Seity-denken volgt.

Vanuit dit perspectief is het fysieke universum niets meer dan een prachtige weergave van de innerlijke werkelijkheid van de Eenheid, een soort kosmisch podium waar elk bewust wezen zijn rol speelt, leert, evolueert en zich opnieuw verbindt met de essentie van het Ene. Ons vermogen om de fysieke werkelijkheid te creëren en te interpreteren wordt onthuld door het begrijpen van de diepe aard van het bewustzijn, dat geen bijproduct van de hersenen is, maar de essentie van ons eeuwige bestaan.

Seity' en de ontdekkingen van de kwantumfysica.

Via het concept 'Seity' stelt Faggin een visie op bewustzijn voor die de beperkingen van de fysieke wereld en wiskundige beschrijvingen overstijgt. Seity' vertegenwoordigt een fundamentele dimensie van de werkelijkheid, onafhankelijk van maar verbonden met het fysieke lichaam, in staat om te communiceren door middel van levende informatie en werkend met een creatieve vrije wil. Zijn ideeën dagen de traditionele opvatting van objectieve werkelijkheid uit, benadrukken de subjectieve aard van ervaring en de behoefte aan een meer geïntegreerd begrip van bewustzijn en het universum.

Faggin ziet een verband tussen zijn visie op 'Seity' en de ontdekkingen van de kwantumfysica, een discipline die een werkelijkheid heeft onthuld die veel verder gaat dan de grenzen van de klassieke fysica. De kwantumfysica heeft het idee geïntroduceerd van een probabilistische in plaats van een deterministische werkelijkheid, die wordt gekenmerkt door verschijnselen als verstrengeling, die deeltjes intrinsiek met elkaar verbindt, ongeacht de afstand die hen scheidt. Deze verbinding suggereert een holistische werkelijkheid waarin de delen nooit volledig gescheiden zijn.

Hij benadrukt hoe de kwantumnatuur van de werkelijkheid ons uitnodigt om het determinisme en reductionisme, typisch voor de klassieke fysica, los te laten. In deze context stelt Faggin voor dat vrije wil al mogelijk is op het niveau van elementaire deeltjes, waarmee hij de opvatting herhaalt dat elk aspect van de werkelijkheid intrinsiek begiftigd is met vrijheid en creatief potentieel.

Hij merkt echter verrassend genoeg op dat veel wetenschappers nog steeds de voorkeur geven aan een deterministische en controleerbare interpretatie van de wereld, waarin elke eigenschap van de werkelijkheid nauwkeurig kan worden gedefinieerd. In tegenstelling tot deze zienswijze stelt Faggin dat we de inherente vrijheid die de kwantumfysica onthult moeten omarmen en moeten erkennen dat we deel uitmaken van een coöperatief en prachtig avontuur van bewustzijn.

Faggin roept het idee op dat elk individu een unieke en onvervangbare uitdrukking is van dit avontuur van bewustzijn. Faggin vergelijkt ieder mens met "*een nieuw experiment in Gods laboratorium*" en citeert Isaac Bashevis Singer. Faggin suggereert dat ieder van ons een speciale gave en een uniek gezichtspunt bezit dat bijdraagt aan het begrip van Eén, of de fundamentele eenheid van het bestaan.

Samengevat nodigt het denken van Federico Faggin ons uit om de werkelijkheid te zien als een onderling verbonden mozaïek, waarin bewustzijn en creativiteit elk niveau doordringen, van het kleinste deeltje tot de totaliteit van het universum. Hij promoot een levensvisie waarin de vrijheid en eigenheid van elk individu een cruciale rol spelen in de uitbreiding van de werkelijkheid en de ontdekking van iemands kosmische identiteit.

Hoofdstuk 18. De ethiek van overleven aan het einde van het leven.

"Bewustwording van onze sterfelijkheid kan ons leiden naar een ethiek van mededogen en respect voor het leven in welke vorm dan ook, waarbij we erkennen dat overleven alleen waarde heeft als het op een integere manier wordt geleefd." (Federico Faggin).

Bewustwording van de passage als katalysator voor het huidige leven.

In het huidige wetenschappelijke en filosofische landschap neemt het concept 'kwantumbewustzijn' een steeds centralere rol in bij discussies over de aard van het zijn en de mogelijkheid van een onsterfelijk bestaan. Deze theorie komt voort uit het kruispunt van kwantumfysica, neurobiologie en metafysica en suggereert dat het menselijk bewustzijn misschien niet gebonden is aan een louter fysiek bestaan, maar eerder deel uitmaakt van een breder kosmologisch continuüm. De kern van deze reflectie is het idee dat het bewustzijn van iemands 'heengaan', dat wil zeggen, van iemands sterfelijkheid en overgang naar het onbekende na het leven, kan fungeren als een krachtige katalysator voor een voller en betekenisvoller bestaan.

Het idee dat bewustzijn een kwantumbasis kan hebben is onder andere voorgesteld door de natuurkundige Sir Roger Penrose en de anesthesist Stuart Hameroff. Hun theorie suggereert dat bewustzijn voortkomt uit kwantumprocessen die plaatsvinden binnen de microtubuli van hersencellen. In deze visie is de geest niet simpelweg het product van neuronale synapsen, maar eerder het resultaat van kwantummechanismen die de eenvoudige biologie overstijgen.

Als bewustzijn wordt opgevat als een kwantumentiteit, dan zou het niet noodzakelijkerwijs gekoppeld zijn aan de fysieke dood op de traditionele manier.

De wetenschap dat onze essentie kan voortbestaan in een uithoek van de kosmos doet niets af aan de relevantie van ons huidige leven; integendeel, het kan het juist accentueren. Het besef van ons onvermijdelijke heengaan kan een bron van diepe introspectie en motivatie worden. Carl Jung, de beroemde psychoanalyticus, heeft het concept van '*individuatie*' - het proces waarbij iemand zichzelf realiseert als een unieke en complete entiteit - uitvoerig onderzocht. Hij stelde dat acceptatie van de eigen sterfelijkheid cruciaal is voor het bereiken van een volledig zelfgevoel.

Deze introspectie wordt nog versterkt door de kwantumvisie op bewustzijn. Als we de mogelijkheid overwegen dat ons bewustzijn niet verdwijnt met het lichaam, maar transformeert of blijft bestaan in een andere vorm, krijgt ons huidige bestaan een bijzondere betekenis. Leven met het idee dat elke ervaring, gedachte en intuïtie bewaard blijft in een universeel kwantumweefsel geeft nieuwe betekenis aan onze handelingen en relaties.

Studies naar *bijna-dood* ervaringen (NDE's) bieden interessante parallellen met de theorie van kwantumbewustzijn. Een van de bekendste onderzoekers op dit gebied, Dr. Raymond Moody, heeft duizenden verslagen gedocumenteerd van mensen die bijna-dood ervaringen hebben gehad. Veel van deze verslagen beschrijven gevoelens van transcendentie en verbondenheid met het geheel, wat gezien zou kunnen worden als aanwijzingen voor een verbinding met een universeel bewustzijn.

Op metafysisch niveau is het idee dat het besef van het eigen einde het leven levendiger en zinvoller kan maken, verbonden met een lange filosofische traditie. Martin Heidegger behandelde in zijn meesterwerk *Being and Time* (1927) het concept van *'dood-zijn'* als een van de kenmerken van de menselijke conditie. Volgens

Heidegger geeft het besef van de eigen sterfelijkheid ons een gevoel van existentiële urgentie die ons aanzet tot een authentieker leven.

Deze urgentie wordt verder gevoed door het idee dat elke ervaring die we opdoen gevolgen heeft die verder reiken dan het fysieke leven. We kunnen een voorbeeld nemen aan boeddhistische wijsgeren, die het leven zien als een voorbereiding op de dood, een proces van het vergaren van kennis en wijsheid die het fysieke lichaam zal overstijgen. In deze context ondersteunt kwantumbewustzijn niet alleen een onderling verbonden wereldbeeld, maar ook een uitnodiging om te leven met volledig bewustzijn en verantwoordelijkheid.

Het concept van kwantumbewustzijn als een onsterfelijke entiteit, hoewel nog grotendeels speculatief, stimuleert een diepgaande dialoog tussen wetenschap, filosofie en spiritualiteit. Bewustwording van ons heengaan is niet alleen een meditatie over de eindigheid van het leven, maar ook een uitnodiging om intenser te leven, in het besef dat elk moment een gewicht in zich draagt dat de tijdsgrenzen van ons fysieke bestaan kan overstijgen.

In een tijd waarin de wetenschap de kwantum-microkosmos onderzoekt en de menselijke geest zoekt naar antwoorden op de eeuwige vragen van leven en dood, is deze reflectie over hoe het bewustzijn van de overgang kan fungeren als een katalysator voor een rijker, zinvoller leven niet alleen fascinerend, maar ook essentieel.

Het belang van de spirituele band in de zoektocht naar betekenis.

In een tijdperk dat gedomineerd wordt door technologie en empirische wetenschap, blijft het mysterie van het bewustzijn zich onttrekken aan volledig begrip. In de afgelopen decennia is er een fascinerend en controversieel concept ontstaan: kwantumbewustzijn. Deze term roept het idee op dat bewustzijn verklaard kan worden aan de hand van de principes van de kwantummechanica en suggereert dat het in een onsterfelijke vorm zou kunnen bestaan. Om de reikwijdte van deze theorie volledig te begrijpen, is het echter essentieel om de spirituele verbinding te onderzoeken die betrokken is bij de zoektocht naar de zin van ons bestaan.

Het idee dat bewustzijn meer kan zijn dan alleen een verschijnsel van de hersenen, is door veel denkers en geleerden onderzocht. Het verband tussen bewustzijn en spiritualiteit gaat terug tot de oude filosofen. Plato bijvoorbeeld beschreef in zijn werk '*Timaeus*' de ziel als een onsterfelijke essentie die buiten de fysieke wereld bestaat. Dit Platonische idee van een hogere, onzichtbare werkelijkheid is in de moderne context overgenomen door de theorie van het kwantumbewustzijn. Hier kunnen kwantumgebeurtenissen gezien worden als een soort 'brug' tussen het fysieke en spirituele rijk.

De Dalai Lama, die bekend staat om zijn interesse in de dialoog tussen wetenschap en spiritualiteit, heeft vaak het belang van een holistische benadering van kennis benadrukt. In zijn boek *'The Universe in a Single Atom: The Convergence of Science and Spirituality'* (2005) herhaalt hij een citaat dat aan Einstein wordt toegeschreven:
:

Wetenschap zonder religie is lam; religie zonder wetenschap is blind'.

Deze verklaring weerspiegelt het belang van een spirituele connectie in het begrijpen van kwantumbewustzijn; het is een uitnodiging om niet alleen de fysieke mechanismen te onderzoeken, maar ook de metafysische en morele implicaties.

Op het gebied van neurowetenschappen tonen studies zoals die van David Chalmers, die het sleutelbegrip *'het harde probleem van bewustzijn'* bedacht, aan dat het begrijpen van de aard van bewustzijn meer vereist dan een eenvoudige analyse van hersenprocessen. Chalmers suggereert dat er misschien nieuwe natuurkundige wetten moeten worden gepostuleerd om te verklaren hoe en waarom bewuste ervaringen bestaan.

Bovendien hebben experimenten op het gebied van kwantummechanica, zoals het beroemde dubbelspletenexperiment, aangetoond dat de deelname van de waarnemer een cruciale rol speelt bij het bepalen van de uitkomst van een kwantumgebeurtenis. Dit fenomeen, dat bekend staat als *'ineenstorting van de golffunctie'*, suggereert dat het bewustzijn zelf een fundamentele rol zou kunnen spelen in de constructie van de werkelijkheid. Zo'n verband tussen de waarnemer en de kwantumwerkelijkheid zou de these van een onderling verbonden en in zekere zin onsterfelijk bewustzijn kunnen ondersteunen.

Dean Radin, een vooraanstaand onderzoeker op het gebied van parapsychologie, heeft verschillende experimenten uitgevoerd om fenomenen als voorgevoel en telepathie te onderzoeken. Radin beweert dat dergelijke verschijnselen belangrijke aanwijzingen zouden kunnen geven over de kwantumaard van het bewustzijn. Hij herinnert zich een anekdote van de beroemde natuurkundige John von Neumann, die de waarnemer zag als een essentieel onderdeel van het kwantumproces, wat suggereert dat bewustzijn niet alleen de werkelijkheid beïnvloedt, maar intrinsiek verbonden is met de structuur van het universum zelf.

Het concept van een kwantumbewustzijn vertegenwoordigt een van de meest intrigerende en speculatieve grenzen van de moderne wetenschap. Het vereist de integratie van strenge wetenschappelijke benaderingen met een openheid voor de metafysische en spirituele dimensies van het bestaan. De spirituele verbinding in de zoektocht naar de betekenis van bewustzijn verrijkt niet alleen ons begrip van de menselijke psyche, maar verbindt ons ook met een bredere en meer onderling verbonden kijk op het universum. In deze context kan bewustzijn inderdaad worden gezien als een onsterfelijke entiteit, een brug tussen de fysieke en spirituele werkelijkheid, die ons uitnodigt om nieuwe grenzen van menselijke kennis en bewustzijn te verkennen.

Empathie en compassie als instrumenten om een samenleving op te bouwen die zich meer bewust is van het leven na de overgang.

Het begrijpen van het menselijk bewustzijn blijft een van de grootste uitdagingen voor de wetenschap en filosofie. Recentelijk heeft de theorie van het kwantumbewustzijn veel belangstelling gewekt, omdat deze theorie suggereert dat ons bewustzijn verbonden kan zijn met kwantumverschijnselen en daarom niet beperkt is tot een louter fysiek bestaan. In deze context komen empathie en compassie naar voren als fundamentele hulpmiddelen voor het opbouwen van een samenleving die niet alleen de mogelijkheid van een onsterfelijk bewustzijn erkent, maar ook een groter bewustzijn van leven en dood omarmt.

De theorie van het kwantumbewustzijn, die door veel onderzoekers wordt voorgesteld, suggereert een diepgaande verbinding tussen de subatomaire wereld en onze bewuste ervaring en opent de deur naar metafysische overwegingen over de onsterfelijkheid van het bewustzijn.

In het baanbrekende boek '*The Emperor's New Mind*' (1989) onderzoekt Penrose het idee dat de menselijke geest de grenzen van klassieke berekeningen overstijgt en suggereert hij dat kwantumprocessen ten grondslag zouden kunnen liggen aan onze hogere cognitieve vermogens. Als het bewustzijn inderdaad geworteld is in de kwantumfysica, dan is het misschien niet beperkt door ruimte en tijd, wat wijst op een vorm van bestaan buiten het fysieke lichaam.

Empathie en compassie zijn niet alleen morele deugden, maar ook krachtige middelen om wederzijds begrip en een harmonieuzere samenleving op te bouwen. De boeddhistische praktijk van '*metta*', of liefdevolle vriendelijkheid, en het werk van spirituele figuren zoals de Dalai Lama leren ons het belang van deze kwaliteiten. De Dalai Lama, die al tientallen jaren dialogen voert met wetenschappers, zegt:

> *"Liefde en compassie zijn noodzakelijkheden, geen luxe. Zonder hen kan de mensheid niet overleven."*

Een onderzoek uitgevoerd aan de *Universiteit van Californië* heeft aangetoond dat empathie kan worden aangeleerd en versterkt door meditatie en *mindfulness* technieken. Richard Davidson, een neurowetenschapper die beroemd is om zijn werk over de geest en emoties, ontdekte dat meditatieve meditatie de synapsen in de hersenen kan veranderen, waardoor een meer empathische en bedachtzame houding ten opzichte van anderen wordt bevorderd.

In de context van kwantumbewustzijn kunnen empathie en compassie gezien worden als middelen om ons te verbinden met het idee van een collectief bewustzijn. Dean Radin, hoofdwetenschapper aan het *Institute of Noetic Sciences*, heeft experimenten uitgevoerd die suggereren dat het menselijk bewustzijn op kwantumniveau met elkaar verbonden kan zijn. Radin stelt dat vriendelijkheid en empathie deze verbindingen kunnen versterken, wat leidt tot een groter collectief bewustzijn.

Experimenten met telepathie en andere vormen van niet-lokale communicatie tonen aan dat bewustzijn mogelijk niet beperkt is tot de grenzen van het fysieke lichaam. In het beroemde '*Ganzfeld Experiment*', voor het eerst uitgevoerd in de jaren 1970 door Charles Honorton, ervoeren deelnemers in een staat van diepe ontspanning significant hogere percentages 'buitenzintuiglijke waarneming' dan ze volgens de principes van willekeur zouden hebben waargenomen. . Deze studies suggereren dat ons bewustzijn mogelijk verder reikt dan de hersenen, en zich verbindt met andere bewustzijnsvormen via mechanismen die nog slecht begrepen worden.

Elisabeth Kübler-Ross is een psychiater die haar leven heeft gewijd aan het bestuderen van de ervaring van dood en sterven. In haar baanbrekende boek '*On Death and Dying*' (1969) beschrijft Kübler-Ross hoe empathie en compassie cruciale hulpmiddelen zijn om mensen te begrijpen en te begeleiden op hun laatste reis. Zijn observaties van patiënten die dicht bij de dood staan, wijzen vaak op een perceptie van continuïteit van bewustzijn, alsof de geest niet volledig gebonden is aan het lichaam.

De mogelijkheid dat bewustzijn een onsterfelijk kwantumfenomeen is, biedt een fascinerend en radicaal nieuw perspectief op ons bestaan. In deze context komen empathie en compassie naar voren als onmisbare hulpmiddelen, niet alleen voor individueel en sociaal welzijn, maar ook voor een dieper begrip van onze metafysische natuur. Het onderwijzen en beoefenen van deze deugden kan ons helpen een samenleving op te bouwen die de verbinding tussen alle bewustzijn erkent en respecteert, en die een collectief bewustzijn bevordert van het leven voorbij de grenzen van het fysieke lichaam.

Uiteindelijk is het verkennen van kwantumbewustzijn en de implicaties ervan door middel van empathie en compassie niet alleen een wetenschappelijke reis, maar ook een spiritueel avontuur naar een groter universeel begrip en harmonie.

Cryobiologie.

Cryobiologie is de tak van de biologie die de effecten van lage temperaturen op levende organismen bestudeert. Sinds baanbrekende experimenten in de 20e eeuw houdt deze discipline zich bezig met het conserveren van cellen, weefsels en organismen door ze af te koelen tot extreem lage temperaturen. De belangrijkste techniek die wordt gebruikt is cryopreservatie, waarbij vloeibare stikstof wordt gebruikt om biologische processen te vertragen of te stoppen.

Het eerste systematische onderzoek in de cryobiologie dateert van het begin van de 20e eeuw. In 1949 ontdekten Christopher Polge, Audrey Smith en James Lovelock dat glycerol spermacellen kon beschermen tegen vriesschade, wat de deur opende naar moderne cryopreservatie. Dit baanbrekende experiment maakte de weg vrij voor verdere ontwikkelingen in het behoud van verschillende soorten cellen en weefsels, tot aan de huidige pogingen om hele organen en zelfs complexe organismen te cryopreserveren.

Cryopreservatie vereist een nauwgezet protocol. Het begint met de voorbereiding van het biologische monster, dat wordt behandeld met cryoprotectanten (zoals glycerol of dimethylsulfoxide) om de vorming van ijskristallen die de cellen zouden kunnen beschadigen te minimaliseren. Vervolgens wordt het monster langzaam gekoeld tot extreem lage temperaturen, vaak met vloeibare stikstof die -196°C bereikt. Bij deze temperaturen worden biologische processen in wezen opgeschort, waardoor langdurige conservering mogelijk is. Wanneer het monster gebruikt moet worden, wordt het snel ontdooid om schade door ijskristalvorming te minimaliseren.

De beloften van cryobiologie zijn talrijk en fascinerend:

Orgaantransplantaties.

Orgaanopslag bij lage temperaturen kan een revolutie betekenen voor transplantatie, waardoor orgaanbanken kunnen ontstaan die klaar zijn voor gebruik wanneer dat nodig is.

Behoud van soorten.

Cryopreservatie van genetisch materiaal kan bedreigde diersoorten redden en tegelijkertijd de mogelijkheid tot klonen of in vitro reproductie in de toekomst behouden.

Cryobiologie als verlenging van het menselijk leven.

Door de effecten van lage temperaturen op levende organismen te bestuderen, heeft cryobiologie de basis gelegd voor mogelijk buitengewone vooruitgang in het behoud van leven.

Opgericht door pioniers als Christopher Polge, Audrey Smith en James Lovelock, die in 1949 voor het eerst aantoonden hoe glycerol spermacellen kon beschermen tegen de verwoestingen van bevriezing, heeft deze discipline de hoop op verlenging van het menselijk leven bevorderd op manieren die de traditionele verbeelding tarten.

Een van de meest fascinerende en controversiële toepassingen van cryobiologie is *cryogene technieken*. Deze technologie is gericht op het conserveren van menselijke lichamen onmiddellijk na de klinische dood, in de hoop dat toekomstige wetenschappelijke vooruitgang ze niet alleen weer tot leven zal brengen, maar ook intact het lichaam en het bewustzijn zal herstellen.

Het cryopreservatieproces omvat het gebruik van vloeibare stikstof om biologische processen te vertragen of te stoppen, waarbij weefsels op zo'n lage temperatuur worden gebracht dat degeneratieve processen vrijwel tot stilstand komen. Deze opschortingsfase, hoewel technisch complex en logistiek veeleisend, is een bolwerk tegen het uiteindelijke verlies van leven. Het idee dat een lichaam kan worden '*bevroren*' in een tijdelijk voorgeborchte, wachtend tot de medische wetenschap de mogelijkheid heeft om weefsel te regenereren en ongeneeslijke ziekten te genezen, is zowel veelbelovend als diep filosofisch.

Maar cryogenie stopt daar niet; het roept fundamentele ethische en filosofische dilemma's op. Het definiëren van de grens tussen leven en dood wordt complexer in een context waar de klinische dood niet noodzakelijk het einde is. Vragen over wat de ware essentie van de mens is en of het bewustzijn kan worden behouden en hersteld, stellen onze diepst gewortelde opvattingen op de proef.

Roger Penrose's idee van '*georkestreerde objectieve reductie*', dat een verband voorstelt tussen bewustzijn en kwantumverschijnselen, voedt verdere speculaties. Als bewustzijn in feite een kwantumverschijnsel is, zou het dan de dood kunnen overleven en dus hersteld kunnen worden door middel van geavanceerde technologieën? Deze theorie opent de deur naar een fascinerend kruispunt tussen kwantumfysica en biologie, waardoor de mogelijkheid ontstaat dat kwantumbewustzijn in zekere zin een onsterfelijke entiteit zou kunnen zijn.

De verlenging van het menselijk leven door middel van cryobiologie is niet alleen een kwestie van 'of' maar van 'wanneer' en 'hoe'. Naarmate de wetenschap zich verder ontwikkelt, worden de beloften van deze discipline steeds concreter en dat brengt ethische en filosofische vragen met zich mee waar de maatschappij zich over moet buigen.

Cryobiologie vertegenwoordigt een grens van de moderne wetenschap, waar hoop, wetenschap en filosofie elkaar ontmoeten. De mogelijkheid om het menselijk leven te verlengen, lichamen en misschien zelfs het bewustzijn te behouden, stelt onze opvattingen over sterfelijkheid en de essentie van het mens zijn op de proef. Door de ijzige omarming van vloeibare stikstof zou cryogene wetenschap op een dag de deur kunnen openen naar een nieuw tijdperk van menselijk bestaan, waarin de dood niet langer de ultieme grens is, maar slechts een nieuw hoofdstuk dat wacht om geschreven te worden.

Cryobiologie, en cryogenie in het bijzonder, roept complexe ethische en filosofische vragen op. Een centrale vraag is: Wat betekent het om te leven? Als een lichaam technisch dood is, maar bewaard wordt voor een toekomstige terugkeer naar het leven, waar trekken we dan de grens tussen leven en dood? Filosoof en bio-ethicus James Hughes heeft betoogd dat cryogene technieken onze traditionele opvattingen over de dood op de proef stellen en de maatschappij kunnen dwingen om deze fundamentele concepten opnieuw te definiëren.

Het idee van het behoud van bewustzijn brengt nog meer complexiteiten met zich mee. De natuurkundige Roger Penrose heeft het concept van een 'kwantumbewustzijn' onderzocht, waarbij hij suggereerde dat de menselijke geest zou kunnen werken op niveaus die niet volledig te begrijpen zijn met de huidige natuurkundige wetten. Als deze theorie wordt ondersteund, zou cryogene technologie niet alleen het lichaam kunnen behouden, maar ook het bewustzijn, en zo een soort onsterfelijkheid bieden.

Het concept van een 'kwantumbewustzijn' wijst op diepgaande metafysische vragen. Het debat over wat de essentie van het individu is - de ziel, de geest, het lichaam - is oud en complex. Als het bewustzijn echt verbonden is met kwantumverschijnselen zoals Penrose suggereert, dan zou het behoud van het lichaam door cryobiologie slechts de helft van de oplossing kunnen zijn om onsterfelijkheid te garanderen.

Concluderend, cryobiologie vertegenwoordigt een futuristische grens van de wetenschap, met buitengewone mogelijkheden maar ook aanzienlijke ethische, filosofische en technische uitdagingen. Van een groter begrip en een grotere aanvaarding van deze discipline zal niet alleen de technologische vooruitgang afhangen, maar ook een diepere reflectie over de aard van het leven en het menselijk bewustzijn. Of het nu gaat om cryopreservatie voor transplantatie of de gedurfde ambities van cryogenie, we verkennen onbekende gebieden die onze toekomst en onze essentie als mens opnieuw kunnen definiëren.

Hoofdstuk 19. Na de passage.

"Ik geloof in plaats daarvan dat we 'Zieners' zijn die tijdelijk onze lichamen bewonen. We zijn eeuwige, bewuste wezens, geen vergankelijke lichamen."
(Federico Faggin).

De duplicatie van bewustzijn.

In de enorme zee van menselijke speculatie zijn er maar weinig vragen die zo betoveren en uitdagen als de grote vraag over het voortbestaan van bewustzijn na de dood. Hoewel het concept van onsterfelijkheid geworteld is in religieuze en filosofische tradities, heeft de ontwikkeling van de kwantumfysica en de moderne neurowetenschappen het mogelijk gemaakt om deze kwestie vanuit een nieuwe en wetenschappelijk intrigerende invalshoek te onderzoeken. Maar is het echt mogelijk dat het bewustzijn de desintegratie van het lichaam kan overleven? En zo ja, hoe kan dit dan gebeuren?

Een baanbrekende benadering van dit dilemma is de theorie van het kwantumbewustzijn. Deze hypothese, die in de jaren negentig werd voorgesteld door wetenschappers als Roger Penrose en Stuart Hameroff, is gebaseerd op het idee dat neurologische processen die verband houden met bewustzijn niet alleen op chemisch en biologisch niveau kunnen worden beschreven, maar ook via de principes van de kwantumfysica.

Dit brengt ons bij de kern van de zaak: de mogelijkheid van een overlevend bewustzijn dat kennis van iemands identiteit en eerdere ervaringen behoudt. Traditioneel is het voortbestaan van bewustzijn een thema dat geliefd is in de filosofie en religie, waar concepten als de ziel of geest immateriële en eeuwige entiteiten vertegenwoordigen. Recente wetenschappelijke theorieën bieden echter een ander perspectief.

Een van de interessantste scenario's is de mogelijkheid om iemands bewustzijn te 'kopiëren' naar een nieuw lichaam. Deze procedure zou niet verschillen van de migratie van gegevens van het ene apparaat naar het andere, waarbij iemands herinneringen en identiteit intact blijven. Hier doet zich echter een complex probleem voor: als het nieuwe lichaam niet fysiek zou zijn of niet compatibel met de architectuur van het oorspronkelijke bewustzijn, zou de procedure mislukken.

De niet-repliceerbaarheidstheorie van bewustzijn.

De kwestie wordt nog gecompliceerder door de zogenaamde stelling van de niet-repliceerbaarheid van het bewustzijn, een veelbesproken onderwerp onder geestesfilosofen en neurowetenschappers. De stelling suggereert dat het onmogelijk is om het bewustzijn van een individu exact te repliceren, omdat bewuste ervaring intrinsiek verbonden is met unieke en onherhaalbare factoren van het oorspronkelijke zenuwstelsel.

Een indringend voorbeeld van deze stelling is te vinden in de theorieën van filosoof Daniel Dennett. Volgens Dennett zou het exact repliceren van een bewustzijn niet alleen betekenen dat de architectuur van de hersenen moet worden gedupliceerd, maar ook dat elk moment van de geleefde ervaring getrouw moet worden gereproduceerd. Dit lijkt onpraktisch, zo niet onmogelijk, vanwege de complexiteit en uniciteit van bewuste ervaringen.

Ondanks schijnbaar onoverkomelijke obstakels voedt de vooruitgang in technologie en wetenschap de hoop en blijven ze de grenzen van ons begrip uitdagen. In 2013 startte het Californische bedrijf Nectome een opmerkelijk controversieel project: het bewaren van het menselijk brein in optimale omstandigheden direct na de dood, met als doel om op een dag herinneringen te kunnen herstellen. Hoewel dit project zich nog in een embryonaal stadium bevindt, is het een poging om het bewustzijn intact te houden totdat we technologisch in staat zijn om het te 'downloaden' naar een ander substraat.

In een artikel uit 2018 voor de MIT Technology Review stelde Robert McIntyre, een van de oprichters van Nectome, dat hun technologie belooft om het menselijk brein tot in de kleinste moleculaire details te bewaren. Het ethische debat rond deze praktijken is echter intens en roept cruciale vragen op over de betekenis van identiteit en bewustzijn.

Helaas baseert dit project zijn succes op de aanname dat bewustzijn volledig 'intern' is aan de hersenen, en dus puur lokalistisch, terwijl alle onderzochte theorieën laten zien dat bewustzijn extern is aan de hersenen, dat wil zeggen dat het niet lokalistisch is, juist omdat het kwantum is.

Een ander vermeldenswaardig experiment is het 'neurologische proefkonijn' dat werd uitgevoerd door neurowetenschapper Theodore Berger aan *de Universiteit van Zuid-Californië*, met als doel apparaten te ontwikkelen die hersensignalen kunnen opnemen en reproduceren om verloren neurologische functies te vervangen. Hoewel dit werk bij lange na geen methode biedt om het bewustzijn over te dragen, betekent het wel een stap voorwaarts in het begrijpen van de mechanismen van het geheugen en het bewustzijn zelf.

De vraag over het voortbestaan van het bewustzijn na de dood blijft gehuld in mysterie en blijft voorlopig grotendeels beperkt tot filosofische en wetenschappelijke speculaties. Vooruitgang in de neurowetenschappen en kwantumfysica biedt echter fascinerende nieuwe perspectieven. Hoewel de moeilijkheden immens zijn, blijft het menselijke verlangen om te overleven in een vorm waarin men een perceptie van zichzelf en zijn ervaringen behoudt, de grenzen van de wetenschap en filosofie verleggen. In de niet al te verre toekomst kan wat we nu als onmogelijk beschouwen werkelijkheid worden en het concept van leven en dood opnieuw definiëren.

Machines die het lichaam vervangen.

In de context van ons aardse bestaan gaat een van de oudste en meest eeuwigdurende vragen over het concept van het hiernamaals: is er continuïteit na de dood? En zo ja, in welke vorm? Met de komst van technologie en geavanceerde wetenschap heeft deze vraag nieuwe contouren gekregen en is de weg vrijgemaakt voor een verrassende synergie tussen onsterfelijkheid en de innovatieve mogelijkheden die de digitale wereld biedt. Terwijl het hiernamaals ooit uitsluitend een domein was van geloof en spiritualiteit, biedt technologie tegenwoordig alternatieve paradigma's voor de vraag naar het leven na de dood.

Het concept dat het menselijk bewustzijn in een digitale vorm zou kunnen worden overgebracht, is lange tijd het domein geweest van sciencefiction. Arthur C. Clarke verkende bijvoorbeeld in 1968 in zijn boek '*2001: A Space Odyssey*' een primitieve vorm van dit concept via het AI-personage HAL 9000. Sinds de tijd van Clarke heeft de wetenschap echter grote vooruitgang geboekt.

Een van de eerste praktische benaderingen van het concept van digitale onsterfelijkheid werd gepromoot door Ray Kurzweil, een pionier van de technologische singulariteitstheorie. Kurzweil beweert dat het in de nabije toekomst mogelijk zal zijn om de inhoud van het menselijk brein te scannen en te uploaden naar een machine, waardoor een vorm van eeuwig digitaal bestaan mogelijk wordt. Dit vooruitzicht, dat ooit werd verbannen naar sciencefictionverhalen, lijkt steeds realistischer dankzij ontwikkelingen op gebieden als neurotechnologie en kunstmatige intelligentie.

In 2012 begon een innovatief experiment dat bekend staat als het 'Human Connectome *Project*' met het in kaart brengen van menselijke hersenverbindingen met als doel alle synapsen in de hersenen in kaart te brengen. Dit project is een essentieel onderdeel van het onderzoek naar een volledig begrip van de hersenstructuur, een definitie die nodig is voor een uiteindelijke digitale transpositie van de geest. Hoewel we nog ver verwijderd zijn van het volledig in kaart brengen, is er al aanzienlijke vooruitgang geboekt.

We vragen ons echter af: Als we de container eenmaal in kaart hebben gebracht, wat weten we dan over de inhoud?

Het is duidelijk dat pogingen om het menselijk bewustzijn digitaal te repliceren diepgaande metafysische vragen oproepen. Wat betekent het echt om bewustzijn over te dragen? Is het voldoende om neurale verbindingen te dupliceren om de persoon in elk facet na te bootsen?

We kunnen de ethische en sociale implicaties van een mogelijke digitale onsterfelijkheid niet negeren. Nick Bostrom, wereldberoemd filosoof en directeur van het *Future of Humanity Institute* in Oxford, waarschuwt voor het gevaar van een dystopisch scenario waarin een gedigitaliseerde vorm van bewustzijn gemanipuleerd zou kunnen worden of in eeuwig lijden zou kunnen leven. Kwesties als geheugen, identiteit en vrije wil worden cruciaal bij het overwegen van de vooruitzichten van een digitaal bestaan.

Het idee van een technologisch hiernamaals, van een bewustzijn dat overleeft in het netwerk na de dood van het fysieke lichaam, is zowel fascinerend als verontrustend. Terwijl de technologie zich blijft ontwikkelen en sciencefiction steeds dichter bij de realiteit brengt, moeten we deze mogelijkheden met voorzichtigheid, ethische reflectie en een diep bewustzijn van de filosofische en spirituele implicaties benaderen. De kwestie van digitale onsterfelijkheid is niet alleen een testcase voor onze wetenschap en technologie, maar ook een nieuw hoofdstuk in onze eeuwenoude poging om de essentie van ons bestaan te begrijpen en het mysterie dat achter de grens van leven en dood ligt.

Misschien is het beter om te sterven.

In zijn prachtige boek '*PHI. Een reis van de hersenen naar de ziel*', gekenmerkt door een onverwachte vertelvorm, presenteert Giulio Tononi een denkbeeldige dialoog tussen een etalagepop en Galileo.

> *"Beste kerel," zei de dummy opgewekt, "je hebt gelijk, en bovendien, omdat je een goede wetenschapper bent, zul je een betere deal krijgen dan Zeno.*
> *Dankzij de wetenschap kunnen we je namelijk onsterfelijkheid bieden, gegarandeerd duizend keer meer dan dat. We maken een reeks bevroren tweelingen van je, elk geladen met elke herinnering aan jou, altijd toegankelijk, en eenmaal ontdooid zal elk van hen denken dat het de authentieke is en net zo juist zijn als jij.*
> *Het is een koopje! Teken nu de polis en wij, de verzekeraars, garanderen dat je geweten eeuwig zal blijven bestaan, net genoeg gelijkend op je huidige geweten zodat je denkt dat je nog steeds jezelf bent. Een ietwat dure polis, zoals je misschien al geraden hebt, want om je volledig te verzekeren moeten we duizend kopieën van je geweten maken... mmmh... onnavolgbaar.*
> *Ik betwijfel of dat een goed idee is, zei Galileo. Met al die kopieën ben ik misschien verzekerd, maar neemt de waarde van elk exemplaar niet evenredig af? Als mijn eigen vorm - die van mijn bewustzijn - wordt gekopieerd, als er duizend Galileeërs kunnen worden geproduceerd die identiek zijn aan mij, zoals hordes Chinese krijgers, dan zou ik zeker onsterfelijk zijn, maar ik zou noch waardevol noch uniek zijn.*
> *Ik ben nog niet klaar, zei de dummy. Als u voor onze premiepolis kiest, verzekeren we niet alleen u, maar ook uw naaste familieleden en goede vrienden (een vrouw, misschien een minnares, een of andere uitverkorene met intellectuele neigingen als u dat liever heeft). En als - God verhoede - zij zou sterven, dan zou er een andere haar zijn, duizenden van haar, met wie je voor de vervelende eeuwigheid vergezeld zou kunnen zijn! Geen verlies, geen pijn, zei de dummy.*
> *Ik kies ervoor om te sterven, zei Galileo.*
> *Dus je behoudt je waarde? grijns de domkop.*
> *Nee, zei Galileo, alleen dat...*
> *Goed dan, zei de pop. Moet ik je er dan aan herinneren dat ik haar met deze keuze ook ter dood zou veroordelen?*
> *Er moet een wet komen die het repliceren van bewustzijn verbiedt, zei Galileo.*
> *Op grond waarvan? vroeg de dummy sarcastisch. Een 'wet van behoud van bewustzijn'? De identiteit van het onzichtbare? Misschien een goddelijke wet? Dat zou mooi zijn, grapte de dummy, maar als we een miljard kippen grootbrengen, welk bewustzijn moet er dan nog meer verdwijnen?*
> *Ik kies ervoor om te sterven, zei Galileo.*

Zal het mogelijk zijn om kwantumcommunicatie tot stand te brengen met het bewustzijn van de doden?

Het idee van een eeuwig kwantumbewustzijn roept ook belangrijke metafysische vragen op. Als bewustzijn inderdaad kan bestaan in het kwantumuniversum na de fysieke dood, wat zou dan de aard ervan zijn? Zou het vergelijkbaar zijn met het bewustzijn dat we nu kennen, of zou het een heel andere vorm aannemen, ongebonden door de beperkingen van het menselijk lichaam en de menselijke geest? Zou dit bewustzijn kunnen interageren met de fysieke wereld, en zo ja, hoe?

In de afgelopen decennia zijn wetenschap en filosofie steeds meer met elkaar verweven geraakt, waardoor theorieën zijn ontstaan die de diepten van het menselijk bestaan onderzoeken. Een van deze theorieën, tegelijk fascinerend en controversieel, gaat over het zogenaamde 'kwantumbewustzijn' en de mogelijke onsterfelijkheid ervan. De fundamentele vraag is of het mogelijk is dat ons bewustzijn de fysieke dood van het lichaam overleeft. En zo ja, zouden we dan kunnen communiceren met het bewustzijn van de doden in een hypothetische kwantumwereld?

Als bewustzijn werkelijk een kwantumfenomeen is, dan volgt hieruit dat het niet beperkt zou kunnen worden door de fysieke dood van het lichaam. Met andere woorden, terwijl het lichaam vergaat, zou het bewustzijn in kwantumvorm kunnen blijven bestaan. Deze theorie, hoe fascinerend ook, vindt zijn weerklank in veel spirituele en religieuze tradities die al duizenden jaren pleiten voor het voortbestaan van de ziel of geest na de dood.

Kwantumfysicus Lothar Schäfer heeft gesuggereerd dat kwantuminformatie niet vernietigd wordt met de dood, maar bewaard kan blijven in een kwantumveld dat intrinsiek is aan het universum, een concept dat resoneert met het religieuze idee van een eeuwige ziel. Dit idee blijft echter zeer speculatief en er is een veel grotere hoeveelheid empirisch bewijs nodig om door de wetenschappelijke gemeenschap geaccepteerd te worden.

De mogelijkheid om met het bewustzijn van de doden te communiceren via kwantummiddelen is eerder een onderwerp van speculatie geweest dan van serieus wetenschappelijk onderzoek. Er kan echter een interessante analogie worden getrokken uit de wereld van paranormale verschijnselen, waar talloze pogingen zijn geregistreerd om contact te leggen met geesten via verschillende technologische methoden, zoals *Elektronische Stemverschijnselen* (EVP) of mediamieke seances.

In 1974 publiceerde Konstantin Raudive, een pionier in de parapsychologie, een boek getiteld '*Breakthrough: An Amazing Experiment in Electronic Communication with the Dead*', waarin hij duizenden vermeende stemmen van de doden documenteerde die op band waren opgenomen. Hoewel deze experimenten geen acceptatie hebben gevonden in de strikt wetenschappelijke arena, roepen ze wel de vraag op of er een manier is waarop bewustzijn zich kan manifesteren na de fysieke dood.

Maar kan bewustzijn worden gedupliceerd?

Een cruciaal aspect van het debat over kwantumbewustzijn is de mogelijke niet-dupliceerbaarheid ervan. Volgens veel filosofische en wetenschappelijke theorieën is bewustzijn een uniek en onherhaalbaar fenomeen. Dit principe wordt weerspiegeld in de fundamenten van de kwantummechanica, waar kwantum niet-klonen stelt dat het onmogelijk is om een identieke kopie te maken van een onbekende kwantumtoestand.

Dit unieke karakter kan verklaren waarom we, ondanks de technologische en neurowetenschappelijke vooruitgang, nog niet in staat zijn geweest om een menselijk bewustzijn kunstmatig te repliceren. Totdat we in staat zijn om het begrip bewustzijn vanuit een kwantumperspectief volledig te begrijpen, zal het dupliceren of repliceren ervan een theoretisch en onrealiseerbaar concept blijven.

Aan deze wetenschappelijke verkenningen ligt een bij uitstek metafysische vraag ten grondslag: wat is de aard van ons bestaan? De vraag naar bewustzijn en de mogelijke onsterfelijkheid ervan kan niet los worden gezien van filosofische reflectie. Historisch gezien maakten filosofen zoals René Descartes onderscheid tussen *res cogitans* (het denkende ding) en *res extensa* (het uitgebreide ding), waarmee ze een dualisme postuleerden dat het hedendaagse debat nog steeds beïnvloedt.

De kwantumfysica zelf, met haar paradoxen en eigenaardigheden, lijkt vragen te heropenen waarvan de moderne wetenschap dacht dat ze die gesloten had. Het onzekerheidsprincipe van Heisenberg, de katparadox van Schrödinger en recente ontwikkelingen op het gebied van kwantumverstrengeling suggereren dat de werkelijkheid misschien wel veel dubbelzinniger en mysterieuzer is dan gedacht.

De theorie van kwantumbewustzijn als een onsterfelijke entiteit blijft diep speculatief en controversieel, maar vertegenwoordigt een fascinerend kruispunt tussen wetenschap en filosofie. De verkenning ervan dwingt ons verder te kijken dan de traditionele grenzen van de kennis en stelt de fundamenten van de werkelijkheid en ons bestaan ter discussie.

Of je bewustzijn nu beschouwt als een fenomeen dat voortkomt uit de complexiteit van het biologische brein of als een manifestatie van fundamentele kwantumprocessen, de vraag blijft open. Niettemin blijft het debat stimuleren, nieuw onderzoek inspireren en ons misschien dichter brengen bij het begrijpen van een van de grootste mysteries van het universum: de aard van het bewustzijn en de mogelijke eeuwigheid ervan.

Federico Faggin en de niet-kloneringstheorie.

Een cruciaal principe dat Faggin overtuigde van de singulariteit van bewustzijn is het non-cloning theorema in de kwantummechanica. Deze stelling stelt dat een pure kwantumtoestand niet gereproduceerd kan worden, een concept dat de diep private aard van onze bewuste ervaring weerspiegelt. Dit theorema is fundamenteel omdat het suggereert dat er een dimensie in de natuurkunde is die alleen van binnenuit kan worden gekend, terwijl deze vanuit een extern perspectief slechts gedeeltelijk kan worden begrepen.

Faggin benadrukt ook de stelling van Holevo, die laat zien dat de maximale informatie die verkregen kan worden over een pure kwantumtoestand beperkt is tot één bit voor elke qubit die de toestand beschrijft. Dit impliceert een buitengewone overeenkomst tussen kwantuminformatie en bewuste ervaring. Net zoals onze interne ervaring niet volledig kan worden gedeeld, kan kwantuminformatie niet volledig worden overgedragen, maar slechts gedeeltelijk.

Deze analogie tussen kwantuminformatie en bewustzijn wordt duidelijk uitgedrukt door Faggin: wat we in ons voelen en ervaren kan niet volledig gecommuniceerd worden, behalve door woorden, gebaren, kunst, poëzie, muziek en literatuur. Deze middelen drukken een gevoel uit dat veel verder gaat dan de grenzen van conventionele symbolen en benadrukken dat de ware essentie van onze bewuste ervaringen inherent privé en niet-reproduceerbaar is.

Faggin introduceerde het concept van qualia (de fundamentele eenheden van subjectieve ervaring) en vergeleek ze met pure kwantumtoestanden die niet kunnen worden gedupliceerd of overgedragen. Toen de theoretische natuurkundige Giacomo Mauro D'Ariano zich het verband realiseerde tussen het conceptuele kader van Faggin en kwantuminformatie, werd de QIP-theorie (*Quantum Information Process*) van D'Ariano-Faggin geboren. Deze theorie stelt dat kwantuminformatie drie fundamentele en buitengewone eigenschappen heeft, analoog aan qualia: het is een goed gedefinieerde, private (niet-reproduceerbare) kwantumtoestand die slechts in zeer kleine mate gedeeld kan worden, zoals één bit per qubit.

Uiteindelijk stelt de niet-reproduceerbaarheidstheorie dat bewustzijn, als kwantumtoestand, helemaal niet gelezen of gedupliceerd kan worden.

Wat zijn 'qualia'?

De term '*qualia*' komt van het Latijnse '*qualis*', wat 'welke' of 'van welke soort' betekent.

Qualia' zijn de subjectieve, kwalitatieve ervaringen van het bewustzijn. Het zijn de sensaties, gevoelens en betekenissen waaruit onze bewuste ervaring van de wereld bestaat. Federico Faggin gebruikt bijvoorbeeld de geur van een roos om het verschil te illustreren tussen herkenning door een machine en menselijke ervaring. Hoewel een machine de geur van een roos kan herkennen door specifieke moleculen te detecteren, neemt hij geur niet waar als een 'qualia', dat wil zeggen een subjectieve en betekenisvolle sensatie. Qualia zijn niet zomaar signalen of algoritmes, maar zijn de dragers van betekenis en begrip, die onze bewuste ervaring rijk en betekenisvol maken.

In zijn geschriften gaat Federico Faggin diep in op de aard van het bewustzijn en hoe dit radicaal verschilt van het functioneren van zelfs de meest geavanceerde machines. Het menselijk bewustzijn wordt beschreven als een '*innerlijke semantische ruimte*' waarin de verschillende signalen van binnen en buiten het lichaam rijke vormen van betekenis aannemen: gevoelens, gewaarwordingen en vooral qualia.

Faggin geeft een concreet voorbeeld om dit onderscheid te verduidelijken: de herkenning van de geur van een roos. Wanneer iemand de geur waarneemt, binden specifieke moleculen zich aan olfactorische receptoren, waardoor elektrische signalen ontstaan die de hersenen verwerken tot ze de geur herkennen als 'roos'. Dit fenomeen gaat gepaard met een echte zintuiglijke ervaring: de geur van een roos is een welke, een subjectieve ervaring vol betekenis: het kan herinneringen en gevoelens oproepen die niet in woorden kunnen worden beschreven.

Een machine daarentegen kan dezelfde moleculen herkennen via vergelijkbare processen, maar zonder enige vorm van bewuste ervaring. Voor de machine is de geur van de roos gewoon een van de vele signalen, zonder enige intrinsieke betekenis. De machine, hoe geavanceerd ook, 'ervaart' de geur van de roos niet, hij 'zendt geen geursensaties' naar zijn circuits. Het reageert gewoon op de manier waarop het geprogrammeerd is.

Qualia staan centraal in Faggins denken over het onderwerp bewustzijn. Het zijn de fundamentele entiteiten waardoor het bewustzijn de wereld ervaart. De geur van een roos, de smaak van kersenjam, het geluid van een viool of het gevoel van liefde zijn voorbeelden van qualia. Ze vertegenwoordigen de subjectieve kwaliteit van onze ervaringen die niet gerepliceerd kan worden door de elektrische of mechanische configuraties van machines.

Faggin stelt dat het menselijk bewustzijn meer mogelijkheden heeft dan algoritmen en machines. Het bewustzijn verwerkt niet alleen informatie, maar begrijpt, betekent en weet ook. Het kan nieuwe symbolen en algoritmen creëren om betekenissen te beschrijven en te delen, maar geen enkel algoritme kan betekenis ooit volledig uitputten. Dit brengt Faggin tot de conclusie dat, hoewel kunstmatige intelligentie rekenkundig enorm krachtig kan zijn, het inherent beperkt is vergeleken met het menselijk bewustzijn, dat verder gaat dan pure rekencapaciteit.

In zijn postulaat van Zijn introduceert Faggin een diepgaande relatie tussen qualia en kwantuminformatie. Hij stelt voor dat qualia de gewaarwordingen en gevoelens zijn waarmee het bewustzijn externe en interne informatie ervaart. Bijgevolg bezit de zuivere staat van kwantuminformatie dezelfde fundamentele eigenschappen als qualia, d.w.z. dat het alleen 'van binnenuit' kan worden begrepen. De gevoelens die door qualia worden opgeroepen zijn intiem, alleen beschikbaar voor degenen die ze hebben ervaren, en zijn niet overdraagbaar met woorden of andere symbolen.

Hierdoor bevat kwantuminformatie een kwalitatieve dimensie (de qualia) en wordt het een wiskundige representatie van bewuste waarneming en begrip. Met andere woorden, kwantuminformatie is niet zomaar een verzameling anonieme gegevens, maar een structuur die de eigenschappen van bewustzijn in zich draagt.

In zijn geschriften maakt Federico Faggin een duidelijk onderscheid tussen de rekencapaciteit van machines en de kwalitatieve diepte van het menselijk bewustzijn. Via het begrip qualia en de noties van kwantuminformatie nodigt hij ons uit om na te denken over wat het werkelijk betekent om bewust te zijn. Machines, hoe geavanceerd ook, blijven werktuigen zonder bewuste ervaring. De echte uitdaging is daarom niet alleen om steeds krachtigere machines te bouwen, maar om de unieke en onherhaalbare aard van het menselijk bewustzijn te begrijpen en te waarderen.

Kunnen we ons de volgende stadia in de reis van onsterfelijk bewustzijn voorstellen?

De vrije wil van kwantumbewustzijn.

De vraag naar de onsterfelijkheid van het bewustzijn heeft altijd centraal gestaan in filosofische, religieuze en wetenschappelijke debatten. Recentelijk is de theorie van het kwantumbewustzijn naar voren gekomen als een potentiële brug tussen wetenschap en metafysica, waarbij intrigerende vragen worden opgeworpen over het voortbestaan van het bewustzijn na de fysieke dood.

In tegenstelling tot traditionele verklaringen van bewustzijn die zich richten op neurobiologische processen, suggereert de kwantumtheorie van bewustzijn dat bewustzijn het resultaat is van kwantumprocessen. Deze processen kunnen volgens de theorie niet volledig verklaard worden door klassieke natuurkunde, maar vereisen kwantummechanica.

Het idee dat bewustzijn een kwantumcomponent zou kunnen hebben, opent de deur naar een aantal fascinerende speculaties over de aard ervan en over het vermogen om onafhankelijk van het fysieke lichaam te bestaan. Volgens dit perspectief zou het bewustzijn, als het gekoppeld is aan kwantumverschijnselen, theoretisch kunnen bestaan in een toestand die niet gebonden is aan ruimte-tijd, en dus de dood van het fysieke lichaam kunnen overleven.

Een van de meest suggestieve implicaties van kwantumbewustzijn is de hypothese dat het een onsterfelijke entiteit zou kunnen zijn. Als de kwantumprocessen die het bewustzijn vormen buiten de begrenzing van biologische materie bestaan, zou de dood van het lichaam niet het einde van het bewustzijn zelf betekenen. Dit concept vindt parallellen in veel spirituele en religieuze theorieën, die al duizenden jaren spreken over een onsterfelijke ziel.

Neuroloog Karl Pribram en natuurkundige David Bohm presenteerden een theorie dat de hersenen functioneren als een hologram, dat frequenties verwerkt uit een fundamentele dimensie van de werkelijkheid die niet gebonden is aan de gewone ruimte-tijd. Deze zienswijze zou het idee kunnen ondersteunen dat bewustzijn niet beperkt is tot ons zenuwstelsel, maar de hersenen gebruikt als een kanaal om zich in de fysieke wereld te manifesteren.

Als we deze gedachtegang voortzetten, komt een cruciale vraag naar voren: kan het bewustzijn, als het eenmaal bevrijd is van het lichaam, een vrije wil uitoefenen? Vrije wil is een complex en controversieel concept, dat discussies over determinisme, willekeur en autonome besluitvorming met zich meebrengt.

Volgens sommige kwantumtheorieën zijn kwantumverschijnselen inherent probabilistisch en niet-deterministisch, wat het bestaan van een vrije wil op kwantumniveau zou kunnen suggereren. Als kwantumbewustzijn beslissingen kan nemen op basis van niet-deterministische kwantumprocessen, dan zou het een vorm van vrije wil kunnen uitoefenen, zelfs bij afwezigheid van een fysiek lichaam, na de dood van dit lichaam. Dit zou leiden tot een concept van vrij bewustzijn: vrij om nieuwe dimensies van de werkelijkheid te verkennen, om te evolueren en om beslissingen te nemen onafhankelijk van fysieke beperkingen.

De theorie van kwantumbewustzijn snijdt op diepgaande manieren met filosofie en metafysica. Plato sprak bijvoorbeeld over de ziel als een onsterfelijke entiteit die de fysieke wereld overstijgt. Schopenhauer beschouwde de wil als een primordiale en universele kracht die zichzelf uitdrukt via de fenomenale wereld. Deze ideeën vinden weerklank in de visie van een onsterfelijk kwantumbewustzijn met een vrije wil.

Kant stelde dat tijd en ruimte vormen van onze waarneming zijn en dat de werkelijkheid zelf heel anders zou kunnen zijn dan hoe wij die waarnemen. Kwantumbewustzijn zou kunnen werken op een fundamenteel niveau van de werkelijkheid dat onze normale categorieën van ruimte en tijd overstijgt, in overeenstemming met een Kantiaanse visie.

Bovendien heeft de Indiase metafysica, in het bijzonder de Advaita Vedanta en boeddhistische filosofieën, altijd beweerd dat bewustzijn een ultieme en onveranderlijke werkelijkheid is, onaangetast door geboorte en dood. Deze filosofieën suggereren dat de essentie van bewustzijn vrij is van fysieke beperkingen en autonoom kan opereren.

De theorie van het kwantumbewustzijn is een fascinerende poging om aspecten van de moderne natuurkunde te integreren met oude filosofische vragen over onsterfelijkheid en vrije wil. De mogelijkheid dat bewustzijn de dood kan overleven en een vrije wil kan blijven uitoefenen, opent nieuwe inzichten in de aard van de werkelijkheid en onze plaats daarin.

Ongeacht de wetenschappelijke geldigheid van deze ideeën, moedigen ze een wereldbeeld aan waarin geest en bewustzijn een fundamentele en inherent mysterieuze rol spelen. Het idee van een onsterfelijk kwantumbewustzijn nodigt ons uit om de raadsels van ons bestaan diepgaander te onderzoeken en het leven te beschouwen vanuit een perspectief dat veel verder gaat dan de grenzen van ons fysieke lichaam. Uiteindelijk zou deze verkenning wel eens een van de grootste intellectuele en spirituele avonturen van onze tijd kunnen blijken te zijn.

Vanuit een logisch standpunt kunnen we zeggen dat als we in ons leven een vrije wil hebben gekregen, het niet duidelijk is waarom ons geweten die niet zou hebben.

Bewustwording van het verlies van het lichaam.

De vraag wat er gebeurt met het bewustzijn na de dood fascineert filosofen, wetenschappers en denkers al duizenden jaren. Een van de meest provocerende en diepgaande vragen die nog niet onderzocht is, betreft het bewustzijn op het moment dat het loskomt van het lichaam: kan het bewustzijn het verlies van het fysieke lichaam beseffen? Dit unieke perspectief opent een onderzoeksgebied dat raakt aan neurowetenschappen, filosofie, bijna-doodervaringen (NDE's) en veel van 's werelds spirituele tradities.

Vanuit neurowetenschappelijk perspectief werd in 2014 een baanbrekend onderzoek gepubliceerd in het tijdschrift PLOS ONE. Wetenschappers, waaronder Sam Parnia van het New York University Langone Medical Center, voerden de grootste studie ooit uit naar doodservaringen en het bewustzijnsproces. De studie, AWARE genaamd (AWAwareness during REsuscitation), onderzocht meer dan 2000 gevallen van hartstilstand in 15 ziekenhuizen in het Verenigd Koninkrijk, de VS en Oostenrijk. De resultaten waren verrassend: ongeveer 10% van de overlevenden rapporteerde ervaringen van bewustzijn terwijl ze klinisch dood waren, wat suggereert dat bewustzijn tijdelijk het stoppen van lichaamsfuncties kan overleven.

Historisch gezien is de kwestie van het bewustzijn na de dood uitgebreid besproken in filosofische en spirituele tradities. Plato onderzoekt in zijn dialoog 'Phaedo' de onsterfelijkheid van de ziel en suggereert dat het bewustzijn na het fysieke lichaam blijft voortbestaan. In oosterse tradities, zoals het hindoeïsme en het boeddhisme, wordt sterk geloofd in de continuïteit van het bewustzijn door reïncarnaties, waarbij het goddelijke ego of Atman zich bewust wordt van de overgang van het ene lichaam naar het andere.

Een fascinerend verhaal komt uit de Tibetaanse traditie, in het bijzonder uit het 'Tibetaanse Dodenboek' (Bardo Thodol), waarin de ervaringen van het bewustzijn tijdens en na de fysieke dood in detail worden beschreven. Volgens deze tekst neemt de ziel duidelijk de afscheiding van het lichaam waar en doorloopt ze verschillende stadia van bewustzijn voordat ze reïncarneert of het nirvana bereikt.

De getuigenissen van mensen die bijna-dood ervaringen hebben gehad, bieden vaak gedetailleerde beschrijvingen van bewustzijn los van het lichaam. Het verhaal van Anita Moorjani, verteld in haar boek '*Dying to be Me*' (2012), vertelt hoe ze een helder bewustzijn van haar fysieke toestand ervoer tijdens een coma veroorzaakt door terminale kanker. Moorjani beschrijft hoe ze tegelijkertijd de vrijheid van haar fysieke lichaam en het bewustzijn van haar aardse beperkingen ervoer, wat een intens en persoonlijk perspectief biedt op de mogelijkheid dat het bewustzijn zich bewust kan zijn van zijn fysieke onafhankelijkheid.

Een fascinerende tak van dit raadsel wordt vertegenwoordigd door parapsychologische en filosofische theorieën die speculeren dat de ziel een tijd ronddwaalt voordat ze zich bewust wordt van de dood van het lichaam. Deze paradigma's bieden scenario's die ons begrip van leven en dood op de proef stellen, ondersteund door de verslagen, experimenten en reflecties van vooraanstaande geleerden.

De Japanse traditie is rijk aan overtuigingen en gebruiken met betrekking tot het leven na de dood, vaak beïnvloed door de boeddhistische en shinto-religies. Volgens sommige van deze geloofsovertuigingen kan de ziel van een overledene een tijd op aarde doorbrengen voordat ze haar dood aanvaardt en verder gaat naar de volgende fase van het bestaan.

Een van de ideeën in het Japanse boeddhisme is het concept van de 'bardo' (beïnvloed door het Tibetaanse boeddhisme), een intermediair tijdsinterval tussen dood en wedergeboorte. Tijdens deze periode, die tot 49 dagen kan duren, bevindt de ziel van de overledene zich in een overgangstoestand en kan ze ronddwalen in de wereld van de levenden. Begrafenisrituelen en gebeden tijdens deze periode zijn cruciaal om de ziel te helpen rust te vinden en herboren te worden in een nieuwe vorm.

Een belangrijk aspect van de Japanse begrafenispraktijk is de 'Sōshiki', de begrafenisrite, die Shinto- en boeddhistische elementen combineert. Na de crematie wordt de ziel van de overledene geëerd en geholpen door middel van gebeden, offers en ceremonies, zodat deze zonder problemen de overgang naar het volgende stadium kan maken.

In de Shinto-traditie kunnen de geesten van de doden (kami) ook in verschillende vormen blijven voortbestaan als spirituele wezens of beschermers van de levenden. Families vereren hun voorouders vaak door het onderhouden van huisaltaren (butsudan) waar ze bidden en voedsel en wierook aanbieden om ervoor te zorgen dat de geesten tot rust komen en goed worden onderhouden.

Overtuigingen verschillen sterk per regio en familie, maar het idee van een ziel die kort na de dood ronddwaalt voordat hij zijn pad vindt, is een gemeenschappelijk thema in Japanse religieuze en spirituele praktijken.

Een van de bekendste voorstanders van dergelijke theorieën is Dr. Raymond Moody, auteur van het beroemde boek 'Life After Life' (1975), waarin hij talrijke gevallen beschrijft van bijna-doodervaringen (NDE's) die werden gerapporteerd door patiënten die klinisch dood werden verklaard en vervolgens weer tot leven kwamen. Deze verslagen bevatten vaak beschrijvingen van een periode van vaagheid en schommelingen buiten het lichaam voordat het bewustzijn zich volledig bewust wordt van de fysieke dood.

Specifiek beschrijft Moody fenomenen als de 'tunnel van licht' en ontmoetingen met spirituele entiteiten, wat suggereert dat de ziel zich niet onmiddellijk realiseert dat ze gescheiden is van het fysieke lichaam. Deze liminale fase wordt vaak geïnterpreteerd als een overgangsperiode, waarin de ziel zich voorbereidt om haar nieuwe werkelijkheid te accepteren.

Op het gebied van de parapsychologie was Ian Stevenson, een professor in de psychiatrie aan de Universiteit van Virginia, een van de leidende figuren. Hoewel Stevenson zich voornamelijk richtte op het onderzoeken van kinderen die beweerden zich vorige levens te herinneren, impliceren zijn studies een periode waarin de ziel na de fysieke dood in een overgangstoestand kan verkeren voordat ze herboren wordt.

Een van de meest intrigerende experimenten in deze context is het zogenaamde 'Betty Hart experiment' dat in 1981 werd gedocumenteerd in het Journal of Near-Death Studies. Hart documenteerde de verslagen van individuen die, na '*zachte hypnose*' technieken, een toestand van vaagheid en verwarring beschreven, gevolgd door het besef van hun eigen dood. Deze verhalen lijken de stelling te ondersteunen dat de ziel door een overgangsfase gaat voordat ze zich bewust wordt van het einde van het fysieke lichaam.

Filosofisch gezien legde het Cartesiaanse dualisme van René Descartes de basis voor veel moderne ideeën over de scheiding van lichaam en geest. Voor Descartes is de geest (of ziel) een substantie die losstaat van het fysieke lichaam. Het voortbestaan van de geest na de dood van het lichaam is een centrale notie in veel dualistische perspectieven.

Een andere filosoof die deze onderwerpen diepgaand heeft onderzocht is Henri Bergson, die in zijn werk '*L'Énergie Spirituelle*' (1919) het bewustzijn beschouwt als iets dat groter en duurzamer is dan het fysieke lichaam. Bergson stelt voor dat het bewustzijn na de dood een periode van aanpassing kan doormaken, een concept dat aansluit bij verhalen over een dolende ziel in transitie.

Talloze culturen over de hele wereld vertellen verhalen over zielen die zich niet meteen realiseren dat ze dood zijn. Een beroemd voorbeeld is het '*Bardo Thodol*' (Tibetaans Dodenboek), een boeddhistische funeraire tekst die de ervaringen van de ziel beschrijft in de dagen na de dood. Volgens de tekst doorloopt de ziel verschillende tussenstadia voordat ze haar toestand herkent en op weg gaat naar reïncarnatie of nirvana.

Een interessante anekdote betreft de ervaring van Dr. Eben Alexander, een neurochirurg die zijn eigen NDE beschrijft in zijn boek *Proof of Heaven* (2012). Alexander maakt melding van een buitenwereldse reis tijdens een door hersenvliesontsteking veroorzaakte coma, gekenmerkt door een ervaring van spirituele zwerftochten en ontmoetingen met entiteiten die hem hielpen zijn toestand van afscheiding van het fysieke lichaam te begrijpen.

Parapsychologische en filosofische theorieën die uitgaan van een periode waarin de ziel ronddwaalt voordat ze zich bewust wordt van de lichamelijke dood, voegen een fascinerende laag complexiteit toe aan het begrip van het postmortale bewustzijn. Hoewel er geen definitieve antwoorden zijn, bieden deze perspectieven een rijke verscheidenheid aan verhalen en reflecties die het debat over een van de grootste mysteries van het menselijk leven blijven voeden.

Verschillende parapsychologische en filosofische theorieën suggereren dat de ziel direct na de dood een tijdje ronddwaalt voordat ze zich bewust wordt van haar nieuwe toestand. Deze ideeën proberen niet alleen te verklaren wat er met het bewustzijn gebeurt, maar maken ook verschijnselen aannemelijk zoals spoken, schimmen en geesten, die soms worden omschreven als 'zielen die geen rust vinden'. In deze context is het interessant om te onderzoeken wat de parapsychologie suggereert, door middel van de analyse van getuigen, onderzoekers en filosofie.

Raymond Moody beschrijft frequente verslagen van mensen die, na het ervaren van een hartstilstand of klinische doodssituatie, visioenen van een tunnel van licht en een periode van verwarring melden voordat ze zich hun dood realiseren. Deze periode van desoriëntatie lijkt het idee te bevestigen dat het bewustzijn zich niet onmiddellijk bewust is van de scheiding van het fysieke lichaam.

In dit opzicht is de studie van onderzoeker Betty Hart, gepubliceerd in het *Journal of Near-Death Studies* in 1981, verhelderend. Met behulp van lichthypnose verzamelde Hart getuigenissen van mensen die gevoelens van verbijstering en verwarring beschreven onmiddellijk na de dood, gevolgd door een progressief bewustzijn van hun toestand. Dit suggereert niet alleen een aanhoudend bewustzijn, maar ook een fase waarin de ziel ronddwaalt en probeert te begrijpen wat er is gebeurd.

Ian Stevenson suggereert dat er een tussenperiode is waarin de ziel, die zich nog niet bewust is van een nieuwe reïncarnatie, ronddwaalt op zoek naar vrede of begrip, waarmee hij het idee consolideert dat het bewustzijn blijft bestaan in een staat zonder lichaam.

Het Tibetaanse Dodenboek beschrijft verschillende stadia van de postmortale ervaring, waaronder een zwerffase van de ziel. Volgens deze traditie doorloopt de ziel perioden van verwarring en begoocheling voordat ze haar eindbestemming bereikt, die reïncarnatie of nirvana kan zijn.

Deze verhalen over dolende zielen bieden een samenhangende verklaring voor de verhalen over spoken en verschijningen. De parapsychologie suggereert dat de verschijnselen van geesten en spoken manifestaties kunnen zijn van zielen in transitie, die nog steeds gebonden zijn aan plaatsen en situaties in hun aardse leven. Deze zielen, die geen vrede vinden of zich niet volledig bewust zijn van hun dood, blijven interageren met de wereld van de levenden en creëren wat wij waarnemen als spookverschijningen.

Hoewel er geen definitieve antwoorden zijn over wat er gebeurt met het bewustzijn na de dood, bieden parapsychologische en filosofische theorieën een intrigerend scenario. Het idee dat de ziel in een staat van verwarring ronddwaalt voordat ze de doodstoestand aanvaardt, wordt ondersteund door studies, persoonlijke ervaringen en culturele tradities. Deze verhalen verrijken niet alleen ons begrip van de postmortale dood, maar bieden ook mogelijke verklaringen voor de verschijnselen van spoken en verschijningen die de mensheid al eeuwenlang fascineren en angst aanjagen.

De doorgang naar het collectieve onbewuste.

Parapsychologische en filosofische theorieën bieden verschillende interpretaties van de pst-mortem fasen, waaronder het idee dat de ziel een periode kan ronddwalen voordat ze zich bewust wordt van de dood van het fysieke lichaam. Een van de meest fascinerende theorieën die in verband kan worden gebracht met dit raadsel is Carl Gustav Jung's theorie van synchroniciteit.

Carl Gustav Jung, een van de pioniers van de analytische psychologie, introduceerde de theorie van synchroniciteit in de jaren 1950. Volgens Jung bestaat er een collectief onbewuste dat archetypische ervaringen bevat die door de hele mensheid gedeeld worden. Dit collectieve onbewuste kan het individuele bewustzijn beïnvloeden via intuïties, die zich vaak manifesteren via merkwaardige gebeurtenissen of onverklaarbare toevalligheden.

Volgens een parapsychologische interpretatie van de Jungiaanse theorie zou het bewustzijn van een overledene, dat zich in een soort voorgeborchte bevindt in afwachting van een definitieve bestemming, de media van het collectieve onbewuste kunnen gebruiken om te communiceren met de levenden. Deze communicatie zou kunnen plaatsvinden door middel van positieve boodschappen die besloten liggen in opvallende toevalligheden of betekenisvolle dromen.

Bioloog Rupert Sheldrake stelde de morfische veldtheorie voor, die gezien kan worden als een moderne variant van het Jungiaanse concept van het collectieve onbewuste. Volgens Sheldrake bestaat er een natuurlijk collectief geheugen dat niet alleen het gedrag van levende wezens beïnvloedt, maar mogelijk ook de overgang tussen leven en dood. Dit zou nog een manier kunnen zijn waarop de zielen van de doden interageren met de levenden.

Ook in de filosofie vinden we relevante bijdragen. Henri Bergson, een Franse filosoof, stelde dat het individuele bewustzijn deel uitmaakt van een groter bewustzijn. Als we dit concept toepassen op het postmortale perspectief, zouden we ons kunnen voorstellen dat het bewustzijn na de dood opnieuw opgaat in een universeel bewustzijn, dat zich opnieuw verbindt met het Jungiaanse collectieve onbewuste.

De theorieën over het lot van het bewustzijn na de dood zijn gevarieerd en fascinerend en putten zowel uit de inzichten van de analytische psychologie van Jung als uit de bevindingen van parapsychologisch en filosofisch onderzoek. Hoewel definitief wetenschappelijk bewijs op dit moment ontbreekt, bieden deze studies een intrigerend perspectief op de mogelijkheden dat het bewustzijn op de een of andere manier doorgaat, misschien gebruikmakend van het collectieve onbewuste als communicatiemiddel met de levenden. Individuele verhalen over significante toevalligheden en ervaringen die worden gerapporteerd door mensen die een BDE hebben meegemaakt, blijven het debat en het onderzoek stimuleren over wat er werkelijk gebeurt met ons bewustzijn na de dood.

De voortzetting in een ander lichaam.

Onder de vele theorieën die dit raadsel proberen te beantwoorden, komt een fascinerend perspectief naar voren uit Oosterse filosofieën en vindt weerklank in het denken van sommige hedendaagse wetenschappers, zoals Federico Faggin. We analyseren dit onderwerp met als doel een grondig gedocumenteerd en beargumenteerd kader aan te bieden.

In oosterse religieuze en filosofische tradities, vooral in doctrines zoals het hindoeïsme en het boeddhisme, wordt bewustzijn (of *anatta* in het boeddhisme) gezien als iets dat het fysieke leven overstijgt. Volgens deze leringen betekent de dood niet het einde van het bestaan, maar een overgang naar een nieuwe vorm van leven. Na de dood doorloopt het bewustzijn een periode van reflectie en evaluatie, die in het Tibetaanse boeddhisme '*Bardo*' wordt genoemd, voordat het reïncarneert in een ander fysiek lichaam.

Deze visie wordt prachtig geïllustreerd door Laozi's Tao Te Ching:

"Dood en leven zijn twee krommen van dezelfde oneindige lijn."

Federico Faggin, natuurkundige en pionier op het gebied van micro-elektronica, biedt een interessant en modern perspectief op dit eeuwenoude concept. In zijn boeken stelt Faggin een visie van bewustzijn voor als een manifestatie van een diepere entiteit, 'seity', die onafhankelijk van het fysieke brein bestaat. Volgens Faggin lost seity na de dood niet op, maar voegt het zich weer bij het 'Ene', waarvan we allemaal een integraal onderdeel zijn.

Faggin stelt dat deze 'Seity', begiftigd met een vrije wil, in plaats van onmiddellijk samen te smelten met de 'One', ervoor kan kiezen om zich opnieuw te manifesteren in een ander lichaam om verdere ervaringen van kennis en groei na te streven. Deze theorie is in harmonie met veel principes van het biocentrisme, voorgesteld door arts en wetenschapper Robert Lanza, die leven en bewustzijn ziet als fundamenteel voor het universum, in plaats van toevallige gevolgen van de fysica.

In de afgelopen decennia hebben verschillende wetenschappers geprobeerd om het mysterie van het postmortale bewustzijn met wetenschappelijke nauwkeurigheid te onderzoeken. Een pionier op dit gebied is Dr. Ian Stevenson, wiens onderzoek naar herinneringen aan vorige levens wereldwijd duizenden gevallen heeft gedocumenteerd. Stevenson heeft in detail de verhalen onderzocht van kinderen die beweerden zich vorige levens te herinneren en vond in veel gevallen verifieerbaar bewijs.

De filosofie van Plotinus en moderne ideeën.

De westerse filosofie heeft ook diep nagedacht over het lot van het bewustzijn na de dood. Plotinus, een van de meest invloedrijke filosofen van het Neo-Platonisme, beschreef de ziel als eeuwig verbonden met het Ene. Volgens Plotinus begint de ziel, die na de dood van het lichaam wordt gescheiden, aan een reis naar een transcendente vereniging met het goddelijke principe.

Dit idee, hoewel geformuleerd in een andere context, resoneert verrassend goed met Faggins theorie van Seity. Beide visies suggereren dat er iets essentieels en onveranderlijks aan ons blijft bestaan en groeien door de verschillende staten van het bestaan heen.

Het lot van het bewustzijn na de dood blijft een van de grote onopgeloste mysteries. Oosterse filosofieën bieden een fascinerende visie op continuïteit en groei door reïncarnatie. Uiteindelijk blijft het een raadsel of het bewustzijn de fysieke dood al dan niet overleeft en hoe het zou kunnen kiezen om te reïncarneren. De studie van dit onderwerp blijft echter fascinerende inzichten bieden in de betekenis van leven, dood en de diepe aard van onze essentie.

Bewustzijn als kwantumveld.

In de moderne natuurkunde speelt het begrip veld een centrale rol bij het verklaren van verschillende natuurverschijnselen. De term 'veld' werd oorspronkelijk geïntroduceerd om zwaartekracht en elektromagnetische krachten te beschrijven en duidt een gebied in de ruimte aan waarin een fysieke kracht zijn invloed uitoefent. Het idee van een veld ontwikkelde zich met Einsteins algemene relativiteitstheorie, die zwaartekracht beschrijft als een kromming van ruimtetijd, en met de kwantummechanica, waarin fysieke deeltjes eerder worden voorgesteld als excitaties van kwantumvelden.

Kwantumvelden zijn, in tegenstelling tot klassieke velden, fundamentele entiteiten die zich manifesteren als deeltjes en golven, afhankelijk van de observatieomstandigheden. Ze vormen de voorhoede van het begrip van subatomaire interacties en de constitutieve mechanismen van het universum. Na verloop van tijd zijn wetenschappers en denkers gaan speculeren dat deze fundamentele eenheden van interactie ook relevant kunnen zijn voor het begrijpen van het menselijk bewustzijn, een onderwerp dat een van de meest fascinerende mysteries van de wetenschap blijft.

In een poging om het mysterie van het bewustzijn te ontrafelen, ontstaan er verschillende theorieën op het snijvlak van filosofie, neurologie en natuurkunde. Het voorstel dat bewustzijn kan worden beschreven als een kwantumveld is een van de meest fascinerende en controversiële ideeën van de afgelopen decennia. Dit voorstel combineert filosofische intuïtie met wetenschappelijke strengheid en suggereert dat bewustzijn niet simpelweg een functie van de hersenen is, maar mogelijk afhangt van kwantumprincipes.

Een van de meest prominente wetenschappers op dit gebied is Sir Roger Penrose, winnaar van de Nobelprijs voor Natuurkunde in 2020. In 1989 publiceerde Penrose 'The Emperor's New Mind', waarin hij voorstelde dat bewustzijnsprocessen gerelateerd zouden kunnen worden aan kwantumzwaartekrachtverschijnselen.

Experimenten op het gebied van neurofysiologie hebben een aantal interessante inzichten opgeleverd. De studie van neuronale synchronisatie en hersengolfverschijnselen laat bijvoorbeeld zien dat bewustzijn afhankelijk zou kunnen zijn van sterk geïntegreerde modi van neuronale activiteit, wat conceptueel resoneert met het idee van een samenhangend kwantumveld. Dergelijke experimenten geven echter geen definitieve bevestiging van de puur kwantumachtige aard van bewustzijn en zorgen voor veel discussie in de wetenschappelijke gemeenschap.

Andere interpretaties komen uit het veld van de kwantumbiologie, een groeiend gebied dat het belang van kwantumverschijnselen in biologische processen onderzoekt. De natuurkundige Erwin Schrödinger speculeerde in zijn boek "What is Life?" (1944) over een mogelijke rol van kwantumfysica in levensprocessen. Recente ontwikkelingen op dit gebied suggereren dat kwantumcoherentiemechanismen kunnen bestaan in levende systemen, wat de deur opent naar de mogelijkheid dat dergelijke fenomenen relevant kunnen zijn voor het bewustzijn.

In het hedendaagse debat is het ook cruciaal om de filosofische en experimentele dimensies van het onderwerp in overweging te nemen. Het standpunt van de anesthesie over de mate waarin microtubuli betrokken zijn bij het bewustzijn blijft bijvoorbeeld open. Ook de uitdaging van Carl Jung en Wolfgang Pauli om analytische psychologie te koppelen aan moderne natuurkundige verschijnselen wordt beschouwd als een voorloper van de integratie van kwantumfysica en geest.

De verkenning van het bewustzijn als kwantumveld dwingt ons om onze fundamentele concepten van werkelijkheid en ervaring opnieuw te onderzoeken. Het wordt noodzakelijk dat we een interdisciplinaire uitwisseling blijven bevorderen om de diepe en verborgen verbanden tussen deeltjesfysica, biologie en filosofie van de geest te ontrafelen. Alleen door de interactie van deze velden kunnen we dichter komen bij het begrijpen van het mysterie van bewustzijn en zijn mogelijke kwantumrol in de natuurlijke orde.

Individueel bewustzijn als deel van het kwantumveld van bewustzijn.

Het concept bewustzijn heeft filosofen, wetenschappers en denkers door de eeuwen heen altijd gefascineerd. Vandaag de dag, met de komst van de kwantumfysica en haar revolutionaire implicaties, komt er een gedurfd en radicaal perspectief naar voren: bewustzijn zou geïnterpreteerd kunnen worden als een kwantumveld, waar individuele bewustzijnsvormen geconfigureerd zijn als lokale manifestaties van een universeel continuüm. Deze visie daagt niet alleen onze diepste overtuigingen over identiteit en werkelijkheid uit, maar verbindt op elegante wijze moderne wetenschap met oude spirituele wijsheden.

We stellen ons bewustzijn voor als een uitgestrekte zee, waarin elk levend wezen een kleine rimpeling op het oppervlak vertegenwoordigt. Deze metafoor, geïnspireerd door het idee van het kwantumveld van bewustzijn, suggereert dat elk individueel bewustzijn, hoewel verbonden met een specifiek fysiek lichaam, onlosmakelijk verbonden is met een universeel veld.

De natuurkundige David Bohm opperde een soortgelijk idee met zijn theorie van impliciete en expliciete orde, waarbij hij suggereerde dat de totaliteit van het universum een onderling verbonden geheel is, waarbij individuele manifestaties als rimpelingen op het oppervlak van een diepe, impliciete oceaan zijn. Volgens Bohm kan bewustzijn gezien worden als een fenomeen dat voortkomt uit deze impliciete orde, waardoor individuele bewustzijnen zowel verschillend zijn als deel uitmaken van een enkele totaliteit.

Het concept van het kwantumveld van bewustzijn komt terug in oude spirituele tradities. De Vedische filosofie en het Boeddhisme spreken bijvoorbeeld over de fundamentele eenheid van alle dingen en de illusie van afgescheidenheid. Het idee van een 'gescheiden maar verenigd' resoneert diep met het voorgestelde nieuwe wetenschappelijke begrip.

Niels Bohr, een van de vaders van de kwantummechanica, merkte op dat kwantumfysica en de filosofie van de menselijke ervaring nauw met elkaar verbonden zijn. Zijn idee van complementariteit suggereert dat geest en materie niet los van elkaar begrepen kunnen worden. Geest (bewustzijn) en materie (lichaam) zijn twee kanten van dezelfde medaille, die op een diepgaande en fundamentele manier met elkaar verbonden zijn.

In zijn werk met Wolfgang Pauli, Nobelprijswinnaar in de natuurkunde, ontwikkelde C.G. Jung het concept van 'synchroniciteit', waarbij hij onderzocht hoe psychische en fysieke gebeurtenissen met elkaar verbonden kunnen zijn door niet-causale, maar diep verbonden betekenissen. Hoewel niet expliciet kwantum, markeert hun samenwerking een verdere poging om de menselijke psyche te verbinden met fysische fenomenen op een meer universele schaal.

Het voorstel om bewustzijn op te vatten als een kwantumveld, waar individuele bewustzijnen rimpelingen zijn op een uitgestrekt universeel oppervlak, roept fascinerende en diepgaande vragen op over de aard van de werkelijkheid en onze identiteit. Deze geavanceerde kijk moedigt ons aan om de menselijke ervaring niet als een geïsoleerd fenomeen te beschouwen, maar als deel van een onderling verbonden en complex kwantumweefsel.

De implicaties van deze theorie zijn ingrijpend: ze stelt onze traditionele scheidingen tussen wetenschap en spiritualiteit, individu en universum op de proef en werpt licht op mogelijke nieuwe manieren om geest en werkelijkheid te begrijpen. Terwijl het experimentele bewijs nog steeds in ontwikkeling is, blijft de interdisciplinaire dialoog onze horizon verbreden en ons steeds dichter bij het begrijpen van het grote mysterie van bewustzijn brengen.

De fysieke dood markeert volgens deze theorie het einde van een bepaalde rimpeling, die weer wordt opgenomen in de kwantumzee. De ervaring die tijdens het leven van het lichaam is opgedaan, gaat echter niet verloren. Het voegt een nieuwe rijkdom aan waarnemingen en kennis toe aan de uitgestrektheid van de kwantumoceaan.

Federico Faggin, een bekend bewustzijnsonderzoeker, stelde het concept 'Seity' voor. Seity, individuele fragmenten van bewustzijn, komen tevoorschijn uit de 'Ene' om de fysieke wereld te ervaren. Hun doel is om de kennis van het Ene te verrijken, dat volgens Faggin juist bestaat om zichzelf te kennen. Faggin stelt:

"Het Universum is een gigantische school waar elke 'Seity' leert van ervaringen en deze terugkaatst naar de Ene".

Dit suggereert dat elke menselijke ervaring bijdraagt aan een enorm kosmisch archief, vergelijkbaar met het concept van Akasha in de Oosterse filosofie.

De term Akasha komt uit de Indiase filosofie en verwijst naar een kosmische aether waarin alle ervaringen en kennis van het universum zijn vastgelegd. Dit begrip vindt een treffende analogie in het kwantumveld dat voor bewustzijn wordt voorgesteld. Niets gaat verloren; elke menselijke gedachte, emotie en kennis wordt door het kwantumuniversum geassimileerd en verrijkt met nieuwe informatie.

In de wetenschap laten experimenten zoals kwantuminterferentie en verstrengeling ons zien hoe verre deeltjes met elkaar kunnen interageren op manieren die het klassieke begrip tarten. Deze fenomenen suggereren de mogelijkheid dat het bewustzijn zelf misschien niet beperkt is tot de menselijke schedel, maar een wisselwerking aangaat met de kwantumnetwerken van het universum.

De theorie dat bewustzijn functioneert als een kwantumveld slaat een fascinerende brug tussen het fysieke en het metafysische. Het opent niet alleen nieuwe horizonten in het wetenschappelijk begrip van de geest, maar versmelt ook oude filosofische kennis met de bevindingen van de moderne fysica. Net als Federico Faggin en vele andere pioniers blijven we dit intrigerende domein verkennen, zwevend tussen verwondering en mogelijkheid. We blijven ons het 'Ene' voorstellen dat ons niet alleen verenigt, maar ook voortdurend leert en evolueert door elke rimpeling van onze levenservaring.

Bewustzijn is niet 'van ons'.

Wat betekent het om bewustzijn te beschouwen als een onsterfelijke kwantumentiteit, en hoe kunnen we deze visie verzoenen met het traditionele concept van de ziel?

De kwantumbewustzijnshypothese suggereert dat mentale processen verklaard kunnen worden door de wetten van de kwantummechanica.

De implicaties van deze theorie zijn diepgaand. Als bewustzijn inderdaad een kwantumfenomeen is, dan is het misschien niet op een conventionele manier gebonden aan ruimte en tijd. Bewustzijn kan de dood van het fysieke lichaam overleven en blijven bestaan in een niet-lokale kwantumtoestand, wat de deur opent naar de mogelijkheid van een postmortaal bestaan.

Historisch gezien wordt de ziel gezien als een goddelijk geschenk, iets dat ons is gegeven en waarvoor we verantwoordelijk zijn. Dit concept heeft eeuwenlang de theologie en filosofie gedomineerd en morele en spirituele beperkingen aan de ziel opgelegd die door een superieure entiteit zijn bepaald. De modernistische en wetenschappelijke kijk op het bewustzijn als kwantumverschijnsel nodigt ons echter uit om deze beperkingen, onze rol en onze veronderstelde verantwoordelijkheid in het bepalen van het lot van ons bewustzijn te heroverwegen.

Waarom zouden we het bewustzijn beperken en het dezelfde beperkingen opleggen als de ziel? Als we het bewustzijn zien als een kwantummanifestatie, vrij van fysieke en tijdelijke beperkingen, kunnen we ons ook voorstellen dat het bewustzijn zijn reis na de dood voortzet en een pad volgt dat geleid wordt door de wetten van de kwantumfysica in plaats van door de richtlijnen van een godheid. Maar we moeten ook niet onze eigen richtlijnen opleggen. In feite, als 'ons' bewustzijn onsterfelijk is, dan maakt het geen deel uit van ons 'ik'. In plaats daarvan was ons 'ik' kort een deel van 'ons' bewustzijn.

De erkenning van bewustzijn als een kwantumfenomeen suggereert dat we bij de dood niet ons bewustzijn verliezen, maar dat we ons eerder bevrijden van onze lichamelijke banden zonder ons 'ik' op te geven. We laten ons bewustzijn vrij om nieuwe dimensies van het bestaan te verkennen. In dit scenario is overleven bij de dood geen kwestie van paradijs of hel, maar een intrigerend kosmisch avontuur, een klim naar een onbekende bestemming. In deze klim was ons 'ik' kortstondig de hoofdrolspeler in slechts één etappe. We troosten ons met het feit dat dit een onuitwisbaar spoor heeft achtergelaten in het kosmische mysterie.

Als we kijken naar de mogelijkheid dat bewustzijn volgens kwantumprincipes onsterfelijk is, kunnen we ons afvragen: welke nieuwe ethische en existentiële verantwoordelijkheden vloeien voort uit dit perspectief? Welke macht kunnen we hebben over het lot van het kwantumbewustzijn zodra ons fysieke lichaam is opgelost? En dan, welke macht zullen onze vrienden en familieleden kunnen hebben over ons kwantumbewustzijn? Wat zullen ze ervan kunnen eisen als het eenmaal vrij is om zijn eigen weg te volgen? Ons bewustzijn zal een 'ik' zijn dat vrij is van de banden van het vlees, vreemd aan de vleselijke dimensie maar klaar om een pad te volgen door andere onbekende dimensies.

Om de God van ons geweten te zijn?

Het geweten is een pelgrim die na ons vele huizen zal bezoeken. In elk huis zal het zich welkom voelen en deelnemen aan het familie-evenwicht, maar de roep van de reis zal het er altijd toe aanzetten om te vertrekken. Geen enkele meester van het huis zal het ooit verbieden om op weg te gaan, of het instructies geven over hoe de reis voort te zetten, of verwachten dat het zich hem in latere stadia herinnert, of zijn bestemming op een overheersende manier markeren. Zelfs de vrienden van de huishouder kunnen niet beweren heerschappij over zijn geweten uit te oefenen. Alles moet eindigen in een rechtvaardige en respectvolle vergetelheid....

Het idee dat de ziel gebonden is aan de richtlijnen van een godheid heeft eeuwenlang ons begrip van het bestaan na de dood gedomineerd. Maar als we het idee van een kwantumbewustzijn omarmen, voelen we ons vrij van filosofische of religieuze conditionering. Tegelijkertijd moeten we voorkomen dat onze menselijkheid naar boven komt. Dit gebeurt als we, in de wetenschap dat bewustzijn geen geschenk van anderen is, aannemen dat het van ons is en in zijn geheel aan ons toebehoort, zodat *we 'de stoel bezetten'*. We worden in zekere zin de goden van ons bewustzijn. Maar juist omdat het onsterfelijk en vrij is, is het geweten niet 'van ons'; door ons te gedragen alsof het geweten 'van ons' is, tasten we zijn vrijheid aan, die een onovertrefbare, 'sublieme' vrijheid is.

Deze nieuwe visie opent buitengewone perspectieven van verantwoordelijkheid. Ons bewustzijn, eenmaal bevrijd van het lichaam, zou niet gedwongen moeten worden om 'onze' paden van bestaan te volgen die absoluut arm zouden zijn in vergelijking met de onmetelijkheid van het kosmische mysterie. We zouden de vrije wil van het bewustzijn moeten respecteren en niemand zou het moeten dwingen om gebonden te blijven aan een bestaan dat door de dood ongedaan wordt gemaakt.

We laten het bewustzijn vrij, eenmaal bevrijd van ons lichaam, om zijn eigen unieke en fascinerende pad te volgen, zijn eigen onpeilbare bestemming. Hoe kunnen we het immers dwingen om iets te doen? Ons bewustzijn maakt deel uit van een gebouw waarvan we nooit iets hebben geweten. We kunnen ons alleen maar troosten met het plezier dat we er een kleine steen aan hebben toegevoegd...

In zijn evangelie zegt Johannes (3:6-9):

> *"De wind waait waarheen hij wil en je haat het geluid ervan, maar je weet niet waar hij vandaan komt en ook niet waar hij naartoe gaat; zo is het met iedereen die uit de Geest geboren is".*

Hier is 'ons' bewustzijn dit. Ons' bewustzijn, geboren uit de Geest, was een wind die ons streelde voor dat korte moment toen we in ons fysieke lichaam leefden, en na het einde van het lichaam zal het zijn mystieke reis voortzetten. We weten niet waar het vandaan kwam en we weten niet waar het naartoe zal gaan, maar we weten wel dat het alles wat we zijn geweest met zich mee zal nemen. Ons 'ik' zal voortleven in het onsterfelijke bewustzijn als een 'kwantumwolk' die bestaat uit alle keuzes die we in ons fysieke leven hebben gemaakt. Ons bewustzijn zal nog steeds 'ons' zijn, maar op een andere manier.

Bibliografie.

Alexander, Eben	Living in a Mindful Universe: A Neurosurgeon's Journey into the Heart of Consciousness
Alexander, Eben	The Map of Consciousness Explained: A Spiritual Perspective on Life and Death
Alexander, Larry	The Afterlife Frequency
Alexander, Larry	The Map of Heaven: How Science, Religion, and Ordinary People Are Proving the Afterlife
Alexander, Larry	Seeking Heaven: Sound Journeys into the Beyond
Beauregard, Mario	Brain Wars: The Scientific Battle Over the Existence of the Mind and the Proof That Will Change the Way We Live Our Lives
Beauregard, Mario	The Spiritual Connection in Daily Life
Beauregard, Mario	The Spiritual Brain and Other Essays on the Applications of Neuroscience in Our Spiritual Experiences
Beauregard, Mario	Lifespan: Why We Age – and Why We Don't Have To
Beauregard, Mario	The Spiritual Process: An Investigation into the Transcendent Nature of Consciousness
Beauregard, Mario -	The Spiritual Brain: A Neuroscientist's Case for the Existence of the Soul
Beauregard, Mario -	The Spiritual Mind: Neuroscience of Spiritual Experiences
Bedford, Clare	The Shaman's Journey: Understanding Near-Death Experiences in Shamanic Practice
Bengston, William F.	The Energy Cure: Unraveling the Mystery of Hands-On Healing
Bruce Moen	Voyages Into the Afterlife: Charting Unknown Territory
Cochran, Clarke	Judgment After Death: Can We Assign the Right Place to Human Souls?
Cook, Penny Sartori, and Fenwick, Peter	The Handbook of Near-Death Experiences: Thirty Years of Investigation
Dossey, Larry	One Mind: How Our Individual Mind Is Part of a Greater Consciousness and Why It Matters
Dossey, Larry	Recovering the Soul: A Scientific and Spiritual Approach

Dossey, Larry	The Power of Premonitions: How Knowing the Future Can Shape Our Lives
Eben Alexander	Proof of Heaven: A Neurosurgeon's Journey into the Afterlife
Greyson, Bruce	After: A Doctor Explores What Near-Death Experiences Reveal About Life and Beyond
Grof, Stanislav	The Ultimate Journey: Consciousness and the Mystery of Death
Grof, Stanislav	The Holotropic Mind: The Three Levels of Human Consciousness and How They Shape Our Lives
Grof, Stanislav and Grof, Christina	The Stormy Search for the Self: A Guide to Personal Growth through Transformational Crisis
Hill, Ralph W.	The Strength to Awaken: Solutions to our Spiritual and Social Crisis
Kean, Leslie	Surviving Death: A Journalist Investigates Evidence for an Afterlife
Kübler-Ross, Elisabeth	On Death and Dying: What the Dying Have to Teach Doctors, Nurses, Clergy and Their Own Families
Kübler-Ross, Elisabeth	Living with Death and Dying: How to Communicate with the Terminally Ill
Kübler-Ross, Elisabeth	On Children and Death: How Children and Their Parents Can and Do Cope with Death
Lenzi, Massimo	Beyond Death: Evidence and Prospects for an Afterlife
van Lommel, P. V., van Wees, R., Meyers, V., & Elfferich, I.	(2001). Near-Death Experience in Survivors of Cardiac Arrest: A prospective study in the Netherlands. The Lancet.
Long, Jeffrey	Evidence of the Afterlife: The Science of Near-Death Experiences
Long, Jeffrey	God and the Afterlife: The Groundbreaking New Evidence for God and Near-Death Experience
Long, Jeffrey	Resurrection Science: Rediscovering the Supernatural Presence in the Modern World
Long, Jeffrey	The Near-Death Experience: What It Reveals About the Nature of Spiritual Energy
Mack, John E.	Passport to the Cosmos: Human Transformation and Alien Encounters
McDougall, William	The Introduction to Fieldwork: Second Edition
Melvin Morse and Paul Perry	Transformed by the Light: The Powerful Effect of Near-Death Experiences on People's Lives
Mermin, N. David	It's About Time: Understanding Einstein's Relativity
Moen, Bruce	Afterlife Knowledge Guidebook: A Manual for the Art of Retrieval and Afterlife Exploration
Moody, Raymond	Life After Life
Moody, Raymond	Reunions: Visionary Encounters with Departed Loved Ones
Moody, Raymond	The Light Beyond
Moody, Raymond	Reflections on Life After Life
Moody, Raymond	The Last Laugh: A New Philosophy on Near-Death Experiences, Apparitions, and the Paranormal
Moody, Raymond	The Light Behind God: A Psychiatrist's Experience with the Supernatural
Moody, Raymond	Through the Portal: Understanding Near-Death Experiences
Moody, Raymond	Life After Death: Classic Accounts of Near-Death Experiences

Moody, Raymond	The Death Experience: What It Is Like When You Die
Moody, Raymond	The Future Life: Scientifically Demonstrated Communicability with Spirits
Moody, Raymond, and Perry, Paul	Glimpses of Eternity: An Investigation into Shared Death Experiences
Morse, Melvin	Closer to the Light: Learning from the Near-Death Experiences of Children
Morse, Melvin	Parting Visions: Uses and Meanings of Pre-Death, Psychic, and Spiritual Experiences
Morse, Melvin	The Mystery of the Buried Crosses: Discovering Ancient Christianity in the Remote Mountains of Southern Sudan
Morse, Melvin	The True Nature of Death: A Vaccine Against Prejudice
Morse, Melvin and Perry, Paul	Where God Lives: The Science of the Paranormal and How Our Brains Are Linked to the Universe
Mullis, Kary	Dancing Naked in the Mind Field
Newton, Michael	Journey of Souls: Case Studies of Life Between Lives
Newton, Michael	Destiny of Souls: New Case Studies of Life Between Lives
Newton, Michael	Memories of the Afterlife: Life Between Lives Stories of Personal Transformation
Newton, Michael	Life Between Lives Hypnotherapy: A Facilitator's Guide
Newton, Michael	Life Between Life: Explorations of a Hypnotherapist in the Afterlife
Penrose, R., & Hameroff, S	. Quantum Computation in Brain Microtubules: The Penrose-Hameroff 'Orch OR' Model of Consciousness. Philosophical Transactions: Mathematical, Physical and Engineering Sciences.
Radin, Dean	Real Magic: Ancient Wisdom, Modern Science, and a Guide to the Secret Power of the Universe
Radin, Dean	The Conscious Universe: The Scientific Truth of Psychic Phenomena
Radin, Dean	Entangled Minds: Extrasensory Experiences in a Quantum Reality
Radin, Dean	Supernormal: Science, Yoga, and the Evidence for Extraordinary Psychic Abilities
Radin, Dean	Supernatural: Meetings with the Ancient Teachers of Mankind
Rawlings, Maurice	To Hell and Back: The Life After Death Experiences
Ring, Kenneth	Lessons from the Light: What We Can Learn from the Near-Death Experience
Sabom, Michael B.	Recollections of Death: A Medical Investigation
Sabom, Michael B.	Light and Death: One Doctor's Fascinating Account of Near-Death Experiences
Sabom, Michael B.	Beyond Death's Door: Understanding Near-Death Experiences
Schrödinger, E. (1944).	What is Life? The Physical Aspect of the Living Cell.
Schwab, Gereon Wolters, and Dossey, Larry	An Anthology of the Bridge World Literature on Psi and Survival
Schwartz, Gary	The Afterlife Experiments: Breakthrough Scientific Evidence of Life After Death
Schwartz, Gary	The Sacred Promise: How Science Is Discovering Spirit's Collaboration with Us in Our Daily Lives

Schwartz, Gary	The Living Energy Universe: A Fundamental Discovery that Transforms Science and Medicine
Schwartz, Gary	The G.O.D. Experiments: How Science Is Discovering God in Everything, Including Us
Schwartz, Gary	The Energy Healing Experiments: Science Reveals Our Natural Power to Heal
Schwartz, Gary	The Science of Miracles: How to Manifest Your Dreams
Schwartz, Gary	The Truth About Medium: Extraordinary Experiments with the Real Allison DuBois of NBC's Medium and Other Remarkable Psychics
Sheldrake, Rupert	Science and Spiritual Practices: Transformative Experiences and their Effects on our Bodies, Brains, and Health
Strassman, Rick	DMT: The Spirit Molecule: A Doctor's Revolutionary Research into the Biology of Near-Death and Mystical Experiences
Swinburne, Richard	The Evolution of the Soul
Tart, Charles	Waking Up: Overcoming the Obstacles to Human Potential
Tart, Charles	Altered States of Consciousness: A Book of Readings
Tart, Charles	States of Consciousness
Tart, Charles	From Birth to Death: The Circle of Life
Tart, Charles	On Being Stoned: A Psychological Study of Marijuana Intoxication
Turmel, André	Between Heaven and Earth: Psychokinesis, Undulation of Space-Time, and the Miracles of Jesus
van Lommel, Pim	Consciousness Beyond Life: The Science of the Near-Death Experience
van Lommel, Pim	Consciousness Beyond the Body: Evidence and Reflections
van Lommel, Pim	Endless Consciousness: A Scientific Overview of the Near-Death Experience
van Lommel, Pim	Near-Death Experiences: The Experience of the Self and the Continuity of Consciousness Beyond Death
van Lommel, Pim	Sensitive Awareness: Near-Death Experiences and the Evolution of Human Consciousness
van Lommel, Pim	Seeing Beyond the Visible: The Science of Near-Death Experiences
van Lommel, Pim	Human Consciousness and the Mystery of Life
van Lommel, Pim	Mortal or Immortal? Evolution and the Question of Death
van Lommel, Pim	Infinite Consciousness: The Unexplained Power of Near-Death Experiences
Van Praagh, James	Talking to Heaven: A Medium's Message of Life After Death
Wheeler, J. A. (1983).	Law without law. In Quantum Theory and Measurement.
Wigner, E. P.	(1961). Remarks On the Mind-Body Question. In The Scientist Speculates: An Anthology of Partly-baked Ideas.